半导体
物理学

下册

The Physics of Semiconductors

[德]马吕斯·格伦德曼 —— 著

姬 扬 —— 译

中国科学技术大学出版社

安徽省版权局著作权合同登记号：12222057 号

The Physics of Semiconductors，by Marius Grundmann，first published by Springer，2006. This translation is published by arrangement with Springer.
All rights reserved.
© Springer and University of Science and Technology of China Press 2022
This book is in copyright. No reproduction of any part may take place without the written permission of Springer and University of Science and Technology of China Press.
This edition is for sale in the People's Republic of China (excluding Hong Kong SAR, Macao SAR and Taiwan Province) only.
此版本仅限在中华人民共和国境内(不包括香港、澳门特别行政区及台湾地区)销售.

图书在版编目(CIP)数据

半导体物理学. 下册/(德)马吕斯·格伦德曼(Marius Grundmann)著；姬扬译. —合肥：中国科学技术大学出版社，2022.7
(半导体芯片国际前沿)
"十四五"安徽省重点出版物规划项目
书名原文：The Physics of Semiconductors
ISBN 978-7-312-05240-8

Ⅰ.半…　Ⅱ.①马…②姬…　Ⅲ.半导体物理学—高等学校—教材　Ⅳ.O47

中国版本图书馆 CIP 数据核字(2021)第 119769 号

半导体物理学(下册)
BANDAOTI WULIXUE(XIACE)

出版	中国科学技术大学出版社
	安徽省合肥市金寨路 96 号,230026
	http://press.ustc.edu.cn
	https://zgkxjsdxcbs.tmall.com
印刷	安徽国文彩印有限公司
发行	中国科学技术大学出版社
开本	787 mm×1092 mm　1/16
印张	33.75
插页	3
字数	770 千
版次	2022 年 7 月第 1 版
印次	2022 年 7 月第 1 次印刷
定价	158.00 元

内 容 简 介

本书介绍了半导体物理和半导体器件,包括固体物理、半导体物理、各种半导体器件的概念及其在电子学和光子学中的现代应用.全书包括三部分内容:半导体物理学的基础知识(第1~10章)、专题(第11~20章)与半导体的应用和器件(第21~24章).

第1章介绍半导体物理学的历史沿革,按照时间顺序给出历史上半导体相关的重要时刻和事件.第2~10章讲述半导体物理学的基础知识,包括:化学键、晶体、缺陷、力学性质、能带结构、电子的缺陷态、输运性质、光学性质、复合过程.

第11~20章是专题,包括:表面、异质结构、二维半导体、纳米结构、外场、极性半导体、磁性半导体、有机半导体、介电结构、透明导电的氧化物半导体.

第21~24章是半导体的应用和器件,包括:二极管、电光转换器件、光电转换器件、晶体管.

本书内容丰富(除了24章正文以外,还有11个附录),图文并茂(大约有1000张图片和表格),参考资料丰富(大约有2200篇参考文献),经过多年教学实践的检验,是一本优秀的教科书.本书可以在没有或者只有很少固体物理学和量子力学知识的基础上学习,适合研究生和高年级本科生学习,也可以作为半导体科研人员的参考书.

译者的话

20 世纪初发展的量子力学和相对论改变了我们对世界的认识,而 20 世纪中期开始迅猛发展的半导体科技是我们改造世界的利器,半导体电路在日常生活中司空见惯,半导体改变了我们工作、交流、娱乐和思考的方式. 半导体物理学是半导体科技的基础,是量子理论在固体材料中的应用,半导体科技的未来发展也离不开量子理论和半导体物理学的进步. 可是大家对半导体的了解还不太多,现在的一些教材也不太能够跟上时代的步伐.

这是我翻译的第三本关于半导体的书.

第一本是 M. I. 迪阿科诺夫编著的《半导体中的自旋物理学》,2010 年由科学出版社出版. 这本书介绍了半导体自旋物理学的前沿进展,适合半导体科学专门领域的研究生和研究人员使用.

第二本是约翰·奥顿著的《半导体的故事》,2014 年由中国科学技术大学出版社出版. 这是关于半导体科学技术发展的高级科普图书,重点描述了许多半导体器件的诞生和发展过程,注重科学概念、技术细节和历史沿革,面向的是对半导体科学技术感兴趣的读者.

现在这本《半导体物理学》介于前两者之间,第1章"简介"大致对应于《半导体的故事》,第17章"磁性半导体"大致对应于《半导体中的自旋物理学》,基础知识部分当然也与前两本书有一些交集.总的来说,它的广度远远超出,而深度略有不及,符合它自己的定位:既不是偏重于历史发展的科普,也不是偏重于前沿进展的综述,而是着重于半导体物理学基础和应用(包括纳米物理学及其应用)的通论.

本书介绍了半导体物理和半导体器件,包括固体物理、半导体物理、各种半导体器件的概念及其在电子学和光子学中的现代应用.全书内容分为三大部分:半导体物理学的基础知识(第1~10章)、专题(第11~20章)与半导体的应用和器件(第21~24章).

本书的原著于2006年出版,在2010年、2016年和2021年都做了增补和修订,现在已经是第4版了,可以说是紧跟时代的步伐.本书内容丰富(除了24章正文以外,还有11个附录),图文并茂(大约有1000张图片和表格),参考资料丰富(大约有2200篇参考文献),经过多年教学实践的检验,是一本优秀的教科书,适合研究生和高年级本科生使用,也可以作为半导体科研人员的参考书.本书唯一的遗憾是没有习题,但是专业学习是为了将来解决科研和生产过程中的具体问题,而不是为了做题和考试,所以也是可以理解的吧.

1998年,为了帮助研究生了解新型半导体器件的工作原理,应中国科学院研究生院的邀请,半导体研究所开设了一门课程——半导体量子器件物理,由余金中、王良臣和李国华老师共同讲授,他们各自选择、整理、编写并讲授相对独立又互相联系的教学内容.自2005年起,这门课程分为两门课程,即"半导体量子光电子器件物理"和"半导体量子电子器件物理"."半导体量子光电子器件物理"偏重于介绍与光学有关(主要是激光器、发光二极管和光电探测器件等)的半导体量子电子器件的工作原理、结构与特性,由余金中老师讲授."半导体量子电子器件物理"主要介绍与电学有关的半导体量子电子器件的工作原理、结构与特性,由王良臣老师和李国华老师讲授.

"半导体量子电子器件物理"这门课程又分为两部分:第一部分介绍的是目前已经比较成熟的半导体量子器件,包括高电子迁移率晶体管(HEMT)和异质结双极晶体管(HBT),同时结合器件的制作介绍了制备半导体器件的典型工艺流程,由王良臣老师讲授.2009年,王良臣老师退休了,杨富华老师开始讲授这部分内容.

第二部分介绍的是仍然处在原型器件研究阶段的量子电子器件如共振隧穿器件、量子干涉器件、单电子器件等,由李国华老师讲授.2007年,李国华老师退休了,2008年的课程由孙宝权老师讲授.孙老师因故不能长期承担教学任务,自2009年起,我负责讲授这部分内容.我根据李国华老师的讲义,重新编写了教学提纲和授课内容,并添加了一些前沿进展介绍,主要是半导体自旋电子学方面的进展(当时我正在翻译《半导体中的自旋物理学》).2013年,我又重新修订了教学提纲和授课内容,在课程中增加了一些历史知识(当时我正在翻译《半导体的故事》).但是我希望进一步改进授课的内容.

大概是2017年,我在书店碰到了世界图书出版公司的影印版《半导体物理学》(第2版)(整本书只有出版公司和书名是中文),买回来认真读了一遍,觉得很不错,考虑把它融入到我的课程里.后来又见到了本书的第3版(这是在中国科学院工作的一个好处),发现新版增补了很多内容.2018年,我翻译了本书的目录,对全书的框架有了更明确的认识;2019年,我翻译了本书所有图片的说明文字,对全书有了更深刻的认识;2020年遇到了新冠疫情,所有授课通过网络进行,意外地解除了我每次上课都要在路上花费四五个小时的奔波之苦,我利用这个机会翻译了全书的其他部分.然后我开始着手出版事宜,中国科学技术大学出版社表示感兴趣.肖向兵编辑的感觉很敏锐,他从斯普林格(Springer)公司那里了解到本书将要出第4版,就安排先按照第3版的译文排版,等第4版出来以后再增补新的修订内容.2021年新版出来以后,我也拿到了出版社排版好的中译本清样,对照着把修改和增补的内容添加进去,同时也相当于做了一次校对.现在,本书终于要和读者见面了.

由于本人的精力和能力所限,翻译难免有疏漏之处,请读者谅解.如果您发现有翻译不当之处,请多加指正.来信请寄 jiyang@semi.ac.cn.

2014年,我为《半导体的故事》撰写了"译者的话",其中介绍了一些与半导体物理和器件有关的中文书籍(包括外文教材的中译本),现在转录在这里,希望能够对读者有些帮助:"固体物理学方面主要是黄昆的《固体物理学》和基泰尔的《固体物理导论》,内容更深的是冯端和金国钧的《凝聚态物理学》.我国第一本半导体教科书是黄昆和谢希德的《半导体物理学》(科学出版社,1958年).国内采用最多的教材可能是刘恩科的《半导体物理学》(主要面向工科特别是电子科学和技术类的学生)和叶良修的《半导体物理学》(主要面向理科特别是物理系的学生). 国际上的标准教材当然是施敏(S. M. Sze)的《半导体器件物理》《半导体器件物理和工艺》以及《现代半导体器件物理》,国内都已经有了译本. 近年还翻译引进了一些国外教材,例如《半导体材料物理基础》《芯片制造:半导体工艺制程实用教程》和《半导体物理与器件》. 科学出版社从 2005 年起开始出版'半导体科学与技术丛书',现在已经有 20 多本,从各个方面介绍半导体科技的前沿发展."

  感谢格伦德曼教授耐心回答我在翻译中遇到的问题. 感谢半导体超晶格国家重点实验室和中国科学院半导体研究所对我工作的长期支持,感谢中国科学院大学材料科学与光电技术学院以及物理学院对我教学工作的支持. 感谢很多老师、朋友、同事和学生们对我的支持和帮助.

  感谢全家人特别是妻女多年来的鼓励、支持和帮助.

姬 扬

中国科学院半导体研究所

中国科学院大学材料科学与光电技术学院

2022 年 4 月 6 日

前言

半导体电路在日常生活中司空见惯.半导体器件使得基于光纤的光学通信、光学存储和高频放大变得经济合理,最近革新了照相、照明和显示技术.现在,利用光伏器件转化的太阳能是能源供给的很大一部分.伴随着这些重大的技术发展,半导体改变了我们工作、交流、娱乐和思考的方式.半导体材料和器件的技术进步是连续演化的,在世界范围里影响着人力和资本.对于学生来说,半导体是激动人心的研究领域,有着伟大的传统,提供了丰富多彩的基础和应用主题[1]以及光明的未来.

本书向研究生介绍半导体物理和半导体器件,把他们带到可以选择专业、在指导下开展实验研究的程度.本书基于莱比锡大学的理学研究生的物理教学计划(两个学期的半导体物理学课程).本书可以在没有或者只有很少固体物理学和量子力学知识的基础上学习,因此也适合本科生学习.对于感兴趣的读者,本书添加了一些额外的主题,能够在更专门的后续课程里讲述.材料的选择在固体物理、半导体物理、各种半导体器件的概念及其在电子学和光子学中的现代应用之间达到平衡.

第一学期讲述半导体物理学的基础知识(第1部分,包括第1~10章)和一些专题(第2部分,包括第11~20章). 除了固体物理学的重要方面,例如晶体结构、晶格振动和能带结构,本书还讨论了半导体的细节,例如,技术上很重要的材料及其性质,以及电子缺陷、复合、表面、异质结构和纳米结构;介绍了具有电极化和磁化的半导体. 重点放在无机半导体,但是第18章简单介绍了有机半导体. 介电结构(第19章)作为镜子、腔和微腔,是许多半导体器件的重要部分. 其他各章简要介绍了二维材料(第13章)和透明导电氧化物(TCO)(第20章). 半导体的应用和器件(第3部分,第21~24章)在第二学期讲授. 在广泛而又详细地讨论了各种二极管的类型以后,讲述它们在电路中的应用,包括光电探测器、太阳能电池、发光二极管和激光器. 最后讨论双极性晶体管和场效应晶体管,包括薄膜晶体管.

第4版做了很多修订和增补:扩展了许多主题,做了更深入的处理,例如,卤化物铅钙钛矿、偶极子散射、各向异性的介电函数、谷极化、丹伯尔(Dember)场、新的CMOS图像传感器;增加了一章介绍二维半导体,还增加了一个附录介绍紧束缚理论;拓扑性质的概念也出现在本书里,旨在描述双原子线性链模型的机械振动,这些放在与能带结构和光子介电结构有关的章节中;改正了一些笔误和印刷错误;参考文献比第3版增加了300多条,大部分都有doi(digital object identifier,数字对象标识符)码. 参考文献的选择依据是:① 包括重要的历史文献和具有里程碑意义的文章;② 指向综述文章和专题著作,以便拓展阅读;③ 方便查阅当代文献和最新进展. 图1用柱状图逐年展示了参考文献的数目. 可以看到,半导体物理和技术大致分4个阶段. 在1947年实现第一个晶体管以前,只有为数不多的出版物值得关注. 然后是理解半导体、发展基于体材料半导体(主要是Ge、Si和GaAs)的半导体技术和器件的突飞猛进的阶段. 在20世纪70年代末期,随着半导体量子阱和异质结构的出现,一个崭新的时代开始了,随后出现了纳米结构(纳米管、纳米线和量子点)和新材料(有机半导体、氮化物或石墨烯). 还有一个峰是新兴的主题,例如,2D材料、拓扑绝缘体或者新的非晶半导体.

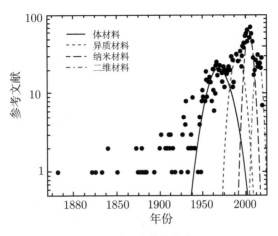

图1 本书参考文献的柱状图,以及对重大进展的简单拟合

接下来,我按照字母顺序感谢为本书做出贡献的同事们(如果没有给出所属机构,就是来自莱比锡大学):Gabriele Benndorf,Klaus Bente,Rolf Böttcher,Matthias Brandt,Christian Czekalla,Christof Peter Dietrich,Pablo Esquinazi,Heiko Frenzel,Volker Gottschalch,Helena Hilmer,Axel Hoffmann(柏林工业大学),Alois Krost[†](马格德堡大学),Evgeny Krüger,Michael Lorenz,Stefan Müller,Thomas Nobis,Rainer Pickenhain,Hans-Joachim Queisser(斯图加特马克斯·普朗克固体研究所),Bernd Rauschenbach,Bernd Rheinländer,Heidemarie Schmidt,Mathias Schmidt,Rüdiger Schmidt-Grund,Matthias Schubert,Jan Sellmann,Oliver Stier(柏林工业大学),Chris Sturm,Florian Tendille(CNRS-CRHEA),Gerald Wagner,Eicke Weber(加利福尼亚大学伯克利分校),Holger von Wenckstern,Michael Ziese 和 Gregor Zimmermann.他们给予评论、阅读校样、提供实验数据和图表等材料,为本书增色不少.我的这门课的学生和本书以前版本的读者给出了许多有用的评论,在此同样表示感谢.

我还要感谢其他许多同事,特别是(按照字母顺序)Gerhard Abstreiter,Zhores Alferov[†],Martin Allen,Levon Asryan,Günther Bauer,Manfred Bayer,Friedhelm Bechstedt,Dieter Bimberg,Otto Breitenstein,Len Brillson,Fernando

Briones, Immanuel Broser†, Jean-Michel Chauveau, Jürgen Christen, Philippe De Mierry, Steve Durbin, Laurence Eaves, Klaus Ellmer, Guy Feuillet, Elvira Fortunato, Ulrich Gösele†, Alfred Forchel, Manus Hayne, Frank Heinrichsdorff, Fritz Henneberger†, Detlev Heitmann, Robert Heitz†, Evamarie Hey-Hawkins, Detlef Hommel, Evgeni Kaidashev, Eli Kapon, Nils Kirstaedter, Claus Klingshirn, Fred Koch†, Jörg Kotthaus, Nikolai, Ledentsov, Peter Littlewood, Dave Look, Axel Lorke, Anupam Madhukar, Jan Meijer, Ingrid Mertig, Bruno Meyer†, David Mowbray, Hisao Nakashima, Jörg Neugebauer, Michael Oestreich, Louis Piper, Mats-Erik Pistol, Fred Pollak†, Emil V. Prodan, Volker Riede†, Bernd Rosenow, Hiroyuki Sakaki, Lars Samuelson, Darrell Schlom, Vitali Shchukin, Maurice Skolnick, Robert Suris, Volker Türck, Konrad Unger†, Victor Ustinov, Borge Vinter, Leonid Vorob'jev, Richard Warburton, Alexander Weber, Peter Werner, Wolf Widdra, Ulrike Woggon, Roland Zimmermann, Arthur Zrenner, Alex Zunger 和 Jesús Zúñiga-Pérez. 他们与我紧密合作，友好讨论，并提出问题来激励我. 当我继续研究半导体物理学的时候，这份名单变得越来越长，带给我独有的荣幸和喜悦. 令人伤心的是，每当新版本付梓的时候，标有†符号的人数增加得太快了.

马吕斯·格伦德曼
于莱比锡

缩写

0D 零维(zero-dimensional)

1D 一维(one-dimensional)

2D 二维(two-dimensional)

2DEG 二维电子气(two-dimensional electron gas)

3D 三维(three-dimensional)

AAAS 美国科学促进会(American Association for the Advancement of Science)

AB 反键(位置)(antibonding (position))

ac 交流(alternating current)

ACS 美国化学学会(American Chemical Society)

ADF 环形暗场(STEM方法)(annular dark field (STEM method))

ADP 声学形变势(散射)(acoustic deformation potential (scattering))

AFM 原子力显微术(atomic force microscopy)

AHE 反常霍尔效应(anomalous Hall effect)

AIP　美国物理联合会(American Institute of Physics)

AM　空气质量(air mass)

APD　反相畴(antiphase domain),雪崩光电二极管(avalanche photodiode)

APS　美国物理学会(American Physical Society)

AR　增透(antireflection)

ARPES　角分辨光电子发射谱(angle-resolved photoemission spectroscopy)

ASE　放大的自发辐射(amplified spontaneous emission)

AVS　美国真空学会(科学和技术学会)(American Vacuum Society (The Science & Technology Society))

bc　体心(body-centered)

BC　键中心(位置)(bond center (position))

bcc　体心立方(body-centered cubic)

BD　蓝光光盘(blu-ray™ disc)

BEC　玻色-爱因斯坦凝聚(Bose-Einstein condensation)

BGR　带隙重整化(band gap renormalization)

BIA　体反演不对称性(bulk inversion asymmetry)

BJT　双极型结式晶体管(bipolar junction transistor)

BZ　布里渊区(Brillouin zone)

CAS　热吸收谱(calorimetric absorption spectroscopy)

CCD　电荷耦合器件(charge coupled device)

CD　光盘(compact disc)

CEO　边解理生长(cleaved-edge overgrowth)

CIE　国际照明委员会(Commission Internationale de l'Éclairage)

CIGS　Cu(In,Ga)Se_2 材料(Cu(In,Ga)Se_2 material)

CIS　$CuInSe_2$ 材料($CuInSe_2$ material)

CL　阴极荧光(cathodoluminescence)

CMOS　互补性金属-氧化物-半导体(complementary metal-oxide-semiconductor)

CMY 青-品红-黄(颜色系统)(cyan-magenta-yellow (color system))

CNL 电荷中性能级(charge neutrality level)

CNT 碳纳米管(carbon nanotube)

COD 灾难性的光学缺陷(catastrophical optical damage)

CPU 中央处理器(central processing unit)

CRT 阴极射线管(cathode ray tube)

CSL 重合位点阵(coincident site lattice)

CVD 化学气相沉积(chemical vapor deposition)

cw 连续波(continuous wave)

CZ 丘克拉斯基(生长)(Czochralski (growth))

DAP 施主-受主对(donor-acceptor pair)

DBR 分布式布拉格反射镜(distributed Bragg reflector)

dc 直流(direct current)

DF 介电函数(dielectric function)

DFB 分布式反馈(distributed feedback)

DH(S) 双异质结构(double heterostructure)

DLTS 深能级瞬态谱(deep level transient spectroscopy)

DMS 稀磁半导体(diluted magnetic semiconductor)

DOS 态密度(density of states)

DPSS 二极管泵浦的固体(激光器)(diode-pumped solid-state (laser))

DRAM 动态随机存储器(dynamic random access memory)

DVD 数字多功能光盘(digital versatile disc)

EA 电子亲和势(electron affinity)

EBL 电子阻挡层(electron blocking layer)

EEPROM 电可擦可编程只读存储器(electrically erasable programmable read-only memory)

EHL 电子-空穴液体(electron-hole liquid)

EIL 电子注入层(electron injection layer)

EL 电致荧光(electroluminescence)

ELA 准分子激光退火(excimer laser annealing)

ELO 外延横向生长(epitaxial lateral overgrowth)

EMA 有效质量近似(effective mass approximation)

EML 发射层(emission layer)

EPR 电子顺磁共振(electron paramagnetic resonance)

EPROM 可擦除可编程只读存储器(erasable programmable read-only memory)

ESF 插入型层错(extrinsic stacking fault)

ESR 电子自旋共振(electron spin resonance)

ETL 电子传输层(electron transport layer)

EXAFS 扩展X射线吸收精细结构(extended X-ray absorption fine structure)

F_4-TCNQ 2,3,5,6-四氟-7,7′,8,8′-四氰醌-二甲烷(2,3,5,6-tetrafluoro-7,7,8,8-tetracyano-quinodimethane)

FA 甲脒(formamidinium),$HC(NH_2)_2$

fc 面心(face-centered)

fcc 面心立方(face-centered cubic)

FeRAM 铁电随机存储器(ferroelectric random access memory)

FET 场效应晶体管(field-effect transistor)

FIB 聚焦离子束(focused ion beam)

FIR 远红外(far infrared)

FKO 弗兰兹-凯尔迪什振荡(Franz-Keldysh oscillation)

FLG 少层石墨烯(few layer graphene)

FPA 焦平面阵列(focal plane array)

FQHE 分数量子霍尔效应(fractional quantum Hall effect)

FWHM 半高宽度(full width at half-maximum)

FZ 浮区(生长)(float-zone (growth))

Gb　千兆比特（gigabit）

GIZO　GaInZnO

GLAD　倾斜沉积（glancing-angle deposition）

GRINSCH　梯度折射率分别限制的异质结构（graded-index separate confinement heterostructure）

GSMBE　气体源分子束外延（gas-source molecular beam epitaxy）

GST　$Ge_2Sb_2Te_5$

HBL　空穴阻挡层（hole blocking layer）

HBT　异质结构双极型晶体管（heterobipolar transistor）

hcp　六方密堆（hexagonally close packed）

HCSEL　水平腔面发射激光器（horizontal cavity surface-emitting laser）

HEMT　高电子迁移率晶体管（high electron mobility transistor）

HIGFET　异质结绝缘栅极场效应晶体管（heterojunction insulating gate FET）

hh　重空穴（heavy hole）

HIL　空穴注入层（hole injection layer）

HJFET　异质结场效应晶体管（heterojunction FET）

HOMO　最高占据分子轨道（highest occupied molecular orbital）

HOPG　高度有序的热解石墨（highly ordered pyrolitic graphite）

HR　高反射（high reflection）

HRTEM　高分辨率透射电子显微术（high-resolution transmission electron microscopy）

HTL　空穴传输层（hole transport layer）

HWHM　半高半宽度（half-width at half-maximum）

IBM　国际商用机器公司（International Business Machines Corporation）

IC　集成电路（integrated circuit）

IDB　反转畴边界（inversion domain boundary）

IE　电离能（ionization energy）

IEEE 电气和电子工程师协会(Institute of Electrical and Electronics Engineers)

IF 中频频率(intermediate frequency)

IOP (英国)物理学会(Institute of Physics)

IPAP 东京纯物理和应用物理学会(Institute of Pure and Applied Physics, Tokyo)

IQHE 整数量子霍尔效应(integral quantum Hall effect)

IR 红外(infrared)

ISF 抽出型层错(intrinsic stacking fault)

ITO 铟锡氧化物(indium tin oxide)

JDOS 联合态密度(joint density of states)

JFET 结式场效应晶体管(junction field-effect transistor)

KKR 克拉默斯-克罗尼格关系(Kramers-Kronig relation)

KOH 氢氧化钾(potassium hydroxide)

KTP $KTiOPO_4$ 材料($KTiOPO_4$ material)

LA 纵向声学(声子)(longitudinal acoustic (phonon))

LCD 液晶显示器(liquid crystal display)

LDA 局域密度近似(local density approximation)

LEC 液体封装的丘克拉斯基(生长)(liquid encapsulated Czochralski (growth))

LED 发光二极管(light-emitting diode)

lh 轻空穴(light hole)

LO 纵向光学(声子),本地振荡器(longitudinal optical (phonon), local oscillator)

LPCVD 低压化学气体沉积(low-pressure chemical vapor deposition)

LPE 液相外延(liquid phase epitaxy)

LPP 纵向声子等离子体(模式)(longitudinal phonon plasmon (mode))

LST 利戴恩-萨克斯-泰勒(关系)(Lyddane-Sachs-Teller (relation))

LT 低温(low temperature)

LUMO 最低未占据分子轨道(lowest unoccupied molecular orbital)

LVM 局域振动模式(local vibrational mode)

MA 甲胺(methylammonium)

MBE 分子束外延(molecular beam epitaxy)

MEMS 微机电系统(micro-electro-mechanical system)

MESFET 金属-半导体场效应晶体管(metal-semiconductor field-effect transistor)

MHEMT 变形生长的高电子迁移率晶体管(metamorphic HEMT)

MIGS 能带中间的(表面)态(midgap (surface) states)

MILC 金属诱导的横向晶化(metal-induced lateral crystallization)

MIOS 金属-绝缘体-氧化物-半导体(metal-insulator-oxide-semiconductor)

MIR 中红外(mid-infrared)

MIS 金属-绝缘体-半导体(metal-insulator-semiconductor)

MIT 麻省理工学院(Massachusetts Institute of Technology)

ML 单层(monolayer)

MLC 多能级单元(multi-level cell)

MMIC 毫米波集成电路(millimeter-wave integrated circuit)

MO 主振子(master oscillator)

MOCVD 金属有机物化学气相沉积(metal-organic chemical vapor deposition)

MODFET 调制掺杂的场效应晶体管(modulation-doped FET)

MOMBE 金属有机物分子束外延(metal-organic molecular beam epitaxy)

MOPA 主振荡器功率放大器(master oscillator power amplifier)

MOS 金属-氧化物-半导体(metal-oxide-semiconductor)

MOSFET 金属-氧化物-半导体场效应晶体管(metal-oxide-semiconductor field-effect transistor)

MOVPE 金属有机物气相外延(metal-organic vapor-phase epitaxy)

MQW 多量子阱(multiple quantum well)

MRAM 磁随机存储器(magnetic random access memory)

MRS 材料研究学会(Materials Research Society)

MS 金属-半导体(二极管)(metal-semiconductor (diode))

MSA 迁移率谱分析(mobility spectral analysis)

MSM 金属-半导体-金属(二极管)(metal-semiconductor-metal (diode))

MTJ 磁隧穿结(magneto-tunneling junction)

MWNT 多壁(碳)纳米管(multi-walled (carbon) nanotube)

NDR 负微分电阻(negative differential resistance)

NEP 噪声等效功率(noise equivalent power)

NIR 近红外(near infrared)

NMOS N型沟道金属-氧化物-半导体(晶体管)(N-channel metal-oxide-semiconductor (transistor))

NTSC (美国)国家电视标准颜色(national television standard colors)

OLED 有机发光二极管(organic light-emitting diode)

OMC 有机分子晶体(organic molecular crystals)

ONO 氧化物/氮化物/氧化物(oxide/nitride/oxide)

OPSL 光学泵浦的半导体激光器(optically pumped semiconductor laser)

PA 功率放大器(power amplifier)

PBG 光子带隙(photonic band gap)

pc 简单立方(primitive cubic)

PCM 相变存储器(phase change memory)

PFM 压电响应力显微术(piezoresponse force microscopy)

PHEMT 赝晶高电子迁移率晶体管(pseudomorphic HEMT)

PL 光致荧光(photoluminescence)

PLD 脉冲激光沉积(pulsed laser deposition)

PLE 荧光激发(谱)(photoluminescence excitation (spectroscopy))

PMC 可编程金属化单元(programmable metallization cell)

PMMA 聚甲基丙烯酸甲酯(poly-methyl methacrylate)

PMOS P型沟道金属-氧化物-半导体(晶体管)(P-channel metal-oxide-semiconductor (transistor))

PPC 持续光电导(persistent photoconductivity)

PPLN 周期性极化铌酸锂(perodically poled lithium niobate)

PV 光伏(器件)(photovoltaic(s))

PWM 脉冲宽度调制(pulse width modulation)

PZT $PbTi_xZr_{1-x}O_3$ 材料($PbTi_xZr_{1-x}O_3$ material)

QCL 量子级联激光器(quantum cascade laser)

QCSE 量子限制斯塔克效应(quantum confined Stark effect)

QD 量子点(quantum dot)

QHE 量子霍尔效应(quantum Hall effect)

QW 量子阱(quantum well)

QWIP 量子阱子带间光电探测器(quantum-well intersubband photodetector)

QWR 量子线(quantum wire)

RAM 随机存储器(random access memory)

RAS 反射各向异性谱(reflection anisotropy spectroscopy)

RF 射频频率(radio frequency)

RFID 射频标识(radio frequency identification)

RGB 红-绿-蓝(颜色系统)(red-green-blue (color system))

RHEED 反射式高能电子衍射(reflection high-energy electron diffraction)

RIE 反应离子刻蚀(reactive ion etching)

RKKY 鲁德曼-基泰尔-糟谷-吉田(相互作用)(Ruderman-Kittel-Kasuya-Yoshida (interaction))

rms 方均根(root mean square)

ROM 只读存储器(read-only memory)

RRAM 电阻随机存储器(resistance random access memory)

RSC (英国)皇家化学会(The Royal Society of Chemistry)

SAGB 小角晶界(small-angle grain boundary)

SAM 分离的吸收和放大(结构)(separate absorption and amplification (structure)) sc　简单立方(simple cubic)

SCH　分离受限的异质结构(separate confinement heterostructure)

SCLC　空间电荷限制电流(space-charge limited current)

SdH　舒布尼科夫-德哈斯(振荡)(Shubnikov-de Haas (oscillation))

SEL　面发射激光器(surface-emitting laser)

SEM　扫描电子显微术(scanning electron microscopy)

SET　单电子晶体管(single-electron transistor)，单电子隧穿(single-electron tunneling)

SGDBR　取样光栅分布式布拉格反射镜(sampled grating distributed Bragg reflector)

SHG　二次谐波生成(second-harmonic generation)

si　半绝缘(semi-insulating)

SIA　半导体产业协会(Semiconductor Industry Association)

SIA　结构反转对称性(structural inversion asymmetry)

SIMS　二次离子质谱(secondary ion mass spectrometry)

SL　超晶格(superlattice)

SLC　单能级单元(single-level cell)

SLG　单层石墨烯(single layer graphene)

SNR　信噪比(signal-to-noise ratio)

s-o　自旋轨道(spin-orbit)(或劈裂(split-off))

SOA　半导体光学放大器(semiconductor optical amplifier)

SOFC　固体氧化物燃料电池(solid-oxide fuel cells)

SPD　谱功率分布(spectral power distribution)

SPICE　通用模拟电路仿真器(simulation program with integrated circuit emphasis)

SPIE　摄影仪器工程师协会(society of photographic instrumentation engineers)

SPP　表面等离激元极化激元(surface plasmon polariton)

SPS　短周期超晶格(short-period superlattice)

sRGB 标准红绿蓝(颜色系统)(standard RGB)

SRH 肖克利-里德-霍尔(动理学)(Shockley-Read-Hall (kinetics))

SSH 苏-施里弗-黑格(模型)(Su-Schrieffer-Heeger (model))

SSR 边模式抑制比(side-mode suppression ratio)

STEM 扫描透射电子显微术(scanning transmission electron microscopy)

STEM-ADF 带有环形暗场成像的扫描透射电子显微镜(scanning transmission electron microscopy with annular dark field imaging)

STM 扫描电子显微术(scanning tunneling microscopy)

SWNT 单壁(碳)纳米管(single-walled (carbon) nanotube)

TA 横向声学(声子)(transverse acoustic (phonon))

TAS 热导纳谱(thermal admittance spectroscopy)

TCO 透明导电氧化物(transparent conductive oxide)

TE 横向电(极化强度)(transverse electric (polarization))

TED 转移电子器件(transferred electron device)

TEGFET 二维电子气场效应晶体管(two-dimensional electron gas FET)

TEM 透射电子显微术(transmission electron microscopy)

TES 两电子卫星峰(two-electron satellite)

TF 热电子场发射(thermionic field emission)

TFET 透明场效应晶体管(transparent FET),隧穿式场效应晶体管(tunneling FET)

TFT 薄膜晶体管(thin-film transistor)

TM 横向磁(极化强度)(transverse magnetic (polarization))

TMAH 四甲基氢氧化铵(tetramethyl-ammonium-hydroxide)

TMR 隧穿磁电阻(tunnel-magnetoresistance)

TO 横向光学(声子)(transverse optical (phonon))

TOD 开启延迟(时间)(turn-on delay (time))

TPA 双光子吸收(two-photon absorption)

TSO 透明半导体氧化物(transparent semiconducting oxide)

UHV 超高真空(ultrahigh vacuum)

UV 紫外光(ultraviolet)

VCA 虚晶近似(virtual crystal approximation)

VCO 电压控制的振荡器(voltage-controlled oscillator)

VCSEL 垂直腔面发射激光器(vertical-cavity surface-emitting laser)

VFF 价力场(valence force field)

VGF 垂直梯度冻结(生长)(vertical gradient freeze (growth))

VIS 可见光(visible)

VLSI 超大规模集成(very large scale integration)

WGM 回音壁模式(whispering gallery mode)

WKB 温策尔-克拉默-布里渊(近似或方法)(Wentzel-Kramer-Brillouin (approximation or method))

WS 维格纳-塞兹元胞(Wigner-Seitz (cell))

X 激子(exciton)

XPS X射线光电子谱(X-ray photoelectron spectroscopy)

XSTM 截面扫描隧道显微镜(cross-sectional STM)

XX 双激子(biexciton)

YSZ 钇稳定的氧化锆(yttria-stabilized zirconia (ZrO_2))

ZnPc 酞菁锌(zinc-phthalocyanine)

符号

α 马德隆常数(Madelung constant),无序参数(disorder parameter),线宽增强因子(linewidth enhancement factor)

$\alpha(\omega)$ 吸收系数(absorption coefficient)

α_m 镜损(mirror loss)

α_n 电子电离系数(electron ionization coefficient)

α_p 空穴电离系数(hole ionization coefficient)

α_T 基区传输因子(base transport factor)

β 用作 $e/(k_B T)$ 的缩写,自发辐射系数(spontaneous emission coefficient),双光子吸收系数(two-photon absorption coefficient)

γ 展宽因子(broadening parameter),格林艾森参数(Grüneisen parameter),发射效率(emitter efficiency)

Γ 展宽因子(broadening parameter)

$\gamma_1, \gamma_2, \gamma_3$ 卢廷格参数(Luttinger parameters)

δ_{ij} 克罗内克符号(Kronecker symbol)

Δ_0 自旋轨道分裂(spin-orbit splitting)

$\epsilon(\omega)$ 介电函数(dielectric function)

- ϵ_0 真空介电常数（permittivity of vacuum）
- ϵ_i 绝缘体介电常数（dielectric constant of insulator）
- ϵ_r 相对介电常数（relative dielectric function）
- ϵ_s 半导体介电函数（$=\epsilon_r \epsilon_0$）（dielectric function of semiconductor）
- ϵ_s 增益压缩系数（gain compression coefficient）
- ϵ_{ij} 应变张量的分量（components of strain tensor）
- η 量子效率（quantum efficiency）
- η_d 微分量子效率（differential quantum efficiency）
- η_{ext} 外量子效率（external quantum efficiency）
- η_{int} 内量子效率（internal quantum efficiency）
- η_w 插墙效率（wall-plug efficiency）
- θ 角度（angle）
- Θ_D 德拜温度（Debye temperature）
- Θ_B 典型的声子能量参数（typical phonon energy parameter）
- κ 折射率的虚部（imaginary part of index of refraction），热导率（heat conductivity）
- λ 波长（wavelength）
- λ_p 等离子体波长（plasma wavelength）
- μ 迁移率（mobility）
- μ_0 真空磁化率（magnetic susceptibility of vacuum）
- μ_h 空穴迁移率（hole mobility）
- μ_H 霍尔迁移率（Hall mobility）
- μ_n 电子迁移率（electron mobility）
- ν 频率（frequency）
- Π 佩尔捷系数（Peltier coefficient）
- π_{ij} 压电电阻率张量的分量（components of piezoresistivity tensor）
- ρ 质量密度（mass density），电荷密度（charge density），电阻率（resistivity）
- ρ_{ij} 电阻率张量的分量（components of resistivity tensor）
- ρ_P 极化电荷密度（单位体积）（polarization charge density (per volume)）
- σ 标准差（standard deviation），电导率（conductivity），应力（stress），有效质量比（effective mass ratio）
- Σn 晶界的类型（grain boundary type）

σ_{ij} 应力张量的分量(components of stress tensor),电导率张量的分量(conductivity tensor)

σ_n 电子捕获截面(electron capture cross section)

σ_p 空穴捕获截面(hole capture cross section)

σ_P (单位面积)极化电荷密度(polarization charge density (per area))

τ 寿命(lifetime),时间常数(time constant)

τ_n 电子(少数载流子)寿命(electron (minority carrier) lifetime)

τ_{nr} 非辐射寿命(non-radiative lifetime)

τ_p 空穴(少数载流子)寿命(hole (minority carrier) lifetime)

τ_r 辐射寿命(radiative lifetime)

ϕ 相位(phase)

Φ_0 光子通量(photon flux)

χ 电子亲和势(electron affinity),电极化率(electric susceptibility)

χ_{ex} 光提取效率(light extraction efficiency)

χ_{sc} (半导体的)电子亲和势(electron affinity (of semiconductor))

$\chi(r)$ 包络波函数(envelope wavefunction)

ψ 角度(angle)

$\Psi(r)$ 波函数(wavefunction)

ω 角频率(angular frequency)

ω_{LO} 纵向光学声子频率(longitudinal optical phonon frequency)

ω_p 等离子体频率(plasma frequency)

ω_{TO} 横向光学声子频率(transverse optical phonon frequency)

Ω 相互作用参数(interaction parameter)

a 静水压形变势(hydrostatic deformation potential),晶格常数(lattice constant)

a 加速度(accelaration)

A 原子质量(atomic mass)(^{12}C 的 $A=12$)

A 面积(area),能带-杂质复合系数(band-impurity recombination coefficient)

$\mathbf{A}$,A 矢势(vector potential)

A^* 理查德森常数(Richardson constant)

a_0 (立方)晶格常数((cubic) lattice constant)

b 弯曲参数(bowing parameter),形变势(deformation potential)

b 伯格矢量(Burger's vector)

B 双分子复合系数(bimolecular recombination coefficient), 带宽(bandwidth)

$\boldsymbol{B}, B$ 磁感应场(magnetic induction field)

c 真空中的光速(velocity of light in vacuum), (沿着 c 轴的)晶格常数(lattice constant (along c-axis))

C 电容(capacitance), 弹性常数(spring constant), 俄歇复合系数(Auger recombination coefficient)

C_n, C_p 俄歇复合系数(Auger recombination coefficient)

C_{ij}, C_{ijkl} 弹性常数(elastic constants)

d 距离(distance), 剪切形变势(shear deformation potential)

d_i 绝缘体的厚度(insulator thickness)

D 态密度(density of states), 扩散系数(diffusion coefficient)

$\boldsymbol{D}, D$ 电子扩散场(electric displacement field)

D^* 探测率(detectivity)

$D_e(E)$ 电子态密度(electron density of states)

$D_h(E)$ 空穴态密度(hole density of states)

D_n 电子扩散系数(electron diffusion coefficient)

D_p 空穴扩散系数(hole diffusion coefficient)

e 基本电荷(elementary charge)

e_i 应变分量(沃伊特记号)(strain components (Voigt notation))

E 能量(energy)

$\boldsymbol{E}, E$ 电场(electric field)

E_A 受主能级的能量(energy of acceptor level)

E_A^b 受主的电离能(acceptor ionization energy)

E_C 导带边的能量(energy of conduction-band edge)

E_{xc} 交换相互作用能(exchange interaction energy)

E_D 施主能级的能量(energy of donor level), (石墨烯里的)狄拉克能量(Dirac energy (in graphene))

E_D^b 施主的电离能(donor ionization energy)

E_F 费米能量(Fermi energy)

E_g 带隙(band gap)

E_i 本征费米能级(intrinsic Fermi level)

E_m 最大电场(maximum electric field)

E_P 能量参数(energy parameter)

E_V 价带边的能量(energy of valence-band edge)

E_{vac} 真空能级的能量(energy of vacuum level)

E_X 激子能(exciton energy)

E_X^b 激子束缚能(exciton binding energy)

E_{XX} 双激子的能量(biexciton energy)

f 振子强度(oscillator strength)

F 自由能(free energy)

$\mathbf{F}$,F 力(force)

$F(M)$ 额外噪声因子(excess noise factor)

F_B 肖特基势垒高度(Schottky barrier height)

f_e 电子的费米-狄拉克分布函数(Fermi-Dirac distribution function for electrons)

f_i 离子性(ionicity)

f_h 空穴的费米-狄拉克分布函数(Fermi-Dirac distribution function for holes) $(=1-f_e)$

F_n 电子的准费米能量(electron quasi-Fermi energy)

F_p 空穴的准费米能量(hole quasi-Fermi energy)

F_P 珀塞尔因子(Purcell factor)

g 简并度(degeneracy),g 因子(g-factor),增益(gain)

G 自由焓(free enthalpy),生成速率(generation rate)

$\mathbf{G}$,G 倒格子矢量(reciprocal lattice vector)

g_m 跨导(transconductance)

G_{th} 热生成速率(thermal generation rate)

h 普朗克常量(Planck constant)

H 焓(enthalpy),哈密顿量(Hamiltonian)

$\mathbf{H}$,H 磁场(magnetic field)

$\hbar$ $h/(2\pi)$

i 虚数(imaginary number)

I 电流(current),光强(light intensity)

I_D 漏电流(drain current)

I_s 饱和电流(saturation current)

I_{sc} 短路电流(short circuit current)

I_{thr} 阈值电流(threshold current)

$\boldsymbol{j}, j$ 电流密度(current density)

j 轨道动量(orbital momentum)

j_s 饱和电流密度(saturation current density)

j_{thr} 阈值电流密度(threshold current density)

k 波数(wavenumber)

$\boldsymbol{k}$ 波矢(wavevector)

k, k_B 玻尔兹曼常量(Boltzmann constant)

k_F 费米波矢(Fermi wavevector)

l 轨道角动量(angular orbital momentum)

L 线元的长度(length of line element)

$\boldsymbol{L}$ (位错的)线矢量(line vector (of dislocation))

L_D 扩散长度(diffusion length)

L_z 量子阱的厚度(quantum-well thickness)

m 质量(mass)

m_0 自由电子质量(free electron mass)

m^* 有效质量(effective mass)

m_{ij}^* 有效质量张量(effective mass tensor)

m_c 回旋质量(cyclotron mass)

M 质量(mass),倍增因子(multiplication factor)

$\boldsymbol{M}, M$ 磁化(magnetization)

m_e 有效电子质量(effective electron mass)

m_h 有效空穴质量(effective hole mass)

m_j 磁量子数(magnetic quantum number)

m_l 纵向质量(longitudinal mass)

m_r 约化质量(reduced mass)

m_t 横向质量(transverse mass)

n　（导带里的）电子浓度(electron concentration (in conduction band))，理想因子(ideality factor)

$\boldsymbol{n}$　法向矢量(normal vector)

$N(E)$　态的数目(number of states)

n^*　复折射率($=n_r+\mathrm{i}\kappa$)(complex index of refraction)

N_A　受主的浓度(acceptor concentration)

N_c　临界掺杂浓度(critical doping concentration)

N_C　导带边的态密度(conduction-band edge density of states)

N_D　施主的浓度(donor concentration)

n_i　本征的电子浓度(intrinsic electron concentration)

n_{if}　镜像力效应导致的理想因子(ideality factor due to image force effect)

n_r　折射率（实部）(index of refraction (real part))

n_s　面电子密度(sheet electron concentration)

N_t　陷阱的浓度(trap concentration)

n_{tr}　透明电子浓度(transparency electron concentration)

n_{thr}　阈值电子浓度(threshold electron concentration)

N_V　价带边的态密度(valence-band edge density of states)

p　压强(pressure)，自由空穴浓度(free hole density)

$\boldsymbol{p},p$　动量(momentum)

P　功率(power)

$\boldsymbol{P},P$　电极化(electric polarization)

p_{cv}　动量矩阵元(momentum matrix element)

p_i　本征的空穴浓度(intrinsic hole concentration)

q　电荷(charge)

$\boldsymbol{q},q$　热流(heat flow)

Q　电荷(charge)，品质因子(quality factor)，杂质束缚的激子局域化能量(impurity-bound exciton localization energy)

r　半径(radius)

$\boldsymbol{r}$　空间坐标(spatial coordinate)

R　电阻(resistance)，半径(radius)，复合率(recombination rate)

R_λ　响应率(responsivity)

R 直接格子的矢量(vector of direct lattice)

r_H 霍尔因子(Hall factor)

R_H 霍尔系数(Hall coefficient)

s 自旋(spin)

S 熵(entropy),塞贝克系数(Seebeck coefficient),总自旋(total spin),表面指数(surface index),表面复合速度(surface recombination velocity)

S_{ij}, S_{ijkl} 刚度系数(stiffness coefficients)

t 时间(time)

t_{ox} (栅极)氧化物的厚度((gate) oxide thickness)

T 温度(temperature)

u 位移(displacement),元胞内参数(cell-internal parameter)

U 能量(energy)

u_{nk} 布洛赫函数(Bloch function)

$\boldsymbol{v}$, v 速度(velocity)

V 体积(volume),电压(voltage),电势(potential)

$V(\lambda)$ (标准化的)人眼灵敏度((standardized) sensitivity of human eye)

V_a 元胞的体积(unit-cell volume)

V_A 厄利电压(Early voltage)

V_{bi} 内建电压(built-in voltage)

v_g 群速度(group velocity)

V_G 栅极电压(gate voltage)

V_{oc} 开路电压(open circuit voltage)

V_P 关断电压(pinch-off voltage)

v_s 声速(velocity of sound),漂移饱和速度(drift-saturation velocity)

V_{SD} 源-漏电压(source-drain voltage)

v_{th} 热速度(thermal velocity)

w 耗尽层的宽度(depletion-layer width),宽度(width)

w_B 基区的宽度(双极型晶体管)(base width (bipolar transistor))

W_m (金属的)功函数((metal) work function)

X 电负性(electronegativity)

Y 杨氏模量(Young's modulus),CIE 亮度参数(CIE brightness parameter)

Z 配分求和(partition sum),原子序数(atomic order number)

物理常量

常量	符号	数值(采用国际单位制)	单位
真空中的光速	c_0	2.99792458×10^8 (精确值)	m/s
真空磁导率	μ_0	$4\pi \times 10^{-7}$	N/A^2
真空电容率(真空介电常数)	$\epsilon_0 = (\mu_0 c_0^2)^{-1}$	$8.854187817 \times 10^{-12}$	F/m
基本电荷	e	$1.602176634 \times 10^{-19}$ (精确值)	C
电子质量	m_e	$9.1093837 \times 10^{-31}$	kg
普朗克常量	h	$6.62607015 \times 10^{-34}$ (精确值)	J·s
	$\hbar = h/(2\pi)$	$1.05457182 \times 10^{-34}$	J·s
	$\hbar$	$6.58211957 \times 10^{-16}$	eV·s
玻尔兹曼常量	k_B	1.380649×10^{-23} (精确值)	J/K
		8.6173333×10^{-5}	meV/K
克利青常量	$R_K = h/e^2$	25812.8075	Ω
里德伯常量		13.605693123	eV
玻尔半径	a_B	$5.29177211 \times 10^{-11}$	m
阿伏伽德罗常量	N_A	$6.02214076 \times 10^{23}$ (精确值)	1/mol

目录

译者的话 —— i

前言 —— v

缩写 —— ix

符号 —— xxi

物理常量 —— xxix

第 16 章
极化半导体 —— 001

16.1 简介 —— 001

16.2 自发极化 —— 002

16.3 铁电性 —— 003

16.4 压电性 —— 010

第 17 章
磁性半导体 —— 016
17.1 简介 —— 016
17.2 磁性半导体 —— 017
17.3 稀磁半导体 —— 018
17.4 自旋电子学 —— 023

第 18 章
有机半导体 —— 025
18.1 简介 —— 025
18.2 材料 —— 026
18.3 电子结构 —— 029
18.4 掺杂 —— 030
18.5 输运性质 —— 031
18.6 光学性质 —— 033

第 19 章
介电结构 —— 038
19.1 光子带隙材料 —— 038
19.2 微共振腔 —— 060

第 20 章
透明导电的氧化物半导体 —— 068
20.1 简介 —— 068
20.2 材料 —— 069
20.3 性质 —— 071

第 3 部分　应用

第 21 章
二极管 —— 074
21.1 简介 —— 074
21.2 金属-半导体接触 —— 076

21.3 金属-绝缘体-半导体二极管 —— 106

21.4 双极型二极管 —— 116

21.5 应有和特殊的二极管器件 —— 140

第 22 章
光电转换 —— 155

22.1 光催化 —— 155

22.2 光电导 —— 157

22.3 光电二极管 —— 166

22.4 太阳能电池 —— 193

第 23 章
电光转换 —— 208

23.1 辐射计量学的量和光度学的量 —— 209

23.2 闪烁体 —— 210

23.3 发光二极管 —— 216

23.4 激光器 —— 231

23.5 半导体光学放大器 —— 265

第 24 章
晶体管 —— 267

24.1 简介 —— 268

24.2 双极型晶体管 —— 269

24.3 场效应晶体管 —— 282

24.4 JFET 和 MESFET —— 283

24.5 MOSFET —— 290

24.6 薄膜晶体管 —— 314

附录 A
张量 —— 318

附录 B
点群和空间群 —— 322

附录 C
克拉默斯-克罗尼格关系 —— 325

附录 D
振子强度 —— 327

附录 E
量子统计 —— 332

附录 F
克罗尼格-彭尼模型 —— 337

附录 G
紧束缚模型 —— 342

附录 H
$k \cdot p$ **微扰理论** —— 353

附录 I
有效质量理论 —— 357

附录 J
玻尔兹曼输运理论 —— 358

附录 K
噪声 —— 364

参考文献 —— 373

第 16 章

极化半导体

摘要

本章讨论具有自发极化的半导体和铁电半导体. 对于闪锌矿结构和纤锌矿结构的材料, 还略微详细地讨论了压电效应.

16.1 简介

半导体可以有电极化. 这种极化可以由外电场诱导 (图 16.1(a)). 第 9 章讨论了这种现象, 即半导体是介电材料 (dielectric). 本章讨论热电性 (pyroelectricity), 即没有外场的自发极化 (图 16.1(b)); 铁电性[①], 即具有回滞行为的热电性 (图 16.1(c)); 以及压电

[①] 第 17 章讨论铁磁性半导体. 注意, 存在 "多铁性材料", 它具有不止一种 "铁的性质" (ferroic property)[1485,1486].

性，即外应变导致的极化.

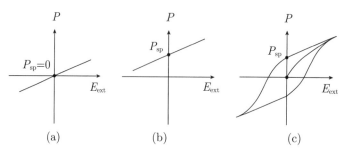

图16.1 电极化和外电场的依赖关系示意图：(a) 介电半导体；(b) 热电半导体；(c) 铁电半导体

16.2 自发极化

自发极化 P_{sp}(没有外电场) 的原因是元胞里的正离子和负离子的静态的相对位移. 对于一片半导体材料 (因而忽略其他形状里的退极化效应), 极化使得极化电荷位于上表面和下表面 (图 16.2(a)). 极化矢量 P 从负电荷指向正电荷. 极化电荷导致的电场具有相反的方向. 不存在自由电荷的时候, 麦克斯韦方程 $\nabla \cdot D = 0$ 在界面处给出了分段的不变的电场 (图 16.2(b)), $(D_2 - D_1) \cdot n_{12} = 0$, 其中 n_{12} 是表面的法向, 从介质 1 指向介质 2. 因此, 极化电荷 $\sigma_P = \epsilon_0 \nabla \cdot E$ 就是

$$\sigma_P = -(P_2 - P_1) \cdot n_{12} \tag{16.1}$$

极化电荷生成在界面处, 那里的极化是不连续的, 例如, 具有不同的自发极化的两种半

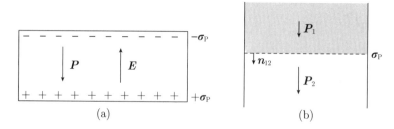

图16.2 (a) 一片具有电极化的半导体材料的表面极化电荷σ_P. 电场由$E=-P/\epsilon_0$给出. (b) 两个具有不同电极化的半导体的界面处的极化电荷σ_P. 在图示的情况下, σ是负的

导体之间的界面. 真空 (在表面处) 是一种特殊的情况, $\boldsymbol{P} = 0$.

对于立方的闪锌矿结构半导体, P_{sp} 通常很小. 纤锌矿结构的各向异性允许可观的效应. 主要的原因是元胞内参数 u 的非理想性 (图 16.3, 参见 3.4.5 小节).

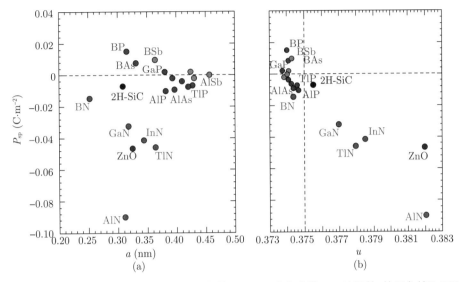

图16.3　不同半导体的自发极化 P_{sp} 作为晶格常数 a (a)和元胞内参数 u (b)的函数. 基于文献[1487]

16.3　铁电性

铁电半导体在铁电相表现出自发极化, 在顺电相是零自发极化. 作为温度的函数, 铁电材料经历了相变, 从高温的顺电相进入到铁电相. 在不同的铁电相 (极化的方向不同) 之间, 还可以有相变. 文献 [1488] 总结了 1980 年以前的研究成果文献综述. 更近期的处理, 请看文献 [1489, 1490].

PbTiO$_3$ 具有钙钛矿结构 (见 3.4.10 小节). 它在 $T_{\mathrm{C}} = 490\,°\mathrm{C}$ 时发生相变, 从立方相变为 (铁电的) 四方相, 如图 16.4(a) 所示. 通常, 元胞的对称性改变了, 但是元胞的体积几乎不变. BaTiO$_3$ 的情况更复杂. 在 120 °C 时发生了到铁电相的相变 (图 16.4(b)), 它是四方结构, 极化沿着 [100] 方向. 在 −5 °C 和 −90 °C, 分别进入正交晶格和三斜晶格 (菱方的) 相. 最大的极化来自元胞里的负离子 (O) 和正离子 (Ba, Ti) 的位移

$\delta \approx 0.02$ nm(图 16.5). 自发极化的这种起源称为位移相变.①

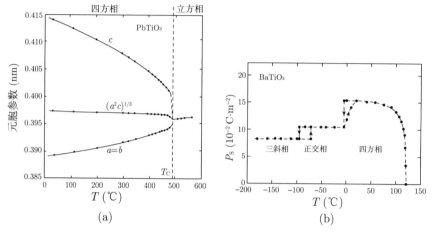

图16.4 (a) PbTiO$_3$的元胞参数作为温度的函数. 改编自文献[1493]. (b) BaTiO$_3$的相变作为温度的函数. 在四方相(C_{4v})、正交相(C_{2v})和三斜相(C_{3v},菱方), 自发极化P_S点分别沿着$\langle 100 \rangle$, $\langle 110 \rangle$ 和$\langle 111 \rangle$方向. 改编自文献[1494]

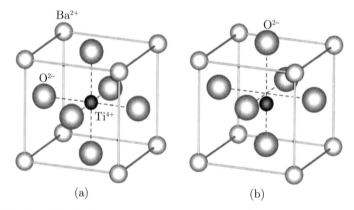

图16.5 (a) BaTiO$_3$的晶体结构(图3.27). (b) 在居里温度以下的四方形变的示意图, 产生一个电偶极矩

---

① 这种铁电性广为接受的模型是基本的位移在低温下发生在$\langle 111 \rangle$方向. 在高温下的三个更高的对称性是2个(正交晶格的)、4个(四方的)或8个(立方的)允许的$\langle 111 \rangle$方向的结果, 使得宏观平均的极化分别出现在$\langle 110 \rangle$或$\langle 100 \rangle$方向, 或者完全消失[1491,1492].

16.3.1 材料

一大类铁电半导体是 ABO_3 类型, 其中 A 代表半径比较大的阳离子, B 代表半径比较小的阴离子. 许多铁电体具有钙钛矿 ($CaTiO_3$) 结构. 它们是 $A^{2+}B^{4+}O_3^{2-}$(例如 $(Ba,Ca,Sr)(Ti,Zr)O_3$) 或 $A^{1+}B^{5+}O_3^{2-}$(例如 $(Li,Na,K)(Nb,Ta)O_3$). 铁电体也可以是合金. 在 B 成分做合金, 得到例如 $PbTi_xZr_{1-x}O_3$, 也称 PZT. PZT 广泛地用于压电换能器. 也可以在 A 成分做合金, 例如 $Ba_xSr_{1-x}TiO_3$.

另一类铁电体是 $A^{V}B^{VI}C^{VII}$ 化合物, 例如 SbSI, SbSBr, SbSeI, BiSBr. 这些材料的禁带宽度约为 2 eV. 还有一类铁电半导体是 $A_2^V B_3^{VI}$ 化合物, 例如 Sb_2S_3.

16.3.2 软声子模

铁电体里的子晶格的有限位移意味着相应的晶格振动没有回复力. 但因为高阶项 (非简谐性), 位移是有限的. 因此, 当 $T \to T_C$ 时, $\omega_{TO} \to 0$. 这种模式被称为软声子模. 对于 SbSI, 声子频率的下降如图 16.6(a) 所示.

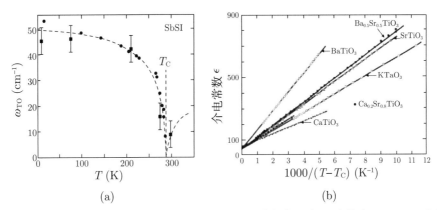

图16.6 (a) 靠近居里温度T_C=288 K, SbSI的横向声子模式的频率下降了. 虚线表示$|T-T_C|^{1/2}$依赖关系. 改编自文献[1495]. (b) 在顺电相($T>T_C$), 不同钙钛矿的介电常数的$1/(T-T_C)$关系. 改编自文献[1496]

根据 LST 关系式 (9.26) 可知, 静态介电常数必然增强很多. 增加量 $\propto (T-T_C)^{-1}$ (图 16.6(b)).

16.3.3 相变

对铁电体的情况，金兹堡-朗道相变理论的序参数是自发极化 P. 铁电晶体的自由能 F 包括顺电相的自由能 F_0，再展开为 P 的幂级数（这里展开到 P^6）：

$$F = F_0 + \frac{1}{2}\alpha P^2 + \frac{1}{4}\beta P^4 + \frac{1}{6}\gamma P^6 \tag{16.2}$$

此式忽略了电荷载流子、外电场或者外加应力带来的效应，并且假设了极化是均匀的. 为了得到相变，必须假设 α 在某个特定温度 T_C 有零点，我们假设（只展开到线性项）

$$\alpha = \alpha_0(T - T_C) \tag{16.3}$$

16.3.3.1 二级相变

为了给二级相变建模，令 $\gamma = 0$. 因此，自由能的形式就是（图 16.7(a)）

$$F = F_0 + \frac{1}{2}\alpha P^2 + \frac{1}{4}\beta P^4 \tag{16.4}$$

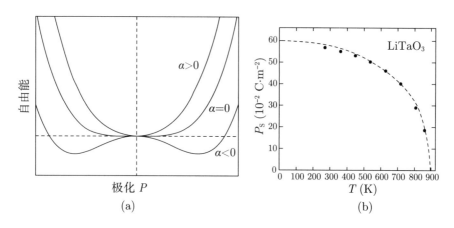

图16.7 (a) 对于二级相变，自由能和自发极化的依赖关系示意图. $\alpha > 0$ ($\alpha < 0$)对应于顺电相(铁电相). (b) LiTaO$_3$的自发极化作为温度的函数，表现出二级相变. 虚线是具有合适参数的理论结果. 改编自文献[1497]

自由能的平衡态条件给出了极小值：

$$\frac{\partial F}{\partial P} = \alpha P + \beta P^3 = 0 \tag{16.5a}$$

$$\frac{\partial^2 F}{\partial P^2} = \alpha + 3\beta P^2 > 0 \tag{16.5b}$$

方程 (16.5a) 给出两个解. $P=0$ 对应于顺电相. $P^2 = -\alpha/\beta$ 是铁电相里的自发极化. 由方程 (16.5b) 的条件给出: 在顺电相里, $\alpha > 0$; 在铁电相里, $\alpha < 0$; 并且, 在居里温度以下, $\beta > 0$ (下面假设 β 不依赖于温度). 利用式 (16.3), 得到极化是 (图 16.7(b))

$$P^2 = \frac{\alpha_0}{\beta}(T - T_{\rm C}) \tag{16.6}$$

因此, 熵 $S = -\frac{\partial F}{\partial T}$, 热容 $C_{\rm p} = T\left(\frac{\partial S}{\partial T}\right)_{\rm p}$ 在居里温度 $T_{\rm C}$ 处的不连续性 $\Delta C_{\rm p}$ 是

$$S = S_0 + \frac{\alpha_0^2}{\beta}(T - T_{\rm C}) \tag{16.7a}$$

$$\Delta C_{\rm p} = \frac{\alpha_0^2}{\beta} T_{\rm C} \tag{16.7b}$$

其中, $S_0 = -\frac{\partial F_0}{\partial T}$ 是顺电相的熵. 这个行为符合二级相变没有潜热 (熵是连续的) 和热容的不连续性. 介电函数在顺电相 $\propto 1/\alpha$, 在铁电相 $\propto -1/\alpha$. 后面这个关系通常写为居里-外斯定律:

$$\epsilon = \frac{C}{T - T_{\rm C}} \tag{16.8}$$

16.3.3.2 一级相变

当 P^6 项包含在式 (16.2) 里 ($\Gamma \neq 0$) 时, 建模的是一级相变. 然而, 为了得到一些新结果并与前面的讨论进行比较, 现在需要 $\beta < 0$ (而且 $\gamma > 0$). 对于不同的 α 值, 自由能对 P 的依赖关系如图 16.8(a) 所示. 条件 $\frac{\partial F}{\partial P} = 0$ 给出

$$\alpha P + \beta P^3 + \gamma P^5 = 0 \tag{16.9}$$

此式具有解 $P = 0$ 和

$$P^2 = -\frac{\beta}{2\gamma}\left(1 + \sqrt{1 - \frac{4\alpha\gamma}{\beta^2}}\right) \tag{16.10}$$

对于某个特定的 α 值, 即在某个特定的温度 $T = T_1$, 对于 $P = 0$ 和另一个 $P = P_0$, 自由能是零 (图 16.8(a) 中从上往下的第二条曲线). 根据条件

$$\frac{1}{2}\alpha(T_1)P_0^2 + \frac{1}{4}\beta P_0^4 + \frac{1}{6}\gamma P_0^6 = 0 \tag{16.11}$$

在相变温度 $T = T_1$, P_0^2 和 α 的值是

$$P_0^2 = -\frac{3}{4}\frac{\beta}{\gamma} \tag{16.12a}$$

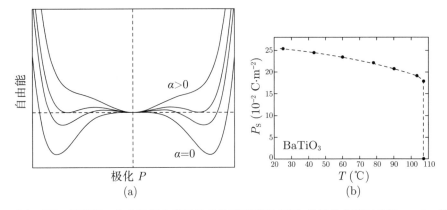

图16.8 (a) 对于一级相变，自由能和自发极化的依赖关系示意图。最低的曲线对应于 $\alpha = 0$，其他的对应于 $\alpha > 0$。(b) $BaTiO_3$ 的自发极化作为温度的函数，表现出一级相变。虚线用于引导视线。改编自文献[1498]

$$\alpha(T_1) = \frac{3}{16}\frac{\beta^2}{\gamma} > 0 \tag{16.12b}$$

在相变温度 T_1，P 的依赖关系如图 16.8(b) 所示。

当 $T \leqslant T_1$ 时，对于 $P > P_0$，自由能达到它的绝对最小值。然而，在 $F(P=0)$ 和自由能的最小值之间，对于 T 接近于 T_1，存在一个能量势垒 (图 16.8 中第二低的曲线)。在居里-外斯温度 T_0，这个能量势垒消失了。在相变温度，熵有不连续性：

$$\Delta S = \alpha_0 P_0^2 \tag{16.13}$$

对应于潜热 $\Delta Q = T\Delta S$。一级相变的另一个性质是在温度 T_1 和 T_0 之间，出现了回滞：

$$\Delta T \approx T_1 - T_0 = \frac{1}{4\alpha_0}\frac{\beta^2}{\gamma} \tag{16.14}$$

存在一个能量势垒，阻碍了相变。当温度下降时，系统倾向于保持在顺电相。当温度升高时，系统倾向于保持在铁电相。在 $BaTiO_3$ 中观察到这种行为，如图 16.4(b) 所示。

16.3.4 铁电畴

与铁磁体类似，铁电体形成不同极化方向的畴，把晶体外的场能量最小化，进而把总能量最小化。极化可以有不同的取向，当 P 沿着 $\langle 100 \rangle$(四方相) 时，有 6 个方向；当 P 沿着 $\langle 110 \rangle$(正交相) 时，有 12 个方向；当 P 沿着 $\langle 111 \rangle$ (三斜相) 时，有 8 个方向。$BaTiO_3$ 里的铁电畴如图 16.9 所示。由于受限的构型，薄膜里的畴的形成与体材料里不一样。

通过"造极"(poling)，可以人工产生铁电畴. 把铁电半导体加热到顺电相, 利用电极施加适当的电场, 把材料冷却, 极化就冻结在铁电相里. 周期性极化 LiNbO$_3$(PPLN) 结构的畴如图 16.10(b) 所示. 利用这种结构的非线性光学性质, 可以高效率地产生二次谐波 (SHG).

图16.9 利用双折射对比法看到的BaTiO$_3$单晶里的铁电畴. 获允转载自文献[1499], ©1949 APS

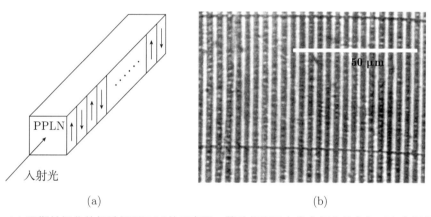

图16.10 (a) 周期性极化的铌酸锂(PPLN)的示意图，箭头标出了自发电极化的方向. (b) 电极化的显微像(垂直的条是电极化畴，水平的暗线是划痕)

16.3.5 光学性质

BaTiO$_3$ 的一级相变也体现在带隙的不连续性 (图 16.11). 带隙的温度依赖关系的系数 $\partial E_{\mathrm{g}}/\partial T$ 在顺电相里也和铁电相的不一样.

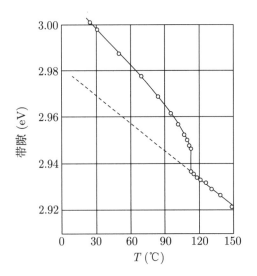

图16.11 BaTiO$_3$带隙的温度依赖关系(对于$E \perp c$的偏振光). 实验数据取自文献[1500]

16.4 压电性

16.4.1 压电效应

外部的应力使得元胞里的原子彼此相对移动. 在某些方向上, 这种移动可以导致极化. 一般来说, 所有的铁电材料都是压电性的. 然而, 有些压电材料不是铁电性的, 例如, 石英、GaAs 和 GaN. 没有反演中心时, 才可能出现压电性. 例如, GaAs 沿着 ⟨111⟩ 是压电性的, 但硅不是. 立方的钙钛矿结构 (在顺电相) 也不是压电性的. 一般来说, 压电极化通过压电模量的张量 e_{ijk} 与应变联系起来[①]:

$$P_i = e_{ijk}\epsilon_{jk} \tag{16.15}$$

16.4.2 闪锌矿结构的晶体

在闪锌矿结构的半导体里, 极化 (相对于 $x = [100], y = [010], z = [001]$) 只来自切应变,

---

① 另一种方法用 d_{ijk} 表示, $P_i = d_{ijk}\sigma_{jk}$.

$$\boldsymbol{P}_{\rm pe} = 2e_{14} \begin{pmatrix} \epsilon_{yz} \\ \epsilon_{xz} \\ \epsilon_{xy} \end{pmatrix} \tag{16.16}$$

表 16.1 给出了各种闪锌矿化合物半导体的 e_{14} 值. 注意, e_{14} 的符号从立方Ⅲ-Ⅴ半导体里的负号变为立方Ⅱ-Ⅵ半导体里的正号. 这种非平凡的行为涉及应变对离子和电子的极化以及离子性的影响, 在文献 [184, 1501] 里有讨论. 系数 e_{33}(纤锌矿半导体里等价于 e_{14}, 见下文) 对于Ⅲ-Ⅴ和Ⅱ-Ⅵ半导体都是正的.

表16.1 不同的闪锌矿和纤锌矿半导体的压电系数(单位是C·m^{-2})

闪锌矿				纤锌矿			
Ⅲ-Ⅴ	e_{14}	Ⅱ-Ⅵ	e_{14}		e_{33}	e_{31}	e_{15}
InSb	−0.123	CdTe	0.054	CdSe	0.347	−0.16	−0.138
InAs	−0.078	ZnSe	0.049	CdS	0.385	−0.262	−0.183
GaSb	−0.218	ZnS	0.254	ZnS	0.265	−0.238	−0.118
GaAs	−0.277	ZnO	0.69	ZnO	0.89	−0.51	−0.45
AlSb	−0.118	GaN	0.375	GaN	0.73	−0.49	−0.3
				AlN	1.46	−0.60	−0.48
				BeO	0.02	−0.02	

注: 数据取自文献[165, 1501, 1504], zb-ZnO的数据取自文献[1505], zb-GaN取自文献[1506].

赝晶异质结构 (见 5.3.3 小节) 的应变可以在压电半导体里导致压电极化. 在闪锌矿里, 当生长方向沿着 [111] 时, 可以预期主要的效应, 应变是纯粹的切应变特性. 在这种情况下, 极化在 [111] 方向, 垂直于界面 ($P_\perp$). 对于 [001] 生长方向, 预期没有压电极化. 对于 [110] 生长方向, 极化平行于界面 ($P_{//}$). 不同生长方向的取向情况如图 16.12 所示.

16.4.3 纤锌矿结构的晶体

在纤锌矿结构的晶体里, 压电极化是[1] (相对于 $x = [2-1.0]$, $y = [01.0]$, $z = [00.1]$)

$$\boldsymbol{P}_{\rm pe} = \begin{pmatrix} 2e_{15}\epsilon_{xz} \\ 2e_{15}\epsilon_{yz} \\ e_{31}(\epsilon_{xx} + \epsilon_{yy}) + e_{33}\epsilon_{zz} \end{pmatrix} \tag{16.17}$$

---

[1] 在沃伊特表示里, $P_x = e_{15}e_5$, $P_y = e_{15}e_4$.

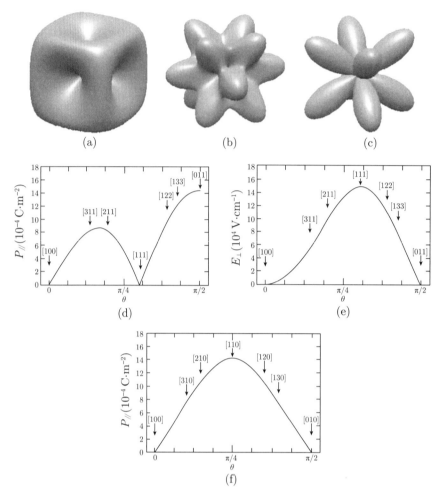

图16.12 在单轴压缩的GaAs里，极化的三维图像：(a) 总的；(b) 纵向的；(c) 横向的. 改编自文献[1502]. 在GaAs/In$_{0.2}$Ga$_{0.8}$As超晶格的InGaAs层里，(d) 横向极化$P_{/\!/}$(平行于界面)；(e) 纵向电场$E_\perp$(垂直于界面). 此超晶格具有联合的面内晶格常数(由能量最小化得到，晶格失配是1.4%，InGaAs是压应变，GaAs是张应变). GaAs层和InGaAs层的厚度是相同的. 给出了不同生长方向的物理量. 生长方向的矢量在(011)平面内($\varphi=\pi/4$)变化，极向角θ从[100] (0°)经过[111]到达[011] (90°). 生长方向位于(001)平面($\varphi=0$)，图(f)给出了横向极化$P_{/\!/}$(在此构型中，$P_\perp=0$). 图(d)~(f)获允转载自文献[1503], ©1988 AIP

表 16.1 给出了几种纤锌矿半导体的压电系数的数值[①].

对于异质外延在 [00.1] 表面上的双轴应变 (式 (5.69))，极化 (沿着 c 轴) 是

$$P_{\text{pe}} = 2\epsilon_{/\!/}\left(e_{31} - \frac{C_{13}}{C_{33}}e_{33}\right) \tag{16.18}$$

---

① 如果纤锌矿材料的 e_{14} 变换到沿着 [111] 的坐标系，类纤锌矿结构的压电系数是 $e_{33} = 2e_{14}/\sqrt{3}$ 和 $e_{31} = -e_{14}/\sqrt{3}$[1507].

其中, $\epsilon_{//} = (a-a_0)/a_0$ 是面内的应变. 对于 GaN, 极化的大小对面内应变的依赖关系如图 16.13 所示, 同时给出了沿着 [00.1] 方向的单轴应变和静水压应变的极化. 在后两种情况里, 极化比较小.

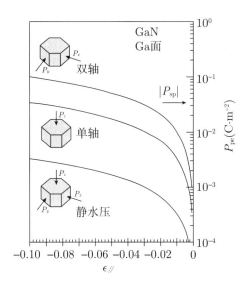

图16.13　GaN(Ga面)的压电极化 P_{pe} 和平面内应变 $\epsilon_{//} = (a-a_0)/a_0$ 的关系, 包括双轴、单轴和静水压的应变. 箭头标出了自发极化 P_{sp} 的值. 取自文献[1508]

异质结构里的组成材料的自发极化和应变量子阱里的压电效应的差别导致了量子受限斯塔克效应 (QCSE, 15.1.2 小节). 电子和空穴的空间分离导致了更长的辐射寿命 (图 12.43), 因此, 当存在非辐射通道时, 降低了辐射复合速率, 在发光二极管中不希望有这种效应. 特别是沿着 c 轴方向生长的氮基的 LED, 容易产生这种效应. 因此, 已经研究了在非极化面上的生长, 例如 $(1\bar{1}00)(m$ 面$)$ 和 $(11\bar{2}0)(a$ 面$)^{[1509,1510]}$. 然而, 这些面上的生长质量看来还不够好.

另一条途径是"半极化"面, 例如 $(10\bar{1}\bar{1})$ 或 $(11\bar{2}2)^{[1511]}$, 至少减弱了极化效应. $(11\bar{2}2)$ 面与 c 轴的夹角是 56°, 接近 InGaN/GaN 量子阱的内建电场的理论预言的零点 [1512](图 16.14). 关于半极化生长, 已经发表了有希望的实验结果, 特别是生长在 $(11\bar{2}2)$ 取向的 GaN 衬底上的 InGaN/GaN[1513].

16.4.4　纳米材料里的压电效应

在闪锌矿结构的应变量子线 [1502]、有扭转的 (111) 取向的量子线 [1514] 和外延 (嵌入的) 量子点 [417] 周围, 应变的分布包含切变分量, 因此产生压电场. 对于应变的

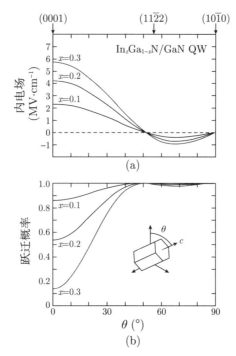

图16.14 对于三种不同In组分x的In$_x$Ga$_{1-x}$N/GaN量子阱(L_w=3 nm)，(a) 内电场；(b) 电子-空穴对的跃迁概率. θ是c轴和界面法线方向的夹角(见插图). 基于文献[1512]

In$_{0.2}$Ga$_{0.8}$As/GaAs 量子线, 压电电荷导致的电场和压电势如图 16.15(a) 和 (b) 所示. 在有扭曲的 (111) 取向的 GaAs 量子线里, 截面里的压电电荷分布 (由于二级的压电性) 如图 16.15(c) 所示.

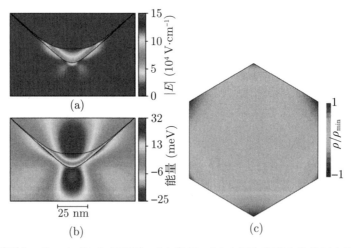

图16.15 对于有应变的In$_{0.2}$Ga$_{0.8}$As/GaAs量子线，(a) 电场；(b) 由压电电荷产生的对电子的额外束缚势. 改编自文献[1502]. (c) 在(111)取向的GaAs量子线的六边形截面里, 压电电荷的密度. 改编自文献[1514]

对于图 5.34 里的量子点，压电电荷和压电势如图 16.16 所示. 压电势有四极特性，因此降低了量子点的对称性 (降到了 C_{2v})[417]. ① 在纤锌矿纳米结构里，压电效应特别重要[1515].

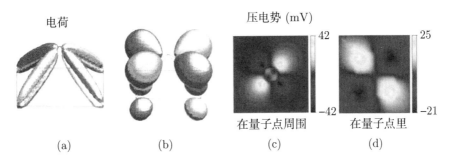

图16.16　对于InAs/GaAs量子点(基座长度b=12 nm)，(a) 压电电荷；(b)~(d) 由此导致的库仑势. (a) 对应于体电密度 ± 0.3 e/nm³的等值面. (b) 对应于库仑势 ± 30 meV的等值面. (c), (d) 库仑势在略高于浸润层位置的截面，具有不同的放大倍数. 图(d)是图(c)的局部放大像. 在图(d)中，因为镜像电荷效应，可以看到InAs/GaAs界面. 图(a)和图(b)获允转载自文献[417]，©1995 APS

---

① 对于纤锌矿结构的方形基底金字塔，应变分布具有 C_{2v} 对称性. 压电效应对能级和波函数的影响比应变不对称性带来的影响更大[1382,1383].

第 17 章

磁性半导体

摘要

解释了两种类型的半导体材料及其性质，它们分别是具有自发磁化的半导体 (铁磁半导体) 和顺磁性半导体 (化合物材料和稀磁半导体). 简要介绍了半导体自旋电子学，包括自旋晶体管和自旋发光二极管的概念.

17.1 简介

磁性半导体表现出自发的磁有序，甚至能够在居里温度 (这种材料的特性) 以下出现铁磁性，这对于自旋极化和自旋电子学 (spintronics) 很重要. 磁性半导体可以是二元化合物，例如 EuTe(反铁磁性的) 或 EuS(铁磁性的). 另一类磁性半导体包含掺杂浓度

(通常小于 $10^{21}/\mathrm{cm}^3$) 或合金浓度 x (通常 $x \geqslant 0.1\%$) 的顺磁性离子. 这种材料被称为稀磁半导体 (DMS). 掺入磁性原子, 首先导致了传统的合金效应, 例如晶格常数、载流子浓度或带隙的变化. 文献 [1516, 1517] 介绍了这个领域截至 20 世纪 80 年代中期的相关研究情况, 主要集中在 Ⅱ-Ⅵ 稀磁半导体. 用于自旋电子学的 Ⅲ-Ⅴ 基的材料 (主要是 GaAs:Mn) 的工作综述, 参看文献 [1518]. 2003 年的文献 [1519] 综述了宽带隙的铁磁半导体, 2014 年的文献 [1520] 综述了含 Mn 的稀磁半导体.

17.2 磁性半导体

在磁性半导体里, 一个子晶格被顺磁性离子占据. 最早发现的两种铁磁半导体是 1960 年的 CrBr_3[1521] 和一年后的 EuO[1522]. 氧化铕具有离子的 $\mathrm{Eu}^{2+}\mathrm{O}^{2-}$ 特性, 以至于铕的电子构型是 $[\mathrm{Xe}]4f^75d^06s^0$, 而氧的电子构型是 $1s^22s^22p^6$. 表 17.1 总结了铕的硫族化合物的一些性质[1523].

EuO 可以用海森堡铁磁体来建模, 具有占主导地位的最近邻和次近邻的 Eu-Eu 相互作用[1524]. 这四种化合物的海森堡交换相互作用参数 J_1 和 J_2 如图 17.1 所示. 在最近邻相互作用 J_1 里, 一个 4f 电子被激发到 5d 能带, 经历最近邻上的 4f 自旋的交换相互作用, 再返回到初始态. 这个机制通常导致铁磁性的交换相互作用. 次近邻相互作用 J_2 是弱的铁磁性的 (EuO) 或反铁磁性的 (EuS, EuSe, EuTe). 在超交换过程里, 电子从阴离子的 p 态转移到 Eu^{2+} 阳离子的 5d 态, 导致了反铁磁耦合.

表17.1 铕(Eu)的硫族化合物的材料性能

材料	E_g (eV)	磁有序	$T_\mathrm{C}, T_\mathrm{N}$ (K)
EuO	1.12	FM	69.3
EuS	1.65	FM	16.6
EuSe	1.8	AF	4.6
		FM	2.8
EuTe	2.00	AF	9.6

注: FM(AF)表示铁磁序(反铁磁序). $T_\mathrm{N}(T_\mathrm{C})$表示奈尔(居里)温度. 数据取自文献[1525].

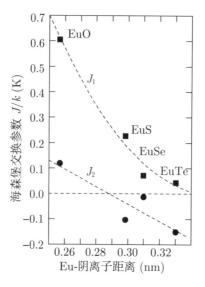

图17.1 对于铕的硫族化合物，海森堡最近邻(J_1，方块)和次近邻(J_2，圆点)交换参数(单位是$J_{1,2}/k_B$)与铕-阴离子距离的关系. 虚线用于引导视线. 实验数据取自文献[1525]

17.3 稀磁半导体

表 17.2 总结了过渡族金属和它们的电子构型. 3d 过渡族金属通常用于稀磁半导体(DMS) 里的磁性杂质, 这是因为它们的部分填充的 3d 壳层. 根据洪特规则, 3d 壳层里起初的 5 个自旋是平行的, 直到半填充 (从而允许电子在实空间里互不碍事). 因此原子就有了可观的自旋和磁矩. Mn 的自旋是 $S=5/2$. 大多数过渡族金属具有 $4s^2$ 构型, 使得它们在 II-VI 化合物中是同价的 (isovalent). 注意, Zn 的 3d 壳层是满的, 所以没有净自旋. 对于 Mn 合金的 II-(Se,S,Te,O) 基的稀磁半导体, 图 17.2 概述了它们的晶体学性质 [1526](文献 [1527] 讨论了带有 Se, S 和 Te 的稀磁半导体).

表17.2 3d, 4d 和5d过渡族金属和它们的电子构型

Sc[21]	Ti[22]	V[23]	Cr[24]	Mn[25]	Fe[26]	Co[27]	Ni[28]	Cu[29]	Zn[30]
3d	$3d^2$	$3d^3$	$3d^5$	$3d^5$	$3d^6$	$3d^7$	$3d^8$	$3d^{10}$	$3d^{10}$
$4s^2$	$4s^2$	$4s^2$	4s	$4s^2$	$4s^2$	$4s^2$	$4s^2$	4s	$4s^2$
Y[39]	Zr[40]	Nb[41]	Mo[42]	Tc[43]	Ru[44]	Rh[45]	Pd[46]	Ag[47]	Cd[48]
4d	$4d^2$	$4d^4$	$4d^5$	$4d^5$	$4d^7$	$4d^8$	$4d^{10}$	$4d^{10}$	$4d^{10}$
$5s^2$	$5s^2$	5s	5s	$5s^2$	5s	5s	—	5s	$5s^2$
La[57]	Hf[72]	Ta[73]	W[74]	Re[75]	Os[76]	Ir[77]	Pt[78]	Au[79]	Hg[80]
5d	$5d^2$	$5d^3$	$5d^4$	$5d^5$	$5d^6$	$5d^7$	$5d^9$	$5d^{10}$	$5d^{10}$
$6s^2$	$6s^2$	$6s^2$	$6s^2$	$6s^2$	$6s^2$	$6s^2$	6s	6s	$6s^2$

注意：Hf[72]具有不完全填充的4f壳层$4f^{14}$.

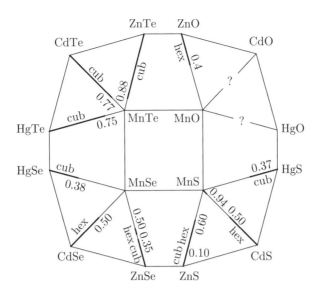

图17.2　$A^{II}_{1-x}Mn_xB^{VI}$合金及其晶体结构的示意图. 粗线表示均匀晶体相的物质的量分数x的范围. hex和cub分别表示纤锌矿和闪锌矿. 取自文献[1526]

作为例子, 讨论 $Hg_{1-x}Mn_xTe$ 的性质. 当 $x > 0.075$ 时, 这种合金是半导体性的 (正的带隙 ϵ_0); 对于更低的 Mn 浓度, 它是零带隙材料 (负的相互作用带隙 ϵ_0)(参见图 6.46). Γ_6 和 Γ_8 能带之间的跃迁可以用红外区的磁吸收谱来确定[1528]. 不同朗道能级之间的跃迁能量的磁场依赖关系如图 17.3(a) 所示, 外推可以得到相互作用带隙. 相互作用带隙随 Mn 浓度的变化关系如图 17.3(b) 所示.

对于低的 Mn 浓度, DMS 表现得像顺磁性材料. 对于更高的浓度, Mn 原子与另一个 Mn 原子直接相邻的概率增大, 具有超交换相互作用 (参见式 (3.24b)). 在某个临界浓度 x_c, 团簇的大小变得与样品的尺寸相仿. 对于 fcc 晶格, 如果考虑直到第一、第二或第三近邻的相互作用, 临界浓度分别是 $x_c = 0.195, 0.136$ 和 0.061[1529]. 在 (Zn,Cd,Hg)Mn(S,Se,Te) 这样的 DMS 里, Mn 原子之间的最近邻相互作用是反铁磁性的,① 相邻的自旋反平行地排列. 因为反铁磁性的长程有序在有效 fcc 晶格上的阻挫 (frustration) 形成了反铁磁性的自旋玻璃, $Hg_{1-x}Mn_xTe$ 的顺磁相和自旋玻璃相的相变温度如图 17.4 所示.

在Ⅲ-Ⅴ化合物里, 3d 过渡族金属如果落在Ⅲ族元素的位置上, 就是受主, 例如, 在广受研究的化合物 $Ga_{1-x}Mn_xAs$ 里. 下面用这种材料讨论磁性半导体的一些性质. 它现在被理解得很好, 具有相当高的居里温度 $T_C \approx 160$ K. 人们相信, 稀磁半导体里的铁磁性由巡游性的荷电载流子导致的间接交换相互作用产生. 铁磁性的耦合

---

① 如果键角 "接近" 180°, 则这种超交换相互作用会导致反铁磁性的相互作用.

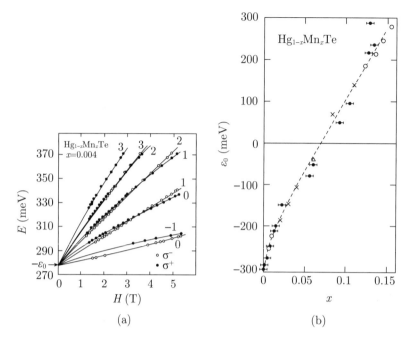

图17.3 (a) 对于$Hg_{0.996}Mn_{0.004}Te$,$\Gamma_6 \to \Gamma_8$的跃迁能量和磁场的关系,$T=2$ K. 符号表示的是两种偏振方向的实验结果. 数字标出了跃迁的量子数. 实线是理论拟合的结果. (b) 对于$Hg_{1-x}Mn_xTe$,相互作用带隙和Mn浓度的关系,$T=4.2$ K. 不同的符号表示数据取自不同的作者和方法. 虚线用于引导视线. 改编自文献[1528]

可以由 RKKY(Ruderman-Kittel-Kasuya-Yoshida) 相互作用产生, 顺磁性离子的自旋通过与半导体里的自由载流子的相互作用而变得平行. 一个相关的概念是双交换相互作用①[1530-1532], 载流子在 Mn 导致的窄的 d 能带里移动 (关于 d 波的特性, 如图 7.16(c) 所示). 这种机制首先是针对 PbSnMnTe 提出的[1533]. 后来, 在 InMnAs[1534] 和 GaMnAs[1535] 里发现了铁磁性. 在 (In,Ga)MnAs 里, 一个 Mn 离子 (自旋向上) 极化了周围的空穴气体 (自旋向下), 空穴由 Mn 受主提供. 这个机制降低了耦合系统的能量. d 壳层电子 ($S=5/2$) 和类 p 的自由空穴 ($s=1/2$) 之间的相互作用

$$H = -\beta N_0 x S s \tag{17.1}$$

通过 Mn 态的 p-d 杂化来实现. N_0 表示 $A_{1-x}Mn_xB$ 合金里的阳离子位的浓度. 电子之间的耦合要弱得多 (耦合常数为 α). 空穴与下一个 Mn 离子相互作用, 并极化了它 (自旋向上), 因而产生了铁磁性有序. 图 17.6(a) 中的磁滞回线表明, 铁磁性是显然的. 如果没有载流子气体, 这种相互作用就不存在, 材料就只有顺磁性. 不同的 p 型半导体的居里温度的理论结果如图 17.5 所示. 现在正在追求更高的居里温度 (远高于室温), 用过

---

① 这个模型也称为齐纳模型 (Zener model).

渡族金属掺杂宽带隙材料 (例如 GaN 或 ZnO), 已经给出了一些令人鼓舞的结果. 文献 [1536] 分析了 Mn 替换的黄铜矿结构的半导体, 预言它的铁磁性比带隙相仿的 III-V 半导体更不稳定.

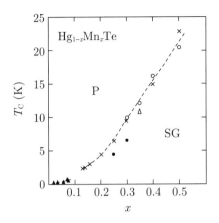

图17.4　$Hg_{1-x}Mn_xTe$的磁相图，P(SG)表示顺磁相(自旋玻璃相). 不同的符号表示数据取自不同的作者和方法. 虚线用于引导视线. 改编自文献[1528]

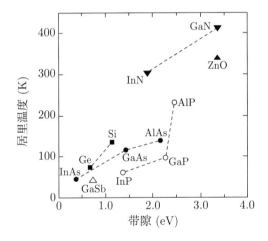

图17.5　对于各种p型半导体，计算得到的居里温度T_C与带隙的对应关系(虚线用于引导视线). 所有材料在阳离子的子晶格上均含有5%的Mn，空穴浓度为$3.5 \times 10^{20}/cm^3$. T_C的数值取自文献[1532]

文献 [1537] 证明在空间电荷区 (见 21.2.2 小节) 里, 可以控制载流子浓度, 从而控制 DMS 的磁性质. 氢 (氘) 钝化的 GaMnAs 作为"未处理的"薄膜表现出铁磁性的结果, 如图 17.6 所示. 氘掺杂的浓度与 Mn 类似, 假定了背键位置 (back-bond position)(形成了 H-As-Mn 复合体) 并补偿了来自 Mn 的空穴气 (见 7.9 节). 低温的电导率下降了 9 个数量级 [1538]. 这种材料只表现了顺磁性的行为. 铁磁性 $Ga_{1-x}Mn_xAs$ 的最优化 Mn

浓度在 $x = 0.05$ 附近. 对于更低的 Mn 浓度, 空穴浓度太低了, 居里温度下降; 对于更高的 Mn 浓度, 合金的结构性质降低了 (相分离为 GaAs 和 MnAs.[①])

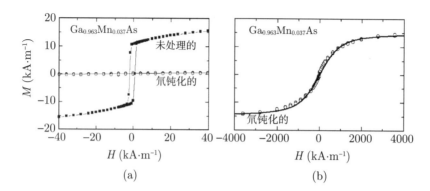

图17.6 在低温下, $Ga_{0.963}Mn_{0.037}As$ 的磁化强度 M 与磁场 H 的依赖关系. (a) 外延生长未处理的(实心方块)和氢钝化的(空心圆圈)薄膜的比较, 磁场在薄膜平面内, $T=20$ K. (b) 当磁场较大时, 氢钝化的样品在 $T=2$ K 时的磁化强度. 实线为布里渊函数, $g = 2$, $S = 5/2$. 改编自文献[1538]

在接近于补偿的 Mn 掺杂的 ZnO 里, 已经观察到了磁滞曲线[1539,1540] (图 17.7). 这种材料很有趣, 因为它的自旋-轨道耦合很小. 交换相互作用的机制正在争论中.

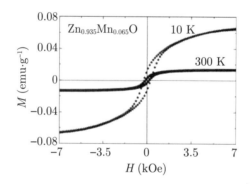

图17.7 在 $T=10$ K 和 300 K 时, $Zn_{0.935}Mn_{0.065}O$ 薄膜的磁化强度 M 与磁场 H 的关系. 在这两个温度下, 都有明显的磁回滞

---

① MnAs 是铁磁性金属. MnAs 团簇可能是一个问题, 因为它们产生铁磁性的性质, 但并不是以稀磁半导体工作的方式.

17.4 自旋电子学

自旋电子学 (与电子学不一样) 是新兴的领域, 使用电子的自旋而不是电荷来传输、处理和存储信息. 原型器件是自旋晶体管和自旋发光二极管 (LED). 一个关键在于自旋的注入, 即产生 (高度) 自旋极化的流. 自旋电子学是否能够达到理论预期的潜力, 并在微电子学领域里扮演重要的角色, 仍然需要检验. 自旋自由度也为量子信息处理提供了潜在的可能性, 因为它与电荷和声子的弱耦合以及相应的长的退相位时间.

这里应该说一下, 磁化也改变了半导体的 "经典的" 输运性质. 霍尔效应改变很大, 反映了磁回滞, 也称反常霍尔效应 (AHE).[①] 1881 年, 霍尔在 Ni 和 Co 里发现了这个效应[1541]; 关于反常霍尔效应的综述, 参阅文献 [1542]. 在非磁性材料里, 光学激发的自旋极化载流子也可以引起反常霍尔效应[1543]. 对于具有拓扑带结构的磁性材料, 内场足以引起 QHE[1544]; 这种量子反常霍尔效应 (QAHE) 在 $(Bi, Sb)_2Te_3$: Cr[1545] 和 $MnBi_2Te_4$[1546] 中已有报道.

17.4.1 自旋晶体管

在这个器件里 (关于常规的晶体管, 参见第 24 章), 自旋极化的电子从电极 1 注入, 穿过沟道传输, 并在电极 2 被探测 (图 17.8). 在传输过程中, 自旋转动了 (最好是 π), 电子不能进入电极 2(它的磁化与电极 1 相同). 因为栅级下面的电场, 自旋-轨道相互作用导致了自旋的转动. 这个效应被称为 Rashba 效应, 是纯粹的相对论性的效应[1547]. 沟道的材料最好是自旋-轨道耦合很强的半导体, 例如 InAs 或 (In,Ga)Sb. 然而, 因为使用窄带隙半导体, 以及自旋散射随着温度升高而增大[1548], 这种晶体管难以在室温下实现.

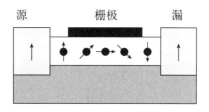

图17.8 文献[1549]提议的自旋晶体管的方案. 源和漏是铁磁体, 其磁化强度用箭头示意. 栅极下方的通道传输电子, 电子的自旋在栅极下的电场中旋转

---

① 这个术语应该与历史上使用的 "反常的" 霍尔效应区分开, 后者指的是空穴导体的霍尔电压的符号变了.

17.4.2 自旋发光二极管

在自旋发光二极管里 (关于发光二极管 LED, 参见 23.3 节), 自旋极化的载流子注入到功能层, 产生了圆偏振的荧光. 利用生长在功能层顶部的半磁性半导体, 或者从铁磁性金属中向半导体做自旋注入 (关于金属-半导体结, 参见 21.2 节), 可以实现自旋的准直. Fe/AlGaAs 的界面如图 17.9(a) 所示.

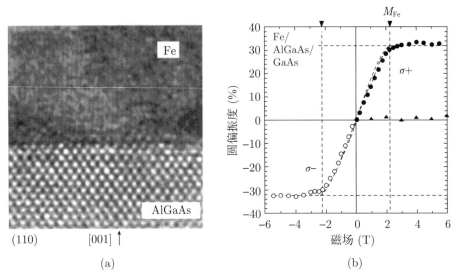

图 17.9 (a) 一个自旋发光二极管的 Fe/AlGaAs 界面的(110)截面的 TEM 像. Fe 中的垂直线是距离为 0.203 nm 的 (110) 面. (b) 在 $T=4.5$ K 时, 圆偏振度 P_σ 的磁场依赖关系 (式(17.2))(实心圆点和空心圆圈), 以及 Fe 薄膜磁化的垂直分量与磁场的依赖关系 (虚线, 归一化到 P_σ 的最大值). 获 MRS Bulletin 允转载自文献[1551]

在理想情况下, 铁磁性金属里的自旋极化电子隧穿进入半导体, 并转移到复合区. 接下来, 发射的光是圆偏振的 (图 12.30(b)). 圆偏振度是

$$P_\sigma = \frac{I_{\sigma+} - I_{\sigma-}}{I_{\sigma+} + I_{\sigma-}} \tag{17.2}$$

其中, $I_{\sigma\pm}$ 是相应偏振光的强度. 偏振度依赖于金属的磁化. 对于 Fe 的饱和磁化, 在 $T = 4.5$ K, 最大偏振度大约是 30% (图 17.9(b))[1550]. 界面及其结构的非理想性可能阻止了自旋注入的效率达到 100%[1551]. 最近, 通过一种具有 Fe/ 晶体 AlO_x 自旋隧道势垒的 (Al, Ga)As/GaAs 基的条状类激光器 (边缘发射) 结构[1552], 获得了接近纯的圆偏振 (95%)[1552].

第 18 章

有机半导体

摘要

简要介绍基于 sp^2 成键形式的有机半导体, 包括有机小分子和聚合物. 讲述了它们的电子结构、掺杂方式, 以及它们特有的输运和光学性质.

18.1 简介

有机半导体是碳基的化合物. 与无机半导体的主要结构差别是基于 sp^2 杂化的键 (见 2.2.3 小节), 例如苯 (和石墨). 金刚石由 100% 的碳原子构成, 但并不是有机半导体. 注意, 碳原子可形成更多基于 sp^2 键的有趣结构, 例如碳纳米管 (14.3 节), 它是 (单层或少层) 石墨烯 (13.1 节) 卷起来形成的圆柱体; 或者富勒烯, 例如, 像 C$_{60}$ 那样的足球状的分子.

在 1980 年出版的《半导体手册》里,只有 10 页讲有机半导体[1553]. 现在有好几种教科书[1554,1555]比这里的介绍要详细得多.

18.2 材料

18.2.1 有机小分子,聚合物

原型的有机分子是具有环状结构的苯分子 (图 2.8).

有机的半导体性的分子有很多种, 它们的差别在于苯环的个数 (图 18.1), 碳原子被氮原子或者硫原子替代 (图 18.2(a)(b))、聚合 (图 18.2(c)), 或者氢原子被侧基替代

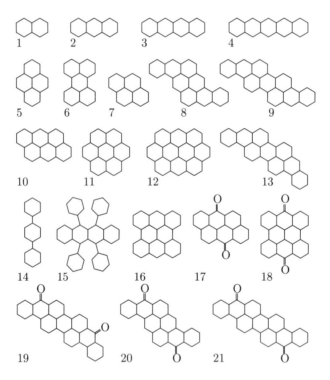

图18.1 各种有机化合物: 1. 萘; 2. 蒽; 3. 并四苯; 4. 并五苯; 5. 芘; 6. 苝; 7. 蔻; 8. 吡蒽; 9. 异紫蒽; 10. 蒽并蒽; 11. 晕苯; 12. 卵苯; 13. 紫蒽; 14. 对-三联苯; 15. 红荧烯; 16. m-萘并二蒽; 17. 蒽并蒽酮; 18. m-萘并二蒽酮; 19. 紫蒽酮; 20. 吡蒽酮; 21. 异紫蒽酮

(图 18.2(d)). 因为 PPV 是不溶于水的, 通常使用可以溶于有机溶剂里的衍生物, 例如 MEH-PPV[①] [1557]. 与苯分子相比, 用氮替换一个碳原子 (氮苯, pyridine) 表示一个电子的掺杂. 图 18.3 给出了有机分子的最重要的组件.

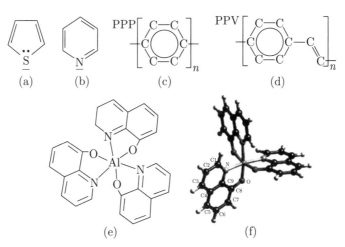

图18.2 有机化合物: (a) 噻吩; (b) 吡啶; (c) 聚对苯基; (d) 聚对苯乙烯基; (e) Alq$_3$(三-(8-羟基喹啉)-铝); (f) Alq$_3$分子的三维视图

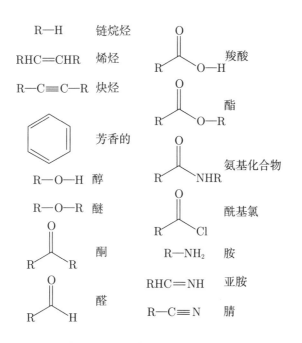

图18.3 有机分子的构件, R=烷基, 即CH$_3$(甲基), CH$_3$CH$_2$(丁基)……

---

① 可溶性聚对苯乙炔 (2-ethoxy,5-(2'-ethyl-hexyloxy)-1,4-phenylene vinylene).

18.2.2 有机半导体晶体

有机小分子可以因为范德华相互作用而结晶成固体, 即有机分子晶体 (OMC). 作为例子, 蒽 (anthracene) 晶体[1558]的单斜元胞如图 18.4(a) 所示. 并四苯 (tetracene) 和并五苯 (pentacene)(图 18.4(b)) 也有这种层状的 "交错式" ("鲱鱼骨", herringbone) 结构. 表 18.1 比较了寡苯 (oligoacene) 晶体的元胞.

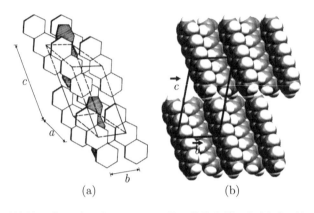

图18.4 (a) 蒽晶体的单斜元胞(尺寸见表18.1); (b) 并五苯的交错层投射到三斜元胞的bc平面上. 改编自文献[1566]

表18.1 寡苯晶体的性质（熔点和元胞参数）

性质	萘	蒽	并四苯	并五苯
熔点(°C)	80	217	357	>300
晶系	单斜	单斜	三斜	三斜
a (nm)	0.824	0.856	0.798	0.793
b (nm)	0.600	0.604	0.614	0.614
c (nm)	0.866	1.116	1.357	1.603
α (°)	90	90	101.3	101.9
β (°)	122.9	124.7	113.2	112.6
γ (°)	90	90	87.5	85.8

注: 数据取自文献[1559].

有许多方法可以生长单晶的有机分子晶体, 包括升华法、布里奇曼 (Bridgman) 法和丘克拉斯基法 (晶体生长提拉法)[1560,1561]、气相外延生长[1562,1563]或者从溶液里生长[1564,1565]. 有机分子单晶表现出本征的材料性质. 有机半导体的实际应用涉及薄膜, 例如, 发光二极管 (OLED, 见 23.3.7 小节) 和晶体管 (OFET, 见 24.6.4 小节). 有机分子的薄膜通常是无序的, 它们的性能参数不如有机分子晶体.

18.3 电子结构

苯里的 p_z 轨道是部分填充的, 在 HOMO 和 LUMO 之间有间隙 (图 2.11). 类似的考虑对于聚合物也成立. 轨道沿着聚合物链的耦合使得 π 和 π^* 态分别展宽为一个 (填充的) 价带和一个 (空的) 导带 (图 18.5).

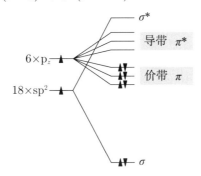

图18.5　聚合物的能带结构起源于苯的分子态的示意图(见图2.11)

相对于真空能级, 各种有机半导体的 HOMO 和 LUMO 位置如图 18.6 所示 (对比图 12.21 里的无机半导体). HOMO 也称电离能 (IE), LUMO 也称电子亲和性 (electron affinity, EA). 利用层状的有机半导体可以构建异质结构, 例如, 设计复合途径 (复合层、电子阻挡层 (EBL) 和空穴阻挡层 (HBL)). 用于电子注入和电子抽取 (空穴注入) 的

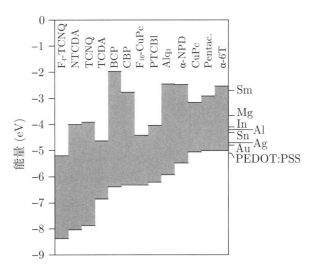

图18.6　各种有机半导体的HOMO和LUMO的位置(相对于$E=0$ eV的共同真空能级). 基于文献[1567]给出的数值. 为了比较, 右边给出了几种金属的功函数

电极, 必须使用具有合适功函数的金属 (联系一个可能的偶极界面层). 21.2.7 小节更详细地讨论了有机半导体的注入电极和抽取电极.

18.4 掺杂

有机半导体的掺杂方法有:

- 有机分子的部分氧化或者还原;
- 替换有机分子里的原子;
- 把"掺杂"分子与宿主材料混合.

文献 [1568] 报道了费米能级随着掺杂浓度的系统性移动. 通常, 电导率随着掺杂浓度而超线性地增加 (图 18.7(a)), 文献 [1569] 详细讨论了这个效应. 迁移率保持不

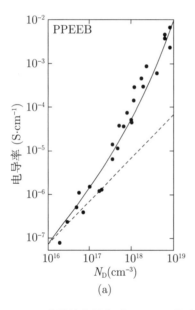
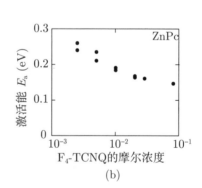

图18.7 (a) PPEEB薄膜的电导率(在0.9 V/μm处)与掺杂浓度N_D的关系的实验数据(圆点)和根据式(18.1)的拟合结果(实线), 激活能$E_{a,0}$ = 0.23 eV, $\beta=6.5 \times 10^{-8}$ eV·cm ($\mu = 0.2$ cm^2/(V·s)). 虚线是电导率和N_D的线性关系. 改编自文献[1571]. (b) 在ZnPc:F_4-TCNQ中, 载流子(空穴)的热激活能E_a随摩尔掺杂浓度的变化关系. 改编自文献[1568]

变, 但是因为静电相互作用, 载流子的热激发能 E_a 随着掺杂的增加而下降 (图 18.7(b))[594,1570], 7.5.7 小节已经讨论了这个效应. 在稀的极限, 激活能 $E_{\mathrm{a},0}$ 变为 (对比式 (7.52))

$$E_\mathrm{a} = E_{\mathrm{a},0} - \beta N_\mathrm{D}^{1/3} \tag{18.1}$$

18.5 输运性质

有机半导体的输运有以下特点:
- 极化子效应强;
- 跳跃电导;
- 迁移率低, 饱和漂移速度低.

电荷与晶格形变的相互作用形成了极化子[1572]. 在无机材料里, 这些通常是 "小的", 即形变的延伸在原子的尺度. 电荷的这种自陷阱降低了它们的迁移率. 两个电荷可以共享相同的形变 (双极化子, bipolaron), 电荷相反的极化可以吸引 (类似于一个激子). 如果这些电荷位于同一个 (相邻的) 聚合物链上, 极化子就称为链内的 (链间的).

必须区分一个分子里的导电 (例如一个长的聚合物链) 和不同分子之间的导电. 不同分子间的导电是通过跳跃发生的. 通常, 这种导电是热激发的:

$$\sigma = \sigma_0 \exp\left(-\frac{E_\mathrm{a}}{kT}\right) \tag{18.2}$$

其中, E_a 是量级为 1 eV 的能量. 这种激发也和迁移率有关, 例如, 对于 PPV, E_a = 0.48 eV[1573].

在室温下, 许多有机半导体晶体的低场迁移率最大值大约是 1 cm^2/(V·s), 具有弱的温度依赖关系[1574]. 这种迁移率远小于晶体硅的迁移率, 跟非晶硅的迁移率相仿. 通过改善有机半导体的纯度和处理, 已经实现了本征的材料性质 (图 18.8). 迁移率在低温下增大, 例如, 萘在 100 K 以下[1575]. 这被归结为声子的冻结, 以及从跳跃输运到能带输运的转变.

在更高场下漂移速度表现出饱和, 但即使在低温下, 其数值也远小于硅 (图 18.9). 文献 [1576] 已经给出了一个解析模型, 用于刚才描述的有机半导体输运的主要特性.

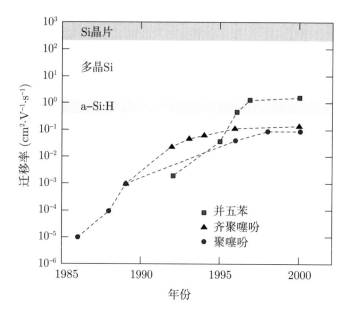

图18.8　有机半导体的室温迁移率的历史进展

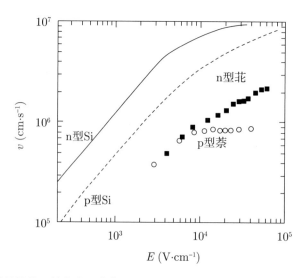

图18.9　在高度完美的单晶里的载流子速度，样品为(n型导电的)苝(perylene)(在 $T = 30$ K)和(p型导电的)萘(naphtalene)(在 $T = 4.3$ K). 为了比较，室温下电子(空穴)在硅中的速度显示为实线(虚线). 改编自文献[1561]

18.6 光学性质

有机分子可以有效地发光, 因此可用于光发射器. 为了理解有机材料的光物理学, 有必要回顾单重态和三重态的分子物理学. 在单重态 (三重态) 里, 没有配对的电子的总自旋量子数是 $S = 0(S = 1)$. 一个简单的能级结构包括基态 (S_0) 以及激发的单重态 (S_1) 和三重态 (T_1). 复合跃迁 $S_1 \to S_0$ 是允许的, 它的寿命很短. 这种发光称为 "荧光". 三重态的复合是禁戒的, 或者至少非常慢 ("磷光").

作为一个有机小分子的例子, Alq_3 的荧光寿命大约是 12 ns[1577]. 三重态的寿命在 10 μs 的范围 [1578]. Alq_3 的荧光谱和吸收谱如图 18.10 所示. 因为弗兰克-康登原理 (图 10.21), 荧光峰相对于吸收边有红移. Alq_3 分子的激发态 (空态) 密度如图 18.11 所示, 同时给出了与 4 个主要态有关的轨道. 最低的轨道是 LUMO, 导致了 Alq_3 在红光区的发光.

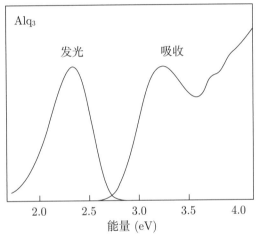

图18.10　Alq_3(在石英衬底上气相沉积的150 nm薄膜)在室温下的荧光谱和吸收光谱. 改编自文献[1579]

一种聚合物 (聚噻吩, poly-thiophene) 的荧光谱 (PL) 和吸收谱如图 18.12(a) 所示. 复合低于带隙 (2.1~2.3 eV), 位于一个激子能级上 (1.95 eV). 有几个声子伴线, 间距为 180 meV, 对应于 C-C 拉伸模. 聚噻吩的荧光激发谱 (PLE) 表明, 1.83 eV 的荧光可以通过激子能级来激发.

聚噻吩的理论能带结构如图 18.13(a) 所示. 布里渊区是一维的. 情况 I 对应于单分子链, 情况 II 与这个链嵌入介电常数 $\epsilon = 3$ 的介质有关. 预言的带隙分别是 3.6 eV 和 2.5 eV. 激子束缚能大约是 0.5 eV. 这个激子是弗伦凯尔激子, 空间延伸小, 是局域化的. 大的束缚能有利于辐射复合, 因为激子在室温下是稳定的. 但是这不利于光伏应用, 因为必须克服它才能分开电子和空穴 (在吸收光以后). 一般来说, 链内的激子 (就像在这里) 和链间的激子 (电子和空穴在不同的链上) 很不一样.

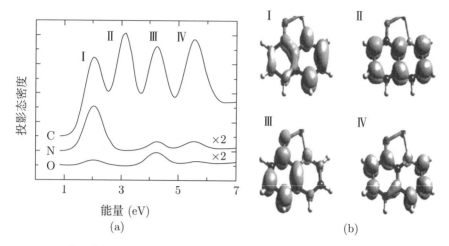

图18.11　(a) Alq$_3$分子激发态的投影态密度(Projected DOS)(对于C，N和O). 能量轴的原点是HOMO能级. (b) 图(a)中标为I-IV 的四个态的轨道. 获允转载自文献[1556]，© 1998 AIP

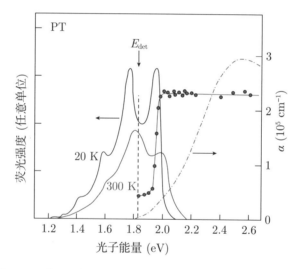

图18.12　在T=20 K和300 K时，聚噻吩的荧光谱(PL)和吸收谱(点划线). 垂直虚线表示荧光激发谱(PLE，圆点)的探测能量(E_{det} =1.83 eV)，T=20 K. 改编自文献[1580]

在一个简单模型里，"暗的"三重态收集载流子，把量子效率限制到25%[1582]. 从所有的激子态收集荧光，效率可以显著地高于纯的荧光材料 (或器件).

一条成功的途径是使用磷光客体材料. 当激发的单重态和三重态混合以后，三重态的辐射跃迁就变为部分允许的. 这通常是在具有重金属原子的金属有机分子里

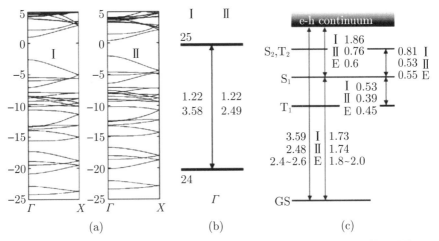

图18.13 (a) 聚噻吩的能带结构(I：裸链，II：位于介电材料($\epsilon=3$)里的链)；(b) 单粒子的能量和带隙；(c) 激子能级(E：实验值). 获允转载自文献[1581]，© 2002 APS

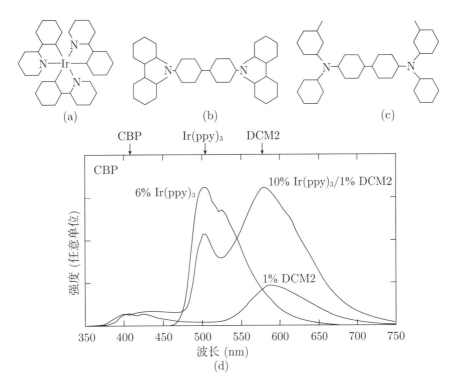

图18.14 (a) Ir(ppy)$_3$，(b) CBP和(c) TDP的分子结构(见正文). (d) CBP: 6% Ir(ppy)$_3$，CBP:10% Ir(ppy)$_3$/1% DCM2，CBP:2%DCM2的电致发光谱(室温). 基于文献[1585, 1586]给出的数据

实现的，提供了很大的自旋-轨道相互作用的效应[1583,1584]. 最突出的是使用了包含Ru, Pt 和 Ir 的化合物，例如，在 CBP(4,4'-N,N'-dicarbazole-biphenyl) 里的 Ir(ppy)$_3$

(fac tris(2-phenylpyridine) iridium) (图 18.14(a)(b))[1585]. Ir(ppy)$_3$ 的荧光谱如图 18.14(d) 所示. Ir(ppy)$_3$ 的三重态的辐射衰减常数大约是 800 ns, 如果从宿主材料的三重态的能量传递是放热的 ($\Delta G = G_G - G_H < 0$[1578], 图 18.15(a)), 而且很快, 就可以观察到. CBP:Ir(ppy)$_3$ 的情况就是这样 (图 18.15(b)), $\Delta G \approx -0.2$ eV. 实际上, 相反的传递 (从 Ir(ppy)$_3$ 到 CBP) 似乎降低了荧光效率, 使得磷光寿命从 800 ns 减少到 400 ns.

在 TDP(N,N'-diphenyl-N,N'-bis(3-methylphenyl)-[1,1'-biphenyl]-4,4'-diamine) 宿主材料里 (图 18.14(c)), 到磷光 Ir(ppy)$_3$ 客体的三重态能量传递是吸热的 ($\Delta G \approx +0.1$ eV), 是限制速度的步骤 [1578]. 在这种情况下, Ir(ppy)$_3$ 的复合的衰减常数大约是 15 μs (图 18.15(b)). 低温下更长的衰减时间证实了这个热激发特性 ($T = 200$ K, $\tau \approx 80$ μs)[1578]. 吸热的转移能够泵浦蓝光的磷光客体, 无需蓝光的宿主材料.

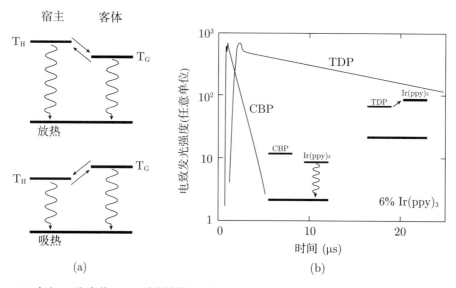

图18.15 (a) 宿主(T_H)和客体(T_G)三重态的能级示意图. 直线箭头表示三重态之间的能量转移, 曲线箭头表示向(单重态)基态的辐射跃迁. (b) CBP:6% Ir(ppy)$_3$($\tau \approx 1$ μs), TDP:6% Ir(ppy)$_3$($\tau \approx 15$ μs) 的电致发光瞬态谱(在室温下, 在500~560 nm范围内检测)(与图 18.14(b)比较), 插图: 用箭头表示限制速度的过程. 基于文献[1578]给出的数据

此外, 还可以发生弗斯特 (Förster) 能量转移 [1587], 即从客体的三重态到荧光染料分子的一个快的效率高的单重态 (S_D), 例如, 从 CBP:Ir(ppy)$_3$ 到 DCM2[1586]. 纯 DCM2 的瞬态寿命大约是 1 ns. 在混合物 CBP:10%Ir(ppy)$_3$/1%DCM2 里, DCM2 的荧光的衰减常数看起来与 Ir(ppy)$_3$ 相同, 都是 100 ns(图 18.16(b)). 这个衰减常数 (速率限制步骤, 见图 18.16(a)) 对应于把三重态 Ir(ppy)$_3$ 的能量转移到 DCM2, 比纯 Ir(ppy)$_3$ 的辐射寿命快得多.

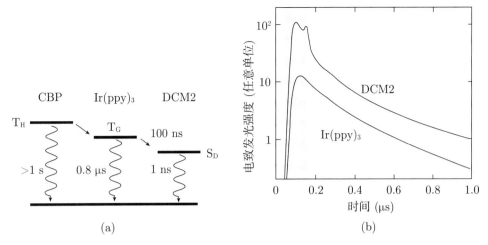

图18.16 (a) CBP:Ir(ppy)$_3$/DCM2的能级、能量转移和复合路径(比较图18.14中的光谱)示意图. 给出了不同过程的速率常数, 限速过程用粗箭头表示. (b) 在100 ns的激发脉冲(灰色区域)激发后, Ir(ppy)$_3$和DCM2的电致发光瞬态谱, 来自CBP:10%Ir(ppy)$_3$/1%DCM2. 基于文献[1586] 给出的数据

有机半导体的光电导率通常与它们的吸收谱有关, 蒽的情况如图 18.17 所示.

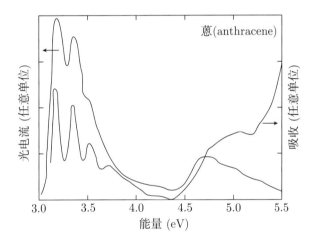

图18.17 蒽的光电导率和吸收谱

第 19 章

介电结构

摘要

介绍了介电结构，特别是周期性的介电结构．建立了一种通用的一维模型，描述布拉格反射镜．给出了一维、二维和三维光子带隙材料的例子．介绍了不同类型的介电腔和微共振腔，包括法布里-珀罗共振腔和回音壁共振腔．介绍了光和物质耦合的量子电动力学效应，例如珀塞尔效应和强耦合．

19.1 光子带隙材料

用折射率不同的介电材料做成的层状结构可以作为光学元件，例如滤波器、反射器和增透膜[1558]．本节讨论这种概念在一维、二维和三维光子带隙材料中的应用．

19.1.1 简介

具有"光子带隙"(PBG) 的结构有一个能量范围 (颜色范围),使得光子不能在任何方向传播. 在这个光子带隙里,没有光学模式,没有自发辐射,也没有真空 (零场) 涨落. 我们知道,自发辐射不是必然发生的: 看看跃迁概率的费米黄金定则 (式 (19.30)),对所有的终态求积分,

$$w(E) = \frac{2\pi}{\hbar}|M|^2 \rho_f(E) \tag{19.1}$$

我们看到,衰减速率依赖于能量 E 处的终态的密度 ρ_f. 在自发辐射的情况下,这是电磁辐射模式的 (真空) 密度 D_{em}(单位能量、单位体积),其变化 $\propto \omega^2$:

$$D_{\text{em}}(E) = \frac{8\pi}{(hc)^3} E^2 \tag{19.2}$$

在均匀的光学介质中, c 必须用 c/n 替换 (比较 10.2.3 小节).

如果把 PBG 的带隙调节到半导体中的电子带隙,就可以抑制自发辐射和受激辐射. 因此,必须利用"掺杂"结构来保留一个模式. 在这个模式里,所有的发射都消失,可以构造高效率的单模 (单色) 发光二极管或者"零阈值"激光器. 图 19.1 示意性地比较了电子和光子的能带结构.

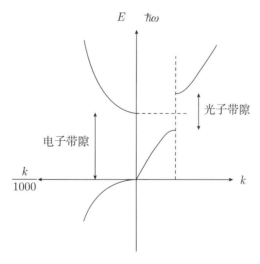

图19.1 右侧: 在周期性的波矢处,有带隙(禁带间隙)的电磁色散. 左侧: 直接隙半导体典型的电子波色散. 当光子带隙跨越电子带隙时,电子与空穴复合产生光子的过程被抑制,因为光子没有地方可去(终态的密度为零)

19.1.2 通用的一维散射理论

一维介电材料里形成的光子带隙在很大程度上可以解析计算,具有直接的洞察力. 设 $n(x)$ 是空间变化的折射率 (没有损耗或非线性光学效应). 电场 E 的一维波动方程 (亥姆霍兹方程) 是

$$\frac{\partial^2 E(x)}{\partial x^2} + n^2(x)\frac{\omega^2}{c^2}E(x) = 0 \tag{19.3}$$

与一维薛定谔方程

$$\frac{\partial^2 \Psi(x)}{\partial x^2} + \frac{2m}{\hbar^2}[E-V(x)]\Psi(x) = 0 \tag{19.4}$$

作比较, 表明亥姆霍兹方程对应于外势为零、具有空间调制的质量的量子力学波动方程, 这种情况通常不会被考虑.

现在考虑本征矢 k 的振幅 a_k. 本征值就是 ω_k. 一维模式密度 $\rho(\omega)$(单位能量和单位长度) 是

$$\rho(\omega) = \frac{\mathrm{d}k}{\mathrm{d}\omega} \tag{19.5}$$

它是群速度的倒数.

我们按照文献 [1589] 讲述一维散射理论. 这里不需要 $n(x)$ 具有任何特殊的形式 (图 19.2(a)). 对于任意折射率的结构, (复数的) 透射系数 t 是

$$t = x + \mathrm{i}y = \sqrt{T}\exp(\mathrm{i}\phi) \tag{19.6}$$

其中, $\tan\phi = y/x$. ϕ 是在传播通过整个结构过程中积累的全部相位, 可以写为结构的厚度 d 和有效波数 k 的乘积. 因此得到色散关系:

$$\frac{\mathrm{d}}{\mathrm{d}\omega}\tan(kd) = \frac{\mathrm{d}}{\mathrm{d}\omega}\left(\frac{y}{x}\right) \tag{19.7}$$

计算这个导数, 得到

$$\frac{d}{\cos^2(kd)}\frac{\mathrm{d}k}{\mathrm{d}\omega} = \frac{y'x - x'y}{x^2} \tag{19.8}$$

撇号表示对 ω 求导. 利用关系式 $\cos^2\theta = (1+\tan^2\theta)^{-1}$, 就得到了一般性的表达式:

$$\rho(\omega) = \frac{\mathrm{d}k}{\mathrm{d}\omega} = \frac{1}{d}\frac{y'x - x'y}{x^2 + y^2} \tag{19.9}$$

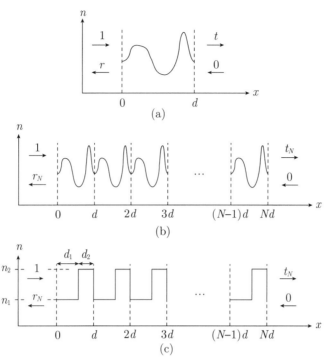

图19.2　一维散射问题. (a) 折射率分布的一般散射；(b) N 周期的多层膜；(c) 两层(四分之一波长)的多层膜

19.1.3　N 个周期势的透射

对于 N 个周期的给定折射率分布 $n(x)$，每个周期的厚度为 d (图 19.2(b))，现在研究它的行为. 散射矩阵 $\boldsymbol{M}$ 连接了 $x=0$ 和 $x=d$ 处的强度. 用列矢量 $\boldsymbol{u}=(u^+,u^-)^{\mathrm{T}}$ 表示左行波和右行波 (分别用 $+$ 和 $-$ 标记)，$u^{\pm}=f^{\pm}\exp(\pm \mathrm{i}kx)$,

$$\boldsymbol{u}(0)=\boldsymbol{M}\boldsymbol{u}(d) \tag{19.10}$$

利用边界条件 $\boldsymbol{u}(0)=(1,r)$ 和 $\boldsymbol{u}(d)=(t,0)$，我们发现 $\boldsymbol{M}$ 的结构如下:

$$\boldsymbol{M}=\begin{pmatrix} 1/t & r^*/t^* \\ r/t & 1/t^* \end{pmatrix} \tag{19.11}$$

能量守恒定律要求 $\det\boldsymbol{M}=(1-R)/T=1$. $\boldsymbol{M}$ 的本征值方程是

$$\mu^2-2\mu\,\mathrm{Re}(1/t)+1=0 \tag{19.12}$$

两个本征值 $\mu^\pm$ 满足关系式 $\mu^+\mu^- = \det \boldsymbol{M} = 1$. 如果考虑一个无限的周期性结构, 由布洛赫定理 (参见 6.2.1 小节) 可知, 不同元胞的本征矢只相差一个相位因子, $|\mu| = 1$. 因此, 本征值可以写为

$$\mu^\pm = \exp(\pm i\beta) \tag{19.13}$$

其中, β 对应于无限长的周期性结构的布洛赫相位. 不要把相位 β 和以前定义的 ϕ 混淆, 后者与元胞透射率有关. 我们找到了布洛赫相位的条件:

$$\mathrm{Re}(1/t) = \cos\beta \tag{19.14}$$

因为每个矩阵遵循自己的本征值方程, 我们还有 ($\mathbf{1}$ 是单位矩阵)

$$\boldsymbol{M}^2 - 2\boldsymbol{M}\cos\beta + \mathbf{1} = \mathbf{0} \tag{19.15}$$

用数学归纳法可以证明, N 个周期的情况具有散射矩阵

$$\boldsymbol{M}^N = \boldsymbol{M}\frac{\sin(N\beta)}{\sin\beta} - \mathbf{1}\frac{\sin((N-1)\beta)}{\sin\beta} \tag{19.16}$$

有限周期情况的解可以用无限势的布洛赫相位的形式写出来. N 周期系统的反射系数和透射系数是

$$\frac{1}{t_n} = \frac{1}{t}\frac{\sin(N\beta)}{\sin\beta} - \frac{\sin((N-1)\beta)}{\sin\beta} \tag{19.17a}$$

$$\frac{r_n}{t_n} = \frac{r}{t}\frac{\sin(N\beta)}{\sin\beta} \tag{19.17b}$$

光强的透射率可以写为 ($T = t^*t$)

$$\frac{1}{T_N} = 1 + \frac{\sin^2(N\beta)}{\sin^2\beta}\left(\frac{1}{T} - 1\right) \tag{19.18}$$

到现在为止, 折射率在元胞里的具体分布形式仍然没有确定.

根据式 (19.17a), 得到 N 周期结构 (stack) 的模式密度 $\rho_N(\omega)$ 的一般表达式[1589]:

$$\rho_N = \frac{1}{Nd}\frac{\dfrac{\sin(2N\beta)}{2\sin\beta}\left(\eta' + \dfrac{\eta\xi\xi'}{1-\xi^2}\right) - \dfrac{N\eta\xi'}{1-\xi^2}}{\cos^2(N\beta) + \eta^2\left(\dfrac{\sin(N\beta)}{\sin\beta}\right)^2} \tag{19.19}$$

其中, $\xi = x/T = \cos\beta$, $\eta = y/T$.

19.1.4　布拉格反射镜

布拉格反射镜 (也称 1/4 波片堆, a quarter-wave stack) 具有一维的光子带隙. 每个周期包含两个区域, 厚度和折射率分别为 d_1, n_1 和 d_2, n_2(图 19.2(c)). 在布拉格反射镜里, 对于某个特定的波长 λ_0 或 (带隙中间) 频率 ω_0, 每个区域的光学厚度是 $\lambda/4$(波在每个区域里积累的相位是 $\pi/2$). 因此, 这个条件就是

$$n_1 d_1 = n_2 d_2 = \frac{\lambda_0}{4} = \frac{\pi}{2} \frac{c}{\omega_0} \tag{19.20}$$

利用菲涅耳公式, 任意的双层单元的透射系数为

$$t = \frac{T_{12} \exp(i(p+q))}{1 + R_{12} \exp(2iq)} \tag{19.21}$$

其中, $p = n_1 d_1 \omega / c$ 和 $q = n_2 d_2 \omega / c$ 是在这两层里分别积累的相位. T_{12} 和 R_{12} 的数值是

$$T_{12} = \frac{4 n_1 n_2}{(n_1 + n_2)^2} \tag{19.22}$$

$$R_{12} = \frac{(n_1 - n_2)^2}{(n_1 + n_2)^2} \tag{19.23}$$

对于布拉格反射镜 ($p = q = \pi/2$), 由式 (19.21) 得到

$$t = \frac{T_{12} \exp(i\pi\tilde{\omega})}{1 + R_{12} \exp(i\pi\tilde{\omega})} \tag{19.24}$$

其中, $\tilde{\omega} = \omega / \omega_0$ 是按照带隙中间值归一后的频率.

单个的两层单元的透射率是

$$T = \frac{T_{12}^2}{1 - 2 R_{12} \cos(\pi\tilde{\omega}) + R_{12}^2} \tag{19.25}$$

布洛赫相位是

$$\cos\beta = \xi = \frac{\cos(\pi\tilde{\omega}) - R_{12}}{T_{12}} \tag{19.26}$$

$$\eta = \frac{\sin(\pi\tilde{\omega})}{T_{12}} \tag{19.27}$$

对于 N 个周期的布拉格反射镜, 透射率是

$$T_N = \frac{1 + \cos\beta}{1 + \cos\beta + 2 (R_{12}/T_{12}) \sin^2(N\beta)} \tag{19.28}$$

形成了一个带隙. 在这个带隙里, 模式密度降低了, 在带边处增强了 (图 19.3 和图 19.4). 带隙中间的透射率下降, $\propto (n_i/n_j)^{2N}$, 其中 $n_i < n_j$.

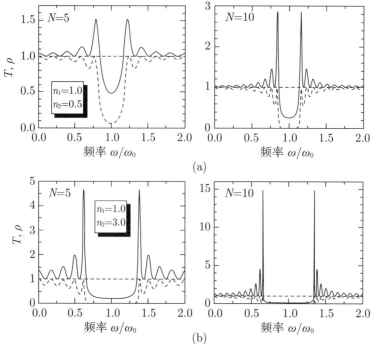

图19.3 布拉格反射镜，折射率为(a) n_1, n_2 = 1.0, 1.5. (b) n_1, n_2 =1.0, 3.0. 对于两种不同的对子数 N = 5(左图)和10(右图)，实线：无量纲的模式密度ρ_N (式(19.19))，虚线：透射率T_N与无量纲频率$\tilde{\omega}$的关系(式(19.28))

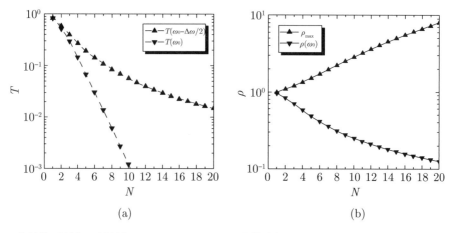

图19.4 布拉格反射镜，折射率n_1, n_2 = 1.0, 1.5：(a) 在带中间($\tilde{\omega}$ = 1，下三角)和带边($\tilde{\omega}$ =1−$\Delta\tilde{\omega}$/2，上三角)，透射率T_N和对子数N的关系；(b) 在靠近带边和带中间，在最大值处的无量纲的模式密度ρ_N和对子数N的关系

在大 N 的极限下, 带隙的全宽度 $\Delta\tilde{\omega}$ 由下式隐含地给出:

$$\cos\left(\frac{\pi}{2}\Delta\tilde{\omega}\right) = 1 - 2\left(\frac{n_1 - n_2}{n_1 + n_2}\right)^2 \tag{19.29}$$

如果 $|n_1 - n_2| \ll n_1 + n_2$, 就得到

$$\Delta\tilde{\omega} \approx \frac{4}{\pi}\frac{|n_1 - n_2|}{n_1 + n_2} \tag{19.30}$$

布拉格反射镜的原理可以推广到可见光以外的频率.① 图 19.5 给出了由钇稳定的氧化锆 (YSZ[1590], 高介电材料, 图 19.6(a)) 和 Al_2O_3 制成的各种布拉格反射镜的反射率 [1591]. 只要改变层的厚度, 就可以实现不同的设计波长.

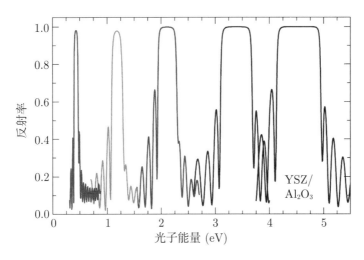

图19.5 用脉冲激光沉积法在蓝宝石上生长的各种YSZ/Al_2O_3布拉格反射镜的反射率. 不同层厚导致的设计能量为0.43 eV (N=10.5, R_{max} =0.9812, 红色), 1.19 eV (N=10.5, R_{max} = 0.9779, 橙色), 2.11 eV (N=15.5, R_{max} = 0.99953, 绿色), 3.39 eV (N=15.5, R_{max} = 0.99946, 蓝色) 和4.54 eV (N=15.5, R_{max} = 0.99989, 紫色)

图 19.6(b) 用相对频率坐标 $\tilde{\omega}$ 重新画了图 19.5 中的三个布拉格反射镜(N=15.5 对). 这些谱看起来很相似; 反射带宽度的微妙差别是因为对于更高的设计能量, 折射率的差别更大一些 (比较图 19.6(a)). 带系的宽度近似为 $\Delta\tilde{\omega} \approx 0.18$, 符合式 (19.30).

图 19.7 给出了另一个例子, 周期为 6.7 nm 的 Mo/Si 布拉格反射镜. 这样的镜子工作在深紫外区, 用于软 X 射线光学, 可能是在先进的曝光系统里. 介电薄膜也可以设计为增透膜、带边滤光片、带通或带阻滤光片, 细节请见文献 [1588].

---

① 这是麦克斯韦方程组的一般性质: 没有一个特殊的长度.

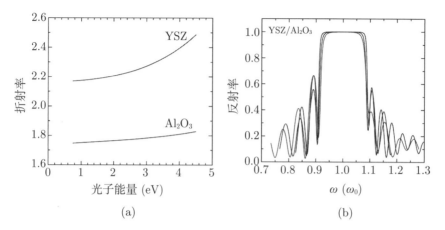

图19.6 (a) YSZ和Al_2O_3的折射率与光子能量的关系；(b) 图19.5的2.11 eV(绿色)，3.39 eV(蓝色)和4.54 eV(紫色)布拉格反射镜的反射谱，重新画为归一化频率$\tilde{\omega}=\omega/\omega_0$的函数

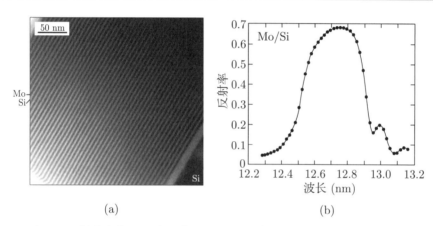

图19.7 (a) 在Si(001)衬底上的Mo/Si超晶格(2.7 nm Mo(暗)和4.0 nm Si(亮)，周期为6.7 nm)的截面TEM像. 取自文献[1592]. (b) 超晶格(周期为6.5 nm)的反射光谱，入射角为88.5°. 数据点用圆点表示，实线是拟合结果(周期为6.45 nm). 改编自文献[1593]

19.1.5　3D 带隙结构的形成

为了其他应用, 例如, 占用空间 (footprint) 最小的波导, 需要 3D(或者至少 2D) 的光子带隙材料. 细节可以参看专门的教科书[1594-1596]. 文献 [1597] 讨论了平面的、圆柱形的和球形的布拉格反射镜.

因为我们希望在所有传播方向上都有光子带隙, 所以接近于球形的布里渊区是更可取的. 主要方向就有类似的 k 值 (图 19.8). fcc 格子是最适合的结构之一. 因为 L 点的频率比 X 点低 $\approx 14\%$, 只有当不同方向的禁带必须足够宽, 才能在布里渊区表面的所有点产生禁止的频率带. 例如, bcc 格子的布里渊区比 fcc 格子的对称性差 (见图 3.38),

就不太适合产生全方向的光子带隙. 然而, 光子带隙不能高于第一个带, 因为布里渊区的不对称性, 所以可以放松要求 (参见表 19.1).

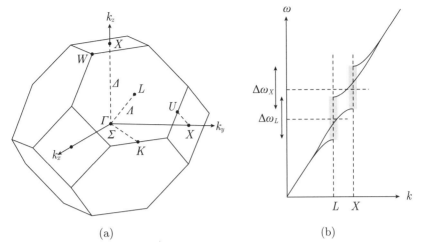

图19.8 (a) 倒空间里的面心立方的布里渊区；(b) 在L点和X点的禁带间隙示意图

表19.1 各种光子晶体的带隙结构和性质

名称	晶体类型	n	$\Delta\tilde{\omega}$ (%)	参考文献
金刚石(Diamond)	金刚石	2	29	[1598]
亚布朗诺维奇(Yablonovite)	fcc	2	19	[1602]
木堆(Woodpile)	fc 四方	2	20	[1603]
螺旋(Spirals)	sc	4	17	[1604]
正方形螺旋(Square-spirals)	四方	4	24	[1599]
叠层3D(Layered 3D)	bc 正交	4	23	[1605]
倒置脚手架(Inverted scaffold)	sc	5	7	[1606]
反转蛋白石(Inverse opal)	fcc	8	4.25	[1607]
反转密排六方(Inverse hcp)	hcp	16	2.8	[1608]

注：带隙在第n个能带和第$n+1$个能带之间, 对于空气/硅 ($\epsilon \approx 12$), 给出了 $\Delta\omega$.

单色光 ($\propto \exp(\mathrm{i}\omega t)$, 各向同性的介电函数) 的麦克斯韦方程组 (电荷密度为零) 是

$$\nabla \cdot \boldsymbol{D} = 0 \tag{19.31}$$

$$\nabla \times \boldsymbol{E} = \mathrm{i}\frac{\mu\omega}{c}\boldsymbol{H} \tag{19.32}$$

$$\nabla \times \boldsymbol{H} = \mathrm{i}\frac{\omega}{c}\boldsymbol{D} \tag{19.33}$$

$$\nabla(\mu\boldsymbol{H}) = 0 \tag{19.34}$$

再加上 $\boldsymbol{D}(\boldsymbol{r}) = \epsilon(\boldsymbol{r})\boldsymbol{E}(\boldsymbol{r})$ 和 $\mu = 1$, 就构成了波动方程

$$\nabla \times \left[\epsilon^{-1}(\omega,\boldsymbol{r})\nabla \times \boldsymbol{H}(\boldsymbol{r})\right] + \frac{\omega^2}{c^2}\boldsymbol{H}(\boldsymbol{r}) = \boldsymbol{0} \tag{19.35}$$

对于波矢为 k 的平面波,这个方程需要数值求解.

下面给出不同结构的结果. 空气球在介电介质 ($n=3.6$, 典型的半导体) 中构成的 fcc 格子里不能形成带隙 (图 19.9(a)),只出现了赝带隙 (图 19.9(b)).

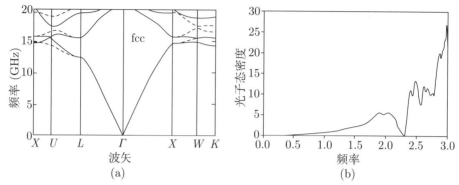

图19.9 (a) 对在折射率为3.5的介质背景里由空气球组成的fcc介电结构,计算得到的光子晶体带隙结构. 填充率为86%的空气和14%的介电材料. 虚线和实线分别表示与s偏振光和p偏振光的耦合. (b) 图(a)的能带结构的态密度. 获允转载自文献[1598], © 1990 APS

在金刚石格子里 (两个 fcc 格子平移了 $1/4\langle 111\rangle$),完全的光子带隙是可能的 [1598] (图 19.10). 最近的工作预测 [1599],螺旋 (spirals) 的周期性阵列 (图 19.11) 能展示很大的光子带隙. 倾斜入射沉积 [1600] (GLAD) 是实现这种结构的一种方法. 在材料里产生任意几何构型的结构的另一种方法是双光子刻印或双光子全息术. 光子带隙结构的其他方法是"反转蛋白石" (inverted opals). 首先,用沉淀法或自组织法制备球的密堆积结构,例如,单一尺寸的二氧化硅球. 在间隙里填上高折射率的介质,

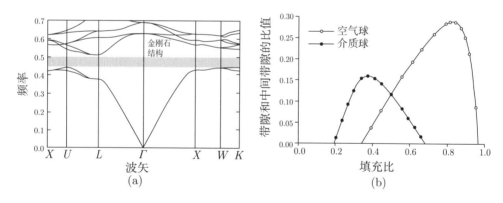

图19.10 (a) 计算得到的金刚石介质结构的光子晶体能带结构,该结构由介质材料($n=3.6$)中有所重叠的空气球组成. 空气填充率为81%. 频率的单位是 c/a,其中 a 为金刚石晶格的立方晶格常数,c 为光速. 带隙用灰色矩形表示. (b) 对于介质球($n=3.6$)在空气里(实心圆点)和空气球在介质 n 里(空心圆)的情况,金刚石结构的带隙-中间带隙(midgap)的频率比作为填充比的函数. 最佳情况: 空气球填充率为82%. 获允转载自文献[1336], ©1990 APS

随后通过腐蚀或溶解去除样板. 得到的结构如图 19.12(a) 所示. 只要折射率足够大 (> 2.85)[1601], 这种结构就有光子带隙 (图 19.12(b)). 在这种情况下, 带隙位于第 4 个带和第 5 个带之间. 表 19.1 汇集了不同的 PBG 结构及其性质.

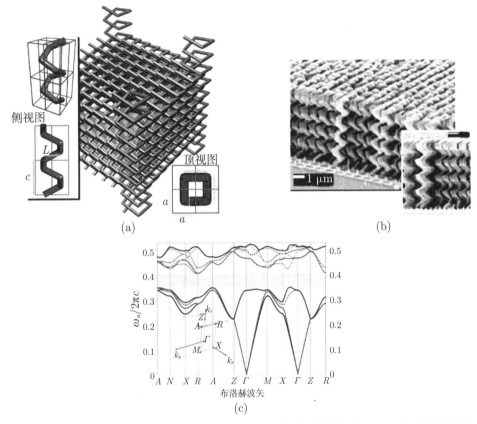

图19.11 (a) 四方的正方形螺旋光子晶体. 这里显示的晶体的固体填充率为30%. 为了清晰起见, 用不同的颜色和高度强调了晶体角落处的螺旋线. 四方晶格的特征是晶格常数a和b. 正方形螺旋的几何形状在插图中做了说明, 其特征在于它的宽度L、圆柱半径r和高度 (pitch) c. 左上角的插图显示了一个螺旋绕着四个元胞. (b) 利用倾斜入射沉积方法 (GLAD) 生长的四方的正方形螺旋光子晶体的斜视图和边视图. 两个标尺均为 1 μm. (c) 直接结构晶体的能带结构, 晶体参数是$[L,C,r]=[1.6,1.2,0.14]$, 螺旋填充因子是$f_{螺旋}$=30%. 长度的单位是晶格常数a. 对于背景介电常数b=1和螺旋介电常数ϵ_s=11.9, PBG的宽度是中心频率的15.2%. 插图中给出了布里渊区高对称点的位置. 图(a)和(c)获允转载自文献[1599], © 2001 AAAS. 图(b)获允转载自文献[1600], © 2002 ACS

19.1.6 无序

真实的光子带隙结构偏离于理想的、完美的周期性系统, 位置或介电 "原子" 的尺寸略有偏离. 图 19.13(a) 给出了示意图. 真实结构和理想结构的差别是 (双极性的) 空

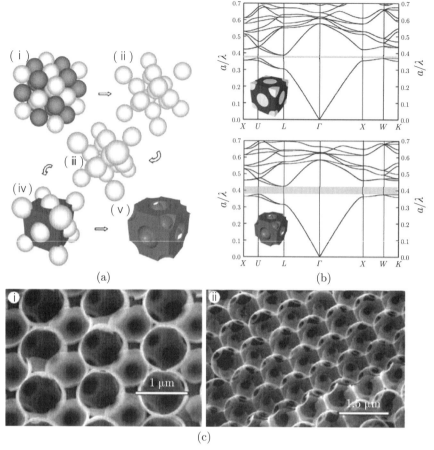

图19.12 (a) 漫画显示用五个步骤制造一个反金刚石结构, 具有完整的光子带隙. 首先, (i) 制备混合的体心立方晶格, 然后, (ii) 去除乳胶(latex)子晶格, (iii) 结构随后被烧结, 得到的填充因子大约是50%, (iv) 用硅或锗渗透进去, 最后, (v) 去除二氧化硅. (b) 光子晶体的能带图, (上图)硅/二氧化硅复合金刚石蛋白石(composite diamond opal)结构, (下图)由硅片中的空气球构成(从硅片中去除二氧化硅球而形成). 硅的填充分数为50%. 插图显示了对应的实空间结构. 获允转载自文献[1609], ©2001 AIP. (c) 硅的反蛋白石结构的内部小面的SEM像: (i) (110) 小面, (ii) (111) 小面. 改编自文献[1610] . 获允转载, ©2000 Springer Nature

间分布 $\Delta\epsilon(r)$, 它作为散射源并在长度 l (称为"消光"平均自由程) 上指数地消减穿过光子晶体的相干光束. 传播了这样的距离 l 以后, 光束变为扩散光, 破坏了任何光子集成线路 (photonic integrated circuit) 的功能. 对于蛋白石, 在实验里发现, 平均自由程符合制造精度为 5% 的情况 (图 19.13(b)). 对于这样的无序, 晶格常数 $a \approx \lambda$, 平均自由程大约只有 10 个波长: $l \approx 10\lambda$.

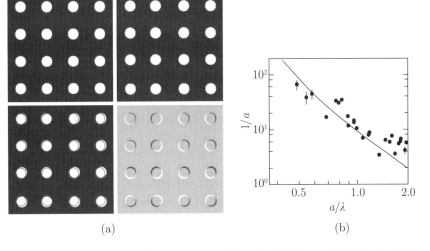

图19.13 (a) 光子晶体带隙结构的示意图, 左上图具有完美的周期性, 右上图具有无序的周期性. 在左下图里, 无序结构与理想结构(圆圈)叠加在一起. 右下图显示了理想结构与无序结构的差别. (b) 不同晶格常数的蛋白石光子带隙结构中的光学平均自由程. 实线对应于制作精度为5%的理论结果. 改编自文献[1611], 获允转载, ©2005 APS

19.1.7 缺陷模式

完美的周期性原子排列引发电子能带结构的形成, 与此类似, 完美的周期性介电结构引发光子带隙结构. 由半导体物理学可知, 许多有趣的物理和很多的应用来自缺陷模式, 即由掺杂和在缺陷中心的复合所导致的局域化的电子态. 光子带隙结构中的等价物是点缺陷 (缺失了一个单元) 或线缺陷 (缺失了直的、弯的或者锐角的一行单元). 这种缺陷产生了局域态, 即光局域化的区域. 在线缺陷的情况中, 我们处理波导, 它能够方便地设计, 并有助于减小光子和光电子集成线路的尺寸.

1D 模型

重新考虑一维散射理论, 现在引入一个 "缺陷". 一个简单的缺陷是改变布拉格反射镜的中心 n_2 区的宽度. 作为数值的例子, 我们选择 $N=11, n_1=1, n_2=2$.

没有扰动的布拉格反射镜和微腔的透射曲线如图 19.14 所示, 其中, $n_2 d_2^{中心} = 2\lambda_0/4 = \lambda_0/2$. 在 $\omega = \omega_0$ 处, 有一个高透射的模式, 非常尖锐, $\Delta\omega = 3\times 10^{-4}$. 因此, 品质因子 Q(也称 Q 因子) 是

$$Q = \frac{\omega_0}{\Delta\omega} \tag{19.36}$$

其中，ω_0 是共振频率，$\Delta\omega$ 是线宽，在这里是 3.3×10^3.

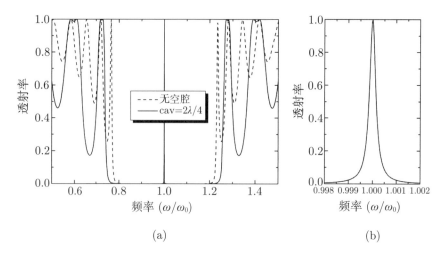

图19.14　一维光子带隙中的缺陷模式：(a) 显示了光子带隙的 $N=11$ 的布拉格反射镜($n_1=1$, $n_2=2$)的透射率(虚线)，微腔的透射率(实线)，中心 n_2 区的宽度是 $\lambda_0/2$(而不是 $\lambda_0/4$)；(b) 模式的相对宽度大约是 3×10^{-4}

如果改变厚度(图 19.15)，这个模式就从中心离开. 类似的场景也出现在更高阶的 $n_l/2$ 腔，例如 $n_2 d_2^{中心} = 4\lambda_0/4 = \lambda_0$(图 19.16).

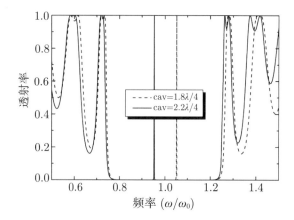

图19.15　$N=11$ 的布拉格反射镜的透射率($n_1=1$, $n_2=2$)，中心 n_2 区的宽度是 $1.8\lambda_0/4$(虚线)和 $2.2\lambda_0/4$(实线)

2D 或 3D 的缺陷模式

2D 波导的一个例子如图 19.17 所示. 点缺陷可以用于高品质因子的波长过滤. 发射器被具有一个缺陷模式的光子带隙材料包围，只能发射到缺陷模式里, 导致谱过滤的、高定向的发射.

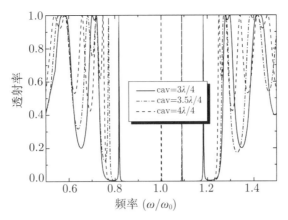

图19.16　$N=11$ 的布拉格反射镜的透射率($n_1=1$, $n_2=2$)，中心 n_2 区的宽度是 $3\lambda_0/4$(实线)，$3.5\lambda_0/4$(点画线)和 $4\lambda_0/4$(虚线)

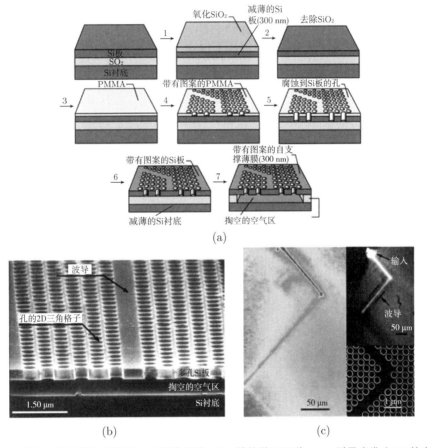

图19.17　二维光子带隙的波导结构. (a) 制作原理；(b) 结构的SEM像；(c) 引导光发生90°的弯曲. 获允转载自文献[1612]，©2000 AIP

19.1.8 拓扑的光子能带结构

文献 [1613] 综述了二维拓扑光子学. 文献 [1614] 从理论上提出了拓扑非平凡的二维光子能带结构的思想. 该系统是一个二维光子晶体, 外部磁场垂直于光传播平面 (即二维平面). 为六边形的介电圆柱形杆阵列建立了模型. 通过在杆外引入法拉第介质 (Faraday medium), 提高了狄拉克点 (在 K 点处) 的简并度. 接近带隙的能带获得非零的陈数 $C_n = \pm 1$ (打破反演对称性只产生一个能隙, 不会导致非零的陈数). 磁场的反转使能带反转为 $C_n = \mp 1$. 光子能带的贝里 (Berry) 曲率起着类似于磁场在 QHE 中的作用. 计算结果表明, 在具有上和下磁场 (up and down magnetic fields) 的介质之间, 存在单向传播的光子边缘态. 一个类似的实验系统基于钇铁石榴石 (yttrium iron garnet, YIG), 作为打破时间反演对称性的手性材料 (gyrotropic material), 并表现出拓扑的边缘模式 [1615].

基于文献 [1616] 中提出的霍尔丹模型 (Haldane model) 的思想, 有一种在制造和材料选择方面更理想的非磁性版本. 考虑蜂巢晶格的次近邻耦合 t', 如果 (复) 跳跃参数 t' 的相位 ϕ' 不是 0 或 π, 则产生拓扑态. 文献 [1617, 1618] 报道了这种非磁性、全介电的拓扑谐振器的进一步理论考虑和建模. 文献 [1619] 实现并研究了这种谐振器. 该系统由环形谐振器的正方晶格组成, 它们通过链环 (link rings) 相互耦合. 这些中间链路相对于环谐振器进行空间移动, 以引入一组非对称的跳变相位, 控制结构是导致拓扑平凡的 $\phi' = 0$ 还是非平凡的 $\phi' = \pi/2$ 的情况. 边缘模式的激射以及光在 10×10 的谐振器周围传输已经得到了演示 [1619].

文献 [1620] 也报道了一个类似的概念, 利用不同的跳跃参数来创建拓扑平凡的和非平凡的二维光子能带结构 (图 19.18). 拓扑非平凡 (平凡) 部分的态的偶极子 (奇宇称) 和四极子 (偶宇称) 的特征在能带内变化 (不改变). 光泵浦激光发射源于拓扑平凡的体的二维表面 [1620]. 这归因于 Γ 点周围的能带反转导致低阈值的拓扑诱导的模式选择, 具有有效限制, 因为腔模的数目有限; 而且靠近带边的模式具有更高的品质因子 (quality factor).

19.1.9 与电子共振的耦合

在垂直腔面发射激光器里 (见 23.4.14 小节), 1D 介电结构的光学缺陷模式与电子激发 (例如, 量子阱或量子点里的激子) 耦合. 在最简单的图像里, 振子必须把光发射到腔模里, 因为布拉格带里没有其他的模式. 因此, 发射能量由腔模确定, 且不会改变. 然

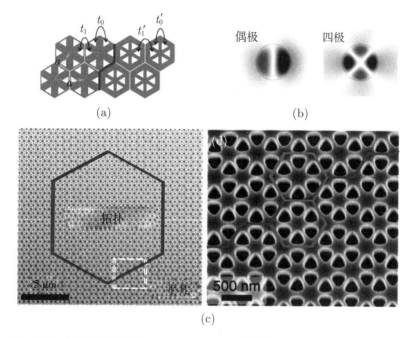

图 19.18 (a) 介质和空气的不同纵横比(aspect ratios)的六角形介质结构的不同跳变参数的示意图. 这两部分之间的边界用红色突出显示. (b) 奇(偶)宇称的偶极(四极)模式的可视化. (c) 结构的SEM像, 用红色突出显示了拓扑平凡的部分和非平凡的部分之间的边界. 图(d)给出了用虚线白色矩形表示的区域的放大视图. 拓扑上平凡的(非平凡的)六边形用绿色(蓝色)突出显示. 改编自文献[1620]

而, 光子模式 (场振子) 和电子振子构成了耦合系统, 通常必须用量子电动力学描述. 能量在这两个振子之间以拉比频率周期性地交换. 类似的现象在原子-腔相互作用领域里有研究. 观测到这种振荡的必要条件是: 辐射能量在腔里保持足够长的时间, 可以表达为 [1621,1622](参见式 (19.42))

$$\alpha d \gg 1 - R \approx \pi/Q \tag{19.37}$$

其中, α 是电子跃迁的吸收系数, d 是吸收介质的长度, R 是腔镜的反射率, Q 是腔的品质因子 (式 (19.36)). 这个情况称为强耦合区, 因为它导致腔模和电子共振的反交叉行为. 在吸收小的弱耦合区, 共振 (在线宽内) 交叉. 对于共振, 振子发射到腔模里的强度增强了, 它的寿命减少了 (珀塞尔效应, 将在 19.2.2 小节中讨论).

对于有两个 (相等的没有损耗的) 反射镜 ($T_m = 1 - R_m$) 的法布里-珀罗腔, 它的透射率是

$$T(\omega) = \frac{T_m^2 \exp(-2L\alpha(\omega))}{|1 - R_m \exp(\mathrm{i}2n^*L\omega/c)|^2} \tag{19.38}$$

其中, 复折射率 $n^* = n_r + \mathrm{i}\kappa = \sqrt{\epsilon}$, $\alpha = 2\omega\kappa/c$(参见式 (9.9)). 对于空腔, 即小的背景吸

收 α_B 和背景折射率 $n_r = n_B$, 共振发生在相移 $2n_B L\omega/c$ 是 2π 整数倍的时候:

$$\omega_m = m\frac{\pi c}{n_B L} \tag{19.39}$$

其中, $m \geqslant 1$ 是自然数. 在共振的附近, $\omega = \omega_m + \delta\omega$, 可以展开 $\exp(2n_B L\omega/c) \approx 1 + i2n_B L\delta\omega/c$, 并由式 (19.38) 得到洛伦兹线型的透射率

$$T(\omega) \approx \frac{T_m^2 \exp(-2L\alpha(\omega))}{|1 - R_m(1 + i2n_B L\delta\omega/c)|^2} = \frac{(T_m/R_m)^2 \exp(2L\alpha(\omega))}{(\delta\omega)^2 + \gamma_c^2} \tag{19.40}$$

空腔共振频率的半高宽 (HWHM) γ_c 是

$$\gamma_c = \frac{1-R'}{R'}\frac{c}{2n_B L} \tag{19.41}$$

其中, $R' = R_m \exp(-2L\alpha)$. 因此, 衰减速率 (腔里的光子损耗) 正比于 $T_m + \alpha_B L$, 只要这两项都很小. 腔共振 m 的品质因子是

$$Q = \frac{\omega_m}{2\gamma_c} \approx \frac{m\pi}{1-R} \tag{19.42}$$

现在, 把电子共振放到腔里, 使得介电函数变为 (参见式 (D.11))

$$\epsilon = n_B^2 \left[1 + \frac{f}{1 - (\omega^2 + i\omega\Gamma)/\omega_0^2}\right] \tag{19.43}$$

其中, 电子共振导致的折射率由 $n(\omega) = \sqrt{\epsilon}$ 和式 (D.13a,b) 给出. 对于腔模和电子振子的共振 $(\omega_m = \omega_0)$, 在腔共振条件 $2n_r\omega L/c = m2\pi$ 下的解是利用式 (19.39) 从式 (19.44) 得到的:

$$n_r(\omega) = m\frac{\pi c}{\omega L} = n_B\frac{\omega_m}{\omega} \tag{19.44}$$

图解法 (图 19.19(a)) 给出了式 (19.44) 左侧和右侧的三次交叉. 中间的解 $(\omega = \omega_0)$ 的吸收非常大, 导致透射率非常低. 另外两个解[①] 给出了耦合的正则模式峰的频率. 对于 $f \ll 1$, 把式 (D.13a) 代入式 (19.44), 就得到两个模式的劈裂为 $\pm\Omega_0/2$:

$$\Omega_0^2 = f\omega_0^2 - \Gamma^2 \tag{19.45}$$

这个频率被称为拉比频率. 把振子的介电函数代入式 (19.38), 就得到劈裂为

$$\Omega_0^2 = f\omega_0^2 - (\Gamma - \gamma_c)^2 \tag{19.46}$$

[①] 这些解只出现在振子强度足够大的地方, $f > (\Gamma/\omega_0)^2$, 即强耦合区 $(\Omega_0^2 > 0)$. 在 ω_0 处的吸收系数必须大于 $\Gamma n_\infty/c$.

只有当 $\Omega_0 \gg \Gamma, \gamma_c$ 时,才能观察到劈裂. 如果这两个共振 ω_c 和 ω_0 相差了 $\Delta = \omega_c - \omega_0$, 透射峰的劈裂 Ω 表现出两个耦合谐振子的典型的反交叉行为:

$$\Omega^2 = \Omega_0^2 + \Delta^2 \tag{19.47}$$

在实验中,电子共振通常保持在 ω_0 不动,沿着衬底改变腔模的长度,从而调节腔的共振失谐 (图 19.19(b)).

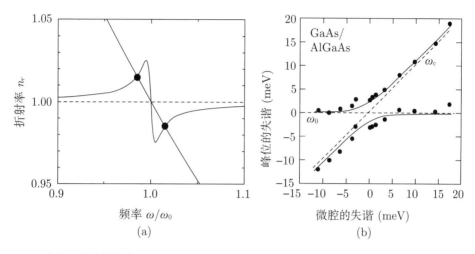

图19.19 (a) 用图形法给出式(19.44)的两个解(用圆圈标记出来), $n_\infty = 1$(虚线), $f = 10^{-3}$, $\Gamma/\omega_0 = 10^{-2}$, $\omega_0 = \omega_m$. (b) 反射峰的位置(圆点是 $T = 5$ K的实验值)与腔的失谐 $\omega_c - \omega_0$ 的关系,微腔有两个 GaAs/(Al,Ga)As布拉格反射镜(前/后端镜各有24/33 个对子)和5个嵌入的量子阱,它们的共振是很匹配的. 实线是根据式(19.47)的理论拟合, $\omega_0 = 4.3$ meV.虚线显示了电子共振ω_0和腔共振ω_c. 图(b)基于文献[1622]的数据

关于腔的极化激元的详细理论,见文献 [1623]. 半导体微腔的正则模式耦合的非线性光学,见文献 [1624].

腔的极化激元的面内色散依赖于耦合强度. 首先,光子的色散是

$$E_{\text{ph}}(\boldsymbol{k}) = \hbar\omega = \hbar ck = \hbar c \left(k_\parallel^2 + k_z^2\right)^{1/2} \tag{19.48}$$

其中, $k_\parallel$ 是面内的 k 矢量, k_z 由式 (19.39) 和共振条件 $k_z = \omega_m/c$ 得到:

$$k_z = m \frac{\pi}{n_B L} \tag{19.49}$$

因此,色散关系就不再是线性的,与自由传播的光不同.

对于小的 $k_\parallel$, 这导致了 (面内的) 光子有效"静止质量",应用式 (6.38),

$$\frac{1}{m_{\text{ph}}^*} = \frac{1}{\hbar^2} \frac{\partial^2 E_{\text{ph}}}{\partial k^2} \tag{19.50}$$

就得到

$$m_{\rm ph}^* = \frac{hk_z}{c} = \frac{\hbar\omega(k_{//}=0)}{c^2} \qquad (19.51)$$

现在假定电子振子和光子色散在 $k_{//}=0$ 处共振, $E_{\rm el} = \hbar\omega(k_{//}=0)$. 为了简单起见, 电子共振不存在色散, 因为激子的质量远大于式 (19.51). 类似于式 (6.61), 这个耦合系统的本征方程是

$$\begin{vmatrix} E - E_{\rm ph} & V \\ V & E - E_{\rm el} \end{vmatrix} = 0 \qquad (19.52)$$

它有两个解, 称为腔的极化激元的上支和下支, 如图 19.20 所示. 它们在 $k_{//}=0$ 处的劈裂是 2 V. 因此耦合参数 $V = \hbar\Omega_0/2$ 对应于[1623] 拉比频率 (式 (19.45)). 劈裂的实验值是: 对于 (In, Al, Ga)As 微腔, 3~15 meV[1622,1625-1628]; 对于 (Cd, Zn)(Te, Se) 微腔, 17~44 meV[1629]; 对于 (Al, In, Ga)N 微腔, 6~60 meV[1630-1634]; 对于 ZnO 微腔, 78 meV[1635]. 在色散的最小值 $k_{//}=0$ 处, 有可能让腔的极化激元凝聚 (玻色-爱因斯坦凝聚). 文献 [1636] 报道了腔的极化激元的受激散射和增益. 关于腔的极化激元的更多细节, 参阅文献 [1637, 1638].

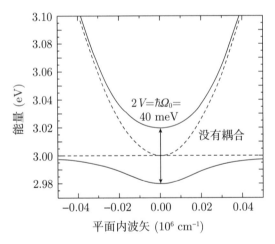

图19.20 腔的光子模和电子共振的色散关系(虚线, $E_{\rm el}$ = 3.0 eV), 耦合模的色散(实线, 2V=40 meV)

19.1.10 双曲光学材料

一种特殊的单轴材料称为双曲超材料 (hyperbolic metamaterials, HMM), 具有下述形式的 (相对) 介电函数 (参见表 9.2):

$$\epsilon = \begin{pmatrix} \epsilon_{/\!/} & 0 & 0 \\ 0 & \epsilon_{/\!/} & 0 \\ 0 & 0 & \epsilon_{\perp} \end{pmatrix} \tag{19.53}$$

其中, $\epsilon_{/\!/}\epsilon_{\perp} < 0$. 等离子体频率以下的金属具有负的介电函数 (参见 9.9.1 小节). 根据各向同性介质中的常用公式 $\omega^2 = k^2c^2/n^2$, 在单轴介质中, 等频率表面是

$$\frac{\omega^2}{c^2} = \frac{k_x^2 + k_y^2}{\epsilon_{/\!/}} + \frac{k_z^2}{\epsilon_{\perp}} \tag{19.54}$$

对于"普通的"(normal) 单轴材料, 使用一个椭球体 (对于各向同性材料, 使用球体, 比较图 6.35 (a) 和 (b) 里的色散关系). 如果有一个张量元是负的, 可以有两种类型的"双曲"超材料, $\epsilon_{/\!/} < 0$ (I 型 HMM) 和 $\epsilon_{\perp} < 0$ (II 型 HMM). 这两种类型的等频率表面 (对于 TM 光) 如图 19.21 所示.

除了均匀介质外, 还提出并研究了各种几何形状 [1639,1640]. HMM 可以传输高 k 波, 并且能让设备进行亚波长分辨率的成像. 此外, 增强的光子态密度 (在一个有限的波长范围内) 可用于增大自发复合速率 (珀塞尔效应, 参见 19.2.2 小节)[1641]. 一种可能的外延的、几乎完全晶格匹配的交替介质和金属材料的超晶格 HMM 系统是 MgO/TiN[1642]. 还考虑了涉及各向异性磁介电常数张量的 HMM[1643].

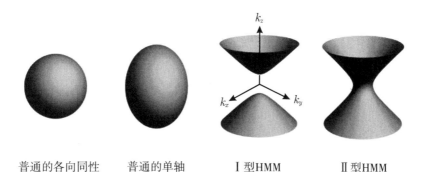

普通的各向同性　　普通的单轴　　Ⅰ 型HMM　　Ⅱ 型HMM

图19.21 等频率面(式(19.54)): "普通的"各向同性($\epsilon_{/\!/} = \epsilon_{\perp} >0$)和单轴($\epsilon_{/\!/} >0, \epsilon_{\perp} >0$, 这里显示了 $\epsilon_{\perp} > \epsilon_{/\!/}$)的光学介质, Ⅰ 型($\epsilon_{/\!/} <0, \epsilon_{\perp} >0$)和 Ⅱ 型($\epsilon_{/\!/} >0, \epsilon_{\perp} <0$)的双曲超材料

19.2 微共振腔

19.2.1 微盘

微盘是一个圆柱共振腔，它的厚度 d 小于半径 R. 可以从半导体和半导体异质结构出发，通过构成图案 (patterning) 和材料选择性腐蚀来制备. 采用下方腐蚀 (underetching)，可以制作一个大体上是自力支撑 (free-standing) 的盘子，位于一个柱上 (图 19.22).

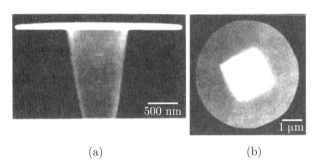

图 19.22　(a) 直径为 3 μm 的圆盘的侧视图，其中包含一个 10 nm 的 InGaAs 量子阱，位于 InP 柱上的 20 nm 的 (In,Ga)(As,P) 势垒之间，InP 柱是用 HCl 选择性地刻蚀的. (b) 直径为 5 μm 的 (In,Ga)(As,P) 微盘的 SEM 顶视图. 基座是菱形的，由盐酸的各向异性腐蚀而形成. 改编自文献 [1644]，获允后重印，©1992 AIP

坐标系是 (ρ,ϕ,z)，其中 z 方向垂直于圆盘. 通常，这个圆盘非常薄，在 z 方向上只有一个节点. 在这种构型下，求解波动方程 [1645]，用两个数字 (m,l) 来表征模式的特征. m 描述沿着方位角 ϕ 方向的 0 的个数，电场振幅正比于 $\exp(\pm im\phi)$. 因此，除了 $m=0$ 以外，模式是简并的. $E_z=0$ 的模式称为 TE 模式. 这是发射偏好的偏振方向. 数字 l 表征沿着径向的 0 的个数. 只有 $|m|=1$ 的模式，强度在轴上 (即 $\rho=0$) 不等于 0. 所有其他的模式在圆盘中心的强度为 0.

回音壁模式的光强主要集中在圆盘的边缘，如图 19.23(a) 所示. 因为光只能够通过倏逝波逃逸，这个光被紧紧地"束缚"在这种模式里. Q 因子 (式 (19.36)) 非常高，其数值达到了几万. 为了把光从这个圆盘中耦合出来，制作变形的共振腔，例如，伸出来的一个"缺陷"[1646]. 下一节更仔细地讨论变形的共振腔.

量子点的激子和回音壁模式的强耦合如图 19.24 所示，在低温下观察到反交叉行为. 通过改变温度来调节. 类似系统在弱耦合区的行为如图 19.26 所示.

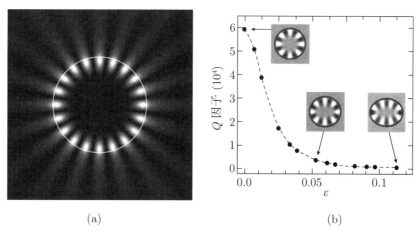

图19.23 (a) 对于半径为1 μm且$n=1.5$的圆(以白线表示)，回音壁模式(10,0)(TM偏振)的场强.图像大小为4×4 μm². (b) 对于2 μm的InP微盘，理论计算的品质因子作为变形参数(式(19.56))的函数. 插图显示了波长为1.55 μm的(8,0)回音壁模式，$n=3.4$. 图(b)改编自文献[1647]

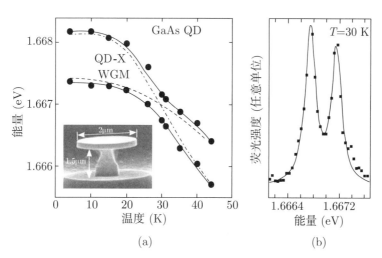

图19.24 单个QD激子(在13 ML厚的GaAs/Al$_{0.33}$Ga$_{0.67}$As QW中，由单层的起伏引起)与直径为2 μm的微盘(插图)中的WGM的强耦合. (a) 在不同温度下，上峰和下峰的反交叉. 符号是数据点，实线是考虑耦合的理论. 虚线(点划线)是WGM模式(激子能量)的预期温度变化关系. (b) 在反交叉点处的荧光谱($T=30$ K). 实验数据(方块)和两个峰的拟合(实线). 改编自文献[1648]

19.2.2 珀塞尔效应

根据费米黄金定则式 (19.1)，光学跃迁的概率依赖于可用的光学模式 (终态) 的密度. 如果模式密度在光学腔的共振处大于它的真空值 (式(19.2))，电子态的寿命就减小

了珀塞尔因子的倍数[1649]:

$$F_{\mathrm{P}} = \frac{3}{4\pi^2} Q \frac{(\lambda/n)^3}{V} \tag{19.55}$$

其中, n 是介质的折射率, Q 是腔共振的品质因子, V 是有效的模式体积.① 在包含有微腔的腐蚀出来的微柱里 (图 19.25(a)), 量子点 (它的吸收很小, 因而可以允许弱耦合区) 发射的实验表明, 对于珀塞尔因子很大的微腔, 荧光确实衰减得更快了 (图 19.25(b))[1650]. 对于微盘里的单个量子点的激子发射, 腔模和发射器的共振使得发射强度变大, 如图 19.26 所示[1651].

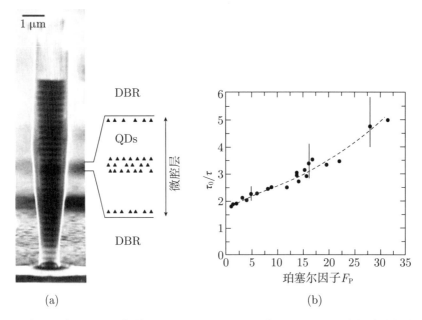

图19.25 (a) 微柱, 具有用MBE生长的GaAs/AlAs DBR, 以及由五层InAs量子点组成的微腔. 采用反应离子刻蚀法制备了这个微柱. 获允转载自文献[1650], ©1998 APS. (b) 对于珀塞尔因子 F_P 不同的微柱, 处于共振的量子点发光的实验衰变时间 τ, 用非共振的寿命 τ_0 = 1.1 ns(接近于体材料中QD的寿命)来标度. 误差棒对应于衰减时间的测量精度(± 70 ps), 虚线用于引导视线. 改编自文献[1650]

19.2.3 变形的共振腔

圆形 (或者球形) 的回音壁模式是长寿命的, 在所有的角度上发射. 光的逃逸只依赖于倏逝波的指数式的缓慢过程 (忽略无序的效应, 例如表面的粗糙度). 为了克服各向同

---

① V 是腔模式的真空场强度的空间积分再除以它的最大值.

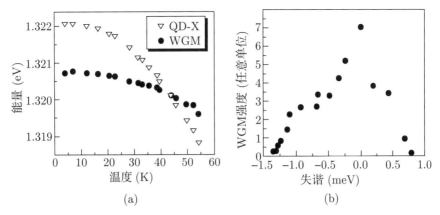

图19.26 (a) 直径为5 μm的(Al,Ga)As/GaAs微盘(Q=6500), 回音壁模式(WGM)和单个InAs量子点里单激子共振的能量位置与温度的关系. (b) WGM模式的强度与QD单激子共振的失谐 $E_{\text{WGM}}-E_{\text{QD-X}}$ 的依赖关系. 所有数据的激发密度为15 W/cm². 改编自文献[1651]

性的光发射, 共振腔需要有变形. 可以采用椭球的形状:

$$r(\phi) = R[1 + \epsilon \cos \phi] \tag{19.56}$$

其中, $1+2\epsilon$ 是椭圆的长宽比. 增大的辐射导致 Q 因子下降, 如图 19.23(b) 所示. 有可能出现一种新的衰变过程 (折射式逃逸). 起初在回音壁模式轨道中的一条光线在相空间里扩散, 直到其角度最终小于全反射的临界角 (式 (9.11)). 光线动力学变成了部分混沌的 [1652].

圆盘构型的另一种可能的变形是"扁平的四极" (flattened quadrupole), 如图 19.27(a) 所示. 这个形状可以用变形参数 ϵ 描述, 依赖于角度的半径 $r(\phi)$ 是

$$r(\phi) = R\left[1 + 2\epsilon \cos^2(2\phi)\right]^{1/2} \tag{19.57}$$

对于小的变形, 回音壁模式变为混沌的, 更倾向于沿着共振腔的长轴方向发射 (图 19.27(b)). 对于更大的变形 ($\epsilon \geqslant 0.14$), 出现了更强的和定性上不同的方向性, 好像是领结的形状 [1653], 如图 19.27(c) 所示. 人们发现, 从变形共振腔中提取的光学激光功率随着 ϵ 指数式地增大; 当 $\epsilon = 0.2$ 时, 它比圆形共振腔大 50 倍.

为了增大光的输出耦合, 对微盘的另一种修正是螺旋式共振腔 [1654], 如图 19.28(a) 所示. 它的半径可以用参数表示:

$$r(\phi) = R\left[1 + \frac{\epsilon}{2\pi}\phi\right] \tag{19.58}$$

实验得到的发射图案如图 19.28(b) 所示. 沿着半径台阶的切线方向, 有一个最大值. 这种发射模式的受激的近场强度如图 19.28(c) 所示. 在螺旋式激光里, 光线动力学也是混沌的 [1655].

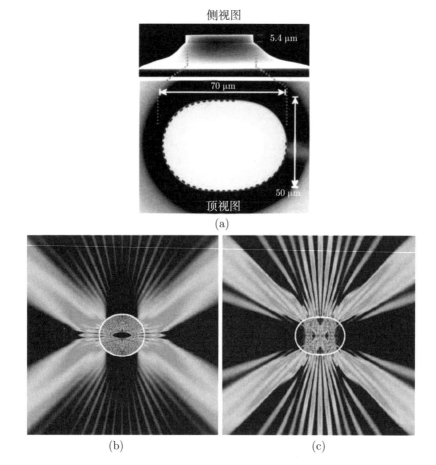

图19.27 (a) 四极柱状激光器的SEM图像. 在倾斜InP基座上, 变形参数 $\epsilon \approx 0.16$. 顶部的浅灰色区域是电极. (b) 对于混沌的回音壁模式, 模拟得到的近场强度分布, $\epsilon = 0.06$, $n = 3.3$. (c) 对于蝴蝶结模式, 模拟得到的近场强度分布, $\epsilon = 0.15$. 图(b)和(c)的短轴长度为50 μm. 获允转载自文献[1653], ©1998 AAAS

19.2.4 六边形共振腔

六边形共振腔在 (例如) 纤锌矿结构半导体的微晶体里形成 (c 轴沿着柱子的长轴方向). ZnO 的锥形渐缩的六角共振腔 (针) 如图 19.29(a) 所示. 回音壁模式调制了 ZnO 绿色荧光的强度 [1657]. ① 在简单的平面波模型里, 共振条件是

$$6R_i = \frac{hc}{nE}\left[N + \frac{6}{\pi}\arctan(\beta\sqrt{3n^2-4})\right] \tag{19.59}$$

其中, R_i 是内圆的半径 (图 19.29(d)), n 是折射率, N 是模式的数目, 对于 TM (TE) 偏振, β 是 $\beta_{\rm TM} = 1/n$ ($\beta_{\rm TE} = n$). 因为双折射, TM (TE) 偏振必须用折射率 $n_{/\!/}$ ($n_\perp$).

---

① 注意, 除了图 10.20 里的绿色荧光以外, 还出现了没有结构的绿光带. 它的起源和氧空位有关 [1658].

六边形共振腔的一个 $N=26$ 的回音壁模式如图 19.30(c) 和 (d) 所示. 6 重对称性的发射来自六边形的边. 虽然回音壁共振腔通常的模式数 $N \gg 1$, 但在这个六边形共振腔里, 可以观察到 $N=1$ 的回音壁模式[1657], 如图 19.29(a)(b) 和 (e) 所示.

在强的光学泵浦下, 回音壁模式可以出现激光. 峰的位置服从式 (19.59), 靠近电子空穴等离子体的谱区的带隙[1660], 对于不同的直径, 如图 19.31 所示. 在室温下, 泵浦的阈值[1661] 甚至低于 100 kW/cm².

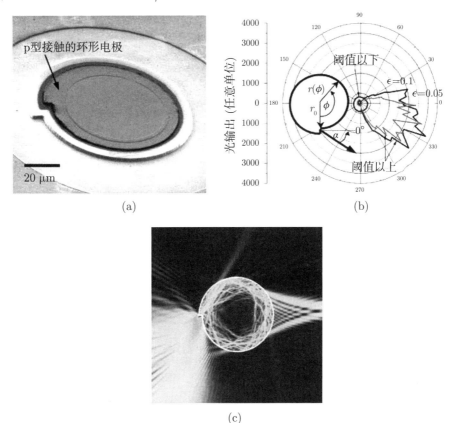

图19.28　(a) 微腔圆盘激光二极管的SEM像, 圆盘半径为50 μm. p型接触的环电极定义了载流子注入微盘和受激辐射发生的区域. (b) 在阈值以下和以上, 测量得到的螺旋形微盘激光二极管输出光的径向分布. 螺旋微盘的半径为 r_0=250 μm, 变形参数分别为 ϵ =0.05(灰色)和0.10(黑色). 角度为 α=0° 的发射光束对应于凹槽表面法向的方向, 如插图所示. 在激光阈值以下, 发射模式本质上是各向同性的, 并且与变形参数无关. 在阈值以上, 可以清晰地观察到定向发射, 发射方向为 $\alpha \approx 25°$. 测量到的远场模式发散角, 对于 $\epsilon=0.10$ 为~75°, 对于 $\epsilon=0.05$ 为~60°. 获允转载自文献[1656], ©2004 AIP. (c) 对于 $nkR \approx 200$ 的发射模式, 模拟得到的近场强度模式, 形变为 $\epsilon=0.10$. 获允转载自文献[1654], ©2003 AIP

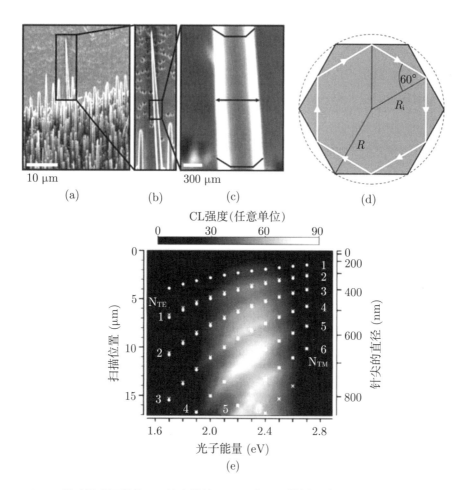

图19.29 (a~c) 脉冲激光沉积的ZnO纳米针的SEM照片. (d) 横断面的几何结构示意图. $R_i(R)$是内切圆(外接圆)的半径. 内接的白色六边形代表回音壁模式的路径, 长度为$6R_i$. (e) 沿着针的纵向轴, 沿着线扫描得到的二维光谱图. 左边的垂直轴表示线扫描的位置x, 右侧表示针的相应直径D. 光谱极大值(即测量到的WGM能量)显示为从左下角到右上角的明亮的光带. 随着直径的减小, 所有的共振都系统性地向高能量方向移动. 白点给出了TM共振能量的理论位置(式(19.59)), 白色的十字给出的是TE偏振. 获允转载自文献[1657], ©2004 APS

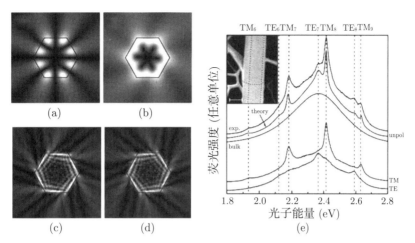

图19.30 对于六边形截面的微腔里的模式,拟合得到的近场强度分布(线性灰度表示的电场绝对值):模式($N=4$)具有(a) 对称性$-a$,模式(b) 4+(名称来自于文献[1659]),对于$n=2.1$和$kR=3.1553-i0.0748$. 模式(c)26−和(d) 26+,对于$n=1.466$和$kR=22.8725-i0.1064$. 显示的模式具有手性的图案. 发射主要来自角落. (e) 单个ZnO纳米柱的微荧光光谱. 最上面的三条曲线是非偏振的. 标有"bulk"的曲线显示体材料里绿色的没有调制的发光. 标有"exp."的谱线给出了所研究的纳米柱的实验μ-荧光光谱. 最下面的两条谱线分别记录了TM偏振和TE偏振的实验光谱. 标记为"theory"的曲线给出了理论荧光光谱. 垂直的虚线用于引导视线,给出了占主导地位的WGM的光谱位置. 插图显示了被测纳米柱的SEM像,标尺的长度为500 nm. 虚线表示通过形貌对比而得到的六边形谐振器边缘的位置

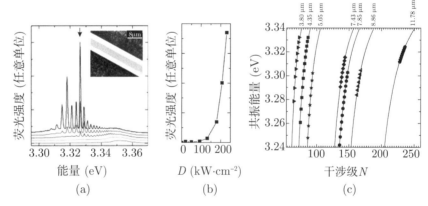

图19.31 (a) 在不同泵浦功率密度下(最下面的曲线$D=60$ kW/cm^2,最上面的曲线$D=250$ kW/cm^2),六边形截面的ZnO微米线在$T=10$ K时的荧光光谱. 插图显示了典型的微米线($d=6.40$ μm)的SEM像. (b) 选定的激光峰(用图(a)光谱中的箭头表示)发射的荧光强度与激发密度的依赖关系,曲线用于引导视线. (c) 不同直径的微米线的共振能量对干涉级N(在图的顶部做了标记)的依赖关系. 曲线是根据式(19.59)计算的理论值,利用了SEM测量得到的直径值;符号表示实验观察到的峰值. 改编自文献[1660]

第 20 章

透明导电的氧化物半导体

许多最重要的半导体是氧化物.

——威尔逊, 1939 年[72]

摘要

介绍了透明导电氧化物的一些典型材料. 讨论了它们的物理性质和电导率的极限与透明度的关系.

20.1 简介

透明导电氧化物 (TCO) 是透明的导电性好的半导体. 因此, 它们可以作为透明电极, 例如太阳能电池的前电极, 或者用于显示应用. 这种材料通常以薄膜的形式制作在玻璃、聚合物或类似的衬底和器件上. 晶体结构是多晶或非晶. 最早研究的 TCO 是压制为粉末 [1662] 和薄膜 [38] 的 CdO. 在过去 30 年里最重要的 TCO 材料的电阻率的历史发展如图 20.1 所示. 关于 TCO 薄膜的更多信息, 参阅文献 [1663-1665].

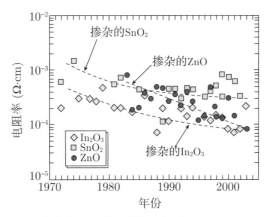

图20.1　透明导电氧化物薄膜电阻率的历史发展：掺杂的ZnO(圆点)，SnO$_2$(方块)和In$_2$O$_3$(菱形). 改编自文献[1665]

20.2　材料

任何宽带半导体 ($E_g > 3$ eV) 如果是导电的, 例如, 因为本征的缺陷或化学杂质 (掺杂), 就可以认为是 TCO. 在实践中, 只有少数容易生长的无毒性材料是重要的. TCO 的首个应用是加热飞机的窗户. 就像半导体技术一贯的那样, 价格驱动了应用的适用性. TCO 的应用更是如此, 因为它们包括大面积器件, 例如太阳能电池、显示屏和电磁屏蔽的大玻璃板、建筑物的加热和红外透明性调控. 因此需要大量的 TCO. 常用的 ITO (铟锡氧化物, indium-tin-oxide) 受制于铟的高昂的价格和潜在的稀缺性, 所以开辟了铝掺杂的氧化锌 (非常丰富) 的领域. 其他可能的含 Cd 化合物没有实际的应用, 因为有毒. 导电的 GaN 还没有被考虑, 因为处理的温度很高. 所有实际的 TCO 材料都包含 Zn, Sn 或 In (图 20.2). 文献 [1666] 总结了很多 TCO 材料. TCO 大多是 n 型导电的. p 型导电的 TCO 也有报道, 例如, 铜铁矿结构的 CuAlO$_2$ (室温电导率是 $\sigma = 1$ S/cm)[1667], ZnIr$_2$O$_4$($\sigma = 2$ S/cm)[1668], 尖晶石结构的 ZnCo$_2$O$_4$($\sigma = 20$ S/cm)[1669]. 但是还没有对实用的 p 型透明电极的报道.

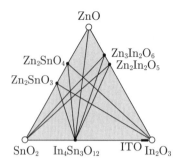

图20.2 实用的TCO 材料

ITO 这个术语表示各种的 Sn 掺杂的氧化铟 (In_2O_3), Sn 的含量通常为 5%~10%, 但没有严格的定义. In_2O_3 的晶体结构如图 20.3 所示 [1670]. 在 In_2O_3 里, 用锡原子替换铟原子, 对 ITO 的力学、电学和光学性质的影响已经用密度泛函理论 DFT 进行了计算 [1671]. 图 20.4 比较了纯 In_2O_3 和 $(Sn_{0.065}In_{0.935})_2O_3$(在计算中, 每 16 个

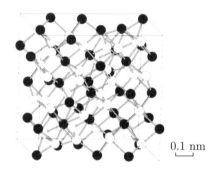

图20.3 氧化铟($In_{32}O_{48}$)的方铁锰矿晶体结构的一个单元, In原子和O原子分别用实心圆和空心圆表示. 改编自文献[1671]

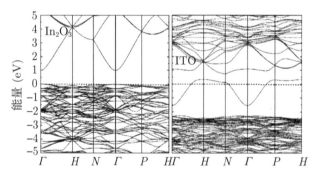

图20.4 In_2O_3(左)和$(Sn_{0.065}In_{0.935})_2O_3$(右)的能带结构. 两种情况的费米能级位置都是 $E = 0$. 改编自文献[1672]

铟原子就有一个被替代了) 的晶体结构 [1672]. 基本的带隙略有减小, 高掺杂引入了巨大的伯恩斯坦-莫斯移动. 还打开了另一个带隙, 劈裂了最低的导带. 非晶氧化物中的导电机制也有讨论 [151].

20.3 性质

导电性最好的 TCO 的电阻率约为 10^{-4} $\Omega \cdot$cm. 这个值比金属大约要差三个数量级. 然而, TCO 在可见光波段是高度透明的, 而金属只在紫外区 (UV) 变得透明, 因为它们具有很高的等离子体频率 (见 9.9.1 小节).

ZnO:Al 的导电机制是高掺杂半导体里的能带输运. 载流子浓度通常大约是 10^{21}/cm^3. 最好的结果之一是 (霍尔) 迁移率为 47.6 cm^2/(V·s), 对应到电阻率是 8.5×10^{-5} $\Omega \cdot$cm[1673]. 迁移率受限于 (依赖于掺杂浓度的) 电离杂质散射 (8.3.3 小节), 几种薄膜的情况如图 20.5 所示. 关于掺杂的 ZnO 薄膜里的电离杂质散射, 文献 [1674] 有详细的讨论. 迁移率也和结构缺陷处的散射有关 (图 20.6), 例如晶界散射 [1675] (参见图 8.6). 注意, (多晶)TCO 的载流子迁移率和高掺杂 (晶体) 硅的迁移率差别不大 (图 8.9).

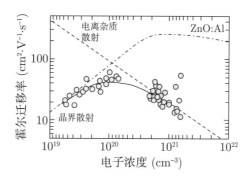

图20.5 各种ZnO:Al TCO薄膜的霍尔迁移率随着载流子(电子)浓度的变化关系. 虚线是电离杂质散射的布鲁克斯-赫林(Brooks-Hering)理论(考虑了导带的非抛物线性). 点画线是有晶界存在时的迁移率, 实线是两者组合后的结果. 实验数据(圆点)来自两组不同的样品. 改编自文献[1665]

然而, 导电率和透明性是有联系的. TCO 的高掺杂导致了带隙的移动 (重整化和伯恩斯坦-莫斯移动) 和带尾等的移动, 能够在可见光谱区引入吸收. 通过自由载流子吸收和等离子边 (见 9.9.1 小节), 红外的透射率也和导电率有联系. 随着载流子密度的增大, 等离子边移动到可见光区 (图 20.7(a)), 从而把可能的最大载流子密度限制到几个 $10^{21}/\mathrm{cm}^3$, 精确值依赖于载流子质量.

图 20.7(b) 比较了导电率不同的两种 SnO_2 薄膜的透射光谱. 载流子浓度越高, 导电率就越高, 但是降低了红外透射率. 一般来说, TCO 的透射率在光谱的高能侧受限于带边, 在低能侧受限于等离子边. 在可见光谱区的自由载流子吸收所限制的载流子浓度 ($\sim 3 \times 10^{21}/\mathrm{cm}^3$) 和这种高掺杂浓度导致的有限迁移率 (最大值 $50~\mathrm{cm}^2/(\mathrm{V}\cdot\mathrm{s})$) 限制了 TCO(或者任何的透明电极) 电阻率的最小值, 大约是 $4 \times 10^{-5}~\Omega\cdot\mathrm{cm}^{[1677]}$.

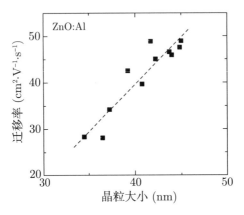

图20.6 (不同厚度的)ZnO:Al 薄膜的霍尔迁移率和晶粒大小的关系. 实验数据(方块)取自文献[1665], 虚线用于引导视线

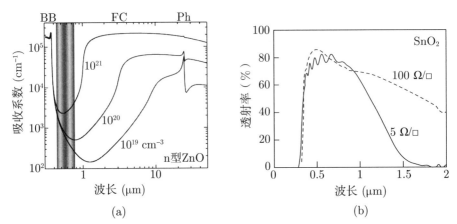

图20.7 (a) 不同电子浓度的n型ZnO的吸收系数. 谱线由薄膜的椭偏测量数据合成而来. 指出了可见光谱区. 对吸收有贡献的过程包括带-带跃迁(BB)、自由载流子吸收(FC)以及与声子有关的吸收(Ph). (b) 两个SnO_2薄膜(具有不同的电导率)的透射率和波长的关系. 改编自文献[1676]

第 3 部分　应用

第 21 章

二极管

摘要

详细讨论了肖特基 (金属-半导体) 二极管、MIS(金属-绝缘体-半导体) 二极管和 (双极型)pn 二极管,重点关注合适的材料、空间电荷层的形成以及正向和反向的电流-电压特性. 讨论了这些器件基于其整流性质的应用.

21.1 简介

一种最简单的半导体器件是二极管.[①] 它是"两端器件",有两根引线的器件. 二极管最突出的性质是电流-电压 (I-V) 的整流特性. 这个功能起初是用真空管实现的 (图 21.1):一根加热的细丝发射电子,电子穿过真空到达位于正电势的阳极. 半导体二极管技术导致了极其显著的缩微化、与其他器件的集成 (在平面技术里) 以及成本的

[①] 最简单的器件是一片均匀半导体制成的电阻,用作集成电路的一部分或者 22.2 节讨论的光电阻.

缩减.

我们区分单极型二极管和双极型二极管.[①] 在单极型二极管里,产生效应的是多数载流子(例如,金属-半导体二极管);在双极型二极管里,少数载流子起了决定性的作用(例如,pn 二极管).

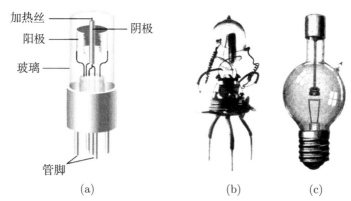

图21.1 (a) 真空二极管的示意图. 当阳极处于正电压时,电子电流从加热的阴极流向阳极. (b) 弗莱明(John A. Fleming)的第一个二极管"阀",1904年. (c) 商用的"tungar"整流器,大约1916年[1679]. 图(b)和(c)改编自文献[1678]

根据半导体器件的设计和最终的应用,它们的电流有巨大的差别. 表 21.1 概述了典型的电流密度, 作为以下章节的指南.

表21.1 各种半导体器件的典型电流密度

器件	$j(\text{A}\cdot\text{cm}^{-2})$
冷却的CCD的暗电流(T~200 K)	<10^{-12}
室温下的 CCD 的暗电流	10^{-9}
3.6 nm SiO_x 栅极绝缘材料 (在 1 V)	10^{-9}
Si 太阳能电池的光电流(在1个太阳下 (at 1 sun))	0.04
1.5 nm SiO_x 栅极绝缘材料 (在 1 V)	1
4结的太阳能电池(在508个太阳下)	6.5
QD激光二极管的阈值电流	10
典型工作状态下的LED	10
QW激光二极管的阈值电流	10^2
大功率工作状态下的LED	10^2
VCSEL 的阈值电流	10^3
连续波(cw)工作的大功率Ⅲ-Ⅴ族激光器	10^3~10^4
脉冲式工作的大功率Ⅲ-Ⅴ族激光二极管	10^5
共振隧穿二极管的峰值电流	10^5
功率型电子晶体管	10^5~10^7

[①] 这个区别不仅用于二极管,也用于其他的半导体器件,例如晶体管,见第 24 章.

21.2 金属-半导体接触

1874 年, 布劳恩研究了金属-半导体接触 (见 1.1 节). 对于金属硫化物, 例如 $CuFeS_2$, 他发现了非欧姆性的行为. 注意, 我们先处理带有整流性质的金属-半导体接触. 后面就会理解, 金属-半导体接触也可以用作欧姆接触, 即接触电阻非常小. 整流的金属-半导体接触也称为肖特基二极管. 一种非常重要的变型是金属-绝缘体-半导体 (MIS) 二极管, 在金属和半导体之间加了一层绝缘体, 通常是氧化物. 21.3 节介绍这种二极管. 关于"晶体整流器"的早期情况, 请看文献 [1680]. 关于肖特基二极管的综述, 请看文献 [1681-1687].

21.2.1 平衡态的能带图

相对于真空能级, 金属和半导体通常具有不同的费米能级. 当金属和半导体接触时, 电荷会流动, 使得热力学平衡的费米能级在整个结构中保持相同.① 下面处理两种极限的情况: 金属和半导体的接触没有任何表面态 (肖特基-莫特模型), 半导体有着非常高密度的表面态 (巴丁 (Bardeen) 模型).

在金属里, 费米能级的位置由功函数 W_m 给出, 各种金属的功函数如图 21.2 所示 (参见表 21.2). 金属功函数已经发表的数值, 见文献 [1688] 给出的近期综述. 功函数反映了原子壳层结构; 功函数的极小值出现在 I 族元素. 功函数是真空能级 (静止的电子处于离金属表面无穷远的位置) 和金属费米能级的能量差 ($W_m > 0$). 因为金属导带里的电子密度非常高, 当电荷在金属和半导体之间交换时, 金属的费米能级不会显著改变.

半导体的费米能级强烈依赖于掺杂和温度, 所以表征材料本身并没有用. 对于半导体, 电子的亲和势 $\chi_{sc} = E_{vac} - E_C > 0$ 定义为真空能级和导带边的能量差 (见图 12.21).

---

① 这个情况类似于异质结构的界面 (12.3.4 小节), 然而, 金属的屏蔽长度非常短.

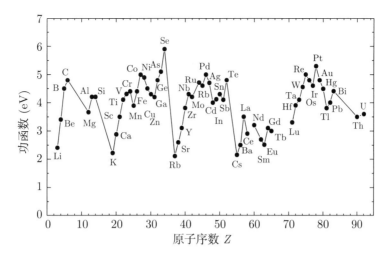

图21.2　各种金属的功函数 W_m

表21.2　各种金属的功函数 W_m 的数值

Z	元素	W_m (eV)	Z	元素	W_m (eV)	Z	元素	W_m (eV)
3	Li	2.4	37	Rb	2.1	64	Gd	3.1
4	Be	3.4	38	Sr	2.59	65	Tb	3.0
5	B	4.5	39	Y	3.1	66	Dy	—
6	C	4.8	40	Zr	3.8	67	Ho	—
12	Mg	3.66	41	Nb	4.3	68	Er	—
13	Al	4.2	42	Mo	4.2	69	Tm	—
14	Si	4.2	44	Ru	4.71	70	Yb	—
19	K	2.2	45	Rh	4.6	71	Lu	3.3
20	Ca	2.87	46	Pd	5.0	72	Hf	3.9
21	Sc	3.5	47	Ag	4.7	73	Ta	4.1
22	Ti	4.1	48	Cd	4.0	74	W	4.55
23	V	4.3	49	In	4.12	75	Re	5.0
24	Cr	4.4	50	Sn	4.3	76	Os	4.8
25	Mn	3.89	51	Sb	4.1	77	Ir	4.6
26	Fe	4.4	52	Te	4.8	78	Pt	5.3
27	Co	5.0	55	Cs	2.14	79	Au	4.8
28	Ni	4.9	56	Ba	2.5	80	Hg	4.49
29	Cu	4.5	57	La	3.5	81	Tl	3.8
30	Zn	4.3	58	Ce	2.9	82	Pb	4.0
31	Ga	4.2	59	Pr	—	83	Bi	4.4
32	Ge	4.8	60	Nd	3.2	90	Th	3.5
33	As	5.1	62	Sm	2.7	92	U	3.6
34	Se	5.9	63	Eu	2.5			

理想的能带结构

当金属和半导体没有接触时 (图 21.3(a))，金属的特性决定于它的功函数 $W_m =$

$E_{\text{vac}} - E_{\text{F}}$, 半导体的特性决定于它的电子亲和势 χ_{sc}. 首先, 假设 $W_{\text{m}} > \chi_{\text{sc}}$. 对于 n 型半导体, 费米能级和导带的能量差是

$$-eV_{\text{n}} = E_{\text{C}} - E_{\text{F}} \tag{21.1}$$

对于非简并半导体, 它是负的, $V_{\text{n}} < 0$. 因此, 半导体的费米能级的位置就是

$$E_{\text{F}} = E_{\text{va}} - \chi_{\text{sc}} + eV_{\text{n}} \tag{21.2}$$

如果金属和半导体接触在一起, 费米能级就会平衡. 对于图 21.3 的情况 ($E_{\text{F,sc}} > E_{\text{F,m}}$), 电子就会从半导体流到金属里. 金属表面的负电荷就会被半导体靠近表面附近的正电荷 (来自 D^+) 补偿. 最终在界面处形成一个 (肖特基) 势垒, 高度 F_{Bn} 为①

$$F_{\text{Bn}} = W_{\text{m}} - \chi_{\text{sc}} \tag{21.3}$$

下标 "n" 表示与 n 型半导体的接触. 这里忽略了表面 / 界面效应, 例如, 没有匹配的键, 表面态, 等等. 半导体里有一个带正电荷的区, 称为耗尽层或者空间电荷区 [1689]. 21.2.2 小节将讨论它的宽度 (图 21.3(b) 里的 w) 和性质. 金属里的空间电荷区非常薄, 因为屏蔽长度很小.

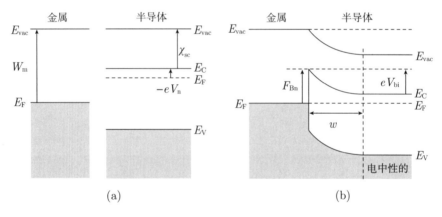

图21.3 金属-半导体结的能带结构示意图, 由半导体的体材料特性支配. (a) 没有接触, (b) 金属和半导体有接触. w 表示耗尽层的宽度. 在耗尽层外, 半导体是电中性的. F_{Bn} 表示肖特基势垒的高度, V_{bi} 表示内建电压(这里 $V_{\text{bi}} > 0$)

对于 p 型半导体上的接触, 势垒 F_{Bp} (到价带) 是 (见图 21.4(d))

$$F_{\text{Bp}} = E_{\text{g}} - (W_{\text{m}} - \chi_{\text{sc}}) \tag{21.4}$$

---

① 用 $F_{\text{B}} = e\phi_{\text{B}}$ 表示势垒的高度.

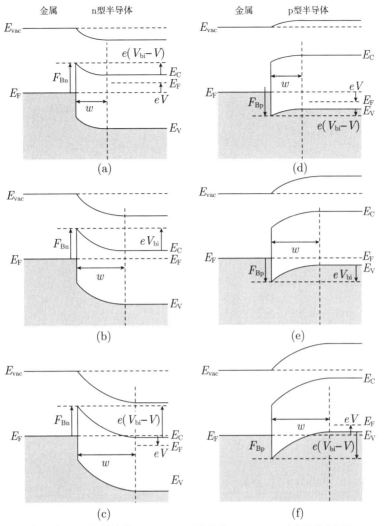

图21.4 金属-半导体结的能带结构，(a~c) n型半导体，(d~f) p型半导体(这里 $F_{Bp} > 0$). (b,e) 处于热力学平衡中，(a,d)有正向偏压($V>0$)，(c,f)有反向偏压($V<0$)

在金属表面和半导体的内部之间，有一个电势降

$$V_{\mathrm{bi}} = \frac{F_{\mathrm{Bn}}}{e} + V_{\mathrm{n}} = \frac{W_{\mathrm{m}} - \chi_{\mathrm{sc}}}{e} + V_{\mathrm{n}} \tag{21.5}$$

称为内建势（或者扩散电压）. 21.2.2 小节讨论这个电压降（"能带弯曲"）的精确形式.

表面指数 (surface index) 的定义是

$$S = \frac{\partial F_{\mathrm{Bn}}}{\partial W_{\mathrm{m}}} \tag{21.6}$$

按照现在的考虑 (式 (21.3))，相同的半导体和功函数不同的金属接触，应当有 $S=1$.

有表面态存在时的能带结构

然而, 图 21.5(a) 里的实验数据表现出不同的行为, 有着更小的斜率. 例如, GaAs 的势垒高度几乎不依赖于金属的功函数. 因此, 需要为真实的肖特基二极管建立不同的模型. 对以共价键为主的半导体, 一个经验法则是: n 型材料的势垒高度是带隙的 2/3, p 型材料的势垒高度是带隙的 1/3, 使得 $E_C - E_F \approx 2E_g/3$(图 21.5(b)). 只是对离子半导体, $S \approx 1$ 才成立 (图 21.5(c))[1694].

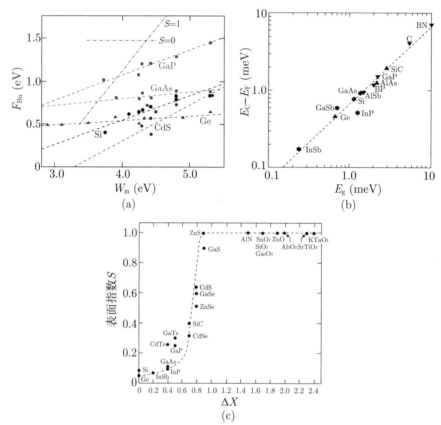

图21.5 (a) 对于不同的金属-半导体结, 实验得到的肖特基势垒高度 F_{Bn} 和金属功函数 W_m 的关系. 虚线用于引导视线, 点划线指出了对 $S=1$ 和 $S=0$ 的依赖关系(式(21.6)). 数据取自文献[1690, 1691]. (b) 对于Au在不同半导体上的肖特基接触, 在金属-半导体界面处的 $E_C - E_F$ 和带隙 E_g 的关系. 虚线表示 $E_C - E_F = 2E_g/3$. 数据取自文献[1692]. (c) 表面指数 S 和两种化合物半导体的电负性差 ΔX 的关系. 虚线用于引导视线. 数据取自文献[1691, 1693]

如果半导体的表面态的密度很大 ($\gtrsim 10^{12}/\mathrm{cm}^2$), 即使没有金属, 也已经有了空间电荷区[1695]. 表面陷阱被填充, 直到费米能级 (图 21.6(a)). 半导体里的能带弯曲的大小被记为 F_{Bn}, 因为后文将要说明它是肖特基势垒的高度. 如果表面态的密度很大, 半导体和金属形成接触时, 从半导体流到金属里的电荷载流子就聚集在表面态, 半导体表面处的费米能级位置改变得非常小. 因此, 空间电荷区没有变化, 与表面耗尽层完全相同. 肖特基势垒的高度就是 (裸的) 半导体表面的能带弯曲 F_Bn(图 21.6(d)), 完全不依赖于金属的功函数 (巴丁模型[1695]). 在这种极限情况下, 表面指数是 $S=0$.

对于实际的金属-半导体接触, 表面指数 S 的取值介于 0 和 1 之间. 需要一个理论, 涉及半导体的能带结构和能隙中间态 (表面态)(MIGS)[695,1696]. 硅的实验结果是 $S=0.27$, 相应的表面态密度 $D_\text{s} = 4 \times 10^{13}/(\text{cm}^2 \cdot \text{eV})$.

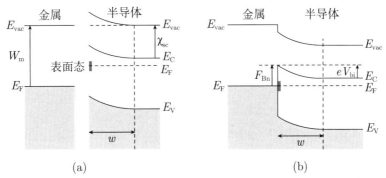

图21.6 金属-半导体结的能带结构示意图, 由半导体的表面性质所支配. (a) 无接触, 因为费米能级钉扎在半导体的表面态, 所以已经存在宽度为 w 的耗尽层. (b) 金属和半导体有接触

21.2.2 空间电荷区

接下来计算空间电荷区的宽度 w. 首先我们做 "突变近似". 在这个近似 (肖特基-莫特模型) 里, 空间电荷区 ($0 \leqslant x \leqslant w$) 里的电荷密度 ρ 由掺杂给出: $\rho = +eN_\text{D}$. 在空间电荷区以外, 半导体是电中性的, $\rho = 0$, 电场为零, $\text{d}\varphi/\text{d}x = 0$. 另一个边界条件是界面处的势 $\varphi(0) = -V_\text{bi} < 0$. 空间电荷区的势降由一维泊松方程决定:

$$\frac{\text{d}^2\varphi}{\text{d}x^2} = -\frac{\rho}{\epsilon_\text{s}} \tag{21.7}$$

其中, $\epsilon_\text{s} = \epsilon_\text{r}\epsilon_0$ 是半导体的静态介电常数. 利用试探解 $\varphi(x) = \varphi_0 + \varphi_1 x + \varphi_2 x^2$, 得到

$$\varphi(x) = -V_\text{bi} + \frac{eN_\text{D}}{\epsilon_\text{s}}\left(w_0 x - \frac{1}{2}x^2\right) \tag{21.8}$$

其中, w_0 是耗尽层在零偏压下的宽度.

电场强度的空间依赖关系 $E(x)$ 是

$$E(x) = -\frac{eN_\text{D}}{\epsilon_\text{s}}(w_0 - x) = E_\text{m} + \frac{eN_\text{D}}{\epsilon_\text{s}}x \tag{21.9}$$

最大电场强度 $E_\text{m} = -eN_\text{D}w_0/\epsilon_\text{s} < 0$ 位于 $x=0$. 根据条件 $\varphi(w_0) = 0$, 得到

$$w_0 = \sqrt{\frac{2\epsilon_\text{s}}{eN_\text{D}}V_\text{bi}} \tag{21.10}$$

对于 GaAs 的材料参数,在突变近似下,电荷密度和电势如图 21.7 所示.

超越突变近似

需要更仔细地处理多子载流子的热分布. 电荷密度 $\rho = e(N_D^+ - n)$(在玻尔兹曼近似下) 对电势 φ 的依赖关系是 ($\beta = e/kT$)

$$\rho(x) = eN_D[1 - \exp(\beta\varphi(x))] \tag{21.11}$$

实际的电荷密度和电势由式 (21.7) 的数值解得到,如图 21.7 所示,与突变近似作比较. 显然,在肖特基耗尽层的宽度 w_0 里,电荷连续地变化,电势没有下降到零.

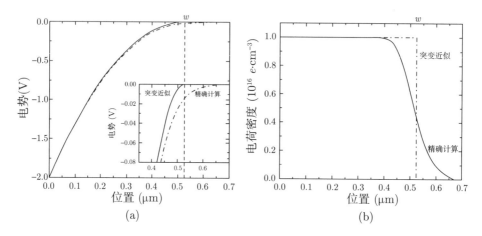

图21.7 在肖特基n型GaAs二极管的耗尽层,(a) 电势φ和(b) 电荷密度ρ. 计算参数是 $\epsilon_s = 12.5\epsilon_0$, $V_{bi} - V_{ext} = 2V$(小的反向偏压), $N_D = 1 \times 10^{16}/\text{cm}^3$, $T = 300$ K. 突变近似表示为实线,精确(数值)计算为点划线. 图(a)里的虚线表示在突变近似下的耗尽层宽度w_0

注意,对于耗尽层,$\varphi \leqslant 0$,$n \leqslant N_D$. 在耗尽层里,真实的电荷分布 (式 (21.11)) 和突变近似模型的不变电荷密度 $(\rho_0 = eN_D)$ 之间的电荷差是 (由于耗尽层里的多数电荷载流子的热分布的尾巴)

$$\Delta\rho(x) = \rho(x) - \rho_0 = -eN_D \exp(\beta\varphi(x)) \tag{21.12}$$

对 $\Delta\rho$ 在耗尽层里积分,可知耗尽层两端的电势降 V_{bi} 应当改变 ΔV:

$$\Delta\varphi = \int_0^{w_0}\left[\int_0^x \frac{-\Delta\rho(x')}{\epsilon_s}dx'\right]dx = \frac{1}{\beta}[1 - \exp(-\beta V_{bi})] \approx \beta^{-1} \tag{21.13}$$

对于 $\beta V_{bi} \gg 1$,这个近似成立. 因此,式 (21.10) 修正为

$$w_0 = \sqrt{\frac{2\epsilon_s}{eN_D}(V_{bi} - \beta^{-1})} \tag{21.14}$$

对二极管施加外部电势差 V_{ext},界面边界条件的变化 $\varphi(0) = -V_{bi} + V_{ext}$ 修正了式 (21.14). 正向偏压的能带结构如图 21.4(a) 所示,反向偏压的情况如图 21.4(c) 所示.

因此, 我们得到了耗尽层的宽度 (在突变近似下):

$$w(V_{\text{ext}}) = \sqrt{\frac{2\epsilon_{\text{s}}}{eN_{\text{D}}}(V_{\text{bi}} - V_{\text{ext}} - \beta^{-1})} \tag{21.15}$$

现在, 可以显式地给出电场的最大值 (在 $x=0$ 处):

$$\begin{aligned} E_{\text{m}} &= -\sqrt{\frac{2eN_{\text{D}}}{\epsilon_{\text{s}}}(V_{\text{bi}} - V_{\text{ext}} - \beta^{-1})} \\ &= -\frac{2}{w}(V_{\text{bi}} - V_{\text{ext}} - \beta^{-1}) \end{aligned} \tag{21.16}$$

注意, 到目前为止, 势垒的高度不依赖于外加偏压. 下一节将要说明, 实际情况并非如此.

求解泊松方程的另一种方法是把电场当作电势的函数 $E(\phi)$. 那么

$$\frac{\mathrm{d}E^2}{\mathrm{d}\phi} = 2E\frac{\mathrm{d}E}{\mathrm{d}\phi} \tag{21.17}$$

而且

$$\frac{\mathrm{d}E}{\mathrm{d}\phi} = \frac{\mathrm{d}E}{\mathrm{d}x}\frac{\mathrm{d}x}{\mathrm{d}\phi} = -\frac{\mathrm{d}E}{\mathrm{d}x}\frac{1}{E} = -\frac{\mathrm{d}^2\phi}{\mathrm{d}x^2}\frac{1}{E} \tag{21.18}$$

把这两个方程组合起来, 并利用式 (21.7) 和式 (21.11), 就得到

$$\frac{\mathrm{d}E^2}{\mathrm{d}\phi} = -\frac{2eN_{\text{D}}}{\epsilon_{\text{s}}}[1 - \exp(\beta\phi)] \tag{21.19}$$

利用边界条件 $E(\phi=0) = 0$, 对这个方程做积分, 得到

$$E^2(\phi) = -\frac{2eN_{\text{D}}}{\epsilon_{\text{s}}}\left[\phi - \frac{\exp(\beta\phi)}{\beta} + \frac{1}{\beta}\right] \tag{21.20}$$

在界面处, $\phi(x=0) = -(V_{\text{bi}} - V)$, 当半导体里的电压降足够大时, $\exp(\beta\phi) \ll 1$, 不用突变近似或者它的修正 (式 (21.13)),① 就重新得到了 E_{m} (式 (21.16)). 没有近似的时候:

$$E_{\text{m}} = -\sqrt{\frac{2eN_{\text{D}}}{\epsilon_{\text{s}}}\left\{V_{\text{bi}} - V_{\text{ext}} - \frac{1 - \exp[-\beta(V_{\text{bi}} - V_{\text{ext}})]}{\beta}\right\}} \tag{21.21}$$

21.2.3 肖特基效应

此前忽视的镜像电荷效应降低了势垒的高度. 肖特基解释了金属里的这个效应[1698], 经改造后用于半导体[1699,1700]. 位于半导体里 x 处的一个电子 (电荷 $q = -e$)

---

① 这种函数积分方法只能用于双射的势 $\phi(x)$, 即严格单调下降或上升的势[1697], 因此, 耗尽层里掺杂浓度必须单调地变化.

面对着金属表面. 这个金属表面位于零点 (图 21.8(a)). 因为金属表面是等势面, 自由电荷的电势分布改变了. 如果把一个镜像电荷 $-q$ 放置在 $-x$ 的位置, 总的电势分布与金属外面的电势分布完全相同. 这个镜像电荷给电子施加了力 (镜像力 F_{if})

$$F_{\text{if}} = -\frac{q^2}{16\pi\epsilon_s x^2} \tag{21.22}$$

其中, ϵ_s 是半导体的相对介电常数. 把电子从无穷远处移动到 x, 需要做功 E_{if}:

$$E_{\text{if}} = \int_\infty^x F_{\text{if}} dx = -\frac{q^2}{16\pi\epsilon_s x} \tag{21.23}$$

这个镜像势能如图 21.8(a) 所示. 当电场 E 存在时, 电子的总能量 E_{tot} (图 21.8(a) 里的实线) 是

$$E_{\text{tot}} = F_{\text{B}_0} - qEx - \frac{q^2}{16\pi\epsilon_s x} \tag{21.24}$$

注意, $x = 0$ 处的发散来自这个问题理想化的连续性. 把镜像电荷相对于界面的位置略微移动一下, 或者是使用扩展的电荷, 就可以消除它 [1188].

这个函数的最大值 ($dE_{\text{tot}}/dx = 0$) 位于 x_{m}:

$$x_{\text{m}} = \sqrt{\frac{e}{16\pi\epsilon_s E}} \tag{21.25}$$

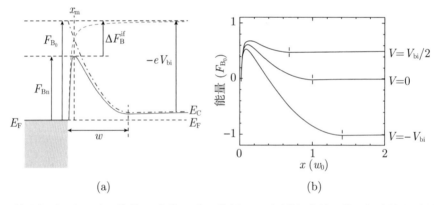

图21.8 (a) 粒子相对于金属表面的能量(虚线), 半导体耗尽层(点划线)中的导带和组合效应(实线). 镜像电荷能量把势垒 F_{B_0} 降低了 $\Delta F_{\text{B}}^{\text{if}}$, 成为 F_{Bn}. (b) 在不同偏压下 ($V=0$, $V=+V_{\text{bi}}/2$ 和 $V=-V_{\text{bi}}$), 金属-半导体结的半导体侧的导带, 考虑了肖特基效应. 耗尽层的宽度用短的垂直虚线标出. 没有肖特基效应的势垒高度是 F_{B_0}. 虚线是零偏压下没有肖特基效应的情况

肖特基势垒 F_{B_0} 降低了 $\Delta F_{\text{B}}^{\text{if}} > 0$,

$$\Delta F_{\text{B}}^{\text{if}} = e\sqrt{\frac{eE}{4\pi\epsilon_s}} = 2eEx_{\text{m}} \tag{21.26}$$

用式 (21.16) 得到的 E_m 作为界面附近 $x_m \ll w$ 的电场, 势垒降低的数值是[①]

$$\Delta F_\mathrm{B}^\mathrm{if} = e\left[\frac{e^3 N_\mathrm{D}}{8\pi^2 \epsilon_\mathrm{s}^3}\left(V_\mathrm{bi} - V_\mathrm{ext} - \beta^{-1}\right)\right]^{1/4} \qquad (21.27)$$

对于 $\epsilon_\mathrm{s} = \epsilon_0$(真空), 电场强度为 10^5 V/cm, 最大值位于 $x_\mathrm{m} = 6$ nm, 势垒的减小量就是 $\Delta F_\mathrm{B}^\mathrm{if} = 0.12$ eV. 对于 10^7 V/cm, $x_\mathrm{m} = 1$ nm, $\Delta F_\mathrm{B}^\mathrm{if} = 1.2$ eV. 对于半导体, $\epsilon_\mathrm{r} \sim 10$, 这个效应就更小了 (图 21.9). 肖特基效应依赖于偏置电压 (图 21.8(b)), 因此, 势垒高度依赖于外加的偏置电压.

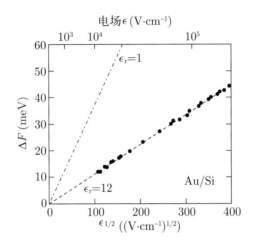

图21.9 镜像电荷导致的肖特基势垒的减小量与电场的关系. 点划线对应于真空介电常数, 虚线对应于(式(21.26))ϵ_r=12. 改编自文献[1701]

21.2.4 电容

在这个半导体里, 总的 (单位面积的) 空间电荷 Q 是 $(V = V_\mathrm{ext})$

$$Q(V) = eN_\mathrm{D}w = \sqrt{2eN_\mathrm{D}\epsilon_\mathrm{s}(V_\mathrm{bi} - V - \beta^{-1})} \qquad (21.28)$$

它依赖于外加电压.

为了测量耗尽层的电容, 先施加外部的直流偏压 V, 它决定了耗尽层的宽度. 用小振幅 $\delta V \ll V$ 的交流电压探测 (微分) 电容. 我们先假定: 相比于电学激活的杂质的特征时间常数, 交流频率 ω 很小 (准静态电容), 并讨论电压依赖关系 $C(V)$. 下面讨论电

[①] ϵ_s^3 在技术上应该是 $\epsilon_\mathrm{s}\epsilon_\mathrm{d}^2$, 其中 ϵ_d 是镜像力的介电常数. 如果电子从金属到势能最大值处的渡越时间足够长, 能够建立起半导体的介电极化, 那么 ϵ_d 就等于 ϵ_s[1681].

容的频率和温度依赖关系 ① $C(\omega, T)$, 特别是当测量频率在 (依赖于温度的) 电子捕获速率或发射速率 (式 (10.42) 和式 (10.43)) 的范围里时.

偏压依赖关系

根据式 (21.28), 空间电荷区 (单位面积的) 电容 $C = |\mathrm{d}Q/\mathrm{d}V|$ 是

$$C = \sqrt{\frac{eN_\mathrm{D}\epsilon_\mathrm{s}}{2(V_\mathrm{bi} - V - \beta^{-1})}} = \frac{\epsilon_\mathrm{s}}{w} \tag{21.29}$$

式 (21.29) 也可以写为

$$\frac{1}{C^2} = \frac{2(V_\mathrm{bi} - V - \beta^{-1})}{eN_\mathrm{D}\epsilon_\mathrm{s}} \tag{21.30}$$

测量 $1/C^2$ 作为偏置电压的函数 (C-V 谱), 如果掺杂浓度是均匀的, 它应当线性地依赖于偏置电压 (图 21.10(a)). 掺杂浓度可以由斜率确定 (见图 21.10(b)):

$$N_\mathrm{D} = -\frac{2}{e\epsilon_\mathrm{s}}\left[\frac{\mathrm{d}}{\mathrm{d}V}\left(\frac{1}{C^2}\right)\right]^{-1} \tag{21.31}$$

通过外推到 $V = V'$, 使 $1/C^2 = 0$, 得到内建电压 $V_\mathrm{bi} = V' + kT/e$. 利用式 (21.5), 可以得到肖特基势垒的高度[1702]:

$$F_\mathrm{Bn} = eV' - eV_\mathrm{n} + kT - \Delta F_\mathrm{B}^\mathrm{if} \tag{21.32}$$

其中, $\Delta F_\mathrm{B}^\mathrm{if}$ 是镜像力效应导致的平带和零偏压情况下的势垒降低量 (式 (21.27)).

注意, 对于非均匀的掺杂, 可以用 C-V 谱确定掺杂的深度分布情况. $1/C^2$ 的偏压曲线就不再是一条直线, 而是具有变化的斜率. $N_\mathrm{D}(w)$ 根据式 (21.31) 来计算, 利用式 (21.29) 得到的 $w = \epsilon_\mathrm{s}/C$[1703]:

$$N_\mathrm{D}\left(w = \frac{\epsilon_\mathrm{s}}{C}\right) = -\frac{2}{e\epsilon_\mathrm{s}}\left[\frac{\mathrm{d}}{\mathrm{d}V}\left(\frac{1}{C^2}\right)\right]^{-1} \tag{21.33}$$

利用函数积分, 耗尽层的电容可以表示为 $\varphi(0) = -(V_\mathrm{bi} - V)$ 的项, 不需要知道电势 $\varphi(x)$[1697]. ② 在近似条件 $-e\varphi(0) \gg kT$ 下, 对于均匀掺杂, 我们改进了式 (21.29) 的结果:

---

① 探测电容作为交流频率的函数, 称为导纳谱.
② 只要 $\varphi(x)$ 是严格单调的函数, 这个结论就成立.

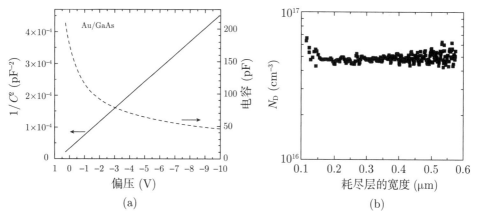

图21.10 (a) 在室温下, Au/GaAs肖特基二极管(2 μm在n-GaAs衬底上MOVPE生长的GaAs:Si)的电容C(虚线)和$1/C^2$(实线)与偏压的关系. 根据外推到$1/C^2=0$的结果和式(21.30), 得到$V_{\rm bi}=(804\pm3)$ mV. (b) 利用$1/C^2$图, 根据式(21.31)得到的施主浓度($N_{\rm D}=4.8\times 10^{16}/{\rm cm}^3$)与耗尽层宽度(使用式(21.29)计算)的关系

$$C = \sqrt{\frac{eN_{\rm D}\epsilon_{\rm s}}{2\left[V_{\rm bi} - V - \beta^{-1}\left(\dfrac{n_0}{N_{\rm D}} - \ln\dfrac{n_0}{N_{\rm D}}\right)\right]}} \tag{21.34}$$

其中, n_0 是中性区的电子浓度. 这个一般性的处理证实了式 (21.31) 的有效性. 在平带的情况中, 对于 $V \to V_{\rm bi}$, C 也不会发散, 就像突变近似一样, 但是有一个最大值[1697].

在给定的偏置电压下, 用电容测量来检测空间电荷区的边界处的电荷 (电离的施主或受主). 然而, 只有当空间电荷区的深度随着偏压而改变时, 这个原理才能够成立. 因此这个方法不能应用于像 δ 掺杂层或量子阱这样的系统.

频率和温度依赖关系

载流子被施主释放 (或捕获) 的特征发射速率是 $g_{\rm c}$ (式 (10.43))(捕获速率 $r_{\rm c}$). 受主也是如此. 因此, 电容依赖于取样频率 (图 21.11(a)). 如果电容的探测频率远小于释放速率, 系统就好像处于平衡态, 具有 (准) 静态电容 C_0. 如果探测频率高得多, 系统跟不上, 施主就不能对电容做贡献. 在 $C(f)$ 的拐点处的特征频率 $\hat{f}$ 是[1016,1017]

$$2\pi\hat{f} = 2g_{\rm c} \tag{21.35}$$

关于简单因子 2 的修正, 请看文献 [1704] 的讨论. 因为发射速率指数式地依赖于温度, 对于给定的频率, 电容依赖于温度[1705]. ZnO 的情况如图 21.11(b) 所示, 它有多个施主能级. 在低温下, 浅能级释放载流子, 在更高的温度下, 深能级开始做贡献. 利用这种技术, 已经研究了 AlGaAs 里的 DX 中心 (见 7.7.6 小节)[1706].

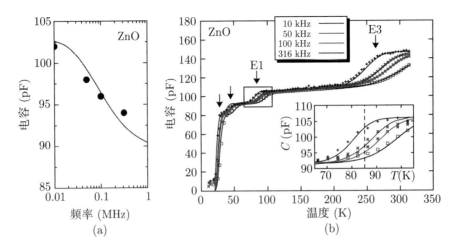

图21.11 (a) 在 $T=85$ K 时,Pd/ZnO 肖特基二极管(零偏压)的电容与探测频率的理论依赖关系(实线)和实验数据(圆点). (b) 在四种不同探测频率 $f=10$ kHz,50 kHz,100 kHz 和 316 kHz(交流振幅 50 mV)下,同一个二极管的电容对温度的依赖关系(热导纳谱,TAS). 箭头表示载流子从四个不同的缺陷能级中释放出来:两个浅杂质能级和众所周知的缺陷 E1 和 E3[737, 1707]. 插图更详细地显示了 E1 缺陷的贡献(即主图中的矩形区域). 符号是实验数据,曲线符合四能级模型 (E1:E_D=116 meV, E3:E_D=330 meV)[1708]

21.2.5 电流-电压特性

穿过金属-半导体结的电流输运由多数电荷载流子(多子)主导,即 n 型 (p 型) 半导体里的电子 (空穴).

对于 n 型半导体,可能的输运机制如图 21.12 所示. 在势垒上方的热电子发射来自热分布里的热电子,至少在高温下是重要的. 对于薄的势垒,即在高掺杂的情况 ($w \propto N_D^{-1/2}$,参见式 (21.15)) 下,隧穿地通过势垒很重要. 靠近准费米能级的"纯"隧穿 (也称场发射) 和热电子场发射 (更高能量的电子的隧穿) 是不一样的. 还可能有耗尽层里的复合与空穴从金属中的注入.

电子在势垒以上的数据可以用扩散理论[1709,1710] 或热电子发射理论[576] 描述. 详细的处理,请看文献 [1711, 1712]. 在这两种情况下,势垒高度远大于 kT. 对于热电子发射 (通常与高迁移率的半导体有关),电流受限于发射过程,在整个耗尽层里建立起了平衡 (相同的电子准费米能级),考虑的是弹道输运. 在扩散理论里 (对于低迁移率),金属和半导体的电子在界面处建立了热平衡,电流受限于耗尽层里的扩散和漂移.

热电子发射

热分布函数里的热电子导致了从半导体流到金属里的电流,单位面积的电流密度

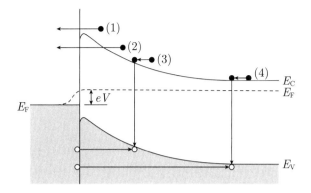

图21.12 金属-半导体结的输运机制. (1) 热发射(在势垒"以上"); (2) 隧穿("穿过"势垒); (3) 耗尽层中的复合; (4) 从金属注入空穴

$j_{s \to m}$ 是

$$j_{s \to m} = -e \int_{E_F + F_{Bn}}^{\infty} v_x \mathrm{d}n \tag{21.36}$$

积分开始于可能的最低能量: 肖特基势垒的顶部 (这个模型不允许隧穿!). 在很小的能量间隔 $\mathrm{d}E$ 里, 电子密度 $\mathrm{d}n$ 是

$$\mathrm{d}n = D(E)f(E)\mathrm{d}E \tag{21.37}$$

对于体材料半导体的态密度式 (6.71) 和玻尔兹曼分布 ($F_B \gg kT$),

$$\mathrm{d}n = \frac{1}{2\pi^2}\left(\frac{2m^*}{\hbar^2}\right)^{3/2} \sqrt{E-E_C} \exp\left(-\frac{E-E_F}{kT}\right) \mathrm{d}E \tag{21.38}$$

对于给定的能量 E, 载流子的速度 v 由下式确定:

$$E = E_C + \frac{1}{2}m^* v^2 \tag{21.39}$$

这样就得到

$$\sqrt{E-E_C} = v\sqrt{m^*/2} \tag{21.40}$$

和

$$\mathrm{d}E = m^* v \mathrm{d}v \tag{21.41}$$

此外, 利用式 (21.39) 和式 (21.1), 得到

$$E - E_F = (E-E_C) + (E_C - E_F) = \frac{1}{2}m^* v^2 - eV_n \tag{21.42}$$

因此, 我们把式 (21.38) 写为

$$\mathrm{d}n = 2\left(\frac{m^*}{h}\right)^3 \exp(\beta V_n) \exp\left(-\frac{m^* v^2}{2kT}\right) 4\pi v^2 \mathrm{d}v \tag{21.43}$$

接下来, 把在 $4\pi v^2 \mathrm{d}v$ 的一维积分转变为在 $\mathrm{d}v_x \mathrm{d}v_y \mathrm{d}v_z$ 的三维积分. 对 y 和 z 方向上的所有速度做积分, 得到了因子 $2\pi kT/m^*$. 对 v_x 的积分从能够穿过势垒的最小速度 $v_{\min,x}$ 开始:

$$\int_{v_{\min,x}}^{\infty} \exp\left(-\frac{m^* v_x^2}{2kT}\right) v_x \mathrm{d}v_x = \frac{kT}{m^*} \exp\left(-\frac{m^* v_{\min,x}^2}{2kT}\right) \tag{21.44}$$

其中, 速度的最小值由式 (21.45) 决定:

$$\frac{1}{2} m^* v_{\min,x}^2 = e\left(V_{\mathrm{bi}} - V\right) \tag{21.45}$$

因此, 利用式 (21.5), 就得到电流密度为

$$j_{\mathrm{s}\to\mathrm{m}} = \frac{4\pi e m^* k^2}{h^3} T^2 \exp\left[-\beta\left(V_{\mathrm{bi}} - V_{\mathrm{n}}\right)\right] \exp(\beta V)$$

$$= A^* T^2 \exp\left(-\frac{F_{\mathrm{Bn}}}{kT}\right) \exp(\beta V) \tag{21.46}$$

其中, A^* 是理查德森常数,

$$A^* = \frac{4\pi e m^* k_{\mathrm{B}}^2}{h^3} = \frac{e N_{\mathrm{C}} \bar{v}}{4T^2} \tag{21.47}$$

其中, $\bar{v}$ 是半导体里的平均热速度. 对于真空里的电子, A^* 是 120 A/(cm$^2 \cdot$K^2). 对于从金属到真空里的热电子发射, 得到类似的结果.

如果偏压改变了, 从半导体到金属里的电流在正向偏压下增大, 因为准费米能级和势垒顶部的能量差减小了. 在反向偏压下, 电流减小. 从金属到半导体里的势垒保持不变 (除了肖特基效应, 接下来再讨论它对电流-电压特性的影响). 因此, 从金属进入半导体里的电流 $j_{\mathrm{m}\to\mathrm{s}}$ 是不变的, 可以从零偏压下的条件 $j = j_{\mathrm{s}\to\mathrm{m}} + j_{\mathrm{m}\to\mathrm{s}} = 0$ 得到. 因此, 在热电子发射模型里, 电流-电压特性是

$$j = A^* T^2 \exp\left(-\frac{F_{\mathrm{Bn}}}{kT}\right) [\exp(\beta V) - 1]$$

$$= j_{\mathrm{s}} [\exp(\beta V) - 1] \tag{21.48}$$

因子

$$j_{\mathrm{s}} = A^* T^2 \exp\left(-\frac{F_{\mathrm{Bn}}}{kT}\right) \tag{21.49}$$

称为饱和电流密度.

这种依赖关系是理想二极管的特性, 如图 21.13 所示.

给式 (21.49) 做变换, 可以把饱和电流 j_{s} 的温度依赖关系写为

$$\ln\left(\frac{j_{\mathrm{s}}}{T^2}\right) = \ln A^* - \frac{F_{\mathrm{Bn}}}{kT} \tag{21.50}$$

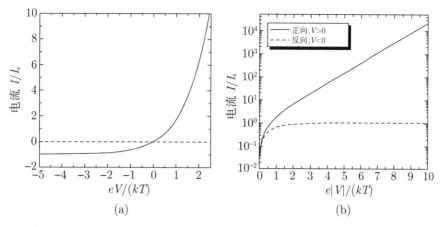

图21.13 理想二极管的I-V特性$I=I_s[\exp(eV/(kT))-1]$. (a) 线性图，(b) 半对数图

$\ln(j_s/T^2)$ 和 $1/T$ 的关系曲线称为理查德森曲线, 利用线性拟合, 可以确定势垒的高度和理查德森常数 (图 21.14(b)).

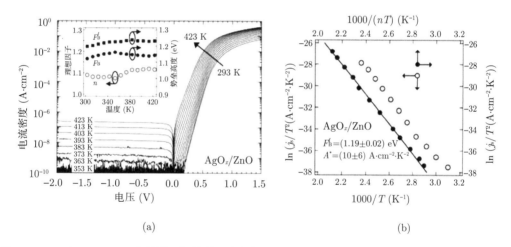

图21.14 一个AgO_x/ZnO肖特基二极管的温度依赖行为. (a) I-V 特性. 插图给出了得到的参数: 理想因子n、势垒高度F_B和平带的势垒高度F_B^f(式(21.54)). (b) 理查德森曲线, 得到的势垒高度和计算的平带势垒高度以及线性拟合. 改编自文献[1713]

理想因子

如果考虑肖特基 (镜像力) 效应, 即势垒高度随着偏压而改变, 正向偏压的 I-V 特性的半对数曲线就不再是 $V_0^{-1} = e/(kT)$, 而是可以表示为 $V_0^{-1} = e/(nkT)$, 其中 n 是一

个无量纲的参数, 称为理想因子 (ideality factor), [①]

$$j = j_{\rm s}\left[\exp\left(\frac{eV}{nkT}\right) - 1\right] \tag{21.51}$$

n 由下式给出:

$$n = \left(1 - \frac{1}{e}\frac{\partial F_{\rm B}}{\partial V}\right)^{-1} \approx 1 + \frac{1}{e}\frac{\partial F_{\rm B}}{\partial V} \tag{21.52}$$

镜像力效应导致的 $n_{\rm if}$ 数值 [1680] (利用式 (21.27) 和在零偏压下由镜像力导致的势垒降低量 $\Delta F_{\rm B}^{\rm if,0}$) 为

$$n_{\rm if} = 1 + \frac{\Delta F_{\rm B}^{\rm if,0}}{4eV_{\rm bi}} = 1 + \frac{x_{\rm m}}{w_0} \tag{21.53}$$

典型值小于 1.03. 对于 GaAs 和 $N_{\rm D} = 10^{17}/{\rm cm}^3$, 有 $n = 1.02$. 至于 V_0 及其温度依赖关系, 请看图 21.17 和相关的讨论.

一个几乎理想的 ZnO 肖特基二极管的 I-V 特性如图 21.14(a) 所示 [1713]. 得到的势垒高度几乎不依赖于温度, 理所当然. 理想因子很小 (大约是 1.1), 也不依赖于温度. 根据式 (21.50) 得到的这个二极管的理查德森曲线是一条直线. 得到的常数 $A^* = (10 \pm 6)$ A/(cm^2·K^2) 合理地接近于理论值 32 A/(cm^2·K^2) (利用 $m^* = 0.32$).

为了得到不依赖于非理想性的势垒高度, 文献 [1714] 讨论了平带的势垒高度 $F_{\rm B}^{\rm f}$, 根据二极管参数从下式得到:

$$F_{\rm B}^{\rm f} = nF_{\rm B} - (n-1)\frac{kT}{e}\ln\left(\frac{N_{\rm C}}{N_{\rm D}}\right) \tag{21.54}$$

假设所有的施主都电离了 (否则, 就用电子浓度 n 替代 $N_{\rm D}$, 这里要注意, 不要和理想因子搞混了). 相应地, 把饱和电流密度式 (21.49) 重写为

$$j_{\rm s,f} = A^*T^2 \exp\left(-\frac{F_{\rm B}^{\rm f}}{kT}\right) \tag{21.55}$$

横向不均匀的势垒

空间不均匀的势垒高度使得理想因子变大, 文献 [1715-1719] 很早就提出来了. 通常假设整个接触区的势垒高度 $F_{\rm Bn}(y,z)$ 具有高斯概率分布 [1720] $p(F_{\rm Bn})$, 平均值是 $\bar{F}_{\rm Bn}$, 标准差是 $\sigma_{\rm F}$. 结果发现, 决定电容的势垒高度 $F_{\rm Bn}^{C}$ (以及由 C-V 谱确定的扩散电压) 由空间平均值给出: $F_{\rm Bn}^{C} = \bar{F}_{\rm Bn}$. 通过

$$j = A^*T^2[\exp(\beta V) - 1]\int \exp\left(-\frac{F_{\rm Bn}}{kT}\right)p(F_{\rm Bn}){\rm d}F_{\rm Bn}$$

$$= A^*T^2 \exp\left(-\frac{F_{\rm Bn}^{\rm j}}{kT}\right)[\exp(\beta V) - 1] \tag{21.56}$$

[①] 对于理想的特性 (式 (21.48)), 显然有 $n = 1$. 否则, $n \geqslant 1$.

决定电流-电压特性的势垒高度 $F_{\mathrm{Bn}}^{\mathrm{j}}$ (参见式 (21.48)) 是

$$F_{\mathrm{Bn}}^{\mathrm{j}} = \bar{F}_{\mathrm{Bn}} - \frac{\sigma_{\mathrm{F}}^2}{2kT} \tag{21.57}$$

因此, 由电流-电压特性确定的势垒高度低估了势垒高度的空间平均值.① 理查德森曲线 (式 (21.50)) 修正为 (非线性地依赖于 $1/T$)

$$\ln\left(\frac{j_{\mathrm{s}}}{T^2}\right) = \ln A^* - \frac{F_{\mathrm{Bn}}}{kT} + \frac{\sigma_{\mathrm{F}}^2}{2k^2T^2} \tag{21.58}$$

文献 [1721] 计算了耗尽层杂质电荷的随机分布和离散性导致的势垒不均匀性. 这种机制给出了肖特基二极管的理想性的基本极限, 掺杂越大, 势垒的不均匀性就越大.

如果势垒高度的分布是分立的, 在低电压下, 电流就会在一些势垒低的特定位置流过 ("热点"). 这就导致了 I-V 特性曲线的弯曲, 例如 SiC[1722] 和 ZnO[1723] 的情况 (图 21.15).

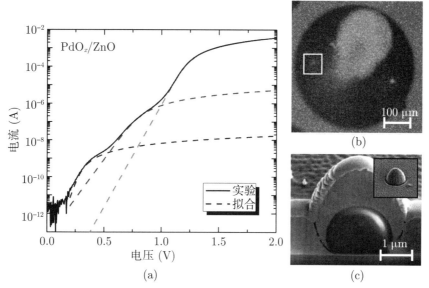

图21.15 (a) ZnO 肖特基二极管的 I-V 特性(实线)以及用势垒高度不同的三个区做的拟合(虚线). (b) 在 1 V 偏压下的热图像. 在白色方块标出的区域里, 详细地研究了其中的一个热点. (c) 用FIB制备的缺陷截面的SEM像. 这个缺陷(Al_2O_3颗粒)导致了势垒最低的热点. 插图: 在制备以前, 这个缺陷的图像. 改编自文献[1723]

温度依赖关系

Pd/ZnO 肖特基二极管的 I-V 特性依赖于温度, 如图 21.16(a) 所示. 直接用式 (21.48) 做计算, 得到势垒高度大约是 700 meV, 理查德森常数比理论值 32 A/(cm$^2 \cdot$K^2)

---

① 这个现象类似于斯托克斯位移, 因为存在无序时的热化, 导致了荧光谱线的红移, 见 12.4 节.

(对于 $m_e^* = 0.27$) 小了一个数量级. 用式 (21.57) 拟合依赖于温度的数据, 结果如图 21.16(b) 所示, 得到 $\bar{F}_{Bn} = 1.1$ eV, 与 C-V 谱得到的 (不依赖于温度的) 数值一致, $\sigma_F = 0.13$ eV[1724].

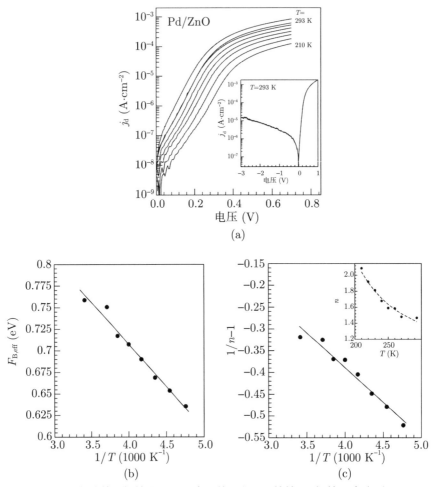

图21.16 (a) Pd/ZnO肖特基二极管在不同温度下的正向I-V特性. 二极管温度分别为210 K, 220 K, 230 K, 240 K, 250 K, 260 K, 270 K和293 K. 插图在半对数坐标上显示了温度在293 K时的电流密度和电压的关系. (b) 有效势垒高度F_{Bn}与温度倒数的关系. 实线是根据式(21.57)的线性拟合, 给出了标准差$\sigma_F = 0.13$ eV和平均势垒高度$\bar{F}_{Bn} = 1.1$ eV. (c) $1/n$-1和温度倒数的关系. 实线是数据的线性拟合, 给出了电压变形系数$\rho_2 = -0.025$ eV和$\rho_3 = -0.028$ eV. 插图给出了实验确定的n因子, 以及利用由线性拟合(虚线)得到的电压变形系数从式(21.59)计算得到的n因子. 改编自文献[1724]

理想因子 n 的温度依赖关系是[1725]

$$n = \frac{1}{1 - \rho_2 + \rho_3/(2kT)} \tag{21.59}$$

其中, $\rho_2(\rho_3)$ 是平均势垒高度 (标准差) 的偏压依赖关系的 (不依赖于温度的) 比例系数,

$$\rho_2 = \frac{1}{e}\frac{\partial \bar{F}_{Bn}}{\partial V} \tag{21.60a}$$

$$\rho_3 = \frac{1}{e}\frac{\partial \sigma_F^2}{\partial V} \tag{21.60b}$$

对于 ZnO, 拟合图 21.16(c) 里的 $1/n-1$ 和 $1/T$ 的关系曲线, 得到 $\rho_2 = -0.025$ eV 和 $\rho_3 = -0.028$ eV.

文献 [1726, 1727] 报道了 Au/GaAs 肖特基二极管在不同温度下的正向偏压的 I-V 特性, 如图 21.17(a) 所示. 由饱和电流的温度依赖关系 (式 (21.48)), 电流随着温度的下降而减小. 特性曲线 $j = j_s\exp(V/V_0)$ 的斜率 V_0^{-1} 也随着温度而变化. V_0 的温度依赖关系可以描述为 $V_0 = k(T+T_0)/e$, 而不是采用理想因子 n 的形式 $V_0 = nkT/e$. 换句话说, 理想因子服从的温度依赖关系是 $n = 1 + T_0/T$. 考虑到式 (21.59), 这种行为意味着, 对于小的 T_0, 有 $n \approx 1/(1-T_0/T)$, 因此有 $\rho_2 = 0$ 和 $\rho_3 = 2kT_0$. 对于 $T_0 = 45$ K, ρ_3 是 0.008 eV, 这个数值相当小. 因此, 二极管的这种温度行为是因为势垒高度的高斯分布随着偏置电压而变窄 [1720].

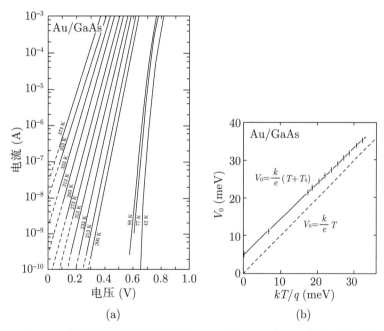

图21.17 (a) Au/GaAs二极管在不同温度下的正向I-V特性. (b) 电压V_0的温度依赖关系. 实验数据用$T_0 = (45 \pm 8)$ K来拟合. 改编自文献[1726]

势垒高度和理想因子的关联

在一组类似的二极管里, 它们的势垒不均匀性的幅度不一样, 人们发现, 有效势垒的高度和理想因子是有关联的 [1728]. 外推到 $n = n_{if}$, 给出了均匀势垒的势垒高度的极限 (图 21.18). 对于硅, 人们发现, 对于没有重构的表面, 表面的取向对肖特基势垒高度有微弱的影响 (图 21.18(b)). 重构的存在降低了势垒的高度 ① (图 21.18(a)).

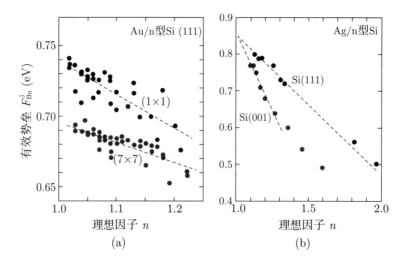

图21.18 (a) 在Si(111)表面(有(7×7)重构或者没有重构的(1×1))制备的Ag/n型Si肖特基二极管的有效势垒高度与理想因子的关系. 更理想的(1×1)表面表现出较高的势垒. 虚线是线性拟合. (b) 在HF处理过的(1×1)没有重构的(001) 和(111)表面, Au/n型Si肖特基二极管的有效势垒高度与理想因子的关系. 虚线是线性拟合以及到 $n = n_{if}$ 的外推. 对于这两种表面取向, 外推得到的均匀势垒高度都一样. 基于文献[1728]汇集的数据

扩散理论

扩散理论考虑电流密度的时候, 还要考虑载流子密度和电场梯度的存在. 在玻尔兹曼近似下, 电子流由式 (8.60a) 给出. 在稳态平衡里, 电流密度是常数, 不依赖于 x. 假定在 $x = 0$ 和 $x = w$ 处, 电流密度取平衡值, 经过积分并利用式 (21.8), 得到

$$j = -e\mu_n N_C E_m \exp\left(-\frac{F_{Bn}}{kT}\right)[\exp(\beta V) - 1]$$
$$= j_s[\exp(\beta V) - 1] \tag{21.61}$$

因此, 这种情况得到的还是理想二极管的特性, 但是饱和电流不一样. 在扩散理论里, 理想因子是 $n = 1.06$ (对于 $F_{Bn} \gtrsim 15kT$)[1684].

组合的理论

把两个理论组合起来 [1729], 串联地考虑这两种机制, 电流就可以表示为

$$j = \frac{eN_C v_r}{1 + v_r/v_D} \exp\left(-\frac{F_{Bn}}{kT}\right)[\exp(\beta V) - 1] \tag{21.62a}$$

---

① 相对于没有受到扰动的体材料, 重构伴随着价电荷的重新分布 (见 11.4 节). 额外的界面偶极随之而来, 改变了重构表面的势垒高度 [1728].

$$= A^{**}T^2[\exp(\beta V) - 1] \tag{21.62b}$$
$$= j_\text{s}[\exp(\beta V) - 1]$$

其中, $v_\text{r} = \bar{v}/4$ 是在势垒顶部的"复合速度"[1730], 根据 $j = v_\text{r}(n - n_0)$ 得到, n_0 是势垒顶部的平衡态电子浓度, $\bar{v}$ 是半导体里的平均热速度. v_D 是有效扩散速度, 描述电子从耗尽层的边缘 $(x = w)$ 到势垒顶部 $(x = x_\text{m})$ 的输运. 它的定义是

$$v_\text{D}^{-1} = \int_{x_\text{m}}^{w} \frac{-e}{\mu_n kT} \exp\left(-\frac{F_\text{Bn} - E_\text{C}(x)}{kT}\right) \text{d}x \tag{21.63}$$

文献 [1729] 假设了 μ_n 不依赖于电场. 这个假设有可能并不现实. 如果 $v_\text{D} \gg v_\text{r}$, 热电子理论就适用, 我们得到式 (21.48). $v_\text{r} \gg v_\text{D} \sim \mu_n E_\text{m}$ 的情况与扩散理论有关, 我们重新得到了式 (21.61).

式 (21.62b) 里的常数 A^{**} 为有效理查德森常数. 对于 Si, 计算得到的温度依赖关系如图 21.19 所示. 在室温下, 对于大多数 Ge, Si 和 GaAs 肖特基二极管, 多子的热电子发射是主导过程. 文献 [1731] 讨论了扩散模型中势垒高度横向不均匀性的影响.

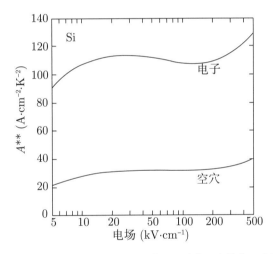

图21.19 在一个金属-硅二极管里, 在 T=300 K, 对于(n型或p型)掺杂 10^{16}/cm³, 计算得到的有效理查德森常数 A^{**}作为电场的函数. 改编自文献[1732]

隧穿电流

在高掺杂的情况, 耗尽层的宽度变小, 隧穿过程变得更有可能. 还是在低温, 当热电子发射非常小时, 隧穿过程可以主导金属和半导体之间的输运. 一个过程是靠近半导体费米能级的电子的隧穿. 这个过程称为场发射 (F), 在非常低的温度下对于简并半导体是重要的. 如果温度升高, 电子被激发到更高的能量, 在那里遇到更薄的势垒. 在热能量和势垒宽度之间权衡, 使得在导带边以上有一个电子能量 E_m, 那里的电流最大. 这个过

程称为热电子的场发射 (TF). 对于非常高的温度, 足够多的载流子可以完全地越过势垒, 我们又回到了热电子发射区. 对于 Au/GaAs 肖特基二极管, 这两个区的有效性依赖于掺杂浓度 (n 型) 和温度, 如图 21.20 所示.

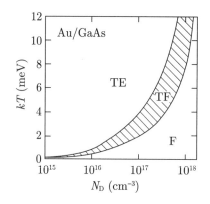

图21.20 在Au/GaAs肖特基二极管中，计算得到的温度和掺杂浓度对热电子场发射(TF)、场发射(F)和热电子发射(TE)的影响. 改编自文献[1684]

对于因为镜像电荷效应而变弯的 (rounded) 三角形势垒, 文献 [1733] 详细讨论了它的隧穿. 在场发射的区域, 正向电流是 [1684]

$$j = j_s \exp\left(\frac{eV}{E_{00}}\right) \tag{21.64}$$

其中, 特征能量参数 E_{00} 是

$$E_{00} = \frac{e\hbar}{2}\sqrt{\frac{N_D}{m^*\epsilon_s}} \tag{21.65}$$

饱和电流是

$$j_s \propto \exp\left(-\frac{F_{Bn}}{E_{00}}\right) \tag{21.66}$$

高掺杂的 Au/Si 二极管的正向特性如图 21.21 所示. 实验值 $E_{00} = 29$ meV 与理论预期值 $E_{00} = 29.5$ meV 符合得很好. 注意, 在 $T = 77$ K, $kT = 7$ meV, 因此二极管电流没有热电子发射.

在反方向, 场发射的 I-V 特性是 [1684]

$$j = \frac{4\pi e m^*}{h^3} E_{00}^2 \frac{e(V_{bi}-V)}{F_{Bn}} \exp\left(-\frac{2F_{Bn}^{3/2}}{3E_{00}\sqrt{e(V_{bi}-V)}}\right) \tag{21.67}$$

根据图 21.21(b), 得到势垒高度是 0.79 eV.

在 TF 发射的区域, 电流 - 电压特性是

$$j = j_s \exp\left(\frac{eV}{E_0}\right) \tag{21.68}$$

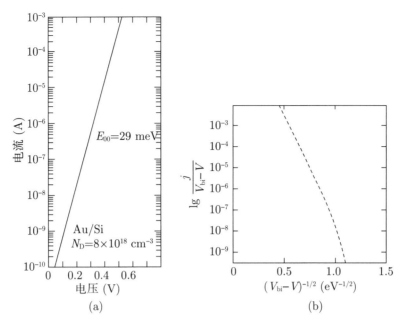

图21.21 Au/Si肖特基二极管在77 K时的(a) 正向和(b) 反向的 I-V 特性. Si掺杂浓度为 $N_D = 8 \times 10^{18}/\text{cm}^3$. 改编自文献[1684]

其中

$$E_0 = E_{00} \coth\left(\frac{E_{00}}{kT}\right) \tag{21.69}$$

其中, E_{00} 由式 (21.65) 给出. TF 发射电流最大的能量 $E_m = e(V_{bi} - V)/\cosh^2(E_{00}/(kT))$. 对于 Au/GaAs 二极管, E_0 的双曲余切函数 (coth) 依赖关系如图 21.22 所示.

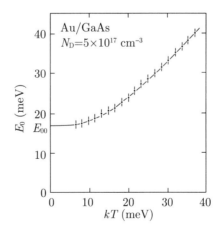

图21.22 Au/GaAs二极管的 E_0 的温度依赖关系, $N_D = 5 \times 10^{17}/\text{cm}^3$. 实线是根据式(21.69)得到的热电子发射的理论依赖关系, 其中 $N_D = 6.5 \times 10^{17}/\text{cm}^3$, $m^* = 0.07$. 改编自文献[1684]

肖特基二极管受到非理想性的不利影响，例如，串联和并联的欧姆电阻[1725]. 21.4.4 小节讲述 pn 二极管，比较详细地讨论了这些效应，也可以应用于肖特基二极管.

21.2.6 欧姆接触

虽然欧姆接触没有二极管特性，但是可以从前面的评论里理解它. 欧姆接触对两个电流方向都有很小的接触电阻. 相对于功能层 (位于其他某个地方) 上的电压降，在欧姆接触上的电压降很小，文献 [1734] 有电学接触的细节.

接触电阻 R_c 定义为 $V = 0$ 时的微分电阻:

$$R_c = \left(\frac{\partial I}{\partial V}\right)^{-1}_{V=0} \tag{21.70}$$

在低掺杂的情况中，输运由热电子发射 (式 (21.48)) 主导. 此时的 R_c 是

$$R_c = \frac{k}{eA^*T}\exp\left(\frac{F_{Bn}}{kT}\right) \tag{21.71}$$

势垒高度小 (图 21.23(a)) 导致接触电阻小. 负的肖特基势垒高度 (即对于 n 型半导体，$W_m < E_{vac} - E_F$) 导致了一个累积层，对于载流子的输运没有势垒 (图 21.23(b)).

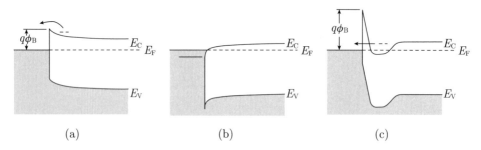

图21.23 示意图：形成欧姆接触的条件包括(a) 势垒低，(b) 累积层，(c) 高掺杂(薄的耗尽层)

对于高掺杂，R_c 决定于隧穿电流 (图 21.23(c))，且

$$R_c \propto \exp\left(\frac{F_{Bn}}{E_{00}}\right) \tag{21.72}$$

接触电阻随着掺杂浓度增大而指数式下降. 对于硅的接触，理论计算和实验数据的比较如图 21.24 所示.

图 21.23 总结了欧姆接触的三种形成机制：势垒低、累积层和高掺杂. 宽带隙半导

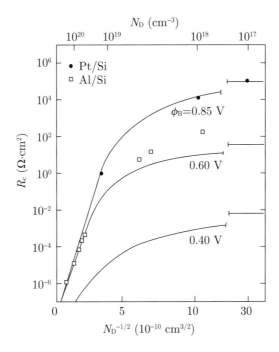

图21.24　在 $T=300$ K，Al/n型Si接触[1735]和PtSi/n型Si接触[1736]的比接触电阻的理论值和实验值与施主浓度的关系. 实线是理论上的依赖关系, 标记给出了不同的势垒高度值. 改编自文献[574]

体的欧姆接触很难制作, 因为功函数足够小 (大)、适合接触 n 型 (p 型) 材料的金属大多不存在.

肖特基接触器件在半导体技术中有一席之地, 而欧姆接触对于几乎所有的器件都是必不可少的.① 欧姆接触通常通过蒸发包含有半导体掺杂材料的接触金属来制作, 例如, Au/Zn 用于 p 型 GaAs 的接触 [1737], Au/Ge 用于 n 型 GaAs 的接触 [1738]. 接触在大约 400～500 °C 进行合金 (图 21.25), 高于形成低共熔液体 (eutectic liquid) 所需的低共熔温度 $T_{\mathrm{eu}} = 360$ °C(对于 Au/Ge), 掺杂杂质在此温度下可以迅速扩散. 当共熔液体冷却时, 它形成了固体, 高掺杂的半导体层位于该金属下面. 液相反应可以导致非均匀的接触. 据报道, 在 n 型 GaAs 里, Pd/Ge/Au 接触具有非常好的结构质量 [1739]. 文献 [1740, 1741] 总结了很多半导体的欧姆接触.

Mott 和 Gurney 的文章 [1743, 1744] 提出, 本征的 (低载流子密度, 无陷阱) 半导体的电流-电压特性主要是 "空间电荷限制" 的电流 (SCLC). 在一维模型中, 考虑了长度为 L 的半导体具有欧姆接触和外加电压 V_0(外加电场 $E_0 = V_0/L$). 与注入的载流子相比, 热载流子可以忽略不计. 由于电场的依赖性 $dE/dx = \rho/\epsilon$(还是 $E = -dV/dx$), 电流

---

① 肖特基二极管也有一个欧姆性的背接触.

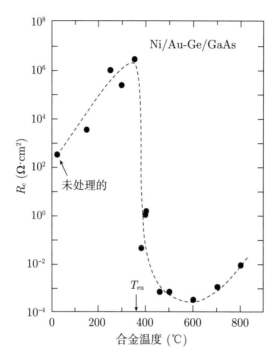

图21.25 在n型外延GaAs上，Ni/Au-Ge在不同合金化温度(2分钟)下的比接触电阻. T_{eu} 处的箭头表示 Au-Ge 的共熔温度. 改编自文献[1742]

密度 $j = \rho v = \rho \mu E$ 中的空间电荷密度 ρ 处于空间电荷限制区. 因此, 电流密度可以写成

$$j = \epsilon \mu E \frac{\mathrm{d}E}{\mathrm{d}x} \tag{21.73}$$

积分 (记住, j 不依赖于 x) 和边界条件 $E(x=0)=0$ 给出

$$E(x) = \left(\frac{2j}{\mu\epsilon}\right)^{1/2} \sqrt{x} \tag{21.74}$$

再次积分, 就得到

$$V(x) = \frac{2}{3}\left(\frac{2j}{\mu\epsilon}\right)^{1/2} x^{3/2} \tag{21.75}$$

对于 j (以及 $E_0 = V_0/L$) 就有 Mott-Gurney 定律: ①

$$j = \frac{9}{8}\frac{\mu\epsilon}{L^3}V_0^2 = \frac{9}{8}\frac{\mu\epsilon}{L}E_0^2 \tag{21.76}$$

---

① 对于真空里的输运 (电子在那里的运动是加速的), 更早以前已经得到 $j \propto V_0^{3/2}$ [1745,1746].

文献 [1747] 提出了空间电荷限制的电流的量子理论. 对于小电压, 欧姆定律 $j \propto V_0$ 是有效的.

首次在 CdS 里观察到 $j \propto V^2$ 的依赖关系 [1748,1749]. 为了避免注入电荷被捕获的影响, 采用了脉冲测量 [1748]; 在这种情况下, 很好地满足 V^2 的依赖关系 (无陷阱的 SCLC, 图 21.26), 而稳态电流则要小好几个数量级. 文献 [1750] 研究了晶体硅, 还有双极输运的理论. 如果满足空间电荷限制电流的条件, 式 (21.76) 也可以确定迁移率. 对于非晶硅, 需要在有陷阱存在的情况下做修改, 文献 [1751] 对此做了讨论.

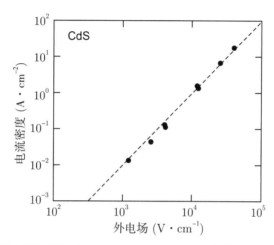

图21.26　对于夹在两个铟电极(indium-tipped electrodes)之间的50 μm厚的CdS晶体，脉冲实验开始时(≈100 μs)的电流密度与外电场的关系(外加电压除以样品厚度). 虚线表示 V^2 的依赖关系. 改编自文献[1748]

21.2.7　有机半导体的金属接触

对于有机半导体, 金属接触也扮演了重要的角色, 用于载流子注入或者调控空间电荷区. 对于不同的有机半导体, 费米能级的位置如图 21.27 所示. 这些数据是通过测量如图 21.28(a) 所示的金属-半导体-金属结构 (MSM, 参见 22.3.5 小节) 而得到的. 薄的 (50 nm) 有机层完全耗尽了, 因此, 半导体里的内建电场是常数. 内建电场是这样测量的: 施加外部的直流偏压, 找到电吸收信号消失时的外部电势. 对于一个 Al/MEH-PPV/Al 结构, 图 21.28(b) 给出了测量 MEH-PPV 薄膜得到的电吸收信号 $\Delta T/T$(透射率的相对变化) 和光学密度作为光子能量的函数. 激子的吸收峰位于 2.25 eV. 对于金属 /MEH-PPV/Al 结构里的其他金属, 就可以确定内建电场消失时的偏压. 图 21.27 总结了不同金属和三种有机半导体的结果. 费米能级位置和金属功函数的

关系曲线 (图 21.28(d) 和 (e)) 表明, 被研究的金属没有在单粒子带隙里引入钉扎了肖特基势垒的界面态 (对于无机半导体, 见图 21.5). 电子陷阱 (例如, MEH-PPV 里的 C_{60}) 可以钉扎 n 型接触金属的费米能级, 从而改变了内建势 [1752].

在有机半导体里, 经常观察到空间电荷限制的电流 (见 21.2.6 小节). 文献 [1755] 做了分析 (包括陷阱的影响).

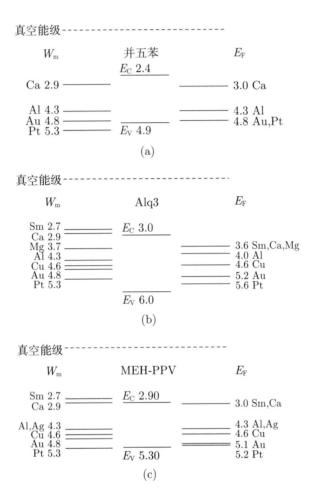

图21.27 测量得到的费米能 E_F(标记数据的单位是eV)和各种金属与(a) 并五苯, (b) Alq$_3$和(c) MEH-PPV 接触的功函数 W_m. $E_C(E_V)$表示电子(空穴)极化子的能量位置. MEH-PPV的E_F测量数据来自文献[1753], 其他来自文献[1754]. W_m的数据来自表21.2

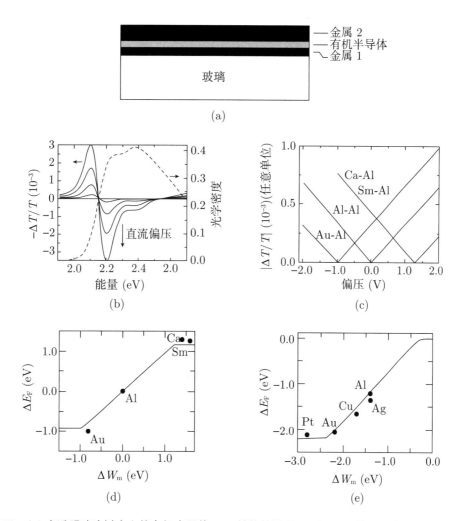

图21.28 (a) 在透明玻璃衬底上的有机半导体MSM结构的原理图. 金属1是薄的、半透明的. 有机半导体(聚合物或小分子)的厚度大约为50 nm. (b) 四种直流偏压下，Al/MEH-PPV/Al结构的电吸收谱(实线)和光密度谱(虚线). (c) 在2.1 eV处，电吸收响应的大小作为金属/MEH-PPV/Al结构的偏压的函数. (d) 金属/MEH-PPV/Al结构和(e) 金属/MEH-PPV/Ca 结构的计算(实线)和实验(圆点)电位差对接触的功函数差的依赖关系. 图(b)~(e)改编自文献[1753]

21.3 金属-绝缘体-半导体二极管

在金属-绝缘体-半导体 (MIS) 二极管里, 金属和半导体之间夹了一层绝缘体. 因此, MIS 结构的直流电导是零. 半导体通常有一个欧姆性的背接触. 通常用相应半导体的氧化物作为绝缘体. 特别是, Si 上的 SiO_2 在技术上很先进 (图 21.29). 后面的这种二极管被称为 MOS(金属-氧化物-半导体) 二极管. 这个结构对于半导体表面的研究非常重要, 对于半导体技术 (电子线路的平面集成, CMOS 技术) 极端重要. 电荷耦合器件 (CCD, 22.3.8 小节) 也是基于 MIS 二极管.

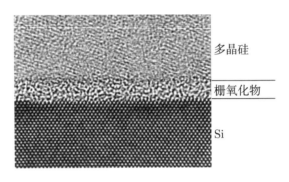

图 21.29 位于多晶硅(参见24.5.4小节)和晶态硅之间的1.6 nm厚的栅氧化物的高分辨TEM像. 取自文献[1756]

21.3.1 理想 MIS 二极管的能带图

理想的 MIS 二极管必须满足下述三个条件:
(1) 如图 21.30 所示, 没有外偏压的时候, 金属和半导体的功函数的能量差

$$W_{\mathrm{ms}} = (-e)\phi_{\mathrm{ms}} = W_{\mathrm{m}} - \left(\chi_{\mathrm{sc}} + \frac{E_{\mathrm{g}}}{2} \pm e\Psi_{\mathrm{B}}\right) \tag{21.77}$$

是零 ($\phi_{\mathrm{ms}} = 0$). 式 (21.77) 里的 "+(−)" 号对应于图 21.30(b)p 型半导体 (图 21.30(a) n 型半导体). Ψ_{B} 是本征费米能级和实际费米能级之间的势差, $\Psi_{\mathrm{B}} = |E_{\mathrm{i}} - E_{\mathrm{F}}|/e > 0$.
(2) 电荷位于半导体里, 相反的电荷位于靠近绝缘体的金属表面上.
(3) 金属和半导体之间没有直流电流, 即绝缘体的电导率为零.

Ψ_{B} 这个量 (图 21.32) 由式 (21.78) 给出 (对于 p 型材料, 利用式 (7.18)、高温近似式

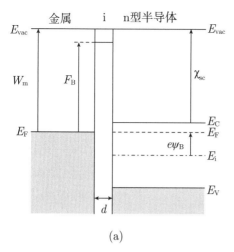
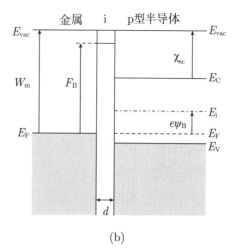

图21.30 外偏压 $V=0$ 时，(a) n型半导体和(b) p型半导体的理想MIS二极管的能带图. 绝缘体(i)的厚度为 d. 点划线表示本征费米能级 E_i

(7.32) 和式 (7.15)):

$$e\Psi_B = E_i - E_F = \left(\frac{E_C + E_V}{2} + \frac{kT}{2}\ln\frac{N_V}{N_C}\right) - \left(E_V - kT\ln\frac{N_A}{N_V}\right)$$
$$= \frac{E_g}{2} + kT\ln\frac{N_A}{\sqrt{N_C N_V}} = kT\ln\frac{N_A}{n_i} \qquad (21.78)$$

给理想的 MIS 二极管施加偏压的时候，可以出现三种情况——累积、耗尽和反转 (图 21.31). 我们先讨论 p 型半导体.

在金属上施加负电压的累积情况如图 21.31(d) 所示.[1] 一部分电压降落在绝缘体上，其余的落在半导体上. 价带朝着费米能级向上弯曲. 然而，半导体里的准费米能级是不变的，因为没有直流电流流过 (图 21.31).[2]

因为电荷载流子 (空穴) 的密度指数式依赖于能量间隔 $E_F - E_V$，在 (p 型) 半导体里靠近绝缘体界面的附近，出现了 (空穴的) 电荷积累层.

耗尽的情况如图 21.31(e) 所示. 现在施加了一个适当的反转电压，在金属上是正的偏压. 在半导体里靠近绝缘体的地方，出现了多数电荷载流子的耗尽. 半导体里的准费米能级仍然保持在本征能级 ($E_i \approx E_C + E_g/2$) 的下面，即半导体仍然到处是 p 型的. 如果电压增大到更大的数值，准费米能级穿过本征能级，在靠近绝缘体的地方，位于 E_i 以上 (图 21.31(f)). 在这个区间，电子浓度变得比空穴浓度大，这就是反转的情况. 如果费

---

[1] 这样加的电压是相应的肖特基二极管的正向偏压，因为正极位于 p 型半导体上.

[2] 注意，为了从图 21.30 里的零偏压情况到达图 21.31 所示的情况，必须有电流流过，因为电荷载流子重新分布了. 图 21.31 画出了瞬态电压开关效应已经消失后的稳态平衡. 然而，从零偏压 (热平衡) 到达这样的稳态平衡所需要的时间可能很长 (例如，几天，参见 22.3.8 小节).

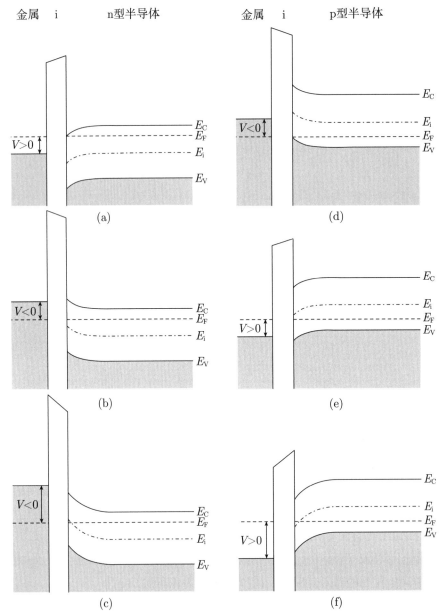

图21.31　在$V=0$时，(a~c) n型半导体和(d~f) p型半导体的理想MIS二极管的能带图，分别是(a,d) 累积、(b,e) 耗尽和(c,f) 反转的情况

米能级仍然接近E_i，这个反转就称为"弱"的. 当费米能级靠近导带边时，这个反转就称为"强"的.

相应的现象出现在 n 型半导体，对于相反符号的电压，发生电子积累和耗尽. 在反转的情况中，在靠近绝缘体的地方，$p>n$(图 21.31(a)~(c)).

21.3.2 空间电荷区

现在,按照文献 [1757] 的处理方法,计算在理想的 MIS 里的电荷和电场分布. 我们引入势 Ψ,表示本征的体材料费米能级和实际的本征能级 E_i 之间的差别 (图 21.32),$-e\Psi(x) = E_i(x) - E_i(x \to \infty)$. 它在表面处的数值称为表面势 Ψ_s. 如果表面的本征费米能级低于体材料的费米能级,这个值就是正的,即 $\Psi_s > 0$.

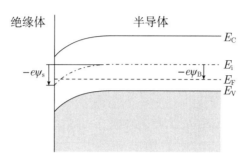

图21.32　p型半导体表面的MIS二极管的能带图. 累积发生在 $\Psi_s < 0$,耗尽发生在 $\Psi_s > 0$,反转(本图的情况)是 $\Psi_s > \Psi_B > 0$

电子和空穴的浓度是 (对于 p 型半导体)

$$n_p = n_{p_0} \exp(\beta \Psi) \tag{21.79a}$$

$$p_p = p_{p_0} \exp(-\beta \Psi) \tag{21.79b}$$

其中,n_{p_0} (p_{p_0}) 是体材料的电子 (空穴) 浓度,$\beta = e/(kT) > 0$.

因此,净的自由电荷就是

$$n_p - p_p = n_{p_0} \exp(\beta \Psi) - p_{p_0} \exp(-\beta \Psi) \tag{21.80}$$

表面处的电子和空穴浓度用下标 "s" 表示,它们是①

$$n_s = n_{p_0} \exp(\beta \Psi_s) \tag{21.81a}$$

$$p_s = p_{p_0} \exp(-\beta \Psi_s) \tag{21.81b}$$

利用泊松方程 $\dfrac{d^2 \Psi}{dx^2} = -\dfrac{\rho}{\epsilon_s}$,其中的电荷是

$$\rho(x) = e \left[p_p(x) - n_p(x) + N_D^+(x) - N_A^-(x) \right] \tag{21.82}$$

---

① Ψ_s 表示半导体上的电压降,将在 21.3.3 小节详细讨论. 在这个意义上,MIS 二极管的 Ψ_s 与肖特基接触的 $V_{bi} - V$ 有关.

我们采用的边界条件是在远离表面的地方 ($x \to \infty$) 是电中性的 (参见式 (7.40)), 即

$$n_{p_0} - p_{p_0} = N_D^+ - N_A^- \tag{21.83}$$

而且, $\Psi = 0$. 注意, 在完全电离的均匀的半导体里, $N_D^+ - N_A^-$ 处处是常数. 因此, 式 (21.83)(而不是电中性) 在半导体里处处成立. 利用式 (21.80), 泊松方程就是

$$\frac{\partial^2 \Psi}{\partial x^2} = -\frac{e}{\epsilon_s} \left\{ p_{p_0} [\exp(-\beta\Psi) - 1] - n_{p_0} [\exp(\beta\Psi) - 1] \right\} \tag{21.84}$$

对泊松方程做积分, 利用如下符号:

$$\mathcal{F}(\Psi) = \sqrt{[\exp(-\beta\Psi) + \beta\Psi - 1] + \frac{n_{p_0}}{p_{p_0}} [\exp(\beta\Psi) - \beta\Psi - 1]} \tag{21.85a}$$

$$L_D = \sqrt{\frac{\epsilon_s kT}{e^2 p_{p_0}}} = \sqrt{\frac{\epsilon_s}{e\beta p_{p_0}}} \tag{21.85b}$$

其中, L_D 是空穴的德拜长度, 电场可以写为

$$E = -\frac{\partial \Psi}{\partial x} = \pm \frac{\sqrt{2}kT}{eL_D} \mathcal{F}(\Psi) \tag{21.86}$$

正号 (负号) 用于 $\Psi > 0 (\Psi < 0)$. 在表面, Ψ_s 取为 Ψ 的值. 单位面积的总电荷 Q_s 产生表面场

$$E_s = -\left.\frac{\partial \Psi}{\partial x}\right|_{x=0} = \pm \frac{\sqrt{2}kT}{eL_D} \mathcal{F}(\Psi_s) \tag{21.87}$$

由高斯定律给出, $Q_s = -\epsilon_s E_s$.

空间电荷密度和表面势的依赖关系如图 21.33 所示.[①] 如果 Ψ_s 是负的, $\mathcal{F}$ 由式 (21.85a) 的第一项主导, 空间电荷是正的 (累积), 而且正比于 $Q_s \propto \exp(\beta|\Psi|/2)$. 对于 $\Psi_s = 0$, (理想的)MIS 二极管具有平带条件, 空间电荷为零. 对于 $\Psi_s > 0$, 空间电荷是负的. 对于 $0 < \Psi_s \leqslant \Psi_B$, 空间电荷是负的 (耗尽), $\mathcal{F}$ 由式 (21.85a) 的第二项主导, $Q_s \propto \sqrt{\Psi_s}$. 对于 $\Psi_B \leqslant \Psi_s \leqslant 2\Psi_B$, 二极管处于弱反转区, 仍然是 $Q_s \propto \sqrt{\Psi_s}$.

最终, 式 (21.85a) 第二个括号里的主导项 $f_1 = n_{p_0}/p_{p_0} \exp(\beta\Psi) = (n_i/N_A)^2 \exp(\beta\Psi)$ 变得与第一个括号里的主导项 $f_2 = \beta\Psi$ 相仿甚至更大了. 对于 $\Psi = \gamma\Psi_B$, 求解 $f_1 = f_2$, 得到了方程 $(N_A/n_i)^{\gamma-2} = \gamma \ln(N_A/n_i)$, 数值 γ 大于并接近于 2.[②] 因此, 当 $\Psi_s > \Psi_s^{\mathrm{inv}} \approx 2\Psi_B$(利用式 (21.78)) 时,

$$\Psi_s^{\mathrm{inv}} \approx \frac{2kT}{e} \ln \frac{N_A}{n_i} \tag{21.88}$$

[①] 注意, 现在只是相对于半导体上的电压降 Ψ_s 讨论空间电荷区, Ψ_s 对二极管的偏压的依赖关系将在下一节讨论.
[②] 当 $N_A/n_i = 10^4, 10^6$ 和 10^8 时, 我们有 $\gamma = 2.33, 2.25$ 和 2.20.

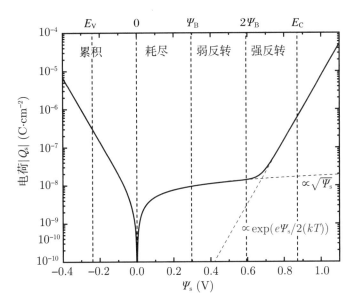

图21.33 对于p型硅，空间电荷密度与表面电势Ψ_s的依赖关系，$N_A = 4 \times 10^{15}/\text{cm}^3$，$T = 300$ K. 对于 $\Psi_s = 0$，存在平带条件. 蓝色(红色)虚线是耗尽(反转)电荷的依赖关系

开始了强反转，空间电荷 $Q_s \propto -\exp(\beta\Psi/2)$. 对于强反转的情况，能带结构如图 21.34 所示，同时给出了电荷、电场和电势的分布.

MIS 二极管上的偏压 V (也就是 MIS 二极管两端的总的电压降) 是

$$V = V_i + \Psi_s \tag{21.89}$$

其中，$V_i = Q_s/C_i$ 是跨过绝缘层的电压降. 关于绝缘体电容 (单位面积)C_i，请看式 (21.93). 这两个部分电压 (both partial voltages) 作为偏压的函数，如图 21.35(a) 所示. 当 $V > 2\Psi_B$ 时，绝缘体中的电压降变得显著.

在反转的情况，在空间电荷区里，(单位面积的) 电荷是

$$Q_s = Q_d + Q_n \tag{21.90}$$

包括耗尽电荷 (被电离的受主)

$$Q_d = -ewN_A \tag{21.91}$$

其中，w 是耗尽层的宽度，反转电荷 Q_n 只存在于靠近界面的地方. 电荷作为偏压的函数如图 21.35(b) 所示，在半对数图中，可以区分耗尽区和反转区的电荷. 当 $V > 2\Psi_B$ 时，电荷变得显著.

因为总体的电中性，金属表面带有相反的电荷：

$$Q_m = -Q_s \tag{21.92}$$

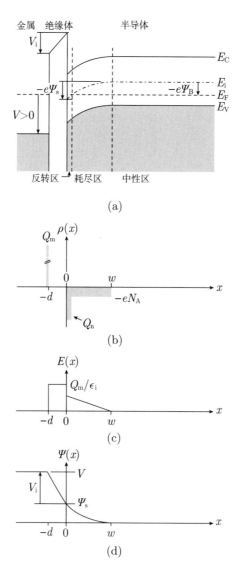

图21.34 反转的理想的MIS二极管：(a) 能带图；(b) 电荷分布；(c) 电场；(d) 电势

理想的 MIS 二极管的绝缘层本身不贡献电荷.

21.3.3 电容

绝缘体是一个电容器，介电常数为 ϵ_i，厚度为 d. 因此，它的电容是

$$C_i = \frac{\epsilon_i}{d} \tag{21.93}$$

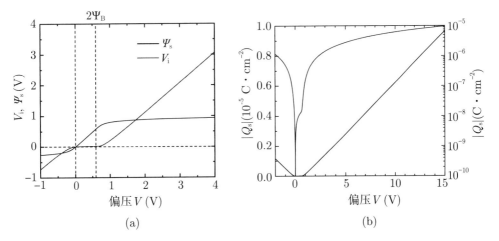

图21.35　理想MIS二极管的性质随着偏压V的变化情况；半导体参数与图21.33相同，具有非晶 SiO$_2$ (ϵ_r=3.9, d = 5 nm) 绝缘层(W_{ms}=0). (a) 绝缘层上的电压降V_i(蓝色)和半导体上的电压降的Ψ_s (黑色). (b) 半导体中的总电荷(绝对值)，分别采用线性(黑色)和对数(蓝色)标度

在电荷 $-Q_s$ 和 Q_s 之间，绝缘体里的电场强度 E_i 是

$$E_i = \frac{|Q_s|}{\epsilon_i} \tag{21.94}$$

跨过绝缘体的电压降 V_i 是

$$V_i = E_i d = \frac{|Q_s|}{C_i} \tag{21.95}$$

MIS 二极管的总电容 C 是绝缘体的电容串联了耗尽层的电容 C_d，

$$C = \frac{C_i C_d}{C_i + C_d} \tag{21.96}$$

空间电荷区的电容随着外加偏压而改变 (图 21.36). 对于正向偏压 (累积)，空间电荷区的电容大. 因此，MIS 二极管的总电容决定于绝缘体的电容，$C \approx C_i$. 当电压降低时，空间电荷区的电容逐渐减小，在平带的时候 ($\Psi_s = 0$)，$C_d = \epsilon_s/L_D$. 对于大的反向电压，表面处的半导体发生反转，空间电荷区的电容又变大了. 在这种情况下，总电容又变成了 $C \approx C_i$.

前面的讨论假设半导体里的电荷密度可以充分快地跟上偏压的变化.① 反转层的电荷必须通过复合而消失，这个过程受限于复合时间常数 τ. 对于大约 τ^{-1} 或更快的频率，反转层的电荷不可能跟得上，半导体的电容就是 $C_d \cong \epsilon_s/w_m$. 在反转层开始的时候 (图 21.37)，耗尽层的最大宽度是 w_m (参见式 (21.10) 和式 (21.88))：

$$w_m \cong \sqrt{\frac{2\epsilon_s}{eN_A}\Psi_s^{inv}} = \sqrt{\frac{4\epsilon_s kT}{e^2 N_A} \ln \frac{N_A}{n_i}} \tag{21.97}$$

---

① 通常设置一个直流电压 V，用幅度为 δV 的交流电压对电容取样，$\delta V \ll V$.

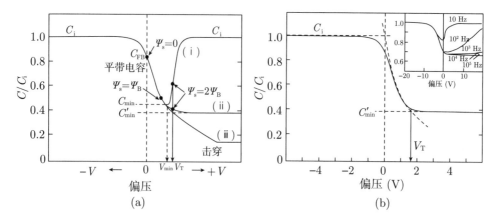

图21.36 (a) MIS二极管电容对偏压的依赖关系：(i) 低频；(ii) 高频；(iii) 深耗尽. (b) 一个Si/SiO$_2$二极管的高频电容. 插图显示了频率依赖特性. 改编自文献[1758]

当电压进一步增大 (进入反转区) 时, 电场被反转层的电荷屏蔽, 耗尽层的宽度保持不变. 因此, 反转区的总电容就是

$$C \cong \frac{\epsilon_i}{d + w_m \epsilon_i / \epsilon_s} \tag{21.98}$$

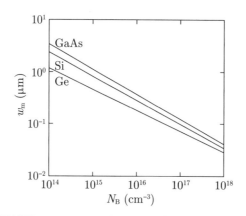

图21.37 在室温下, 在深耗尽区, GaAs, Si和Ge二极管的耗尽层最大宽度w_m(式(21.97))对体掺杂水平的依赖关系

21.3.4 非理想的 MIS 二极管

在真实的 (即非理想的)MIS 二极管里, 金属和半导体的功函数的差别 ϕ_{ms}(参见式 (21.77)) 不再等于零. 因此, 相对于理想的二极管特性, 电容和电压的关系就偏离了

平带电压位移 V_{FB},

$$V_{\text{FB}} = \phi_{\text{ms}} - \frac{Q_{\text{ox}}}{C_{\text{i}}} \tag{21.99}$$

此外, 平带电压可以随氧化物里的电荷 Q_{ox} (此前被忽略了) 而移动. 这种电荷可以是束缚的 (相对于它们的空间位置是不变的), 或者是活动的, 例如, 离子电荷 (例如钠).

对于金属 Al($\phi_{\text{m}} = 4.1$ eV) 和 n 型 Si($\phi_{\text{s}} = 4.35$ eV), 平带电压位移是 $\phi_{\text{ms}} = -0.25$ V, 零偏压的情况如图 21.38(a) 所示. V_{FB} 分配在氧化物和硅里, 分别是 0.2 eV 和 0.05 eV. 对于不同的 SiO_2-Si MIS 二极管, ϕ_{ms} 对掺杂、导电类型和金属的依赖关系如图 21.38(b) 所示. 一个 Au-SiO_2-Si 二极管 (p 型 Si, $N_A \approx 10^{15}/\text{cm}^3$), 相对于 $\phi_{\text{ms}} = 0$, 满足理想 MIS 二极管的条件.

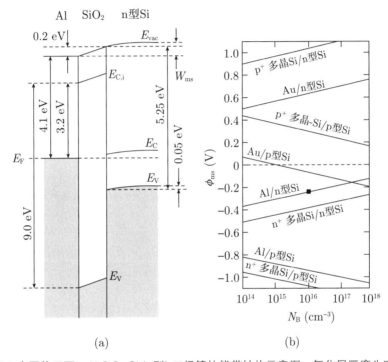

图21.38 (a) 在零偏压下, Al-SiO_2-Si (n型) 二极管的能带结构示意图, 氧化层厚度为50 nm, $N_D = 10^{16}/\text{cm}^3$. 基于文献[1759]里的数据. (b) 对于不同掺杂水平和电极材料(Al, Au和多晶Si), SiO_2-Si MIS 二极管的功函数的差 $\phi_{\text{ms}} = -W_{\text{ms}}/e$. 方块表示图(a)描述的情况. 基于文献[1760]里的数据

21.4 双极型二极管

有一大类二极管基于 pn 结. 在同质 pn 结里, 同一种半导体的 n 型掺杂区紧挨着 p 型掺杂区. 这种器件被称为双极的. 在结那里形成了一个耗尽层. 输运性质决定于少数载流子. 一个重要的变型是 pin 二极管, 在两个掺杂区之间夹了一层本征的 (或者低掺杂的) 区 (21.5.8 小节). 如果不同的掺杂区属于不同的半导体材料, 这个二极管就是异质结 pn 二极管 (21.4.6 小节). 已经有很多种方法用来制作 pn 二极管 (图 21.39).

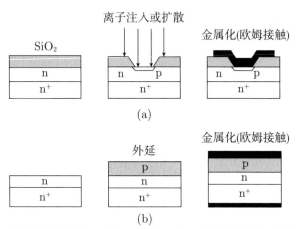

图21.39 双极型二极管的制作技术示意图: (a) 平面结, 通过掩模和接触金属来掺入局部杂质(气相扩散或离子注入的扩散), (b) 外延结

21.4.1 能带图

如果掺杂分布任意地尖锐 (sharp), 这个结就称为突变的. 这种构型是外延 pn 结的情况, 不同的掺杂层生长在彼此的上方.① 对于用扩散法制作的结, 突变近似适用于合金的结、离子注入的结和浅扩散的结. 对于深扩散的结, 线性的梯度近似更好 (图 21.40), 文献 [574] 更详细地处理了这种情况. 如果一种掺杂水平远大于另一种, 这个结被称为单侧 (突变) 结. 如果 $n \gg p(p \gg n)$, 这个结被称为 n^+p 二极管 (p^+n 二极管).

这里的 pn 结的热力学平衡只考虑了电子系统. 文献 [1761] 讨论了原子掺杂分布的热力学稳定性. 通常热力学使得化学浓度梯度变得随机; 有 pn 结存在的原因是杂质在半导体晶格里的扩散系数非常低. 升高温度, 可以增强杂质扩散 (4.2.3 小节), 导致 pn

---
① 掺杂杂质和生长条件 (特别是温度) 的选择, 需要防止掺杂杂质发生互扩散.

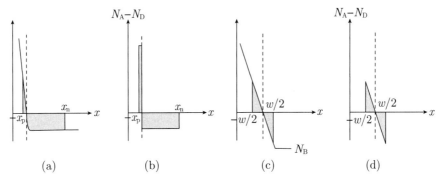

图21.40 掺杂分布的描述. (a,b) 突变近似, (c,d) 线性梯度结. (a,c) 实际的杂质浓度, (b,d) 理想的掺杂分布

二极管的破坏. 然而, 在一个多组分的系统里, 能够存在热力学稳定的浓度梯度以及相应的内建电场 [1761].

21.4.2 空间电荷区

在热力学平衡的时候, 费米能级是常数 ($\nabla E_\mathrm{F} = 0$), 内建电压 V_bi 是 (见图 21.41(c))

$$eV_\mathrm{bi} = E_\mathrm{g} + eV_\mathrm{n} + eV_\mathrm{p} \tag{21.100}$$

其中, V_n 是 n 侧的导带和费米能级的能量差, $-eV_\mathrm{n} = E_\mathrm{C} - E_\mathrm{F}$; V_p 是 p 侧的价带和费米能级的能量差, $-eV_\mathrm{p} = E_\mathrm{F} - E_\mathrm{V}$. 对于非简并的半导体, $V_\mathrm{n}, V_\mathrm{p} < 0$ (利用式 (7.12), 式 (7.10) 和式 (7.11)),

$$\begin{aligned} eV_\mathrm{bi} &= kT \ln \frac{N_\mathrm{C} N_\mathrm{V}}{n_\mathrm{i}^2} - \left(kT \ln \frac{N_\mathrm{C}}{n_{n_0}} + kT \ln \frac{N_\mathrm{V}}{p_{p_0}} \right) \\ &= kT \ln \frac{p_{p_0} n_{n_0}}{n_\mathrm{i}^2} = kT \ln \frac{p_{p_0}}{p_{n_0}} = kT \ln \frac{n_{n_0}}{n_{p_0}} \end{aligned} \tag{21.101a}$$

$$\cong kT \ln \frac{N_\mathrm{A} N_\mathrm{D}}{n_\mathrm{i}^2} \tag{21.101b}$$

结两侧的电子和空穴浓度 (在 $x = -x_\mathrm{p}$ 处的 n_{p_0} 和 p_{p_0}, 在 $x = x_\mathrm{n}$ 处的 n_{n_0} 和 p_{n_0}) 彼此有关系 (重写式 (21.101a)):

$$n_{p_0} = n_{n_0} \exp(-\beta V_\mathrm{bi}) \tag{21.102a}$$

$$p_{n_0} = p_{p_0} \exp(-\beta V_\mathrm{bi}) \tag{21.102b}$$

在微观上, n 侧和 p 侧的费米能级的平衡通过电子和空穴分别向 p 侧和 n 侧扩散而实现. 电子和空穴在耗尽层复合. 因此, n 侧的电离施主和 p 侧的电离受主仍然待在那里

(图 21.41(a)). 这些电荷建立了电场 (图 21.41(d)) 对抗扩散流. 在热平衡的时候, 扩散流和漂移流抵消了, 费米能级是常数.

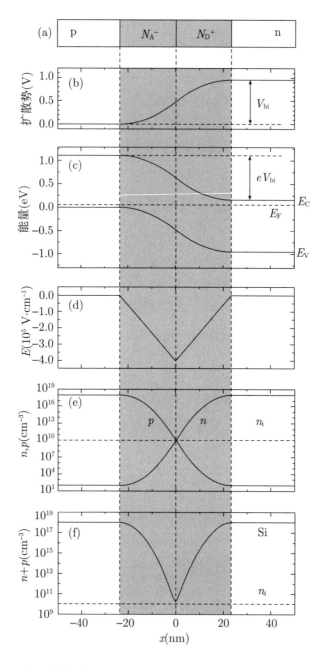

图21.41 在室温下, Si的pn结(突变近似)在热平衡态下(零偏压), $N_A=N_D=10^{18}/cm^3$. (a) p掺杂区和n掺杂区的示意图, 具有耗尽层(灰色区域)和固定不动的空间电荷; (b) 扩散势; (c) 具有费米能级(虚线)的能带结构图; (d) 电场; (e) 自由载流子密度n和p; (f) 总的自由载流子密度$n+p$

对于 Si 和 GaAs 的二极管, 内建势的数值如图 21.42 所示. 耗尽层里的电势的空间分布由泊松方程确定.

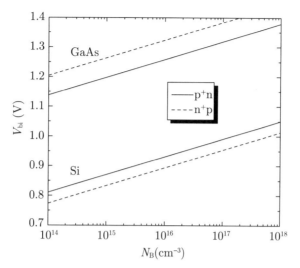

图21.42　在单侧掺杂的Si和GaAs pn二极管里，内建电压随掺杂量的变化关系

这里假设施主和受主完全电离了. 我们还暂且忽略 n 侧和 p 侧的耗尽层里的多数载流子.① 利用这些近似, n 侧和 p 侧的耗尽层里的泊松方程是

$$\frac{\partial^2 V}{\partial x^2} = -\frac{eN_D}{\epsilon_s}, \quad 0 \leqslant x \leqslant x_n \tag{21.103a}$$

$$\frac{\partial^2 V}{\partial x^2} = \frac{eN_A}{\epsilon_s}, \quad -x_p \leqslant x \leqslant 0 \tag{21.103b}$$

积分得到 (再加上边界条件, 耗尽层边界的电场为零) 两个区里的电场是

$$E(x) = \frac{e}{\epsilon_s} N_D (x - x_n), \quad 0 \leqslant x \leqslant x_n \tag{21.104a}$$

$$E(x) = -\frac{e}{\epsilon_s} N_A (x + x_p), \quad -x_p \leqslant x \leqslant 0 \tag{21.104b}$$

最大电场强度 E_m 出现在 $x = 0$ 处,

$$E_m = -\frac{eN_D x_n}{\epsilon_s} = -\frac{eN_A x_p}{\epsilon_s} \tag{21.105}$$

电场在 $x = 0$ 处的连续性等价于总体的电中性,

$$N_D x_n = N_A x_p \tag{21.106}$$

---

① 在空间电荷区的边界, 多数载流子浓度的突然下降对应于零温度.

再做一次积分,给出了电势 (令 $V(x=0)=0$):

$$V(x) = -E_\mathrm{m}\left(x - \frac{x^2}{2x_\mathrm{n}}\right), \quad 0 \leqslant x \leqslant x_\mathrm{n} \tag{21.107a}$$

$$V(x) = -E_\mathrm{m}\left(x + \frac{x^2}{2x_\mathrm{p}}\right), \quad -x_\mathrm{p} \leqslant x \leqslant 0 \tag{21.107b}$$

内建势 $V_\mathrm{bi} = V(x_\mathrm{n}) - V(-x_\mathrm{p}) > 0$ 与最大电场的关系是

$$V_\mathrm{bi} = -\frac{1}{2} E_\mathrm{m} w \tag{21.108}$$

其中, $w = x_\mathrm{n} + x_\mathrm{p}$ 是耗尽层的总宽度. 从式 (21.105) 和式 (21.108) 里消去 E_m, 得到

$$w = \sqrt{\frac{2\epsilon_\mathrm{s}}{e} \frac{N_\mathrm{A} + N_\mathrm{D}}{N_\mathrm{A} N_\mathrm{D}} V_\mathrm{bi}} = x_\mathrm{n} + x_\mathrm{p} \tag{21.109}$$

耗尽层的两部分的宽度分别是

$$x_\mathrm{n} = \frac{N_\mathrm{A}}{N_\mathrm{A} + N_\mathrm{D}} \sqrt{\frac{2\epsilon_\mathrm{s}}{e} \frac{N_\mathrm{A} + N_\mathrm{D}}{N_\mathrm{A} N_\mathrm{D}} V_\mathrm{bi}} \tag{21.110a}$$

$$x_\mathrm{p} = \frac{N_\mathrm{D}}{N_\mathrm{A} + N_\mathrm{D}} \sqrt{\frac{2\epsilon_\mathrm{s}}{e} \frac{N_\mathrm{A} + N_\mathrm{D}}{N_\mathrm{A} N_\mathrm{D}} V_\mathrm{bi}} \tag{21.110b}$$

对于 p$^+$n 结和 n$^+$p 结, 耗尽层的宽度决定于结的低掺杂侧,

$$w = \sqrt{\frac{2\epsilon_\mathrm{s}}{eN_\mathrm{B}} V_\mathrm{bi}} \tag{21.111}$$

其中, N_B 表示低掺杂侧的掺杂, N_A 用于 n$^+$p 结, N_D 用于 p$^+$n 结.

如果更仔细地考虑多数载流子浓度的空间变化 (对于有限温度的情况, 参见式 (21.13)), 需要给 V_bi 增添一项 $-2kT/e = -2/\beta$[1757],

$$w = \sqrt{\frac{2\epsilon_\mathrm{s}}{e} \frac{N_\mathrm{A} + N_\mathrm{D}}{N_\mathrm{A} N_\mathrm{D}} (V_\mathrm{bi} - V - 2\beta^{-1})} \tag{21.112}$$

外加电压 V 也要放入式子里. 如果用 w_0 表示耗尽层在零偏压下的宽度, 在给定电压 V 下, 耗尽层的宽度可以写为

$$w(V) = w_0 \sqrt{1 - \frac{V}{V_\mathrm{bi} - 2/\beta}} \approx w_0 \sqrt{1 - \frac{V}{V_\mathrm{bi}}} \tag{21.113}$$

利用德拜长度 (参见式 (21.85b)), 有

$$L_\mathrm{D} = \sqrt{\frac{\epsilon_\mathrm{s} kT}{e^2 N_\mathrm{B}}} \tag{21.114}$$

单侧二极管的耗尽层宽度就可以写为 (利用 $\beta = e/(kT)$)

$$w = L_\mathrm{D} \sqrt{2(\beta V_\mathrm{bi} - \beta V - 2)} \tag{21.115}$$

德拜常数是掺杂水平的函数，Si 的情况如图 21.43 所示. 对于 $10^{16}/cm^3$ 的掺杂水平，Si 中的德拜长度在室温下是 40 nm. 单侧结的耗尽层宽度: Ge 大约是 $6L_D$, Si 大约是 $8L_D$, GaAs 大约是 $10L_D$.

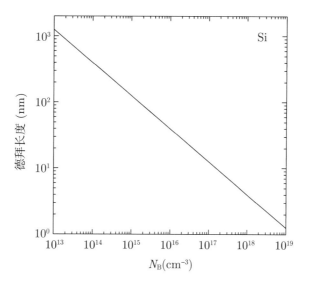

图21.43　在室温下，Si中的德拜长度与掺杂水平N_B的关系(式(21.114))

如果 +(−) 极位于 p 侧 (n 侧)，外加偏压称为正向的. 反向电压具有相反的极性. 如果施加反向偏压，耗尽层的宽度变大 (图 21.44).

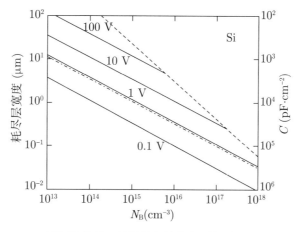

图21.44　对于$V_{bi}-V-2kT/e$的不同数值，单侧掺杂的突变Si结的耗尽层宽度和单位面积电容. 点划线是零偏压的情况，虚线是由雪崩击穿造成的极限. 改编自文献[574]

21.4.3 电容

耗尽层的电容是电荷的变化量除以外加偏压的变化量, 由式 (21.116) 给出:

$$C = \left|\frac{dQ}{dV}\right| = \frac{d(eN_B w)}{d(w^2 eN_B/(2\epsilon_s))} = \frac{\epsilon_s}{w} = \frac{\epsilon_s}{\sqrt{2}L_D}\sqrt{\beta V_{bi} - \beta V - 2} \tag{21.116}$$

因此, 耗尽层的电容反比于耗尽层的宽度 (见图 21.44 里的两个标尺). 文献 [1762] 给出了详细的处理. $1/C^2$ 正比于外加偏压:

$$\frac{1}{C^2} = \frac{2L_D^2}{\epsilon_s^2}(\beta V_{bi} - \beta V - 2) \tag{21.117}$$

根据 C-V 谱, 可以从斜率得到掺杂水平

$$\frac{d(1/C^2)}{dV} = \frac{2\beta L_D^2}{\epsilon_s^2} = \frac{2}{e\epsilon_s N_B} \tag{21.118}$$

外推到 $1/C^2 = 0$ 所对应的电压, 就可以得到内建电压.

21.4.4 电流-电压特性

理想的电流-电压特性

现在讨论在热力学平衡下 ($V=0$) 的电流和在偏压下的电流, 得到二极管的特性. 先采用如下假设: 突变结, 玻尔兹曼近似, 小注入 (注入的少数载流子浓度远小于多数载流子浓度), 耗尽层里没有生成电流 (在整个耗尽层里, 电子流和空穴流不变). 有偏压存在的时候, 电子和空穴有准费米能级, 载流子浓度是 (参见式 (7.55a,b))

$$n = N_C \exp\left(\frac{F_n - E_C}{kT}\right) \tag{21.119a}$$

$$p = N_V \exp\left(-\frac{F_p - E_V}{kT}\right) \tag{21.119b}$$

利用本征载流子浓度 (式 (7.19), 式 (7.20)), 可以得到

$$n = n_i \exp\left(\frac{F_n - E_i}{kT}\right) = n_i \exp[\beta(\psi - \phi_n)] \tag{21.120a}$$

$$p = n_i \exp\left(-\frac{F_p - E_i}{kT}\right) = n_i \exp[\beta(\phi_p - \psi)] \tag{21.120b}$$

其中, ϕ 和 ψ 是与 (准) 费米能级和本征费米能级有关的势, $-e\phi_{n,p} = F_{n,p}$, $-e\psi = E_i$. 势 ϕ_n 和 ϕ_p 也可以写为

$$\phi_n = \psi - \beta^{-1}\ln\frac{n}{n_i} \tag{21.121a}$$

$$\phi_{\mathrm{p}} = \psi + \beta^{-1} \ln \frac{p}{p_{\mathrm{i}}} \tag{21.121b}$$

乘积 np 由下式给出：

$$np = n_{\mathrm{i}}^2 \exp\left[\beta\left(\phi_{\mathrm{p}} - \phi_{\mathrm{n}}\right)\right] \tag{21.122}$$

当然，在热力学平衡时 (零偏压)，$\phi_{\mathrm{p}} = \phi_{\mathrm{n}}$，$np = n_{\mathrm{i}}^2$. 对于正向偏压，$\phi_{\mathrm{p}} - \phi_{\mathrm{n}} > 0$ (图 21.45(a))，而且 $np > n_{\mathrm{i}}^2$. 对于反向偏压，$\phi_{\mathrm{p}} - \phi_{\mathrm{n}} < 0$ (图 21.45(b))，而且 $np < n_{\mathrm{i}}^2$.

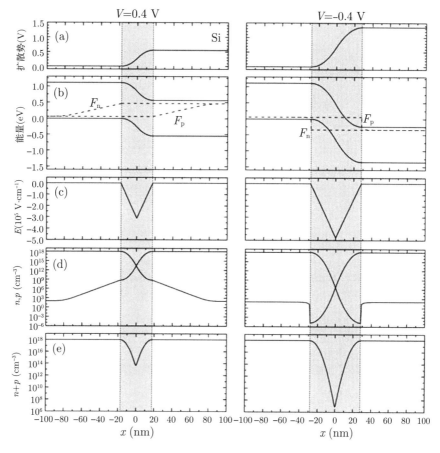

图21.45 在正向偏压0.4 V(左图)和反向偏压−0.4 V(右图)下，硅的pn二极管在室温下的(a) 扩散势，(b) 能带图，(c) 电场，(d) 电子和空穴浓度，(e) $n+p$，其中 $N_A = N_D = 10^{18}/\mathrm{cm}^3$ (与图21.41相同). 图(b)中的虚线是电子和空穴的准费米能级 F_n 和 F_p。耗尽层显示为灰色区域. n型和p型材料的扩散长度取为4 nm. 这个值比实际扩散长度 (μm范围) 小得多，这里选择这个值，只是为了在一张图里显示中性区和耗尽层里的载流子浓度

(单位面积的) 电子流密度由式 (8.60a) 给出，利用 $\boldsymbol{E} = -\nabla\psi$ 和式 (21.120a) 给出的 n，得到[①]

$$\boldsymbol{j}_{\mathrm{n}} = -e\mu_{\mathrm{n}}\left(n\boldsymbol{E} + \beta^{-1}\nabla n\right) = en\mu_{\mathrm{n}}\nabla\phi_{\mathrm{n}} \tag{21.123}$$

[①] 注意，μ_{n} 被定义为负数.

类似地, 得到空穴流密度 (利用式 (8.60b) 和式 (21.120b))

$$\boldsymbol{j}_\mathrm{p} = e\mu_\mathrm{p}\left(p\boldsymbol{E} - \beta^{-1}\nabla p\right) = -ep\mu_\mathrm{p}\nabla\phi_\mathrm{p} \tag{21.124}$$

穿过耗尽层的电流是常数 (因为假设了没有复合／生成过程). 在耗尽层里, 准费米能级的梯度很小, 准费米能级 $\phi_\mathrm{n,p}$ 实际上是常数. 电子流和空穴流如图 21.46 所示, 同时给出了载流子浓度. 载流子浓度的变化主要来自于 ψ(或 E_i) 的变化.

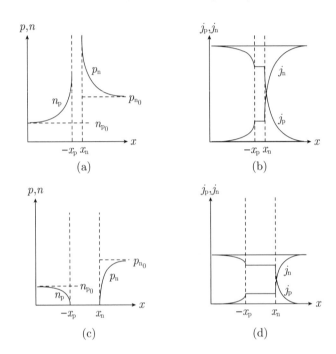

图21.46　在(a,b) 正向偏压和(c,d) 反向偏压下, pn二极管的载流子浓度(a,c)和电流密度(b,d)(线性尺度)

因此, 穿过耗尽层的电压降是 $V = \phi_\mathrm{p} - \phi_\mathrm{n}$, 式 (21.122) 就是

$$np = n_\mathrm{i}^2 \exp(\beta V) \tag{21.125}$$

在 p 侧耗尽层的边界 $(x = -x_\mathrm{p})$, 电子浓度是 (利用式 (21.125))

$$n_\mathrm{p} = \frac{n_\mathrm{i}^2}{p_\mathrm{p}}\exp(\beta V) = n_{\mathrm{p}_0}\exp(\beta V) \tag{21.126}$$

类似地, 在 n 侧 $x = x_\mathrm{n}$ 处的空穴浓度是

$$p_\mathrm{n} = p_{\mathrm{n}_0}\exp(\beta V) \tag{21.127}$$

根据连续性方程和边界条件 (远离耗尽层的空穴浓度是 p_{n_0}), n 侧的空穴浓度是

$$\delta p_n(x) = p_n(x) - p_{n_0} = p_{n_0}[\exp(\beta V) - 1]\exp\left(-\frac{x - x_n}{L_p}\right) \tag{21.128}$$

其中, $L_p = \sqrt{D_p \tau_p}$ 是空穴 (少数载流子) 的扩散长度. 根据解析和数值分析, 文献 [1763] 认为多数载流子的浓度服从 $\delta n_n(x) = \delta p_n(x)$.

在 n 侧的耗尽层边界处, 空穴流密度是

$$j_p(x_n) = -eD_p \frac{\partial p_n}{\partial x}\bigg|_{x_n} = \frac{eD_p p_{n_0}}{L_p}[\exp(\beta V) - 1] \tag{21.129}$$

类似地, 在耗尽层里的电子流密度是

$$j_n(-x_p) = \frac{eD_n n_{p_0}}{L_n}[\exp(\beta V) - 1] \tag{21.130}$$

扩散导致的总电流密度是

$$j_d = j_p(x_n) + j_n(-x_p) = j_s[\exp(\beta V) - 1] \tag{21.131}$$

饱和电流密度由下式给出:

$$j_s^d = \frac{eD_p p_{n_0}}{L_p} + \frac{eD_n n_{p_0}}{L_n} \tag{21.132}$$

这个依赖关系是理想二极管的特性, 是肖克利得到的著名结果. 这里只考虑了少数载流子的扩散电流; 文献 [1763] 做了更深入的讨论, 还分析了多数载流子的密度、多数载流子的漂移和扩散电流 (少数载流子的漂移电流可以完全忽略). 然而, 该分析得出的结果与式 (21.131) 和式 (21.132) 相同.

对于单侧 (p^+n) 二极管, 饱和电流是

$$j_s^d \simeq \frac{eD_p p_{n_0}}{L_p} \simeq e\left(\frac{D_p}{\tau_p}\right)^{1/2} \frac{n_i^2}{N_B} \tag{21.133}$$

饱和电流通过 D_p/τ_p 而微弱地依赖于温度. n_i^2 项依赖于 T, 正比于 $T^3 \exp(-E_g/(kT))$, 指数函数起主导作用.

如果少数载流子寿命由辐射复合 (式 (10.19)) 给出, 空穴的扩散长度就是

$$L_p = \sqrt{\frac{D_p}{B n_{n_0}}} \tag{21.134}$$

对于 GaAs(表 8.2 和表 10.1), $N_D = 10^{18}/\text{cm}^3$, 得到 $\tau_p = 10$ ns, $L_p \approx 3$ μm. $L_n = 14$ μm, 然而, 室温下的寿命因为非辐射复合而显著地变短了, 扩散长度也随之变得更短 (大约减小为原来的 1/10). 对于 $L \sim 1$ μm, 扩散饱和电流是 $j_s^d \sim 4 \times 10^{-20}$ A/cm^2.

辐射复合速率 (带-带复合, b-b) 在中性的 n 区 (这与 LED 有关, 见 23.3 节) 是 $B(np - n_i^2) \approx Bn_{n_0}(p_n(x) - p_{n_0})$。因此, 复合流 $j_{d,n}^{b-b}$ 在中性的 n 区是 (利用式 (21.128))

$$j_{d,n}^{b-b} = e\int_{x_n}^{\infty} Bn_i^2[\exp(\beta V) - 1]\exp\left(-\frac{x-x_n}{L_p}\right)dx$$
$$= eBL_p n_i^2[\exp(\beta V) - 1] \tag{21.135}$$

对于 p 侧的中性区, 有类似的表达式. 来自中性区的总的辐射复合流是

$$j_d^{b-b} = eB(L_n + L_p)n_i^2[\exp(\beta V) - 1] \tag{21.136}$$

对于 GaAs, 在中性区的辐射复合所导致的饱和电流是

$$j_s^{r,b-b} = eB(L_n + L_p)n_i^2 \tag{21.137}$$

对于扩散长度 1 μm(表 7.1 和表 10.1), $j_s^{r,b-b} \sim 4 \times 10^{-21}$ A/cm^2.

因为少数载流子 (辐射) 寿命反比于多数载流子浓度, 相关的扩散长度是低掺杂浓度那一侧的扩散长度, 由下式给出:

$$L = \frac{1}{n_i}\sqrt{\frac{D_B N_B}{B}} \tag{21.138}$$

其中, D_B 是在低掺杂区的少数载流子的扩散系数. 中性区的辐射复合流可以写为

$$j_d^{b-b} = e\sqrt{BD_B N_B}\, n_i[\exp(\beta V) - 1] \tag{21.139}$$

带隙不同的两种半导体的 pn 二极管的 I-V 特性如图 21.47(a) 所示 (Ge 和 Si). 正向特性都是指数函数. Si 二极管的斜率看起来更大, 然而, 差别仅在于饱和电流更小. 在更高的温度下, 饱和电流变大 (图 21.48). 宽带隙 pn 二极管 (GaN) 表现出小的饱和电流 (在图 21.47(b) 里, GaN 的 $n = 1.5$ 部分属于饱和电流密度 7×10^{-27} A/cm^2, $n = 2$ 的部分 $\approx 10^{-34}$ A/cm^2). 只有在更大的电压下, 才表现出可观的电流密度.

真实的 I-V 特性

在真实的二极管里, 观察不到理想的 I-V 特性, 原因如下:

- 除了扩散电流以外, 还有生成-复合 (G-R) 电流.

- 对于相当小的正向电压, 已经存在大的注入条件, $p_n \ll n_n$ 不再成立.

- 二极管的串联电阻 R_s 是有限的 (理想情况下, $R_s = 0$).

- 二极管有并联电阻 R_p (理想情况下, $R_p = \infty$).

- 在大的反向电压下, 结被击穿; 21.4.5 小节处理这种现象.

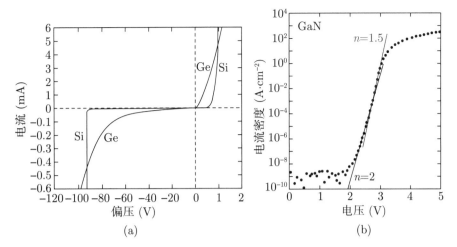

图21.47 在室温下,比较(a) Ge和Si以及(b) GaN的pn二极管的特性. 注意, 图(a)的正反偏压的尺度不一样. 图(b)里的直线与理想因子有关, 分别是2和1.5. 改编自文献[1764]

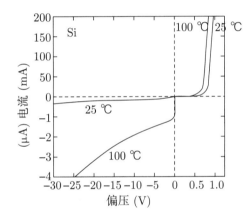

图21.48 在25 ℃和100 ℃两种温度下, 硅的功率二极管的特性

首先考虑能带-杂质 (b-i) 过程 (见 10.9 节) 导致的生成-复合电流. 这种复合是非辐射的, 至少不产生能量接近于带隙的光子. 文献 [1765] 最早考虑了它对二极管电流-电压特性的影响.

净的 b-i 复合速率由式 (10.52) 给出. 对于反向电压, 生成过程主导了 G-R 电流. 对于 $n < n_i$ 和 $p < n_i$, 净复合速率

$$r \cong \frac{\sigma_n \sigma_p v_{th} N_t}{\sigma_n \exp\left(\frac{E_t - E_i}{kT}\right) + \sigma_p \exp\left(\frac{E_i - E_t}{kT}\right)} n_i \equiv \frac{n_1}{\tau_e} \qquad (21.140)$$

其中, τ_e 是电子的有效寿命. 生成电流密度是

$$j_g = \frac{en_i w}{\tau_e} \tag{21.141}$$

因为耗尽层的宽度随着外加反向偏压 V 而变化, 预期的依赖关系是

$$j_g \propto \sqrt{V_{bi} + |V|} \tag{21.142}$$

饱和电流由扩散部分和生成部分的和给出:

$$j_s = e\sqrt{\frac{D_p}{\tau_p}} \frac{n_i^2}{N_D} + \frac{en_i w}{\tau_e} \tag{21.143}$$

在 n_i 很大的半导体里 (窄带隙, 例如 Ge), 扩散电流占主导地位; 在 Si 里 (带隙更大), 生成电流可以主导.

复合速率的最大值出现在 $E_t \approx E_i$(式 (10.57)). 在式 (10.52) 里, 就有 $n_t = p_t = n_i$. 假定 $\sigma = \sigma_n = \sigma_p$, 复合速率是

$$r_{b\text{-}i} = \sigma v_{th} N_t \frac{np - n_i^2}{n + p + 2n_i} \tag{21.144}$$

利用式 (21.122), 可以得到

$$r_{b\text{-}i} = \sigma v_{th} N_t n_i \frac{n_i}{n + p + 2n_i} [\exp(\beta V) - 1] \tag{21.145}$$

当 $n = p$ 时, $\zeta = \frac{n_i}{n + p + 2n_i}$ 这一项达到最大值, 由下式给出 (根据式 (21.145)):

$$n_{mr} = p_{mr} = n_i \exp(\beta V/2) \tag{21.146}$$

函数 $\zeta(x)$ 不能够解析地积分. 为了计算 ζ 在耗尽层里的积分

$$\chi = \int_{-x_p}^{x_n} \zeta \, dx \tag{21.147}$$

最大速率

$$\zeta_{mr} = \frac{n_i}{n_{mr} + p_{mr} + 2n_i} = \frac{1}{2} \frac{1}{1 + \exp(\beta V/2)} \tag{21.148}$$

可以在耗尽层里积分 [574], 作为近似, $\chi \approx \zeta_{mr} w$. 这个方法给出的复合电流是

$$j_{mr} = \frac{e\sigma v_{th} N_t w n_i}{2} \frac{\exp(\beta V) - 1}{\exp(\beta V/2) + 1} \cong j_s^{mr} \exp\left(\frac{\beta V}{2}\right) \tag{21.149}$$

利用 $j_s^{mr} = e\sigma v_{th} N_t w n_i /2$, 这个近似在 $eV/(kT) \gg 1$ 时成立. 因此, 人们经常说, 非辐射的能带-杂质复合导致了理想因子 $n = 2$.

为了得到 χ 更好的近似, 势 $\varphi(x)$ 的依赖关系可以近似成线性的 (不变场近似)[1766], 即利用 $n=p$ 处的局域电场 E_{mr}. 对于 $n_{\mathrm{n}_0}=p_{\mathrm{p}_0}$ 的对称二极管, 这个位置在 $x=0$; 对于单侧结, 位于低掺杂的一侧. 当 $p_{\mathrm{p}_0} \ll n_{\mathrm{n}_0}$ 时, E_{mr} 由下式给出:

$$E_{\mathrm{mr}} = -\frac{\sqrt{2}}{w}(V_{\mathrm{bi}}-V)\sqrt{1+\frac{1}{\beta(V_{\mathrm{bi}}-V)}\ln\frac{p_{\mathrm{p}_0}}{n_{\mathrm{n}_0}}}\sqrt{1+\frac{p_{\mathrm{p}_0}}{n_{\mathrm{n}_0}}} \tag{21.150}$$

对于对称二极管, 式 (21.151a) 成立, 对于单侧二极管, 式 (21.151b) 近似成立,

$$E_{\mathrm{mr}} = -\frac{2}{w}(V_{\mathrm{bi}}-V) \propto \sqrt{V_{\mathrm{bi}}-V} \tag{21.151a}$$

$$E_{\mathrm{mr}} \cong -\frac{\sqrt{2}}{w}(V_{\mathrm{bi}}-V) \propto \sqrt{V_{\mathrm{bi}}-V} \tag{21.151b}$$

注意, 对于零偏压 ($V=0$), 由式 (21.151a) 重新得到了式 (21.108). 利用上面的近似, ζ 由下式给出:

$$\zeta(x) = \frac{1}{2}\frac{1}{1+\exp(\beta V/2)\cosh(\beta E_{\mathrm{mr}} x)} \tag{21.152}$$

其中, $\beta = e/(kT)$. 因为 ζ 在耗尽层里下降得足够快, 对耗尽层的积分可以扩展到 $\pm\infty$, 我们得到

$$\chi = \frac{2}{\beta E_{\mathrm{mr}}}\frac{1}{\sqrt{\exp(\beta V)-1}}\arctan\sqrt{\frac{\exp(\beta V/2)-1}{\exp(\beta V/2)+1}} \tag{21.153}$$

注意, 对于 $V=0$, 积分取值为 $\chi = (\beta E_{\mathrm{mr}})^{-1}$. 复合电流就是 [1766]

$$j_{\mathrm{r,b\text{-}i}} = \frac{2\sigma v_{\mathrm{th}} N_{\mathrm{t}} n_{\mathrm{i}} kT}{E_{\mathrm{mr}}}\arctan\left[\sqrt{\frac{\exp(\beta V/2)-1}{\exp(\beta V/2)+1}}\right]\sqrt{\exp(\beta V)-1} \tag{21.154}$$

对于大电压, 反正切函数 (arctan) 的项变为 $\pi/4$. 对于 $eV/(kT) \gg 1$, 非辐射复合电流可以写为

$$j_{\mathrm{r,b\text{-}i}} = j_{\mathrm{s}}^{\mathrm{r,b\text{-}i}}\exp\left(\frac{\beta V}{n}\right) \tag{21.155}$$

其中, $j_{\mathrm{s}}^{\mathrm{r,b\text{-}i}} = e\sigma v_{\mathrm{th}} N_{\mathrm{t}} n_{\mathrm{i}} kT\pi/(2E_{\mathrm{mr}})$. 依赖于电压的理想因子 n(半对数的斜率, $n = \beta j_{\mathrm{r}}(V)/j_{\mathrm{r}}'(V)$) 接近但不等于 2, 对于不同的 V_{bi} 值, 如图 21.49 所示. 通过式 (21.154) 里的因子 $1/E_{\mathrm{mr}}$, 内建电压影响了对数的斜率.

在带-带 (b-b) 辐射复合的情况下, 符合速率由式 (10.14) 给出. 利用式 (21.125), 在耗尽层里积分, 就得到耗尽层里的复合电流 (参见式 (21.136)):

$$j_{\mathrm{r,b\text{-}b}} = eBwn_{\mathrm{i}}^2[\exp(\beta V)-1] \tag{21.156}$$

表现出理想因子 $n=1$. 比较式 (21.136) 和式 (21.156), 占主导地位的辐射复合电流决定于 w 和 $L_{\mathrm{n}}+L_{\mathrm{p}}$ 的比值. 因为在正偏压方向, 耗尽层的宽度趋于 0(对于平带条件), 辐射复合电流决定于中性区的复合.

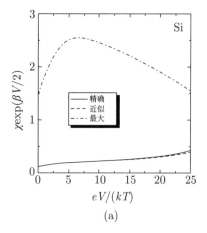
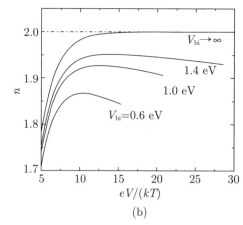

图21.49 (a) 积分χ(式(21.147))乘以$\exp(\beta V/2)$，以便提取线性尺度上的差异. 实线：精确的数值计算，点画线：最大速率不变的标准近似，虚线：这个工作采用了电场不变的近似. 材料参数使用了室温以及$n_i=10^{10}/\mathrm{cm}^3(\mathrm{Si})$，$n_{n_0}=10^{18}/\mathrm{cm}^3$和$p_{p_0}=10^{17}/\mathrm{cm}^3$. (b) 能带-杂质复合电流的对数斜率，在内建电压$V_{\mathrm{bi}}=0.6$ eV，$V_{\mathrm{bi}}=1.0$ eV和$V_{\mathrm{bi}}=1.4$ eV 的正向偏压范围内和极限$V_{\mathrm{bi}}\to\infty$. 改编自文献[1766]

对于大的注入电流 (在正向偏压下)，注入的少数载流子浓度可以与多数载流子浓度相近. 在这种情况下，需要考虑扩散和漂移. 在大的电流密度下，结上的电压降小于整个电流通路上的电压降. 在模拟里 (图 21.50)，大注入的效应开始于 n 掺杂的一侧，因为建模时假设它的掺杂更低 ($N_\mathrm{D} < N_\mathrm{A}$).

串联电阻 R_s(通常是几个欧姆) 也影响小注入的特性. 在结上的电压降减小了 $R_\mathrm{s}I$. 因此，考虑了串联电阻的效应以后，I-V 特性是

$$I = I_\mathrm{s}\left(\exp\left[\frac{e(V-R_\mathrm{s}I)}{nkT}\right] - 1\right) \tag{21.157}$$

这是 I 的隐含方程，只能数值求解. 在大电流下，结的电阻变得非常小 (图 21.51)；然后 I-V 特征偏离了指数行为 (图 21.52(a))，最后由串联电阻主导，呈线性变化 (图 21.52(b)). 有时从线性区外推的电压 (在图 21.52(b) 里是 1.19 V) 被称为"阈值"电压，但是对这种行为来说，这个术语是错的.

二极管也可以有并联电阻 R_p，例如，因为接触之间的表面电导. 把并联电阻考虑进来，二极管特性就是

$$I = I_\mathrm{s}\left(\exp\left[\frac{e(V-R_\mathrm{s}I)}{nkT}\right] - 1\right) + \frac{V-R_\mathrm{s}I}{R_\mathrm{p}} \tag{21.158}$$

根据反向电压区里的微分电导，可以最好地得到并联电阻[1725]. 因为表面态密度很大，GaAs 二极管的钝化很困难. Si 可以很好地钝化，漏电流小，可靠性高.

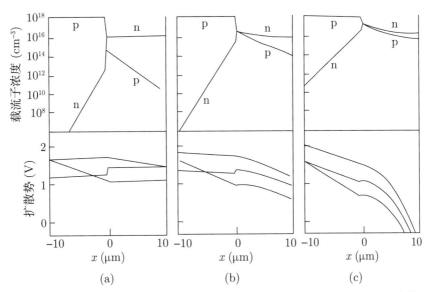

图21.50 在不同的电流密度下，Si的p+n二极管的电荷载流子浓度、本征费米能级(扩散势)Ψ和准费米能级(带有任意偏置)的理论模拟：(a) 10 A/cm²；(b) 10³ A/cm²；(c) 10⁴ A/cm². $N_A=10^{18}$/cm³, $N_D=10^{16}$/cm³, $\tau_n = 0.3$ ns, $\tau_p = 0.84$ ns. 改编自文献[1767]

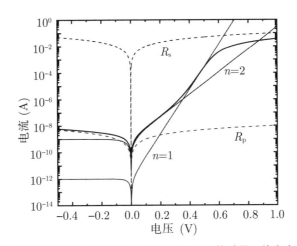

图21.51 二极管在室温下的理论 I-V 特性，对于$n=1$和$n=2$的过程，饱和电流是 $I_s^{n=1} = 10^{-12}$ A和 $I_s^{n=2} = 10^{-9}$ A，电阻$R_s = 10$ Ω，$R_p = 100$ MΩ. 绿线：只有$n=1$特性的理想二极管；紫线：只有$n=2$过程；红色虚线：只有并联的欧姆电阻；蓝色虚线：只有串联电阻；黑色实线：考虑了所有的效应，就像式(21.159)

通常并不能清楚地划分 $n=1$ 和 $n=2$ 的区域. 在这种情况下, 用一个介于二者之间的理想因子 $1 \leqslant n \leqslant 2$ 来拟合 I-V 特性, 就像式 (21.158) 一样. 如果电流能够划分为

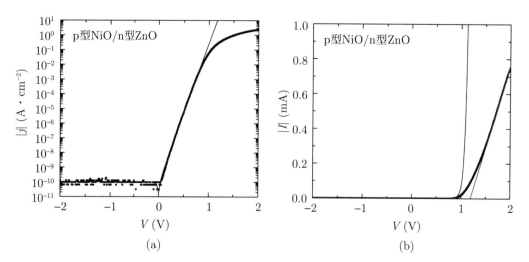

图21.52 (a) NiO/ZnO双极型二极管的j-V特性(比较21.4.6小节)的半对数图. 蓝色线是采用理想因子 $n = 1.8$ 的拟合结果. (b) 线性图的I-V特性. 图(b)的紫色线是在串联电阻主导的区域线性拟合的结果(利用$R_s = 1.06\,\text{k}\Omega$)

$n=1$(扩散) 和 $n=2$(复合-生成) 的过程, I-V 特性就是 (见图 21.51)

$$I = I_s^{n=1}\left(\exp\left[\frac{e(V-R_sI)}{kT}\right]-1\right) + I_s^{n=2}\left(\exp\left[\frac{e(V-R_sI)}{2kT}\right]-1\right) + \frac{V-R_sI}{R_p} \quad (21.159)$$

总之, pn 二极管的等效电路如图 21.53 所示; 22.3 节讨论光电流源 I_{ph}.

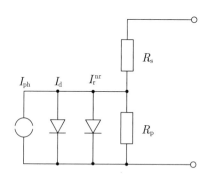

图21.53 pn二极管的等效电路. 串联电阻(R_s)、并联电阻(R_p)和二极管电流：I_d(由于扩散, $n\approx 1$), I_r^{nr}(因能带-杂质复合而产生的非辐射复合, $n \approx 2$), I_{ph}(理想的光电流源, 如22.3节所述)

21.4.5 击穿

如果反向施加大的电压, pn 结就被击穿了 (break down). 在击穿的时候, 电压增加一小点儿, 电流就急剧增大. 有三种击穿机制: 热失稳 (thermal instability)、隧穿和雪崩倍增 [1768-1770]. 缺陷导致了局域化的预击穿位置 (pre-breakdown site)[1770,1771].

热失稳

在大的外加偏压下, 反向电流导致了功率损耗和结的加热. 这种温度的升高使得饱和电流 (式 (21.133)) 进一步增大. 如果热沉 (例如, 芯片的基座) 不能够把热从器件里带走, 电流就无止境地增大. 如果没有电阻限制它, 这种电流就能毁掉器件. 对于饱和电流大的二极管, 这种热失稳特别重要, 例如, 室温下的 Ge.

隧穿

在大的反向偏压下, 电荷载流子可以在导带和价带之间隧穿地通过结. 21.5.9 小节更详细地讨论隧穿二极管. 因为隧穿效应需要薄的势垒, 在双侧高掺杂的二极管里, 隧穿导致的击穿很重要. 对于 Si 和 Ge 的二极管, 如果击穿电压 V_br 满足 $V_\mathrm{br} < 4E_\mathrm{g}/e$, 隧穿主导了击穿. 对于 $V_\mathrm{br} > 6E_\mathrm{g}/e$, 雪崩倍增是主导. 中间的区域是混合的情况.

随着温度的升高, 小的电场就可以实现隧穿电流 (因为带隙随着温度的升高而减小), 击穿电压就减小了 (负的温度系数).

雪崩倍增

碰撞电离导致的雪崩倍增是 pn 二极管最重要的击穿机制. 它限制了大多数二极管的反向偏压最大值, 以及双极型晶体管里的集电极电压或者场效应晶体管里的漏极电压. 雪崩倍增还可以用于产生微波辐射或者光子计数 (参见 22.3.6 小节).

8.4.4 小节讨论了碰撞电离. 最重要的参数是电子和空穴的电离系数 α_n 和 α_p. 为了讨论二极管的击穿, 我们假设, 在 $x = 0$ 处, 空穴电流 $I_\mathrm{p_0}$ 进入耗尽层. 这个电流被耗尽层里的电场和碰撞电离放大. 在耗尽层的末端 $(x = w)$, 它是 $M_\mathrm{p} I_\mathrm{p_0}$, 即 $M_\mathrm{p} = I_\mathrm{p}(w)/I_\mathrm{p}(0)$. 类似地, 电子流在从 w 到 $x = 0$ 的路程上得到放大. 沿着线元 $\mathrm{d}x$ 生成的电子 -空穴对所导致的空穴流的增量变化是

$$\mathrm{d}I_\mathrm{p} = (I_\mathrm{p}\alpha_\mathrm{p} + I_\mathrm{n}\alpha_\mathrm{n})\,\mathrm{d}x \tag{21.160}$$

耗尽层里的总电流是 $I = I_\mathrm{p} + I_\mathrm{n}$, 在稳态平衡下保持不变. 因此

$$\frac{\mathrm{d}I_\mathrm{p}}{\mathrm{d}x} - (\alpha_\mathrm{p} - \alpha_\mathrm{n})I_\mathrm{p} = \alpha_\mathrm{n} I \tag{21.161}$$

它的解是

$$I_p(x) = I \frac{\frac{1}{M_p} + \int_0^x \alpha_n \exp\left[-\int_0^x (\alpha_p - \alpha_n) dx'\right] dx}{\exp\left[-\int_0^x (\alpha_p - \alpha_n) dx'\right]} \tag{21.162}$$

对于 $x = w$,我们得到的倍增因子为

$$1 - \frac{1}{M_p} = \int_0^w \alpha_n \exp\left[-\int_0^x (\alpha_p - \alpha_n) dx'\right] dx \tag{21.163}$$

当 $M_p \to \infty$ 时,即

$$\int_0^w \alpha_n \exp\left[-\int_0^x (\alpha_p - \alpha_n) dx'\right] dx = 1 \tag{21.164}$$

发生雪崩击穿. 从电子流开始考虑, 可以得到对应的等价方程. 如果 $\alpha_p = \alpha_n = \alpha$, 式 (21.164) 就简化为

$$\int_0^w \alpha dx = 1 \tag{21.165}$$

这意味着, 每当一个载流子穿过耗尽层, 平均来说就有另一个载流子产生, 以至于这个过程正好开始发散. 各种半导体材料的击穿电压对掺杂水平的依赖关系如图 21.54(a) 所示. 击穿时的耗尽层宽度 w 和最大电场 E_m 如图 21.54(b) 所示.

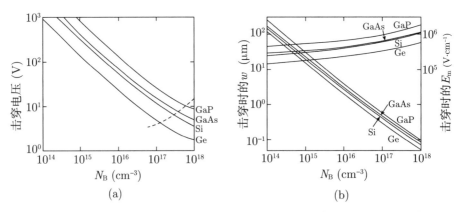

图21.54 (a) 当 $T=300$ K 时, Ge, Si, (100)-GaAs 和 GaP 中单侧掺杂突变结的雪崩击穿电压. 虚线表示隧道击穿导致的高掺杂时的雪崩击穿极限. (b) 对于相同的结, 耗尽层宽度 w 及最大电场 E_m. 改编自文献 [1772]

平均的碰撞电离系数 α 是 [1773]

$$\alpha = AE^7 \tag{21.166}$$

对于硅, $A = 1.8 \times 10^{-35}$ (cm/V)^7/cm. 对于击穿条件 (式 (21.165)), 利用式 (21.9) 和式 (21.166), 得到击穿时的耗尽层宽度 w_B 是 (w_B 的单位是 cm, N_D 的单位是 1/cm^3)

$$w_B = 2.67 \times 10^{10} N_D^{-7/8} \tag{21.167}$$

由此可以利用式 (21.15) 计算击穿电压 (V_B 的单位是 V, N_D 的单位是 $1/\text{cm}^3$)[1774]

$$V_B = 6.40 \times 10^{13} N_D^{-3/4} \tag{21.168}$$

在 GaAs 里, 碰撞系数和击穿电压都依赖于方向. 在掺杂水平 $N_B = 10^{16}/\text{cm}^3$, 击穿电压对于 (001) 和 (111) 方向是相同的; 对于更小的掺杂, (001) 取向的 GaAs 的击穿电压更小; 对于更大的掺杂, GaAs (111) 的击穿电压更小 [1775].

在更高的温度下, 电荷载流子可以把多余的能量更快地传递给晶格.① 因此用于碰撞电离的能量就少了, 需要的电场就变大了. 故击穿电压随着温度的升高而增大 (图 21.55). 这种行为与隧穿二极管相反, 可以用它区分这两种过程.

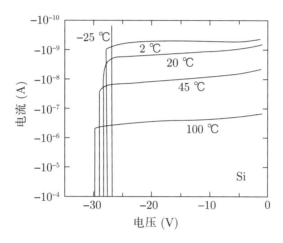

图21.55　$n^+ p$ Si二极管的温度依赖特性, $N_B = 2.5 \times 10^{16}/\text{cm}^3$, 带有保护环结构(见图21.56(d)). 温度系数 $\partial V_{br}/\partial T$ 是 0.024 V/K. 改编自文献[1776]

在平面结构里 (图 21.56(a)), 大电场会出现在曲率大的部分, 就像在大功率器件里一样. 击穿先发生在这些位置, 而且击穿电压远低于完美的平面 (无限) 结构所预期的数值 [1777,1778]. 如果需要击穿电压大的器件, 就必须改变设计. 这包括曲率小的深结 (图 21.56(b)); 电场环结构 (图 21.56(c)), 用额外的耗尽层让电场线变得光滑; 以及经常使用的保护环 (guard ring, 图 21.56(d)), 具有一个低掺杂的环形区 (所以击穿电压高).

在圆柱形结或者球形结里, 已经用数值方法计算了击穿电压的减小量作为曲率的函数 [1779] (图 21.57). 已经给出了解析的公式, 用击穿时的曲率半径和耗尽层宽度的比值 r/w_B 来表示 [1774].

---

① 随着温度的升高, 散射速率变得更大, 迁移率降低 (见 8.3.11 小节), 饱和漂移速度减小 (见 8.4.1 小节).

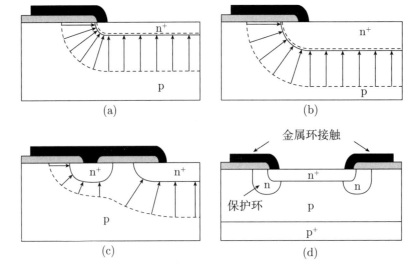

图21.56 (a) 浅结的大弯曲处的大电场. 利用(b) 深结和(c) 电场环结构，避免具有大电场的区域. (d) 显示了保护环结构，具有圆形的低掺杂n区. 灰色区域表示绝缘材料，箭头指出了电场线，虚线表示耗尽层的延伸

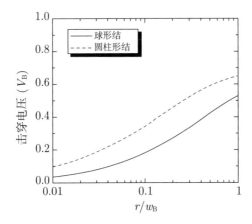

图21.57 在圆柱形结和球形结里，击穿电压(单位是平面结的击穿电压 V_B)作为曲率半径的函数(单位是平面结的耗尽层在击穿时的宽度 w_B). 数据取自文献[1774]

缺陷

在具有扩展缺陷的材料里 (例如，多晶硅)，击穿可以在更低的电压下局部地发生，低于相应的没有缺陷的体材料（"预击穿"）[1771]. 这个效应通常发生在某个晶界，很可能涉及带隙中间的态，也会伴随有电荧光，可以用很高的空间分辨精度来探测 (图 21.58).

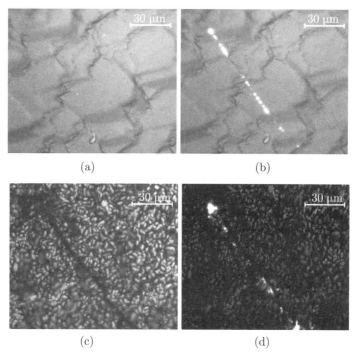

图21.58 碱性织构太阳能电池(比较图22.61)的(a) 微观正向偏压电致发光和(b) 微观反向偏压电致发光(μ-ReBEL)的图像，在没有特定表面特征的区域，$U=-17$ V. 在显微图像(c)里，在相邻的酸性织构太阳能电池中，揭示了这些位置上的体材料缺陷. 它们的ReBEL图像同样出现在相应的EL图像(d)中. 改编自文献[1771]

21.4.6 异质结二极管

在异质结二极管里，n 区和 p 区由不同的半导体制成. 文献 [1780] 详细讨论了这些结构.

第 I 类异质结二极管

第 I 类异质结的能带结构如图 21.59 所示，n 区 (p 区) 的带隙更大 (更小). 除了内建电压以外，价带里的势垒也增大了. 这种二极管作为异质结双极型晶体管里的注入 (发射极-基极) 二极管 (见 24.2.7 小节)，特别重要. 在这种二极管里，从 p 区到 n 区的 (通常是不希望的) 空穴电流减小了. 导带里的峰使得电子输运有了比扩散势本身更大的势垒. 这个突起 (spike) 可以在异质结里用材料渐变来消减，使得 E_g 在材料之间发生光滑的转变. 材料渐变对异质结的性质的影响在文献 [1781] 里有详细的讨论.

第 II 类异质结二极管

许多半导体只能掺杂为 n 型或 p 型 (比较 7.4.2 小节). 可以制作双极型异质结构，而且根据能带相对于真空能级的位置，可以制作第 II 类的异质结构. 例如，p 型 NiO/n

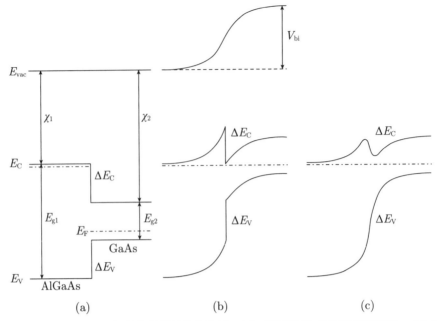

图21.59 n型AlGaAs/p型GaAs二极管的能带结构示意图：(a) n型材料和p型材料没有接触；(b) 处于热力学平衡；(c) 在异质界面上具有渐变的Al组分

型ZnO或p型CuI/n型ZnO；后者的能带结构如图21.60(a)所示，针对一种典型的情况（p$^+$n二极管）[568,1782]. 这种器件的整流性可以非常高（>10^{10}，图21.60(b)). 因为势垒很高，不能注入少数载流子. 穿过界面的电流是复合电流，估计是通过界面的缺陷，表现出来的理想因子大约是2[1783].

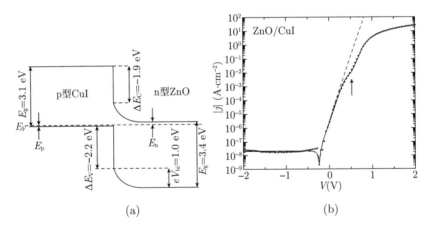

图21.60 (a) 一个p型CuI/n型ZnO二极管的能带示意图. 改编自文献[1782]. (b) 第II类外延CuI/ZnO异质结双极型二极管的(室温)j-V特性(符号)和拟合结果(虚线)，$j_s = 2 \times 10^{-8}$ A/cm^2，理想因子$n=1.8$. 另一个拟合(实线)还考虑了势垒的不均匀性和串联电阻. 改编自文献[1784]

21.4.7 有机半导体二极管

有机半导体的双极型二极管包括 p 型导电的空穴传输层 (HTL) 和 n 型导电的电子传输层 (ETL). 有机半导体的电导率低, 外加电压落在整个结构上[1785-1787] (图 21.61(c)), 而在典型的硅二极管里, 对于充分大的正向偏压 (和中等大小的注入, 比较图 21.50), 有平带条件存在 (图 21.61(b)). 2005 年报道了第一只有机的同质二极管, 用 $[Ru(terpy)_2]^0$(n 型) 和 F_4-TCNQ(p 型, 比较图 18.7(b)) 掺杂的 ZnPc(酞菁锌, zinc-phthalocyanine)[1788]. 这份报告里讨论了它与理想肖特基的行为的偏离.

空穴注入电极经常用 ITO 制作, 电子注入电极用功函数低的金属制作, 例如 Al, Mg 或 Ca. 用于有效电荷注入的特殊设计的层 (空穴注入层 HIL[1789] 和电子注入层 EIL[1790]) 可以在接触金属和传输层之间引入 (图 21.62(c)). HTL 和 HTL 的特定的能级对齐, 如图 21.61(c)(还有图 21.62(a)) 所示, 也为电子和空穴引入了势垒. 阻挡空穴或电子有利于界面附近的复合, 防止激子扩散到电极里. 在有机发光二极管 (23.3.7 小节) 里, 为了高效的辐射复合 (18.6 节), 在 HTL 和 ETL 之间引入了额外设计的一层 (发射层 EML) (图 21.62(b)).

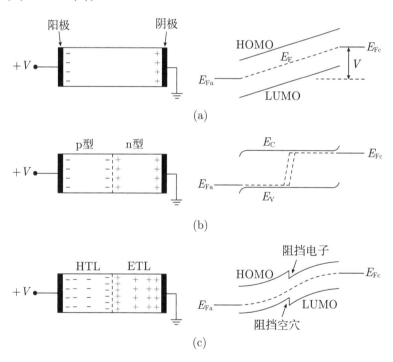

图21.61 在正向偏压 V 下, 样品的几何结构示意图、电荷分布(左)以及能带结构图(右): (a) 理想绝缘体; (b) 典型的无机半导体pn二极管; (c) 双层的有机二极管. 改编自文献[1787]

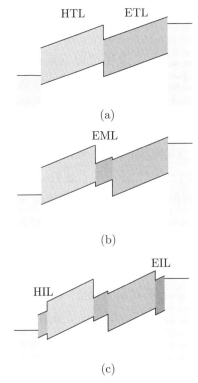

图21.62 能带结构示意图：(a) 双层的有机二极管(HTL, ETL)；(b) 具有额外的发射层(EML)；(c) 具有进一步的空穴注入层和电子注入层(HIL, EIL)

21.5 应用和特殊的二极管器件

下面讨论二极管的各种电子学应用，介绍最重要的特殊类型的二极管. 第 22 章讨论光电子学应用，包括光子的吸收和发射. 文献 [1791] 讨论了肖特基二极管的应用.

21.5.1 整流

在整流器里，二极管为一种方向的偏压提供很大的电阻率，而反方向偏压的电阻率很低. 一种单路的整流方法如图 21.63(a) 所示. 只有正半波可以通过负载电阻 R_L (图 21.63(b)). Si 二极管的特性如图 21.63(c) 所示. 当然，二极管上的电压降只在 1 V 的范围. 为了让这个装置工作, 必须考虑负载电阻. 总电流是 $I = I_s[\exp(eU_d/(nkT)) - 1]$. 总电压 U 分配在二极管 U_d 和负载电阻 $U_L = R_L I$ 上. 因此, 电流就是

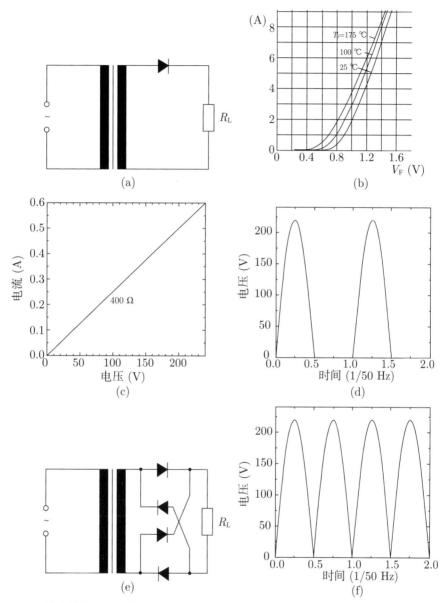

图21.63　(a) 单路的输电干线整流器; (b) 硅二极管的特性(BYD127, Philips); (c) 输电干线整流器的负载特性($R_L = 400\,\Omega$); (d) 单路输电干线整流器的电压输出; (e) 桥式整流器的电路原理图, 该电路在两个半波都工作; (f) 由此产生的电压输出

$$I = \frac{U - U_d}{R_L} \tag{21.169}$$

对于大的电流, 二极管上的电压降 U_d 介于 0.7 V 和 1 V 之间. 在 1 V 和 220 V 之间, I-V 特性是线性的 (图 21.63(d)). 通常电压 U_L 用一个电容与负载电阻并联, 做低通滤波. 有效电压是峰值电压除以 2.

单个二极管整流器的缺点是只有正半波对直流信号做贡献. 图 21.63(e) 里的器件 (桥式整流器) 可以让两个半波都对直流信号做贡献. 这种情况下的有效电压是峰值电压除以 $\sqrt{2}$.

静态的和动态的正向电阻 R_f 和 r_f 是 (对于 $\beta V_\mathrm{f} > 3$)

$$R_\mathrm{f} = \frac{V_\mathrm{f}}{I_\mathrm{f}} \simeq \frac{V_\mathrm{f}}{I_\mathrm{s}} \exp\left(-\frac{eV_\mathrm{f}}{nkT}\right) \tag{21.170a}$$

$$r_\mathrm{f} = \frac{\partial V_\mathrm{f}}{\partial I_\mathrm{f}} = \frac{nkT}{eI_\mathrm{s}} \exp\left(\frac{eV_\mathrm{f}}{nkT}\right) \simeq \frac{nkT}{eI_\mathrm{f}} \tag{21.170b}$$

对于反向偏压, 我们有 $(\beta|V_\mathrm{r}| > 3)$

$$R_\mathrm{r} = \frac{V_\mathrm{r}}{I_\mathrm{r}} \simeq \frac{V_\mathrm{r}}{I_\mathrm{s}} \tag{21.171a}$$

$$r_\mathrm{r} = \frac{\partial V_\mathrm{r}}{\partial I_\mathrm{r}} = \frac{nkT}{eI_\mathrm{s}} \exp\left(\frac{e|V_\mathrm{r}|}{nkT}\right) \tag{21.171b}$$

因此, 直流和交流的整流比是

$$\frac{R_\mathrm{r}}{R_\mathrm{f}} = \exp\left(\frac{eV_\mathrm{f}}{nkT}\right) \tag{21.172a}$$

$$\frac{r_\mathrm{r}}{r_\mathrm{f}} = \frac{I_\mathrm{f}}{I_\mathrm{s} \exp\left(\frac{e|V_\mathrm{r}|}{nkT}\right)} \tag{21.172b}$$

通常, 整流器的开关速度慢. 一个显著的时间延迟来自二极管从 (正向) 低阻抗变为 (反向) 高阻抗时必要的电荷载流子的复合. 对于输电频率 (50~60 Hz) 的应用, 这通常不是问题. 然而, 对于快速的应用, 必须降低少数载流子的寿命, 例如, 通过在 Si 里掺杂 Au(见 10.9 节).

21.5.2 混频器

二极管的非线性特性可以用来混频, 例如, 生成二次 (或高次) 谐波、上转换或者射频 (RF) 信号的解调. 一种单平衡的混频器如图 21.64(a) 和 (b) 所示. RF 信号由 RF 载波频率 f_0 用中频 (IF) 信号 $f_\mathrm{IF}(t)$ 调制. 本地振荡器 (LO) 具有位于 RF 调制带宽 $f_0 \pm f_\mathrm{IF}$ 以外的不变频率 f_LO, 它与 RF 信号混合. IF 信号可以用图 21.64(a) 里的装备

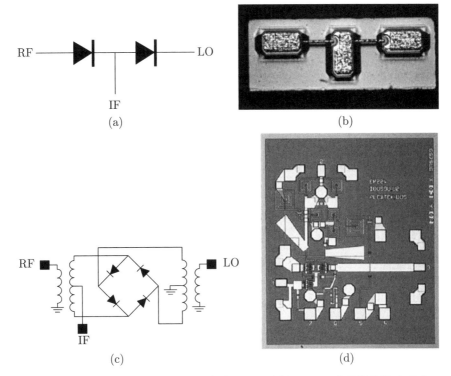

图21.64 (a) 单平衡混频器的电路原理图,具有输入(RF:射频,LO:本地振荡器)和输出(IF:中频). (b) 高速单平衡混频器的光学平面像(300×125 μm^2),具有两个极性相反的GaAs肖特基二极管. 器件特性为$R_s = 5$ Ω,对于$I = 1$ μA,正向和反向电压分别为0.7 V和6 V. 每个二极管的电容为8 fF. 获允转载自文献[1792]. (c) 双平衡混合器的电路原理图. (d) GaAs基的40~45 GHz MMIC(吉尔伯特单元)的光学像(1.65 mm^2),使用pHEMT. 获允转载自文献[1793]

检测,先用一个低频滤波器滤波,避免功率损失在 IF 放大器上. 对于 100 K 的温度变化,二极管特性的温度依赖关系(通过 j_s 和 β)对混频效率的影响通常小于 0.5 dB.

单个二极管混频器的问题是: 本地振荡器功率在 RF 输入端口的辐射,[①] 本地振荡器电路的吸收导致的灵敏度的损失,输入功率在中频放大器里的损耗,谐波混合生成的虚假的输出频率. 用电路技术可以解决一些问题, 但是这些电路通常会带来新问题. 因此大多数混频器利用多二极管技术, 更好地解决这些问题. 一种双平衡混合器的电路图如图 21.64(c) 所示. LO 和信号频率的偶数次谐波都被剔除了. 这个混频器不需要低通滤波器来隔离 IF 电路. 三个端口利用线路的对称性来彼此隔离. 这些混频器通常覆盖的范围更宽,能够实现的比值高达 1000:1. 这种混合器也有微波的等价物 (工作在 $f \gg 1$ GHz). 在微波频率, MMIC(毫米波集成电路)能够实现的带宽比值高达 40:1.

MMIC 二极管的常见缺点是: 它们来自场效应晶体管使用的肖特基势垒, 比分立二

---

① 在军事应用里,这有可能让敌人探测到混频器.

极管的性能差一些. 针对毫米波应用的 pHEMT 技术[①] 提供的二极管不同于通常的肖特基二极管, 由一个肖特基势垒串联一个异质结而构成. 一个 MMIC 45 GHz 混频器如图 21.64(d) 所示, 它利用了 GaAs 基的 pHEMT.

21.5.3 稳压器

稳压器 (voltage regulator) 利用了电阻随着外加偏压的大变化. 这个效应发生在正向偏压和靠近击穿电压的地方.

一个简单的电路如图 21.65(a) 所示. 如果输入电压 V_{in} 增大, 电流就增大. 预电阻 $R_1 = 5$ kΩ 和负载电阻构成了一个分压器, $V_{\text{in}} = IR_1 + V_{\text{out}}$. 总电流 I 由两个电流给出, 分别流过二极管和负载电阻, $I = I_{\text{s}}[\exp(\beta V_{\text{out}}/n) - 1] + V_{\text{out}}/R_{\text{L}}$. 因此, 输出电压由下式隐含地给出:

$$V_{\text{out}}\left(1 + \frac{R_1}{R_{\text{L}}}\right) = V_{\text{in}} - R_1 I_{\text{s}}\left[\exp\left(\frac{\beta V_{\text{out}}}{n}\right) - 1\right] \tag{21.173}$$

大电流与二极管上电压的小变化有关, 它同时也是输出电压. 因此, 输入电压的变化只给输出电压带来了很小的变化.

假设一个二极管的特性曲线如图 21.65(a) 所示, $n = 1$, $I_{\text{S}} = 10^{-14}$ A. 图 21.65(c) 里的数值例子分别是对 $R_{\text{L}} = 2$ kΩ 和 4 kΩ 做的计算. 如果输入电压在 5 V 和 9 V 之间变化, 输出电压改变了大约 0.02 V. 电压的微分变化 $\alpha = \dfrac{V_{\text{in}}}{V_{\text{out}}}\dfrac{\partial V_{\text{out}}}{\partial V_{\text{in}}}$ 如图 21.65(d) 所示.

用这种方式, 可以过滤掉输入电压里的电压峰. 如果使用反平行的两个二极管, 这个原理对正负两种电压都成立. 使用的不是正向偏压的二极管, 而是二极管在击穿时的 I-V 特性的非常陡峭的斜率. 在正好击穿之前, 二极管有很大的电阻, 电压落在负载电阻上. 如果输入电压增加一点点, 二极管导通, 把额外的电压短路了 (需要注意最大允许的击穿电流!). 通常使用 Si 二极管, 因为它的饱和电流小. 击穿电压可以根据二极管参数来设计. 具有事先确定的击穿电压的二极管称为齐纳二极管 (Z 二极管, 见 21.5.4 小节).

如果击穿是因为隧穿 (雪崩倍增), 击穿电压随着温度的升高而减小 (增大). 把温度系数分别为正负的两个二极管串联起来, 可以让击穿电压具有很好的温度稳定性: 0.002%/K. 这种二极管可以用来做参考电压.

[①] 赝晶的高电子迁移率晶体管, 见 24.5.8 小节.

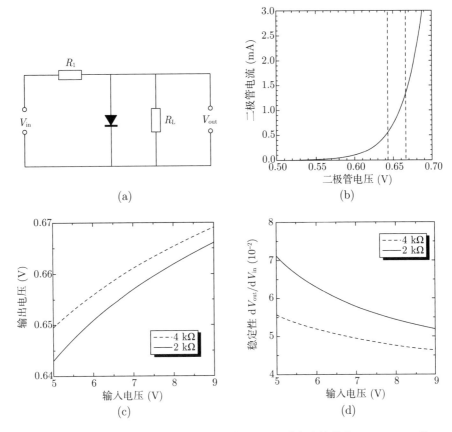

图21.65 (a) 电压调节器的电路图. (b) 二极管特性($n = 1$). 垂直虚线给出了 $R_L = 2$ kΩ 和 $U_E = 5$ V, 9 V 的工作条件, 从而说明了稳定电压的工作原理. (c) 输出电压和输入电压的关系. (d) 输入电压在 5 V 至 9 V 之间的稳定性 (微分电压比为 α, 见正文)

21.5.4 齐纳二极管

齐纳二极管被设计得具有事先确定的击穿电压. 齐纳二极管有很多不同的标准击穿电压. 给出它们在反向偏压下的特性曲线的时候, 电流用正数表示. 具有不同击穿电压的各种二极管的特性曲线如图 21.66 所示.

21.5.5 可变电容器

二极管的电容依赖于电压. 利用这个效应, 可以用二极管的偏压来调节振荡器 (电压控制的振荡器, VCO). 等效电路如图 21.67 所示. 电容还包括封装和引线带来的寄生电容 C_p. 这个效应还导致了寄生的电感. 封装带来的串联电阻通常可以忽略. 可变的结

电容 C_j 和欧姆电阻 R_s 都依赖于偏压.

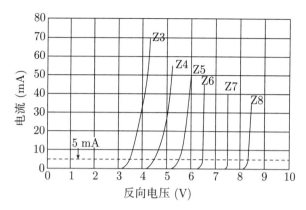

图21.66 几种齐纳二极管的特性(在室温下)

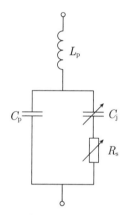

图21.67 变容二极管的等效电路,具有寄生电容C_p、电感L_p、可变电容C_j和电阻R_s

$C(V)$ 依赖关系通常是指数为 γ 的幂函数 (指数本身可能依赖于偏压):

$$C = \frac{C_0}{(1+V/V_{\rm bi})^\gamma} \tag{21.174}$$

其中, C_0 是零偏压的电容. 因为 LC 振荡电路的频率 f 依赖于 $C^{-1/2}$, 频率 f 按 $f \propto V^{\gamma/2}$ 依赖于电压. 因此, 最想要的是 $\gamma = 2$ 的依赖关系.

对于均匀的掺杂分布, 电容依赖于外加偏压的平方根的倒数 (式 (21.117)), $\gamma = 0.5$. 超突变结通常用离子注入法或外延法制作, 具有梯度的杂质分布产生特殊的非均匀的杂质分布 (图 21.68(a)). 对于如下的杂质分布:

$$N_{\rm B}(z) = \hat{N}_{\rm B}\left(\frac{z}{z_0}\right)^m \tag{21.175}$$

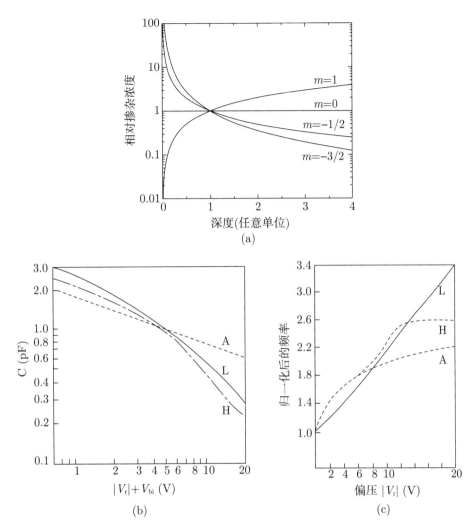

图21.68 (a) 在p⁺n或肖特基二极管中，对于 $m = 0$ (突变结), $m=1$ (线性梯度结)和$m<0$的两个数值(超突变结)，根据式(21.175)的施主掺杂分布. (b) 二极管电容的偏压依赖关系：突变结(A, $\gamma=0.5$)，超突变结(H, $\gamma>0.5$)和外延线性结(L, $\gamma=2$). (c) 三种类型二极管的频率-电压调谐特性(对于$V=0$归一化到1.0). 图(b)和(c)改编自文献[1794], 获允重印

电容由下式给出：

$$C = \left[\frac{e\hat{N}_B \epsilon_s^{m+1}}{(m+2)z_0^m(V_{bi}-V)}\right]^{\frac{1}{m+2}} = \frac{C_0}{(1+V/V_{bi})^{1/(m+2)}} \quad (21.176)$$

理想地说，$m = -3/2$ 导致了线性的频率-电压关系. 注入法制备的超突变结的 C-V 特性有一部分具有指数 $\gamma = 2$ (图 21.68(b)). 利用计算机控制的可变的外延层掺杂，可以

在超过一个八度 (也就是两倍) 里实现 $\gamma = 2C(V)$ 依赖关系, 以及相应的线性 $f(V)$ 关系 (图 21.68(c)).

21.5.6 快速恢复的二极管

快速恢复的二极管被设计用于高的开关速度. 从正向区到反向区的开关速度由时间 $T_0 = t_1 + t_2$ 给出, t_1 是把少数载流子浓度降低到平衡态数值的时间 (例如, $p_n \to p_{n_0}$), t_2 是电流指数地减小的时间 (图 21.69). 植入深能级作为复合中心, 可以显著地缩短 t_1 时间. 一个突出的例子是 Si:Au. 然而, 这个概念有限制条件, 因为反向的生成电流 (例如式 (21.154)) 依赖于陷阱的浓度. 直接半导体的复合时间短, 例如, GaAs 是 0.1 ns 甚至更小. 在硅里, 它们可以相当长 (达到 ms), 至少也是 1~5 ns. 肖特基二极管适合高速应用, 因为它们是多数载流子器件, 可以忽略少数电荷载流子的存储.

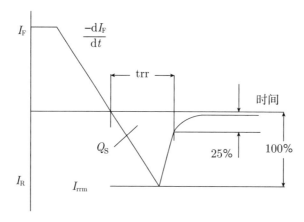

图21.69　一个(软的)快速恢复二极管的电流-时间轨迹. 获允转载自文献[1795]

21.5.7 阶跃恢复的二极管

这种类型的二极管被设计用来在正向偏压时存储电荷. 如果极性被翻转, 电荷就会让电导维持一小会儿, 理想地说, 直到达到了电流峰 (图 21.70(a)), 然后在 "快速恢复" (snapback) 时间 T_s 里 (图 21.70(b)) 非常快地截断电流. 这个阶段可以非常快, 在 ps 的范围. 这些性质被用于脉冲 (梳子) 生成, 或者作为高速采样示波器的栅极. 在 Si 里, 只达到了 0.5~5 μs(快速恢复二极管, 见前一节), 而 GaAs 二极管可以用在几十 GHz 的范围.

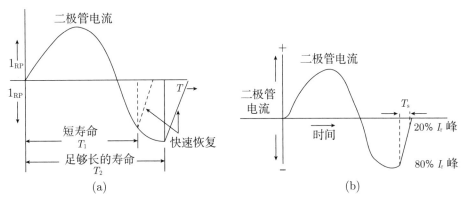

图21.70 (a) 阶跃恢复二极管和正弦电压输入的电流-时间轨迹. 寿命必须足够大, 以便达到电流的峰值. (b) "快速恢复" 时间 T_s 的定义. 获允转载自文献[1796]

利用图 21.71(a) 所示的异质结 GaAs/AlGaAs 二极管 (见 21.4.6 小节), 观察到一个 15 V, 70 ps (10% 到 90%) 的脉冲的下降时间缩小为 12 ps(图 21.71(c)). 这个二极管的正向电流是 40 mA, 由一个偏压三通 (a bias tee) 提供.

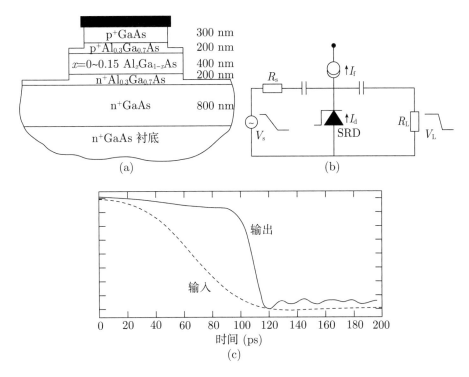

图21.71 (a) 快速GaAs/AlGaAs阶跃恢复二极管的层序列示意图. (b) 具有输入和输出脉冲的电路. (c) 输入(虚线)和输出(实线)的波形. 垂直刻度为2 V. 改编自文献[1797]

21.5.8 pin 二极管

在 pin 二极管里, 有一个本征区 (i, 非掺杂的区, 具有更大的电阻率) 位于 n 型区和 p 型区之间. 经常也用一个低掺杂的 n 区或 p 区. 在这种情况下, 中心区分别记为 ν 区或 π 区. 任意的掺杂分布和本征区的制作对于外延二极管都不是什么大问题.

泊松方程把本征区里的电荷与电场联系起来. 如果没有掺杂的杂质, 在零偏压下有不变的 (最大的) 电场. 如果有低的掺杂, 就存在电场梯度.

反向偏压的电容是 $\epsilon_s A/w$, 从相当小的反向偏压开始 (10 V) 就保持不变. 串联电阻由 $R_s = R_i + R_c$ 给出. 在大的正偏压下, 接触电阻 R_c 主导了串联电阻 (图 21.72).

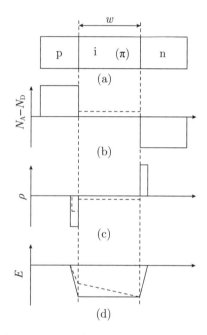

图21.72 (a) pin二极管的层序列示意图(i: 本征, π: 低p掺杂). pin二极管(实线)和p-π-n二极管(虚线)的(b) 净杂质分布 $N_A - N_D$, (c) 空间电荷和(d) 电场

21.5.9 隧穿二极管

因为发明了隧穿二极管并解释了它的机制, 江崎 (L. Esaki) 获得了 1973 年的诺贝尔物理学奖. 最后, 隧穿二极管并没有引发商业上的突破, 因为基本电容太大. 它的应用包括特殊的低功耗的微波应用, 频率稳定, 以及在隧穿场效应晶体管中 (24.5.6 小节). 参见文献 [1799, 1800].

首先, 隧穿二极管是 pn 二极管. 虽然已经讨论了肖特基二极管的隧穿效应[1801], 但是我们还没有考虑 pn 二极管的情况. 可以预期, 如果耗尽层是薄的, 即两侧的掺杂都很高, 隧穿效应就是重要的.

掺杂很高, 以至于准费米能级位于相应的能带里 (图 21.73). 简并度通常是几 kT, 耗尽层的宽度在 10 nm 的范围.

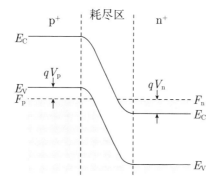

图21.73　热力学平衡的隧穿二极管的能带结构图($V=0$). V_n和V_p分别刻画了n侧和p侧的简并度

在正方向, 隧穿二极管的 I-V 特性先是有一个最大值, 接着是一个最小值, 然后是指数式的增长 (图 21.74(a)). 如图 21.74(b) 所示, 总电流包括三种电流: 带-带隧穿电流、过剩电流 (excess current) 和热的 (正常的热电子二极管) 电流.

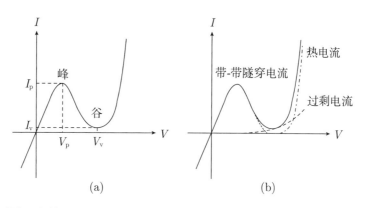

图21.74　(a) 典型隧穿二极管的静态电流-电压特性. 标出了峰和谷的电流和电压. (b) 电流的三个组成部分被分别显示出来(实线：带-带隧穿电流, 虚线：过剩电流, 点画线：热电流). 改编自文献[574], ©1981 Wiley

$V = 0$ 的情况仍然如图 21.75(b) 所示. 施加一个小的正向偏压, 电子从 n 掺杂的一侧被占据的导带态, 隧穿到 p 掺杂的一侧的空的价带态 (被空穴填充)(图 21.75(c)). 注意, 通常认为这个隧穿过程是弹性过程. 然而, 在特有的声子能量和多声子能量处, (在低温下)在正向电流里看到了特征[1802,1803], 在 d^2I/dV^2 曲线里看得最清楚[1804,1805] (图 21.76). 峰出现在硅的典型的声子能量的位置.①

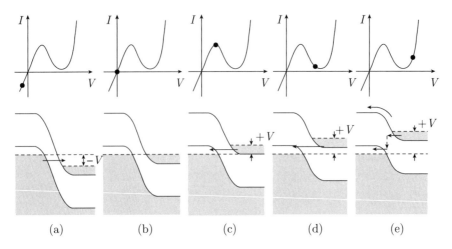

图21.75　隧穿二极管在不同偏压下的 I-V 特性(上面的一行)和简化的能带结构(下面的一行)，偏压在 I-V 图中用一个点表示. (a) 反向偏压；(b) 处于热平衡($V=0$)；(c) 在隧道电流的最大值；(d) 接近谷；(e) 正向偏压, 具有主导热电流. 隧道电流用直箭头表示. 图(e)显示了热电子发射电流(曲线箭头)和具有非弹性隧穿的过剩电流(虚线箭头)

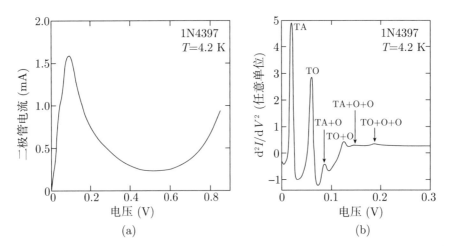

图21.76　(a) 在低温(T=4.2 K)下，硅隧穿二极管(American Microsemiconductor的1N4397型[1807])的电流电压特性. (b) 对于小的正向电压, d^2I/dV^2 表现出特征声子能量. 改编自文献[1805]

在小的反向偏压下, 有类似的情况出现, 电子从 p 侧的价带隧穿到 n 侧的导带 (图 21.75(a)). 因此, 二极管的整流行为消失了. 这个性质让它适合作为两个 pn 二极管的一体化的欧姆连接, 例如, 用于多结的太阳能电池 (比较 22.4.6 小节).

---

① 注意, 对于 1N3496 隧穿二极管[1806], 发现了锗的声子结构[1805].

对于更大的正向偏压, 能带分开得很远, 来自 n 侧的电子在 p 侧找不到终态. 因此, 隧穿电流就停止了 (图 21.75(d)). 电流最小值出现在电压 $V = V_n + V_p > 0$ 处. 热电流是正常的二极管扩散流 (图 21.75(e)). 因此, I-V 特性曲线有一个最小值. 额外的电流来自通过能带里的态的非弹性隧穿过程, 这个电流使得最小值没有降低到几乎为零.

特征曲线的峰 (V_p, I_p) 和谷 (V_v, I_v) 的结构导致了负微分电阻 (NDR) 区. I_p/I_v 称为峰谷比 (图 21.77). 已经报道过的峰谷比是 8(Ge), 12(GaSb, GaAs), 4 (Si), 5(InP) 或 2(InAs), 都是在室温下.

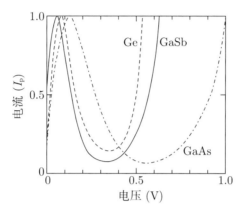

图21.77　基于Ge, GaSb和GaAs的二极管的隧穿特性的比较(在室温下). 峰谷比分别为8(Ge)和12(GaSb, GaAs). 改编自文献[574]

21.5.10　反向二极管

当隧穿二极管里的掺杂接近简并或者不是很简并的时候, 峰谷比可以非常小. 隧穿电流主要在反方向流动 (低电阻), 正方向的电阻更大 (不管有没有 NDR 区). 这种二极管称为反向二极管 (backward diode). 因为没有少数电荷载流子的存储, 这种二极管很适合高频应用.

21.5.11　耿氏二极管

耿氏二极管并不真的是二极管, 更恰当的名称应该是耿氏元件. 使用 GaAs, 可以在 1~100 GHz[1808] 以及超过 100 GHz[1089] 的频率范围产生微波辐射, 使用 GaN 可以达成在 THz 的范围 [1810]. 提取更高次的谐波, 可以实现几百 GHz 的频率 [1811,1812].

耿氏元件依赖于负微分电阻 (NDR), 它出现在具有不同迁移率的两个能谷的半导体里, 例如 GaAs 或 InP (比较 8.4.2 小节). 在高电场下, 电子从 Γ 谷散射到更高的能谷里 (大多数材料是 L 谷). 相应地, 耿氏元件也叫作转移电子器件 (transferred electron device, TED). 文献 [1813] 有耿氏元件的细节.

J. B. Gunn[134] 发现了这种效应, 后来人们用他的名字命名. 把充分大的电压施加在 n 型半导体里, 使得半导体里的电场达到负微分电阻区, 出现电流的自发振荡 (图 21.78). 施加的平均电场 $E = 16\ \text{V}/25\ \mu\text{m} = 6.4\ \text{kV/cm}$[134] 大于 GaAs 里的 NDR 的阈值电场 $E_\text{T} = 3.2\ \text{kV/cm}$(表 8.4).

自启动的振荡来自 NDR 引入的内在不稳定性. 均匀的电场和电子分布是不稳定的, 出现了具有双极型电荷分布的薄的高场畴 (耿氏畴, 由文献 [764] 预言), 漂移地通过器件. 在到达阳极以后, 另一个畴又产生了, 导致了周期性的涨落电流. "有限空间电荷堆积" (LSA) 的工作模式不需要畴, 可以实现的频率最高. 优化性能需要非均匀的掺杂分布. 关于各种振荡机制的详细讨论, 请看文献 [765, 1808, 1814].

关于其他微波二极管器件的讨论, 例如 IMPATT 二极管, 请参阅文献 [574, 1815].

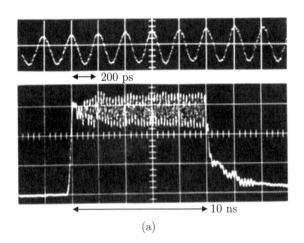

(a)   (b)

图21.78   (a) 用电压脉冲(幅值为16 V, 持续时间为10 ns)激发的n型GaAs(25 μm厚)得到的电流轨迹. 上方轨迹是下方轨迹的放大图. 振荡周期为4.5 GHz. 改编自文献[134]. (b) 封装好的耿氏二极管的图像(Linwave DC1276G-T, 工作在26~40 GHz), 外直径是3 mm

第 22 章

光电转换

摘要

讨论了二极管把电磁辐射 (光) 转变为电信号, 用了很多器件的例子, 包括光电导、pn 光电二极管、pin 光电二极管、MSM 光电二极管、雪崩光电二极管和电荷耦合器件 (CCD); 解释了太阳能电池的能量转变; 介绍了标准的和先进的太阳能电池.

22.1 光催化

半导体里的光吸收穿过带隙, 产生自由的电子和空穴. 特别地, 因为粉末的小颗粒尺寸,[1] 这些电荷载流子可以到达半导体的表面. 在表面它们可以和化学物质发生反应.

---

[1] 这里的 "小" 指的是相对于扩散长度, 不需要处于有量子效应 (量子点) 存在的区域.

空穴可以和颗粒上附着的 OH^- 形成 •OH 自由基. 电子可以形成 $O_2•^-$. 这些自由基接下来就可以攻击和解毒 (detoxify), 例如, 半导体周围溶液里有毒的有机污染物. 已经发现了这种光催化活性, 例如, TiO_2 和 ZnO 粉末. 光催化的综述, 特别是 TiO_2 颗粒以及用金属和其他半导体修饰其表面, 请看文献 [1816].

光催化活动的效率依赖于电荷分离的效率 (图 22.1). 任何电子-空穴对在材料的体内或颗粒的表面发生复合, 就不能参与催化活动了. 因此表面复合中心的密度要很小. 然而, 表面陷阱可能有利于电荷分离, 只要它们 "存储" 电荷载流子而不是让它复合. 预期小粒子可以比大粒子更有效地分离电荷载流子. 表面的电子可以提供给电子受主并还原它 (通常是氧原子): $A \to A^-$. 表面的空穴可以氧化一个施主: $D \to D^+$.

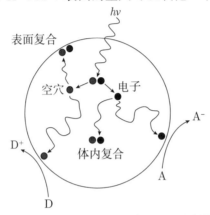

图22.1 光催化活性的原理. 光吸收产生电子-空穴对. 电子和空穴扩散, 并能在体内或表面复合. 自由载流子可以在表面和周围溶液中的个体发生反应, 还原电子受主或者氧化施主个体. 改编自文献[1816]

催化活动增强的一个例子是 TiO_2 粉末, 沉积了金属颗粒 (例如 Pt) 后用于产生 H_2, 沉积了金属氧化物颗粒 (例如 RuO_2) 后用于产生 O_2. 这种系统就像短路了的微观的光电化学电池, Pt 是阴极, RuO_2 是阳极 [1817]. 能量高于 TiO_2 颗粒的带隙 (3.2 eV) 的光激发把电子注入到 Pt 颗粒, 把空穴注入到 RuO_2 颗粒. Pt 里束缚的电子把水还原为氢, RuO_2 里束缚的空穴把水氧化为氧.

光催化活性也与半导体的几何形状密切相关. 一般来说, 纳米颗粒的粉末比微米颗粒的粉末具有更强的活性 [1818]. 图 22.2 说明, 与相当紧凑的表面相比, 纳米尺寸的物体具有更高的表面体积比, 是更有效的催化剂.

在防晒霜里, 只需要吸收 UVA(330~420 nm) 和 UVB(260~330 nm) 范围的紫外线. 不希望接下来在皮肤上发生光催化和存在自由基. 因此, 半导体颗粒 (直径为 10~200 nm) 被封装在硅胶、PMMA 或聚氨酯的微珠 (直径为 1~10 μm) 里, 也改善了分散、聚集和稳定性, 以及皮肤的感觉.

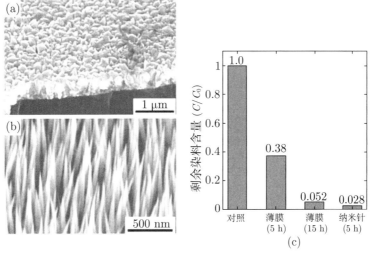

图22.2　MOCVD生长的(a) ZnO薄膜和(b) ZnO纳米针层的SEM图像. (c) ZnO薄膜(用汞灯照射5 h和15 h)和ZnO纳米针(照射5 h)的光催化活性(染料Orange II在水溶液中的脱色)的比较. 标有"对照"(归一化100%)的样品是没有光催化过程的开始情况(染料Orange II的吸收). 改编自文献[1819]，获允重印

22.2　光电导

22.2.1　简介

在半导体里, 吸收一个能量高于或低于带隙的光子, 可以产生电荷载流子 (图 22.3). 涉及杂质的吸收通常发生在中红外或远红外光谱区 (见 9.8 节). 额外的电荷载流子增大了电导率 (式 (8.11)).

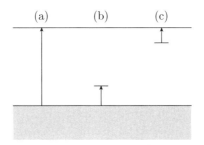

图22.3　光电导体里的吸收和电荷载流子的产生：(a) 带-带跃迁；(b) 价带到受主的跃迁；(c) 施主到导带的跃迁

22.2.2 光电导探测器

在稳态平衡下,光的功率 P_{opt} 不变,光子能量为 $E = h\nu$,生成速率 G 为

$$G = \frac{n}{\tau} = \eta \frac{P_{\text{opt}}/h\nu}{V} \tag{22.1}$$

其中,V 是体积 ($V = wdL$,见图 22.4),τ 是电荷载流子的寿命. η 是量子效率,即每个入射光子产生的电子-空穴对的平均数. 电极之间的光电流是

$$I_{\text{ph}} = \sigma E w d \approx e \mu_n n E w d \tag{22.2}$$

假设 $\mu_n \gg \mu_p$,利用 $E = V/L$ 表示光电导体里的电场,V 是光电导体两端的电压. 可以得到

$$I_{\text{ph}} = e\left(\eta \frac{P_{\text{opt}}}{h\nu}\right)\left(\frac{\mu_n \tau E}{L}\right) = g I_p \tag{22.3}$$

利用初级的光电流 $I_p = e\left(\eta \frac{P_{\text{opt}}}{h\nu}\right)$,可以得到增益是

$$g = \frac{I_{\text{ph}}}{I_p} = \frac{\mu_n \tau E}{L} = \frac{\tau}{t_r} \tag{22.4}$$

其中,$t_r = L/v_d$ 是穿过光电导体的渡越时间.

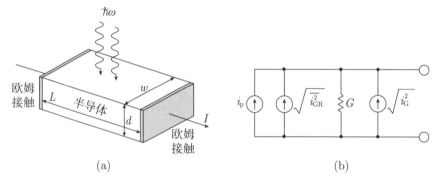

图22.4 (a) 光电导体的示意图; (b) 光电导体的等效电路

现在考虑一个有调制的光强

$$P(\omega) = P_{\text{opt}}[1 + m\exp(\mathrm{i}\omega t)] \tag{22.5}$$

其中,m 介于 0 和 1 之间. 如果 $m = 0$,就是不变的光功率;如果 $m = 1$,光强是正弦调制的,在 0 和 $P_{\text{max}} = 2P_{\text{opt}}$ 之间. 有效 (rms) 光功率[①] 是 $\sqrt{2}mP_{\text{opt}}$. 在 $m = 1$ 的情况下,等于 $P_{\text{max}}/\sqrt{2}$.

---

① 有效值 (rms 值) 是功率平方的时间平均值 $\langle P^2 \rangle$ 的平方根.

有效光电流 ($i^2 = \langle I^2 \rangle - \langle I \rangle^2$) 是

$$i_{\rm ph} \approx \frac{e\eta m P_{\rm opt}}{\sqrt{2}h\nu} \frac{\tau}{t_{\rm r}} \frac{1}{\sqrt{1+\omega^2\tau^2}} \tag{22.6}$$

除了被当作信号的光电流, 还要考虑几种噪声源. 这种情况下的噪声是起伏电流 $i_{\rm n}$, 而 $\langle i_{\rm n} \rangle = 0$(见附录 K).

在电导率 $G = 1/R$ 处的热噪声 (K.3.1 小节) 是[1]

$$i_{\rm G}^2 = 4kTGB \tag{22.7}$$

其中, B 是噪声谱做积分的带宽. 约翰逊 (Johnson)[1820,1821] 在实验中发现了电阻的热噪声, 尼奎斯特 (Nyquist) 给出了理论解释[1822].[2]

光子到达 (和吸收) 的统计性质 (泊松统计) 以及 (光子) 激发的电子的复合的统计性质导致了载流子密度的涨落以及随之而来的电导率和增益的涨落. 这种"生成-复合噪声"(附录 K.3.4 小节) 是[1823]

$$i_{\rm GR}^2 = 4eI_{\rm ph}Bg\frac{1}{1+\omega^2\tau^2} \tag{22.8}$$

对于调制频率 ω, $I_{\rm ph}$ 是稳态平衡下的电流 (式 (22.3)). 等效电路如图 22.4(b) 所示, 具有理想的光电流源和噪声电流. 文献 [1824] 有详细的处理.

功率的信噪比就由下式给出:

$$S/N = \frac{i_{\rm ph}^2}{i_{\rm G}^2 + i_{\rm GR}^2} = \frac{\eta m^2 (P_{\rm opt}/h\nu)}{8B} \left[1 + \beta^{-1}\frac{t_{\rm r}}{\tau}\left(1+\omega^2\tau^2\right)\frac{G}{I_0}\right]^{-1} \tag{22.9}$$

一个重要的量是噪声等效功率 (NEP). 这是信噪比等于 1 时 (对于 $B = 1$) 的光功率 ($mP_{\rm opt}/\sqrt{2}$). 探测器对光的响应度称为"探测率", 是等效噪声功率的倒数. 它通常依赖于探测器面积 A 和带宽 B 的平方根[1825]. 探测率 D^*(D 星) 的定义是[1826]

$$D^* = \frac{\sqrt{AB}}{\rm NEP} \tag{22.10}$$

以便比较各种不同的探测器. A 表示探测器的面积. D^* 的单位是 $\rm cm \cdot Hz^{1/2}/W$, 也称琼斯 (Jones). 探测率应当与调制频率一起给出. 可以是针对某个特定波长 λ 的单色光, 或者是给定温度 T 的黑体辐射谱. 作为探测率的精细化度量, D^{**}(D 双星) 的定义考虑了辐射到达探测器的立体角[1827]:

$$D^{**} = \sqrt{\Omega/\pi}D^* \tag{22.11}$$

对于兰伯特反射 (理想散射), $D^{**} = D^*$.

---

[1] 对于频率 $h\nu \ll kT$, 在室温下, kT/h 是 THz 的范围.
[2] 热噪声的公式 (22.7) 是统计物理学里的涨落耗散定理, 给出了平衡系统对外界小微扰的响应和它的自发涨落之间的关系.

22.2.3 复印机 (电子复印术)

复印机的原理基于一个光电导层 (图 22.5). 这个层在正常情况下是绝缘的, 层的两侧可以带有相反的电荷. 用光照这个层, 它就在局部变为光电导性的, 中和了电荷. 这就要求电荷载流子的横向扩散小. 起初使用的是非晶硒 (a-Se, $E_g = 1.8$ eV). 非晶硒的暗电导率是 10^{16} Ω/cm. 后来, 有机材料替代了硒. 现在最好的性能是用非晶硅实现的.

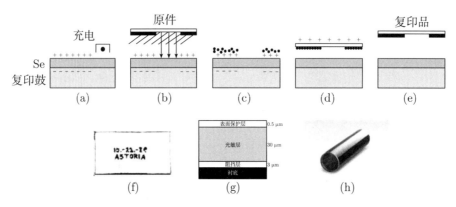

图22.5 复印机的原理：(a) 涂覆了硒的滚筒(复印鼓, 硒鼓)充电; (b) (反射)曝光硒, 被曝光区变得不带电; (c) 添加墨粉; (d) 墨粉转移到纸上供复印使用; (e) 墨粉固定在复制纸上, 准备下一个周期的鼓; (f) 第一份复印件(1938年10月22日); (g) 光敏鼓涂层的截面示意图, 显示的膜厚度是近似的; (h) 用非晶硅制成光敏层的复印鼓的图像. 图(h)取自文献[1828]

在光敏感层的带电荷区, 可以吸附墨粉. 随后把墨粉的图案转移到复印纸上并固定下来. 通常, 复印需要复印鼓转动不止一圈. 卡尔森 (Chester F. Carlson, 1906~1968) 在 1938 年发明了这个原理, 用硫作为光电导体.①

22.2.4 量子阱子带间光探测器

量子阱子带间光探测器 (QWIP) 基于量子阱两个子带之间的光子吸收 (图 22.6). 综述文章请看文献 [1829]. 可以使用量子化的电子态或空穴态. 除了跃迁的振子强度以外, 为了让这个过程发生, 下能级必须被占据, 上能级必须是空的. 通过适当的掺杂来选择费米能级, 使得下能级是被占据的.

对于无限高的势垒, (在有效质量理论中) 第一个和第二个量子化能级的能量间隔是

---

① 1947 年, 哈罗德 (Haloid) 公司购买了这项工艺的专利权, 并改名为施乐 (XeroX), 随后在 1958 年把第一台复印机投入了市场, 基于非晶硒. "Xerography" 这个词来自希腊单词 "ξέρος" (dry, 干的). "XeroX" 的最后一个字母 "X" 是模仿柯达 (KodaK) 公司的名字.

(参见式 (12.6))

$$E_2 - E_1 = 3\frac{\hbar^2}{2m^*}\frac{\pi^2}{L_z^2} \tag{22.12}$$

对于真实的材料, 势垒高度决定了跃迁能量的最大值. QWIP 结构的典型的吸收谱和透射谱如图 22.7 所示. 谱的响应是在中红外或远红外.

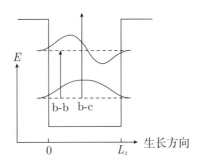

图22.6 量子阱的能级结构示意图. 第一个和第二个量子化能级(b-b)与基态和连续态(b-c)之间的光学子带间跃迁

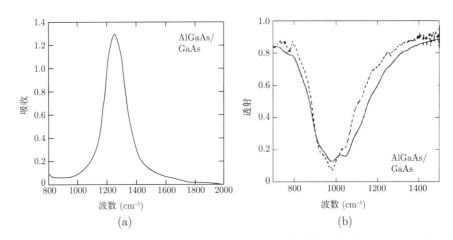

图22.7 (a) 用于多反射构型的AlGaAs/GaAs QWIP吸收光谱. 改编自文献[1829]. (b) 用双反射构型(45°入射角)的AlGaAs/GaAs QWIP(100个QW)的透射谱. 量子阱的掺杂是1.0×10^{12}/cm² (虚线)和1.5×10^{12}/cm² (实线). 改编自文献[1830]

偶极矩阵元 $\langle z \rangle = \langle \Psi_2 | z | \Psi_1 \rangle$ 很容易计算:

$$\langle z \rangle = \frac{16}{9\pi^2}L_z \tag{22.13}$$

振子强度大约是 0.96. 偏振选择定则使得吸收按照 $\propto \cos^2\phi$ 变化, ϕ 是电场矢量和 z 方向的夹角 (图 22.8). 这意味着, 对于垂直入射 ($\phi = 90°$), 吸收等于零. 因此设计了让光斜着入射的方案 (图 22.9(a)). 使用非对称的势阱 (打破镜像对称性/宇称)、应变材料

(能带混合) 或量子点 (横向限制), 可以放松对这个选择定则的严格限制, 也可以用光栅产生有限的入射角 (图 22.9(b)).

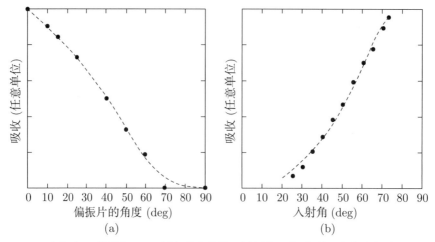

图22.8 QWIP响应对(a) 偏振和(b) 入射角的依赖性. 虚线用于引导视线. 改编自文献[1829]

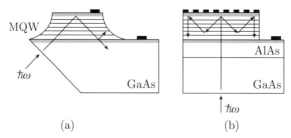

图22.9 QWIP的几何构型: (a) 与多量子阱(MQW)吸收体的45°边耦合; (b) 与GaAs衬底、AlAs反射器和金属光栅的光栅耦合. 灰色区域是高度n型掺杂的接触层

除了有用的探测率 (2×10^{10} cm·Hz$^{1/2}$/W, 在 77 K 温度) 以外, QWIP 的优点还有, 例如, 与 HgCdTe 子带间吸收体相比, 先进的 GaAs 平面技术可以用来制作焦平面阵列 (FPA), 如图 22.10 所示. FPA 是图像传感器 (位于红外光学成像系统的焦平面上), 可以用来探测建筑物的热泄露 (heat leaks), 或者是夜晚监视. 特别地, 小汽车里的夜视支持系统有可能成为大市场. 与之竞争的一种技术是阵列型辐射热计, 拥有 MEMS 技术制作的热绝缘的像素. 关于 FPA 技术的综述, 参阅文献 [1831].

光学激发的载流子进入上能级, 通过隧穿或者热电子发射, 离开量子阱. 基于从 (被占据的) 子带直接转移到连续态, 也可以制作 QWIP.

入射红外光产生的光电流密度是

$$i_{\mathrm{ph}} = e\eta_{\mathrm{w}}\Phi \tag{22.14}$$

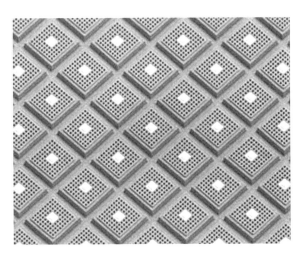

图22.10 256×256 具有光栅耦合器的QWIP焦平面阵列(FPA，一个像素的面积为37 μm²)的一部分. 取自文献[1832]

其中, η_w 是单个量子阱的量子效率 (包括逃逸速率), Φ 是单位时间、单位面积上的光子通量. 在电子载流子输运穿过势垒的时候, 它们可能被量子阱 (再次) 捕获, 概率为 p_c. 捕获概率随着外加偏压而指数式地减小. 总的光电流是 (包括生成和再捕获)

$$I_{\mathrm{ph}} = (1-p_c)I_{\mathrm{ph}} + i_{\mathrm{ph}} = \frac{i_{\mathrm{ph}}}{p_c} \tag{22.15}$$

如果量子效率小, N_w 个量子阱的效率是 $\eta \approx N_w \times \eta_w$. 在这个近似下, N_w 个量子阱的总电流是

$$I_{\mathrm{ph}} = e\eta\Phi g \tag{22.16}$$

其中, g 是这个结构的增益, 由下式给出:

$$g = \frac{1}{p_c}\frac{\eta_w}{\eta} \approx \frac{1}{N_w p_c} \tag{22.17}$$

暗电流可以从热电子发射计算得到, 与实验符合得相当好 (图 22.11(a)). 进一步增大电压, 当载流子输运通过势垒时, 可能发生雪崩倍增. 这个机制提供了额外的增益, 如图 22.11(b) 所示.

22.2.5 阻挡杂质带的探测器

利用杂质吸收可以制作中红外和远红外区的光电导探测器. 特别地, 对于医药和天文学研究中的太赫兹谱 (THz), 希望拓展到更长的波长. 对于传统的光电导体, 杂质浓度

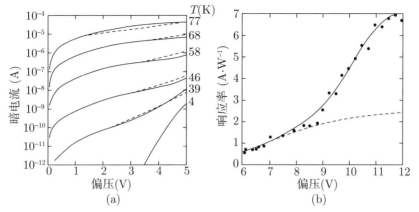

图22.11 (a) QWIP在10.7 μm处的暗电流，响应的实验结果(实线)和理论结果(虚线). (b) QWIP响应率随外加电压的变化关系. 实线(虚线)是存在(不存在)雪崩倍增效应时的理论依赖关系. 改编自文献[1829]

远低于临界掺杂浓度(参见 7.5.7 小节). 通过进入电离能更小的杂质/宿主材料系统, 可以实现长波的响应, 例如, Si:B(45 meV) → Ge:As(12.7 meV) → GaAs:Te(5.7 meV). 给 Ge 施加应力, 可以降低杂质和导带之间的能量差, 因而把探测器的响应推向了更长的波长.

在高掺杂的时候, 杂质能级展宽为杂质带, 因此允许更小的电离能和更强的长波长探测器的响应. 然而, 杂质带的电导产生了暗电流, 使得这种探测器不实用. 在阻挡杂质带 (BIB) 的探测器里[1833-1835], 在吸收层和接触之间, 额外添加了一层的本征的阻挡层 (图 22.12(a)). 这种结构类似于 MIS 二极管, 绝缘层是本征半导体. 下面假设是 n 型半导体, 例如 Si:As 或 GaAs:Te, 但是也可以制作 p 型的 BIB, 例如, 利用 Ge:Ga.

半导体是高掺杂的 (N_D) 和部分补偿的 (N_A). 通常, 受主浓度必须小, 大约是 $10^{12}/cm^3$, 并控制电场的形成, 如下文所述. 掺杂很高, 以至于杂质形成了杂质能带. 一些电子与受主复合, $N_A^- = N_A$, 留下一些带电荷的施主, $N_D^+ = N_A$. 例如, 对于 GaAs, 掺杂半导体里的施主浓度 $> 10^{16}/cm^3$, 在绝缘层里, $\sim 10^{13}/cm^3$.

外加正向偏压 V (正极位于绝缘层), 一部分外加电压落在厚度为 b 的阻挡层上. 理想情况下, 这里没有电荷, 电场是常数. 在 n 掺杂的材料里, 存在带电荷的受主 N_A^- 的时候, 电子在杂质能带里流向绝缘层, 在厚度为 w 的电子累积层里形成中性的施主. 这个层是吸收层. 也可以认为这个机制是正电荷 (带电荷的施主, N_D^+) 朝着背电极移动 (通过跳跃导电). 在文献里, 靠近绝缘层的这个层也称"耗尽层". 能带图和电场如图 22.12(b) 和 (c) 所示. 因为阻挡层, n 型材料里的施主上的载流子不能通过杂质带进入电极, 只能 (通过光吸收) 被抬高、进入导带.

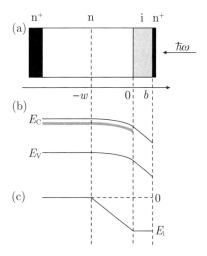

图22.12 (a) BIB光电探测器的结构. 高掺杂接触层(黑色), 掺杂半导体(白色), (本征的)阻塞层(灰色). (b) 在小的前向偏压下的能带结构示意图. 阴影区表示施主杂质带. (c) 结构里的电场

根据泊松方程, 电场由下式给出:

$$E(x) = -\frac{e}{\epsilon_s} N_A (w+x), \quad -w \leqslant x \leqslant 0 \quad (22.18a)$$

$$E(x) = -\frac{e}{\epsilon_s} N_A w = E_i, \quad 0 \leqslant x \leqslant b \quad (22.18b)$$

阻挡层和掺杂半导体上的电压降 V_b 和 V_s 满足

$$V = V_b + V_s \quad (22.19)$$

对电场积分, 得到

$$V_s = \frac{e}{\epsilon_s} N_A \frac{w^2}{2} \quad (22.20a)$$

$$V_b = \frac{e}{\epsilon_s} N_A w b \quad (22.20b)$$

把式 (22.20a,b) 代入式 (22.19), 得到 "耗尽层" 的宽度为

$$w = \sqrt{\frac{2\epsilon_s V}{e N_A} + b^2} - b \quad (22.21)$$

高的掺杂浓度使得吸收层比传统光电导探测器薄得多, 不容易受到高能的宇宙辐射背景的影响. 耗尽层里的复合可以忽略不计. 对探测器性能的建模, 请看文献 [1836].

22.3 光电二极管

22.3.1 简介

光电二极管的原理是: 光在二极管耗尽层 (或者 pin 二极管的绝缘层) 里发生能带间吸收, 电子和空穴随后被电场分离. 高速探测器 (薄的耗尽层) 和高效率探测器 (完全的光吸收, 足够厚的耗尽层) 的要求是相反的. 由于这个原因, 吸收系数高的半导体通常是最合适的 (图 22.13). 图 22.14 比较了各种半导体探测器的量子效率和探测率 D^*.

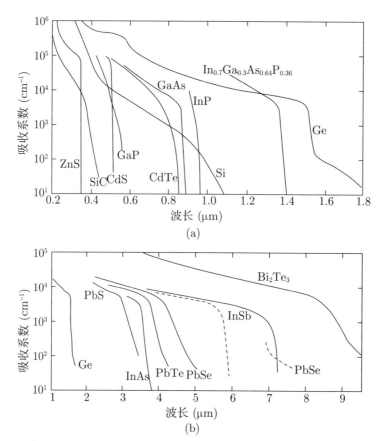

图22.13 用于光电探测器的各种半导体材料的光吸收系数：(a) 在紫外、可见和近红外范围内，室温下；(b) 在中红外范围内，室温(实线)和77 K(虚线)下. 基于文献[1837]

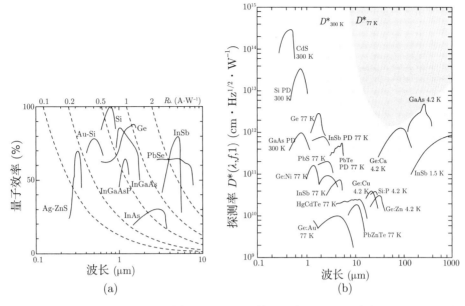

图22.14 (a) 各种光电探测器的量子效率. 虚线给出了等响应度的线(R_λ的单位是A/W), 在上方标出.
(b) 各种光电导体和光电二极管(PD)的探测率D^*. 浅灰色(深灰色)阴影区域表示在300 K(77 K)时由于背景辐射而无法达到的范围. 改编自文献[574]

利用内建电场, 二极管没有偏压也可以工作 (光伏模式). 利用反向偏压, 可以提高 pn 二极管的速度, 因为它增大了耗尽层里的电场强度. 然而, 反向偏压低于击穿电压. 在雪崩二极管里 (APD), 利用了靠近击穿时的工作 (operation). 下面讨论 pn 二极管、pin 二极管、MS (肖特基) 二极管、MSM 二极管、异质结二极管和雪崩二极管.

22.3.2　pn 光电二极管

最重要的品质因数是量子效率、响应率、噪声等效功率 (NEP) 和响应速度.

如果光子流照射耗尽层, 生成速率为 G_0(单位体积、单位时间里的电子-空穴对), 光生的电流就添加在扩散电流上. 对于 p$^+$n 二极管, 光电流密度 (单位面积) 是

$$j_{\rm p} = -eG_0 L_{\rm p} \tag{22.22}$$

为了得到这个结果, 必须求解耗尽区里的扩散和连续方程. [①] 式 (22.22) 意味着暗的 I-V 特性偏移了 $j_{\rm p}$, 如图 22.15(a) 所示. 吸收了功率为 $P_{\rm opt}$ 的 (单色) 光, 每个能量为

[①] 22.3.3 小节做了推导. 对于厚度 w 为零和 $\alpha L_{\rm p} \ll 1$ 的情况, 式 (22.22) 可以从式 (22.33) 得到.

$h\nu$ 的光子产生的电子-空穴对的数目是

$$\eta = \frac{I_{\text{ph}}/e}{P_{\text{opt}}/(h\nu)} \tag{22.23}$$

其中, $I_{\text{ph}} = Aj_{\text{ph}}$ 是表面 A 上的光生电流. 光电二极管响应率 R_λ 的定义是 (对于单色光)

$$R_\lambda = \frac{I_{\text{ph}}}{P_{\text{opt}}} = \frac{e}{h\nu}\eta \approx \frac{\lambda}{1.24\ \mu\text{m}}\eta \tag{22.24}$$

对于调制的光强, P_{opt} 必须用 $mP_{\text{opt}}/\sqrt{2}$ 替代. 光电二极管 (包括噪声源) 的等效电路如图 22.15(b) 所示.

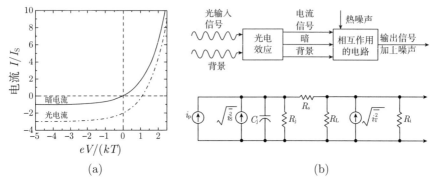

图22.15 (a) 光电二极管的暗的和光照的 I-V 特性示意图(对于 $j_p = -2\ j_s$ 的情况). (b) 光电二极管中的电流示意图和等效电路. 图(b)部分改编自文献[1838]

随机过程导致散粒噪声 $\langle i_{\text{S}}^2 \rangle$ (K.3.3 小节). 除了光电流 I_{ph} 本身, 背景辐射 (I_{B}, 特别是对红外探测器) 和载流子的热生成 (暗电流, I_{D}) 贡献了

$$\langle i_{\text{S}}^2 \rangle = 2e(I_{\text{ph}} + I_{\text{B}} + I_{\text{D}})B \tag{22.25}$$

其中, B 是带宽. 此外, 并联电阻导致了热噪声

$$\langle i_{\text{T}}^2 \rangle = 4kTB/R_{\text{eq}} \tag{22.26}$$

电阻 R_{eq} 由耗尽层 (结) 电阻 R_j、负载电阻 R_{L} 和放大器的输入电阻 R_{i} 给出, $R_{\text{eq}}^{-1} = R_j^{-1} + R_{\text{L}}^{-1} + R_{\text{i}}^{-1}$. 在这种情况下, 光电二极管的串联电阻 R_{s} 通常可以忽略不计.

对于完全调制的信号, 光电二极管的信噪比由下式给出:

$$S/N = \frac{i_{\text{ph}}^2}{\langle i_{\text{S}}^2 \rangle + \langle i_{\text{T}}^2 \rangle} = \frac{[e\eta P_{\text{opt}}/(h\nu)]^2/2}{2e(I_{\text{ph}} + I_{\text{B}} + I_{\text{D}})B + 4kTB/R_{\text{eq}}} \tag{22.27}$$

因此, 等效噪声功率 (NEP) 就是

$$\text{NEP} = \frac{2h\nu B}{\eta}\left(1 + \sqrt{1 + \frac{I_{\text{eq}}}{eB}}\right) \tag{22.28}$$

电流 $I_{eq} = I_B + I_D + 2kT/(eR_{eq})$. 如果 $I_{eq}/(eB) \ll 1$, NEP 决定于信号本身的散粒噪声. 在另一个极限下, $I_{eq}/(eB) \gg 1$, 探测受限于背景光或热噪声. 在这种情况下, (对于 $B = 1$ Hz, 单位是 $W \cdot cm^2 \cdot Hz^{1/2}$)

$$\text{NEP} = \sqrt{2}\frac{h\nu}{\eta}\sqrt{\frac{I_{eq}}{e}} \tag{22.29}$$

对于硅的光电二极管, NEP 对 R_{eq} 的依赖关系如图 22.16 所示. 二极管在 $\lambda = 0.77$ μm 处的量子效率是 75%. 为了保证探测受限于暗电流, 需要大的 R_{eq} 值 ~ 1 GΩ.

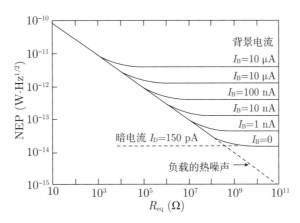

图22.16　对于Si光电二极管，NEP作为电阻R_{eq}的函数. 取自文献[1838]

22.3.3　pin 光电二极管

pn 二极管里的耗尽层比较薄, 入射光不能被完全吸收. 利用厚的本征吸收层, 可以把光几乎完全吸收. 本征区里的电场是常数, 或者是缓慢地线性变化的 (图 21.72). 单位面积的生成速率按照兰伯特-比尔定律 (式 (9.16)) 指数式地衰减, 如图 22.17(c) 所示：

$$G(x) = G_0 \exp(-\alpha x) \tag{22.30}$$

初始的生成速率 $G_0 = \Phi_0 \alpha$ 依赖于单位面积上的入射光子通量 Φ_0 和表面的反射率 R, 因为 $\Phi_0 = P_{opt}(1-R)/(Ah\nu)$.

i 区的漂移电流收集了所有这些载流子 (如果忽略掉耗尽层里的复合). 电子的漂移流是

$$j_{dr} = -e\int_0^w G(x)dx = e\Phi_0[1 - \exp(-\alpha w)] \tag{22.31}$$

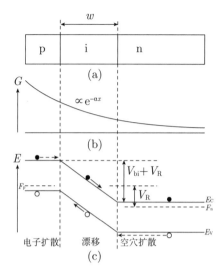

图22.17 (a) pin二极管的截面示意图；(b) 由于光吸收而产生的载流子分布；(c) 反向偏压下的能带结构示意图. 显示了三个电子-空穴对的产生，随后的漂移(扩散)输运用实线(虚线)箭头表示

其中，w 是耗尽层的厚度，与 i 区的厚度近似相等. 在体材料 (中性) 区 $(x > w)$，少数载流子浓度决定于漂移和扩散[①] (式 (10.78)). 在 $x = w$ 处的扩散电流密度就是

$$j_{\text{diff}} = e\Phi_0 \exp(-\alpha w) \frac{\alpha L_p}{1 + \alpha L_p} + e p_{n_0} \frac{D_p}{L_p} \tag{22.32}$$

第一项来自光生载流子的扩散电流 (式 (10.78))，第二项来自热生成的载流子 (式 (20.133)). 总电流 $j_{\text{tot}} = j_{\text{diff}} + j_{\text{dr}}$ 是

$$j_{\text{tot}} = e\Phi_0 \left[1 - \frac{\exp(-\alpha w)}{1 + \alpha L_p} \right] + e p_{n_0} \frac{D_p}{L_p} \tag{22.33}$$

第一项来自光电流，第二项来自 p$^+$n 二极管的扩散电流. 在正常工作下，第二项相比于第一项可以忽略. 量子效率是

$$\eta = \frac{j_{\text{tot}}/e}{P_{\text{opt}}/(h\nu)} = (1 - R) \left[1 - \frac{\exp(-\alpha w)}{1 + \alpha L_p} \right] \tag{22.34}$$

为了量子效率高，当然需要反射率低和吸收系数大，即 $\alpha w \gg 1$.

然而，对于 $w \gg 1/\alpha$，耗尽层的渡越时间 $t_r \approx w/v_s$(在足够大的电场里，v_s 是漂移饱和速度) 增大得太多了. 3 dB 截止频率 $f_{3\text{dB}}$ 是 (图 22.18)

$$f_{3\text{dB}} \simeq \frac{2.4}{2\pi t_r} \simeq \frac{0.4 v_s}{w} \tag{22.35}$$

[①] 在耗尽层的边缘 $(x = w)$，所有的光生载流子立刻转移走了，因此，光生载流子导致的过剩载流子浓度是零，式 (10.78) 成立.

因此, pin 光电二极管的量子效率和反应速度之间需要做权衡 (图 22.18). 选择 $w \cong 1/\alpha$ 是个好方案.

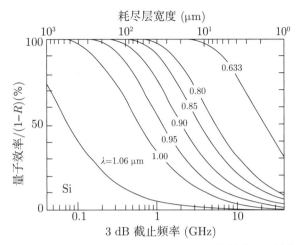

图22.18　在不同波长的输入光照射下, $T=300$ K, Si pin二极管的量子效率和3 dB截止频率. 改编自文献[1838]

22.3.4　位置探测器

在位置探测器 (PSD) 里, 两个电极放在光电二极管的相对的两边. 输出电流线性地依赖于光束在两个电极之间的位置, 类似于分压器. 如果用两对电极, 一对位于探测器的前面, 另一对位于后面, 彼此在垂直方向上 (图 22.19(a)), 可以同时测量光束在 x 和 y 方向的位置.

22.3.5　MSM 光电二极管

MSM 光电二极管是一片半导体位于两个肖特基接触 (MS 接触) 之间. 通常是水平安放的 (图 22.24(b)), 但是我们先考虑半导体的前面和背面[1840]. 热力学平衡时的能带结构如图 22.20 所示.

在一般情况下, 考虑两个不同的金属, 它们具有不同的势垒 ϕ_{n1}, ϕ_{n2} 和内建电压 V_{D1}, V_{D2}. 如果在 MSM 二极管上加电压, 一个结是正向偏置, 另一个结是反向偏置. 假设在图 22.21 里, 第一个接触是反向偏压的, + 极位于左边的接触. 外加电压 V 分配在

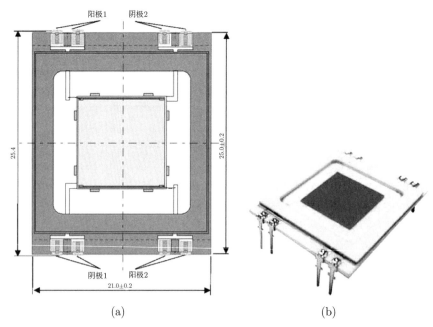

图 22.19 (a) 二维位置探测器(PSD)的示意图；(b) PSD的图像. 取自文献[1839]

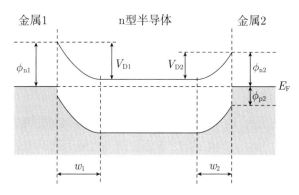

图 22.20 具有n型半导体的MSM结构在热平衡状态下的能带结构示意图. 在一般情况下, 两种不同的金属会导致两种不同的肖特基势垒高度和相关的耗尽层宽度. 改编自文献[1840]

两个接触上, 较大的电压落在反向偏置的接触上 (这里, $V_1 > V_2$):

$$V = V_1 + V_2 \tag{22.36}$$

电子流来自接触 2 的热电子发射. 因为电流连续性 (没有复合, 因为注入的是多数电荷载流子), 这也是穿过接触 1 的电流, 即

$$j_{n1} = j_{n2} \tag{22.37}$$

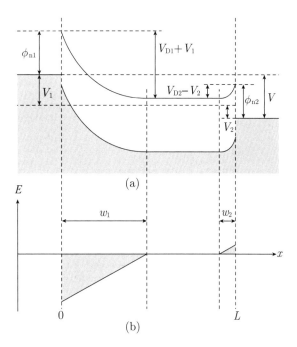

图22.21 (a) MSM结构在偏压($V < V_{RT}$)下的能带结构示意图；(b) 电场分布. 改编自文献[1840]

在接触 1 的反向电流是

$$j_{n1} = A_n^* T^2 \exp(-\beta\phi_{n1}) \exp(\beta\Delta\phi_{n1}) [1 - \exp(-\beta V_1)] \tag{22.38}$$

其中, $\Delta\phi_{n1}$ 是肖特基效应导致的势垒减小量 (21.2.3 小节和式 (21.27)). 在接触 2 的正向电流是

$$j_{n2} = -A_n^* T^2 \exp(-\beta\phi_{n2}) \exp(\beta\Delta\phi_{n2}) [1 - \exp(\beta V_2)] \tag{22.39}$$

在对称的结构里, $\phi_{n1} = \phi_{n2}$, $V_{D1} = V_{D2} = V_D$, 式 (22.37)~ 式 (22.39) 和式 (21.27) 一起给出

$$\left(\frac{e^3 N_D}{8\pi^2 \epsilon_s^3}\right)^{1/4} \left[(V_D + V_1)^{1/4} - (V_D - V_2)^{1/4}\right] = \frac{1}{\beta} \ln \frac{\exp(\beta V_2) - 1}{1 - \exp(-\beta V_1)} \tag{22.40}$$

再利用式 (22.36), 可以得到数值解或者图形解. 起初 (小电压), (从接触 2) 注入的空穴流远小于电子流, 扩散发生在中性区.

到达穿透电压 V_{RT} 的时候, 中性区的宽度缩减为零 (图 22.22(a)). 在半导体材料里, 两个耗尽区的交汇处, 电场是零并改变符号. 对于更大的电压 V_{FB}, 在接触 2 里出现平带条件, 即接触 2 的电场为零 (图 22.22(b)). 在更大的电压 V_B 下, 发生击穿.

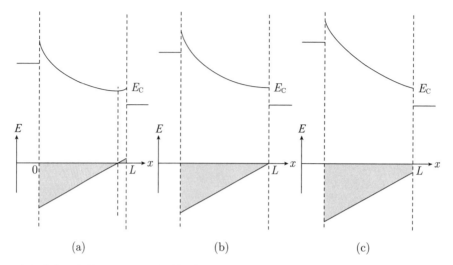

图22.22 在各种偏置条件下，MSM二极管的能带结构示意图(上方)和电场分布(下方)：(a) 在穿透电压 V_{RT}；(b) 在平带电压 V_{FB}；(c) $V > V_{FB}$. 改编自文献[1840]

当 $V = V_{RT}$ 时，我们有

$$w_1 = \left[\frac{2\epsilon_s}{eN_D}(V_1 + V_{D1})\right]^{1/2} \tag{22.41a}$$

$$w_2 = \left[\frac{2\epsilon_s}{eN_D}(V_{D2} - V_2)\right]^{1/2} \tag{22.41b}$$

$$L = w_1 + w_2 \tag{22.41c}$$

因此 (利用式 (22.36))

$$V_{RT} = \frac{eN_D}{2\epsilon_s}L^2 - L\left[\frac{2eN_D}{\epsilon_s}(V_{D2} - V_2)\right] - \Delta V_D \tag{22.42}$$

其中，$\Delta V_D = V_{D1} - V_{D2}$，在对称的 MSM 结构里变为零. 达到穿透电压及以后，半导体里的电场从 0 到 L 线性地变化. 零电场的位置朝着接触 2 移动. 在平带电压时，这个点到达接触 2，接触 2 的耗尽层的厚度变为零. 由这个条件可得到 (只要不发生击穿)

$$V_{FB} = \frac{eN_D}{2\epsilon_s}L^2 - \Delta V_D \tag{22.43}$$

最大的电场位于接触 1，由下式给出 (对于 $V > V_{FB}$)：

$$E_{m1} = \frac{V + V_{FB} + 2\Delta V_D}{L} \tag{22.44}$$

如果在结构的某个部分，达到了碰撞电离的临界电场 E_B(这将发生在接触 1，因为那里的电场最大)，二极管击穿. 因此，击穿电压是

$$V_B \approx E_B L - V_{FB} - 2\Delta V_D \tag{22.45}$$

Si-MSM 结构的电流-电压特性如图 22.23 所示. 在小电压时, 只有小电流流过, 因为一个接触是反向偏置的. 空穴流远小于电子流. 只有那些扩散地穿过中性区的空穴才对空穴流有贡献. 在穿透以后, 空穴注入的势垒 $\phi_{p2} + V_{D2} - V_2$ 降低了很多, 导致了强烈的空穴注入. 超过平带电压以后, 空穴电流只是微弱地增加, 因为势垒只通过肖特基效应而降低. 对于大的电场 ($V > V_{FB}$, 在击穿以前), 空穴电流是

$$j_{p1} = A_p^* T^2 \exp(-\beta\phi_{p2}) \exp(\beta\Delta\phi_{p2}) = j_{p,s} \exp(\beta\Delta\phi_{p2}) \tag{22.46}$$

总电流是

$$j = j_{n,s} \exp(\beta\Delta\phi_{n1}) + j_{p,s} \exp(\beta\Delta\phi_{p2}) \tag{22.47}$$

其中, $j_{n,s} = A_n^* T^2 \exp(-\beta\phi_{n1})$, $j_{p,s} = A_p^* T^2 \exp(-\beta\phi_{p2})$.

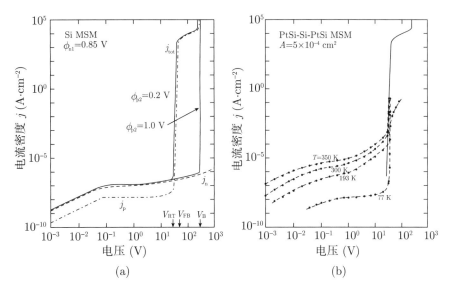

图 22.23 Si MSM 结构的电流-电压特性, $N_D = 4 \times 10^{14}/\text{cm}^3$, $L = 12\ \mu\text{m}$ (薄的、抛光的、〈111〉取向的晶圆), $T = 300\ \text{K}$. (a) 两个不同的 ϕ_{p2} 的理论值; (b) 实验 (对于 $\phi_{p2} = 0.2\ \text{V}$). 改编自文献 [1840]

在 MSM 光探测器里, 金属接触通常在半导体表面上形成交错的结构 (图 22.24). 这些接触把一些光子挡在了功能区以外. 利用透明电极 (例如, ZnO 或 ITO) 和增透 (AR) 膜, 可以提高量子效率.

暗电流由式 (22.47) 给出, 当电子和空穴的饱和电流完全相等时, 达到最小值. 这个条件导致了最优的势垒高度:

$$\phi_n = E_g - \phi_{ph} = \frac{1}{2}\beta^{-1}\ln\left(\frac{m_e}{m_{hh}}\right) + \frac{1}{2}E_g \tag{22.48}$$

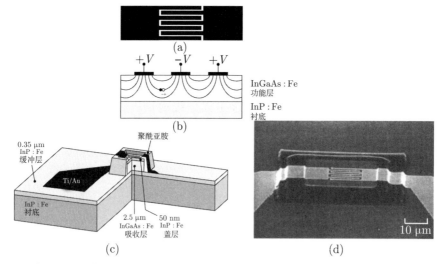

图22.24 具有交叉手指电极的MSM光电探测器的结构示意图：(a) 平面图，(b) 截面. 在图(b)中，示意地给出了电场线与即将分开的电子空穴对. (c) MSM台面结构示意图, (d) InGaAs/InP MSM台面光电探测器的SEM像. 图(c)和(d)改编自文献[1841]

靠近带隙的中间. 对于 InP 和优化的势垒 $\phi_n = 0.645$ eV, 在 10 V/μm 的电场下, 预期的暗电流是 0.36 pA/cm^2. 当势垒高度偏离时, 电流指数式地增大. 在暗环境和不同的照明水平下, InGaAs：Fe MSM 光电二极管的电流-电压特性如图 22.25 所示.

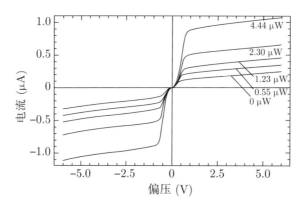

图22.25 在暗环境(0 μW)和不同照明水平下，InGaAs/InP MSM光电探测器的直流I-V特性，(InP：Fe/InGaAs：Fe/InP：Fe，手指电极的间距为1 μm，λ=1.3 μm). 改编自文献[1841]

MSM 光电二极管的时间响应依赖于载流子的漂移时间, 即光产生的电子和空穴到达相应的接触所需要的时间. MSM 探测器的模拟结果如图 22.26(a) 所示. 电流有两部分, 快的部分来自电子, 慢的来自迁移率较低、饱和速度较小的空穴. 实验里发现了类似的依赖关系 (图 22.27(a)). 对于更长的波长, 探测器更慢, 因为它们在材料里穿透得更深, 所以电荷载流子到接触的路程更长 (图 22.24(b)). 手指电极的间距扮演了重要角色; 间距越小, 载流子的收集就越快 (图 22.27(b)). 文献 [1842] 给出了 300 GHz 的带宽 (100 nm/100 nm 的手指电极的宽度和间距, LT-GaAs[①] 和体材料 GaAs), 受限于 RC 时间常数. 对于 300 nm/300 nm 的手指电极和 LT-GaAs, 已经报导了 510 GHz 的带宽 (脉冲宽度为 0.87 ps), 比本征的渡越时间 (1.1 ps) 还要快, 不受限于 RC 时间常数 (预期的脉冲宽度 0.52 ps), 因为复合时间短 (据估计是 0.2 ps).

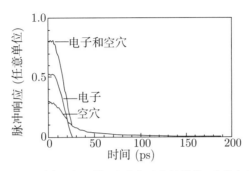

图 22.26　InGaAs : Fe MSM 光电探测器对短脉冲光响应的模拟. 改编自文献 [1841]

22.3.6　雪崩光电二极管

在雪崩二极管 (APD) 里, 在高电场区里的载流子倍增 (通过碰撞电离) 导致了内在放大, 用来增大电流. 这个电场是由二极管里大的反向偏压产生的. 在理想的 APD 里, 只有一种载流子被放大, 导致了最低的噪声. 如果把电子注入到 $x=0$ 处的电场区 (图 22.28(a)), 对于 $\alpha_\mathrm{p}=0$, 电子的倍增因子是

$$M_\mathrm{n} = \exp(\alpha_\mathrm{n} w) \tag{22.49}$$

通常, 两种载流子类型都会倍增. 如果电子和空穴的碰撞电离系数相同 ($\alpha_\mathrm{n} = \alpha_\mathrm{p} = \alpha$), 电子和空穴的倍增因子 M 就是

$$M = \frac{1}{1-\alpha w} \tag{22.50}$$

电流噪声的有效值与 pn 二极管的情况 (式 (22.25)) 完全相同, 只是多了增益 M,

$$\langle i_\mathrm{S}^2 \rangle = 2e(I_\mathrm{ph} + I_\mathrm{B} + I_\mathrm{D})\langle M^2 \rangle B \tag{22.51}$$

---

① LT: 在低温下生长, 包含许多缺陷, 降低了载流子寿命.

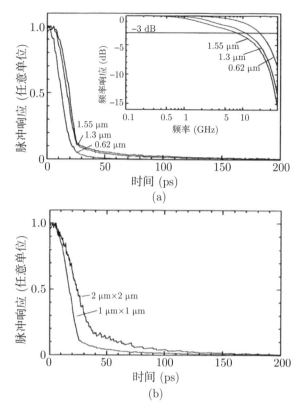

图22.27 (a) 对三种不同波长的短脉冲光,实验得到的InGaAs:Fe MSM光电探测器依赖于时间的响应,插图给出了由傅里叶变换得到的频率响应. (b) MSM对宽度和间距不同的两种手指电极(分别为1 μm和2 μm)的响应,InGaAs层厚度为2 μm,λ=1.3 μm,偏置电压为10 V. 改编自文献[1841]

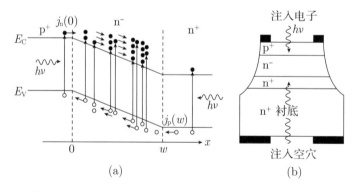

图22.28 雪崩光电二极管(APD)的能带结构示意图(a)和实验装置示意图(b). 取自文献[1185]

$\langle M^2 \rangle$ 项被写为 $\langle M^2 \rangle F(M)$,其中,$F(M) = \langle M^2 \rangle / \langle M \rangle^2$ 是额外噪声因子,描述碰撞电离的随机性质所引入的额外噪声. 对于由电子注入引发的倍增,它由下式给出[1843]:

$$F(M) = kM + (1-k)\left(2 - \frac{1}{M}\right) \tag{22.52}$$

其中, $k = \alpha_p/\alpha_n$. 对于空穴注入导致的倍增, 式 (22.52) 成立, 而 k 被替代为 $k' = \alpha_n/\alpha_p$. 对于 k 和 k' 的不同数值, 额外噪声因子和平均放大倍数的关系如图 22.29(a) 所示.

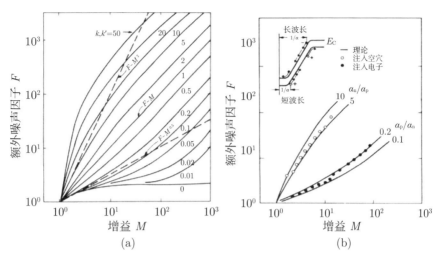

图22.29 (a) 对应电离系数k或k'的比值的不同数值的额外噪声因子. 改编自文献[1843]. (b) 对于 0.1 μA 的初级电流, Si APD 的额外噪声因子F的实验结果. 空心(实心)符号表示短波长(长波长)[空穴(电子)初级电流]. 插图给出了反向偏压下 np 二极管的能带结构示意图. 改编自文献[1844]

一种 Si APD 的实验数据如图 22.29(b) 所示. 因为短波吸收倾向于在表面 (n 区), 这是空穴注入的情况. 额外噪声因子的数据用 $k' \approx 5$ 拟合得很好. 对于更长的波长, 电子注入的数据用 $k \approx 0.2 = 1/k'$ 拟合.

对于完全调制的信号, 信噪比由下式给出:

$$S/N = \frac{[e\eta P_{\text{opt}}/(h\nu)]^2/2}{2e(I_{\text{ph}} + I_B + I_D)F(M)B + 4kTB/(R_{\text{eq}}M^2)} \tag{22.53}$$

如果信噪比 (S/N) 受限于热噪声, APD 的概念显著地改善了噪声.

APD 能够用于单光子探测; 脉冲高度的变化 (在合理的限制以内) 对于计数率没有影响. 通过冷却 APD, 可以减少暗计数的数目. 利用恒定分数触发 (constant fraction triggering), 还能够确定光子的到达时间, 让时间分辨精度达到 100 ps 的范围.

一种特殊的 APD 结构称为固态倍增器. 吸收区和倍增区是分开的 (SAM 结构). 在低场区, 光被吸收. 一种类型的载流子被漂移电场 E_d 传送到倍增区, 那里有很大的电场 E_m, 发生倍增过程. 具有 SAM 结构的同质 APD(homo-APD) 如图 22.30(a) 所示. 特殊的掺杂分布产生了不同电场的区域.① π-p-π 结构导致了均匀的低场区和高场区.

---

① 利用泊松方程 $\partial(\epsilon_s(x)E(x))/\partial x = \rho(x)$.

一种商用的硅 APD 的性能如图 22.31 所示. 随着反向偏压的增大, 暗电流和倍增因子增大. 在击穿 (大约 77 V) 之前, 达到了 M 和 $I_{\text{暗}}$ 的最佳比值. 这个二极管的典型的额外噪声因子是 $F = 2$ (对于 $M = 100$). 利用式 (22.52), 这说明了只有一种载流子被放大了.

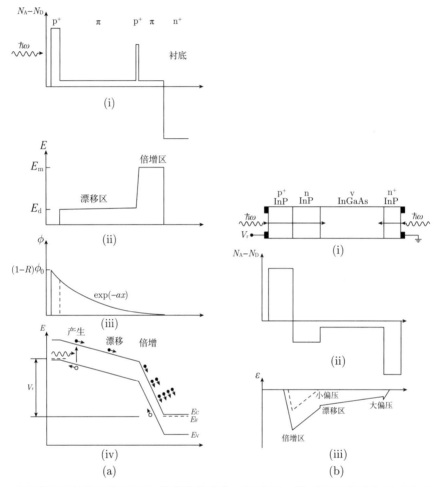

图22.30　(a) 具有SAM结构的同质APD. (i) 掺杂的分布, (ii) 电场, (iii) 光子通量或电子-空穴对的产生率, (iv) 在反向电压 V_r 下的能带结构示意图, 包括载流子输运. 倍增发生于 $\alpha_n \gg \alpha_p$. 改编自文献[574]. (b) (i) 具有SAM结构的InP/InGaAs 异质结APD的结构示意图, (ii) 掺杂分布, (iii) 小的(虚线)和大的(实线)反向偏压 V_r 下的电场. 改编自文献[1185]

在具有 SAM 结构的异质结 APD(hetero-APD, 图 22.30(b)) 里, 吸收只发生在 InGaAs 层 (光的波长足够长, 能量小于 InP 的带隙). 因为倍增区没有吸收光, 对于前照明和背照明, 这种器件的工作都类似. 文献 [1846] 描述了一种 InP 衬底上的基于 InGaAs 的多级 APD, 在 10 个相继的增益区对电子倍增做优化; 实现了总增益为 10^3,

额外噪声因子 F 大约是 40，有效的电离比值是 $k = 0.036$.

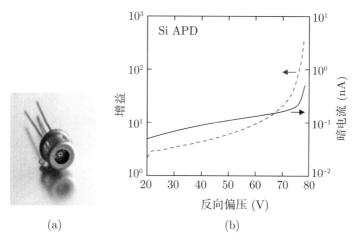

图 22.31　(a) TO 封装的 Si APD. (b) 暗电流(实线)(功能区 0.2 mm^2)和倍增因子(虚线)随着反向偏压的变化关系(在 23 ℃). 改编自文献[1845]

22.3.7　行波光电探测器

在标准的光电探测器里，需要权衡吸收层的厚度和探测器的速度. 在行波光电探测器里，光吸收发生在波导里，对于足够长的长度 L，所有的入射光都被吸收. 实现了完全的吸收（"长"波导），只要 $L \gg (\Gamma\alpha)^{-1}$，其中 α 是吸收系数，$\Gamma \leqslant 1$ 是光学限制因子，是光学模式和吸收介质的截面的几何重叠 (参见 23.4.4 小节).

电极被设计为沿着波导，在它的侧面 (共面构型，图 22.32). RC 时间常数导致的带

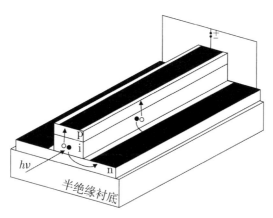

图 22.32　具有 pin 结构和共面电极的行波光电探测器的结构示意图

宽限制现在被替换为光波的速度 $v_{\text{opt}} = c/n$ 和电极线里的电学行波速度 $v_{\text{el}} \approx 1/\sqrt{LC}$ 的匹配. 当这两种波沿着波导行进时, 能量从光波转移到电波. 由速度失配导致的 3 dB 带宽 B_{vm} 是 (对于阻抗匹配的场的波导)[1847]

$$B_{\text{vm}} = \frac{\Gamma \alpha}{2\pi} \frac{v_{\text{opt}} v_{\text{el}}}{v_{\text{opt}} - v_{\text{el}}} \quad (22.54)$$

对于 MSM 结构, 它的电极间距已经用腐蚀深度为几百 nm 的自对准工艺设计 (不需要做横向图形, 图 22.33), 实现了大于 500 GHz 的 3 dB 截止频率 (图 22.34). 这种探测器的量子效率还只有 8.1%.

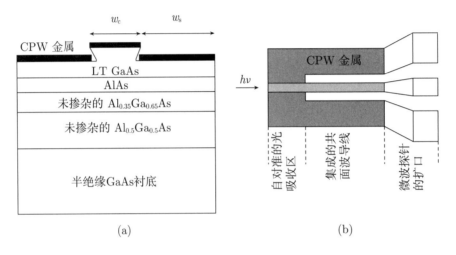

图22.33　MSM行波光电探测器的结构示意图：(a) 横截面；(b) 平面像. 改编自文献[1848]

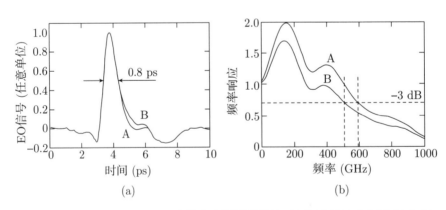

图22.34　在不同的照明强度下，MSM行波光电探测器(偏压5 V)的(a) 脉冲响应(FWHM=0.8 ps)和(b) 频率响应(时间响应的傅里叶变换), A:1 mW, B:2.2 mW. 改编自文献[1848]

22.3.8 电荷耦合器件

博伊尔 (W. S. Boyle) 和史密斯 (G. E. Smith) 提出了电荷耦合器件 (CCD) 的概念 [143], 彼此互连的光电二极管阵列作为影像传感器 [144] (图 22.35). 更多的细节, 请看文献 [1849, 1850].

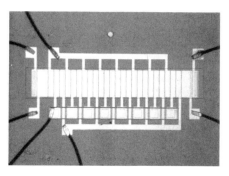

图22.35　第一个8比特的电荷耦合器件(1970年). 芯片(尺寸：1.5×2.5 mm²)由24个紧密封装的MOS电容器(中央栅格里的窄矩形)组成. 栅格任一端的很厚的长方形是输入/输出端

MIS 二极管 (通常是硅基的 MOS 二极管) 可以设计为光探测器. 这个二极管工作在深耗尽区. 当施加很大的反向电压时, 先是形成了耗尽层, 能带强烈地弯曲, 如图 22.36(b) 所示. 注意, 在这种情况下, 半导体没有处于热力学平衡 (准费米能级在整个半导体里保持不变, 就像图 22.36(d) 一样). 反转电荷还没有建立起来.

有三种机制产生反转电荷: (a) 生成-复合, (b) 从耗尽层边界扩散, (c) 光吸收产生载流子. 机制 (a) 和 (b) 是光探测器的暗电流. 这两种过程导致的电导率如图 22.37 所示, 缓慢地建立起反转电荷. 明显有两个温度区: 在低温下, 生成占主导 ($\propto n_\mathrm{i} \propto \exp[-E_\mathrm{g}/(2kT)]$); 在高温下, 扩散占主导 ($\propto n_\mathrm{i}^2 \propto \exp[-E_\mathrm{g}/(kT)]$). 把器件冷却, 可以显著地抑制后一个过程.

栅极电压 V_G 和表面势 Ψ_s 的关系是

$$V_\mathrm{G} - V_\mathrm{FB} = V_\mathrm{i} + \Psi_\mathrm{s} = \frac{eN_\mathrm{A}w}{C_\mathrm{i}} + \frac{eN_\mathrm{A}w^2}{2\epsilon_\mathrm{s}} \tag{22.55}$$

其中, w 是耗尽层的宽度. w 大于热力学平衡下的 w_m. 求和的第一项是 $|Q_\mathrm{s}|/C_\mathrm{i}$, 第二项来自对耗尽层里不变的电荷密度 $-eN_\mathrm{A}$ 给泊松方程做积分. 消去 w, 得到

$$V_\mathrm{G} - V_\mathrm{FB} = \Psi_\mathrm{s} + \frac{1}{C_\mathrm{i}}\sqrt{2e\epsilon_\mathrm{s}N_\mathrm{A}\Psi_\mathrm{s}} \tag{22.56}$$

如果光在耗尽层里被吸收 (过程 (c)), 空穴 (对于 p 型 Si) 朝着体材料方向漂移. 电子被

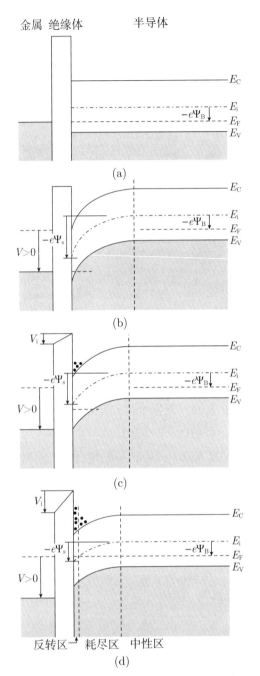

图22.36 CCD像素的原理：理想的MIS二极管(带有p型半导体)作为光电探测器. (a) 无偏压(图21.30(b)). (b) 施加了外部(反向)电压$V>0$之后，表面电势为$\Psi_s = V$，但电荷还没有移动. (c) 强耗尽(仍未达到热力学平衡)，带有信号电荷，表面电势降低$\Psi_s < V$. (d) 处于平衡态的半导体(E_F为常数)，具有耗尽区和反转区(图21.34). 对于所有图，$V = V_i + \Psi_s$

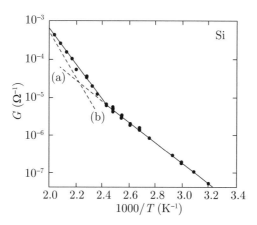

图22.37　n型Si/SiO$_2$二极管的电导率随温度(1/T)的变化关系. 虚线的斜率分别为(a) ~0.56 eV ($\approx E_g/2$) 和(b) ~1.17 eV ($\approx E_g$). 改编自文献[1851]

存储在靠近氧化物半导体界面的地方,作为信号电荷 Q_sig 的一部分 (图 22.36(b)).

$$V_\text{G} - V_\text{FB} = \frac{Q_\text{sig}}{C_\text{i}} + \frac{eN_\text{A}w}{C_\text{i}} + \Psi_\text{s} \tag{22.57}$$

因为信号电荷增加了,势阱就变得更浅了 (式 (22.57)). 对于每个栅极电压, 有一个最大的电荷量 (阱的容量). 当 $\Psi_\text{s} \approx 2\Psi_\text{B}$ 时, 信号电荷达到最大值 (图 22.38).

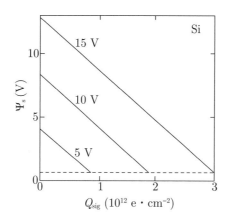

图22.38　对于各种不同的偏压 $V_\text{G}-V_\text{FB}$,表面电势作为信号电荷 Q_sig的函数,$N_\text{A} = 10^{15}/\text{cm}^3$,氧化层的厚度为100 nm. 虚线表示 $\Psi_\text{s} = 2\Psi_\text{B} \approx 0.6$ V 给出的反转极限. 改编自文献[1852]

在电荷耦合器件 (CCD) 里,以矩阵的形式制作了许多光敏感的 MIS 二极管 (如上所述) 作为影像传感器. 施加栅极电压, 它们就根据局部的曝光程度积累电荷. 为了读出这些电荷, 通过阵列把它们移动到读出电路里. 因此, 电荷从一个像素里转移到下一个. 为了完成这个任务, 已经开发了几种方案. 三相时钟如图 22.39 所示. 在其他的时钟方案里，每个像素有 4 个、2 个或者 1 个电极[1853].

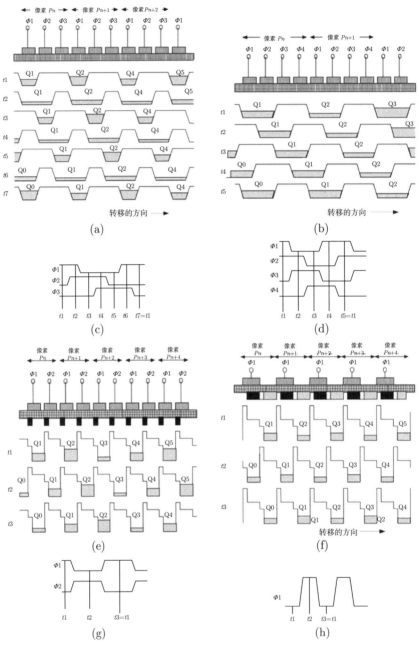

图22.39 (a) 三相CCD. 每个像素都有三个可以独立切换的电极(相1~3). (b,e,f) 具有四相、两相和一相的CCD的原理图. (c) (t_1) 光照后，电荷累积. 在这三个电极上，利用电压沿着像素行形成横向势阱，如 $P_1 = P_3 = 5$ V，$P_2 = 10$ V. ($t_2 \sim t_7$) 电荷转移，(t_7)的电压和(t_1)一样，电荷已经向右移动了一个像素. (d,g,h) 4相、2相和1相CCD的计时方案. 取自文献[1853]

因为 CCD 传感器在一条线上有很多像素 (例如, 多达 4096 个), 电荷转移的效率必须很高. 电荷载流子的转移通过热 (正常的) 扩散、自诱导的漂移和边缘场 (fringing field) 的效应 (图 22.40). 电荷载流子因扩散而移动的时间常数是 (在 p 型半导体里)

$$\tau_{\rm th} = \frac{4L^2}{\pi^2 D_{\rm n}} \tag{22.58}$$

其中, L 是电极的长度. 对于足够大的电荷包 (charge packet), 重要的是库仑排斥导致的自诱导的漂移. 电荷的衰减就由下式给出：

$$\frac{Q(t)}{Q(0)} = \frac{t_0}{t + t_0} \tag{22.59}$$

其中, $t_0 = \pi L^3 W_{\rm e} C_{\rm i}/(2\mu_{\rm n} Q(0))$, $W_{\rm e}$ 是电极的宽度. 这种依赖关系如图 22.40(a) 中的虚线所示. 电极的边缘场诱导的漂移高效率地转移了最后的电子 (图 22.40(a) 中的实线). 边缘场的起源如图 22.40(b) 所示; 图中最小的边缘场是 2×10^3 V/cm. 在 1~2 ns, 所有的电荷 ($1 \sim 10^{-5}$) 实际上都被转移了. 这就让时钟频率达到了几十 MHz.

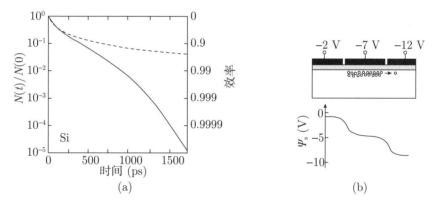

图22.40 (a) 电荷转移的效率, 考虑(实线)和不考虑(虚线)边缘场的影响. (b) 三相CCD 的电极和边缘场偏压的示意图, 氧化物厚度为200 nm, 掺杂 $N_{\rm D} = 10^{15}/{\rm cm}^3$. 电极宽度为4 μm, 电极间距为200 nm. 改编自文献[1854]

为了 CCD 的时序 (clocking), 使用了势阱深度随着外加栅压的横向变化. 图 22.41 表明了掺杂或氧化物厚度的横向变化如何产生横向的势阱. 这种结构用来限制像素的行、防范相邻的行 (沟道阻挡区, channel stops, 图 22.42). 为了避免载流子损失在氧化物和半导体的界面上, 使用了埋沟结构 (图 22.43).

对于前照明, 接触电极的一部分挡住了器件的功能区. 利用背照明, 实现了更高的灵敏度 (特别是在紫外 UV). 为了这个目的, 把芯片减薄 (抛光). 这个工艺很贵, 而且让芯片的力学性质不那么稳定了. 对于红光 / 红外波长, 因为厚度小, 这种减薄的芯片通常会出现干涉条纹. 利用片上的微透镜, 可以提高前照明的效率 (图 22.44).

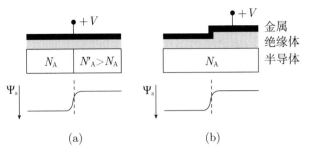

图22.41 在MIS结构中形成横向势阱(势垒),带有(a) 通过扩散或注入而变化的掺杂,(b) 变化的(阶梯状的)氧化物厚度. 上方是几何构型的示意图,下方是表面电势横向变化的示意图

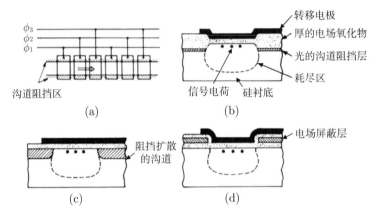

图22.42 (a) 通道隔离的示意图. 实现沟道隔离的方法的截面图:(b) 氧化层厚度的变化;(c) 高掺杂区;(d) 场效应. 改编自文献[1855]

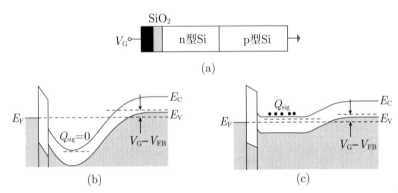

图22.43 (a) 具有埋沟结构的MIS二极管的示意图. 能带结构示意图:(b) 施加反向电压V_G以后;(c) 带有信号电荷Q_{sig}. 改编自文献[1856]

为了彩色成像,CCD 覆盖了三色的拜耳 (Bayer) 掩膜[1858](图 22.45(a)). 平均来说,有一个蓝色像素、一个红色像素和两个绿色像素,因为在典型的照明环境下,绿色是最重要的颜色. 每个像素传送单色的信息;RGB 影像通过合适的影像软件来生成. 在高

端产品中,另一种方案是使用分光镜、静态的滤光片和三个 CCD 芯片,各用于一种颜色 (图 22.45(b)),或者是用一个旋转的滤光片轮盘和一个 CCD 芯片,分时序列地记录 (time-sequential recording) 三种单色的图像 (图 22.45(c)).

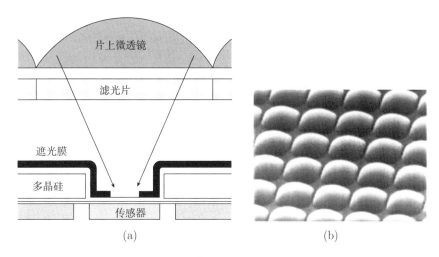

图22.44　(a) 利用片上微透镜提高CCD前照明效率的方案. (b) 这类微透镜阵列的SEM像. 取自文献[1857]

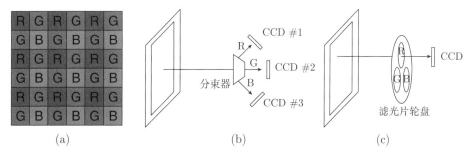

图22.45　(a) CCD 拜尔[1858]滤光片的颜色排列(R：红色，G：绿色，B：蓝色). 颜色的分离：(b) 静态的滤光片；(c) 旋转的滤光片轮盘. 图(b)和(c)取自文献[1853]

22.3.9　光电二极管阵列

光电二极管阵列也适合制作影像传感器. 在照明的时候,每个二极管给一个电容充电,然后用适当的电路读出来. 基于 CMOS 技术 (见 24.5.4 小节),可以制作价格便宜的影像传感器 (CMDS 影像传感器,CIS)[1859,1860]. 在很长一段时间里,它们的性能不如 CCD,但是在信号读出和噪声抑制方面的进展使得它们成为许多照相机应用 (包括手机) 首选的影像传感器. 内建电路使得外连接变得简单 (图 22.46), 每个像素配有几个晶体管, 甚至可以做片上的图像处理.

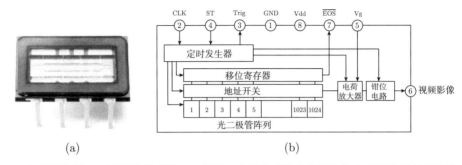

图22.46 (a) 8管脚封装的CMOS线阵传感器. (b) 框图, 内置定时发生器只允许在启动和时钟脉冲输入的情况下工作. 获允转载自文献[1861]

三色的 CCD 影像不提供每个像素的 RGB 颜色信息. 因此, 彩色影像的空间分辨率不是由像素间距给出的. 这算不上特别大的缺点, 因为人的视觉对强度差别比对颜色差别更敏感. 然而, 还是希望能够得到每个像素的 RGB 颜色信息, 给出更高的精度, 特别是在职业摄影里. 利用硅吸收系数的波长依赖关系, 已经制备了这种传感器 (图 22.13). 蓝光的穿透深度最短, 红光最长. 把三种光电二极管堆叠起来 (图 22.47), 记录不同穿透深度处的光电流, 可以为每个像素生成 RGB 数值.

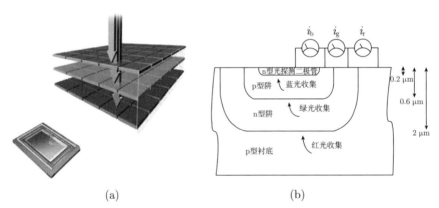

图22.47 (a) 图像传感器的示意图: 基于深度依赖的光检测. 取自文献[1862]. (b) 三色像素的图层序列示意图. i_b, i_g 和 i_r 分别表示蓝光、绿光和红光的光电流. 改编自文献[1863]

16 通道的硅雪崩光电二极管阵列如图 22.48(a) 所示. 在 760 nm 和 910 nm 之间, 它的量子效率 > 80%. 像素尺寸是 648×208 μm^2, 在 320 μm 的台面 (pitch) 上. 增益是 100, 上升时间是 2 ns.

在图 22.48(b) 里, InGaAs 光电二极管阵列和 CMOS 读出电路混合集成在一起. 它适用于探测 0.8～1.7 μm 的光谱范围. 非对称的二极管尺寸是 25×500 μm, 被设计用在单色仪的焦平面上.

图22.48　(a) 16像素(1000×405 μm^2)的硅APD阵列(管壳的宽度是15 mm). 取自文献[1864]. (b) 1024像素(25×500 μm^2)的InGaAs光电二极管阵列(阵列的宽度是1英寸). 取自文献[1865]

另一种特殊的光电二极管阵列是四象限探测器. 一束光在四个部分上产生相应的光电流 I_a, I_b, I_c 和 I_d(图 22.49(a)). 光束在水平或垂直方向上的偏移可以用 (带符号的) 信号 $(I_a+I_d)-(I_b+I_c)$ 或 $(I_a+I_b)-(I_c+I_d)$ 检测出来. 注意, 这些信号也用总的光强 $I_a+I_b+I_c+I_d$ 归一化了.

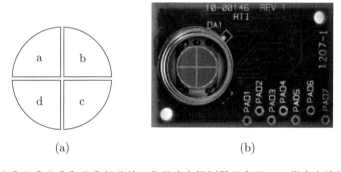

图22.49　(a) 具有"a""b""c"和"d"部分的四象限光电探测器示意图; (b) 带有电路板的四象限硅光电探测器的照片(功能区的直径是8 mm, 每个象限的间隔是0.2 mm). 图(b)取自文献[1866]

微透镜技术的进一步改进 (图 22.44) 通过额外的锥形光管 (tapered light pipes) 实现 [1867], 以优化的方式引导斜入射光到光敏像素 (图 22.50). 这个"全局快门" (global shutter) 像素连接到一个本地存储单元, 允许同时存储所有单独像素的中间信号, 以实现高帧率 (慢动作) 视频操作, 不会由于连续读出序列而产生时空失真 (spatio-temporal distortions). 为了实现这种快速的信号管理, 开发了一种三层方案, 包括三个芯片用于光电二极管、动态随机存取存储器 (DRAM) 和用于图像信号处理的逻辑层 (图 22.51)[1868].

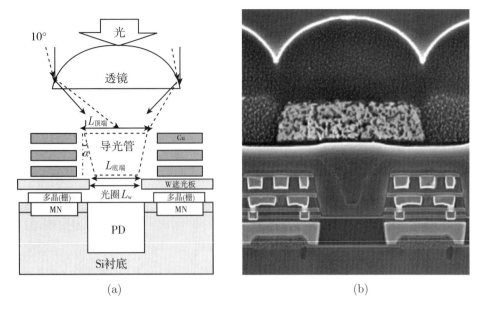

图22.50 (a) 全局快门像素(具有用来优化收集的光管)的横截面示意图。α：光锥的角度，PD：光电二极管，MN：埋藏的存储器节点，用来存储电荷，直到读出。(b) 这个像素的横截面SEM像。改编自文献[1867]

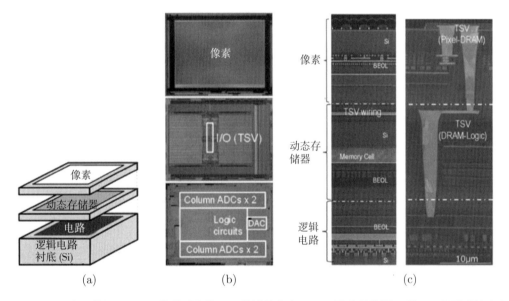

图22.51 (a) 全局快门CMOS图像传感器的三晶片堆叠方案。(b) 三种芯片的平面视图：背照明的光电二极管、动态存储器(DRAM，30 nm工艺)和逻辑电路(Logic，40 nm工艺)。(c) 像素(左)和外围(右)位置的结构的横截面SEM像。改编自文献[1868]

一种特殊的 CMOS 图像传感器具有内置的光栅结构，可以检测线偏振态[1869]。如图 22.52 所示，每个像素再细分为 4 个，光栅为 0°，90° 和 ±45° 的方向，以产生对入射光的偏振状态的灵敏度。

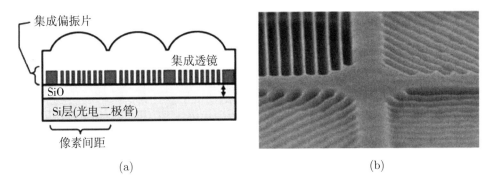

图22.52　SONY Polarsens™ 传感器：(a) 偏振敏感的CMOS图像传感器的示意图；(b) 光栅图案SEM图像。改编自文献[1869]

22.4　太阳能电池

太阳能电池是经过优化的光探测器 (主要是光电二极管)，用来把太阳光 (大面积地) 转化为电能。1993 年的一篇综述文章给出了光伏器件的历史沿革[1870]。关于太阳能电池效率的最新数据，汇编在"太阳能电池效率表"(Solar Cell Efficiency Tables) 里[1871]。

22.4.1　太阳辐射

太阳分为三个主要的区：核心区的温度是 1.56×10^7 K，密度为 100 g/cm^3，聚集了 40% 的质量，产生了 90% 的能量；对流区的温度是 1.3×10^5 K，密度为 0.07 g/cm^3；光球的温度是 5800 K，密度很低 ($\sim 10^{-8}$ g/cm^3)。太阳半径是 6.96×10^8 m，大约是地球半径 (6.38×10^6 m) 的 100 倍。日地距离是 1.496×10^{11} m。太阳对地球的张角是 0.54°。到达地球大气层外的能量密度是 (1367 ± 7) W/m^2。

这个数值和相应的太阳发射光谱 (类似于温度为 5800 K 的黑体辐射) (图 22.53) 称为空气质量 0(AM0)。从太阳到达地球的总能量是每年 1.8×10^{17} W。这个数值是世界初级能源需求的一万倍.

空气质量 0(AM0) 对于卫星上的太阳能电池很重要. 当太阳光谱通过地球大气层以后, 它的形状和总能量密度由于气体 (臭氧、水蒸气、二氧化碳……) 的吸收而改变. 根据正午的太阳倾角 γ (图 22.54), 地球表面的光谱被称为 AMx, 其中 $x = 1/\sin\gamma$. 在春分日和秋分日 (3 月 21 日和 9 月 21 日), 莱比锡 (北纬 51°42′) 大约是 AM1.61. 在夏至日 (6 月 21 日) 和冬至日 (12 月 21 日), 莱比锡分别是 AM1.13 ($\gamma = 61.8°$) 和 AM3.91 ($\gamma = 14.8°$). 此外, 由于气候和天气, 地球上不同地方的日照时间和光的功率密度也不一样, 1 月份和 7 月份的全球日照分布的数据可以参见文献 [1872], 日照分数是指实际日照时数与潜在日照时数的比值. 对于 AM1.5, 入射功率密度是 844 W/m^2.

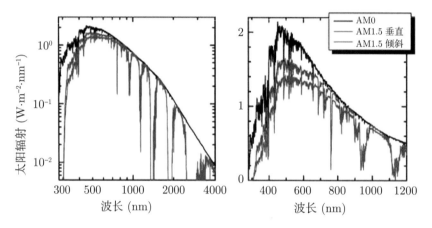

图22.53 直接垂直照射(蓝线)和面对太阳表面的全球总辐照(红线)(向赤道倾斜37°), AM0(黑线, 地球外的辐照度)和AM1.5(高于地平线41.8°)的太阳光谱(单位面积和波长间隔的功率). 左图(右图)是对数(线性)尺度

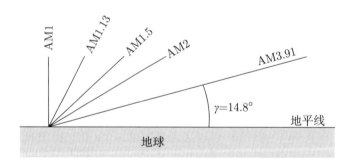

图22.54 太阳光穿过大气的示意图和空气质量AMx的定义

到达光伏器件的全球辐射有三种成分: (i) 直接辐射, (ii) 扩散辐射, (iii) 反射辐射. 相对大小和光谱依赖于细节, 例如, 气候 (如湿度) 或者环境 (如室外或者都市).

22.4.2 理想的太阳能电池

用带隙 E_g 的半导体制成的太阳能电池，在太阳照射的时候，只有 $h\nu > E_g$ 的光子对光电流和输出功率做贡献. 光照下的 I-V 特性曲线是 (图 22.55)

$$I = I_s[\exp(\beta V) - 1] - I_L \tag{22.60}$$

其中，I_L 是吸收阳光产生的过剩载流子导致的电流. 假定一个简单的 n$^+$p 二极管太阳能电池模型，电流包括两部分：耗尽层电流 j_{DL}，来自耗尽层 (电场区) 吸收的载流子；扩散电流 j_D，来自中性层的吸收 ($j = I/A$).

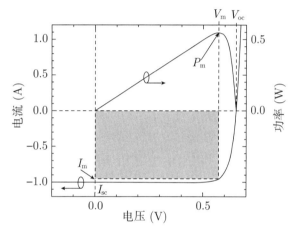

图22.55 太阳能电池 I-V 特性示意图: (左)在光照的时候; (右)提取的功率. 灰色区域是最大功率矩形，$P_m = I_m V_m$

对于耗尽层 (宽度为 w) 出来的漂移电流，可以假定它被收集得很快，复合过程没有作用. 因此 (比较式 (22.31))，

$$j_{DL}(\lambda) = e n_{ph}(\lambda)[1 - R(\lambda)][1 - \exp(-\alpha(\lambda)w)] \tag{22.61}$$

其中，λ 是入射光的波长，R 是表面的反射率，$n_{ph}(\lambda)$ 是给定波长的光子通量 (单位面积、单位时间内的光子数). 对于太阳光谱，需要对光谱分布做积分：

$$j_{DL} = \int j_{DL}(\lambda) d\lambda \tag{22.62}$$

总的光子通量是 $n_{ph} = \int n_{ph}(\lambda) d\lambda$.

求解式 (10.73)(现在考虑 n 型材料中的电子)，利用适当的边界条件 (反向偏压的耗尽层，$n_p(w) = 0$, $\Delta n_p(\infty) = n_p(\infty) - n_{p0} = 0$[1873])，可以得到背电极收集的扩散电流：

$$j_D(\lambda) = e n_{ph}(\lambda)[1 - R(\lambda)] \frac{\alpha L_n}{1 + \alpha L_n} \exp(-\alpha w) + e n_0 \frac{D_n}{L_n} \tag{22.63}$$

去掉波长依赖关系, 忽略暗电流的项, 就得到通常的公式:

$$j_{\mathrm{L}} = e n_{\mathrm{ph}} (1-R) \left[1 - \frac{\exp(-\alpha w)}{1 + \alpha L_{\mathrm{n}}} \right] \tag{22.64}$$

最后一个括号表示量子效率[1874]. 可以推广这个模型, 把位于无穷远处的背电极的非零的表面复合速度考虑进来[1875].

这里假定光生电流 I_{L} 不依赖于电压. 如果扩散长度小于传输长度, 载流子的收集效率 η_{c} 就变得依赖于电压[1874]. 正向电压的扩散势的减小降低了载流子的收集效率[1876], 在靠近内建电压的时候, 可能降为零.

饱和电流密度由式 (21.132) 和式 (21.133) 给出:

$$j_{\mathrm{s}} = \frac{I_{\mathrm{s}}}{A} = e N_{\mathrm{C}} N_{\mathrm{V}} \left(\frac{1}{N_{\mathrm{A}}} \sqrt{\frac{D_{\mathrm{n}}}{\tau_{\mathrm{n}}}} + \frac{1}{N_{\mathrm{D}}} \sqrt{\frac{D_{\mathrm{p}}}{\tau_{\mathrm{p}}}} \right) \exp\left(-\frac{E_{\mathrm{g}}}{kT} \right) \tag{22.65}$$

其中, A 是电池的面积.

$I=0$ 时的电压被称为开路电压 V_{oc}, $V=0$ 时的电流被称为短路电流 $I_{\mathrm{sc}} = I_{\mathrm{L}}$ (图 22.55). 矩形 $I_{\mathrm{sc}} \times V_{\mathrm{oc}}$ 只有一部分可以用于功率转换. 选择负载电阻 R_{L}, 就设定了工作点. 在 I_{m} 和 V_{m} 处, 生成的功率最大, $P_{\mathrm{m}} = I_{\mathrm{m}} V_{\mathrm{m}}$. 填充因子 F 被定义为比值

$$F = \frac{I_{\mathrm{m}} V_{\mathrm{m}}}{I_{\mathrm{sc}} V_{\mathrm{oc}}} \tag{22.66}$$

开路电压是

$$V_{\mathrm{oc}} = \frac{1}{\beta} \ln \left(\frac{I_{\mathrm{L}}}{I_{\mathrm{s}}} + 1 \right) \cong \frac{1}{\beta} \ln \frac{I_{\mathrm{L}}}{I_{\mathrm{s}}} \tag{22.67}$$

随着光功率的增大和暗电流的减小而增大. 输出功率是

$$P = IV = I_{\mathrm{s}} V [\exp(\beta V) - 1] - I_{\mathrm{L}} V \tag{22.68}$$

条件 $\mathrm{d}P/\mathrm{d}V = 0$ 给出了太阳能电池的最佳工作电压, 由下述隐含方程给出:

$$V_{\mathrm{m}} = \frac{1}{\beta} \ln \frac{I_{\mathrm{L}}/I_{\mathrm{s}} + 1}{1 + \beta V_{\mathrm{m}}} = V_{\mathrm{oc}} - \frac{1}{\beta} \ln(1 + \beta V_{\mathrm{m}}) \tag{22.69}$$

最大功率时的电流是

$$I_{\mathrm{m}} = I_{\mathrm{L}} \left(1 - \frac{1 - \beta V_{\mathrm{m}} I_{\mathrm{s}}/I_{\mathrm{L}}}{1 + \beta V_{\mathrm{m}}} \right) \cong I_{\mathrm{L}} \left(1 - \frac{1}{\beta V_{\mathrm{m}}} \right) \tag{22.70}$$

在最大功率处, 每个光子在负载电阻上传送的能量是 E_{m}. 最大功率是 $P_{\mathrm{m}} = I_{\mathrm{L}} E_{\mathrm{m}}/e$, 而 E_{m} 由下式给出:

$$E_{\mathrm{m}} \cong e \left[V_{\mathrm{oc}} - \frac{1}{\beta} \ln(1 + \beta V_{\mathrm{m}}) - \frac{1}{\beta} \right] \tag{22.71}$$

理想的太阳能电池的 (功率) 转换效率是 $\eta = P_m/P_{in}$, 可以根据图 22.56(a) 确定.

在太阳光谱里, 能量大于给定值 (E_g) 的光子的积分总数 n_{ph}(单位面积和单位时间), 如图 22.56(a) 右边的曲线 (1) 所示. 对于给定的 n_{ph}, 左边的曲线 (2) 表示 E_m 的数值. 效率是 $E_m n_{ph}$ 和曲线 (1) 下面的面积的比值. 效率随着带隙的变化关系如图 22.57(a) 所示. 它的最大值相当宽, 因此在原则上, 很多半导体可以用于太阳能电池. 对于没有汇聚的太阳光 (AM1.5), 单个结的理论最大效率是 31%. 这个极限对应于经典的 Shockley-Queisser 极限 [1878-1880], 假定辐射复合是电荷载流子复合的唯一机制. 文献 [1881] 指出, 对于优化设计剪裁的能带结构, 允许光激发的热载流子导致的载流子倍增, 单个材料的极限是 43%. 作为热机的太阳能电池, 在文献 [1882] 里有相关讨论.

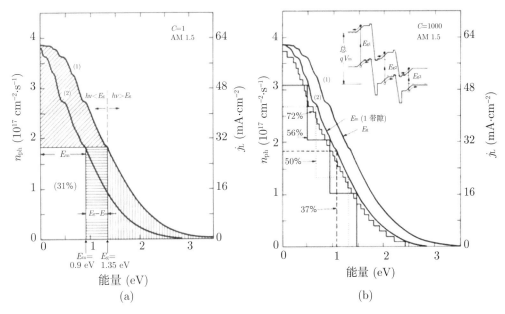

图22.56 (a) 能量大于截止能量(曲线1)的太阳光谱(AM1.5, $C=1$个太阳)单位面积、单位时间里的光子数 n_{ph}, 以及确定量子效率的图解法(曲线2). 改编自文献[1877]. (b) 能量大于给定能量的汇聚的太阳光谱(AM1.5, $C=1000$个太阳)的光子数, 以及确定多结太阳能电池的量子效率的图解法. 按照文献[1877](改编自文献[574])

把太阳光汇聚的时候 (例如, 利用透镜), 效率就提高了 (图 22.57(b)). 短路电流线性地增大. 这个效应主要来自开路电压的增大. 对于 $C = 1000$, 单结太阳能电池的理论最大效率是 38%.

利用不同材料来吸收, 多结太阳能电池可以进一步提高效率. 在双结电池里 (tandem cell), 上层是宽带隙材料, 吸收能量高的光子. 带隙更窄的材料吸收能量低的光子. 因此, 这个电池有两个不同的 E_m 值 (图 22.56(b)). 利用 1.56 eV 和 0.84 eV 的带隙, 理论上可以达到 50% 的效率. 利用三种材料, 可以达到 56%; 对于更多数目的材料,

72% 是极限. 在结之间, 必须使用隧穿二极管 (21.5.9 小节), 才能让载流子在整个结构里传输. 因为晶格常数不匹配, 制作多结的异质结构绝不是轻而易举的. 除了异质外延以外, 也采用晶片键合的方法. 晶格匹配的 InGaP/GaAs/InGaAsN 电池似乎是高效太阳能电池的切实可行的解决方案.

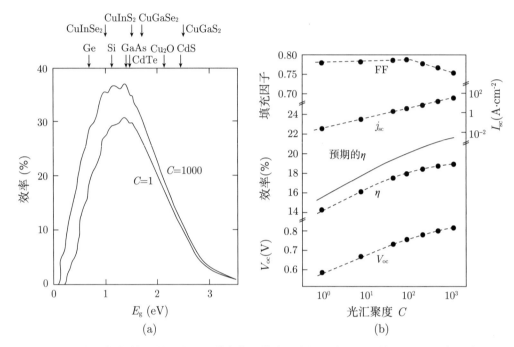

图22.57 (a) 太阳电池(单结)的理想量子效率作为带隙和光汇聚度 C 的函数. 一些重要半导体的带隙用箭头表示. 改编自文献[1877]. (b) 硅太阳能电池(水冷型)的特性与光汇聚度的关系. 实线是理论预期的效率, 虚线用于引导视线. 改编自文献[574]

22.4.3 真实的太阳能电池

对于真实的太阳能电池, 必须考虑并联电阻 R_{sh}(漏电流导致的并联电阻, 例如, 太阳能电池里的局部短路) 和串联电阻 R_s(由于欧姆损失) 的影响. I-V 特性就是 (参见式 (21.158))

$$\ln\left(\frac{I+I_L}{I_s} - \frac{V-IR_s}{I_s R_{sh}} + 1\right) = \beta(V - IR_s) \tag{22.72}$$

串联电阻对效率的影响比并联电阻更大 (图 22.58). 因此, 通常只考虑 R_s 就可以了, 利用 (参见式 (21.157))

$$I = I_s \exp[\beta(V - IR_s)] - I_L \tag{22.73}$$

在图 22.58 的例子里, 5 Ω 的串联电阻把填充因子变为原来的 1/4.

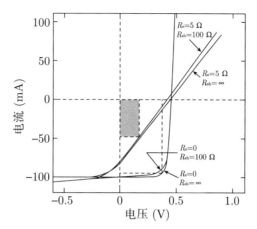

图22.58　考虑并联电阻 R_{sh} 和串联电阻 R_s 后, 太阳能电池的 I-V 特性. 真实电池(阴影区的功率矩形)的效率比理想电池的效率低30%. 改编自文献[1883]

在开路电压下, 光生载流子无处可去; 在理想的太阳能电池里, 唯一的过程是辐射复合, 光子逃走了. 当然, 内量子效率应该高, 非辐射复合速率比辐射复合小 (参见 10.10 节). 开路电压和能量转换效率也依赖于光提取效率 χ_{ex}, 后面讲述 LED 的时候, 将有更细致的讨论 (23.3.3 小节). 基于文献 [1884, 1885], 真实的太阳能电池的开路电压 V'_{oc} 比式 (22.67) 给出的理想值 V_{oc} 减小了 ($\chi_{ex} \leqslant 1$),

$$V'_{oc} = V_{oc} + \beta^{-1} \ln \chi_{ex} \tag{22.74}$$

22.4.4　设计优化

为了更有效地收集电子, 使用后表面电场 (图 22.59). 背接触的掺杂浓度更高, 产生了一个势垒, 把电子反射回前接触.

优化的一个重点是降低太阳能电池表面的反射. 首先, 可以使用介电增透 (AR) 膜 (或多层膜). 此外, 织构 (textured) 表面降低了反射 (图 22.60(d)), 被反射的光子有了第二次进入的机会 (图 22.60(c)). 可以把裸硅的反射率 (35%) 降低到 2%. 利用织构表面, 多晶硅太阳能电池的 AM0 效率超过了 15%. 碱性的 KOH 基的腐蚀液各向异性地腐蚀 Si (001), 得到了具有 {111} 面的金字塔结构 (图 22.60(b)). 最近, 确立了酸性的 HF/HNO_3 基的工艺 [1887], 在多晶硅晶片上产生了蠕虫状的表面图形 (图 22.60(a)), 具有优秀的增透性质.

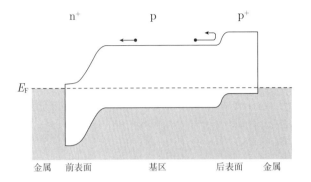

图22.59 利用后表面电场，提高了载流子的收集效率. 改编自文献[1886]

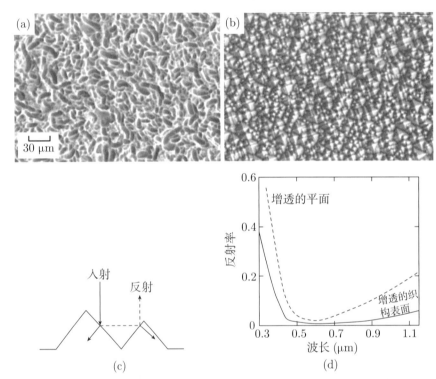

图22.60 (a) 酸性腐蚀多晶硅晶片形貌的SEM图像. (b) 碱性腐蚀单晶硅晶片的扫描电镜图像. (c) 示范性光路. (d) 增透的平面(虚线)和增透的织构表面(实线)的反射率. 图(a)和(b)改编自文献[1888], 图(d)改编自文献[1889]

  太阳在天空中运行, 相对于固定的太阳能电池的角度在改变.[①] 一种跟踪机制可以全天候地优化入射角, 增大太阳能电池的总体效率. 美国的情况可以参见文献 [1891].

---

① 我们当然知道, 地球绕着太阳转.

22.4.5 模块

为了覆盖很大的面积, 提供确定值的输出电压和电流, 把几个太阳能电池连成模块. 由几个模块建立起阵列 (图 22.61). 如果太阳能电池是并联的, 总电流增加; 如果是串联的, 输出电压增大. 注意, 在部分遮光的模块里, 太阳能电池的反向特性很重要[1892,1893]; 局部击穿可以导致热点和不可逆的性能退化.

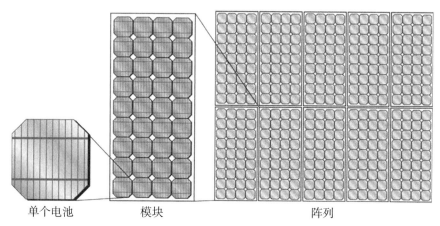

图22.61　一个太阳能电池(带有电极网格), 一个模块(36个电池)和由10个模块组成的一个阵列的示意图

22.4.6 太阳能电池的类型

第一代光伏器件

硅是太阳能电池最常用的材料. 基于单晶硅 (晶片) 的太阳能电池具有最高的效率, 但也是最贵的 (图 22.63(a)). 最先进的工业晶体硅太阳能电池技术和成果在文献 [1894] 中报道了. 各种太阳能电池的效率汇集在表 22.1 里. 多晶硅 (图 22.63(b)) 更便宜, 但是性能差一些. 材料设计致力于增大晶粒的尺寸, 减少它们的电学活动. 晶界作为复合中心, 表面 (即界面) 复合速率是 10^2 cm/s[1895], 对于特别的、电学性质很不活跃的晶界, 是几个 10^3 cm/s[1896], 几个 10^4 cm/s[1897], 甚至 $10^5 \sim 10^7$ cm/s[1898]. 晶界缩短了有效扩散长度, 载流子在到达电极之前就复合了. 多晶硅材料的太阳能电池的性能的详细理论已经给出来了[1897], 解释了效率随着晶粒尺寸的减小而降低, 如图 22.62 所示.

这些太阳能电池称为"第一代"光伏器件. 在改造了的 CZ 生长里, 在两个籽晶之间的熔融物里抽出来的晶体硅薄片 (片硅或者带硅) 相比于"传统的"从大的硅棒

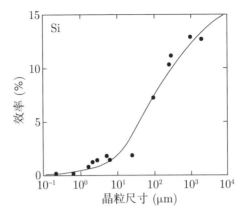

图22.62 多晶太阳电池的效率对晶粒尺寸的理论依赖关系(实线)，带有实验数据点(圆点). 改编自文献[1897]

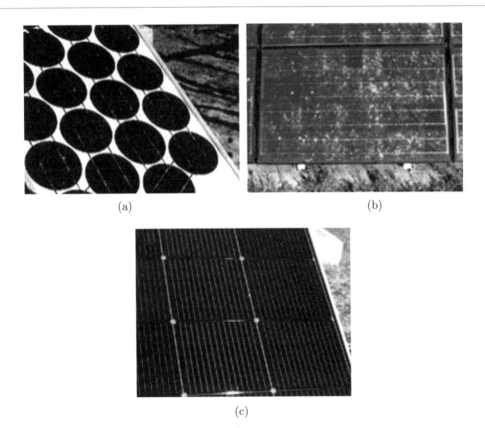

图22.63 各种类型的太阳能电池：(a) 单晶硅太阳能电池；(b) 多晶太阳能电池；(c) 非晶硅太阳能电池. 取自文献[1891]

上切下来、抛光的晶片，生产起来更便宜. 专门用于太阳能电池的硅称为"太阳级" (solar-grade) 的硅.

表22.1 各种太阳能电池的最大效率（AM1.5，1000 W/cm^2，25°，除非另有说明）

太阳能电池的材料/类型	效率(%)	V_{oc} (V)	j_{sc} (mA·cm^{-2})	FF(%)	日期(月/年)
Si(单晶)	26.7 ± 0.5	0.738	42.65	84.9	3/2017
Si(多晶)	22.3 ± 0.4	0.6742	41.08	80.5	8/2017
Si(非晶)	10.2 ± 0.3	0.896	16.36	69.8	7/2014
GaAs(单晶)	25.9 ± 0.8	1.038	29.4	84.7	12/2007
GaAs(薄膜)	29.1 ± 0.6	1.1272	29.78	86.7	10/2018
GaAs(多晶)	18.4 ± 0.5	0.994	23.2	79.7	11/1995
CIGS	22.9 ± 0.5	0.744	38.77	79.5	11/2017
CdTe	21.0 ± 0.4	0.8759	30.25	79.4	8/2014
钙钛矿结构以及其他	20.9 ± 0.7	1.125	24.92	74.5	7/2017
染料敏化	11.9 ± 0.4	0.744	22.47	71.2	9/2012
有机(薄膜)	11.2 ± 0.3	0.780	19.3	74.2	10/2015
2J (GaInP/GaAs)	32.8 ± 1.4	2.568	14.56	87.7	9/2017
3J (GaInP/GaAs/Ge)	32.0 ± 1.5	2.622	14.4	85.0	1/2003
3J (GaInP/GaAs/InGaAs)	37.9 ± 1.2	3.065	14.27	86.7	2/2013
5J (黏合)	38.8 ± 1.2	4.767	9.564	85.2	7/2013
2J (汇聚光, 38倍太阳)	35.5 ± 1.2				10/2017
3J (汇聚光, 240倍太阳)	40.7 ± 2.4	2.911	3832	87.5	9/2006
3J (汇聚光, 306倍太阳)	43.5				5/2012
4J (汇聚光, 508倍太阳)	46.0 ± 2.2	4.227	6498	85.1	10/2014

注：多数数据取自文献[1871]，3J(汇聚光)的数据取自文献[1899, 1900]. 日期是测量日期(大多是认证测量).

第二代光伏器件

更便宜的是非晶硅太阳能电池 (图 22.63(c)). 因为硅是间接半导体，吸收光需要相当厚的层. 如果使用直接半导体，薄层 ($d \approx 1$ μm) 就可以完全吸收光了. 这种电池称为薄膜太阳能电池[1901]. 这种类型的电池使用的典型材料体系是黄铜矿结构，例如 CuInSe$_2$(CIS). 带隙大约是 1 eV，不是最优的. 添加 Ga 或 S 就可以改进，把带隙增大到 1.2 ~ 1.6 eV, Cu(In, Ga)(Se, S)$_2$(CIGS). 利用 CIGS, 在实验室样品上已经实现了大于 19% 的效率；在生产中，看起来可以达到 12%~13%[1902]. CdTe 也是一种切实可行的吸收体，通常溅射在玻璃片上，演示了大于 16% 的效率，生产中可以达到 9%~10%. 薄膜太阳能电池可以在玻璃衬底或者是柔性的聚合物衬底上制作 (例如 Kapton①) (图 22.64(a) 和 (b)). 晶粒尺寸的优化在这里也是重要的 (图 22.64(b)). 使用透明导电氧化物 (TCO) 作为前电极，例如 ITO (InSnO$_2$) 或 ZnO:Al. 如果前表面是玻璃衬底，就像 CdTe/玻璃太阳能电池的情况，这个玻璃实际上被称为"顶片"(superstrate，对应于衬底 substrate). 薄膜和非晶硅太阳能电池也称为"第二代"光伏器件. 有机材料也可以用于太阳能电池[1903], 制造成本低，性能可以接受，最大效率在 2004 年是

---

① Kapton® 是一种聚酰亚胺，杜邦公司的产品和注册商标.

2.5%[1904], 2006 年大约是 4%[1905].

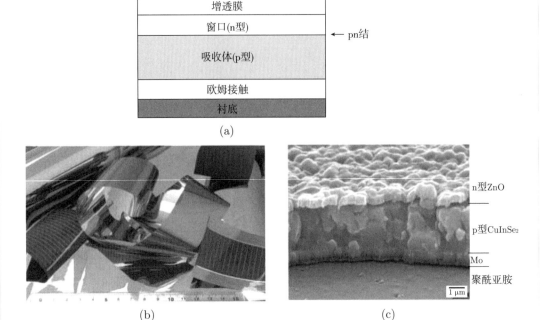

图22.64　(a) 多晶薄膜太阳能电池的截面示意图. (b) 柔性Kapton箔上的CIS薄膜太阳能电池卷材. (c) 薄膜太阳能电池的SEM截面像. 图(b)和(c)获允转载自文献[1906]

第三代光伏器件

第三代光伏器件试图超过 30% 这个极限, 包括多结太阳能电池、汇聚太阳光、使用热载流子的额外能量这些讨论过的概念, 以及其他概念包括光子转化[1907,1908]、中间带吸收[1909-1911]、多激子生成[1912] 或者使用量子点[1913].

在多结太阳能电池里, 不同的吸收层堆叠在衬底上, 能带逐渐增大, 通过 (高掺杂的) 隧道结 (21.5.9 小节) 连接起来. 在 500 倍的 AM1.5 照明下, 三结 (3J) 电池 (GaInP/GaInAs/Ge) 预期可以达到 41% 的效率, 五结 (5J) 是 42%, 利用 GaInNAs 可以达到 55%, 六结 (6J) 可以达到 59%[1914,1915] (图 22.65). 对于 3J 电池, 效率的记录是 40.7% (240 倍太阳), 这利用图 22.66 所示的层状材料[1899]. 关于 III - V 多结太阳能电池建模的细节, 请看文献 [1916]. 在一体化的电池里, 必须调节吸收体使得同样的电流穿过所有的层 (基尔霍夫定律). 多结太阳能电池是异质外延器件, 所以很贵; 从经济上考虑, 必须使用汇聚光.

最近的一条新路是双结电池, 由底部的硅电池和顶部的钙钛矿电池构成. 有机金属卤化物钙钛矿, 例如铅酸三卤铵 (R-N$_3$PbI$_3$), 已经表现出非常高的转换效率[1919,1920],

而且可以调节它们的吸收范围.

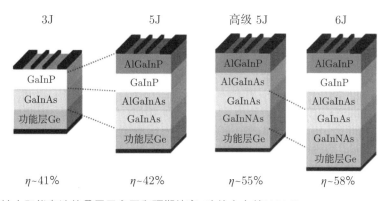

图22.65 多结太阳能电池的叠层示意图和预期效率. 改编自文献[1914]

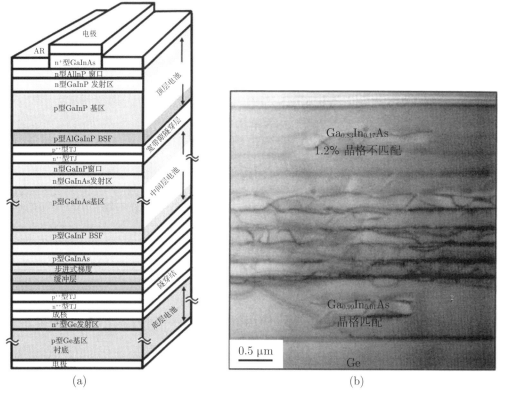

图22.66 (a) 三结(3J)太阳能电池的叠层示意图. 阶跃梯度缓冲(变形缓冲层)改变了随后各层的面内晶格常数. 改编自文献[1917]. (b) Ge晶片上的变形InGaAs缓冲层的TEM截面像. 改编自文献[1918]

另一个针对提高效率和更好地利用原本浪费的光子的概念是"中间波段"(intermediate band) 太阳能电池. 在这里, 宿主材料 (host) 带隙内的能级, 例如, 由高掺杂合适的元素或量子点能级产生的, 将有助于吸收带隙以下的光子并将它们泵送到宿主材料的导带中. 对这一概念的综述和实验结果, 可以在文献 [1921] 里找到.

22.4.7 商业事宜

生产光伏 (PV) 模块的成本①, 以不变美元来计算, 已经从 1980 年的 50 美元每峰值瓦特 (per peak watt) 下降到 2004 年的 3 美元每峰值瓦特. 2020 年的成本是 0.2 美元 /(kW·h), 是 2012 年成本的三分之一, 在许多应用中有可行性和竞争力 (图 22.67). 太阳能的价格在一段时间里遵循了斯旺森 (Swanson) 定律[1925], 即将安装的 (累积的) 太阳能增加一倍, 价格降低了 22%(图 22.67 里的虚线). 2005 年以后, 硅成本的上升导致了几年的偏差, 但最近, 这个趋势显示出更快的成本下降.

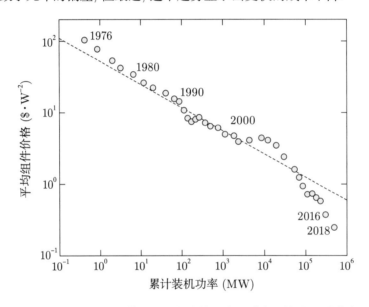

图22.67 光伏组件价格(US$/W, 调整至2002年的美元)与累计产量的关系. 虚线表示斯旺森定律. 大部分数据来自文献[1924]; 2016年和2018年的数据是从各种来源添加来的

能量的投资回收周期也在快速地下降. 例如, 2010 年生产的晶体硅模块需要大约 4 年来产生制作该模块所需要的能量. 下一代的硅模块使用不同等级的硅, 使用更薄层的半导体材料, 使得 2011 年的能量投资回收周期大约是 2 年[1926]. 能源回收时间当然也取决于太阳照射, 在北欧大约是 2 年, 而南欧是 1.5 年或更少[1927]. 薄膜模块很快将把回收周期降低到 1 年甚至更短[1926,1927]. 然而, 薄膜模块现在的市场增长率并不快于市

---
① 下述一些信息取自文献 [1922-1924].

场的总增长率. 这意味着这些模块将在其预期寿命剩下的 29 年里生产"免费的"清洁能源.

PV 技术可以满足任何规模的电力需求. 利用中等效率 (10%) 的商业化 PV 模块, 内华达州的 100 英里见方的太阳能源可以为美国提供全部的电力 (大约 800 GW). 更现实的场景是把这些 PV 系统分布在所有的 50 个州. 现在能用的地点仍然可以用, 例如空地、停车场和屋顶. 生产 800 GW 的土地需求平均到每州大约是 17 英里 ×17 英里 ($\sim 7.485 \times 10^8$ m^2). 或者, 在"棕色地带"(美国废弃的工业场所, 估计有 500 万英亩 ($\sim 2.023 \times 10^{10}$ m^2)) 上建造 PV 系统, 可以提供美国当前电力的 90%. 到 2030 年, 太阳能预期贡献美国能量需求的 10%. 对于德国, (2004 年) 预计在 2020 年有可能超过 2%. 2019 年上半年, 光伏发电实际上总共贡献了的 9.5%(25.05 TW·h); 图 22.68 描述了历史增长. 2019 年 6 月, 太阳能在德国所有能量载体中比例最大, 为 19.1%(7.17 TW·h)[1927]. 2019 年 6 月 29 日, 最大收获的太阳能发电功率是 33.4 GW(52.4%).

在 2001 年, 美国的 PV 模块装运量 (shipments) 达到了 400 MW, 市场价值为 25~30 亿美元. 基于美国的产业本身现在达到了每年 10 亿美元, 提供了 25000 份工作. 在今后的 20 年里, 预期到 2025 年, 将增长至 100~150 亿美元, 为 30 万人提供工作. 2018 年的实际就业职位是 24.2 万个. 2016 年的新安装功率几乎是 15 GW, 总功率略高于 40 GW. 2017 年, 总共安装了 50 GW. 2018 年, 太阳能提供了美国总电力的 1.66%.

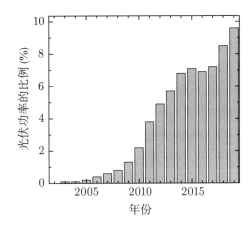

图22.68　光伏功率在德国公共电网发电厂总能量里的比例. 数据取自文献[1927]

第 23 章

电光转换

摘要

本章讲述了发光二极管 (LED) 和激光二极管. 关于 LED 材料的选择, 介绍了内量子效率和外量子效率的概念, 以及器件的设计. 介绍了一些特殊的器件, 例如, 白光 LED、量子点 LED 和有机 LED. 关于激光二极管, 讨论了增益、损耗和阈值的概念, 用于现代器件设计的各种异质结构, 以及激光发射的性质, 例如, 模式谱、远场、动态范围和可调谐性. 最后提到了一些特殊的器件, 例如, 热空穴激光器、级联激光器和半导体光放大器.

23.1 辐射计量学的量和光度学的量

23.1.1 辐射计量学的量

辐射计量学的量由辐射通量 (功率) Φ_e (通常简写为 Φ) 得来, 它是光源发射的总功率 (单位时间里的能量), 单位是瓦特. 辐射强度 I_e 是点光源发射到立体角里的辐射通量,[①] 单位是瓦特每立体角 (W/sr). 辐射照度 E_e 是照射在给定平面单位面积上的辐射通量, 单位是 W/m^2. 辐射亮度 L_e 是单位面积、单位立体角里的辐射通量, 例如, 由扩展光源发出, 单位是 $W/(m^2 \cdot sr)$.

23.1.2 光度学的量

光度学的量与视觉感受有关, 由辐射计量学的量带上 $V(\lambda)$ 曲线的权重得到.

辐射通量 (光谱学功率分布) 为 $\Phi(\lambda)$ 的光源的光通量 (luminous flux, 光度 luminosity 或视觉亮度 visible brightness) Φ_v 是

$$\Phi_v = K_m \int_0^\infty \Phi(\lambda) V(\lambda) d\lambda \tag{23.1}$$

其中, $K_m = 683$ lm/W. 这个公式也是 "流明" (lumen) 这个单位的定义. 转换函数[②] $V(\lambda)$ 如图 23.1(b) 所示, 对于适应了明亮环境和黑暗环境的视觉.[③]

其他衍生出来的光度学量是发光强度 (单位立体角的发光通量), 单位是坎德拉 (cd); 光照度 (单位面积的发光通量), 单位是勒克斯 (lx); 还有光亮度 (单位面积、单位立体角的发光通量). 如果光进入一个光系统 (例如, 再聚焦), 光亮度特别重要. 表 23.1 总结了辐射计量学的量和光度学的量.

[①] 立体角 Ω 是球面面积 A 和球半径 r 的平方的比值, $\Omega = A/r^2$.

[②] $V(\lambda)$ 曲线是实验确定的, 让几个观察者调节 (减弱) 波长为 555 nm 的单色光源的主观亮度, 达到与另一个波长的绝对辐射功率相同的光源的亮度, 采用 "异色闪烁光度法". "CIE 标准观察者的相对灵敏度曲线" 在 1924 年确定. "标准观察者" 既不是一个真实的观察者, 也不是一个平均的人类观察者. 这个曲线有缺点, 例如, 因为使用的光源的光谱带宽 (20~30 nm) 以及比较的是谱功率而不是光子通量.

[③] 亮视觉 (photopic vision) 来自锥细胞, 暗视觉 (scotopic vision) 来自杆细胞. 杆细胞比锥细胞灵敏 1000 倍以上, 据报道, 在最佳条件下可以被单个光子触发. 杆细胞以周边视觉为主, 对颜色不敏感.

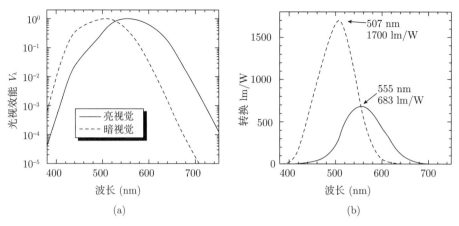

图23.1 (a) 亮视觉(适应了光亮，实线)和暗视觉(适应了黑暗，虚线)的相对的眼敏感度曲线. (b) 对于亮视觉和暗视觉，将流明(lumen)转换为瓦特(Watt)

表23.1 辐射计量学和光度学的量和单位

辐射计量学			光度学		
物理量	符号	单位	物理量	符号	单位
辐射通量(Radiant flux)	Φ_e	W	光通量(Luminous flux)	Φ_v	lm
辐射强度(Radiant intensity)	I_e	W/sr	光强度(Luminous intensity)	I_v	cd
辐射照度(Irradiance)	E_e	W/m^2	光照度(Illuminance)	E_v	lx
辐射亮度(Radiance)	L_e	W/(m^2·sr)	光亮度(Luminance)	L_v	lm/(m^2·sr)

注：光度单位为流明（lm）、勒克斯(lx = lm/m^2)和坎德拉(cd = lm/sr).

23.2 闪烁体

闪烁体 (或者磷光体) 这种材料可以把碰撞的高能辐射转化为光子[1928]. 除了转化效率高以外, 闪烁体的光谱和衰减时间常数对于显示应用也很重要. 为了显示的目的, 直接用光子为观测者形成影像. 为了探测辐射, 把光子传送给光电倍增管并计数.

最突出的应用涉及电子的转化, 包括阴极射线管 (CRT, 加速电压 > 10 kV) 的显示屏, 以及平板设备的显示屏, 例如场效应显示 (利用低电压激发, 通常 < 1 kV) 或者等离子显示 (利用两个电极之间的等离子体放电来激发). 关于电荧光显示的更多细节, 请看文献 [1929]. 用闪烁体探测的其他辐射形式有 α, β 和 γ 辐射, 以及 X 射线和中子[1930]. 为了最佳的性能, 不同的激发条件需要不同的磷光体.

23.2.1 CIE 色度图

CIE[①] 方案把来自一个物体的光的谱功率分布 (SPD) 转换为亮度参数 Y 和两个色度坐标 x 和 y. 色度坐标把颜色[②] 映射到二维 CIE 色度图的色调和饱和度. 对于给定颜色的物体, 获得色度坐标的过程包括: 确定它在每个波长的谱功率分布 $P(\lambda)$, 乘以三种颜色匹配函数 $\bar{x}(\lambda)$, $\bar{y}(\lambda)$ 和 $\bar{z}(\lambda)$(图 23.2(a)) 的一个, 对三色刺激值 X,Y,Z 做积分 (或求和), 有

$$X = \int_{380\text{ nm}}^{780\text{ nm}} P(\lambda)\bar{x}(\lambda)\mathrm{d}\lambda \tag{23.2a}$$

$$Y = \int_{380\text{ nm}}^{780\text{ nm}} P(\lambda)\bar{y}(\lambda)\mathrm{d}\lambda \tag{23.2b}$$

$$Z = \int_{380\text{ nm}}^{780\text{ nm}} P(\lambda)\bar{z}(\lambda)\mathrm{d}\lambda \tag{23.2c}$$

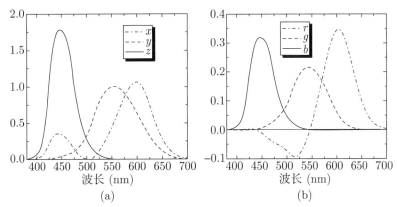

图23.2 (a) 用于计算CIE色度的颜色匹配函数 $\bar{x}$, $\bar{y}$ 和 $\bar{z}$; (b) 用于计算RGB值的配色函数 $\bar{r}$, $\bar{g}$ 和 $\bar{b}$

Y 给出亮度. 把三色刺激值归一化, 得到色度坐标, 例如, $x = X/(X+Y+Z)$. 这种方法得到的 x 和 y 是色度坐标. 第三个坐标 $z = 1-x-y$ 是冗余的, 没有给出额外的信息. 因此, 颜色表示在二维图 CIE 色度图[③] 里, 如图 23.3(a) 所示. 白色表示为 $x = y = z = 1/3$. 为了把人眼感受到的颜色差别与图中的几何距离更紧密地联系起来,

---

[①] 国际照明委员会. 颜色空间可以用不同的坐标系描述, 三种最常用的颜色系统是 Munsell, Ostwald 和 CIE, 用不同的参数描述. Munsell 系统使用色调 (hue)、明度 (value) 和色度 (chroma), Ostwald 系统使用主波长 (dominant wavelength)、纯度 (purity) 和亮度 (luminance). 更精确的 CIE 系统使用参数 Y 衡量亮度, 用参数 x 和 y 确认色度 (chromaticity), 它覆盖了二维色度图的色调和饱和度的性质.

[②] 这个定义来自眼睛的颜色视觉. 两种光源可以是相同的颜色, 只要它们给人眼以相同的视觉感受, 尽管它们的谱功率分布可能不一样.

[③] 为了理解颜色的关系, 对图做了染色. CRT 监视器和打印材料不能重构出人类视觉感受的全部颜色谱. 彩色区域只给出了大致的分类, 并不是颜色的精确描述.

用新坐标做了修改 (图 23.3(b)),

$$u' = 4x/(-2x + 12y + 3) \tag{23.3a}$$

$$v' = 9y/(-2x + 12y + 3) \tag{23.3b}$$

CRT 使用的是红绿蓝 (RGB) 颜色空间.① RGB 值的颜色匹配函数如图 23.2(b) 所

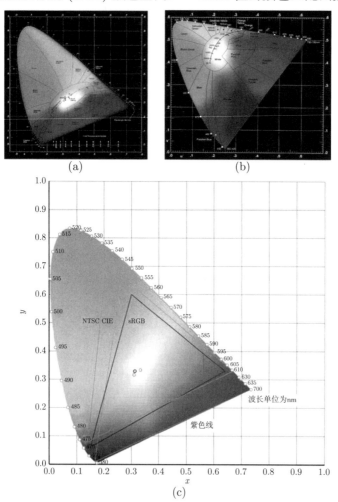

图23.3 (a) 1931年的CIE色度图，坐标为x和y，(b) 1976年的CIE色度图，坐标为u'和v'(式(23.3b)). 弯曲的上边界被称为"谱轨迹"，包含单色的颜色，左下角的直线被称为"紫色边界". 图中还给出黑体辐射的颜色，T=5440 K对应于$x = y = 1/3$. "A" "B" "C" 和 "E" 是标准光源，"D65" 表示白天，色温T=6500 K. (c) CIE图，颜色范围为sRGB, CIE和NTSC. 图(c)改编自文献[1931]

---

① RGB 是加色系统. 然而，印刷机器用减色系统. 这意味着墨水吸收某个特定的颜色，视觉感受来自被反射的 (而不是被吸收的) 光. 当墨水组合起来时，它们吸收组合的颜色，因此反射光减少了，或者被减掉了. 减色系的三原色是青、品红和黄 (CMY), 与 RGB 的关系是 $(C,M,Y) = (1-R, 1-G, 1-B)$.

示. RGB 值与 X, Y, Z 值的关系是

$$\begin{pmatrix} R \\ G \\ B \end{pmatrix} = \begin{pmatrix} 2.36461 & -0.89654 & -0.46807 \\ -0.51517 & 1.42641 & 0.08876 \\ 0.00520 & -0.01441 & 1.00920 \end{pmatrix} \begin{pmatrix} X \\ Y \\ Z \end{pmatrix} \tag{23.4}$$

从 1931 年起, CIE 的红绿蓝 RGB 三原色的波长是 700 nm, 546.1 nm 和 435.8 nm, 相对强度是 1.0, 4.5907 和 0.0601. 利用三种磷光体的显示器件, 只能显示 CIE 图里由这三个色度坐标构成的三角形里的颜色. 对于 sRGB[①]、1931 年 CIE 原色和 NTSC[②] 范式, 坐标由表 23.2 给出, 如图 23.3(c) 所示. CIE 图的最佳覆盖用到的单色光源 (对于激光电视或者 LED 显示) 的波长大约是 680 nm, 520 nm 和 440 nm.

表23.2　sRGB, CIE和NTSC的原色和白色

原色	红		绿		蓝		白	
CIE	0.73467	0.26533	0.27376	0.71741	0.16658	0.00886	0.33333	0.33333
NTSC	0.6700	0.3300	0.2100	0.7100	0.1400	0.0800	0.3100	0.3160
sRGB	0.6400	0.3300	0.3000	0.6000	0.1500	0.0600	0.3127	0.3290

23.2.2　显示应用

琥珀色的单色显示器曾经无处不在, 主要是用 $ZnS:Mn$ 制作的[1929], 具有宽光谱 (540~680 nm), 光谱峰位于 585 nm ($x = 0.50, y = 0.50$), 效率是 2~4 lm/W. 在彩色电视机里 (以及类似的应用, 例如, 计算机的彩色监视器, 航空用的显示器, 投影电视), 三种磷光体 (蓝色、绿色和红色) 沉积在屏幕的内表面上, 用选择性的、时间复用的阴极射线激发它们, 产生图像. 标准 CRT 磷光体 P-22B, P-22G 和 P-22R 的色度坐标由表 23.3 给出. 它们覆盖了图 23.3(c) 里标着 "sRGB" 的彩色区域. 对于蓝色和绿色, $ZnS:Ag (x = 0.157, y = 0.069)$, $ZnS:Ag,Cl$, $ZnS:Ag,Al$ 和 $ZnS:Cu,Al (x = 0.312, y = 0.597)$, $ZnS:Cu,Au,Al$ 分别用作磷光体. 用三价铕 (Eu^{3+}) 激活的 $Y_2O_2S:Eu$ ($x = 0.624, y = 0.337$) 在红色显示方面比 $ZnS:Ag$ 好得多 (两倍还不止), 完全替代了它, 而成本只有五分之一. 为了可重复性的图像质量, 需要精确的颗粒尺寸控制 (CRT 磷光体的中位数尺寸大约是 8 μm)、分散度控制和表面处理. 平板显示的激发电压更低, 为了最佳的效率, 要求不同的磷光体.

---

① 标准 RGB 颜色空间主要由惠普公司和微软公司定义, 与 PAL/SECAM 欧洲电视磷光体几乎完全相同.
② 国家电视标准颜色, 美国制式.

表23.3 标准CRT荧光粉的CIE颜色坐标、峰值发射波长和衰减时间(10%)

磷光体	x	y	λ_p(nm)	衰减时间
P-22B	0.148	0.062	440	$\sim 20\ \mu s$
P-22G	0.310	0.594	540	$\sim 60\ \mu s$
P-22R	0.661	0.332	625	1 ms

23.2.3 辐射探测

测量 α 粒子最常用的闪烁探测器是用银激活的 ZnS(ZnS:Ag). 这种材料对光不是很透明, 通常制成大量的亚毫米尺寸的晶体, 用胶合剂粘在塑料片或其他材料上. 把这个屏光学耦合到光电倍增管上, 再连到相关的电子学线路上. 选择电压和鉴别电平, 使得探测器对来自 α 相互作用的大脉冲灵敏, 但是对 β 或 γ 诱导的脉冲不灵敏. 相比于 β 或 γ 辐射, α 粒子把所有的能量留在了厚度很薄的材料上.

通常用有机材料制作 β 辐射的闪烁探测器. 在有机闪烁体里, 光发射是荧光的结果, 一个分子从电离辐射吸收能量被激发以后, 从激发态能级弛豫下来. 许多有机材料具有很好的闪烁性质, 例如, 蒽、反式二苯乙烯 (trans-stilbene)、对三苯基 (para-terphenyl)、苯基恶唑衍生物 (phenyl oxazole derivatives). 把有机分子溶解在有机溶剂里, 作为液体的闪烁体. 一个经典应用是测量低能量的 β 辐射, 例如, 来自氚、^{14}C 或 ^{35}S. 在这种情况下, 包含有放射性的 β 辐射源的样品被溶解 (有时候是悬浮) 在闪烁体溶液里. 发出的 β 辐射将能量通过溶剂转移给闪烁体分子, 让它发光, 随后用光电倍增管探测. 有机的闪烁体分子也可以溶解在有机单体里, 然后再聚合成各种形状和尺寸的塑料闪烁体. 非常薄的闪烁体已经用于 α 探测, 厚一些的闪烁体用于 β 探测. 大体积的塑料闪烁体已经用于 γ 探测, 特别是与剂量有关的测量.

其他的无机晶体闪烁体, 特别是用铊激活的碘化钠 (NaI:Tl) 已经用于 γ 射线的能量测量. 这种探测器可以生长为大的单晶, 从入射的 γ 射线吸收所有的能量, 效率还可以. 有很多无机闪烁体, 例如, 用铊激活的碘化铯 (CsI:Tl), 锗酸铋 (bismuth germanate, $Bi_4Ge_3O_{12}$), 氟化钡 (BaF_2). 这些通常用于 γ 测量, 但是也制作成带有薄薄的窗口, 用于给荷电粒子 (例如, α 粒子和 β 粒子) 计数. 文献 [1932] 综述了很多闪烁体材料, 包括钨酸盐, 例如, $CdWO_4$.

表 23.4 给出了各种闪烁体材料的峰值发射波长和特征衰减时间. 直接半导体的效率虽然不是最高, 但是特别适合高的时间分辨精度, 例如, 飞行时间测量或者扫描电子显微镜.

表23.4　不同闪烁体材料的发射峰波长和衰减时间

材料	波长 λ_p (nm)	衰减时间
Zn_2SiO_4:Mn	525	24 ms
ZnS:Cu	543	35~100 μs
$CdWO_4$	475	5 μs
CsI:Tl	540	1 μs
CsI:Na	425	630 ns
$Y_3Al_5O_{12}$:Ce	550	65 ns
Lu_2SiO_5:Ce	400	40 ns
$YAlO_3$:Ce	365	30 ns
ZnO:Ga	385	2 ns

23.2.4 发光机制

自陷的激子

在强离子性的晶体里, 例如, NaI, 空穴通过极化子效应局域在一个原子位置. 在空间里扩散的电子被吸引, 形成自陷的激子, 可以发生辐射跃迁.

自激发的闪烁体

在这种材料里, 荧光成分是晶体的组成成分. 发光涉及离子内的跃迁, 例如, 在 $Bi_4Ge_3O_{12}$ 的 Bi^{3+} 离子里, 6p → 6s, 或者是在 $CaWO_4$ 的 $(WO_4)^{2-}$ 里, 电荷转移跃迁. 在室温下, 非辐射的竞争过程限制了它的效率.

活化离子 (activator ions)

对于掺杂的离子, 例如, YO_2S : Eu 里的 Eu^{2+}, $YAlO_3$: Ce 里的 Ce^{3+}, 或者 NaI : Tl 里的 Tl^+, 辐射激发的空穴和电子被同一个离子相继束缚, 接着发生了辐射跃迁. 对于 Eu 和 Ce [①], 5d → 4f; 对于 Tl, $3P_{0,1}$ → S_0. CsI:Tl 是效率最高的一种, 64.8 个光子 /keV[1933].

原子实 - 价带的荧光

在一些材料里, 例如, BaF_2, CsF, $BaLu_2F_8$, 价带和能量最高的原子实能带之间的带隙小于基本带隙. 当价带的一个电子填充了最高的原子实能带里 (由辐射产生的) 的一个空穴时, 就发生了辐射跃迁. 光的产率限制在大约 2 个光子 /keV.

半导体复合过程

自由激子或者杂质上的束缚激子可以辐射复合. 这个过程在低温下最有效. 在室温下, 发光通常弱得多 ($\gtrsim 10\times$), 因为激子分解了, 不被束缚了. 高掺杂的 n 型半导体, 例如, CdS : In, 表现出在施主能带电子和空穴之间的复合. ZnO : Ga 的效率大约是 15 个

---

① 这个跃迁对于 Ce 是偶极允许的, 对于 Eu 是部分禁戒的.

光子/keV, 而且响应很快 (在最初的 100 ps 里, 发射 2.4 个光子/keV). 荧光也可以来自施主-受主对的跃迁, 例如, 在 PbI_2 中, 10 K 温度下的效率是 3 个光子/keV. 等电子杂质吸引一个电子, 然后再吸引一个空穴, 例如, GaP : N 里的氮, CdS : Te 里的铊. 在 ZnS : Ag 和 ZnS : Cu 里, 导带到陷阱的复合占主导地位. 在共掺杂的方案里, 例如 CdS : In,Te, In 在杂质能带里提供了一个电子, 可以和 Te 束缚的空穴复合.

23.3 发光二极管

23.3.1 简介

发光二极管 (LED) 是半导体器件, 注入的载流子在它里面发生辐射复合. 导致发光的辐射复合过程, 可以是本征的, 即带-带复合, 也可以是非本征的, 例如, 杂质-束缚激子. 与杂质有关的荧光也可以由碰撞来激发. 关于 LED 的广泛讨论, 请看文献 [1934,1935]; 早期领域的综述, 请看文献 [1936]; 最近的综述, 请看文献 [1937, 1938]. LED 通常是 pn 二极管, 但是也报道一些 MIS 基的器件 [1939,1940].

23.3.2 光谱范围

LED 的应用可以用发光颜色来分类. 图 23.4 给出了人眼的标准灵敏度 $V(\lambda)$ (图 23.1(a)). 在可见光谱区 (大约 400~750 nm), LED 的主观亮度依赖于眼睛的灵敏度, 在绿光处 (555 nm) 最大, 朝着红光和蓝光的方向, 都迅速下降.

最重要的光谱区和应用是:

- 红外 ($\lambda > 800$ nm): 远程控制, 光耦合器, 低成本的数据传输, IR 界面;

- 可见: LED 指示灯, 照明[①] (室内、建筑物、小汽车), 宽光谱的白光 LED;

- 紫外 ($\lambda < 400$ nm): 泵浦磷光体用于白光 LED, 生物技术.

在各种光谱范围里, 可能有用的半导体如图 23.4 所示. 现在用于各种颜色的可见光谱的半导体是:

---

① 白光 LED 进入普通照明市场, 可以为全世界节省成本 1000 亿美元, 或者降低发电容量 120 GW.

- 红-黄：Ga(As, P)/GaAs, 现在是 (Al, In, Ga)P/GaP;

- 黄-绿：GaAsP : N, GaP : N;

- 绿-蓝：SiC, 现在是 GaN, (In, Ga)N;

- 紫：GaN;

- 紫外：(Al, Ga)N.

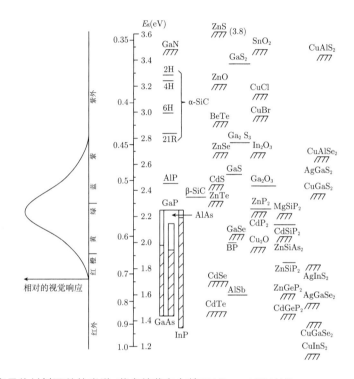

图23.4 各种半导体材料覆盖的光谱. 获允转载自文献[574]，©1981 Wiley

23.3.3 效率

外量子效率

外量子效率 (或者总量子效率)η_{ext} 是每注入一个电子-空穴对后器件发出的光子数. 它由内量子效率 η_{int} 和光提取效率 χ_{ex} 的乘积给出：

$$\eta_{ext} = \chi_{ex}\eta_{int} \tag{23.5}$$

在商品化器件里，还有另一个因子封装效率，表示把 LED 管芯封装到管壳里导致的光子损耗.

插墙效率

插墙效率 η_w 是功率转换比，为光输出功率 P_out 和电功率的比值，

$$\eta_\mathrm{w} = \frac{P_\mathrm{out}}{IV} = \frac{\hbar\omega}{eV}\eta_\mathrm{ext} \tag{23.6}$$

乍一看，假设 $\eta_\mathrm{w} < 1$ 总是合理的. 然而，已经有报道说，在小电流和高温下，在 GaSb 基的二极管里，插墙效率大于 100%，因为电功把热从晶格泵浦到光子场里[1941]. 文献 [1942] 奠定了这种效应的基础工作，实质上预言了 $\hbar\omega > eV$ 是可能的.

内量子效率

内量子效率 η_int 是 (在半导体里) 每注入一个电子-空穴对后发出的光子数. 为了得到大的 η_int 值，重要的是材料质量高、缺陷密度低和陷阱密度低. pn 二极管里的复合电流已经由式 (21.136) 给出.

光提取效率

光提取效率 χ_ex 是离开器件的光子数和产生的总光子数的比值.① LED 的几何构型对于优化 χ_ex 极为重要. 半导体的折射率大 (n_s 为 $2.5 \sim 3.5$)，由于全内反射，光只有和表面法线的夹角小于 θ_c，才可以离开半导体 (参见式 (9.11) 和图 9.4 的右侧). 进入空气 ($n_1 \approx 1$) 的临界角是

$$\theta_\mathrm{c} = \arcsin(1/n_\mathrm{s}) \tag{23.7}$$

GaAs 的全内反射的临界角是 16°，GaP 是 17°. 此外，一部分没有全内反射的光子也会被表面反射回来，反射率 (参见式 (9.15))

$$R = \left(\frac{n_\mathrm{s}-1}{n_\mathrm{s}+1}\right)^2 \tag{23.8}$$

注意，上面的公式只在垂直入射时严格成立. 对于 GaAs/空气的界面，表面反射率 (对于垂直入射) 大约是 30%. 因此，LED 的光提取效率由 $1-R$ 和临界角给出：

$$\chi_\mathrm{ex} \cong \frac{4n_1 n_\mathrm{s}}{(n_1+n_\mathrm{s})^2}(1-\cos\theta_\mathrm{c}) \approx \frac{4n_\mathrm{s}}{(n_\mathrm{s}+1)^2}(1-\cos\theta_\mathrm{c}) \tag{23.9}$$

当外面的介质是空气时，后面的近似成立. 对于 GaAs，光提取效率是 $0.7 \times 4\% \approx 2.7\%$. 因此，产生的光子通常只有很小一部分可以离开器件，为 LED 发光做贡献.

---

① 注意，光提取效率对太阳能电池也很重要，参见 22.4.3 小节.

23.3.4 器件设计

下面简要讨论能够显著改善光提取效率 (图 23.5) 和 LED 性能的策略. 截至 2014 年, 光提取效率的记录是 89%[1943], 但不是大规模生产的器件.

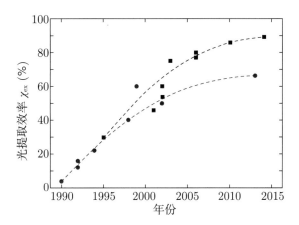

图23.5 AlGaInP(圆点)和(In, Ga)N(方块)LED的最大光提取效率的历史发展. 改编自文献[1938,1944]

非平面的表面

利用弯曲的表面, 可以 (部分地) 解决全内反射的问题 (图 23.6). 可以用球形抛光的芯片, 但是很贵. 用环氧树脂封装标准的 LED 基座 (图 23.7(a)), 它的形状起了类似的作用, 但是折射率小于半导体, 对于光束形状很重要.

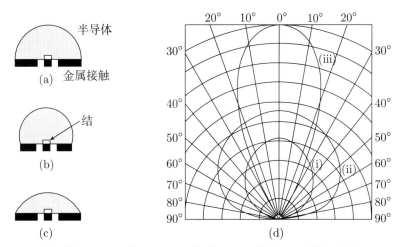

图23.6 各种LED外壳的构型: (a) 半球形; (b) 截球形; (c) 抛物面. 改编自文献[1945]. (d) 发射特性: (i) 矩形, (ii) 半球形和(iii) 抛物面. 改编自文献[1946]

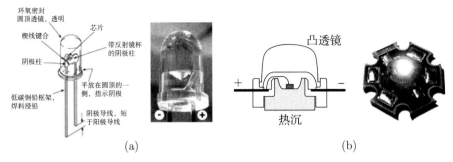

图23.7 (a) 标准LED外壳(示意图和照片);(b) 大功率安装(Luxeon®LED的示意图和照片)

厚窗的芯片构型

如果把顶层做得很厚 (图 23.8(b)),50～70 μm 而不是几 μm,可以把光提取效率提高 10%～12%. 然而, 这种方法不适合更大的器件, 因为这样要求的厚度就更大了.

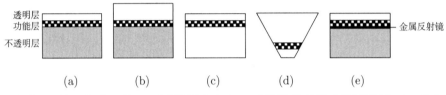

图23.8 (a) 标准LED的层序列,采用不透明基板(灰色区)、功能层(格子区)和透明顶部;(b) 带有厚顶层的厚窗设计(50~70 μm);(c) 透明衬底(通过重新键合,参见图23.9);(d) 芯片成形(参见图23.11);(e) 带金属反射镜(黑色)并重新键合的薄膜LED(参见图23.12)

透明衬底

如果光子不会因为在衬底里的吸收而损失, 反射的危害就不那么大了. LED 芯片设计的发展历程如图 23.8 所示. 对于透明的和不透明的衬底, 光的路径如图 23.9 所示. 因为"光子再利用"效应, 所以透明衬底的光提取效率更高. 效率可以达到 20%～25%. 利

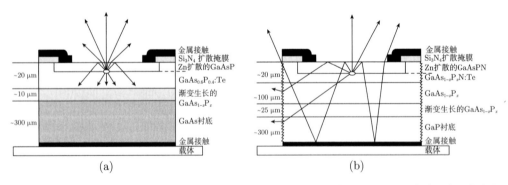

图23.9 GaAsP基LED与(a) 不透明(GaAs)衬底和(b) 透明(GaP)衬底(侧面粗糙)的光路比较. 改编自文献[1947]

用 AlGaInP 功能层制作 GaP LED 的技术步骤如图 23.10 所示. 因为晶格匹配条件, 所以功能层先是生长在 GaAs 上.

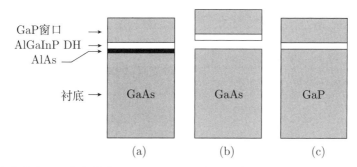

图23.10　红色高亮度LED的制作方案：(a) GaAs衬底上带有GaP窗口的AlGaInP双异质结(DH)(用MOCVD生长); (b) 使用HF蚀刻的AlAs牺牲层的剥离; (c) 在GaP上做晶片键合(对红光透明)

非长方形的芯片构型

如果制作的芯片具有反转的结构, 并且安放在镜子上, 可以实现很高的光提取效率 ($> 50\%$). 典型的商品化设计如图 23.11 所示.

提高量子效率, 能够让器件给出更高的输出功率. 起初, LED 给出的功率只是 mW 的范围, 现在的输出功率可以在 ~ 1 W 的范围 (高亮度 LED). 更大的电流需要更好的热沉, 有必要重新设计 LED 的基座 (图 23.7(b)). 标准基座的热阻是 220 K/W (芯片尺寸为 $(0.25 \text{ mm})^2$, 0.05$\sim$0.1 W, 0.2$\sim$2 lm), 大功率基座的热阻是 15 K/W (芯片尺寸 $(0.5 \text{ mm})^2$, 0.5$\sim$2 W, 10$\sim$100 lm). 一种不用树脂的封装技术也增强了颜色的均匀性, 保持了亮度.

薄膜 LED

在薄膜 LED 的设计中 [1950], 如图 23.12(a) 所示, 在 LED 层上蒸发一层金属镜子. 接下来, 把金属的一侧与另一个金属化处理后的衬底做晶片键合, 再去除原先的衬底. 另外, (在键合之前)LED 表面还可以做图形, 得到 (六边形) 微棱镜台面 (带有开口的绝缘层 (例如, 氮化硅), 以便优化电流路径) 的 (六方) 阵列. 优化微棱镜, 使得光能够高效地朝着发光表面反射. 这种技术是可以升级到大面积上而不会损失效率的.

为了避免从顶部键合 (它挡住了一部分发射光, 而且是力学处理工艺), 设计了倒装芯片 LED 的接触方式, 在同一侧接触 n 型层和 p 型层 [1952]. 截面示意图和发光图像如图 23.13 (a) 所示. 这里的 n 型接触穿过了一个具有绝缘侧壁的通孔. 在发光图像里, 可以看到通孔的阵列.

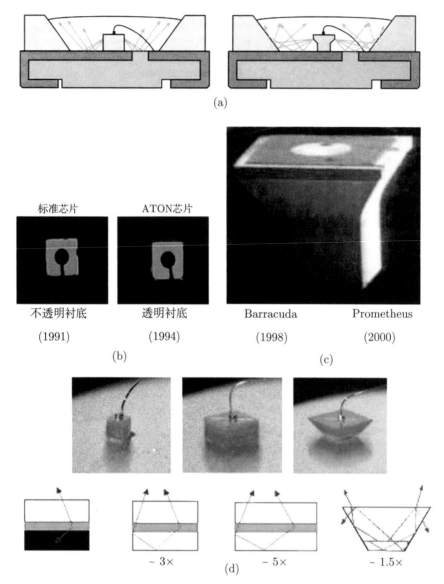

图23.11 通过LED芯片的三维设计，优化光的出射：(a) 方案；(b) 发射模式的比较；(c) ATON芯片的SEM图像. 获允转载自文献[1948]. (d) 截锥倒金字塔(Prometheus)芯片的制作阶段. 取自文献[1949]

体材料倒装芯片

在 GaN 材料体系里，使用体材料衬底 (厚度为 150 μm) 的三角形芯片 (边长为 400 μm)，如图 23.14 所示，达到了目前最高的光提取效率 (几乎是 90%)[1943,1953]. 顶部和侧面都是粗糙的.

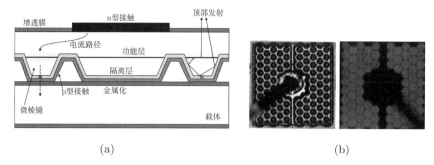

图23.12 (a) 带有微棱镜的薄膜LED方案. (b) 薄膜AlInGaP LED(芯片长度：320 μm)的图像和发光图像. 获允转载自文献[1951]

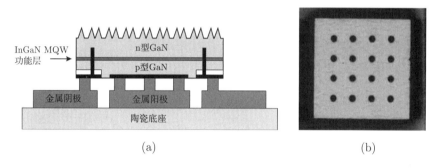

图23.13 (a) 薄膜LED倒装芯片的示意图，具有粗糙的表面和同一侧的电极. (b) 1×1 cm² 芯片的发光图像，改编自文献[1952]

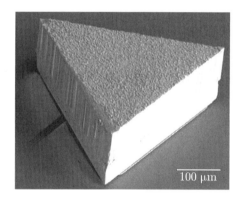

图23.14 光提取效率高的三角形GaN LED芯片. n型和p型电极都在底部. 改编自文献[1943]

级联的发光二极管

类似于多结太阳能电池里使用隧穿结(22.4.6小节)，已经提议把几个 LED 层串联成一体[1954] (图 23.15). 对于单结 LED 的给定功率 P(正向电压为 V_F，电流密度为 j)，理想地说，N 个全同的 LED 叠在一起 (有 $N-1$ 个结)，在 N 倍的正向电压下，给出相

同的输出功率 P, 文献 [1955] 报道了 $N = 2, 3$ 的情况, 而电流密度是 j/N. 因为 LED 的内量子效率随着电流密度的增大而减小 (下垂效应, droop), 如果隧穿结的串联电阻小, 这种叠层 LED 设计有可能提高插墙效率. 这种器件的量子效率就大于单个 LED 效率的 N 倍, 因此可以远大于 100%(类似于量子级联激光器, 23.4.16 小节).

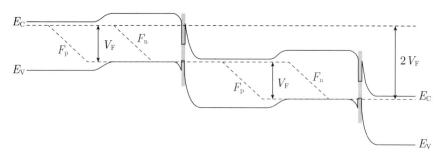

图23.15 级联LED的能带结构示意图. 灰色区间表示额外的异质结构, 用来减小隧穿结的串联电阻. 改编自文献[1954]

历史发展

对于不同的材料体系, LED 的发光效率 (单位电输入功率的发光通量) 的历史发展如图 23.16 所示. 在过去的 40 年里, 光通量每十年增加 20 倍, 而价格每十年降低为 1/10(图 23.17). 现在需要开发更加高效的绿光 LED[1956], 因为它们的光通量小于蓝光和红光的器件 (图 23.18).

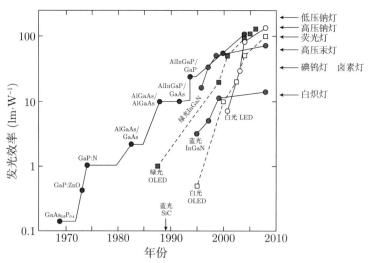

图23.16 半导体LED和OLED发光效率的历史发展. 基于文献[1957], 添加了OLED的数据和LED的最新数据. 右边的箭头给出各种其他光源的发光效率

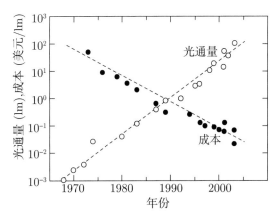

图23.17 半导体发光二极管的光通量(单位是流明)和成本(单位是美元/lm)的历史发展. 数据取自文献[1949]

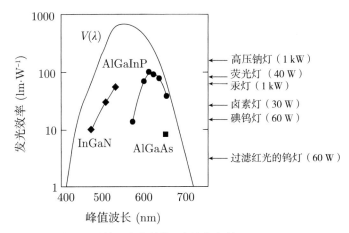

图23.18 与其他光源相比，各种LED材料的发光性能. 改编自文献[1957]

23.3.5 白光 LED

有不同的方法可以让 LED 产生白光, 如图 23.19 所示. 把红光、绿光和蓝光 LED 组合起来, 可以实现最高的颜色全范围 (color gamut) 和可调节的白点 (white point) (图 23.19(a)). 利用蓝光 LED 和黄色荧光粉 (图 23.19(b), 图 23.20(a) 和 (b)), 可以实现白光光谱, 但不是很接近黑体辐射谱 (图 23.20(c)). 把两种荧光粉组合起来, 可以实现更好的颜色表达[1958]. 利用紫外 LED(它本身不是可见光, 而且必须屏蔽, 保证没有紫外线泄露到 LED 以外), 可以泵浦各种颜色的荧光粉 (图 23.19(c)). 荧光粉的混合决定了白点.

利用基于 InGaN 材料的蓝光 LED, 可以泵浦荧光粉 (类似于荧光灯里使用的材料). 把蓝光转变为绿光、黄光或者红光, 最终得到的总光谱让人眼觉得是白的. 可以在很宽的范围里设计其他颜色 (按需设计的颜色), 例如, 粉红色或者特别的组合色.

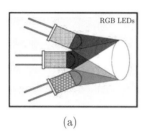 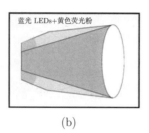 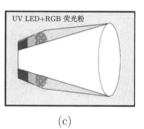

图23.19 用LED产生白光的不同策略. (a) 红光、绿光和蓝光LED相加; (b) 蓝光LED和黄色荧光粉; (c) UV LED(不是可见光)和R, G和B荧光粉. 取自文献[1949]

白光 LED 的颜色依赖于工作条件. 白光 LED 的强度和直流驱动电流的关系曲线如图 23.21(a) 所示. 不同直流电流对应的色度坐标如图 23.21(b) 所示. 由于代能态的填充, 蓝光 (In, Ga)N 材料的发光波长随正向电压发生变化 (图 23.22). 为了避免这种效应, LED 用固定振幅的脉冲来驱动, 其重复频率足够高. 例如 100 Hz, 人眼感觉不到闪烁, LED 的光强通过脉冲宽度来调制, 在这种情况下, 介于 0~10 ms(PWM, 脉冲宽度调制).

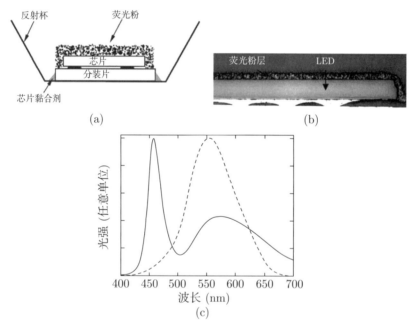

图23.20 颜色转换的Luxeon LED: (a) 示意图; (b) 照片. 取自文献[1949]. (c) 用蓝光二极管泵浦黄色荧光粉的白光二极管的光谱(实线)和视觉灵敏度曲线 $V(\lambda)$(虚线). 改编自文献[1951]

白色 LED 的直射光在视觉上很吸引人,与匹配温度的黑体源的谱功率分布一样. 但是, 因为白光 LED 的谱功率分布和自然光不同, 被这种光源照射的物体会表现出 "错误的" 颜色. 对于图 23.20(c) 的光谱, 就重现得不好, 特别是绿色. 显色指数 (CRI) 定量地衡量光源重现被照明物体的颜色的能力, 与自然的 (黑体) 光源做比较.

相比于卤素灯 (大约 2000 小时)、氙灯 (10000 小时) 或者荧光灯 (6000~10000 小时), LED 用于显示和照明的主要优点是寿命长. 在给定电流 (1 A) 下, Philips Lumileds 的产品 (白光 LUXEON® K2 LED) 保持 70% 发光度的寿命是 50000 小时, 结的温度是 $T_j \leqslant 120\,°C$[1961]. OSRAM 的大功率白光 LED 有着类似的数值 [1964](图 23.23). 现在的问题是发光效率随着电流密度的增大而减小 (下垂效应), 很可能是因为俄歇复合 [1962,1963].

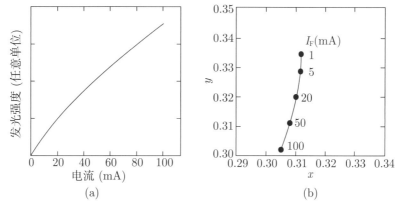

图23.21　(a) 白光LED(NSCW 215)的发光强度和直流正向电流的关系. (b) 各种直流驱动条件下的CIE色度坐标. 数据取自文献[1959]

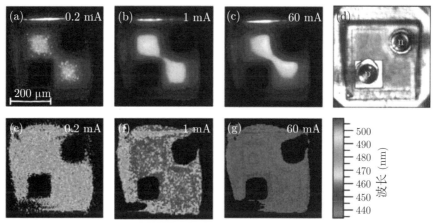

图23.22　(a~c) (In,Ga)N LED的电荧光强度, 不同的电流如标注所示. (d) LED芯片的光学图片(顶视图). (e~g) 不同电流的波长影像(发光谱最大值的波长). 改编自文献[1960]

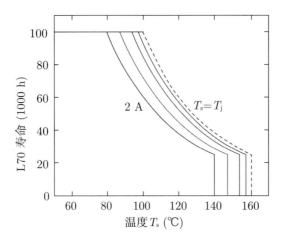

图23.23 对于各种驱动电流(0.3 A，0.7 A，1.4 A和2.0 A，实线从右到左)，使用寿命(70%发光度，L70寿命)作为焊料温度 T_s 的函数(对于白光Diamond Dragon® LED). 虚线是低驱动电流和 $T_s = T_j$. 改编自文献[1964]

23.3.6 量子点发光二极管

对 LED 来说，量子点由于它的光谱性质 (14.4.4 小节)，是一种有趣的功能介质.

超窄的谱发射

基于单个量子点的 LED 表现出的光谱很特殊，由单根光谱线组成，至少在低温下[1965]，来自激子复合，如图 23.24 所示. 这种器件可以按需发射单光子，可以作为量子保密通信的光子源. 在更大的电流下，出现双激子复合. 据文献 [1966, 1967] 报道，在单个量子点里，级联的 XX 和 X 复合过程给出了光子对的触发发射，它们是偏振纠缠的光子对. 纠缠与 X 和 XX 的简并发光能量有关[1968](比较图 14.44).

超宽的谱发射

基于量子点系综发光的 LED 表现出的光谱很宽，这是因为量子点尺寸涨落导致的非均匀展宽 (比较图 14.47). 此外，几种平均尺寸不同的量子点系综可以放在一个器件里，例如，在堆叠层里[1970]. 这种方法可以实现超宽的电致荧光谱 (图 23.25). 基态和激发态的发光也可以用于宽光谱的发光.

23.3.7 有机发光二极管

有机发光二极管 (OLED) 是用有机半导体制作的. 开创性的工作来自邓青云和 Van Slyke[1789,1972]. 典型的层序列如图 21.62 所示. 光发射出现在阳极 (并穿过透明的

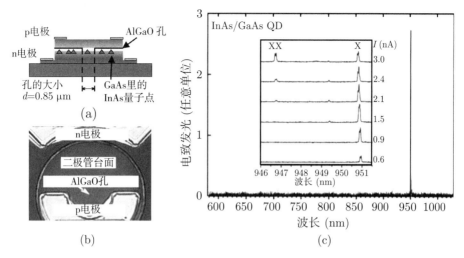

图23.24 (a) QD发光二极管的横截面示意面. 电流通过氧化物上的小孔馈送到单个QD. (b) QD LED的SEM平面像. (c) 单个InGaAs/GaAsQD发光二极管的电致发光(EL)光谱(T=10 K, U=1.65 V, I=0.87 nA). 氧化物小孔直径为0.85 μm, 厚度为60 nm. 单线是(中性)激子复合的结果. 插图显示了EL谱对注入电流的依赖关系. 在较大电流下, 双激子复合(XX→X)产生了第二个峰. 改编自文献[1969]

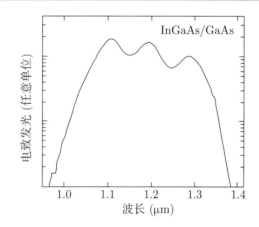

图23.25 设计用于宽光谱范围的量子点LED的电致发光谱(在5 kA/cm^2). 改编自文献[1971]

ITO 层), 金属阴极不透明. 有两种主要的构型: 发光穿过透明衬底 (玻璃) 或者顶部发射 (图 23.26).

正在优化用于不同功能层的材料. 发光层 (EML) 的优化目标是在设计的波长或波长范围的辐射复合效率高. 利用磷光材料 (18.6 节), 实现的最高效率超过了 100 lm/W (图 23.16). 接触电极的优化目标是载流子注入效率高, 传输层的优化目标是电导率高.

在 2007 年底, 出现了透明的白光 OLED 面板[1973](图 23.27(a)). 它的透明度是

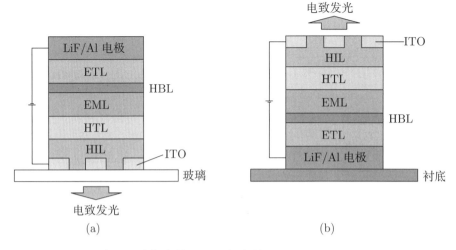

图23.26 典型的OLED设计：(a) 底部发射；(b) 顶部发射

55%, 将来还会提高. 一个关键点是保护有机薄膜, 避免水汽和空气. 用玻璃封装非常好. 采用聚合物衬底和封装的柔性 OLED 面板已经有了演示 (图 23.27(b)). OLED 技术现在用于数码相机和手机的小显示屏. 2010 年, 它让非常薄的电视面板 (厚度只有几毫米, 图 23.27(c)) 进入大众市场. 预期它的寿命将从 30000 小时增加到 50000 小时以上.

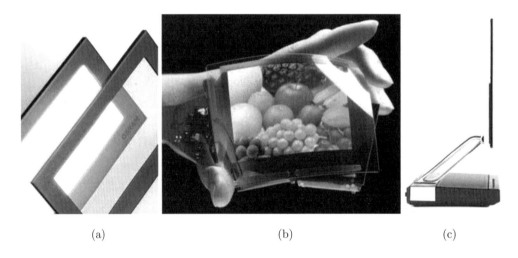

图23.27 (a) 透明的OLED面板. 取自文献[1973]. (b) 柔性的OLED显示器. 取自文献[1974]. (c) 3 mm 厚、11英寸对角线的OLED电视. 取自文献[1975]

23.4 激光器

23.4.1 简介

半导体激光器[1] [1976,1977] 有一个区 (通常称为功能层),在充分泵浦的时候有增益,而且和某个光波重叠. 这个波在光学腔里来回行进,导致了光学反馈. 一部分光波离开半导体,形成激光束. 一些最早的半导体激光器和台面设计如图 23.28 所示.

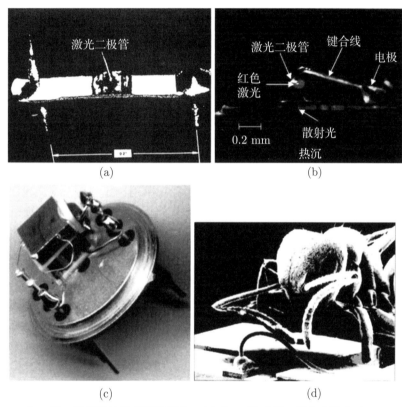

图23.28　1962年,第一批半导体激光器的照片:(a) GaAs激光器,林肯实验室. (b) GaInP激光器, N. Holonyak和S. F. Bevacqua,伊利诺伊大学厄巴纳-香槟分校. (c) 安装在佩尔捷散热器上的激光(在金线的末端)和TO芯片,莱比锡大学. (d) 蚂蚁与激光芯片(在键合线下方)的大小比较

一般来说,激光有两种主要的几何构型:边发射 (图 23.29(a)) 和面发射 (图

---

[1] 激光 (laser) 这个术语是受激辐射产生的光放大 (light amplification by stimulated emission of radiation) 的首字母缩略词 (acronym). 1917 年,爱因斯坦在理论上指出,放大依赖于受激辐射. 激光的概念最早是在微波区研究的 (1954 年,利用氨分子的微波受激放大 (maser),汤斯因此获得 1964 年的诺贝尔奖). 第一台可见光区的激光器 (1958 年,美国专利 US patent No. 2929922, 1960 年获得批准,肖洛,汤斯) 是梅曼在 1960 年研发的红宝石激光器. 激光器发出的是受激辐射的光. 这个光可以不是单色的,也可以不是方向性好的光束.

23.29(b)). 边发射激光器发出的光从解理的 {110} 侧面出来[①] (反射率大约是 30%), 相对的两个解理面作为法布里-珀罗光学腔. 面发射的方向沿着 (001), 因为这是构成激光器的异质结构序列的 (标准) 生长方向. 垂直腔面发射激光器 (VCSEL) 的反射镜是介质材料做成的布拉格反射镜 (见 19.1.4 小节), 通常反射率 $R > 99.6\%$. 利用一个面上的增透膜, 可以构建带有外腔的半导体激光器.[②] 如果两个面都有增透膜, 就没有反馈, 这个芯片可以用作光放大器 (见 23.5 节).

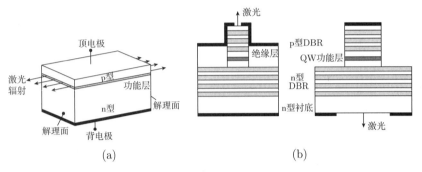

图 23.29 (a) 边发射半导体激光器的示意图. (b) 垂直腔面发射激光器的示意图：顶发射(左)和底发射(右). 黑色区域是金属电极

大多数激光器是 pn 二极管, 所以称为激光二极管. 它们依赖于带间跃迁的增益, 发射波长决定于并且 (或多或少地) 由半导体的带隙给出. 级联激光器 [149] (23.4.16 小节) 是一种单极性的结构, 超晶格作为功能层. 这里, 子带间跃迁 (大多数是导带, 但也有些是价带) 带来增益. 发射波长依赖于子带的能量间隔, 通常位于远红外和中红外区. 可以拓展到 THz 区和更短的波长. 第三种类型的激光器是 "热空穴" 激光器 (23.4.17 小节), 通常用 p 型锗制作, 可以认为它是单极性的, 只在磁场下工作; 发光在 THz 范围.

23.4.2 应用

二极管激光器在全世界的市场收益 (revenue) 如图 23.30 所示. 2000 年后的下跌是因为 "互联网泡沫" 破裂了. 非二极管的激光器 (气体、红宝石、准分子······) 的收益现在稳定在大约 20 亿美元, 因此, 半导体激光器占据了激光器的大部分销售份额.

下述应用依赖于半导体激光器:

---

① 或者腐蚀得到的任何可能方向的侧面.
② 这种外腔可以用来操控激光的性质, 例如, 调节波长.

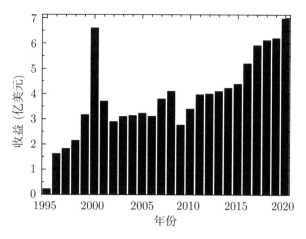

图23.30　全球半导体激光器市场的收益. 基于文献[1978]的数字，2020年的数据是估计的

- 光通信, 大多数基于光纤 (发送器), 数据传送速率通常是 10 GBit/s, 特殊情况下达到 40 GBit/s.

- 光信息存储和检索 (CD, DVD, BD[①]), 使用尽可能短的波长, 如图 23.31 所示, 现在是 405 nm.

- 固体激光器的泵谱, 通常为 910 nm 或 940 nm, 用于泵浦 Nd:YAG.

- 便携式投影仪, 激光电视, 娱乐.

- 激光笔, 如图 23.32 所示. 红光激光笔用的就是 GaAs 基二极管发出的经过准直后的红光. 在绿光激光笔里, 红外二极管泵浦 Nd:YAG 或 Nd:YVO$_4$ 晶体. 发出来的光再经过倍频, 通常用 KTiOPO$_4$(KTP) 晶体.

- 各种波长的医疗设备, 用于眼科、皮肤科和美容科 (去除毛发, 去除纹身).

- 各种其他用途, 例如, 远程控制、位置探测、距离测量、印刷、科学仪器.

光子学器件的市场比电子学器件的市场更加动荡. 一个例子是占主导地位的激光应用变化得很快. 对于二极管激光器, 两个最突出的应用是远程通信 (2000 年的市场份额是 77%, 2003 年是 25%, 2008 年是 45%) 和光学数据存储 (2000 年的市场份额是 17%, 2003 年是 60%, 2008 年是 44%).

---

① 在 2006~2008 年, 销售了 1600 万只 405 nm 激光二极管. 其中 85% 的激光二极管用在索尼的 PS3, 其余的用于 HD-DVD 和其他蓝光光盘 (BD) 播放机.

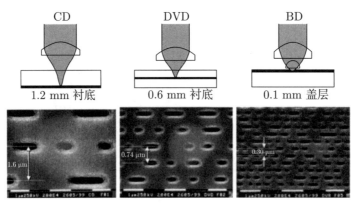

图23.31 光学数据存储技术的发展，CD：光盘(激光：780 nm，大小(pitch)：1.6 μm，容量：0.7 GB)，DVD：数字通用磁盘(激光：635~650 nm，大小：0.74 μm，容量：一层4.7 GB)，BD：蓝光光盘(激光：405 nm，大小：0.32 μm，容量：一层27 GB)

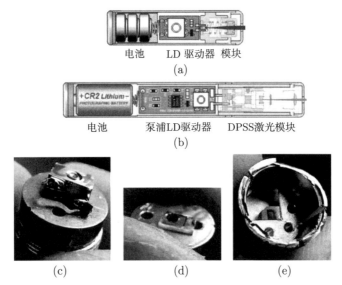

图23.32 (a) 红色激光笔的示意图；(b) 绿色激光笔的示意图. 绿色激光笔的零件：(c) 泵浦激光二极管；(d) YVO$_4$晶体；(e) KTP倍频晶体

23.4.3 增益

因为电流注入,[①] 建立了非平衡态的载流子分布. 经过快速的热化过程(声子散射), 通常可以用准费米能级描述. 足够强的泵浦导致了粒子数反转, 电子占据的导带态比价带态更多 (图 23.33). 在这种情况下, 受激发射的速率大于吸收的速率 (见 10.2.6 小节).

[①] 或者是光学泵浦. 如果没有可用的电极, 可以通过施加大光强的光束来实现激射, 可以是条状的形式. 关于光学泵浦的半导体激光器, 见 23.4.15 小节.

热力学的激光条件 (参见式 (10.23)) 要求准费米能级的差别大于带隙:

$$F_n - F_p > E_g \tag{23.10}$$

增益的定义是 (依赖于频率的) 系数 $g(\hbar\omega)$, 它描述光强沿着路径 L 的变化,

$$I(L) = I(0)\exp(gL) \tag{23.11}$$

对于 k 不守恒的复合, 增益谱作为光子能量 $\hbar\omega$ 的函数由下式给出 (参见式 (10.5) 和式 (10.6)):

$$g(\hbar\omega) = \int_0^{\hbar\omega - E_g} D_e(E) D_h(E') [f_e(E) f_h(E') - (1 - f_e(E))(1 - f_h(E'))] \mathrm{d}E \tag{23.12}$$

其中, $E' = \hbar\omega - E_g - E$. 对于光被放大的光子能量, 增益是正的; 对于光被吸收的过程, 增益是负的. 在 GaAs 里, 电子和空穴浓度作为准费米能级的函数如图 23.34(a) 所示. 准费米能量的差别作为载流子浓度的函数 (对于电中性的情况, $n = p$) 如图 23.34(b) 所示. 对于简单的两带模型, 增益谱如图 23.34(c) 所示.[①] 更详尽的讨论, 请看文献 [1979]. 在粒子数反转的情况, 对于 E_g 和 $F_n - F_p$ 之间的能量, 增益是正的. 在 $\hbar\omega = F_n - F_p$, 增益是零 (透明点), 对于更大的能量, 增益是负的 (吸收系数为正). 量子阱的实验增益谱与理论结果符合得很好, 包括在量子动理学理论 (在马尔可夫极限下) 范围的载流子碰撞效应 (图 23.35(a))[1980].

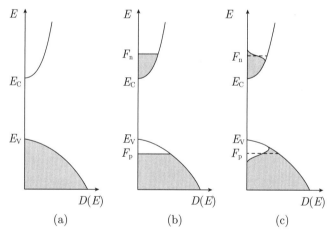

图23.33　(a) 粒子数处于热力学平衡, T=0 K; (b) 粒子数反转, T=0 K; (c) 粒子数反转, T>0 K. 阴影区被电子占据

对于给定的能量, 随着泵浦的增强和载流子浓度 n 的增大, 增益变大 (图 23.34(d)). 对于非常小的浓度, 它是 $g(n \to 0) = -\alpha$. 在透明点附近, 增益随着泵浦强度而线性地增

---

① 这里考虑的是一个电子能带和一个空穴能带; 通过质量 (式 (6.73)), 把重空穴带和轻空穴带考虑进来.

大. 在透明点的载流子浓度 n_{tr}, 增益是零. 因此, $g(n)$ 可以近似表示为 (线性增益模型)

$$g(n) \cong \hat{\alpha} \frac{n - n_{\text{tr}}}{n_{\text{tr}}} \qquad (23.13)$$

对于大的载流子浓度, 增益饱和 (其数值类似于 α). 正的增益开启于准费米能级的间距大于带隙 (式 (23.10)), 见图 23.35(b). 量子点激光器里的增益 [150] 已经讨论过了 [1981].

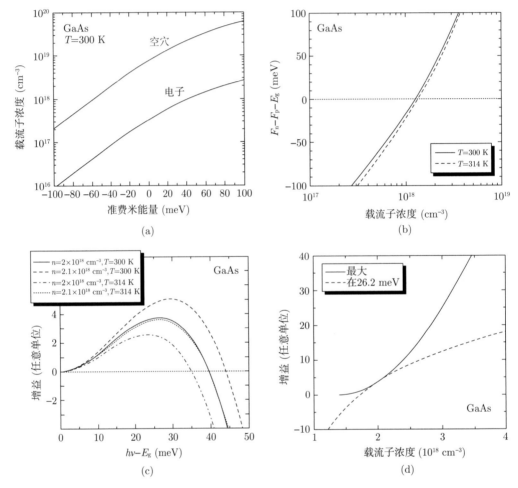

图23.34 GaAs两带模型里的增益. (a) 电子和空穴浓度作为相对于带边的准费米能 (即 $F_n - E_C$ 和 $E_V - F_p$) 的函数, $T=300$ K. (b) 在两种温度下, GaAs准费米能级的差随载流子浓度($n=p$)的变化. (c) 增益谱, 根据式(23.11), $n=2\times 10^{18}$/cm³, $T=300$ K(实线), 较大的载流子浓度 $n=2.1\times 10^{18}$/cm³, $T=300$ K(虚线), 较高的温度 $n=2\times 10^{18}$/cm³, $T=314$ K(点划线), 准费米能级的间隔与实线相同, $n=2.1\times 10^{18}$/cm³, $T=314$ K(点状线). (d) 对于某个特定的能量, 最大增益(实线)和特定能量的增益(虚线), 光子能量为 $E_g+26.2$ meV, 在 $n=2\times 10^{18}$/cm³ 和 $T=300$ K 时, 增益达到最大, 参见图(c)的实线)

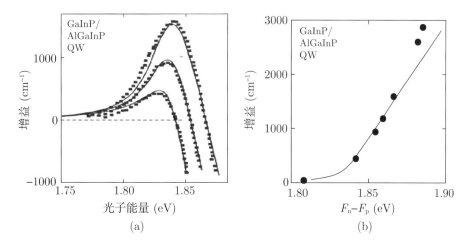

图23.35 (a) $Ga_{0.41}In_{0.59}P/(Al_{0.5}Ga_{0.5})_{0.51}In_{0.49}P$量子阱的增益谱的实验数据(符号)和理论(曲线)，量子阱厚度为6.8 nm，对于三种不同载流子密度$n_{2D} = 2.2 \times 10^{12}/cm^2$, $2.7 \times 10^{12}/cm^2$, $3.2 \times 10^{12}/cm^2$. (b) 最大增益作为准费米能级的差的函数的实验数据(符号)和理论(曲线).改编自文献[1980]

23.4.4 光学模式

被放大的光必须被导引到激光器里. 需要光学腔提供光学反馈, 使得光子多次穿过增益介质, 为放大做贡献. 我们先用边发射激光器来解释光的管理：

垂直模式导引 (mode guiding)

在半导体激光器的历史发展过程中, 最重要的改进 (降低激光的阈值电流) 是通过改进光波和增益介质的重叠来实现的, 如图 23.36 所示. 从同质结到单异质结, 最终是双异质结构 (DHS), 能够把激光的阈值电流密度降低到 $1\ kA/cm^2$ 的水平.

在零偏压和正向偏压, 双异质结构的能带如图 23.37 所示. 在 DHS 里, 光学模式被全内反射引导, 处于低带隙的中间层, 它的折射率比大带隙的外层更大.[①] 当层的厚度在 λ/n_r 的范围时, 光波导的形式可以由电场 E_z 的 (一维) 波动方程 (式 (19.3)) 确定, 对于 GaAs 厚度不同的 $GaAs/Al_{0.3}Ga_{0.7}As$ DHS, 光学模式的形状如图 23.38(a) 所示.

光学限制因子 Γ 是光波与增益介质有几何重叠的部分 (可以被放大). 对于 GaAs 厚度不同、Al 含量各异的 $Al_xGa_{1-x}As$ DHS, 光学限制因子如图 23.38(b) 所示. 对腔里的光放大起作用的模式增益 g_{mod} 由粒子数反转导致的材料增益 g_{mat} 和光学限制因子组成：

$$g_{mod} = \Gamma g_{mat} \tag{23.14}$$

为了能够同时优化光学模式和载流子限制, 设计了分别限制的异质结 (SCH). 带隙更小

---
① 在很多情况下, 带隙越小, 折射率越大.

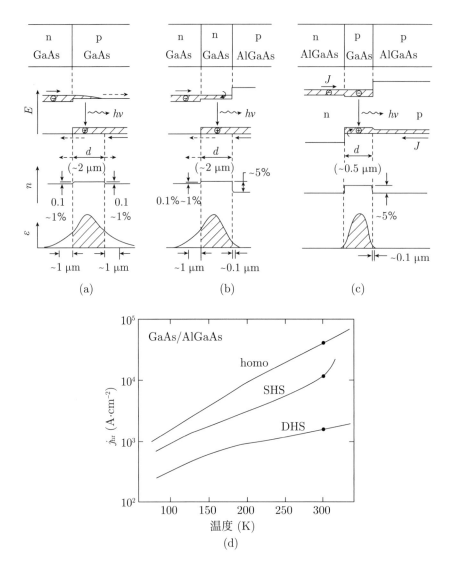

图23.36 激光器：(a) 同质结；(b) 单异质结构(SHS)；(c) 双异质结构(DHS). (d) 随着设计进展，阈值电流降低了(SHS：$d = 2$ μm, DHS：$d = 0.5$ μm). 改编自文献[1982]

的第三种材料的单个或多个量子阱是功能介质 (图 23.39(a),(b) 和 (d)). 单个量子阱的光学限制因子只有百分之几. 但是它可以有效地捕获载流子, 有效地辐射复合. 在势垒里使用梯度折射率 (GRINSCH, 图 23.39(c)), 可以提高载流子的捕获效率.

薄的波导层使得激光束在垂直方向上发散很大, 通常大约是 90°. 因为灾难性的光学损伤 (COD), 光的强限制也限制了最大输出功率. 为了克服这个问题, 得到更小的发散角 (18°), 已经实现了一些想法. 波导可以设计得非常厚 (大光学腔, LOC), 但是会提高阈值. 其他的方案是在限制层里插入低折射率层, 在包敷层里插入高折射率层, 或者使用高折射率的布拉格反射镜[1984].

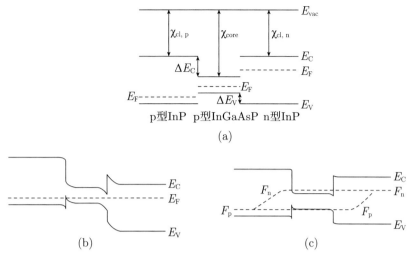

图23.37 双异质结(DHS)pn二极管(InP/InGaAsP/InP)的能带结构示意图：(a) 材料接触前；(b) 处于热力学平衡(零偏压，虚线为费米能级 E_F = 常数)；(c) 正向偏压，接近平带条件，虚线为准费米能级

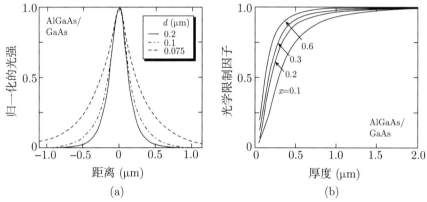

图23.38 (a) 对于不同厚度的功能层，在 GaAs/Al$_{0.3}$Ga$_{0.7}$As DHS 激光器里的光学模式(相对强度)；(b) 在 GaAs/Al$_x$Ga$_{1-x}$As DHS 激光器里，光学限制因子 γ 作为功能层厚度和势垒Al组分 x 的函数. 改编自文献[1976]

横向模式导引

横向波导可以用增益导引和折射率导引 (或者是两者的混合) 来实现. 在增益导引的方案里 (图 23.40), 条形电极定义的电流路径和它下面展宽 (spreading) 的电流确定了增益区, 也就确定了导引光放大的体积. 因为高载流子浓度降低了折射率, 出现了一种竞争的反导引现象. 对于折射率导引, 横向的光限制是由于折射率的横向增大. 这种折射率调制可以利用类似台面的条形电极来实现 (图 23.41(a)). 浅的台面达到了上包敷层

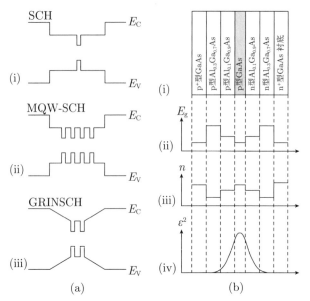

图23.39 (a) 以量子阱为功能介质的DHS激光器有源层的各种几何构型：(i) 单量子阱(分别限制的异质结，SCH)；(ii) 多重QW SCH；(iii) GRINSCH(梯度折射率的SCH)结构. (b) 分别限制的异质结激光器的层序列

的里面，深的台面达到或者穿过了功能层. 利用一个宽带隙材料 (相比于功能层) 进行结构的再生长，避免表面复合可能带来的问题 (图 23.41(b)). 再生长的优化目标是为随后的电极工艺实现良好的结构. 可以引入横向的 pn 结，避免电流在结构的上半部分展宽.

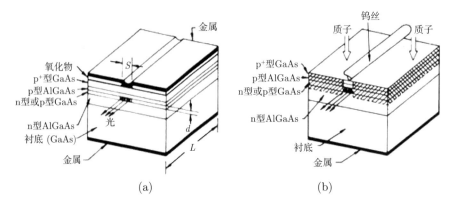

图23.40 具有条形电极的增益引导激光器的示意图：(a) 条形氧化物；(b) 用钨丝作为掩膜(~10 μm)，注入质子. 改编自文献[1983]

根据横向模式的宽度，它可以是单模的或者多模的 (图 23.42(a) 和 (b)). 对于横向单模激光器，条的宽度只有几微米. 特别是对于这种激光器，必须控制电流的展宽. 因为电流成丝和端面的不均匀的激光发射，宽的条可能出现问题. 因为光学模式通常在生长

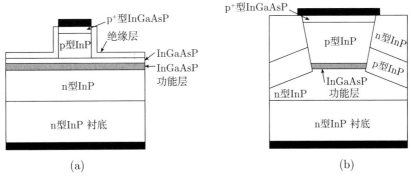

图23.41 折射率导引的激光器的截面示意图：(a) 浅脊；(b) 深蚀刻和再生长. 黑色区域是金属电极

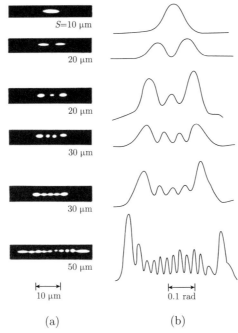

图23.42 对于不同宽度的注入条，激光器的横向近场(a)和远场(b). 改编自文献[1985]

方向上比横向上更受限制, 远场是非对称的 (图 23.43(a) 和 (b)). 垂直轴的发散更大, 称为快轴. 横向轴称为慢轴. 在需要把激光耦合到光纤, 或者后续的光学系统需要对称的光束形状的时候, 非对称的光束形状是致命的. 可以用特殊的光学元件, 例如, 变形棱镜 (图 23.43(c)) 和梯度透镜, 把光束变为对称的. 横向单模激光器的光束是衍射受限的, 因此通常能够高效地再聚焦 (光束质量 $M^2 \gtrsim 1$).

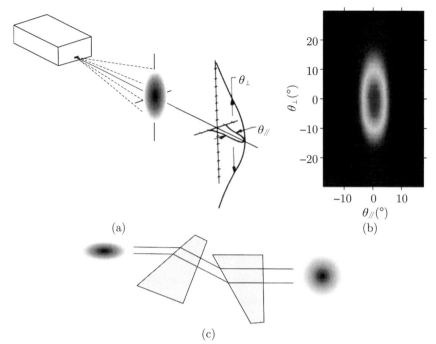

图23.43　示意图：(a) 边发射激光的不对称的远场分布. 改编自文献[574]. (b) GaN基的紫外激光的远场分布. 改编自文献[1986]. (c) 用一对变形棱镜矫正不对称的远场

纵向模式

对于长度为 L 的腔, 激光模式的谱位置由下述条件给出 (参见式 (19.39)):

$$L = \frac{m\lambda}{2n_r(\lambda)} \qquad (23.15)$$

其中, m 是自然数, $n(\lambda)$ 是折射率的色散. 相邻模式的间距是 (对于大的 m)

$$\Delta\lambda = \frac{\lambda^2}{2n_r L \left(1 - \frac{\lambda}{n_r}\frac{\mathrm{d}n_r}{\mathrm{d}\lambda}\right)} \qquad (23.16)$$

色散 $\mathrm{d}n_r/\mathrm{d}\lambda$ 有时候可以忽略.

边发射激光器的端面通常是解理的. 解理有破裂的危险, 而且重复性差、成品率低, 因此成本高. 形成腔镜的另一种方法是腐蚀的端面. 为了避免散射损失, 腐蚀工艺 (通常是反应离子干法刻蚀) 必须得到足够光滑的表面. 利用半导体和空气之间的大的折射率差别, 可以制作只有几个周期的高效率的分布式布拉格反射镜 (见 19.1.4 小节). 如图 23.44 所示, 可以刻蚀厚片, 制作带有空气隙的布拉格反射镜 [1987]. 用这种方式, 可以制作非常短的纵向腔 (≈ 10 μm).

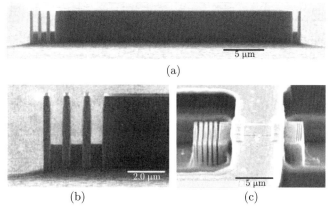

图23.44　SEM图像：(a) 具有三阶布拉格反射镜的InP微激光器；(b) 具有三个厚片的前面(front facet)的放大像；(c) 12 μm长的微激光器，后侧有5个三阶反射镜，前侧有3个三阶反射镜和顶电极. 取自文献[1988]. 图(b)获允转载自文献[1987]，© 2001 AIP

23.4.5　损耗机制

当光在腔里行进时，它不仅会放大，也有损耗. 内损耗 α_i 和镜子损耗 (镜损)α_m 为总损耗 α_{tot} 做贡献，

$$\alpha_{tot} = \alpha_i + \alpha_m \tag{23.17}$$

内损耗来自包敷层的吸收、波导不均匀处的散射和其他可能的过程. 它可以写为

$$\alpha_i = \alpha_0 \Gamma + \alpha_g (1-\Gamma) \tag{23.18}$$

其中，α_0 是功能介质里的损耗系数，α_g 是功能介质以外的损耗系数.

镜损来自光波在激光端面的不完全反射. 然而，在激光腔外观察激光束是必不可少的条件. 两个端面的反射率分别是 R_1 和 R_2. 解理的端面的反射率大约是 30%(参见式 (23.8)). 利用端面上的介电材料层，反射率可以提高 (高反射率，HR 膜) 或降低 (增透，AR 膜). 在长度为 L 的腔中，一次往返的长度是 $2L$，端面反射带来的损耗根据 $\exp(-2\alpha_m L) = R_1 R_2$ 可以表示为

$$\alpha_m = \frac{1}{2L} \ln \frac{1}{R_1 R_2} \tag{23.19}$$

如果两个镜子的反射率 R 相同，就有 $\alpha_m = -L^{-1} \ln R$. 对于 $R = 0.3$，一个 1 mm 腔的损耗是 12/cm. 内损耗的典型值是 10/cm，非常好的波导可以低到 $1 \sim 2$/cm.

只有当增益超过所有的损耗 (至少对于一个波长)，即

$$g_{mod} = g_{mat} \Gamma \geqslant \alpha_{tot} \tag{23.20}$$

时，才有可能出现激光.

23.4.6 阈值

当激光达到阈值时，(材料) 增益就钉扎在阈值上，

$$g_{\text{thr}} = \frac{\alpha_i + \alpha_m}{\Gamma} \tag{23.21}$$

因为 $g \propto n$，载流子浓度也钉扎在它的阈值，不会随着注入电流的增加而继续增大．相反，多出来的载流子通过受激辐射迅速转化为光子．载流子浓度的阈值是 (利用线性增益模型，参见式 (23.13))

$$n_{\text{thr}} = n_{\text{tr}} + \frac{\alpha_i + \alpha_m}{\hat{\alpha}\Gamma} \tag{23.22}$$

对于厚度为 d 的功能层，电流密度的阈值是

$$j_{\text{thr}} \simeq \frac{edn_{\text{thr}}}{\tau(n_{\text{thr}})} \tag{23.23}$$

其中，$\tau(n_{\text{thr}})$ 是少数载流子在载流子浓度阈值处的寿命 (参见 10.10 节)：

$$\tau(n) = \frac{1}{A + Bn + Cn^2} \tag{23.24}$$

利用式 (23.22)，可以得到 (对于 $R = R_1 = R_2$)

$$j_{\text{thr}} = j_{\text{tr}} + \frac{ed}{\tau\hat{\alpha}\Gamma}\left(\alpha_i - \frac{1}{L}\ln R\right) \tag{23.25}$$

其中，透明电流密度是 $j_{\text{tr}} = edn_{\text{tr}}/\tau$．因此，$j_{\text{thr}}$ 和 $1/L$(或者光学损耗) 的关系曲线应当是线性的，可以外推到透明电流密度 (图 23.45(a))．

任何额外增加的电流 j 将引起受激发射，速率为

$$r_{\text{st}} = dv_g g_{\text{thr}} N_{\text{ph}} \tag{23.26}$$

其中，v_g 是群速度 (通常是 c_0/n_r)，N_{ph} 是腔里 (单位长度的) 光子密度．超过阈值以后，光子的密度线性地增长，

$$N_{\text{ph}} = \frac{1}{edv_g g_{\text{thr}}}(j - j_{\text{thr}}) \tag{23.27}$$

引入光子寿命

$$\frac{1}{\tau_{\text{ph}}} = v_g(\alpha_i + \alpha_m) = v_g \Gamma g_{\text{thr}} \tag{23.28}$$

用它描述光子的损失速率．$v_g \alpha_m$ 描述光子从腔进入激光束的逃脱速率．因此，

$$N_{\text{ph}} = \frac{\tau_{\text{ph}} \Gamma}{ed}(j - j_{\text{thr}}) \tag{23.29}$$

因为阈值依赖于载流子浓度，进一步降低功能层的体积有好处．用这种方式，相同数量的注入载流子产生了更大的载流子密度．由于改善设计，激光阈值的历史发展如图 23.46 所示．

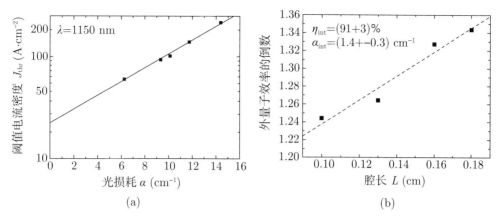

图23.45 (a) 对于不同的光学腔长度，(三个InGaAs/GaAs QD层)激光器(λ = 1150 nm)的阈值电流密度与光损耗的关系($\propto 1/L$)，温度为10 ℃. 外推得到的透明电流密度为(21.5 ± 0.9) A/cm². (b) 外量子效率的倒数与腔长的关系. 由图得到的内量子效率为91%，内损耗为1.4/cm

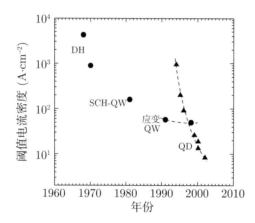

图23.46 对于各种激光设计，阈值电流密度的历史发展(室温，外推到无限的腔长和注入条宽度). DH：双异质结，SCH-QW：带量子阱的分别限制的异质结构，QD：量子点. 虚线用于引导视线

23.4.7 自发辐射因子

自发辐射因子 β 是自发辐射 (向所有的角度发射) 进入激光模式的比率. 对于法布里-珀罗激光器, β 通常是 $10^{-5} \sim 10^{-4}$ 的量级. 微腔的设计可以把 β 显著地提高几个数量级, 达到 $\approx 0.1^{[1989]}$ 甚至更高, 因此降低了阈值电流. 利用激光速率方程, 可以计算得到光子数随着泵浦功率的变化关系, 如图 23.47 所示. 对于 $\beta = 1$, 所有的发光功率都进入激光模式, 不管是自发的还是受激的. 在这种非经典激光里 (β 很大), 阈值的定义在文献 [1990] 里有详细的讨论.

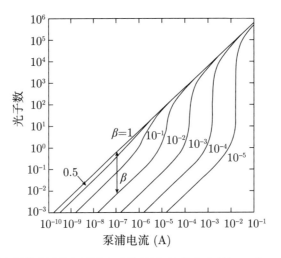

图23.47　一个模型激光器的光子数与泵浦电流的关系. 改编自文献[1991]

23.4.8　输出功率

输出功率是光子能量、腔里的光子密度、有效模式体积和逃脱速率的乘积:

$$P_{\text{out}} = \hbar\omega N_{\text{ph}} \frac{Lwd}{\Gamma} v_{\text{g}} \alpha_{\text{m}} \tag{23.30}$$

因此, 它由下式给出:

$$P_{\text{out}} = \hbar\omega v_{\text{g}} \alpha_{\text{m}} \frac{\tau_{\text{ph}}}{e} Lw(j - j_{\text{thr}}) = \frac{\hbar\omega}{e} \frac{\alpha_{\text{m}}}{\alpha_{\text{m}} + \alpha_{\text{i}}} (I - I_{\text{thr}}) \tag{23.31}$$

这个式子必须加上因子 η_{int}. 内量子效率描述电子空穴对转化为光子的效率 (比较式 (10.59)):

$$\eta_{\text{int}} = \frac{Bn^2 + v_{\text{g}} g_{\text{thr}} N_{\text{ph}}}{An + Bn^2 + Cn^3 + v_{\text{g}} g_{\text{thr}} N_{\text{ph}}} \tag{23.32}$$

总之, 现在有 (见图 23.49(a))

$$P_{\text{out}} = \frac{\hbar\omega}{e} \frac{\alpha_{\text{m}}}{\alpha_{\text{m}} + \alpha_{\text{i}}} \eta_{\text{int}} (I - I_{\text{thr}}) \tag{23.33}$$

微分 (或斜率) 量子效率 η_{ext} 也称为外量子效率, 它是激光区里的 P_{out} 和电流的关系曲线的斜率, 由下式给出:

$$\eta_{\text{ext}} = \frac{\mathrm{d}P_{\text{out}}/\mathrm{d}I}{\hbar\omega/e} = \eta_{\text{int}} \frac{\alpha_{\text{m}}}{\alpha_{\text{m}} + \alpha_{\text{i}}} \tag{23.34}$$

外量子效率也可以写为

$$\frac{1}{\eta_{\text{ext}}} = \frac{1}{\eta_{\text{int}}} \left(1 + \frac{\alpha_{\text{i}}}{\alpha_{\text{m}}}\right) = \frac{1}{\eta_{\text{int}}} [1 - 2\alpha_{\text{i}} L \ln(R_1 R_2)] \tag{23.35}$$

因此, 对于类似的激光器, 如果画出 η_{ext}^{-1} 和不同腔长的关系曲线 (见图 23.45(b)), 应当是一条直线, 可以由实验确定内量子效率 (外推到 $L \to 0$) 和内损耗 (正比于斜率).

对于给定的激光器, 根据 *P-I* 特性曲线, 通过线性区的外推, 可以得到阈值电流, 如图 23.49(a) 所示. 阈值电流的其他测量方法可以是结电阻的变化、过量噪声的窄峰值或模态功率的对数导数 (logarithmic derivative) 的峰值. 优势模 (单模激光器) 下功率的 S 型曲线作为电压的函数 (图 23.48), 文献 [1992] 讨论了类似于图 23.47 中的 S 型曲线. 文献 [1993] 里有关于激光动力学的相关讨论 (比较 23.4.13 小节).

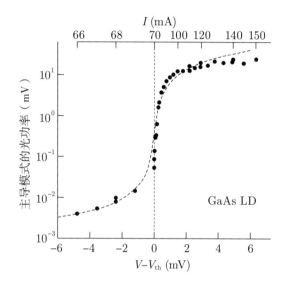

图23.48 单模 GaAs激光二极管(Hitachi HLP 1400)主导模式(dominant mode)的光功率(实验数据和建模)在阈值电压 V_{th} 附近作为电压(脉冲工作模式, 以避免加热效应)的函数. 改编自文献[1992]

阈值电流密度的记录通常是在 $L \to \infty$ 的极限下给出的. 因为电流的展宽, 阈值电流密度也依赖于注入条的宽度. 因此, 低阈值的记录通常是在 $w \to \infty$ 的极限下给出的.

总量子效率是

$$\eta_{\text{tot}} = \frac{P_{\text{out}}/I}{\hbar\omega/e} \tag{23.36}$$

激光的总量子效率随着电流的变化关系如图 23.49(b) 所示. 对于线性的 *P-I* 激射特性, 总量子效率在大电流下收敛到外量子效率, 因为亚阈值区的低量子效率不再扮演任何角色. 另一个重要的品质因子是插墙效率 η_{w}, 它描述了功率转换:

$$\eta_{\text{w}} = \frac{P_{\text{out}}}{UI} \tag{23.37}$$

在此前讨论的电流平衡以外, 通常还有漏电流存在, 它对复合或激射没有任何贡献. 没有被功能层捕获的或者逃离了功能层的载流子对这个漏电流有贡献. 现在, 大功率激光

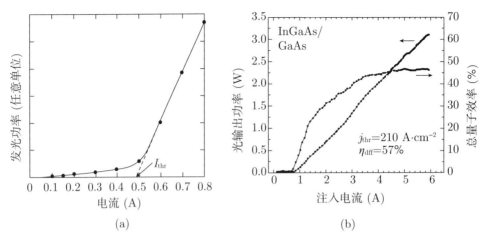

图23.49 (a) 半导体激光器的典型 P-I 特性. 改编自文献[574]. (b) 量子点激光器的输出功率和总量子效率对注入电流的依赖关系. 3层InGaAs/GaAs量子点, L=2 mm, w=200 μm, λ=1100 nm, T=293 K

二极管的插墙功率的记录是大于 70%[1994,1995], 通过仔细地控制能带准直 (梯度结, 避免电压势垒)、光损耗值、焦耳加热、自发辐射和载流子泄露, η_w 有可能达到 80%.

对于任意大的电流, P-I 不是线性的. 一般来说, 随着电流的增大, 输出功率会饱和甚至下降. 这些效应可能来自增大的漏电流、在大电流下增大的内损耗或者温度效应, 例如, 阈值随着温度的升高而变大 (见 23.4.9 小节), 因而降低了总效率. 所有的非辐射损耗最终会表现为激光器里的热, 必须用热沉来处理.

一个糟糕的效应是灾难性的光损伤 (COD), 激光端面发生不可逆的 (部分) 损坏. 防氧化层或者保护层可以把损害阈值提高到 20 MW/cm^2. 单个边发射器的功率记录是 ~ 12 W(条的宽度是 200 μm). 对于横向单模激光器, 已经实现的连续光功率大约是 1.2 W, 来自 1480 nm 的 InGaAsP/InP 双量子阱激光器, 条的宽度是 3～5 μm, 腔长是 3 mm[1996]. 大约有 500 mW 能够耦合到单模光纤里 [1997].

23.4.9 温度依赖关系

激光的阈值通常随着温度的升高而变大, 如图 23.50(a) 所示. 实验上, 在温度 T_1 附近, 阈值遵循指数律 (见图 23.50(b)):

$$j_\mathrm{thr}(T) = j_\mathrm{thr}(T_1) \exp\left(\frac{T-T_1}{T_0}\right) \propto \exp\left(\frac{T}{T_0}\right) \qquad (23.38)$$

其中, T_0 是特征温度.① 它是对数斜率的倒数: $T_0^{-1} = d\ln j_{\text{thr}}/dT$.

T_0 总结了依赖于温度的损耗和费米分布随着温度变化而导致的载流子在 k 空间的重新分布. 随着温度的升高, 准费米能级以下被占据的态不再被占据了, 没有激射的态变得被占据了. 因此, 增益随着温度的升高而变小. 这种重新分布必须由准费米能量的升高来补偿, 即更强的泵浦. 即使对于 (理想的) 体材料、量子阱和量子线激光器, 这种效应也存在. 只有对于类 δ 态密度的量子点激光器, 只要激发态与 (激射的) 基态在能量上分得很开, 费米分布的变化就是无关的. 如图 23.50(c) 所示, 只要激发态没有被热占据 (对于现在这个激光器, 只要 $T < 170$ K), 量子点的激光器确实不依赖于温度 ($T_0 = \infty$).

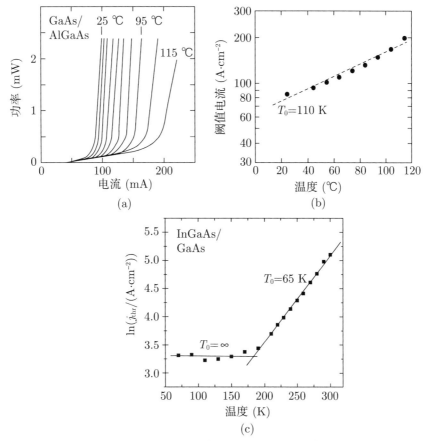

图 23.50 (a) 埋条异质结激光器的 P-I 特性(单位镜面的连续输出功率), 热沉(散热器)温度在 25 ℃ 和 115 ℃, 每 10 K 一步. (b) 这种激光器的阈值电流(对数坐标)作为热沉温度的函数, 以及用 $T_0 = 110$ K 得到的指数拟合(虚线). 图(a)和(b)改编自文献[1998]. (c) 量子点激光器(3 层 InGaAs/GaAs QD, $\lambda = 1150$ nm)的阈值电流密度的温度依赖关系, 图中给出了 T_0(实线是拟合结果)

---

① 因为 T_0 具有温度差的量纲, 它可以表示为 ℃ 或 K. 为了保持一致性, 它应当用 K 作单位.

23.4.10 模式谱

一种典型的边发射激光器的模式谱如图 23.51(a) 所示. 在阈值以下, 放大的自发辐射 (ASE) 谱表现出梳齿状的结构, 这来自法布里-珀罗腔的模式. 在阈值以上, 一些模式比其他模式增长得更快, 在大注入的情况, 可能导致单纵模的工作. 最强的侧模的相对强度表示为侧模的抑制比 (SSR), 单位是 dB:

$$\text{SSR} = 10\log\frac{I_{\text{mm}}}{I_{\text{sm}}} \tag{23.39}$$

其中, I_{mm} (I_{sm}) 是激射谱里的最强模式 (最强的侧模) 的光强.

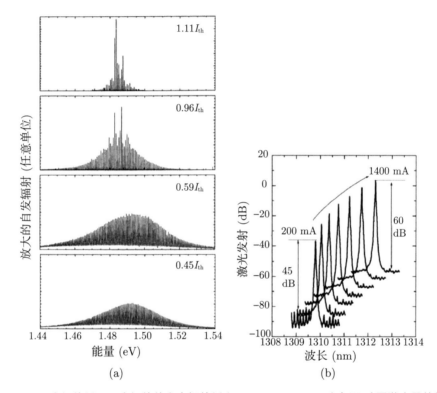

图23.51　(a) 在阈值以下、在阈值处和在阈值以上(I_{thr} = 13.5 mA), 法布里-珀罗激光器的模式谱. 改编自文献[1185]. (b) 在200 mA, 400 mA, ⋯, 1400 mA (I_{thr} =65 mA)的不同电流下, 2 mm 腔长的连续DFB InGaAs/InP激光器的模式谱, T=293 K, SSR>40 dB. 改编自文献[1999], 获允转载自SPIE

作为一个趋势, DHS 或 QW 半导体激光器在阈值以上产生了窄谱, 因为泵浦功率进入到一个或少数几个大增益的模式. 当量子点激光器被泵浦得远高于阈值时, 它的表现不一样. 在非均匀展宽的系综里 (由于量子点尺寸不一样), 单个量子点的增益是独立的, 存在很宽的增益谱[2001]. 当均匀展宽小于非均匀展宽时, 激射谱的形状像个帽

子 [2000,2002](图 23.52),正如理论预言的那样 [2001,2003].

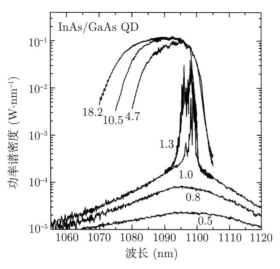

图23.52 在室温下,量子点激光器(L=1.2 mm,条宽度w=75 μm)的激光光谱. 增益介质是三层的 InGaAs/GaAs量子点. 标注的电流密度以阈值电流密度为单位(j_{thr}=230 A/cm^2). 改编自文献[2000]

23.4.11 单纵模激光器

为了实现高的侧模抑制比 (SSR) 或者单纵模的激射,反馈提供的波长选择性必须比简单的反射镜更高. 对于特定模式的有偏好的反馈可以利用周期性的介电结构得到,它和特定的波长"般配",类似于布拉格反射镜. 折射率的周期性调制可以做在腔里 (分布式反馈, DFB, 图 23.53(a)) 或者做在镜子里 (分布式反射, DBR, 图 23.53(b)). 利用这种方式,可以实现侧模抑制比 SSR $\gg$ 30 dB 的单色激光器 (图 23.51(b)).

可以把单横模激光器的几百毫瓦的光功率耦合到单模光纤里 [2004](图 23.54).

23.4.12 可调性

发光波长的可调性对于一些应用很重要 [2006],例如,波分复用① 和光谱测量.

最简单的激光调节方法是改变它的温度,从而改变带隙. 这种方法对于中红外区的铅盐激光器特别有用②,如图 23.55 所示.

---

① 为了更好地利用光纤的高带宽,利用波长靠得很近的几个通信信道来传输信息.
② 注意 6.7 节讨论的奇异的正系数 dE_g/dT.

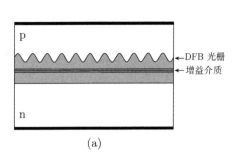
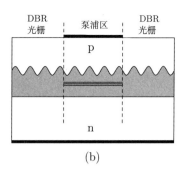

图23.53 示意图：(a) DFB (分布式反馈)激光器；(b) DBR (分布式布拉格反射)激光器. 功能介质是三层的量子阱，灰色区域是波导

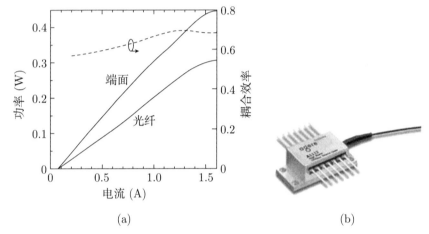

图23.54 (a) InGaAsP/InP单模连续DFB激光器在1427 nm的输出功率与驱动电流的关系，腔长为 2 mm，与单模光纤耦合(T=293 K). 虚线表示与光纤的耦合效率(右边的标尺). 改编自文献[2004]. (b) 1550 nm DFB激光器的束尾封装，耦合到光纤里的输出功率为40 mW. 取自文献[2005]

对于单模激光器, 连续调节的一个问题是模式跳跃: 激射波长 (或增益最大值) 从一个模式不连续地移动到另一个模式, 如图 23.56 所示. 发光波长的连续移动是由于折射率 (以及相应的纵向模式) 的温度依赖关系. 折射率随着温度的升高而增大, 通常是 $\sim 3 \times 10^{-4}$/K. 通常的结果是红移.

改变折射率 (因而改变光程的长度) 的另一种方法是改变载流子浓度. 系数 dn_r/dn 大约是 -10^{-20} cm^3. 在两段式激光器 (two-section laser) 里, 分开的区用于增益和调节 (具有独立可控的电流). 这些区用深度腐蚀的沟槽分开, 避免交叉影响. 调节区被限制在大约 10 nm. 为了实现没有模式跳跃的调节, 腔里的相位控制很重要, 要用额外的一段来控制相位. 这种三段式激光器有着分开的区 (和电流控制), 分别用于反射、相位和放大 (或增益) 区.

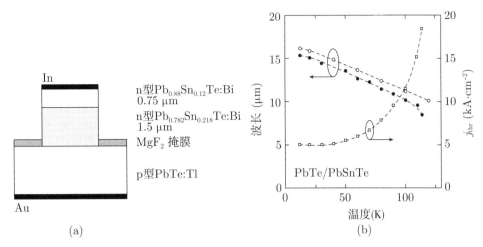

图23.55 (a) PbTe铅盐激光器的示意图. (b) 这种激光器的调节特性：发射波长(左边的标尺，实心圆点：连续波阈值处的发射波长，空心圆圈：在脉冲工作方式下的最大发射)和连续阈值电流密度(右边的标尺)作为热沉温度的函数. 符号是实验数据，虚线用于引导视线. 改编自文献[2007]

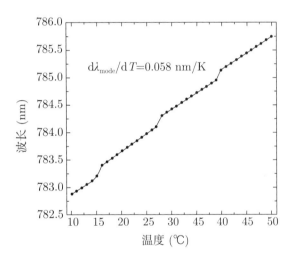

图23.56 GaAs基DFB激光器的波长随温度的变化关系(有模式跳跃)

利用取样光栅，调节的范围可以增大到大约 100 nm. 取样光栅是非周期性的结构，具有多个 (∼10) 不同的反射峰. 激光结构有四段 (图 23.57)，两个反射镜具有略微不同的取样光栅. 通过两个镜子的载流子浓度，可以让不同的最大值重叠起来 (Vernier 效应)，选定的最大值的位置可以在很宽的光谱范围里调节 (图 23.58).

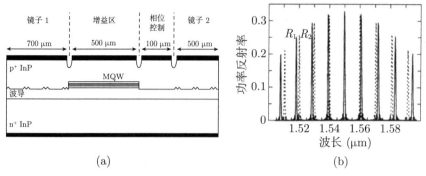

图23.57 (a) 四段式取样光栅DBR(SGDBR)激光器的示意图. 改编自文献[2008]. (b) 两个取样光栅DBR反射镜的反射率

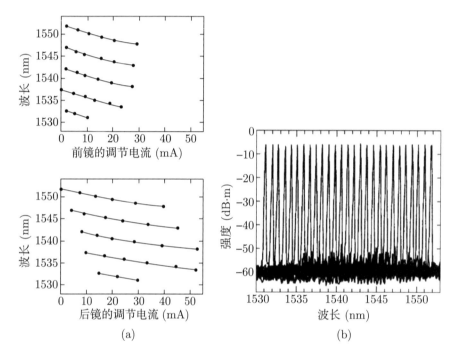

图23.58 (a) 两个采样光栅DBR反射镜(前镜和后镜)的电流调谐曲线. (b) 27个波长通道(1531.12 nm~1551.72 nm), 通道间距是1 nm. 改编自文献[2009]

23.4.13 动力学和调制

为了传送时域的信息, 必须调制激光的强度. 可以通过直接调制来实现, 即调制注入的电流, 或者用外部调制器, 例如, QCSE(见 15.1.2 小节) 导致的电压诱导的吸收谱移动. 对于直接调制, 有小信号调制和大信号调制. 关于激光动力学和调制的详细处理, 参阅文献 [1993, 2010, 2011].

激光动力学

利用载流子浓度 n 和光子密度 S(单位体积) 的耦合速率方程, 有

$$\frac{\mathrm{d}n}{\mathrm{d}t} = \frac{j}{ed} - \frac{n}{\tau(n)} - \Gamma g(n,S) v_{\mathrm{g}} S \tag{23.40a}$$

$$\frac{\mathrm{d}S}{\mathrm{d}t} = \Gamma g(n,S) v_{\mathrm{g}} S + \beta B n^2 - \frac{S}{\tau_{\mathrm{ph}}} \tag{23.40b}$$

可以描述激光的动力学性质. 式 (23.40a) 的第一项描述电子的注入[①] ($= I/(eV)$), 第二项是复合 (所有的通道), 第三项是载流子转变为光子 (通过增益为 g 的受激辐射). 在光子的动力学里, 式 (23.40b) 第一项表示增益, 第二项是因为复合 (自发辐射, 比较 23.4.7 小节) 而进入激光模式里的光子, 第三项是光子损耗 (因为内损耗和镜子损耗). 复合速率 $n/\tau(n)$ 通常由式 (23.24) 给出. 光子寿命 τ_{ph} 由式 (23.28) 给出. 如果存在几个光学模式, 必须对每个模式 S_i 写下式 (23.40b), 而式 (23.40a) 对所有模式求和.

对于增益, 使用了许多模型, 一种简单的模型超越了式 (23.13), 考虑了光谱烧孔 (受激辐射导致了载流子的耗尽) 带来的增益下降,

$$g(n,S) = g' \frac{n - n_{\mathrm{thr}}}{1 + \epsilon_S S} \tag{23.41}$$

其中, g' 是微分增益, $g' = \partial g/\partial n \big|_{S=0}$, ϵ_S 是增益抑制系数.

大信号的调制

如果一个电流脉冲注入激光器, 激光的发射会有短暂的时间延迟: "启动延迟" (TOD) 时间. 需要这段时间来建立粒子数反转的载流子浓度. 浓度的时间依赖关系是 (忽略寿命的浓度依赖关系)

$$n(t) = \frac{I\tau}{eAd}\left[1 - \exp\left(-\frac{t}{\tau}\right)\right] \tag{23.42}$$

达到阈值浓度的启动延迟时间是 (利用式 (23.23))

$$\tau_{\mathrm{TOD}} = \tau \ln \frac{I}{I - I_{\mathrm{thr}}} \tag{23.43}$$

注意, 对于 $I > I_{\mathrm{thr}}$, 有 $\tau_{\mathrm{TOD}} > 0$. 这种依赖关系是在实验上发现的 (图 23.59). 启动延迟时间随着泵浦电流的增大而减小, 但通常至少是 1 ns. 为了克服这个限制, 实现大于 1 GHz 的脉冲重复率, 激光的偏置要略低于阈值.

LED 对电流短脉冲的响应 (光发射) 如图 23.60(a) 所示. 单调减小的瞬态信号 (或多或少是指数式的) 对应于载流子复合动力学. 当激光被一个阶跃电流 (长) 脉冲激发时, 在响应达到连续光强的水平之前, 表现出 "弛豫振荡" (RO)(图 23.60(b)).

[①] 考虑到漏电流的时候, 这一项可以乘以注入效率 η_{ij}.

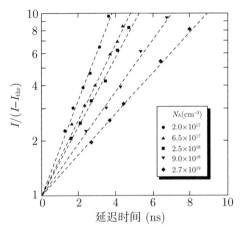

图23.59 在室温下,激光的启动延迟时间和注入电流的变化关系. 改编自文献[2012]

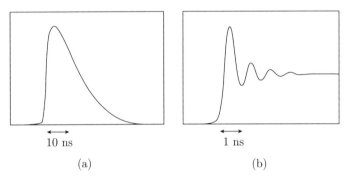

图23.60 (a) LED对电流脉冲的响应示意图;(b) 激光对阶跃电流的响应示意图

激光器先是积累载流子浓度. 等它超过阈值浓度以后, 才积累光子密度. 激光脉冲耗尽载流子浓度的速度快于电流能够进一步提供的载流子. 因此, 激光强度下降到连续光强的水平以下. 根据电子浓度 n 和光子密度 S 的耦合速率方程 (式 (23.40a, b)), 弛豫振荡的频率是

$$f_{\mathrm{RO}} = \frac{1}{2\pi}\left(\frac{v_{\mathrm{g}}\Gamma g' S_0}{\tau_{\mathrm{ph}}}\right)^{1/2} \tag{23.44}$$

其中, $\Gamma g'$ 是式 (23.41) 定义的微分增益, S_0 是单位体积的稳态光子密度, 正比于激光功率 P. 实验也发现了依赖关系 $f_{RO} \propto S_0^{1/2}$(图 23.61(a)). 对于更高的功率, 关系式 $f_{\mathrm{RO}}^2 \propto S_0$ 因为增益抑制而变为非线性的 (图 23.61(b)); 在这种情况, S_0 被 $S_0/(1+\epsilon_S S_0) \propto P/(1+P/P_{\mathrm{sat}})$ 替代, 其中 P_{sat} 是饱和功率.

模式响应

为了传送数字化的数据, 激光用脉冲序列驱动. 对随机比特序列 (比特模式) 的响应称为 "眼图" (eye pattern), 如图 23.62 所示. 这个图案由图 23.60(b) 所示的轨迹类型

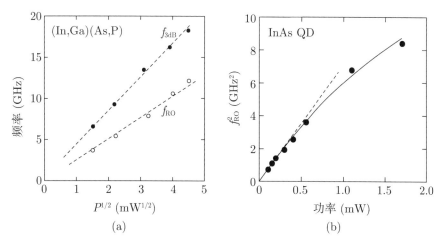

图23.61 (a) DFB激光器的小信号3 dB截止频率f_{3dB}(实心圆点)和弛豫振荡频率f_{RO} (空心圆点)对输出功率P的平方根的依赖关系. 改编自文献[2013]. (b) 对于一个InAs/GaAs QD激光器, 弛豫振荡频率f_{RO}^2和功率的变化关系. 实线是包括了增益抑制的模型(P_{sat} = 3.3 mW), 虚线是小功率的线性关系(式(23.44)). 改编自文献[2014]

构成. "开"态 (on) 和 "关"态 (off) 明显地被触发阈值分开. 根据图 23.62 里的眼图可以看出, 用大于阈值的直流偏移电流驱动激光器, 可以抑制弛豫振荡的过冲.

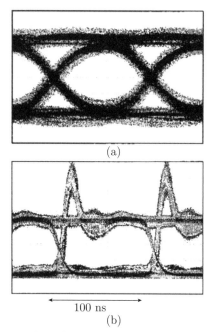

图23.62 单模VCSEL对10 Gb/s随机比特模式的响应的眼图. 测量这个模式的时候, (a) 偏移电流远高于阈值; (b) 偏移电流高于但接近于阈值. 改编自文献[2015]

小信号的调制

在小信号调制里,注入电流 I 在激射区周期性地变化一个小量 $\delta I(\delta I \ll I)$. 电流调制导致了输出光强的相应变化. 频率响应受限于微分增益和增益抑制系数. 随着激光功率的增大,频率响应移动到更高的频率, 如图 23.63 所示.

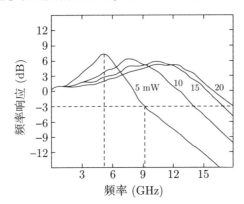

图23.63 在不同的输出功率下,DFB激光器的频率响应. 改编自文献[2013]

α 因子

另一个重要的量是 α 因子, 也称为线宽增强因子 [2016,2017]. 因为激光器里的振幅和相位起伏的耦合, 线宽 Δf 比预期的大,

$$\Delta f = \frac{\hbar \omega v_g R_{\text{spont}} \ln R}{8\pi P_{\text{out}} L}(1+\alpha^2) \tag{23.45}$$

线宽因子用 $1+\alpha^2$ 描述, 其中

$$\alpha = \frac{\mathrm{d}n_r/\mathrm{d}n}{\mathrm{d}\kappa/\mathrm{d}n} = -\frac{4\pi}{\lambda}\frac{\mathrm{d}n_r/\mathrm{d}n}{g'} \tag{23.46}$$

其中, κ 表示折射率的虚部 ($n^* = n_r + \mathrm{i}\kappa$). α 的典型数值介于 1 和 10 之间. 线宽反比于输出功率 (图 23.64).

23.4.14 面发射激光器

面发射激光器发射的光束垂直于表面. 可以用水平的边发射激光器制作, 把光束用合适的反射镜反射到表面方向. 这种技术要求倾斜的端面或者是微光学元件, 但是能实现单位面积上的高功率. 图 23.65 是水平腔的面发射激光器 (HCSEL) 的截面示意图, 以及 220 个这样的激光器构成的阵列发出的光. 激光器包含一个 45° 反射镜 (让光转向衬底) 和一个布拉格反射镜 (作为腔镜). 也可以制作端面让发射朝向顶面 (图 23.66). 把水平腔的光束耦合出来的另一种方法是表面光栅.

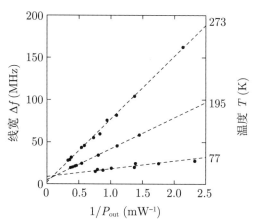

图23.64 在不同温度下,GaAs/AlGaAs半导体连续激光器的线宽 Δf 作为输出功率的倒数 P_{out}^{-1} 的函数. 在室温下,$\alpha \approx 5$. 改编自文献[2018]

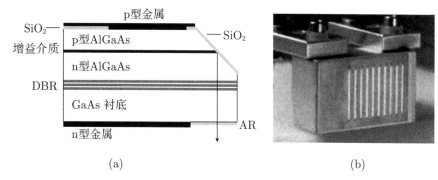

图23.65 (a) 面发射激光器的原理. 在功能区产生的光由45°反射镜内反射,直接穿过衬底;AR:增透膜,DBR:外延的布拉格反射镜. (b) 10×22面发射二极管阵列的光发射. 由于垂直方向的宽光束发散,光发射以条纹的形式出现. 图(b)获允转载自文献[2019]

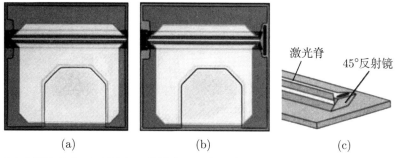

图23.66 (a) 水平的法布里-珀罗腔InP基激光器,发射波长为1310 nm,输出功率为10 mW,调制为2.5 GB/s. 右侧的面为DBR,发射朝着左边. 图像中心底部的梯形区域是用于顶部电极的键合座. (b) 水平腔面发射激光器. 与图(a)相比,右侧的面被45°反射镜取代,引起面发射. (c) 倾斜面的示意图. 图(a)和(b)取自文献[2020]

现在讨论如图 23.29(b) 所示的垂直腔面发射激光器 (VCSEL). 详细的处理请看文献 [2021]. 解决了很多技术和制作方面的问题以后, VCSEL 变得越来越重要了. VCSEL 的制作其实是平面工艺, VCSEL 可以做成阵列 (图 23.68). 可以在晶片上检测它们的性质. 它们提供了对称性的 (也可以是可控的非对称性的) 光束形状 (图 23.67), 还可以控制或保持偏振.

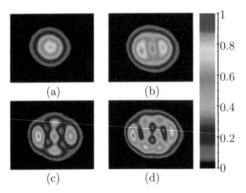

图23.67　在不同的电流下, 具有6 μm氧化孔的VCSEL的平面内近场的像: (a) 3.0 mA; (b) 6.2 mA; (c) 14.7 mA; (d) 18 mA

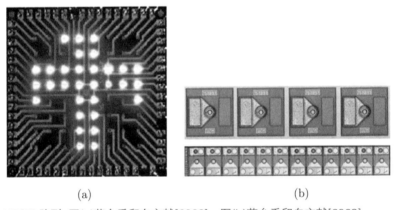

图23.68　VCSEL阵列. 图(a)获允重印自文献[2022], 图(b)获允重印自文献[2023]

两个高反射的布拉格镜形成了微腔 (见 19.1.7 小节), 距离为 $\lambda/2$ 或 $3\lambda/2$. GaAs/AlAs 布拉格镜的折射率差别很大, AlAs 层已经在湿热空气中做了选择性的氧化. 纯粹的半导体布拉格镜通常受限于折射率的差别太小, 需要许多对. 这是个问题, 例如, 对于 InP 基的 VCSEL. 光强沿着 $3\lambda/2$ 腔的分布如图 23.69 所示. 在镜子的阻带 (stop band) 里, 只有一个光学模式 (腔模) 可以沿着垂直方向传播.

穿过增益层的电流路径可以用氧化物小孔来定义. 通过选择性地氧化 AlAs 层来制

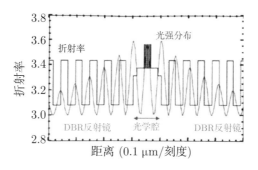

图 23.69　VCSEL结构里的光场纵向分布的模拟. 功能介质是中心的5个量子阱. 经MRS Bulletin允许转载自文献[2024]

作这个小孔, 在 VCSEL 柱子的中心留下一个圆孔, 如图 23.70 所示. 如果镜子做了掺杂, 电流就可以通过它们注入. 另一种方式是, 电流可以通过"腔内的电极"直接提供给增益层.

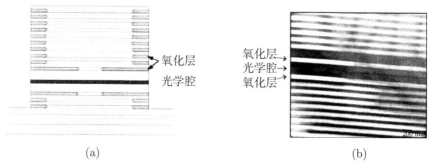

图 23.70　(a) 具有氧化物小孔的VCSEL的截面示意图；(b) 横截面的TEM图像. 经MRS Bulletin允许, 转载自文献[2024]

改变温度或者泵浦功率, 可以移动 VCSEL 的发射波长. 在腔和上方反射镜之间留下一个空气隙, 也可以调节 VCSEL 的发射波长 [2025]. 在上方反射镜的杆臂上施加电压, 可以改变气隙的宽度. 这种变化导致了腔模的移动, 从而改变了激光的发射波长 (图 23.71). 具有气隙和高反差布拉格镜的 VCSEL 可以用 InP/ 空气实现, 如图 23.72 所示.

23.4.15　光泵浦的半导体激光器

泵浦半导体激光器的一种简便方法是光泵浦. 这种技术类似于二极管泵浦的固态激光器 (DPSS). (半导体) 泵浦二极管照射合适的半导体结构 (图 23.73). 在半导体的底

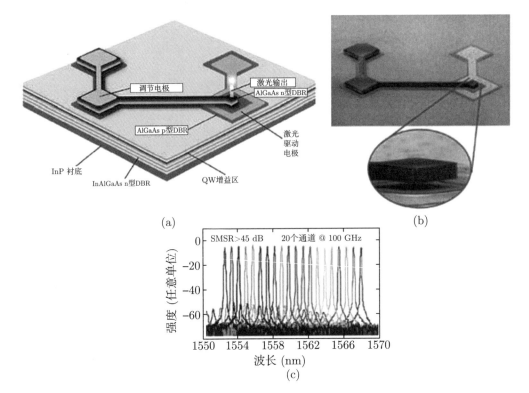

图23.71　(a) VCSEL的装置示意图；(b) SEM图像；(c) 不同调谐条件下的光谱(通过改变气隙宽度). 取自文献[2026]

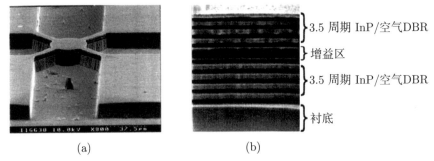

图23.72　(a) 具有气隙的VCSEL，(b) 布拉格反射镜，具有介电反差很大的InP/空气界面. 获允转载自文献[2027]，© 2002 IEEE

部布拉格反射镜和输出耦合镜之间, 形成共振腔. 半导体结构包含合适的吸收泵浦光的吸收层 (势垒), 以及发射激光的量子阱. 这个光在腔内被倍频. 为了实现 488 nm 的输出激光束, 使用标准的 808 泵浦二极管. 把 InGaAs/GaAs 量子阱设计在 976 nm 发光. 量子阱的其他设计波长可以用于其他的输出波长. 这种技术允许紧凑的激光器, 热耗散很小 [2028]. 光泵浦的半导体激光器 (OPSL), 也称半导体片状激光器.

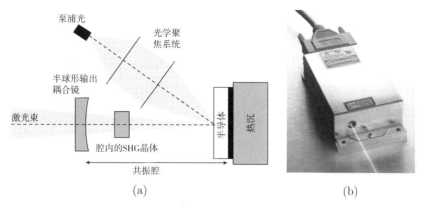

图23.73 (a) 光泵浦半导体激光器(OPSL)的装置示意图. 该半导体芯片由底部的布拉格反射镜、多量子阱和顶部的一层减反射涂层组成. 改编自文献[2028]. (b) OPSL的光源(488 nm, 20 mW, 尺寸: 125 × 70 mm²). 获允转载自文献[2029]

23.4.16 量子级联激光器

量子级联激光器 (QCL) 的增益来自带间跃迁. 这个概念在 1971 年提出 [145,2032], 在 1994 年实现 [149]. 工作时的导带结构示意图如图 23.74(a) 所示. 注入区为功能区提供电子. 电子迅速地离开低能级, 以便实现粒子数反转. 电子随后被抽送到下一个注入区. 激光介质由多个这样的单元构成, 如图 23.74(b) 所示. 每个单元可以让每个电子给出一个光子 (效率为 η_1), N 个单元的总量子效率 $\eta = N\eta_1$, 可以大于 1.

发射波长位于远红外或中红外, 依赖于设计的层厚, 但不依赖于材料的带隙 (图 23.74(d)). 在中红外已经实现了室温工作, 然而到目前为止, 在远红外工作还需要冷却. 拓展到 THz 区和红外光谱区 (1.3 μm 和 1.55 μm 的远程通信波长) 看来是可行的. 级联激光器的概念也可以和 DFB 技术结合起来, 实现单模式的激光发射 (图 23.74(d)).

23.4.17 热空穴激光器

热空穴激光器通常是用 p 型锗做的, 基于轻空穴和重空穴价带子带间的跃迁. 激光器工作在低温下 ($T = 4 \sim 40$ K), 电场和磁场垂直 (沃伊特构型, 通常 $E = 0.5 \sim 3$ kV/cm, $B = 0.3 \sim 2$ T)[2033-2035].

热载流子的一种显著的散射过程是它和光学声子的相互作用, 主要是光学声子发射. 这个过程的载流子能量有阈值, 由光学声子的能量给出. 对于足够大的电场, 在低温下, 热载流子沿着晶体中施加电场的方向加速, 没有声学声子的相互作用 (弹道输运).

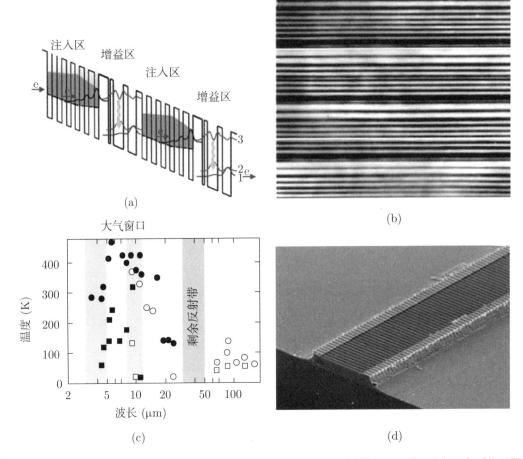

图23.74 (a) 量子级联激光器的能带结构示意图. (b) 级联层序列的截面TEM像. 垂直层序列的周期为45 nm. 取自文献[2030]. (c) 对于已经实现的各种量子级联激光器, 激光发射波长和工作温度的关系(方块：连续工作, 圆圈：脉冲式工作, 实心符号：InP基, 空心符号：GaAs基). 数据取自文献[2031]. (d) 量子级联DFB激光器的SEM图像(光栅周期：1.6 μm). 取自文献[2031]

等载流子达到光学声子能量, 就因为发射光学声子而失去它们所有的能量. 它们再次加速, 在动量空间里重复这种定向运动. 这种运动称为排气运动 (streaming motion).

当 $|E/B|$ 比值大约是 1.5 kV/(cm·T) 时, 重空穴可以加速到的能量大于光学声子的能量 (在锗里是 37 meV), 因此受到这些声子的强烈散射. 在这种条件下, 有百分之几的重空穴散射到了轻空穴能带. 轻空穴仍然保持在低得多的能量, 聚集在轻空穴能带的底部, 在光学声子能量以下, 如图 23.75 所示. 重空穴连续地泵浦到轻空穴能带, 可以产生粒子数反转. 因此, 光学 (辐射的) 价带间跃迁就产生激光辐射 (见 9.9.3 小节). 发射波长位于远红外区, 大约是 100 μm. 典型的 p 型锗激光器覆盖的频率范

围是 $1 \sim 4$ THz($300 \sim 70$ μm)[2036], 对于典型的 1 cm^3 功能体积, 输出的峰值功率是 $1 \sim 10$ W.

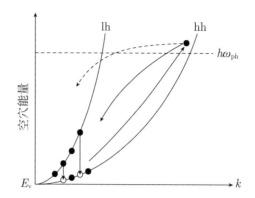

图23.75 在热空穴激光器里, 空穴循环运动的示意图. 实心圆点(空心圆圈)表示填充的(未填充的)空穴态. 实线代表重空穴的流动, 虚线表示散射到轻空穴带里. 箭头表示辐射的价带间跃迁

因为外加电场产生了很强的加热, 激光晶体的温度迅速上升, 在几微秒里升高到 40 K. 然后激射行动停止. 因此, 电场激发的持续时间限制在 $1 \sim 5$ μs(限制了发射功率), 因为必要的冷却, 所以重复频率只有几 Hz. 利用更小的体积和平面垂直腔, 正在研究如何提高占空比 (duty cycle) 的工作模式, 甚至可能是连续的工作方式 [2037,2038].

23.5　半导体光学放大器

如果在激光腔的端面做上增透膜, 激光增益介质可以用作半导体光放大器 (SOA). 关于这个专题的教科书, 请看文献 [2039]. 利用倾斜的端面, 也可以避免来自端面的光学反馈 [2040].

一种束尾的 (tapered) 放大器构型如图 23.76(a) 所示, 允许横向单模输入, 在光波穿过增益介质的传播过程中, 保持横向光束的质量. 增益区是 8 nm 厚的压应变的 InGaAs 量子阱. 典型的束尾锥角是 $5° \sim 10°$. 输入孔介于 $5 \sim 7$ μm. 放大器的长度是 2040 μm. 可以得到大于 20 dB 的光学增益 (图 23.76(b)). 在 70 nm 的带宽里, 增透膜的反射率是 10^{-4}, 可以压制自振荡, 直到电流升至 2 A. 这个放大器的插墙效率达到 40% 以上. 如果把这个放大器和作为种子的激光二极管 (主振荡器) 放在一起, 就是 MOPA(主振荡器功率放大器), 如图 23.77 所示. 调制的输入也产生调制的输出.

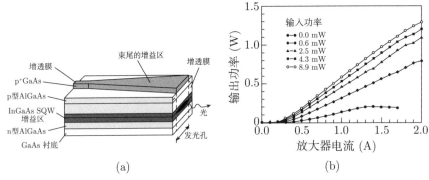

图23.76 (a) 束尾的半导体放大器的构型示意图. (b) 对于不同的光输入功率, 光输出功率与放大器电流的关系, 束尾的锥角为5°. 对于零输入功率, 只观察到自发辐射和放大的自发辐射. 经允许转载自文献[2041]

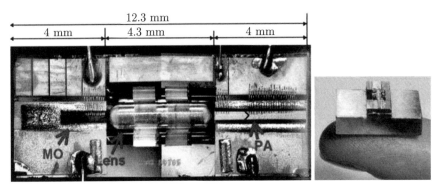

图23.77 MOPA装置的照片. 在硅微光学"工作台"上的激光(主振荡器, MO)、玻璃透镜和束尾的放大器(功率放大器, PA). 获允转载自文献[2042]

因为量子点阵列有快速的动力学过程[2045]和宽的光谱(23.3.6小节), 它们可以是SOA里有用的增益介质[2043,2044].

第 24 章

晶体管

> 经常有人问我计划的某个实验是纯科学的还是应用研究的. 我认为更重要的是这个实验能不能给出关于大自然的很可能经得起考验的新知识. 如果很可能得到这样的知识, 我就认为它是好的基础研究; 相比于动机是纯粹基于实验者的审美体验或者改善大功率晶体管的稳定性, 这一点重要得多.
>
> ——肖克利 [2046,2047]

摘要

本章解释了双极型晶体管、异质结双极型晶体管和场效应晶体管 (JFET, MESFET 和 MOSFET) 的器件功能. 利用本书此前给出的关于漂移、扩散和复合的物理模型, 得到了这些器件的特性. 最后评论了集成电路、缩微化和薄膜晶体管.

24.1 简介

晶体管[①] 是电子学线路 (例如, 放大器、存储器和微处理器) 的关键元件. 晶体管可以用双极型技术 (BJT, 24.2 节) 或者用场效应的单极型器件 (FET, 24.3 节) 实现 [574,2048]. 在真空管技术里, 和晶体管等效的是三极管 (图 24.1(a)). 可以根据模拟电路里的性质 (例如, 线性和频率响应) 或者数字电路里的性质 (例如, 开关速度和功率消耗) 来优化晶体管. 文献 [1815] 讨论了针对微波应用的晶体管. 早期的商品模型如图 24.2 所示.

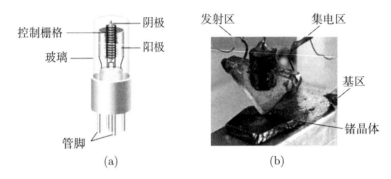

图24.1 (a) 真空三极管的示意图. 当阳极处于正电势时, 电子流从加热的阴极流向阳极. 电子的流动由栅格电压控制. (b) 贝尔实验室的第一个(实验的)晶体管(1947年)

图24.2 (a) 来自BTL(贝尔电话实验室)的第一个商用开发的(点接触)晶体管(1948年), 具有连接孔, 用于调整压在一片Ge上的晶须, 直径为7/32″=5 mm. (b) 第一种高性能硅晶体管(npn 台面技术), 来自仙童半导体公司的2N697型, 1958年(价格为200美元, 1960年是28.50美元). 产品编号仍然在使用(现在是0.95美元)

---

① "晶体管"(transistor) 这个术语是把"跨导"(transconductance) 或者"转移"(transfer) 和"可变电阻"(varistor) 组合起来造的新词, 这种器件最初被称为"半导体三极管". 1947 年出现重大的突破, 实现了第一个具有增益的晶体管 (图 1.9 和图 24.1(b)).

24.2 双极型晶体管

双极型晶体管包括 pnp 或 npn 的序列 (图 24.3). 这些层 (或部分) 是发射区 (高掺杂)、基区 (薄, 低掺杂) 和集电区 (正常的掺杂水平). 可以认为晶体管是由两个二极管 (发射区-基区和基区-集电区) 背靠背构成的. 然而, 重点在于基区非常薄 (与它的少数载流子扩散长度相比), 来自发射区的载流子 (它们是基区里的少数载流子) 主要通过扩散到达集电区.

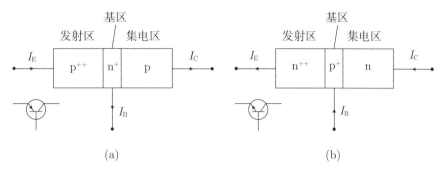

图24.3 晶体管的结构示意图和电路符号: (a) pnp; (b) npn

晶体管的三种基本电路如图 24.4 所示. 根据输入电路和输出电路的共同电极来分类. 在共基区电路构型里, pnp 晶体管的空间电荷区和能带结构如图 24.5 所示. 发射区-基区的二极管正向导通, 把电子注入到基区. 基区-集电区的二极管是反向偏压. 电子扩散地通过基区并到达集电区的中性区域, 然后被大的漂移电场输运到远离基区的地方.

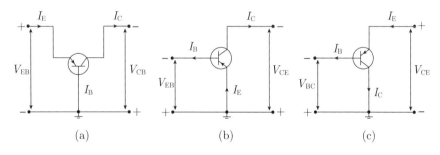

图24.4 基本的晶体管电路, 以共用的电极命名: (a) 共基区电路; (b) 共发射区电路; (c) 共集电区电路

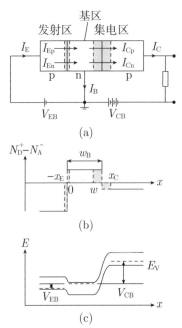

图24.5 (a) 共基区电路中的pnp晶体管. 在典型的工作条件下，(b) 掺杂分布和空间电荷(突变近似); (c) 能带结构示意图

24.2.1 载流子密度和电流

晶体管的建模是复杂的问题. 我们在突变结的水平上处理晶体管. 作为近似, 我们假设所有的电压落在结上. 串联电阻、电容和寄生电容以及其他的寄生阻抗现在都忽略不计.

主要结果是来自正向偏置的发射区 - 基区二极管的发射区 - 基区电流将传送到集电区. 从基区电极流走的电流远小于集电区电流. 这解释了晶体管最重要的特性——电流放大.

对于 pnp 晶体管的基区的中性部分, 扩散和连续的稳态方程是

$$0 = D_B \frac{\partial^2 p}{\partial x^2} - \frac{p - p_B}{\tau_B} \tag{24.1a}$$

$$j_p = -eD_B \frac{\partial p}{\partial x} \tag{24.1b}$$

$$j_{\text{tot}} = j_n + j_p \tag{24.1c}$$

其中, p_B 是基区在平衡时的少数载流子浓度. 根据 pn 二极管的讨论, 我们知道, 在耗尽层的边界处, 少数载流子的浓度增加了 $\exp(eV/(kT))$ (参见式 (21.102a,b)). 在发射

区-基区二极管的边界处 (构型如图 24.5(a) 所示), 有

$$\delta p(0) = p(0) - p_B = p_B \left[\exp\left(\beta V_{EB}\right) - 1\right] \tag{24.2a}$$

$$\delta n\left(-x_E\right) = n\left(-x_E\right) - n_E = n_E \left[\exp\left(\beta V_{EB}\right) - 1\right] \tag{24.2b}$$

其中, n_E 和 p_B 分别是基区和发射区在平衡时的少数载流子浓度. 相应地, 在基区-集电区二极管的边界处, 有

$$\delta p(w) = p(w) - p_B = p_B \left[\exp\left(\beta V_{CB}\right) - 1\right] \tag{24.3a}$$

$$\delta n\left(x_C\right) = n\left(x_C\right) - n_C = n_C \left[\exp\left(\beta V_{CB}\right) - 1\right] \tag{24.3b}$$

这些是扩散方程在 p 掺杂层和 n 掺杂的基区的中性区的边界条件. 对于 p 层 (带有无穷长的电极), 且对于 $x < -x_E, x > -x_C$, 解分别是 (类似于式 (21.128))

$$n(x) = n_E + \delta n\left(-x_E\right) \exp\left(\frac{x + x_E}{L_E}\right) \tag{24.4a}$$

$$n(x) = n_C + \delta n\left(x_C\right) \exp\left(-\frac{x - x_C}{L_C}\right) \tag{24.4b}$$

其中, L_E 和 L_C 分别是发射区和集电区里的少数载流子 (电子) 的扩散长度. 在基区的中性区 ($0 < x < w$), 空穴浓度的解是

$$p(x) = p_B + \frac{\delta p(w) - \delta p(0) \exp\left(-w/L_B\right)}{2 \sinh\left(w/L_B\right)} \exp\left(\frac{x}{L_B}\right)$$
$$- \frac{\delta p(w) - \delta p(0) \exp\left(w/L_B\right)}{2 \sinh\left(w/L_B\right)} \exp\left(-\frac{x}{L_B}\right) \tag{24.5}$$

我们把 $x = 0$ 和 $x = w$ 处的过剩载流子浓度分别记为 $\delta p_E = \delta p(0)$ 和 $\delta p_C = \delta p(w)$. 在共基区电路里, 典型的 (正常的) 工作条件是 $\delta p_C = 0$ (图 24.8(a)). 在 "反转" 构型里, 发射区和集电区的角色反转了, $\delta p_E = 0$. 也可以把式 (24.5) 写为

$$p(x) = p_B + \delta p_E \frac{\sinh\left[(w-x)/L_B\right]}{\sinh\left[w/L_B\right]} + \delta p_C \frac{\sinh\left[x/L_B\right]}{\sinh\left[w/L_B\right]} \tag{24.6}$$

如果基区是厚的, $w \to \infty$, 或者至少相对于扩散长度是大的 ($w/L_B \gg 1$), 载流子浓度就是

$$p(x) = p_B + \delta p(0) \exp\left(-\frac{x}{L_B}\right) \tag{24.7}$$

不依赖于集电区. 在这种情况下, 没有晶体管效应. 发射区电流和集电区电流 (分别由导数 $\partial p/\partial x$ 在 0 和 w 处的数值给出) 的 "耦合" 只有当基区足够薄时才存在.

根据式 (24.6), 在 0 和 w 处的空穴流密度是①

$$j_{\text{Ep}} = j_{\text{p}}(0) = e\frac{D_{\text{B}}}{L_{\text{B}}}\left[\delta p_{\text{E}}\coth\left(\frac{w}{L_{\text{B}}}\right) - \delta p_{\text{C}}\operatorname{csch}\left(\frac{w}{L_{\text{B}}}\right)\right] \tag{24.8a}$$

$$j_{\text{Cp}} = j_{\text{p}}(w) = e\frac{D_{\text{B}}}{L_{\text{B}}}\left[\delta p_{\text{E}}\operatorname{csch}\left(\frac{w}{L_{\text{B}}}\right) - \delta p_{\text{C}}\coth\left(\frac{w}{L_{\text{B}}}\right)\right] \tag{24.8b}$$

根据式 (24.4a,b), 在 $x = -x_{\text{E}}$ 和 $x = x_{\text{C}}$ 处的电子流密度是 (利用 $\delta n_{\text{E}} = \delta n(-x_{\text{E}})$ 和 $\delta n_{\text{C}} = \delta n(x_{\text{C}})$)

$$j_{\text{En}} = j_{\text{n}}(-x_{\text{E}}) = e\frac{D_{\text{E}}}{L_{\text{E}}}\delta n_{\text{E}} \tag{24.9a}$$

$$j_{\text{Cn}} = j_{\text{n}}(x_{\text{C}}) = -e\frac{D_{\text{C}}}{L_{\text{C}}}\delta n_{\text{C}} \tag{24.9b}$$

发射区电流密度是 (类似于式 (21.131))

$$\begin{aligned}j_{\text{E}} &= j_{\text{p}}(0) + j_{\text{n}}(-x_{\text{E}}) \\ &= e\frac{D_{\text{B}}}{L_{\text{B}}}\left[\delta p_{\text{E}}\coth\left(\frac{w}{L_{\text{B}}}\right) - \delta p_{\text{C}}\operatorname{csch}\left(\frac{w}{L_{\text{B}}}\right)\right] + e\frac{D_{\text{E}}}{L_{\text{E}}}\delta n_{\text{E}}\end{aligned} \tag{24.10}$$

集电区电流密度是

$$\begin{aligned}j_{\text{C}} &= j_{\text{p}}(w) + j_{\text{n}}(x_{\text{C}}) \\ &= e\frac{D_{\text{B}}}{L_{\text{B}}}\left[\delta p_{\text{E}}\operatorname{csch}\left(\frac{w}{L_{\text{B}}}\right) - \delta p_{\text{C}}\coth\left(\frac{w}{L_{\text{B}}}\right)\right] - e\frac{D_{\text{C}}}{L_{\text{C}}}\delta n_{\text{C}}\end{aligned} \tag{24.11}$$

这些方程只考虑了扩散流. 此外, 还必须考虑耗尽层里的复合流, 特别是在结电压小的时候.

24.2.2 电流放大

发射区的电流由两部分组成, 从基区注入的空穴流 I_{pE} 和从发射区流到基区的电子流 I_{nE} (图 24.5(a)). 类似地, 集电区的电流也是由空穴流 I_{pC} 和电子流 I_{nC} 构成的.

发射区的总电流分为基区的电流和集电区的电流:

$$I_{\text{E}} = I_{\text{B}} + I_{\text{C}} \tag{24.12}$$

共基区电路的放大率 (增益) 是

$$\alpha_0 = h_{\text{FB}} = \frac{\partial I_{\text{C}}}{\partial I_{\text{E}}} = \frac{\partial I_{\text{pE}}}{\partial I_{\text{E}}}\frac{\partial I_{\text{pC}}}{\partial I_{\text{pE}}}\frac{\partial I_{\text{C}}}{\partial I_{\text{pC}}} = \gamma\alpha_{\text{T}}M \tag{24.13}$$

---

① $\coth x \equiv \cosh x/\sinh x, \operatorname{csch} x \equiv 1/\sinh x$.

其中, γ 是发射区的效率, α_T 是基区的输运因子, M 是集电区的放大因子. 因为集电区正常工作在雪崩倍增的阈值以下, $M = 1$.

共发射区电路的放大率是

$$\beta_0 = h_{FE} = \frac{\partial I_C}{\partial I_B} \tag{24.14}$$

利用式 (24.12), 我们得到

$$\beta_0 = \frac{\partial I_E}{\partial I_B} - 1 = \frac{\partial I_E}{\partial I_C}\frac{\partial I_C}{\partial I_B} - 1 = \frac{1}{\alpha_0}\beta_0 - 1 = \frac{\alpha_0}{1-\alpha_0} \tag{24.15}$$

对于设计得好的晶体管, α_0 接近于 1, 所以 β_0 是很大的数, 例如, 对于 $\alpha_0 = 0.99$, 有 $\beta_0 = 99$.

发射区的效率是 (A 表示器件的面积)

$$\gamma = \frac{Aj_{Ep}}{I_E} = \left[1 + \frac{n_E}{p_B}\frac{D_E}{D_B}\frac{L_B}{L_E}\tanh\left(\frac{w}{L_B}\right)\right]^{-1} \tag{24.16}$$

基区的输运因子是 (到达集电区的少数载流子和注入的少数载流子总数的比值)

$$\alpha_T = \frac{j_{Cp}}{j_{Ep}} = \frac{\exp(\beta U_{EB}) - 1 + \cosh(w/L_B)}{1 + [\exp(\beta U_{EB}) - 1]\cosh(w/L_B)}$$

$$\approx \frac{1}{\cosh(w/L_B)} \approx 1 - \frac{w^2}{2L_B^2} \tag{24.17}$$

第一个近似用于 $\beta U_{EB} \gg 1$ (发射区二极管正向注入), 第二个近似用于 $w \ll L_B$. 如果基区长度是扩散长度的十分之一, 基区的输运因子就是 $\alpha_T > 0.995$. M 也非常接近 1; 对于反向偏压 U_{CB} 和 $w \ll L_B$, 得到

$$M \approx 1 + \frac{w}{L_C}\frac{D_C}{D_B}\frac{\delta n_C}{\delta p_C - \delta p_E} \approx 1 + \frac{w}{L_C}\frac{D_C}{D_B}\frac{n_C}{p_B}\exp(-\beta U_{EB}) \tag{24.18}$$

因此, 对于 $w \ll L_B$, α_0 由 γ 主导, 由下式给出 (式 (24.16) 做近似):

$$\alpha_0 \approx \gamma \approx 1 - \frac{w}{L_E}\frac{n_E}{p_B}\frac{D_E}{D_B} \tag{24.19}$$

增益 β_0 也由 γ 决定:

$$\beta_0 = h_{FE} \approx \frac{\gamma}{1-\gamma} \approx \frac{1}{1-\gamma} \propto \frac{N_E}{N_B}\frac{L_E}{w} \tag{24.20}$$

其中, N_E 和 N_B 分别是发射区和基区的掺杂水平. 基区和集电区的电流随着发射区-基区电压 (即注入二极管上的电压) 的变化关系如图 24.6 所示. 集电区的电流接近于发射区-基区二极管的电流, 表现出的依赖关系 $\propto \exp(eV_{EB}/(kT))$. 基区的电流具有类似的斜率, 但是在幅度上要小几个数量级. 对于发射区-基区二极管的小的正向电压, 电流通常由非辐射复合流主导, 它流过基区的接触, 理想性因子 (图 24.6 里的 m) 接近于 2.

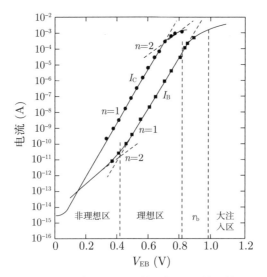

图24.6　集电区电流 I_C 和基区电流 I_B 作为发射区-基区电压 V_{EB} 的函数(Gummel 曲线). 改编自文献[2049]

24.2.3　Ebers–Moll 模型

Ebers-Moll 模型 (图 24.7) 是 1954 年发展的, 是一个相当简单的晶体管模型, 在最简单的水平上, 只需要三个参数 (图 24.7(a)). 它可以 (而且必须) 改进 (图 24.7(b) 和 (c)). 这个模型考虑了背对背的两个理想的二极管 (F(正向的) 和 R(反向的)), 每个都有一个电流源. F 二极管表示发射区-基区的二极管, R 二极管表示集电区-基区的二极管. 电流是

$$I_F = I_{F0}\left[\exp\left(\beta V_{EB}\right) - 1\right] \tag{24.21a}$$

$$I_R = I_{R0}\left[\exp\left(\beta V_{CB}\right) - 1\right] \tag{24.21b}$$

利用式 (24.8a,b)∼ 式 (24.11), 发射区和集电区的电流是

$$I_E = \hat{a}_{11}\left[\exp\left(\beta V_{EB}\right) - 1\right] + \hat{a}_{12}\left[\exp\left(\beta V_{CB}\right) - 1\right] \tag{24.22a}$$

$$I_C = \hat{a}_{21}\left[\exp\left(\beta V_{EB}\right) - 1\right] + \hat{a}_{22}\left[\exp\left(\beta V_{CB}\right) - 1\right] \tag{24.22b}$$

其中

$$\hat{a}_{11} = eA\left[p_B \frac{D_B}{L_B} \coth\left(\frac{w}{L_B}\right) + n_E \frac{D_E}{L_E}\right] \tag{24.23a}$$

$$\hat{a}_{12} = -eAp_B \frac{D_B}{L_B} \operatorname{csch}\left(\frac{w}{L_B}\right) \tag{24.23b}$$

$$\hat{a}_{21} = eAp_B \frac{D_B}{L_B} \operatorname{csch}\left(\frac{w}{L_B}\right) = -\hat{a}_{12} \tag{24.23c}$$

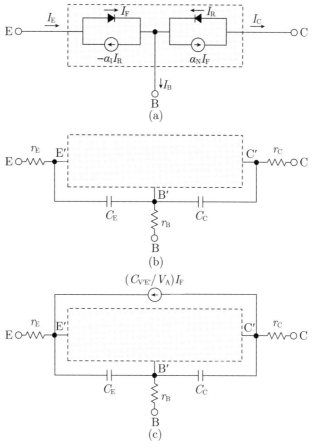

图24.7 Ebers-Moll晶体管模型. E：发射区，C：集电区，B：基区. 显示了一个pnp晶体管的电流. (a) 基本模型(图(b)和图(c)中的灰色区域); (b) 带有串联电阻和耗尽层电容的模型; (c) 包括了厄利效应的模型(V_A：厄利电压)

$$\hat{a}_{22} = -eA\left[p_B\frac{D_B}{L_B}\coth\left(\frac{w}{L_B}\right) + n_C\frac{D_C}{L_C}\right] \tag{24.23d}$$

在三个电极处的电流是

$$I_E = I_F - \alpha_I I_R \tag{24.24a}$$

$$I_C = \alpha_N I_F - I_R \tag{24.24b}$$

$$I_B = (1-\alpha_N)I_F + (1-\alpha_I)I_R \tag{24.24c}$$

最后一个方程由式 (24.24a,b) 得到，利用了式 (24.12). 比较式 (24.21a,b) 和式 (24.23a~d)，我们发现

$$I_{F0} = \hat{a}_{11} \tag{24.25a}$$

$$I_{R0} = -\hat{a}_{22} \tag{24.25b}$$

$$\alpha_{I} = \hat{a}_{12}/I_{R0} \tag{24.25c}$$

$$\alpha_{N} = \hat{a}_{21}/I_{F0} = -\hat{a}_{12}/I_{F0} = -\alpha_{I} I_{R0}/I_{F0} \tag{24.25d}$$

常数 α_N 和 α_I 分别是共基区电路里正向的 ("正常的")(根据式 (24.13), $\alpha_N = \alpha_0$) 和反向的 ("反转的") 增益. 两个常数都大于零. 通常, $\alpha_N \approx 0.98 \sim 0.998 \lesssim 1$ 和 $\alpha_I \approx 0.5 \sim 0.9 < \alpha_N$. 这个模型有三个独立的参数: α_N, I_{F0} 和 I_{R0}. 方程 (24.24a,b) 可以重写为

$$I_E = \alpha_I I_C + (1 - \alpha_I \alpha_N) I_F \tag{24.26a}$$

$$I_C = \alpha_N I_E - (1 - \alpha_I \alpha_N) I_R \tag{24.26b}$$

在正常工作时, 有

$$I_E = I_F \tag{24.27a}$$

$$I_C = \alpha_N I_E \tag{24.27b}$$

可以改进这个模型, 使之变得更符合实际: 把串联电阻和耗尽层电容包括进来, 把参数的数目增加到 8 个. 再添加一个电流源, 可以把厄利 (Early) 效应 (见 24.2.4 小节) 包括进来. 这个水平是 "标准的" Ebers-Moll 模型, 总共有 9 个参数. 还可以增加参数. 然而, 模拟总是这样的: 在模型的简单性和把真实情况近似到哪种细节之间, 总是需要权衡.

24.2.4 电流-电压特性

在 pnp 晶体管里, 在不同的偏压条件下, 基区的空穴浓度如图 24.8 所示. 在共基区电路和共集电区电路里, 双极型晶体管的 I-V 特性如图 24.9 所示. 在共基区电路里 (图 24.9(a)), 集电区的电流实际上等于发射区的电流, 几乎不依赖于集电区-基区的电压. 根据式 (24.26b), 集电区的电流对集电区-基区电压的依赖关系是 (在 Ebers-Moll 模型里)

$$I_C = \alpha_N I_E - (1 - \alpha_I \alpha_N) I_{R0} [\exp(\beta V_{CB}) - 1] \tag{24.28}$$

V_{CB} 是反向的. 因此, 对于正常的工作条件, 第二项是零. 因为 $\alpha_N \lesssim 1$, 集电区的电流几乎等于发射区的电流.

即使在 $V_{CB} = 0$ (图 24.8(c) 的情况) 时, 空穴也从基区被抽走, 因为 $\partial p/\partial x|_{x=w} > 0$. 必须在集电区-基区的二极管上施加小的正向电压才能让电流等于零, 即 $\partial p/\partial x|_{x=w} = 0$

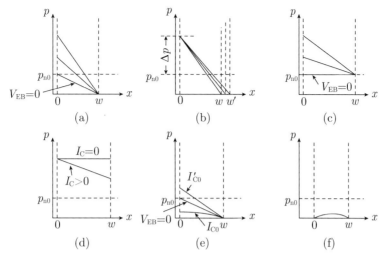

图24.8 在不同电压下，pnp晶体管的基区(基区的中性部分，从0到w)的空穴密度(线性尺度). (a) 正常电压，V_{CB} = 常数，各种V_{EB}(正向偏置电压). (b) V_{EB} = 常数，V_{CB}的各种值. (c) $V_{EB} > 0$的各种值，$V_{CB} = 0$. (d) 正向偏压的两个pn结. (e) I_{C0}和I'_{C0}的条件. (f) 反向偏压的两个结. 改编自文献[574]

(图24.8(d))．把发射区一侧断路，测量集电区的饱和电流I_{C0}. 这个电流小于CB二极管的饱和电流，因为在基区的发射区一侧，空穴浓度的梯度逐渐消失 (图24.8(e)). 这就降低了集电区一侧的梯度 (以及电流). 因此，电流I_{C0}小于发射区-基区的电极短路时 ($V_{EB} = 0$) 的集电区电流. 在大的集电区电压下，电流在BV_{CB0}处快速地增加，因为集电区-基区二极管击穿了. 也可能发生中性基区的宽度w变为零的情况 (穿通punch-through). 在这种情况下，发射区和基区是短路的.

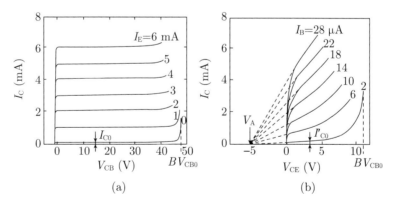

图24.9 pnp晶体管的特性(I_C对比V_{CB})：(a) 共基区(CB)电路(图24.4(a))，发射区电流为各种值. 改编自文献[2050]. (b) 共发射区(CE)电路的特性(图24.4(b)). 改编自文献[2051]

在共发射区的电路里 (图 24.9(b))，电流放大率I_C/I_B很大. 注意，集电区电流的单位是 mA, 而基区电流的单位是 μA. 电流随着 V_{CE} 的增大而增大, 因为基区宽度 w 减小而 β_0 增大. I-V 特性曲线没有饱和 (厄利效应 [2052]). 相反, I-V 曲线看起来开始于负的集电极-发射极电压, 即 "厄利电压" V_A. 在线性区, 这个特性曲线可以近似为

$$I_C = \left(1 + \frac{V_{CE}}{V_A}\right) \beta_0 I_B \tag{24.29}$$

其中, β_0 是 $V_{CE} \approx 0$ 时的电流增益.

集电区电流随着 V_{CE} 的增加而增大的物理原因是: 集电区-基区二极管的反向电压增大, 导致了 "基区宽度调制", 如图 24.8(b) 所示. 这就扩展了 CB 耗尽层, 随后缩减了中性基区宽度 w. 相对于基区的几何尺寸, w 变得越来越小. 当 w 缩小时, 基区的输运因子 α_0 (式 (24.19)) 变得更接近于 1, 电流增益 β_0 增大. 因此, 对于给定的 (固定不变的) 基区电流, 集电区电流增大. 如果晶体管的基区的几何宽度远大于耗尽层的宽度, 厄利电压是

$$\frac{\beta_0 I_B}{V_A} = \frac{\partial I_C}{\partial V_{CE}} = \frac{\partial I_C}{\partial V_{CB}} \frac{\partial V_{CB}}{\partial V_{CE}} \approx \frac{\partial I_C}{\partial V_{CB}} \tag{24.30}$$

当基区电流不变时, 发射区-基区电压几乎不变, 式 (24.30) 中的近似成立. 对于 pnp 晶体管, 式 (21.110a) 给出了 CB 耗尽层在基区一侧的宽度 x_C^n 对 U_{CB} 的依赖关系. 厄利电压的典型值是 50~300 V. 文献 [2053] 讨论了厄利效应在模拟程序里的建模.

对于小的集电区-发射区电压, 电流迅速降为零. V_{CE} 通常以这样的方式分配: 发射区-基区二极管有大正向偏压, 而 CB 二极管有很大的反向偏压. 如果 V_{CE} 低于某个值 (对于硅的晶体管, ≈ 1 V), CB 二极管上不再有任何偏压. 进一步减小 V_{CE}, CB 二极管就是正向偏压了, 集电区的电流很快降为零.

24.2.5 基本电路

24.2.5.1 共基区电路

在共基区的构型里, 没有电流放大, 因为流过发射区和基区的电流基本上相等. 但是有电压增益, 因为集电区电流使得负载电阻上有大的电压降.

24.2.5.2 共发射区电路

共发射区电路 (图 24.10(a)) 的输入电阻依赖于发射区-基区的二极管, 其数值在小电流时的 100 kΩ 左右到更大电流和高 V_{EB} 时的几欧姆之间变化. 电压增益是

$$r_V = \frac{V_{CE}}{V_{EB}} = \frac{I_C}{V_{EB}} R_L \tag{24.31}$$

其中，R_L 是输出电路的负载电阻 (见图 24.4(b))。比值 $g_m = I_C/V_{EB}$ 称为正向跨导。也使用微分跨导 $g'_m = \partial I_C/\partial V_{EB}$。共发射区电路的电压增益通常是 $10^2 \sim 10^3$。因为电流和电压都放大了，这种电路的功率增益最大。

如果输入电压 V_{EB} 增大，集电区的电流也增大。这个增大使得负载电阻 R_L 上的电压降增大，而输出电压 V_{CE} 减小。因此，输入信号的相位反转了，这个放大器是反相的。

24.2.5.3 共集电区电路

在图 24.10(c) 里，集电区与电容相连，用于交变电流。输入和输出电流流过负载电阻，输入电压在那里下降。输入电压分配在负载电阻 R_L 和发射区-基区的二极管上。在这个晶体管上，施加电压 $V_{BE} = V_1 - V_{RL}$。如果输入电压增大，I_2 就增大。这就使得负载电阻上有更大的电压降，因此 V_{BE} 减小，反抗了起初的电压增大。输入电阻 R_1 是大的，尽管负载电阻是小的，$R_1 \approx \beta_0 R_L$。输入电压大于 V_{RL}，因此没有电压增益出现 (实际上略微小于 1)。电流放大率是 $\beta + 1$。输出电阻 R_2 是小的，$R_2 = U_2/I_2 = R_L \approx R_1/\beta_0$。因此，这种电路也称为阻抗放大器，可以把高阻抗的源连接到低阻抗的负载上。因为输入电压的增大导致了输出电压 (位于发射区) 的增大，这个电路是直接放大器，也称为发射区跟随器。

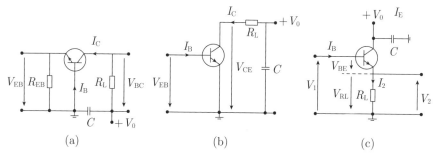

图 24.10 具有外部负载的电路：(a) 共基区电路；(b) 共发射区电路；(c) 共集电区电路

24.2.6 高频性质

用于高频信号放大的晶体管通常选择 npn 晶体管，因为电子 (基区的少数载流子) 的迁移率比空穴高。功能区的面积和寄生电容必须最小化。发射区做成条形，现在是 100 nm 的范围。基区的宽度是 10 nm 的范围。p 型的高掺杂 GaAs 用碳来实现掺杂杂质的低扩散。在这么薄的基区宽度里，必须避免缺陷，它们可能把发射区和集电区短路。

一个重要的指标是截止频率 f_T，在共发射极的构型里，此时的 h_{FE} 等于 1。截止频

率与发射区-集电区的延迟时间 τ_{EC} 的关系是

$$f_T = \frac{1}{2\pi\tau_{EC}} \tag{24.32}$$

延迟时间决定于发射区-基区的耗尽层的充电时间、基区的电容以及穿过基区-集电区的耗尽层的输运. 最好是所有的时间都短而且相近. 如果三个过程里只有一个或两个实现最小化, 那么并没有用, 因为最长的时间决定了晶体管的性能.

另一个重要的指标是晶体管可以在反馈电路中以零损耗振荡的最大频率. 这个频率记为 f_{max}. 近似地

$$f_{max} = \sqrt{\frac{f_T}{8\pi R_B C_{CB}}} \tag{24.33}$$

其中, R_B 是基区的电阻, C_{CB} 是集电区-基区的电容. f_{max} 大于 f_T, 大约是 3 倍.

24.2.7 异质结双极型晶体管

在异质结双极型晶体管 (HBT) 里, 发射区-基区的二极管用异质结二极管做成. 当发射极用带隙更高的材料制成, 基区用带隙更低的材料制成时, 可以得到希望的功能. 能带结构示意图如图 24.11 所示 (对于发射区-基区的二极管, 见图 21.59(c)).

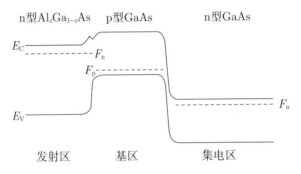

图24.11 异质结双极型晶体管的能带结构示意图

相比于基区材料的同质结, 价带的不连续性更大, 为空穴从基区到发射区的输运提供了更高的势垒. 因此, 发射区的效率增大. 另一个优点是基区可以掺杂得更高, 而发射区的效率不会损失. 这就减小了基区的串联电阻, 使得电流增益更大而 RC 时间常数更小, 导致了更好的高频响应. 发射区的带隙更大, 可以工作在更高的温度. 现在的 InP/InGaAs 基的 HBT 的截止频率超过 30 GHz, 而 SiGe-HBT 超过 80 GHz. 高频性能受到速度过冲效应的影响 (见 8.4.3 小节)[2054].

InAlAs/InGaAs HBT 如图 24.12 所示 [2056]. 截止频率是 90 GHz. 对于层的设计, 选择了相当厚的低掺杂的集电区. 这个设计允许更宽的耗尽层, 电场的最大值相当小, 因此有很高的击穿电压: $BV_{CE0} > 8.5$ V. 基区不是太薄 (80 nm, 而不是 60 nm), 以便减小串联电阻. 发射区和基区之间使用了渐变区, 避免在导带里出现尖峰 (图 21.59(b)), 保持低的开启电压.

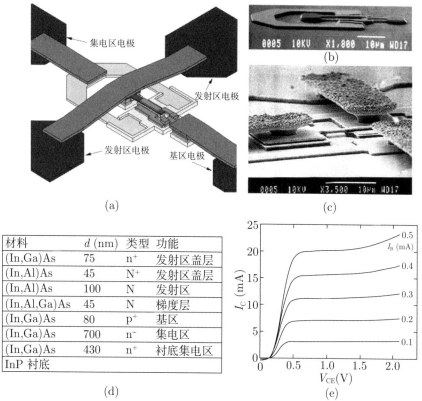

图 24.12 (a) 高频 HBT 的布局示意图和 SEM 图像; (b) 没有电极; (c) 有电极, (d) 外延层序列; (e) 静态性能的数据. 图(a)和(b)取自文献[2055], 图(d)和(e)取自文献[2056]

24.2.8 发光晶体管

基区的电流有两个分量. 一个是发射区的中性区里的复合电流, 在 HBT 里可以抑制这种电流. 另一个是基区本身的复合电流.[①] 如果在基区引入量子阱, 这种复合可以辐射性地发生在量子阱捕获的电子和空穴之间 (图 24.13). 光谱有两个峰, 分别来自量

---

① 在发射区-基区的耗尽层里, 可能有复合电流. 然而, 在正常的工作条件下, 这个二极管是正向偏置的, 耗尽层很短, 与之相关的复合电流很小, 参见第 183 页.

子阱和 GaAs 势垒.

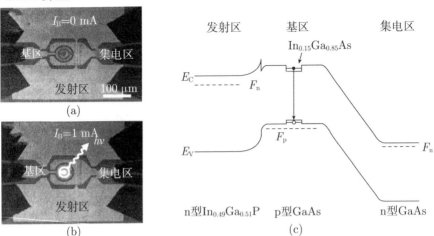

图 24.13 在 30 nm 宽的基区, 具有两个 5 nm InGaAs/GaAs 量子阱的 InGaP/GaAs HBT 的显微照片. (a) 基区电流为零; (b) 1 mA 基区电流, 在共发射区的构型下, 光发射的 Si CCD 图像. (c) HBT 的能带结构示意图, 在基区有单个 InGaAs/GaAs 量子阱. 图(a)和(b)取自文献 [2057], 图(c)改编自文献[2057]

24.3 场效应晶体管

紧跟着双极型晶体管, 场效应晶体管 (FET) 是另一大类晶体管. FET 的概念提出得最早, 但是由于半导体表面的技术困难, 它是第二个实现的. 原理很简单: 电流从源到漏穿过沟道流动. 改变栅极的电压, 可以改变沟道的电导率, 从而改变电流. 栅极需要和半导体做成非欧姆接触. 因为沟道的电导率与多数荷电载流子有关, FET 称为单极型晶体管. FET 具有比双极型晶体管更高的输入阻抗、良好的线性、负的温度系数 (因而温度分布更均匀). 根据栅极二极管的结构, 可以分为 JFET, MESFET 和 MOSFET, 讨论如下:

在结式场效应晶体管里 (JFET), 沟道电导率的变化来自栅极和沟道材料形成的 pn 结的耗尽层的扩张 (图 24.14(a)). 肖特基在 1952 年分析了 JFET[108], 由 Dacey 和 Ross 在 1953 年实现[109]. 可以用异质结构的栅极来制作 JFET, 以便改善频率响应.

在 MESFET 里, 用来作为整流接触的是金属-半导体二极管 (肖特基二极管), 而不是 pn 二极管. 否则, 原理和 JFET 是相同的. Mead 在 1966 年提议[135] 以后, 第一个(外延的)GaAs MESFET 由 Hooper 和 Lehrer 在 1967 年实现[138]. MESFET 有一些优点, 例如, 制作金属栅极的温度比 pn 二极管 (的扩散或外延) 需要的更低, 电阻更低, 热接触好.

在 MISFET 里, 栅极二极管是金属-绝缘体-半导体二极管 (图 24.14(b)). 如果绝缘体是一种氧化物, 相关的 FET 就是 MOSFET. 当栅极加上正电压 (对于 p 型沟道) 时, 在靠近绝缘体-半导体的界面处, 就形成了反转层. 这个层是 n 型导电通沟道, 在两个偏压相反的 pn 二极管之间, 它可以承受大电流. MOSFET 在理论上最早由李林菲尔德在 1925 年预见[55], 到了 1960 年才由 Kahng 和 Atalla 实现[121].

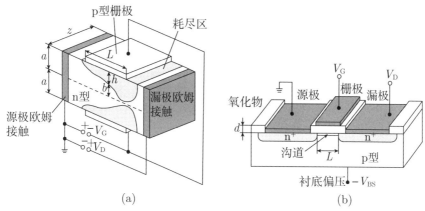

图 24.14　(a) 肖克利的 JFET 模型. 虚线表示总厚度为 $2a$ 的对称通道的中间. 浅灰色区域是厚度为 h 的耗尽层. 栅长为 L. 深灰色区域是欧姆金属接触. 基于文献[109]. (b) MOSFET 的示意图, 沟道长度为 L, 氧化物厚度为 d. 暗灰色区域是欧姆金属接触. 改编自文献[574]

FET 有 n 型的和 p 型的, 取决于沟道的导电类型. 对于高频应用, 通常使用 n 型沟道, 因为迁移率或者漂移速度更高. 在 CMOS(互补性的 MOS) 技术里, n 型 FET 和 p 型 FET 高密度地集成在一起, 用最小化的功率损耗, 有效地实现了逻辑门 (logic gates).

24.4　JFET 和 MESFET

24.4.1　一般原理

JFET 的主要特性如图 24.15 所示. 在 $V_D = 0$ 和 $V_G = 0$ 处, 晶体管处于热力学平衡, 没有净电流. 在栅极二极管的下面, 有一个耗尽层. 如果在零栅极电压下, 源-漏电压施加在沟道上,电流就线性地增大.漏极上的正电压使得(反向偏置的)栅极-漏极的二极管的耗尽层扩张.当(上面的和下面的)两个耗尽区相遇时(关断, pinch-off),电流就饱和了.相应的源-漏电压记为$V_{D,sat}$.对于高的栅极-漏极(反向)电压V_D,击穿发生,伴随着源-漏电流的巨大增加.改变栅极电压V_g,导致源-漏电流变化.反向电压导致饱和电流减小,在更低的源-漏电压下发生饱和.对于某个特定的栅极电压V_P(关断电压),沟道里不再有电流流动,因为即使$V_D=0$,也会有关断.

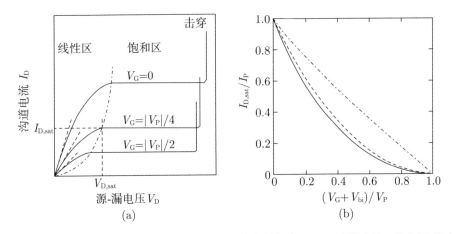

图24.15 (a) JFET的主要特性.对于三个不同(绝对值)的栅电压V_G,沟道电流I_D作为源-漏电压V_D的函数.给出了其中一条曲线的饱和值$V_{D,sat}$和$I_{D,sat}$.点划线的交点给出了饱和电压.改编自文献[574]. (b) 对于两种不同的载流子分布(均匀的(实线)和类δ的(虚线)),JFET的转移行为.点划线是$\sqrt{I_D/I_P}$和栅极电压的关系.基于文献[2058,2059]

24.4.2 静态特性

这里要计算上一节概述的一般性的静态行为.我们假设有很长的沟道($L \gg a$),耗尽层的突变近似,渐变的沟道近似(耗尽层的深度沿着x缓慢地变化),迁移率是常数(不依赖于电场).在这种情况下,可以将势分布V的二维泊松方程对所有的x位置(绝热近似)沿着y(沟道深度)方向求解,

$$\frac{\partial^2 V}{\partial y^2} = -\frac{\rho(y)}{\epsilon_s} \tag{24.34}$$

几何构型如图24.15(b)中的插图所示.

在突变近似里,耗尽层的深度由下式给出(参见式(21.111),反向偏压在这里被当作是正的):

$$h = \sqrt{\frac{2\epsilon_s}{eN_D}(V_{bi} + V_G + V(x))} \tag{24.35}$$

这里假定了均匀掺杂, N_D 不依赖于 y(或者 x). 内建电压 (对于 p^+n 栅极二极管) 是 $V_{bi} = \beta^{-1}\ln(N_D/n_i)$ (式 (21.101a)). 相对于源极, 电压 V 是施加的源-漏电压. 在 $x = 0$(源) 和 $x = L$(漏) 处, 耗尽层的深度是

$$y_1 = h(0) = \sqrt{\frac{2\epsilon_s}{eN_D}(V_{bi} + V_G)} \tag{24.36a}$$

$$y_2 = h(L) = \sqrt{\frac{2\epsilon_s}{eN_D}(V_{bi} + V_G + V_D)} \tag{24.36b}$$

h 的最大值是 a. 因此, 关断电压 V_P 就是 (在 $V_P = V_{bi} + V_G + V_D$ 时, $h = a$)

$$V_P = \frac{eN_D a^2}{2\epsilon_s} \tag{24.37}$$

在半导体的中性区, 沿着 x 方向的 (漂移) 电流密度是 (参见式 (8.54a))

$$j_x = -eN_D\mu_n E_x = eN_D\mu_n \frac{\partial V}{\partial x} \tag{24.38}$$

因此, 在沟道的上半部分里的电流是

$$I_D = eN_D\mu_n \frac{\partial V(x)}{\partial x} Z[a - h(x)] \tag{24.39}$$

其中, Z 是沟道的宽度 (图 24.14(a)). 虽然看起来 I_D 依赖于 x, 但是因为基尔霍夫定律, 它沿着沟道当然是不变的.① 利用简单的关系 $\int_0^L I_D dx = LI_D$, 以及 $\frac{\partial V}{\partial x} = \frac{\partial V}{\partial h}\frac{\partial h}{\partial x}$ 和从式 (24.35) 得到的 $\frac{\partial V}{\partial h} = eN_D h/\epsilon_s$, 我们根据式 (24.39), 得到

$$I_D = \frac{e^2\mu_n N_D^2 Z a^3}{6\epsilon_s L}\left[\frac{3}{a^2}(y_2^2 - y_1^2) - \frac{2}{a^3}(y_1^3 - y_2^3)\right] \tag{24.40}$$

利用式 (24.37) 和

$$I_P = \frac{e^2\mu_n N_D^2 Z a^3}{6\epsilon_s L} \tag{24.41}$$

这个方程也可以写为

$$I_D = I_P\left[\frac{3V_D}{V_P} - 2\frac{(V_{bi} + V_G + V_D)^{3/2} - (V_{bi} + V_G)^{3/2}}{V_P^{3/2}}\right] \tag{24.42}$$

饱和电流在 $y_2 = a$ 或 $V_{bi} + V_G + V_D = V_P$ 处达到, 由下式给出:

$$I_{D,\text{sat}} = I_p\left[1 - 3\frac{V_{bi} + V_G}{V_P} + 2\left(\frac{V_{bi} + V_G}{V_P}\right)^{3/2}\right] \tag{24.43}$$

---

① 我们忽略了复合, 因为这个电流是多数载流子的流.

饱和电流对 $(V_G+V_{bi})/V_P$ 的依赖关系如图 24.15(b) 所示. 对于阈值 (栅极) 电压

$$V_T = V_P - V_{bi} \tag{24.44}$$

饱和电流是零, 因为 $V_D=0$.① 在阈值电压附近, 漏的饱和电流由下式给出 (在 V_G 的最低阶):

$$I_{D,sat} \approx \frac{3I_P}{4}\left(\frac{V_G - V_T}{V_P}\right)^2 \tag{24.45}$$

因此, 为了用实验确定阈值电压, 画出 $\sqrt{I_D}$ 和栅极电压的曲线, 并外推到 $I_D=0$ (图 24.15 和图 24.16 里的点划线).

在饱和点处的源-漏电压随着饱和电流的减小而减小, 如图 24.15(a) 里的类抛物线的虚线所示.

如果电荷载流子的分布不是此前假设的均匀分布, 晶体管的性质就会有变化. 对于类 δ 的载流子分布, 如图 24.15(b) 所示. I-V 特性变得不那么弯了, 但不是线性的. 线性的特性只能在漂移速度饱和区实现 (参见 24.4.4 小节).

对于大的源-漏电压 $V_D > V_P - V_{bi} - V_G$, 电流实际上保持在它的饱和值. 对于非常大的源-漏电压, 当沟道末端的最大电压 $V_G + V_D$ 等于击穿电压 V_B 时, 栅-漏二极管可能发生击穿.

正向的跨导 g_m 和漏极的跨导 g_D 是

$$g_m = \left.\frac{\partial I_D}{\partial V_G}\right|_{V_D=常数} = g_{max}\left[\sqrt{\frac{V_{bi}+V_G}{V_P}} - \sqrt{\frac{V_{bi}+V_G+V_D}{V_P}}\right] \tag{24.46}$$

$$g_D = \left.\frac{\partial I_D}{\partial V_D}\right|_{V_G=常数} = g_{max}\left[1 - \sqrt{\frac{V_{bi}+V_G+V_D}{V_P}}\right] \tag{24.47}$$

其中

$$g_{max} = \frac{3I_P}{V_P} = \frac{eN_D\mu_n Za}{L} \tag{24.48}$$

更详细地说, 式 (24.45)~式 (24.47) 里使用的迁移率必须被区分为饱和迁移率、场效应迁移率和有效迁移率 (与第 359 页关于 MOSFET 的更多细节做比较).

当 $V_D \to 0$ 时, 漏极的跨导是 (线性区, 图 24.15(a) 里的虚直线)

$$g_{D0} = g_{max}\left[1 - \sqrt{\frac{V_{bi}+V_G}{V_P}}\right] = g_{m,sat} \tag{24.49}$$

它等于② 饱和区的正向跨导 $g_{m,sat} = \partial I_{D,sat}/\partial V_G$.

---

① 阈值电压也可以由条件 $g_{D0}=0$ 得到 (参见式 (24.49)).
② 从技术上说, 这里 $g_{D0} = -g_{m,sat}$, 然而, 我们把反向的 V_G 当作正的.

24.4.3 常开型 FET 和常闭型 FET

此前讨论的 JFET 有 n 型沟道,在 $V_G = 0$ 是导通的. 它称为 "n 型常开的"(或者耗尽)FET. 如果沟道是 p 型的,FET 称为 "p 型的". 在 $V_G = 0$ 有不导电沟道的 FET 就是 "常闭的"(或者累积)FET. 在这种情况下,内建电场必须足够大,能够导致关断. 对于正的栅极电压 (在栅-漏二极管的正方向),电流开始流动. 这四种 FET 类型的 I-V 特性如图 24.16 所示. 它们的电路符号如图 24.17 所示.

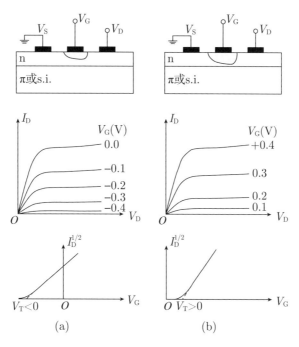

图24.16　(a) 常开(耗尽型)和(b) 常闭(累积型)的n型JFET的示意图(顶部),I_D 和 V_D 的关系(中间),$I_D^{1/2}$ 和 V_G 的关系(底部). 改编自文献[574]

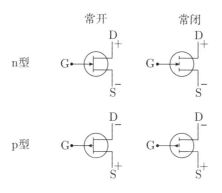

图24.17　各种类型FET的电路符号

24.4.4 依赖于电场的迁移率

到目前为止,我们考虑了长沟道的 FET($L \gg a$). 通常情况并非如此,特别是在高集成或高频的应用里. 对于短沟道, I-V 特性有变化. 需要修改理论,考虑 8.4.1 小节讨论的迁移率的电场依赖关系 (图 8.13).

漂移速度饱和

对于没有负微分迁移率的材料 (例如, Si 或 Ge),可以用漂移速度模型来描述:

$$v_\mathrm{d} = \mu E \frac{1}{1+\mu E/v_\mathrm{s}} \tag{24.50}$$

在这个模型里, μ 是低场 (欧姆的) 迁移率, v_s 是当 $E \gg v_\mathrm{s}/\mu$ 时达到的漂移饱和速度. 式 (24.50) 里的分数描述了漂移速度饱和.

把式 (24.50) 代入式 (24.39),得到

$$I_\mathrm{D} = -eN_\mathrm{D}\mu_\mathrm{n} E(x) \frac{1}{1+\mu E(x)/v_\mathrm{s}}[a-h(x)]Z \tag{24.51}$$

经过简短的计算,可以得到漏区的电流是 (参见式 (24.42))

$$I_\mathrm{D} = I_\mathrm{P}\left(1+\frac{\mu V_\mathrm{G}}{v_\mathrm{s}L}\right)^{-1}\left[\frac{3V_\mathrm{D}}{V_\mathrm{P}} - 2\frac{(V_\mathrm{bi}+V_\mathrm{G}+V_\mathrm{D})^{3/2}-(V_\mathrm{bi}+V_\mathrm{G})^{3/2}}{V_\mathrm{P}^{3/2}}\right] \tag{24.52}$$

由于漂移饱和效应,因子 $1/(1+z)$ (其中, $z = \mu V_\mathrm{G}/(v_\mathrm{s}L)$) 减小了沟道电流. 与 $z = 0$ 的情况 (即没有漂移饱和效应,或者 $v_\mathrm{s} \to \infty$) 相比,参数 z 的影响如图 24.18 所示. 正向电导 $g_\mathrm{m,sat}$ 随着 z 的增大而减小,如图 24.19 所示.

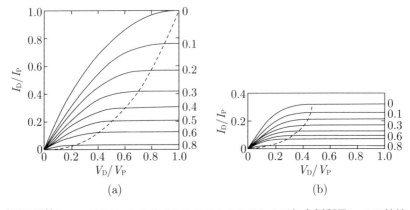

图 24.18　对于不同的 $(V_\mathrm{G}+V_\mathrm{bi})/V_\mathrm{P} = 0, 0.1, 0.2, 0.3, 0.4, 0.5, 0.6, 0.8$(如右侧所示), I-V 特性: (a) 不考虑漂移饱和效应($z=0$); (b) 考虑漂移饱和效应($z=3$). 虚线和实线的交点表示饱和的开始. 改编自文献[2060]

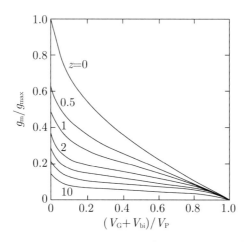

图24.19　当 $z = 0, 0.5, 1, 2, 3, 5, 10$ 时, (饱和)正向电导随栅极电压(按照式(24.49))而减小. 改编自文献[2060]

两区模型

为了给 GaAs 的漂移速度和电场的关系建模, 使用两区模型 (two region model). 在沟道的前区 (Ⅰ区), 电场足够小, 迁移率 μ 是常数. 沟道的后区 (Ⅱ区) 是高电场区, 使用不变的漂移速度 v_s. 随着源-漏电压的增大, Ⅱ (Ⅰ) 区的长度增大 (减小). Ⅱ区的相对长度也随着沟道长度的减小而增大.

饱和漂移模型

这里把漂移速度当作各处相同的, 即完全的漂移饱和. 对于电流饱和的短沟道 (高电场), 这是好的近似. 在这种情况下, 电流是

$$I_D = -eN_D v_s [a - h(x)] Z \tag{24.53}$$

式 (24.53) 对于均匀掺杂成立. 对于其他的掺杂分布, 电流由下式给出:

$$I_D = v_s Z \int_h^a \rho(y) \mathrm{d}y \tag{24.54}$$

正向电导是

$$g_m = \frac{v_s Z \epsilon_s}{h(V_G)} \tag{24.55}$$

如果耗尽层的宽度只是微弱地依赖于栅极电压, 晶体管的线性就更好了. 利用随着深度增加而增加的掺杂分布可以实现这一点. 以幂律形式的增加, 以及台阶式或指数式的增加, 导致了线性更好的 $I(V)$ 依赖关系. 在类 δ 掺杂的极限, 建立了线性的 $I_{D,sat}$-V_G 关系. 实际上, 具有渐变的或者台阶式掺杂分布的 FET 表现出更好的线性, 被用于模拟电路.

非平衡的速度

当电场还不能让 GaAs 漂移速度达到峰值时,可以认为载流子处于平衡态. 如果电场更大, 就出现速度过冲 (8.4.3 小节和图 8.16). 在经过谷间散射而弛豫到更低的平衡态 (或稳态) 速度之前, 载流子具有更大的速度 (和弹道输运). 这个效应缩短了短沟道里的渡越时间.

24.4.5 高频性质

两个因素限制了 FET 的高频性能:渡越时间和 RC 时间常数. 渡越时间 t_r 是载流子从源到漏所需要的时间. 对于迁移率不变 (长沟道) 和漂移速度不变 (短沟道) 的情况, 渡越时间分别由式 (24.56a) 和式 (24.56b) 给出:

$$t_r = \frac{L}{\mu E} \approx \frac{L^2}{\mu V_G} \tag{24.56a}$$

$$t_r = \frac{L}{v_s} \tag{24.56b}$$

对于 GaAs FET 的 1 μm 长的栅极, 渡越时间是 10 ps 的量级. 这个时间通常远小于电容 C_{GS} 和跨导带来的 RC 时间常数. 截止频率是

$$f_T = \frac{g_m}{2\pi C_{GS}} \tag{24.57}$$

24.5 MOSFET

MOSFET 有四个电极. 在图 24.14(b) 里, 两个 n 型区 (源区和漏区) 位于 p 型衬底上. n 型沟道 (长度为 L) 在 MIS 二极管的下面形成. 第四个电极设定了衬底的偏压. 源区电极被认为处于零电势. 重要的参数是衬底的掺杂 N_A, 绝缘层的厚度 d 和 n 型区的深度 r_j. MOSFET 结构的周围是氧化物, 把晶体管和周围的器件隔离.

24.5.1 工作原理

没有施加栅极电压的时候, 在源极和漏极之间只有 pn 二极管的饱和电流流过. 在热力学平衡时 (图 24.20(c)), MIS 二极管发生反转所需要的表面电势是 $\Psi_s^{\text{inv}} \approx 2\Psi_B$. 如果有有限的漏极电压, 则电流流过, 不再是平衡态了. 在这种情况下, 电子 (或者一般来说, 少数载流子) 的准费米能级降低, 需要更大的栅极电压来产生反转. 漏区的情况如图 24.21 所示.

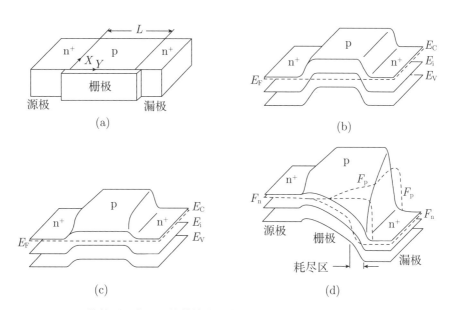

图24.20 (a) MOSFET的构型示意图和能带结构示意图; (b) 对于零栅电压(以及 $V_D=0$)的平带条件; (c) 处于反向栅电压(弱反转, 仍然是 $V_D=0$)下的热平衡; (d) 处于非零漏极电压和栅极电压(大部分通道是反转的, 已经标出了耗尽区)下的非热平衡. 改编自文献[2061]

在非平衡的时候, 耗尽层宽度是漏极电压 V_D 的函数. 为了在漏区实现强的反转, 表面电势必须至少是 $\Psi_s^{\text{inv}} \approx V_D + 2\Psi_B$.

如果栅极电压导致从源到漏有一个反转层存在, 电流就会在小的漏极电压下流动 (图 24.22(a)). 起初, 电流随着 V_D 线性地增长, 依赖于沟道的电导率. 随着漏极电压的增加, 电子的准费米能级降低, 直到 $V_D = V_{D,\text{sat}}$, 反转层的耗尽层变为零 (关断, 在图 24.22(b) 里用箭头标出的位置). 这个条件下的电流记为 $I_{D,\text{sat}}$. 进一步增大 V_D, 关断点朝着源区靠近, 沟道长度 (反转区) 变短 (图 24.22(c) 里的箭头). 关断点的电压保持在 $V_{D,\text{sat}}$, 因此, 沟道里的电流保持为 $I_{D,\text{sat}}$ 不变.

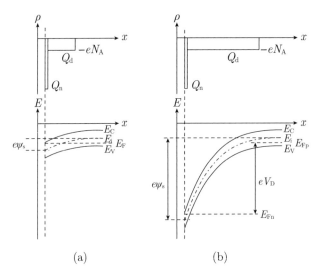

图24.21 在MOSFET的反转p区,电荷载流子分布(顶部)和能带结构示意图(底部): (a) 漏极处的热力学平衡($V_D = 0$); (b) 漏极处的非热力学平衡

24.5.2 电流 - 电压特性

现在假设势 $V(y)$ 沿着沟道变化,从 $y = 0$ 处的 $V = 0$ 到 $y = L$ 处的 $V = V_D$. 在这个渐变沟道近似里,跨越氧化层的电压降 V_i 是

$$V_i(y) = V_G - \Psi_s(y) \tag{24.58}$$

其中, Ψ_s 是半导体里的表面势 (见图 21.34). 利用式 (21.92), 半导体里诱导出的 (单位面积) 总电荷是

$$Q_s(y) = -[V_G - \Psi_s(y)] C_i \tag{24.59}$$

其中, C_i 是绝缘层的 (单位面积) 电容, 由式 (21.93) 给出.

反转的表面势可以近似为 $\Psi_s(y) \approx 2\Psi_B + V(y)$(见图 24.21). 利用式 (21.97), 耗尽层的电荷是

$$Q_d(y) = -eN_A w_m = -\sqrt{2\epsilon_s e N_A [2\Psi_B + V(y)]} \tag{24.60}$$

利用式 (24.59), 反转层的电荷是

$$\begin{aligned} Q_n(y) &= Q_s(y) - Q_d(y) \\ &= -[V_G - V(y) - 2\Psi_B] C_i + \sqrt{2\epsilon_s e N_A [2\Psi_B + V(y)]} \end{aligned} \tag{24.61}$$

为了计算漏极的电流, 我们考虑沟道电阻沿着沟道的线元 dy 的增量 $dR(y)$. 在沟

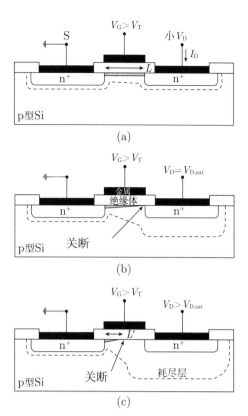

图24.22 (a) 长度为L的反转沟道(暗灰色)的MOSFET,用于线性范围内的小的源漏电压V_D;(b) 在关断处,在开始饱和的时候;(c) 在饱和区,通道长度缩短为L'. 关断点用图(b)和(c)中的箭头标出. 虚线标出了耗尽区的扩展. 改编自文献[574]

道(宽度为Z)的截面A上,对电导率积分,得到

$$\iint_A \sigma(x,z)\mathrm{d}x\mathrm{d}z = -e\mu_\mathrm{n}\iint_A n(x,z)\mathrm{d}x\mathrm{d}z = Z\mu_\mathrm{n}|Q_\mathrm{n}(y)| \tag{24.62}$$

因此

$$\mathrm{d}R(y) = \mathrm{d}y \frac{1}{Z\mu_\mathrm{n}|Q_\mathrm{n}(y)|} \tag{24.63}$$

这里已经假定迁移率沿着沟道是常数,不依赖于电场. 沿着线元$\mathrm{d}y$的电压变化是

$$\mathrm{d}V(y) = I_\mathrm{D}\mathrm{d}R = \frac{I_\mathrm{D}\mathrm{d}y}{Z\mu_\mathrm{n}|Q_\mathrm{n}(y)|} \tag{24.64}$$

注意,漏极的电流不依赖于x. 利用式(24.61),从$V(y=0)=0$到$V(y=L)=V_\mathrm{D}$做积分,我们得到

$$I_\mathrm{D} = \mu_\mathrm{n}C_\mathrm{i}\frac{Z}{L}\left\{\left(V_\mathrm{G}-2\Psi_\mathrm{B}-\frac{V_\mathrm{D}}{2}\right) - \frac{2}{3}\frac{\sqrt{2e\epsilon_\mathrm{s}N_\mathrm{A}}}{C_\mathrm{i}}\left[(V_\mathrm{D}+2\Psi_\mathrm{B})^{3/2} - (2\Psi_\mathrm{B})^{3/2}\right]\right\} \tag{24.65}$$

这个特性如图 24.23(a) 所示. 在线性区 (小的漏极电压, $V_\mathrm{D} \ll (V_\mathrm{G} - V_\mathrm{T})$), 漏极电流是

$$I_\mathrm{D} \cong \mu_\mathrm{n} C_\mathrm{i} \frac{Z}{L} (V_\mathrm{G} - V_\mathrm{T}) V_\mathrm{D} \tag{24.66}$$

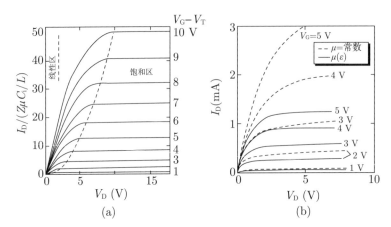

图24.23 (a) 具有恒定迁移率的MOSFET的理想 *I-V* 特性. 虚线给出了电流等于$I_\mathrm{D,sat}$时的漏极(饱和)电压. 实线是不同的栅极电压 $V_\mathrm{G}-V_\mathrm{T}=1\sim10$ V. 改编自文献[574]. (b) 考虑迁移率依赖于电场的影响时, 在不同的栅极电压下, *I-V* 特性(实线)与恒定迁移率模型(虚线)作比较. 改编自文献[2062]

在小的漏极电压下 (线性区), 阈值电压 V_T 是 (沟道开启、电流可以流过时的栅极电压)

$$V_\mathrm{T} = 2\Psi_\mathrm{B} + \frac{\sqrt{4 e \epsilon_\mathrm{s} N_\mathrm{A} \Psi_\mathrm{B}}}{C_\mathrm{i}} \tag{24.67}$$

容易得到线性区的跨导是

$$g_\mathrm{m} = \mu_\mathrm{n} C_\mathrm{i} \frac{Z}{L} V_\mathrm{D} \tag{24.68a}$$

$$g_\mathrm{D} = \mu_\mathrm{n} C_\mathrm{i} \frac{Z}{L} (V_\mathrm{G} - V_\mathrm{T}) \tag{24.68b}$$

使用式 (24.68b) 从 *I-V* 特性评估中提取的迁移率称为有效迁移率 (μ_eff). 从式 (24.68a) 中提取的迁移率称为场效应迁移率 (μ_FE). 实验测量的场效应迁移率通常小于有效迁移率. 有效迁移率与场效应迁移率的差异同有效迁移率的栅极电压依赖性有关. 在线性区,

$$\mu_\mathrm{FE} \approx \mu_\mathrm{eff} + (V_\mathrm{G} - V_\mathrm{T}) \left. \frac{\partial \mu_\mathrm{eff}}{\partial V_\mathrm{G}} \right|_{V_\mathrm{D}=\text{常数}} \tag{24.69}$$

饱和电流近似为

$$I_\mathrm{D,sat} \cong \mu_\mathrm{n} C_\mathrm{i} \frac{mZ}{L} (V_\mathrm{G} - V_\mathrm{T})^2 \tag{24.70}$$

其中, m 依赖于掺杂浓度, 在低掺杂的时候, 大约是 0.5. 从式 (24.70) 里提取的迁移率称为饱和迁移率 (μ_{sat}). 由于在饱和迁移率的定义中忽略了栅极电压的依赖性, 实验结果通常给出 $\mu_{\text{sat}} < \mu_{\text{eff}}$. 对于低掺杂的 p 型衬底, 式 (24.70) 里的饱和区的阈值电压仍然由式 (24.67) 给出. 在更高的掺杂水平, 阈值电压依赖于栅极电压. 用 C_i 记绝缘层的电容,

$$C_i = \epsilon_i / d_i \tag{24.71}$$

在饱和区, 正向的跨导是

$$g_{\text{m,sat}} = \mu_n C_i \frac{2mZ}{L}(V_G - V_T) \tag{24.72}$$

对于不变的漂移速度 (对于依赖于电场的迁移率, 见图 24.23(b)), 饱和电流是

$$I_{D,\text{sat}} = Z C_i v_s (V_G - V_T) \tag{24.73}$$

在饱和区, 正向的跨导是

$$g_{\text{m,sat}} = Z C_i v_s \tag{24.74}$$

注意, 晶体管的性质依赖于、也可以分解为几何因子 (Z/L) 和材料性质 $(\mu C_i = \mu \epsilon_i / d_i)$.

阈值电压可以被衬底偏压 V_{BS} 改变 $(\beta = e/(kT))$,

$$\Delta V_T = \frac{a}{\sqrt{\beta}}(\sqrt{2\Psi_B + V_{\text{BS}}} - \sqrt{2\Psi_B}) \tag{24.75}$$

其中 (L_D 是德拜长度, 参见式 (21.85b))

$$a = 2\frac{\epsilon_s}{\epsilon_i}\frac{d}{L_D} \tag{24.76}$$

实验数据如图 24.24 所示. 对于 Si/SiO$_2$ 栅极二极管, 对于 $d_i = 10$ nm 和 $N_A = 10^{16}/\text{cm}^3$, 有 $a = 1$. 当栅极电压低于 V_T 时, 电流由扩散流给出, 类似于 npn 晶体管. 对于低电压、低功率的条件, 这个区很重要. 相关的漏极电流称为亚阈值的电流, 由下式给出:

$$I_D = \mu_n \frac{Z a C_i n_i^2}{2L\beta^2 N_A^2}[1 - \exp(-\beta V_D)]\exp(-\beta \Psi_s)(\beta \Psi_s)^{-1/2} \tag{24.77}$$

因此, 漏极的电流随着 V_G 指数式地增加, 如图 24.24 所示. V_G 大致正比于 Ψ_B:

$$\Psi_s = (V_G - V_{\text{FB}}) - \frac{a^2}{2\beta}\left[\sqrt{1 + \frac{4}{a^2}(\beta V_G - \beta V_{\text{FB}} - 1)} - 1\right] \tag{24.78}$$

其中, V_{FB} 是栅极 MIS 二极管的平带电压. 当 $V_D \gtrsim 3kT/e$ 时, 漏极电流不依赖于 V_D.

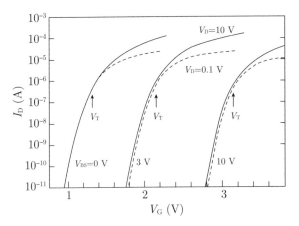

图24.24　长沟道(15.5 μm)MOSFET器件的实验的亚阈值 I-V 特性. 实线是 V_D=10 V，虚线是 V_D=0.1 V. 改编自文献[2063]

24.5.3　MOSFET 的类型

MOSFET 可以有 n 型沟道 (在 p 型衬底上) 或者 p 型沟道 (在 n 型衬底上). 到目前为止, 我们讨论了常闭型的 MOSFET. 即使没有栅极电压, 也存在导电沟道, 这种 MOSFET 是常开型. 必须施加负的偏压才能关断这个沟道. 因此, 与 JFET 类似, 总共有四种不同类型的 MOSFET, 如图 24.25 所示.

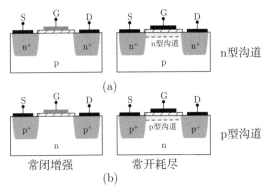

图24.25　四种MOSFET类型. n型沟道(上方)和p型沟道(下方)的(a) 增强型和(b) 和耗尽型

24.5.4　互补性 MOS

互补性金属氧化物半导体 (CMOS) 技术是高度集成的电路的主导技术. 在这种器件里, n 型沟道的 MOSFET(NMOS) 和 p 型沟道的 MOSFET(PMOS) 用在同一个芯片上. 逻辑电路的基本结构 (反相器, inverter) 可以用一对 NMOS 和 PMOS 晶体管实现, 带有两个常闭型晶体管的情况如图 24.26(a) 所示. 负载电容表示后继元件的电容.

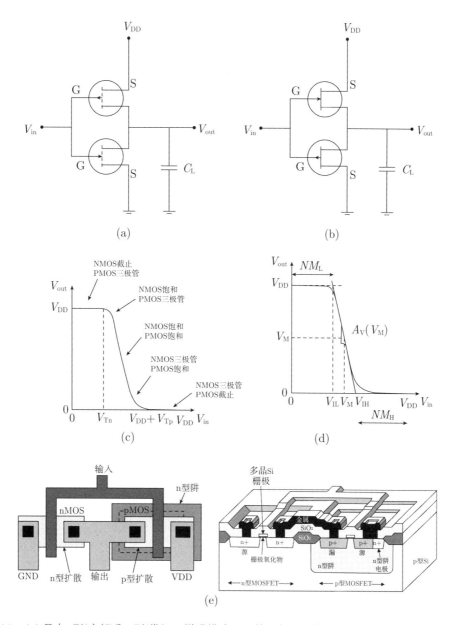

图24.26　(a) 具有n型(底部)和p型(常闭, 增强模式)FET的反相器的电路图; (b) 带有p型(底部)和n型(常开)FET的反相器的电路图. (c) 反相器特性, 标出了晶体管的阈值; (d) 反相器特性, 标出了中电压 V_M. $NM_{L,H}$ 分别表示低噪声和高噪声裕度, 即输入电压可以波动而不会导致开关的电压. (e) CMOS反相器的复合布局(左图)和截面视图(右图). 图(e) 改编自文献[2064]

如果输入电压是 $V_{in} = 0$, NMOS 晶体管是不导电的("关"). (正的) 电压 V_{DD} 是在 PMOS 晶体管的源区, 因此栅极相对于源是负的, 这个晶体管是导电的 ("开"), 因为 $-V_{DD} = V_{Gp} < V_{Tp} < 0$ (图 24.25). 电流流过电容, 把它充电到 $V_{out} = V_{DD}$. 然后电流就减弱, 因为 PMOS 晶体管的 V_D 变为零. 如果输入电压被设置为 V_{DD}, NMOS 晶体管有正的栅-源电压, 大于阈值 $V_{Tn} < V_{Gn} = V_{DD}$, 变成导电的. 电容的电荷流过 NMOS 到了接地 (ground). PMOS 晶体管的栅-源电压为零, 处于 "关" 态. 在这种情况下, 电压 V_{DD} 完全落在 PMOS 上, 电容不带电了, $V_{out} = 0$.

在两个逻辑状态里, CMOS 反相器不消耗功率. 在两个稳态里的任何一个, 都没有电流[①] 流动, 因为在两种情况下, 都有一个晶体管处于 "关" 态. 只有在开关操作时, 有电流流动. 因此, CMOS 方案的功率损耗低.

根据 MOSFET 的特性曲线, 可以计算出 $V_{in} = V_{out}$ 时的中间电压. 在这个条件下, 两者都处于饱和, 电流是 (参见式 (24.70))

$$I_{Dn} = \mu_n C_{ox} \frac{Z_n}{2L_n} (V_M - V_{Tn})^2 \tag{24.79a}$$

$$I_{Dp} = \mu_p C_{ox} \frac{Z_p}{2L_p} (V_{DD} - V_M - V_{Tp})^2 \tag{24.79b}$$

利用 $\gamma = \frac{Z_p}{Z_n} \frac{L_n}{L_p} \frac{\mu_p}{-\mu_n}$, 我们由 $I_{Dn} = -I_{Dp}$ 得到

$$V_M = \frac{V_{Tn} + \gamma(V_{DD} + V_{Tp})}{1 + \gamma} \tag{24.80}$$

通常用多晶硅 (poly-Si) 作为栅极材料 (图 20.29). 用它而不用金属是因为它的功函数与硅的功函数匹配得好. 还有, 多晶硅更耐温. 尽管是高掺杂的, 但多晶硅的电阻比金属大两个数量级. 它容易氧化, 所以不能和高 k 的氧化物介电材料一起用.[②]

为了优化 n 型硅和 p 型硅的欧姆接触, 使用不同的金属来降低势垒高度 (图 21.23(a)) 和减小接触电阻 (见 21.2.6 小节). 硅的导带边相对于不同金属的功函数如图 24.27 所示 (见表 21.2). 例如, 钛的功函数与 n 型硅的电子亲和势匹配得很好. 然而, 直接把 Ti 沉积在 Si 上, 会形成 0.5 eV 的肖特基势垒[1690]. 用Ⅵ族元素 (例如, Se) 做表面钝化, 可以把这个值降低到 0.19 eV[2065].

在最新一代的 CMOS 集成电路里, PMOS(NMOS) 器件有内建的沟道压应变 (张应变) 来改变有效质量 (见 6.12.2 小节), 两者都因为具有更高的迁移率而允许更大的驱动电流. 详细的处理, 请看文献[2066].

---

① 除了亚阈值电流和其他漏电流. 这些需要进一步减小, 因为耗散的功率限制了芯片的性能 (速度和器件密度) 以及便携式应用里的电池寿命.

② 术语 "高 k 介电材料" 表示介电常数很大的介电材料.

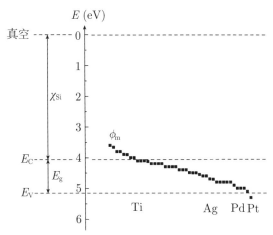

图24.27 硅的带边相对于不同金属的功函数

24.5.5 大规模集成

历史沿革

和基于真空管 (三极管) 的早期计算机 (例如 ENIAC, 图 24.28) 相比, 今天的器件非常微小, 每次操作需要的功率小了许多个数量级. ENIAC 需要 174 kW 的功率. 在 1971 年, 利用几平方厘米大的 Intel 4004 微处理器 (图 24.29(b)), 可以达到相仿的计算能力, 2300 个晶体管只消耗几瓦功率. 在 2004 年, 大约 4200 万个晶体管集成在 Pentium 4 微处理器 (图 24.30). 存储器芯片也高度集成化了 (图 24.29(a)).

电子线路集成的发展由经验性的"摩尔定律"描述 [2067], 从 20 世纪 70 年代开始一直有效. 根据这个定律, 晶体管的数目每 20 个月翻倍 (图 24.31(a)). 同时, 性能也随着时钟频率 (clock speed) 的增加而改善 (图 24.31(b)).①

图24.28　第一台电子计算机ENIAC (J. P. Eckert, J. W. Mauchly, 1944/5). 这些照片只显示了18000个真空管的一小部分

---

① 自从 2003 年起, 最大时钟频率的数据不再来自集成密度最高的处理器.

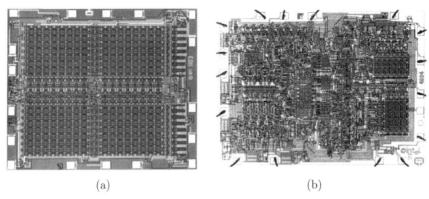

图24.29 (a) Intel™ 1103 1KByte (1024个存储单元)动态随机存储器(RAM)，分为四个部分，32行和32列(1970年)，芯片大小：2.9×3.5 mm²。(b) Intel™ 4004 微处理器(1971年)，芯片大小：2.8×3.8 mm²，线宽：10 μm，2300个MOS晶体管. 时钟频率：108 kHz

图24.30 Intel™ Pentium 4微处理器(2000年)，线宽：0.18 μm，4200万个晶体管，时钟频率：1.5 GHz

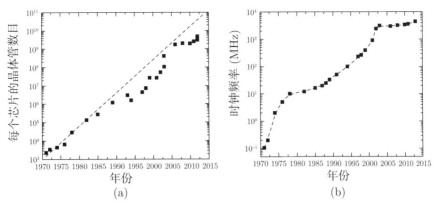

图24.31 (a) 关于每片芯片(对于Intel™处理器芯片)的晶体管数目以指数增长的摩尔定律. 虚线相当于在20个月内加倍. (b) 最高时钟频率的历史增长, 虚线用于引导视线. 注意, 从20世纪70年代中期至20世纪80年代中期, 10 MHz 的频率几乎不变, 2000年以后出现了另一个平台

互连

摩尔第二定律是: 每一代新芯片的生产成本也加倍, 现在 (2004 年) 是在几十亿美元的范围. 集成节省的大部分成本来自元件之间有效的连线 (互连 interconnects), 在功能元件 (晶体管和电容) 上面, 在 2004 年 (65 nm 节点) 有 8 层 (图 24.33), 在 2008 年 (45 nm 节点) 有 11 层. 互连的前三层的平面图像如图 24.34 所示. 铜互连用 "波峰焊" (damascene) 工艺制作 [2068-2070]. 势垒层 (例如, TaN 或 TiN) 要求避免 Cu 扩散到硅里或者电路的其他部分. 三种效应限制了电导率: 互连金属线的宽度和高度接近于载流子的平均自由程 ($d_{Cu} \approx 40$ nm)[715,2071], 晶界散射可以限制迁移率, 因为对于更薄的线, 晶粒尺寸变小了, (高电阻率) 势垒减小了金属线的导电部分. 铜的电阻率随着维度缩小而增大的情况如图 24.32 所示, 作为薄膜厚度 t 的函数, 以及 (对于 100 nm 薄膜) 作为线宽 w 的函数. 在一个简化的方法里, 线电阻率 $\rho_\text{线}$ 是 [2071]

$$\frac{\rho_\text{线}}{\rho_0} = 1 + \frac{3}{8}(1-p)\left(\frac{d}{t} + \frac{d}{w}\right) \tag{24.81}$$

ρ_0 表示体材料电阻率 (铜是 1.7 μΩ), d 是平均自由程 (式 (8.7)), p 是电子散射参数 (对于扩散散射, $p = 0$).

为了实现最好的高频性能, 金属互连之间的材料应当有低的介电常数 ("低 k" 介电材料). 研究了标准 SiO_2 ($\epsilon_r \approx 4.1$) 的替代材料, 例如, SiOF (≈ 3.8), SiCOH (≈ 3.0), 多孔材料 (≈ 2.5) 和空气隙 [2072].

缩小 CMOS 的尺度

为了追求高密度电子存储器, 利用平面技术, 已经实现了大规模集成 (LSI)、超大规模集成 (VLSI)、特大规模集成 (ULSI) 和更多世代的器件. 随后, 逻辑器件也用缩小的

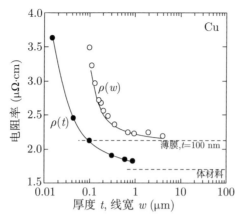

图24.32 铜的室温电阻率的变化关系,对应不同的薄膜厚度(实心圆点)和100 nm薄膜的不同线宽w(空心圆圈). 实线是式(24.81)给出的理论依赖关系. 虚线表示体材料($t \to \infty$)和大宽度($d=100$ nm, $w \to \infty$)的极限值. 改编自文献[2071]

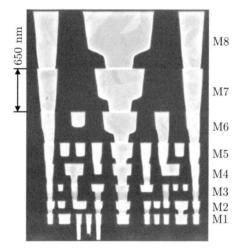

图24.33 逻辑芯片(65 nm技术,35 nm栅长)的截面,具有8层双波峰焊的铜互连线(M1~M8),在功能元件上方的层间介电材料是低k的碳掺杂的氧化物($\epsilon_r = 2.9$). 改编自文献[2073]

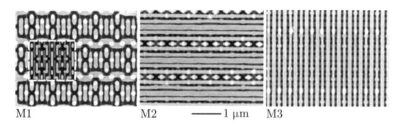

图24.34 45 nm节点的SRAM阵列(Intel® Xeon®)的前三个互连层的平面视图. 在M1层的图像中,白色虚线框部分在插图里给出了栅极层的金属连接. 改编自文献[2074]

器件尺寸来生产.

为了增加单位面积上的晶体管数目, 要求缩小它们的几何尺寸 (称为标度化, scaling). 这影响了晶体管的其他许多性质, 它们的标度化也需要考虑. 从总体上看, 物理性质是随标度变化的, 而热能量 kT 在室温电路里保持不变.

如果晶体管的沟道宽度 Z 和沟道长度 L 以因子 $s > 1$ 标度化地减小: $Z' = Z/s$ 和 $L' = L/s$, 面积的标度显然是 $A' = A/s^2$. 在下一代晶体管里, $s = \sqrt{2}$, 即单位面积的器件数目翻倍. 为了保持器件的长宽比, 氧化层的厚度 (d_i) 也要标度化地缩小: $t'_{ox} = t_{ox}/s$ ("经典标度").

最终的设计判据是最高温度和最大功率损耗. 最高温度需要满足, 最坏情况通常采用 100 °C. 单位面积的功率损耗 (例如加热) 需要保持在合适的最大值水平不变, 大约是 200 kW/m² (图 24.35(b)), 除非在冷却上采用更大的努力 (也就更贵了). 同时, 需要保持甚至提高器件性能, 例如, 对于电池驱动的器件, 追求更低的功率损耗. 非常重要的是降低工作电压 V_{DD}, 以便保持电场和功率消耗足够小 (图 24.35). 待机模式的功率消耗 P_{off} 依赖于 V_{DD} 和亚阈值 (关闭) 电流:

$$P_{off} = W_{tot} V_{DD} I_{off} \tag{24.82}$$

其中, W_{tot} 为关掉的器件的总宽度, I_{off} 为单位宽度每个器件的平均关闭电流. 后者随着阈值电压 V_T 的减小而指数式地增加:

$$I_{off} = I_0 \exp\left(-\frac{eV_T}{nkT}\right) \tag{24.83}$$

其中, 理想因子 $n \approx 1.2$, 而 $I_0 \approx 1 \sim 10$ μA/μm[2075]. 正常工作的 MOSFET 要求比值 $V_T/V_{DD} < 0.3$.

工作模式的功率消耗 P_{ac} 也依赖于时钟频率 f (随着集成度的提高而增大, 因为栅极长度变短了):

$$P_{ac} = C_{sw} V_{DD}^2 f \tag{24.84}$$

其中, C_{sw} 是一个时钟周期里被充电和放电的总的节点电容.

从历史上看, 氧化物的厚度减小得没有沟道长度那么多[2075](图 24.35(a)), 导致了局域电场的增大. 栅极氧化层的物理厚度的缩减受限于栅极通过隧道效应的漏电流[2077]. 对于栅极电压 1.5 V 和氧化层厚度 $t_{ox} = 3.6$ nm, 漏电流只有大约 10^{-8} A/cm², 但是对于 $t_{ox} = 2.0$ nm, 它大约是 1 A/cm², 对于 $t_{ox} = 1.0$ nm, 大约是 10^4 A/cm². 显然, 氧化层厚度的变化对于小的平均厚度更有害. 物理厚度为 1.2 nm 的 SiO_2 已经用在 90 nm (栅长) 的逻辑节点.

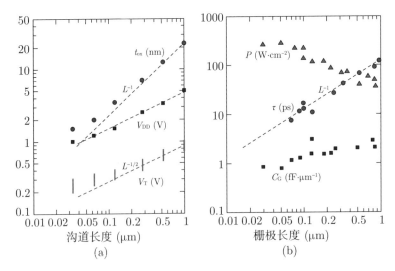

图24.35 MOSFET参数的缩小效应. 栅氧化层厚度为t_{ox}, 电源电压为V_{DD}(源-漏电压), 阈值电压为V_T, 单位面积上的总功率损耗为P, 单位沟道宽度上的栅电容为C_G, 反相器的延迟为τ(通过单个反相器传输变动、驱动第二个相同的反相器所需的时间, 通常用作测量CMOS晶体管速度的一种方法). 图(a)的数据取自文献[2075], 图(b)的数据选自文献[2076]

进一步减小氧化层厚度的技术解决方案是使用更厚的层, 以便抑制隧穿, 利用更高的介电常数 ("高 k 介电材料"), 例如 HfO_2[2078], 保持合理的单位栅极宽度的电容

$$C_G = \frac{\epsilon_{ox}}{t_{ox}} L \tag{24.85}$$

(比较式 (24.71)) 数值大约是 $1.0 \sim 1.5$ fF/μm (图 24.35(b)). 对于 45 nm 技术节点, 实现了 0.7 倍的电学氧化物厚度的缩减, 同时把 PMOS 晶体管的栅极泄漏缩减为原来的 1/1000, 把 NMOS 晶体管缩减为原来的 1/25[2079].

材料

电子产业的基础是硅, 它是晶体管的材料. 然而, 许多其他材料加入到技术里. 传统上使用硅氧化物作为栅极氧化物, 硅氮化物作为绝缘层, 多晶硅用于栅极接触. 连线已经使用了铝. 大约在 1986 年, 引入硅化物作为接触材料.

铜互连有了进展 (IBM, 1997 年), 替代了铝. 铜有更高的电导率和热导率, 以前却不能用, 因为 Cu 是硅里的深能级 (参见图 7.6). 成功的关键在于一种改进的势垒技术, 基于多晶的 TaN 或 TiN 基的势垒层, 防止 Cu 扩散到硅和介电材料层里. 结合 Cu 技术的系列生产的第一个芯片是 1998 年的 PowerPC 750 (400 MHz). 从 2000 年起, 使用高 k(大 ϵ_r) 的含铪的栅极介电材料 (图 24.36). HfO_2 的介电常数是 25~30. 45 nm 节点技术很可能使用 HfZrO, HfSiO 或 HfSiON[2080] 栅极介电材料, $k \sim 12$, 电学厚度为 $t_{ox}\epsilon_{SiO_2}/\epsilon_{ox} = 1.0$ nm.

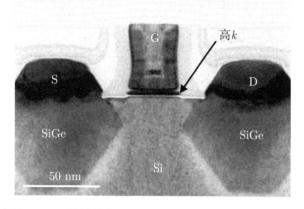

图24.36　45 nm节点的PMOS晶体管的截面TEM图像，在SiO$_2$薄层(白色)上有着高k的含Hf栅氧化层(暗区). 图24.35解释了SiGe应力体的作用. 改编自文献[2081]

锗再次进入主流的半导体技术, 作为 PMOS 的源区和漏区里的 SiGe 应力体. 对于 90 nm 晶体管, 沟道区的单轴压缩应变把饱和电流提高了 30%[2082], 主要是因为减小了有效质量 [749,2083,2084] (8.3.14 小节). 类似地, NMOS 晶体管里的单轴张应变 (通过 SiN 盖层或者更近期的张应变接触引入 [2079]) 把饱和电流提高了 10% [2082] (图 24.37). 因为应变诱导的 X 谷的劈裂和电子质量的变化, 电子迁移率增大了 [2085]. 在 65 nm 的晶体管里, 相比于没有应变的硅, $I_{D,sat}$ 进一步提高了 18% (NMOS) 和 50% (PMOS)[2073].

在理论上已经多次针对不同的形体尺寸预言了缩微化的终结. 今天看来, 只有基本极限 (例如, 原子的大小) 限制了电路设计.① 这种极限 (以及几纳米范围的纳米结构里的效应) 将在 2010 年以后达到, 推测在大约 2020 年. 到了那时候, 很可能还有至少数家公司追随下一代缩微化的路线图, 就像半导体产业联盟 (SIA) 提出的那样②.

24.5.6　隧穿场效应晶体管

性能的一个决定性参数是低的漏电流. 随着器件尺寸的缩小, 传统 FET 设计的漏电流快速增大. 提出了一种新型 FET 的概念——隧穿场效应晶体管 (TFET)[2088]. 它是带有 MOS 栅极的横向 p-i-n 二极管 (图 24.38). 因为反向偏置的 p-i-n 结构, 漏电流非常小. 小于 10^{-14} A/μm 的低漏电流 (单位栅长) 已经实现了 [2089,2090]. 沟道

---

① 缩微化的驱动力是追求商业利润, 而不是检测物理极限. 未来几代芯片的经济好处不够或者回报太低, 可能限制或者减慢更大规模的集成.

② www.semichips.org.

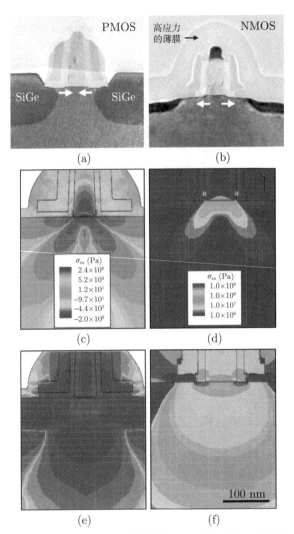

图24.37 应变的(a) PMOS和(b) NMOS晶体管的截面TEM像. 改编自文献[2086]. (c~f) 应变分布的模型：没有(c)和有(e)$Si_{0.83}Ge_{0.17}$的PMOS，没有(d)和有(f)张应变盖层的NMOS. 改编自文献[2087]

电流来自能带-能带隧穿，就像在江崎二极管里一样 (21.5.9 小节)，可以用栅极电压控制[2091]. 表面隧穿结靠近表面电极. 使用锗而不是硅，可以进一步提高性能[2092].

24.5.7 非易失性的存储器

浮栅存储器

改动 MOSFET 的栅极电极，使得 (半) 永久性的电荷能够存储在栅极里，可以制

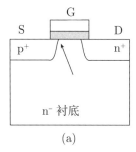 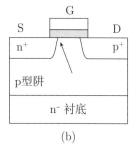

图24.38 (a) n型和(b) p型隧穿场效应管的示意图. D是反向偏置的, 即NTFET为正, 而PTFET为负. 灰色区域表示栅极氧化物, 在足够大的栅极电压下(NTFET: 正, PTFET: 负), 箭头标出了隧穿的空间位置(表面隧穿结)

备非易失性的电子存储器. 在浮栅结构里 (图 24.39(a)), 使用绝缘体-金属-绝缘体结构, 电荷存储在金属里, 不能通过绝缘势垒逃脱. 这个 "金属" 通常用多晶硅实现. 在这种 MIOS 结构里 (图 24.39(b)), 绝缘体-氧化物界面被充电. 可以用紫外光把电荷移走 (EPROM, 可擦除可编程只读存储器), 或者用足够大的电压加在氧化层上, 让电荷载流子隧穿出来 (Fowler-Nordheim 隧穿)(EEPROM, E²PROM, 电可擦可编程只读存储器).

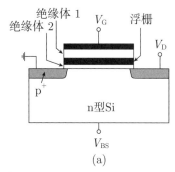 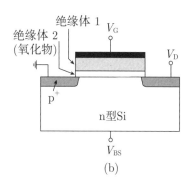

图24.39 具有(a) 浮栅和(b) MIOS结构的MOSFET

现在, 一种特殊类型的 EEPROM 用作 "闪存". 存储的栅极电荷改变了 MOSFET 的阈值电压, 被设计在开态和关态之间转变. 电荷的存储时间可以是 100 年的量级. 因为隧穿限制了电荷的保留, 氧化层必须足够厚. 一个 4 Gb, 73 nm 的单能级单元 (SLC) 闪存的截面如图 24.40 所示. 下方的绝缘体 (沟道的隧穿氧化物) 包含 7.2 nm 的 SiO_2, 上方的绝缘体 (图 24.39(a) 里的绝缘体 1) 是 18 nm 厚的氧化物 / 氮化物 / 氧化物 (ONO) 多层膜. 浮栅有 90×90 nm² 的台基 (footprint), 大约为 86 nm 高, 由两个多晶硅层组成.

在 SLC 存储器里, 浮栅有两个态: 某个特定的电荷值和擦除态. 在多能级单元 (MLC) 里, 栅极可以存储几种电荷态, 可以作为不同的逻辑态来探测, 例如, $2^2 = 4$ 个

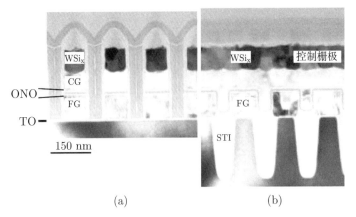

图24.40 在4 Gb，73 nm SLC闪存里(三星K9F4G08U0M)，(a) 垂直和(b) 平行于控制栅极线的横截面. CG表示控制栅，FG表示浮栅，TO表示隧穿氧化物，ONO表示氧化物/氮化物/氧化物绝缘多层膜，STI表示浅沟绝缘. 改编自文献[2074]

态. 这增大了存储密度，降低了每比特的成本, 但是也增加了复杂性. 目前, SLC 元件有更长的持久性 (可能的读写周期数), 更低的功率消耗. 通常认为, SLC 闪存是工业级的, 而 MLC 闪存是消费级的. 最近, 三能级单元 (TLC) 也商业化了, 存储 3 比特 (8 个态), 然而, 增大存储密度的代价是可靠性下降了 [2093].

典型的持久性至少是可以编程-擦除 100 万次. 当前探索的最终极限是单电子晶体管 (SET), 使用单个电荷产生这种效应.

未来的概念

超出自由电荷存储以外的存储器包括以下方式的信息存储:

- 铁电材料 (晶体或者聚合物) 的静态极化 (FeRAM[2094], 图 24.41(a)), 能够用电场来开关.

- 非晶相和多晶相之间的相变, 在硫族化合物薄膜里 (通常是 GeSb[2095] 或 $Ge_2Sb_2Te_5$ 即 GST[2096,2097], 有 $\alpha \leftrightarrow c$ 相变, 图 24.42), 在局域加热的时候 (类似于可重写的 DVD), 相关的变化是电阻率 (PCM, 相变存储器).

- 磁化方向的存储 (MRAM[2098,2099]) 和随后的磁隧穿结 (MTJ) 的电阻变化, 它的电阻依赖于两个磁性层 (由一个薄的隧穿绝缘层隔开) 的相对磁化 (平行或者垂直), 如图 24.41(b) 所示. 已经实现的最大的隧穿磁电阻效应用 MgO 作为绝缘层 [2099]. 隧道结的磁性底层的磁化是固定的. 用两个彼此垂直的大电流的线产生的磁场把磁化方向 ±45° 写在自由层里, 磁隧穿结由两个背端 (back-end) 的互连层夹住.

- 基于固体电解质的电阻变化 (PMC, 可编程的金属化单元存储器). 在电阻率相当高的电解质里 (例如, 系统 Cu, Ag-Ge-Se, S, O[2100,2101] 或氧化物 [2102]), 离子的还原在电极之间形成导电桥, 就可以降低电阻. 施加相反的偏压, 打断导电通路, 回到大的电阻值.

- 过渡金属氧化物里的电阻变化, 例如, 钙钛矿的 $SrTiO_3$: $Cr^{[2103,2104]}$ 或 NiO : Ti (RRAM). 极性相反的电脉冲使得电阻在高电阻态和低电阻态之间可逆地转变. 氧空位的漂移调制了混合价的过渡金属离子的价态 (例如, Ti^{3+}-Ti^{4+}), 因而改变了导电状态 [2105].

- 在交叉线之间的分子构型变化 (例如, 氧化还原反应)(分子电子学 [2106-2108]).

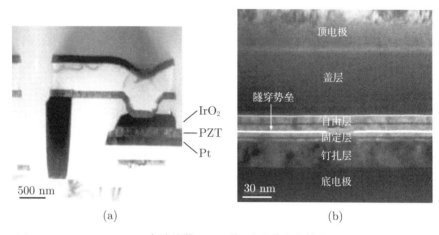

图24.41 (a) Ramtron 4 Mb FeRAM电池的截面TEM像. 这些信息存储在一个多晶$Pb(Ti_zZr_{1-z})O_3$(PZT)岛的电极化里, 这个岛的底部和顶部分别是铂和氧化铱. 改编自文献[2074]. (b) 位于 M4和M5互连层之间的Freescale 4.2 Mb MRAM的磁隧穿结的截面TEM像. 自由层的磁化可以翻转, 固定层的磁化保持不变. 改编自文献[2074]

24.5.8 异质结 FET

已经设计了几种类型的使用异质结的场效应晶体管 (HJFET).

HIGFET

在非掺杂异质结的界面处, 用二维电子气作为导电通道. 这种晶体管称为异质结绝缘栅的场效应晶体管 (HIGFET). 利用正向或反向的栅极电压, 可以产生电子气或者空穴气 (沟道增强模式), 如图 24.43 所示. 这样就实现了互补的逻辑. 缺点是 p 型沟道的空穴迁移率低.

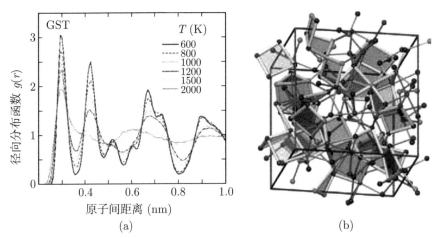

图24.42 (a) 在不同温度下，$Ge_2Sb_2Te_5$(GST)里的离子的径向分布函数(比较图3.14(b)). 改编自文献[2096]. (b) GST非晶相中的原子排列，突出显示了正方形单元(为结晶提供了核). 改编自文献[2097]

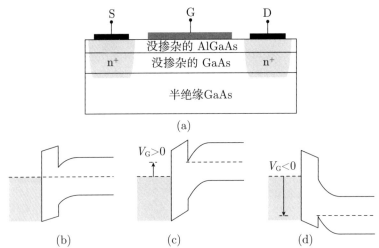

图24.43 (a) HIGFET结构的示意图：在半绝缘GaAs上，具有金属栅和没掺杂的AlGaAs/GaAs异质界面. 源极和漏极接触是n掺杂的，因此这种结构可以用作n型HIGFET(见图(c)). (b) 零栅电压下的能带结构示意图. (c) n沟道在正栅电压下的能带结构示意图；(d) p沟道在负栅电压下的能带结构示意图

HEMT

如果宽带隙的顶层是 n 掺杂的, 可以制作调制掺杂的场效应晶体管 (MODFET)(见 12.3.4 小节). 这个结构也称为高电子迁移率晶体管 (HEMT) 或二维电子气场效应晶体管 (TEGFET), 如图 24.44 所示. 薄的没掺杂的 AlGaAs 间隔层位于掺杂的 AlGaAs 和没掺杂的 GaAs 之间, 降低隧穿到势垒里的载流子的杂质散射. 随着栅极电压的增大, 在 AlGaAs 里开启了平行的导电沟道. 为了增加量子阱势垒的高度, 自然的

想法是增大 AlGaAs 里的 Al 组分. 不幸的是, 当铝组分大约是 20% 时, 势垒高度限制在 160 meV. 当铝组分高于大约 22% 时, DX 中心 (见 7.7.6 小节) 形成了深能级, 表观的电离能量显著地增加, 没有浅能级施主可以用于调制掺杂. 势垒导电问题的一种改进方法是使用 δ 掺杂 [2109], 引入高度掺杂的薄层 (单层)(图 24.45), 导致更高的沟道载流子浓度.

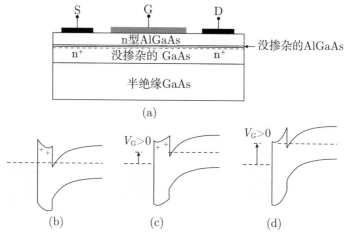

图24.44 (a) HEMT结构的示意图：在半绝缘GaAs上, 具有n型AlGaAs/GaAs异质界面. 源极和漏极是n掺杂的, 因此这种结构可以用作n沟道(常开型). 水平虚线表示2DEG在异质界面GaAs侧的位置. (b) 零栅电压下的能带结构图. (c) 正栅极电压下的能带结构示意图, 增加了沟道载流子浓度. (d) 在更大的正栅电压下的能带结构示意图, AlGaAs层里形成了导电通道

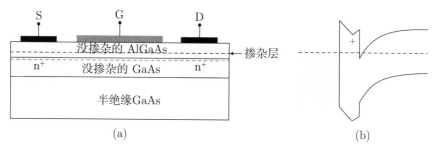

图24.45 (a) δ 掺杂HEMT结构的示意图：在半绝缘GaAs上, 具有AlGaAs/GaAs异质界面. 源极和漏极是n掺杂的, 因此这种结构可以用作n沟道HEMT. 水平虚线表示2DEG在GaAs层中的位置. (b) 零栅电压下的能带结构示意图

赝形态 HEMT(Pseudomorphic HEMT)

不是增加势垒的高度, 而是利用低带隙材料, 增大势阱的深度. 在 GaAs 衬底上, 使用 InGaAs(图 24.46). 然而, 这种情况引入了应变, InGaAs 层的厚度受限于位错形成的开启 (见 5.4.1 小节), 这就降低了沟道的迁移率和器件的可靠性. 对于 $In_{0.15}Ga_{0.85}As$ (厚度大约是 10~20 nm), 可以得到的总的势垒高度大约是 400 meV. 利用 InP 上的

InAlAs/InGaAs 结构,可以达到 500 meV 的势垒高度 (图 24.47). InAlAs 没有受到与 DX 中心有关的问题的困扰. 沟道的铟浓度通常是 50%. 迁移率随着铟浓度的增大而增大. 这种 InP 基的 HEMT 结构广泛用于卫星接收机,因为它在 100~500 GHz 范围及以上具有优秀的高速度和低噪音性质.

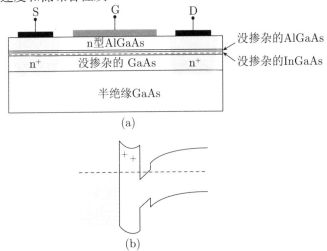

图24.46 (a) PHEMT结构的示意图:在半绝缘GaAs上,具有n型AlGaAs/InGaAs异质界面. 源极和漏极是n掺杂的,因此这种结构可以用作n沟道HEMT. 水平虚线表示2DEG在InGaAs层中的位置.(b) 零栅电压下的能带结构示意图

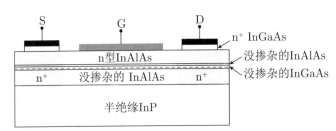

图24.47 半绝缘InP上采用n型AlInAs/InGaAs/InAlAs结构的PHEMT结构示意图. 源极和漏极(具有高掺杂的InGaAs接触层)是n掺杂的,因此这个结构可用作n通道HEMT. 水平虚线表示2 DEG在InGaAs层中的位置

然而, InP 技术在经济上不如 GaAs 有利,因为能够得到的衬底尺寸更小,成本更高 (2001 年, 4 英寸 (约 10.16 cm) InP 衬底为 1000 美元; 6 英寸 (约 15.24 cm)GaAs 衬底为 450 美元).

变形态 HEMT(Metamorphic HEMT)

变形态 HEMT(MHEMT) 把品质因数最好的 InAlAs/InGaAs 结构和 GaAs 衬底结合起来. 这里使用弛豫的缓冲层把面内的晶格常数从 GaAs 的晶格常数变为 InP 的. 关键在于: 缺陷的发生被限制在弛豫的缓冲层,不能进入器件的功能结构里

(图 24.48). 弛豫的缓冲层通常是大约 1 μm 厚. 它的生长可以利用渐变的 $In_x(Ga,Al)_{1-x}As$ 层 ($x = 0 \sim 42\%$)，或者采用阶梯结构，每层里有分段不变的铟含量. 重要的是，为了避免额外的散射机制，沟道要实现光滑的界面. 对于高频应用，小的栅极长度是重要的，$f_T = 293$ GHz, $f_{max} = 337$ GHz 的晶体管的 70 nm 栅极如图 24.49 所示 [2110]. SiGe 沟道的迁移率比纯 Si 更高，可以利用渐变的或者阶梯式 SiGe 缓冲层在 Si 衬底上制作. 利用这种硅基的 MHEMT，可以实现高达 100 GHz 的频率.

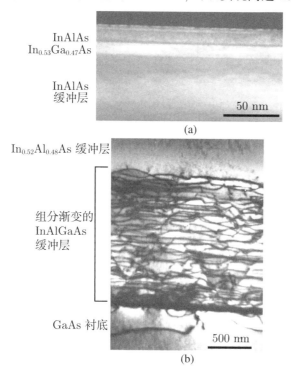

图24.48　InAlAs/InGaAs MHEMT的截面TEM像：(a) 功能层的rms表面粗糙度为2.0 nm (根据AFM)；(b) GaAs衬底上的渐变的InGaAlAs缓冲层(1.5 μm). 改编自文献[2111]

图24.49　GaAs衬底上InAlAs MHEMT 70 nm栅的截面TEM像. 取自文献[2110]

24.6 薄膜晶体管

薄膜晶体管 (TFT) 是场效应晶体管，在绝缘衬底上的薄膜里形成沟道. 文献 [2112] 有详细的讲述. 通常用便宜的衬底上 (例如, 玻璃) 的多晶硅和非晶硅[2113] 或者有机半导体[2114-2117] 的薄层, 做成大面积的薄膜晶体管阵列. 它们最突出的应用是驱动动态矩阵显示的像素单元, 例如, 电荧光 (EL) 显示或者扭曲的液晶显示 (LCD)[2118]. 已经报道了不同的栅极和栅极构型, 如图 24.50 所示.

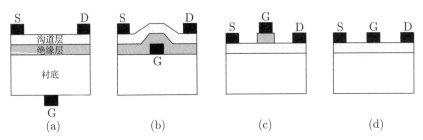

图24.50　薄膜晶体管的几何构型示意图：(a~c) MISFET，(d) MESFET，具有(a,b) 底栅和(c,d) 顶栅. 图中显示了半导体沟道层(浅灰色)、绝缘介质(深灰色)和金属(黑色)

24.6.1 非晶硅的退火

因为多晶硅的迁移率 (取决于晶粒的尺寸, 可以达到几百 $cm^2/(V·s)$, 见 8.3.8 小节) 远大于非晶硅 ($< 1\ cm^2/(V·s)$), 在 TFT 的沟道里, 更希望是这种材料. 然而, 多晶硅要求很高的沉积温度. 为了从非晶硅薄膜 (可以在低温下沉积, 直到室温) 得到晶粒尺寸大的多晶硅, 已经开发了几种方案, 最重要的是热退火和 (准分子) 激光退火. 通过热激活的成核和生长过程, 发生晶化[2119]. 通过注入 Si(自注入) 以及随后的优化 (再) 结晶过程, 晶粒尺寸小的多晶层可以变成非晶.

在激光退火中, 短脉冲 (几十 ns, 甚至是几十 fs) 局域地引入能量; 随后材料在亚微秒的时间尺度上发生变化[2120]. 激光诱导的晶化可以使用便宜的低温衬底, 例如, 塑料或者玻璃, 因为样品只有接近表面的区域发生超快熔化和再固化, 对衬底的加热非常小. 利用激光晶化, 还可以实现局域化的处理.

非晶硅的热退火效应如图 24.51 所示. 把非晶相完全转化成多晶相所需要的退火时间 (例如, 在 640 °C 下 10 小时) 在很大程度上依赖于温度, 文献 [2121, 2122] 对大的激活能 3.9 eV 做了详细研究 (图 24.51(a)). 最终的晶粒尺寸也依赖于温度 (图 24.51(b)). 引入某些金属, 例如, Pd[2123], Al[2124], Au[2125] 或 Ni[2126], 诱导了晶化, 可以用低

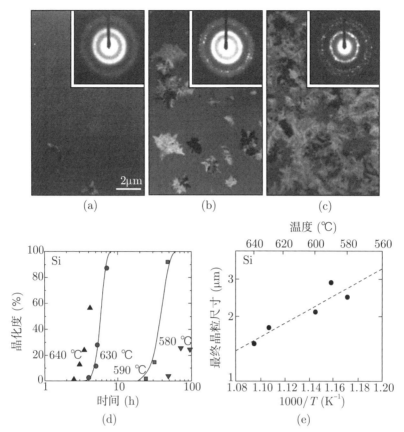

图 24.51　厚度为 100 nm 的非晶硅薄膜的热退火 (用 LPCVD 制备, 经 100 keV、剂量为 $5 \times 10^{15}/cm^2$ 的 Si^+ 注入, 实现非晶态). 非晶 Si 的 TEM 图像与衍射图案 (插图), 经过 (a) 4 小时、(b) 5.25 小时和 (c) 7.1 小时的退火, 退火温度 $T = 630$ °C. 晶化度分别为 2%, 28% 和 87%. (d) 在不同的退火温度下, 晶化度作为退火时间的函数. 符号是实验数据, 实线是考虑了晶粒成核和长大的理论. (e) 各种退火温度得到的最终晶粒尺寸. 虚线是斜率为 0.6 eV 的指数型. 改编自文献 [2121]

得多的退火温度. Pd 和 Ni 产生的硅化物对于晶粒成核或生长阵面 (growth front) 很重要. Au 和 Al 溶解在体材料里, 有着类似的效果. 例如, 利用 Pd, 在 480 °C 沉积的 150 nm 厚的 a-Si 薄膜在 500 °C 经过 10 h 的热退火, 就可以实现完全的晶化 [2127] (利用金属诱导的横向晶化, MILC).

24.6.2　薄膜晶体管器件

非晶硅基的薄膜晶体管的截面示意图如图 24.52(a) 所示. 非晶硅里的载流子的迁

移率很低,通常小于 1 cm²/(V·s)[2128,2129]. 生长后未处理的 (as-grown) 多晶硅的迁移率通常小于 10 cm²/(V·s). 利用激光照射或者热退火,非晶硅或者小晶粒的多晶硅层可以再结晶,把迁移率增大到几百 cm²/(V·s),提高了晶体管的性能[2128,2130,2131]. 然而,对于显示应用,10 cm²/(V·s) 的迁移率就足够大了.

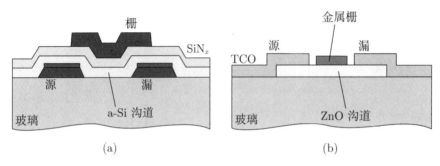

图24.52 截面示意图:(a) 玻璃衬底上的顶栅非晶硅(a-Si)薄膜晶体管(MISFET);(b) 透明氧化锌薄膜晶体管(MESFET)

薄膜晶体管主要的优化判据是高的开关比、长期的稳定性、良好的一致性和可重复性,以及低成本. 最近,正在研究柔性的 TFT(在聚合物衬底上) 和透明的 TFT(TEFT),例如,具有多晶 ZnO 或 GaInZnO(GIZO) 沟道 (图 24.52(b)),用于诸如全透明的电路和显示等先进应用[151,2132-2135]. 关于透明半导体氧化物 (TSO) 沟道 FET 的最近结果的汇编,请看文献 [2136]. 不同 TSO 沟道的 FET 的性能数据如图 24.53 所示. 基于 ZnO MESFET 的透明反相器如图 24.54 所示[2137].

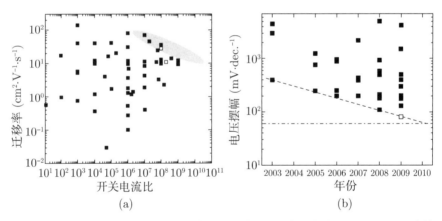

图24.53 (a) 氧化物沟道晶体管的场效应迁移率和开关电流比. 实心方块表示MISFET晶体管,空心方块用于参考文献[2135]中的MESFET. 阴影区标出了最好的表现. (b) MISFET(实心方块,亚阈值电压摆幅,swing)和具有TSO沟道的MESFET(空心方块,高于开启电压,取自文献[2135])的电压摆动. 虚线用于引导视线,指出最佳表现的趋势. 点划线表示摆幅的热力学极限约为60 meV/dec.[2138]. 改编自文献[2136]

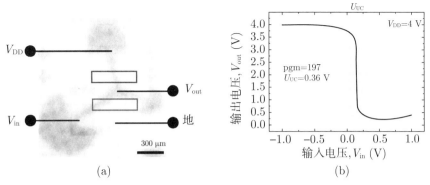

图24.54 (a) 基于ZnO的透明MESFET反相器的光学图像. 两个矩形标出了这两个栅极. (b) 电源电压为 V_{DD}=4 V时的传递特性

24.6.3 二维材料的晶体管

最终的 (ultimate) 薄膜晶体管是以单层 (single monolayer) 为通道的晶体管. 各种单层和多层的二维材料 (第 13 章) 已经在晶体管里研究了[2140,2141]. 传统层的通道迁移率通常在 d 小于 10 nm 的时候开始下降, 在小于 5 nm 以后更是急剧下降. 使用二维材料的目的是避免粗糙表面和界面缺陷靠近栅极. 据报道[2142], 具有 HfO_2 栅极和 Au 欧姆电极的 MoS_2 单层晶体管的 (场效应) 迁移率超过 200 $cm^2/(V \cdot s)$, 亚阈值电压摆动低, 高开关比高, 超过 10^6. 此外, 更薄的通道允许进一步减小栅极的尺寸. 然而, 现实情况是复杂的[2143,2144], 而且尚未取得明显的性能提高. 此外, 升级到晶片尺寸也是尚未解决的问题.

24.6.4 有机场效应晶体管 (OFET)

有机场效应晶体管 (OFET)[2139,2145-2147] 的沟道是由有机材料构成的. 大部分工作是在薄膜晶体管上做的, 也有一些 OFET 的工作利用了体材料的有机半导体[2148,2149]. 有机材料也用来做绝缘层和接触材料. 通常使用有机的柔性衬底. 主要应用于低成本的电路, 例如, 驱动显示器的像素或者 RFID 标签 (通常工作在 13.56 MHz 或 900 MHz). 可以使用旋涂或者打印的方法. 通常使用 p 型的沟道材料, 因为抗氧化的化学稳定性更好. 目前最高的迁移率是并五苯 (pentacene, 6 $cm^2/(V \cdot s)$) 和六联噻吩 (sexithiophene, 1 $cm^2/(V \cdot s)$); n 型有机半导体的电场迁移率小于 0.1 $cm^2/(V \cdot s)$[2145].

附录A 张量

A.1 简介

物理量 $T_{ij\cdots m}$(总共有 k 个下标) 与坐标系的平移无关,而且对所有下标像矢量一样变换,就称为 k 阶张量.

通常使用爱因斯坦求和约定,对相同符号的下标求和. 例如,$x'_i = D_{ij}x_j$ 就是 $x'_i = \sum\limits_{j=1}^{3} D_{ij}x_j$.

A.2 坐标系的转动

坐标系的转动是一个变换 $x \to x'$, 用分量写为

$$x'_i = D_{ij} x_j \tag{A.1}$$

D 称为转动矩阵. 转动矩阵的逆是 D^{-1},

$$D^{-1}_{kl} = D_{lk} \tag{A.2}$$

它是 D 的转置矩阵. 逆变换是 $x_j = D_{ij} x'_i$. 因此

$$D_{ij} D_{kj} = \delta_{ij} \tag{A.3}$$

一个简单的例子是方位角转动, 绕着 z 轴转动 ϕ 角度 (在数学的正方向):

$$D = \begin{pmatrix} \cos\phi & -\sin\phi & 0 \\ \sin\phi & \cos\phi & 0 \\ 0 & 0 & 1 \end{pmatrix} \tag{A.4}$$

为了描述一般性的转动 $(x,y,z) \to (X,Y,Z)$, 需要 3 个角. 通常使用欧拉角 (ϕ, θ, ψ)(图 A.1). 首先, 系统绕着 z 轴转动 ϕ, y 轴变成了 u 轴. 然后, 系统绕着 u 轴倾斜 θ, z 轴变成了 Z 轴. 最后, 系统绕着 Z 轴转动 ψ.

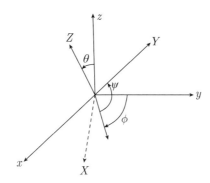

图A.1　坐标系(x, y, z)通过欧拉角(ϕ, θ, ψ)转动到坐标系(X, Y, Z)

按欧拉角的一般性转动的矩阵是

$$\begin{pmatrix} \cos\psi\cos\theta\cos\phi - \sin\psi\sin\phi & -\sin\phi\cos\theta\cos\psi - \cos\phi\sin\psi & \sin\theta\cos\psi \\ \cos\phi\cos\theta\sin\psi + \sin\phi\cos\psi & -\sin\psi\cos\theta\sin\phi + \cos\psi\cos\phi & \sin\theta\sin\psi \\ -\cos\phi\sin\theta & \sin\phi\sin\theta & \cos\theta \end{pmatrix} \tag{A.5}$$

A.3　n 阶张量

0 阶张量

0 阶张量也称为标量. 例如, 矢量 $\boldsymbol{v} = (v_1, v_2, v_3)$ 的长度 $v_1^2 + v_2^2 + v_3^2$ 是标量, 因为它在坐标系的转动下是不变的. 然而, "标量" 并不等价于 "数", 例如, 数 $v_1^2 + v_2^2$ 并不是转动不变的.

1 阶张量

1 阶张量是矢量. 它在坐标转动 $\boldsymbol{D}$ 下的变换是

$$v'_i = D_{ij} v_j \tag{A.6}$$

2 阶张量

2 阶张量也称为并矢 (dyade), 是 3×3 的矩阵 $\boldsymbol{T}$, 在坐标转动下的变换是

$$T'_{ij} = D_{ik} D_{jl} T_{kl} \tag{A.7}$$

其物理含义如下: 两个矢量 $\boldsymbol{s}$ 和 $\boldsymbol{r}$ 应当通过 $s_i = T_{ij} r_j$ 彼此关联. 这可以是 (例如) 电流 $\boldsymbol{j}$ 和电场 $\boldsymbol{E}$, 它们通过电导率张量 $\boldsymbol{\sigma}$ 联系起来: $j_i = \sigma_{ij} E_j$.

只有在任意转动坐标系里都成立, 这种式子才有物理意义. 转动后的坐标系里的张量 $\boldsymbol{T}'$ 必须满足 $s'_i = T'_{ij} r'_j$. 这意味着变换定律 (A.7). $s'_k = D_{ki} s_i = D_{ki} T_{ij} r_j$, 且 $s'_k = T'_{km} r'_m = T'_{km} D_{mj} r_j$. 因此, $T'_{km} D_{mj} = D_{ki} T_{ij}$, 因为前面的关系式对于任何 $\boldsymbol{r}$ 都成立. 乘以 D_{lj}, 就得到 $T'_{km} D_{mj} D_{lj} = T'_{km} \delta_{ml} = T'_{kl} = D_{ki} D_{lj} T_{ij}$.

2 阶张量的迹的定义是 $\mathrm{tr}\,\boldsymbol{T} = T_{ii} = T_{11} + T_{22} + T_{33}$. 它是标量, 在坐标旋转下不变, 因为 $T'_{kk} = D_{ki} D_{kj} T_{ij} = \delta_{ij} T_{ij} = T_{ii}$. 除了迹是不变量, 2 阶张量还有两个独立的不变量:

$$I_1 = \mathrm{tr}\,\boldsymbol{T} = T_{11} + T_{22} + T_{33} \tag{A.8a}$$

$$\begin{aligned} I_2 &= \left[(\mathrm{tr}\,\boldsymbol{T})^2 - \mathrm{tr}\,(\boldsymbol{T}^2) \right] / 2 \\ &= T_{11} T_{22} + T_{22} T_{33} + T_{11} T_{33} - T_{12} T_{21} - T_{23} T_{32} - T_{13} T_{31} \end{aligned} \tag{A.8b}$$

$$\begin{aligned} I_3 &= \det(\boldsymbol{T}) \\ &= T_{13} T_{22} T_{31} + T_{12} T_{23} T_{31} + T_{13} T_{21} T_{32} - T_{11} T_{23} T_{32} - T_{12} T_{21} T_{33} + T_{11} T_{22} T_{33} \end{aligned} \tag{A.8c}$$

当然, 这些不变量的任何函数也是不变量. 利用 $\boldsymbol{T}$ 的本征值 λ_1, λ_2 和 λ_3, 这些不变量可以表示为

$$I_1 = \lambda_1 + \lambda_2 + \lambda_3 \tag{A.9a}$$

$$I_2 = \lambda_1\lambda_2 + \lambda_1\lambda_3 + \lambda_2\lambda_3 \tag{A.9b}$$

$$I_3 = \lambda_1\lambda_2\lambda_3 \tag{A.9c}$$

注意，下述关系式成立：

$$\boldsymbol{T}^3 = I_1\boldsymbol{T}^2 - I_2\boldsymbol{T} + I_3\boldsymbol{1} \tag{A.10}$$

$\boldsymbol{1}$ 是单位矩阵．关于张量不变量的更多信息，见文献 [2150]．

2 阶张量可以分解为对称部分 $\boldsymbol{T}^{\mathrm{S}}$ 和反对称部分 $\boldsymbol{T}^{\mathrm{A}}$，即 $T_{ji}^{\mathrm{S}} = T_{ij}^{\mathrm{S}}$ 和 $T_{ji}^{\mathrm{A}} = -T_{ij}^{\mathrm{A}}$，

$$\boldsymbol{T} = \boldsymbol{T}^{\mathrm{S}} + \boldsymbol{T}^{\mathrm{A}} \tag{A.11a}$$

$$T_{ij}^{\mathrm{S}} = \frac{T_{ij} + T_{ji}}{2} \tag{A.11b}$$

$$T_{ij}^{\mathrm{A}} = \frac{T_{ij} - T_{ji}}{2} \tag{A.11c}$$

2 阶张量可以分解为各向同性 (球形) 部分 $\boldsymbol{T}^{\mathrm{I}}$ 和偏离部分 $\boldsymbol{T}^{\mathrm{D}}$．各项同性部分在坐标旋转下不变．

$$\boldsymbol{T} = \boldsymbol{T}^{\mathrm{I}} + \boldsymbol{T}^{\mathrm{D}} \tag{A.12a}$$

$$T_{ij}^{\mathrm{I}} = \delta_{ij}\frac{\mathrm{tr}\boldsymbol{T}}{3} \tag{A.12b}$$

$$T_{ij}^{\mathrm{D}} = T_{ij} - \delta_{ij}\frac{\mathrm{tr}\boldsymbol{T}}{3} \tag{A.12c}$$

$\boldsymbol{T}$ 的迹与 $\boldsymbol{T}^{\mathrm{I}}$ 相同．$\boldsymbol{T}^{\mathrm{D}}$ 的迹是 0．

3 阶张量

3 阶张量的变换是

$$T'_{ijk} = D_{il}D_{jm}D_{kn}T_{lmn} \tag{A.13}$$

一个例子是压电常数的张量 $\boldsymbol{e}$，它把 2 阶应变张量 ϵ 和极化矢量 $\boldsymbol{P}$ 联系起来：$P_i = e_{ijk}\epsilon_{jk}$．

4 阶张量

4 阶张量的变换是

$$T'_{ijkl} = D_{im}D_{jn}D_{ko}D_{lp}T_{mnop} \tag{A.14}$$

一个例子是弹性常数的张量 $\boldsymbol{C}$，它把 2 阶弹性应变张量 ϵ 和 2 阶应力张量 σ 联系起来：$\sigma_{ij} = C_{ijkl}\epsilon_{kl}$．把 4 阶张量的转动约化为 6×6 矩阵的问题，见文献 [2151]．

附录B 点群和空间群

点群和空间群见表 B.1～表 B.3.

表B.1 10个二维点群：群表示、完整的国际表示法和缩略的国际表示法

群	国际表示法		N_{sg}	对称元
	完整的	缩略的		
C_1	1	1	1	C_1
D_1	1m	m	3	C_1, m
C_2	2	2	1	C_2
D_2	2mm	mm	4	C_2, 2m
C_3	3	3	1	C_3
D_3	3m	3m	2	C_3, 3m
C_4	4	4	1	C_4
D_4	4mm	4m	2	C_4, 2m
C_6	6	6	1	C_6
D_6	6mm	6m	1	C_6, 6m

注：N_{sg} 表示空间群的数目.

表B.2　32个点群：国际表示法和熊夫利表示法

晶系	分类		N_{sg}	对称元
	国际表示法	熊夫利表示法		
三斜 (Triclinic)	1	C_1	1	E
	$\bar{1}$	C_i	1	$E\ i$
单斜 (Monoclinic)	m	C_s	3	$E\ \sigma_h$
	2	C_2	4	$E\ C_2$
	2/m	C_{2h}	6	$E\ C_2\ i\ \sigma_h$
正交 (Orthorhombic)	2mm	C_{2v}	9	$E\ C_2\ \sigma'_v\ \sigma''_v$
	222	D_2	22	$E\ C_2\ C'_2\ C''_2$
	mmm	D_{2h}	28	$E\ C_2\ C'_2\ C''_2\ i\ \sigma_h\ \sigma'_v\ \sigma''_v$
四方 (Tetragonal)	4	C_4	6	$E\ 2C_4\ C_2$
	$\bar{4}$	S_4	2	$E\ 2S_4\ C_2$
	4/m	C_{4h}	6	$E\ 2C_4\ C_2\ i\ 2S_4\ \sigma_h$
	4mm	C_{4v}	10	$E\ 2C_4\ C_2\ 2\sigma'_v\ 2\sigma_d$
	$\bar{4}$2m	D_{2d}	12	$E\ C_2\ C'_2\ C''_2\ 2\sigma_d\ 2S_4$
	422	D_4	12	$E\ 2C_4\ C_2\ 2C'_2\ 2C''_2$
	4/mmm	D_{4h}	20	$E\ 2C_4\ C_2\ 2C'_2\ 2C''_2\ i\ 2S_4\ \sigma_h\ 2\sigma'_v\ 2\sigma_h$
三方 (Trigonal rhombohedral)	3	C_3	4	$E\ 2C_3$
	$\bar{3}$	S_6	2	$E\ 2C_3\ i\ 2S_6$
	3m	C_{3v}	7	$E\ 2C_3\ 3\sigma_v$
	32	D_3	6	$E\ 2C_3\ 3C_2$
	$\bar{3}$m	D_{3d}	6	$E\ 2C_3\ 3C_2\ i\ 2S_6\ 3\sigma_d$
六方 (Hexagonal)	$\bar{6}$	C_{3h}	6	$E\ 2C_3\ \sigma_h\ 2S_3$
	6	C_6	1	$E\ 2C_6\ 2C_3\ C_2$
	6/m	C_{6h}	2	$E\ 2C_6\ 2C_3\ C_2\ i\ 2S_3\ 2S_6\ \sigma_h$
	$\bar{6}$m2	D_{3h}	6	$E\ 2C_3\ 3C_2\ \sigma_h\ 2S_3\ 3\sigma_v$
	6mm	C_{6v}	4	$E\ 2C_6\ 2C_3\ C_2\ 3\sigma_v\ 3\sigma_d$
	622	D_6	4	$E\ 2C_6\ 2C_3\ C_2\ 3C'_2\ 3C''_2$
	6/mmm	D_{6h}	4	$E\ 2C_6\ 2C_3\ C_2\ 3C'_2\ 3C''_2\ i\ 2S_3\ 2S_6\ \sigma_h\ 3\sigma_d\ 3\sigma_v$
立方 (Cubic)	23	T	5	$E\ 4C_3\ 4C_3^2\ 3C_2$
	m3	T_h	7	$E\ 4C_3\ 4C_3^2\ 3C_2\ i\ 8S_6\ 3\sigma_h$
	$\bar{4}$3m	T_d	8	$E\ 8C_3\ 3C_2\ 6\sigma_d\ 6S_4$
	432	O	6	$E\ 8C_3\ 3C_2\ 6C'_2\ 6C_4$
	m3m	O_h	10	$E\ 8C_3\ 3C_2\ 6C_2\ 6C_4\ i\ 8S_6\ 3\sigma_h\ 6\sigma_d\ 6S_4$

注：N_{sg}表示空间群的数目。

表B.3　空间群的序数以及相应的空间群符号(标准的国际表示法)

1	P1	2	P$\bar{1}$	3	P2	4	P2_1	5	C2
6	Pm	7	Pc	8	Cm	9	Cc	10	P2/m
11	P2_1/m	12	C2/m	13	P2/c	14	P2_1/c	15	C2/c
16	P222	17	P222_1	18	P$2_12_1$2	19	P$2_12_12_1$	20	C222_1
21	C222	22	F222	23	I222	24	I$2_12_12_1$	25	Pmm2
26	Pmc2_1	27	Pcc2	28	Pma2	29	Pca2_1	30	Pnc2
31	Pmn2_1	32	Pba2	33	Pna2_1	34	Pnn2	35	Cmm2
36	Cmc2_1	37	Ccc2	38	Amm2	39	Abm2	40	Ama2
41	Aba2	42	Fmm2	43	Fdd2	44	Imm2	45	Iba2
46	Ima2	47	Pmmm	48	Pnnn	49	Pccm	50	Pban
51	Pmma	52	Pnna	53	Pmna	54	Pcca	55	Pbam
56	Pccn	57	Pbcm	58	Pnnm	59	Pmmn	60	Pbcn
61	Pbca	62	Pnma	63	Cmcm	64	Cmca	65	Cmmm
66	Cccm	67	Cmma	68	Ccca	69	Fmmm	70	Fddd
71	Immm	72	Ibam	73	Ibca	74	Imma	75	P4
76	P4_1	77	P4_2	78	P4_3	79	I4	80	I4_1
81	P$\bar{4}$	82	I$\bar{4}$	83	P4/m	84	P4_2/m	85	P4/n
86	P4_2/n	87	I4/m	88	I4_1/a	89	P422	90	P$4_2$12
91	P$4_1$22	92	P$4_1 2_1$2	93	P$4_2$22	94	P$4_2 2_1$2	95	P$4_3$22
96	P$4_3 2_1$2	97	I422	98	I$4_1$22	99	P4mm	100	P4bm
101	P4_2cm	102	P4_2nm	103	P4cc	104	P4nc	105	P4_2mc
106	P4_2bc	107	I4mm	108	I4cm	109	I4_1md	110	I4_1cd
111	P$\bar{4}$2m	112	P$\bar{4}$2c	113	P$\bar{4}2_1$m	114	P$\bar{4}2_1$c	115	P$\bar{4}$m2
116	P$\bar{4}$c2	117	P$\bar{4}$b2	118	P$\bar{4}$n2	119	I$\bar{4}$m2	120	I$\bar{4}$c2
121	I$\bar{4}$2m	122	I$\bar{4}$2d	123	P4/mmm	124	P4/mcc	125	P4/nbm
126	P4/nnc	127	P4/mbm	128	P4/mnc	129	P4/nmm	130	P4/ncc
131	P4_2/mmc	132	P4_2/mcm	133	P4_2/nbc	134	P4_2/nnm	135	P4_2/mbc
136	P4_2/mnm	137	P4_2/nmc	138	P4_2/ncm	139	I4/mmm	140	I4/mcm
141	I4_1/amd	142	I4_1/acd	143	P3	144	P3_1	145	P3_2
146	R3	147	P$\bar{3}$	148	R$\bar{3}$	149	P312	150	P321
151	P$3_1$12	152	P$3_1$21	153	P$3_2$12	154	P$3_2$21	155	R32
156	P3m1	157	P31m	158	P3c1	159	P31c	160	R3m
161	R3c	162	P$\bar{3}$1m	163	P$\bar{3}$1c	164	P$\bar{3}$m1	165	P$\bar{3}$c1
166	R$\bar{3}$m	167	R$\bar{3}$c	168	P6	169	P6_1	170	P6_5
171	P6_2	172	P6_4	173	P6_3	174	P$\bar{6}$	175	P6/m
176	P6_3/m	177	P622	178	P$6_1$22	179	P$6_5$22	180	P$6_2$22
181	P$6_4$22	182	P$6_3$22	183	P6mm	184	P6cc	185	P6_3cm
186	P6_3mc	187	P$\bar{6}$m2	188	P$\bar{6}$c2	189	P$\bar{6}$2m	190	P$\bar{6}$2c
191	P6/mmm	192	P6/mcc	193	P6_3/mcm	194	P6_3/mmc	195	P23
196	F23	197	I23	198	P$2_1$3	199	I$2_1$3	200	Pm$\bar{3}$
201	Pn$\bar{3}$	202	Fm$\bar{3}$	203	Fd$\bar{3}$	204	Im$\bar{3}$	205	Pa$\bar{3}$
206	Ia$\bar{3}$	207	P432	208	P$4_2$32	209	F432	210	F$4_1$32
211	I432	212	P$4_3$32	213	P$4_1$32	214	I$4_1$32	215	P$\bar{4}$3m
216	F$\bar{4}$3m	217	I$\bar{4}$3m	218	P$\bar{4}$3n	219	F$\bar{4}$3c	220	I$\bar{4}$3d
221	Pm$\bar{3}$m	222	Pn$\bar{3}$n	223	Pm$\bar{3}$n	224	Pn$\bar{3}$m	225	Fm$\bar{3}$m
226	Fm$\bar{3}$c	227	Fd$\bar{3}$m	228	Fd$\bar{3}$c	229	Im$\bar{3}$m	230	Ia$\bar{3}$d

附录C 克拉默斯-克罗尼格关系

克拉默斯-克罗尼格关系 (KKR) 是介电函数的实部和虚部的关系. 它们具有一般性, 基于复解析响应函数 $f(\omega) = f_1(\omega) + \mathrm{i}f_2(\omega)$ 的性质, $f(\omega)$ 满足以下条件[①]:

- $f(\omega)$ 的极点位于实轴的下方.

- 在上半个复平面, $f(\omega)/\omega$ 在半径无限大的半圆周上的积分为 0.

- 对于实数变量, 函数 $f_1(\omega)$ 是偶函数, 函数 $f_2(\omega)$ 是奇函数.

$f(s)/(s-\omega)\mathrm{d}s$ 沿着实轴和上半个复平面的无限大半圆的积分为 0, 因为这条路径是一条封闭的线. 沿着极点 $s = \omega$ 上方的半圆的积分给出 $-\pi\mathrm{i}f(\omega)$, 在无限大半圆上的积分是 0. 因此, $f(\omega)$ 的值就是[②]

$$f(\omega) = \frac{1}{\pi \mathrm{i}} \mathrm{Pr} \int_{-\infty}^{\infty} \frac{f(s)}{s-\omega} \mathrm{d}s \tag{C.1}$$

[①] 对 KKR 应用的函数 f 的要求可以解释为: 这个函数必须表示一个线性的、有因果性的物理过程的傅里叶变换.
[②] 积分的柯西主值 Pr 是在 $-\infty < s < \omega - \delta$ 和 $\omega + \delta < s < \infty$ 区间上的积分的和在 $\delta \to 0$ 时的极限.

让式 (C.1) 的实部和虚部相等, 给出了实部:

$$f_1(\omega) = \frac{1}{\pi} \mathrm{Pr} \int_{-\infty}^{\infty} \frac{f_2(s)}{s-\omega} \mathrm{d}s \tag{C.2}$$

把这个积分分为两部分 $\int_0^\infty$ 和 $\int_{-\infty}^0$, 在后一种情况, 从 s 到 $-s$, 并利用 $f_2(-\omega) = -f_2(\omega)$ 和 $\frac{1}{s-\omega} + \frac{1}{s+\omega} = \frac{2s}{s^2-\omega^2}$, 给出式 (C.3a):

$$f_1(\omega) = \frac{2}{\pi} \mathrm{Pr} \int_0^{\infty} \frac{sf_2(s)}{s^2-\omega^2} \mathrm{d}s \tag{C.3a}$$

$$f_2(\omega) = -\frac{2}{\pi} \mathrm{Pr} \int_0^{\infty} \frac{f_1(s)}{s^2-\omega^2} \mathrm{d}s \tag{C.3b}$$

用类似的方式, 得到式 (C.3b). 这两个关系就是克拉默斯-克罗尼格关系[2152,2153]. 它们通常应用于介电函数. 在这种情况下, 它们应用于响应率, $f(\omega) = \chi(\omega) = \epsilon(\omega)/\epsilon_0 - 1$. 响应率可以解释为半导体极化的脉冲响应的傅里叶变换, 即在无限短的脉冲电场后的依赖于时间的极化. 对于介电函数 $\epsilon = \epsilon_1 + \mathrm{i}\epsilon_2$, 下面这个 KKR 关系成立:

$$\epsilon_1(\omega) = \epsilon_0 + \frac{2}{\pi} \mathrm{Pr} \int_0^{\infty} \frac{s\epsilon_2(s)}{s^2-\omega^2} \mathrm{d}s \tag{C.4a}$$

$$\epsilon_2(\omega) = -\frac{2\omega}{\pi} \mathrm{Pr} \int_0^{\infty} \frac{\epsilon_1(s) - \epsilon_0}{s^2-\omega^2} \mathrm{d}s \tag{C.4b}$$

静态的介电常数就是

$$\epsilon(0) = \epsilon_0 + \frac{2}{\pi} \mathrm{Pr} \int_0^{\infty} \frac{\epsilon_2(s)}{s} \mathrm{d}s \tag{C.5}$$

这个积分不发散, 因为 ϵ_2 是奇函数, 在 $\omega = 0$ 处等于 0. 一般来说, 介电函数的虚部的 j 阶矩 M_j 是

$$M_j = \int_0^{\infty} \epsilon_2(\omega) \omega^j \mathrm{d}\omega \tag{C.6}$$

因此, $M_{-1} = \pi[\epsilon(0) - \epsilon_0]/2$.

其他的 KKR 关系, 例如, 折射率 n_r 和吸收系数 α 的关系是

$$n_\mathrm{r}(\lambda) = \frac{1}{\pi} \mathrm{Pr} \int_0^{\infty} \frac{\alpha(s)}{1 - s^2/\lambda^2} \mathrm{d}s \tag{C.7}$$

如果介电函数的虚部 (实部)(对于所有的频率) 是已知的, 就可以利用 KKR 关系计算它的实部 (虚部). 如果这个依赖关系不是在整个频率范围内已知的, 就必须在未知的谱范围里对介电函数做假设, 因而限制了这个变换的可靠性.

附录D 振子强度

振子对电场 E 的响应可以用介电函数来描述. 由此得到的极化 P 和电场的关系是

$$P = \epsilon_0 \chi E \tag{D.1}$$

其中, χ 是电响应率, 位移电场 D 是

$$D = \epsilon_0 E + P = \epsilon_0 \epsilon E \tag{D.2}$$

因此, (相对) 介电常数是

$$\epsilon = 1 + \chi \tag{D.3}$$

我们假设电子是简谐振子模型, 振幅 $x = x_0 \exp(i\omega t)$ 的运动方程是

$$m\ddot{x} = -Cx \tag{D.4}$$

共振频率是 $\omega_0^2 = C/m$. 简谐电场 E 的频率是 ω, 振幅是 E_0, 它给出的力是 eE. 因此

$$-m\omega^2 x = -m\omega_0^2 x + eE \tag{D.5}$$

极化 ex_0 就是

$$ex_0 = \frac{e^2}{m}\frac{1}{\omega_0^2-\omega^2}E_0 = \frac{e^2}{m\omega_0^2}\frac{1}{1-\omega^2/\omega_0^2}E_0 \tag{D.6}$$

这个因子称为 (无量纲的) 振子强度, 今后记为

$$f = \frac{e^2}{\epsilon_0 m\omega_0^2} \tag{D.7}$$

因此, 依赖于频率的共振介电函数就是

$$\epsilon(\omega) = 1 + \frac{f}{1-\omega^2/\omega_0^2} \tag{D.8}$$

在低频极限下, 介电函数是 $\epsilon(0) = 1+f$; 在高频极限下, $\epsilon(\infty) = 1$. 振子强度是共振频率以下的 ϵ 和共振频率以上的 ϵ 的差别.

对于所有的系统, ϵ 的高频极限是 1. 这意味着 $\chi = 0$, 再也没有振子可以极化了. 低频极限包括所有可能的振子. 在频率远大于 ω_0 和 $\omega \to \infty$ 之间, 如果还有振子, 就把它们总结为高频的介电常数 $\epsilon_\infty > 1$. 式 (D.8) 就变为

$$\epsilon(\omega) = \epsilon(\infty) + \frac{\hat{f}}{1-\omega^2/\omega_0^2} \tag{D.9}$$

极限 $\epsilon \to \epsilon(\infty)$ 只对 ω_0 以上的频率成立 (但是小于频率更高的下一个共振).① 另一种常见的形式包括背景的介电常数

$$\epsilon(\omega) = \epsilon(\infty)\left(1 + \frac{f}{1-\omega^2/\omega_0^2}\right) \tag{D.10}$$

显然, $f = \hat{f}/\epsilon(\infty)$, 使得这两种形式等价.

为了讨论线形 (不仅是 ϵ, 还有折射率 $n^* = n_\mathrm{r} + \mathrm{i}\kappa = \sqrt{\epsilon}$), 我们在计算中引入阻尼, 通过在式 (D.5) 的左侧添加一项 $-m\Gamma\dot{x}$. 这个项有些像"摩擦力", 在没有外部激励的情况下, 使得振动的幅度指数式地衰减, 时间常数为 $\tau = 2/\Gamma$. 介电常数是

$$\epsilon(\omega) = \epsilon(\infty)\left[1 + \frac{f}{1-(\omega^2+\mathrm{i}\omega\Gamma)/\omega_0^2}\right] = \epsilon' + \mathrm{i}\epsilon'' \tag{D.11}$$

实部和虚部满足克拉默斯-克罗尼格关系 (式 (C.3a) 和式 (C.3b)). 振子强度大的区 $(f \sim 1)$ 和振子强度小的区 $(f \ll 1)$ 是截然不同的. 阻尼也分为两个区: 弱阻尼的区 $(\Gamma \ll \omega_0)$ 和强阻尼的区 $(\Gamma \gtrsim \omega_0)$. 典型的线形如图 D.1 和图 D.2 所示.

对于小的振子强度 $(f \ll 1)$, 折射率 $n^* = \sqrt{\epsilon} = n_\mathrm{r} + \mathrm{i}\kappa$ 是 $(n_\infty = \sqrt{\epsilon(\infty)})$

$$n_\mathrm{r} = n_\infty\left[1 + \frac{f}{2}\frac{\omega_0^2(\omega_0^2-\omega^2)}{(\omega_0^2-\omega^2)^2+\Gamma^2\omega^2}\right] \tag{D.12a}$$

---

① 当 ω 趋向于无穷大 (超过了 X 射线区) 时, ϵ 总是趋于 1.

$$\kappa = n_\infty \frac{f}{2} \frac{\Gamma \omega_0 (\omega_0^2 - \omega^2)}{(\omega_0^2 - \omega^2)^2 + \Gamma^2 \omega^2} \tag{D.12b}$$

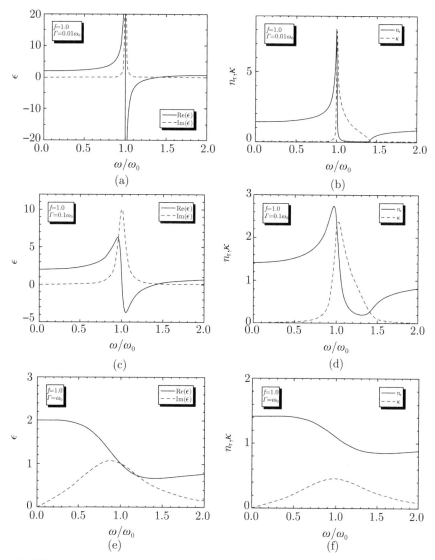

图D.1 对于振子强度$f=1$和几个不同的阻尼值(式(D.11)),介电常数(a,c,e)和折射率(b,d,f)的实部(实线)和虚部(虚线). (a,b) $\Gamma=10^{-2}\omega_0$, (c,d) $\Gamma=10^{-1}\omega_0$, (e,f) $\Gamma=\omega_0$

对于偏离共振频率的小失谐 (detuning), $\omega = \omega_0 + \delta\omega$,其中 $|\delta\omega|/\omega_0 \ll 1$,折射率是

$$n_r = n_\infty \left[1 - \frac{f}{4} \frac{\omega_0 \delta\omega}{(\delta\omega)^2 + \Gamma^2/4} \right] \tag{D.13a}$$

$$\kappa = n_\infty \frac{f}{4} \frac{\omega_0 \Gamma/2}{(\delta\omega)^2 + \Gamma^2/4} \tag{D.13b}$$

最大的吸收是

$$\alpha_{\mathrm{m}} = 2\frac{\omega_0}{c}\kappa(\omega_0) = f\frac{\omega_0^2}{\Gamma}\frac{n_\infty}{c} \tag{D.14}$$

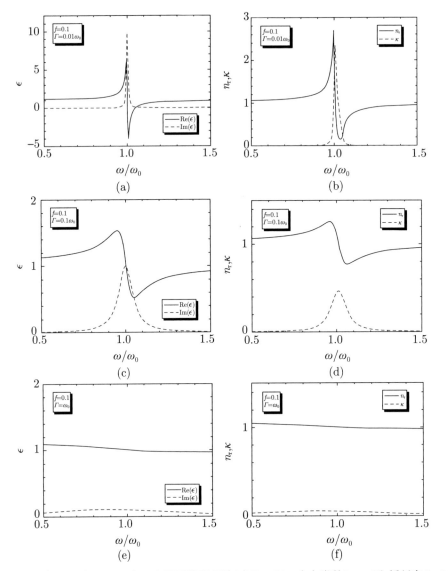

图D.2 对于振子强度$f = 10^{-1}$和几个不同的阻尼值(式(D.11)), 介电常数(a,c,e)和折射率(b,d,f)的实部(实线)和虚部(虚线). (a,b) $\Gamma = 10^{-2}\omega_0$, (c,d) $\Gamma = 10^{-1}\omega_0$, (e,f) $\Gamma = \omega_0$

对于零阻尼, 介电函数有一个零点, 位于

$$\omega_0' = \omega_0\sqrt{1+f} \approx \omega_0\left(1+\frac{f}{2}\right) \tag{D.15}$$

后面的近似对 $f \ll 1$ 的情况成立. 在 ω_0 和 ω_0' 之间, 折射率的实部非常小 (对于物理上

不现实的情况 $\Gamma \equiv 0$, 它精确地等于 0, 因为 $\epsilon < 0$). 这个区域 (宽度为 $f\omega_0/2$) 的反射率就很高 (对于垂直入射的情况, $R = [(1-n^*)/(1+n^*)]^2$). 对于更大的阻尼 (和小的振子强度), 这个效应就看不到了.

介电常数的虚部 ϵ'' 的最大值的频率 $\omega_{\epsilon'',\max}$ 是 $(\hat{\Gamma} = \Gamma/\omega_0)$

$$\omega_{\epsilon'',\max}^2 = \omega_0^2 \frac{2 - \hat{\Gamma}^2 + \sqrt{16 - 4\hat{\Gamma}^2 + \hat{\Gamma}^4}}{6} \approx \omega_0^2 \left[1 - \left(\frac{\Gamma}{2\omega_0}\right)^2\right] \tag{D.16}$$

这个近似对小阻尼 $\Gamma \ll \omega_0$ 的情况成立. 在这种情况下, 最大值的失谐频率靠近 ω_0 (图 D.3). $\tan\delta = \epsilon''/\epsilon'$ 最大值的频率位置是

$$\omega_{\tan\delta,\max}^2 = \omega_0^2 \frac{2 + f - \hat{\Gamma}^2 + \Lambda^2}{6}$$

$$\Lambda^2 = \sqrt{12(1+f) + \left(2 + f - \hat{\Gamma}^2\right)^2} \tag{D.17}$$

$\tan\delta$ 的最大值是 (Λ 的含义与式 (D.17) 一样)

$$(\tan\delta)_{\max} = \frac{-3\sqrt{\frac{3}{2}} f \hat{\Gamma} \sqrt{2 + f - \hat{\Gamma}^2 + \Lambda^2}}{-8 - 8f + f^2 - 4\hat{\Gamma}^2 - 2f\hat{\Gamma}^2 + \hat{\Gamma}^4 + \left(2 + f - \hat{\Gamma}^2\right)\Lambda^2} \tag{D.18}$$

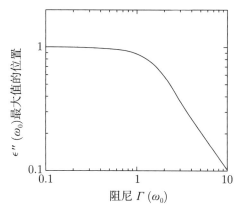

图 D.3　ϵ'' 最大值的频率位置随阻尼的变化情况

附录E 量子统计

E.1 简介

玻色子是具有整数自旋 $s=n$ 的粒子,费米子是具有半整数自旋 $s=n+1/2$ 的粒子,n 是包括 0 的整数. 具有 N 个这种粒子的系统,它的波函数的基本量子性质是:交换任意两个粒子,玻色子的波函数是对称的,费米子的波函数是反对称的. 对于两个粒子的情况,这些条件是

$$\Psi(q_1, q_2) = \Psi(q_2, q_1) \tag{E.1a}$$

$$\Psi(q_1, q_2) = -\Psi(q_2, q_1) \tag{E.1b}$$

其中, 式 (E.1a) 对玻色子成立, 式 (E.1b) 对费米子成立. 变量 q_i 表示第 i 个粒子的坐标和自旋. 泡利原理允许任意数目的玻色子占据同一个单粒子态 (至少多于一个). 对于费米子, 不相容原理保证了每个单粒子态只能被占据一次.

E.2 配分求和

考虑 N 个全同粒子的气体, 位于体积 V 里, 处于平衡态, 温度为 T. 粒子可能的量子力学态记为 r. 位于 r 态的一个粒子的能量是 ϵ_r, r 态里的粒子数是 n_r.

对于粒子间相互作用为零的情况, 处于态 R(有 n_r 个粒子位于 r 态) 的气体的总能量是

$$E_R = \sum_r n_r \epsilon_r \tag{E.2}$$

对所有可能的态 r 求和. 粒子的总数构成了下述条件:

$$N = \sum_r n_r \tag{E.3}$$

为了计算热力学势, 需要计算配分求和:

$$Z = \sum_R \exp(-\beta E_R) \tag{E.4}$$

其中, $\beta = 1/(kT)$. 对气体所有可能的微观状态 R 求和, 即所有满足式 (E.3) 的 n_r 的组合. 系统处于特定态 S 的概率 P_S 是 (正则系综)

$$P_S = \frac{\exp(-\beta E_S)}{Z} \tag{E.5}$$

处于 s 态的粒子的平均数 $\bar{n}_s$ 是

$$\bar{n}_s = \frac{\sum_R n_s \exp(-\beta E_R)}{Z} = -\frac{1}{\beta Z}\frac{\partial Z}{\partial \epsilon_s} = -\frac{1}{\beta}\frac{\partial \ln Z}{\partial \epsilon_s} \tag{E.6}$$

注意, 平均的偏离 $\overline{(\Delta n_s)^2} = \overline{n_s^2 - \bar{n}_s^2} = \overline{n_s^2} - \bar{n}_s^2$ 是

$$\overline{(\Delta n_s)^2} = \frac{1}{\beta^2}\frac{\partial^2 \ln Z}{\partial \epsilon_s^2} = -\frac{1}{\beta}\frac{\partial \bar{n}_s}{\partial \epsilon_s} \tag{E.7}$$

在玻色-爱因斯坦统计里, 粒子 (玻色子) 是全同的, 根本不能区分. 因此, $(n_1, n_2, \cdots)$ 唯一地描述了系统. 在费米子的情况中, 每个态的 n_r 不是 0 就是 1. 这两种情况都必须满足式 (E.3).

E.3 光子统计

这个情况是玻色-爱因斯坦统计(参见式(E.24)),具有不确定的粒子数. 把式(E.6)重写为

$$\bar{n}_s = \frac{\sum_{n_s} n_s \exp(-\beta n_s \epsilon_s) \sum_{n_1,n_2,\cdots}^{(s)} \exp(-\beta(n_1\epsilon_1 + n_2\epsilon_2 + \cdots))}{\sum_{n_s} \exp(-\beta n_s \epsilon_s) \sum_{n_1,n_2,\cdots}^{(s)} \exp(-\beta(n_1\epsilon_1 + n_2\epsilon_2 + \ldots))} \quad (E.8)$$

其中, $\sum^{(s)}$ 表示不包括下标 s 的求和. 在光子的情况下, n_r 可以没有限制地取任何值(包括 0 在内的整数),因此,式 (E.8) 的分子和分母里的 $\sum^{(s)}$ 是相同的. 经过一些计算,我们得到

$$\bar{n}_s = -\frac{1}{\beta}\frac{\partial}{\partial \epsilon_s}\ln\left(\sum_{n_s=0}^{\infty}\exp(-\beta n_s \epsilon_s)\right) \quad (E.9)$$

对数的变量是几何级数,极限是 $[1-\exp(-\beta\epsilon_s)]^{-1}$. 这就得到了普朗克分布:

$$\bar{n}_s = \frac{1}{\exp(\beta\epsilon_s)-1} \quad (E.10)$$

E.4 费米-狄拉克统计

现在,粒子数保持为 N 不变. 对于式 (E.6) 的求和 $\sum^{(s)}$,当 M 个粒子分布在除 s 以外的所有态上时 ($\sum_r^{(s)} n_r = M$),我们引入一项 $Z_s(M)$:

$$Z_s(M) = \sum_{n_1,n_2,\cdots}^{(s)} \exp(-\beta(n_1\epsilon_1 + n_2\epsilon_2 + \cdots)) \quad (E.11)$$

M 要么是 $N-1$(如果 $n_s=1$),要么是 N(如果 $n_s=0$). 利用 Z_s,可以写出

$$\bar{n}_s = \frac{1}{\frac{Z_s(N)}{Z_s(N-1)}\exp(\beta\epsilon_s)+1} \quad (E.12)$$

计算 $Z_s(N-1)$:

$$\ln Z_s(N-\Delta N) = \ln Z_s(N) - \frac{\partial \ln Z_s}{\partial N}\bigg|_N \Delta N \quad (E.13)$$

或

$$Z_s(N - \Delta N) = Z_s(N)\exp(-\gamma_s \Delta N) \tag{E.14}$$

这利用了

$$\gamma_s = \frac{\partial \ln Z_s}{\partial N} \tag{E.15}$$

因为 Z_s 是在很多态上求和,其导数近似地等于

$$\gamma = \frac{\partial \ln Z}{\partial N} \tag{E.16}$$

如下文所示. 因此, 我们就得到

$$\bar{n}_s = \frac{1}{\exp(\gamma + \beta \epsilon_s) + 1} \tag{E.17}$$

式 (E.3) 对于平均值 $\bar{n}_s$ 也成立,即

$$N = \sum_r \bar{n}_r = \sum_r \frac{1}{\exp(\gamma + \beta \epsilon_s) + 1} \tag{E.18}$$

由此可以计算 γ 的值. 因为自由能是 $F = -kT \ln Z$, 我们发现

$$\gamma = -\frac{1}{kT}\frac{\partial F}{\partial N} = -\beta \mu \tag{E.19}$$

其中, μ 根据定义是化学势. 因此, 费米-狄拉克统计的配分函数 (也称为费米函数) 是

$$\bar{n}_s = \frac{1}{\exp(\beta(\epsilon_s - \mu)) + 1} \tag{E.20}$$

现在, 我们简单地回顾一下近似 $\gamma = \gamma_s$. 精确地说, γ 满足:

$$\gamma = \gamma_s - n_s \frac{\partial \gamma}{\partial N} \tag{E.21}$$

因此, 如果 $n_s \frac{\partial \gamma}{\partial N} \ll \gamma$, 这个近似就成立. 因为 $n_s < 1$, 这意味着化学势不会因为添加了一个粒子而显著地改变.

电子的费米-狄拉克分布 (E.20) 通常写为

$$f_\mathrm{e}(E) = \frac{1}{\exp\left(\dfrac{E - E_\mathrm{F}}{kT}\right) + 1} \tag{E.22}$$

其中, k (或 k_B) 表示玻尔兹曼常量, T 是温度, E_F 是费米能级 (在热力学里称为化学势 μ). 不同参数的费米分布如图 E.1 所示. 在热力学平衡时, 这个分布函数给出了能量为 E 的态被占据的概率. 对于 $E = E_\mathrm{F}$, 在所有温度下的占据概率都是 $1/2$. 在 (不现实的情况)$T = 0$, 函数从 1(对于 $E < E_\mathrm{F}$) 变为 0.

费米分布的高能尾巴 $(E - E_\mathrm{F} \gg kT)$,可以用玻尔兹曼分布来近似:

$$f_\mathrm{e}(E) \cong \exp\left(-\frac{E - E_\mathrm{F}}{kT}\right) \tag{E.23}$$

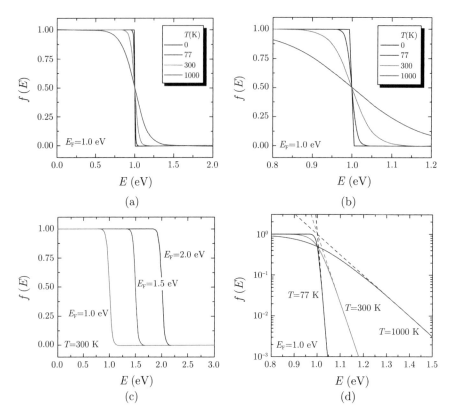

图E.1 费米函数: (a, b) 不同的温度(E_F = 1.0 eV); (c) 不同的化学势(T = 300 K). (d) 对于E_F=1.0 eV 和不同的参数,费米函数(实线)和玻尔兹曼近似(虚线)在半对数图上的比较

E.5 玻色-爱因斯坦分布

利用近似 $\gamma = \gamma_s$,计算式 (E.8),就得到玻色-爱因斯坦分布为

$$\bar{n}_s = \frac{1}{\exp(\beta(\epsilon_s - \mu)) - 1} \tag{E.24}$$

附录F 克罗尼格-彭尼模型

克罗尼格-彭尼模型[71]是一个简单的、一维解析可解的模型,容易看出周期势对电子色散关系的影响,即能带结构的形成.

假设一维周期性的有限高的硬墙 (hard-wall) 势 (图 F.1). 势阱宽度是 a, 势垒宽度是 b, 周期是 $P = a+b$. 势在势阱 (区间 $(0, a+nP)$) 里是 0, 在势垒里是 $+U_0$. 必须求解薛定谔方程

$$-\frac{\hbar^2}{2m}\frac{\partial^2 \Psi}{\partial x^2} + U(x)\Psi(x) = E\Psi(x) \tag{F.1}$$

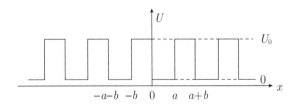

图F.1 一维周期的硬墙势(克罗尼格-彭尼模型)

单个硬墙势的解是众所周知的. 在势阱里, 它们有振荡的特性: $\Psi \propto \exp(\mathrm{i}kx)$, 其中 k 是实数. 在势垒里, 它们有指数的特性: $\Psi \propto \exp(kx)$, 其中 k 是实数. 因此我们选择

$$\Psi(x) = A\exp(\mathrm{i}Kx) + B\exp(-\mathrm{i}Kx) \tag{F.2a}$$

$$\Psi(x) = C\exp(\kappa x) + D\exp(-\kappa x) \tag{F.2b}$$

式 (F.2a) 的波函数位于 0 和 a 之间的势阱里, $E = \hbar^2 K^2/(2m)$. 式 (F.2b) 的波函数位于 a 和 $a+b$ 之间的势垒里, $U_0 - E = \hbar^2 \kappa^2/(2m)$. 根据周期性和布洛赫定理, 波函数在 $x = -b$ 处的形式必须是 $\Psi(-b) = \exp(-\mathrm{i}kP)\Psi(a)$, 两个波函数只相差一个相因子. 布洛赫函数 (解的平面波部分) 的波矢 k 是新的物理量, 必须与 K 和 κ(都表示本征能量) 仔细地区分开.

作为边界条件, 使用了 Ψ 和 Ψ' 的连续性.[①] 在 $x = 0$ 和 $x = a$ 处, 这个条件给出

$$A + B = C + D \tag{F.3a}$$

$$\mathrm{i}KA - \mathrm{i}KB = \kappa C - \kappa D \tag{F.3b}$$

$$A\exp(\mathrm{i}Ka) + B\exp(-\mathrm{i}Ka) = C\exp(\kappa a) + D\exp(-\kappa a) \tag{F.3c}$$

$$\mathrm{i}KA\exp(\mathrm{i}Ka) - \mathrm{i}KB\exp(-\mathrm{i}Ka) = \kappa C\exp(\kappa a) - \kappa D\exp(-\kappa a) \tag{F.3d}$$

式 (F.3c,d) 的左侧利用了 Ψ 和 Ψ' 在 $x = -b$ 处的连续性. 只有当系数矩阵的行列式不等于 0 时, 才有非平凡的解. 这就得到 (需要做一些烦琐的代数运算)

$$\cos(kP) = \left(\frac{\kappa^2 - K^2}{2\kappa K}\right)\sinh(\kappa b)\sin(Ka) + \cosh(\kappa b)\cos(Ka) \tag{F.4}$$

让势垒的厚度 $b \to 0$, $U_0 \to \infty$, 可以进一步简化. 这样就有 $P \to a$. 然而, 取极限的时候要满足势垒的 "强度" $U_0 b \propto \kappa^2 b$ 保持不变, 而且是有限的, 即 $U(x) \propto \sum_n \delta(na)$. 式 (F.4) 就是 (对于 $\kappa b \to 0$: $\sinh(\kappa b) \to \kappa b$, $\coth(\kappa b) \to 1$):

$$\cos(ka) = \beta \frac{\sin(Ka)}{Ka} + \cos(Ka) = \mathcal{B}(K) \tag{F.5}$$

无量纲的耦合强度 $\beta = \kappa^2 ba/2$ 表示势垒的强度. 如果右侧位于区间 $[-1,1]$(图 F.2), 式 (F.5) 就只有一个解. 函数 $\sin x/x$ 以衰减的振幅振荡, 对于足够大的 Ka, 总是可以找到一个解 ($\mathcal{B}(0) = \beta + 1$). 由此得到的色散关系如图 F.3(a) 和 (b) 所示, 针对两个不同的 β 值. 这个色散关系与自由电子的色散关系 ($\beta = 0$, 即 $k = K + 2\pi n$) 不一样, 有多个分离的能带. 带隙与 K 值有关, 这些能量不能满足式 (F.5). 在布里渊区的中心 (Γ 点, $k=0$) 和边界 (X 点, $k=\pi/a$), 能带是劈裂的, 其切线是水平的 ($\mathrm{d}E/\mathrm{d}k = 0$). 色散关系的形式类似于反余弦函数. 对于所有的 β 值, 第一个能带在 X 点的值是 $E_X = \hbar^2 \pi^2/(2ma^2)$.

[①] 一般来说, Ψ'/m 应当是连续的, 然而, 在这个例子里, 假设了质量在整个结构中是常数.

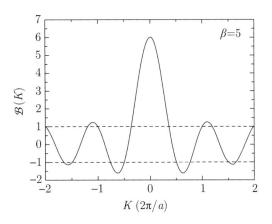

图F.2 由式(F.5)(取β=5)给出的超越函数$\mathcal{B}(K)$. 虚线指出了式(F.5)有解的$[-1, 1]$区间

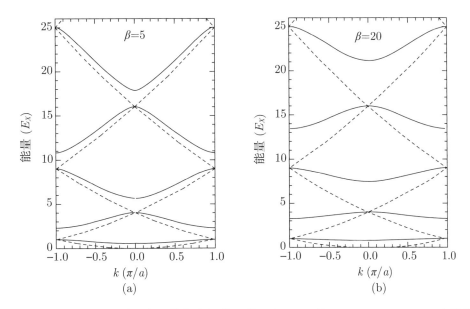

图F.3 能量色散(单位是E_X)作为超晶格的波矢k的函数，式(F.5)里的(a) $\beta = 5$，(b) $\beta = 20$. 虚线是自由电子的色散曲线($\beta = 0$)(见图6.2(a))

第一个和第二个子带之间 (在 X 点) 的带隙 $E_{12}(X)$ 如图 F.4 所示. 当势阱之间的耦合大时 (小的 β, $\beta \lesssim 1$), $E_{12} = (4\beta/\pi^2)E_X$. 在这种情况下, 子带的宽度很大. 对于耦合小的情况 (大的 β), 带隙 E_{12} 向 $3E_X$ 收敛, 就像脱耦的势阱 (其能级为 $E_n = E_X n^2$) 所预期的那样. 在这种情况下, 能带的宽度很小. 对于单个量子阱的解, 波函数的特性是偶函数 (s 型, 对于 $n = 1, 3, \cdots$) 或奇函数 (p 型, 对于 $n = 2, 4, \cdots$).

与实际能带结构有关的其他有趣的量包括价带的宽度 $E_{12}(\Gamma)$ 和基本带隙 $E_{23}(\Gamma)$. 真实半导体的典型值 $E_{23}(\Gamma)/E_{12}(\Gamma) \approx \beta/10$(对于 $\beta < 5$) 处于 $0.03 \sim 0.3$ 的范围, 即对

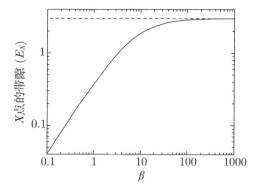

图F.4 第一子带和第二子带之间的带隙(在X点，单位是$E_X = 2\hbar^2\pi^2/(2ma^2)$)作为$\beta$的函数. 对于比较小的$\beta \ll 10$, 带隙$\propto \beta$. 对于厚势垒($\beta \to \infty$), 带隙饱和地趋向于$3E_X$, 就像无耦合量子阱所预期的那样

于 $\beta = 0.3 \sim 3$.

在能带的头 5 个极值处, 有效质量如图 F.5 所示. 在最小值处的能量仍然接近于 1, 还是式 (F.1) 的载流子质量 m. 在 X 点和 Γ 点的第一个带隙处, 有效质量是成对的正数或负数, 这取决于极值是极小值还是极大值. 对于给定范围的带隙, 绝对值小于 1. 随着带隙增大, 质量从 0 开始线性地增大.

一维态密度 (1D-DOS) 在带边有峰 (极点), 在能带的大部分, 色散是线性的, 态密度是平的 (图 F.6).

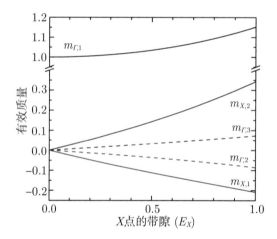

图F.5 在第一能带的极值处(Γ点($k=0$)和X点($k=\pi/a$)), 有效质量(单位为m)作为带隙(单位是$E_X = \hbar^2\pi^2/(2ma^2)$)的函数. 质量下标里的数字表示能带

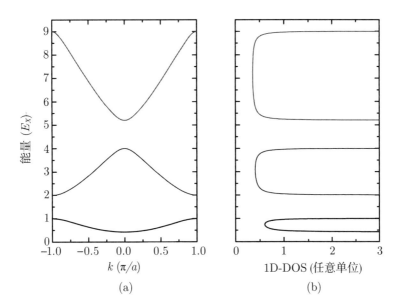

图F.6 克罗尼格-彭尼模型的(a) 能带色散和(b) 态密度.第一能带的带隙等于E_X($b\approx 3.382$)

附录F
克罗尼格-彭尼模型

附录G 紧束缚模型

G.1 概念

电子态的紧束缚模型的基础是原子轨道线性组合的概念, 用于寻找周期晶格的哈密顿量的一个解. 这个模型的组分包括晶格结构和重叠矩阵元(overlap matrix elements).[①]

现在假设每个格点有一个原子. 原子的哈密顿量 $H_{原子}$ 有解 $\phi_n(\bm{r})$, 满足:

$$H_{原子}\phi_n(\bm{r}) = E_n \phi_n(\bm{r}) \tag{G.1}$$

其中, E_n 是自由原子第 n 个能级的能量 $(n = 1, 2, \cdots)$.

---

① 在具有产生算符和湮灭算符的二次量子化的框架里, 这个理论更漂亮, 但是我们就简单些吧.

这个晶格由格子矢量 R_i 构成，下标 i 跑遍所有 N 个格点. 对于满足式 (6.3) 的体材料的解 (布洛赫波函数)，可以用下面的原子轨道构建:

$$\Psi_{n\boldsymbol{k}}(\boldsymbol{r}) = \frac{1}{\sqrt{N}} \sum_i \exp(i\boldsymbol{k}\boldsymbol{R}_i) \phi_n(\boldsymbol{r} - \boldsymbol{R}_i) \tag{G.2}$$

它被当作晶体哈密顿量 H 的解的方案，H 是原子哈密顿量加上晶体导致的偏差 H'，后者在原子格点上很小.

现在只考虑单原子态 ① $n = n_0$ 形成能带结构，记为 $\phi = \phi_{n_0}$. 晶体里的单粒子能量就是

$$E(\boldsymbol{k}) = \int \Psi_{\boldsymbol{k}}^*(\boldsymbol{r}) H \Psi_{\boldsymbol{k}}(\boldsymbol{r}) \mathrm{d}^3\boldsymbol{r} = \langle \Psi_{\boldsymbol{k}}^*(\boldsymbol{r}) | H | \Psi_{\boldsymbol{k}}(\boldsymbol{r}) \rangle \tag{G.3}$$

式 (G.3) 包含对格点位置 i 和 j 的双重求和:

$$E(\boldsymbol{k}) = \frac{1}{N} \sum_{i,j} \exp(i\boldsymbol{k}(\boldsymbol{R}_j - \boldsymbol{R}_i)) \int \phi^*(\boldsymbol{r} - \boldsymbol{R}_j) H \phi(\boldsymbol{r} - \boldsymbol{R}_i) \mathrm{d}^3\boldsymbol{r} \tag{G.4}$$

$$= \frac{1}{N} \sum_{i,j} \exp(i\boldsymbol{k}(\boldsymbol{R}_j - \boldsymbol{R}_i)) H_{ij} \tag{G.5}$$

对于 $i = j$，即 $\boldsymbol{R}' = \boldsymbol{R}_j - \boldsymbol{R}_i = \boldsymbol{0}$，矩阵元 H_{ii} 的值是 α，

$$H_{ii} = \alpha = \langle \phi^*(\boldsymbol{r}) | H | \phi(\boldsymbol{r}) \rangle \tag{G.6}$$

这正是原子能级 E_1. 因为波函数 ϕ 随着到原子的距离 R' 增大而衰减 (相当快)，矩阵元也减小. 在最近邻近似里，$\boldsymbol{R}'$ 只对 m 个 (等价的) 最近邻 $\boldsymbol{\tau}_m$ 求和，只考虑另外一个矩阵元 $H_{ij} = \gamma$，其中 i 和 j 是相邻的格点. 这个矩阵元不是显式计算的，而是要把它调节得符合实验 (以实验为依据的紧束缚模型). 这样就得到能量色散关系

$$E(\boldsymbol{k}) = \alpha + \gamma \Delta(\boldsymbol{k}) \tag{G.7}$$

要对最近邻格点求和:

$$\Delta(\boldsymbol{k}) = \sum_m \exp(i\boldsymbol{k}\boldsymbol{\tau}_m) \tag{G.8}$$

拓展这个模型，可以考虑次近邻甚至第三近邻格点，参数是 γ' 和 γ''. 也可以把许多 (而不是仅仅一个) 原子轨道包括进来，构成更多的能带.

---

① 通常这是 s 态，但是也有例外，比如石墨烯，费米能级附近重要的带由 p 态构成.

G.2 一维模型

在一维模型里，$R_i = ia = iae$，e 是单位矢量. 位于 $i = 0$ 处的原子的最近邻是 $i = \pm 1$，而 $\tau_{1,2} = \pm ae$. 因此 $\Delta(k)$(式 (G.8)) 由下式给出 ($k = ke$):

$$\Delta(\boldsymbol{k}) = \exp(+\mathrm{i}ka) + \exp(-\mathrm{i}ka) = 2\cos(ka) \tag{G.9}$$

色散关系是宽度为 4γ 的能带，极值点位于 $k = 0$ 和 $k = \pm\pi/a$,

$$E(k) = \alpha + 2\gamma\cos(ka) \tag{G.10}$$

这个方法可以直接推广到有 4 个最近邻的二维正方形晶格 (附录 G.3.1 小节) 或者三维立方晶格.

在通常的半导体里，基元包含不止一个原子; 现在考虑带有 A 位和 B 位的双原子基元 (如图 5.5 所示). 有两个不同的原子哈密顿量 H_A 和 H_B，分别有两组本征解 $\phi_{\mathrm{A},n}$ 和 $\phi_{\mathrm{B},n}$(两个位置有相同的原子是后面将要讨论的一种特殊情况). 目前还是只考虑单态，即 ϕ^A 和 ϕ^B. 根据式 (G.2), 这两个轨道构成的布洛赫函数 (式 (6.3)) 是

$$\Psi_{\boldsymbol{k}}^\mathrm{A}(\boldsymbol{r}) = \frac{1}{\sqrt{N}} \sum_i \exp(\mathrm{i}\boldsymbol{k}\boldsymbol{R}_i) \phi^\mathrm{A}(\boldsymbol{r} - \boldsymbol{R}_i) \tag{G.11}$$

$$\Psi_{\boldsymbol{k}}^\mathrm{B}(\boldsymbol{r}) = \frac{1}{\sqrt{N}} \sum_i \exp(\mathrm{i}\boldsymbol{k}\boldsymbol{R}_i) \phi^\mathrm{B}(\boldsymbol{r} - \boldsymbol{R}_i + \boldsymbol{\delta}) \tag{G.12}$$

其中 $\boldsymbol{\delta}$ 是从 A 位指向 B 位的矢量. 总的波函数是

$$\Psi_{\boldsymbol{k}}(\boldsymbol{r}) = c_\mathrm{A}(\boldsymbol{k})\Psi_{\boldsymbol{k}}^\mathrm{A} + c_\mathrm{B}(\boldsymbol{k})\Psi_{\boldsymbol{k}}^\mathrm{B} \tag{G.13}$$

具有复系数 c_A 和 c_B, 表示 A 位和 B 位的振幅和相位. 这个方法可以推广到包含更多原子的基元. 把 $H\Psi_{\boldsymbol{k}} = E(\boldsymbol{k})\Psi_{\boldsymbol{k}}$ 等式两端分别左乘以 $\Psi_{\boldsymbol{k}}^{\mathrm{A}*}$ 和 $\Psi_{\boldsymbol{k}}^{\mathrm{B}*}$ 并积分，得到方程组如下:

$$\begin{pmatrix} \langle \Psi_{\boldsymbol{k}}^{\mathrm{A}*}|\boldsymbol{H}|\Psi_{\boldsymbol{k}}^\mathrm{A}\rangle & \langle \Psi_{\boldsymbol{k}}^{\mathrm{A}*}|\boldsymbol{H}|\Psi_{\boldsymbol{k}}^\mathrm{B}\rangle \\ \langle \Psi_{\boldsymbol{k}}^{\mathrm{B}*}|\boldsymbol{H}|\Psi_{\boldsymbol{k}}^\mathrm{A}\rangle & \langle \Psi_{\boldsymbol{k}}^{\mathrm{B}*}|\boldsymbol{H}|\Psi_{\boldsymbol{k}}^\mathrm{B}\rangle \end{pmatrix} \begin{pmatrix} c_\mathrm{A} \\ c_\mathrm{B} \end{pmatrix} = \begin{pmatrix} \hat{H}_\mathrm{AA} & \hat{H}_\mathrm{AB} \\ \hat{H}_\mathrm{BA} & \hat{H}_\mathrm{BB} \end{pmatrix} \begin{pmatrix} c_\mathrm{A} \\ c_\mathrm{B} \end{pmatrix} \tag{G.14}$$

$$= E(\boldsymbol{k}) \begin{pmatrix} \langle \Psi_{\boldsymbol{k}}^{\mathrm{A}*}|\Psi_{\boldsymbol{k}}^\mathrm{A}\rangle & \langle \Psi_{\boldsymbol{k}}^{\mathrm{A}*}|\Psi_{\boldsymbol{k}}^\mathrm{B}\rangle \\ \langle \Psi_{\boldsymbol{k}}^{\mathrm{B}*}|\Psi_{\boldsymbol{k}}^\mathrm{A}\rangle & \langle \Psi_{\boldsymbol{k}}^{\mathrm{B}*}|\Psi_{\boldsymbol{k}}^\mathrm{B}\rangle \end{pmatrix} \begin{pmatrix} c_\mathrm{A} \\ c_\mathrm{B} \end{pmatrix}$$

$$= E(\boldsymbol{k}) \begin{pmatrix} S_\mathrm{AA} & S_\mathrm{AB} \\ S_\mathrm{AB}^* & S_\mathrm{BB} \end{pmatrix} \begin{pmatrix} c_\mathrm{A} \\ c_\mathrm{B} \end{pmatrix} \tag{G.15}$$

重叠矩阵 S 近似为单位矩阵 $\mathbf{1}$, 假设原子 A 和 B 的波函数的重叠积分 $S_{AB}=0$ (显然总是有 $S_{AA}=S_{BB}=1$). 矩阵 $\hat{H}$ 属于 $\boldsymbol{k}$ 表象的哈密顿量. 只有当行列式满足

$$\begin{vmatrix} \hat{H}_{AA} - E(\boldsymbol{k}) & \hat{H}_{AB} \\ \hat{H}_{BA} & \hat{H}_{BB} - E(\boldsymbol{k}) \end{vmatrix} = 0 \tag{G.16}$$

时才有非平凡的解. 由 $\hat{H}_{BA} = \hat{H}_{AB}^*$, 解是

$$E(\boldsymbol{k}) = \frac{\hat{H}_{AA} + \hat{H}_{BB}}{2} \pm \frac{1}{2}\sqrt{\left(\hat{H}_{AA} - \hat{H}_{BB}\right)^2 + 4\left|\hat{H}_{AB}\right|^2} \tag{G.17}$$

G.3 二维模型

G.3.1 正方形格子

正方形格子 (具有简单基元, 晶格常数为 a 和 b) 的最近邻位于正交的方向上,

$$\boldsymbol{\tau}_{1,2} = \pm a(1,0), \quad \boldsymbol{\tau}_{3,4} = \pm a(0,1) \tag{G.18}$$

因此, 式 (G.8) 里的 $\Delta(\boldsymbol{k})$ 就是

$$\Delta(\boldsymbol{k}) = 2\left(\cos(k_x a) + \cos(k_y a)\right) \tag{G.19}$$

给出的色散关系是

$$E(\boldsymbol{k}) = \alpha + 2\gamma\left(\cos(k_x a) + \cos(k_y a)\right) \tag{G.20}$$

注意, 霍夫斯塔特处理了有垂直于平面的额外磁场的这种模型[1471], 导致紧束缚能量 γ 和磁场的函数具有分形的行为 ("霍夫斯塔特蝴蝶"). 莫尔 (moiré) 双层石墨烯 (见 13.3 节) 的实验似乎表现出这种效应. 霍夫斯塔特蝴蝶还是把拓扑量子数给予量子霍尔相 (见 15.2.8 小节) 的蓝图 (blueprint)[1472].

G.3.2 蜂巢格子

现在看蜂巢格子 (honeycomb lattice), 它是石墨烯或者其他二维半导体 (见图 13.1(a)) 的模型. 对于 A 原子, 指向近邻 B 位的三个矢量是

$$\boldsymbol{\tau}_{1,2} = -\frac{a}{2}(1, \pm\sqrt{3}), \quad \boldsymbol{\tau}_3 = a(1,0) \tag{G.21}$$

式 (G.8) 里的 $\Delta(\boldsymbol{k})$ 是

$$\Delta(\boldsymbol{k}) = \exp(-\mathrm{i}k_x a)\left[1 + 2\exp\left(\frac{3}{2}\mathrm{i}k_x a\right)\cos\left(\frac{\sqrt{3}}{2}k_y a\right)\right] \tag{G.22}$$

如果 A 原子和 B 原子相同 (例如石墨烯), $\hat{H}_{\mathrm{AA}} = \hat{H}_{\mathrm{BB}} = \alpha$, 能量有一部分等于常数, 下面忽略这部分. 式 (G.17) 里的平方根给出了能带结构 (见图 G.1),

$$E(\boldsymbol{k}) = \pm\gamma|\Delta(\boldsymbol{k})| \tag{G.23}$$
$$= \pm\gamma\sqrt{1 + 4\cos\left(\frac{3ak_x}{2}\right)\cos\left(\frac{\sqrt{3}ak_y}{2}\right) + 4\cos^2\left(\frac{\sqrt{3}ak_y}{2}\right)}$$

在 K 点 ($\boldsymbol{K}, \boldsymbol{K}' = (2\pi/(3a))(1, \pm 1/\sqrt{3})$ 及其他等价的位置 (比较图 13.1(b)) 的能量为

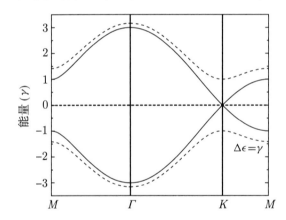

图G.1 蜂窝格子的紧束缚模型的能带：实线是A=B的情况(式 (G.24))；虚线是A≠B的情况(式(G.25)), $\Delta\epsilon = \gamma$

零. 在 M 点的带隙是 2γ. 在 K 点附近, 能量可以用 $\boldsymbol{k} - (\boldsymbol{K}, \boldsymbol{K}') = \boldsymbol{q} = q(\cos\phi, \sin\phi)$ 展开. 我们得到

$$E_{\boldsymbol{K},\boldsymbol{K}'}(\boldsymbol{q}) = \pm\gamma\left(\frac{3a}{2}q \mp \frac{3a^2}{8}q^2\sin(3\phi)\right) \tag{G.24}$$

这表明在 K 点和 K' 点附近, 色散关系是线性的、各向同性的, 在远离的地方, 有三重对称性 (三角形翘曲, triangular warping, 比较 6.10.2 小节). 狄拉克点附近的色散关系

通常写为 $E(q) = \pm\hbar q v_F$, 其中 $v_F = 3\gamma a/(2\hbar)$. K 点和 K' 点是不等价的, 反映了双原子基元. $\mp q^2$ 项绕着 K 点和 K' 点的环绕 (the winding sense) 不一样, 导致了进一步的 "赝自旋" 物理.

对于 A 位和 B 位不是全同的情况 (例如 BN), $\Delta\epsilon = \hat{H}_{AA} - \hat{H}_{BB} \neq 0$, 色散 (不等于常数的部分) 是

$$E(\boldsymbol{k}) = \pm\sqrt{(\Delta\epsilon)^2 + \gamma^2|\Delta(\boldsymbol{k})|^2} \tag{G.25}$$

在 K 点和 K' 点就打开了 $2|\Delta\epsilon|$ 的带隙. 在 K 点附近求解, 得到

$$E_{\boldsymbol{K},\boldsymbol{K}'}(\boldsymbol{q}) = \pm|\Delta\epsilon|\left[1 + \left(\frac{3\gamma^2}{2(\Delta\epsilon)^2}\right)^2\left(\frac{1}{2}a^2q^2 \mp \frac{1}{4}a^3q^3\sin(3\phi)\right)\right] \tag{G.26}$$

因此, (各向同性的) 抛物型极值靠近 K 点和 K' 点; K 点和 K' 点的不同环绕出现在 $\mp q^3$.

G.4 边缘态和拓扑性质

G.4.1 一维模型

苏-施里弗-黑格模型[370,2154,2155] 是一个紧束缚模型, 非常类似于附录 G.2 节里的那个, 描述两格位 (A 和 B) 基元 (two-sites (A and B) unit cell, 图 G.2(a)) 的一维链上的单个无自旋的电子, 适合于描述 (例如) 聚乙炔分子. 假设每个基元有一个电子, 这样态是半填满的. 还有, 链的长度实际上是有限的 (N 个基元). 这个模型没有在位势能 (on-site potential), 意味着式 (G.16) 里能量的常数部分 H_{AA} 和 H_{BB} 现在没有必要考虑了. 动量空间里的哈密顿量可以写为

$$\hat{H}(\boldsymbol{k}) = \begin{pmatrix} 0 & v + w\exp(-\mathrm{i}ka) \\ v + w\exp(\mathrm{i}ka) & 0 \end{pmatrix} \tag{G.27}$$

能量本征值是[①]

[①] 本征值是 $(\pm\exp-\mathrm{i}\phi(\boldsymbol{k}), 1)/\sqrt{2}$, 其中 $\phi = \arctan(d_y/d_x)$ (式 (G.31)).

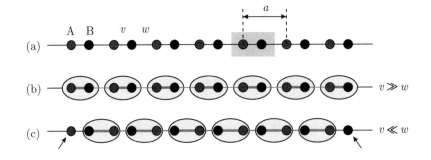

图G.2 苏-施里弗-黑格(Su-Schrieffer-Heeger,SSH)模型的示意图. (a) 具有A位和B位的基元(绿色区)的一维链. 格子常数是 a. 标出了跳跃势 v(基元内, 绿线)和 w(基元之间, 橘色线). 二聚体(灰色椭圆)的情况: (b) $v \gg w$; (c) $v \ll w$

$$E(\boldsymbol{k}) = \pm|v + w\exp(-\mathrm{i}ka)| = \pm\sqrt{v^2 + w^2 + 2vw\cos(ka)} \tag{G.28}$$

参数 v 和 w 是正的实数①; v 表示同一个基元里的 A 位和 B 位之间的跳跃振幅(intra-base hopping amplitude), 而 w 表示不同格点上的 A 位和 B 位之间的跳跃, 例如, 从 B 位跳到右邻里的 A 位 (图 G.2(a)). 由式 (G.28) 得到的能带结构如图 G.3 所示, 包括五种情况: (a) $v=0(w\neq 0)$ 和 (e) $w=0(v\neq 0)$, 能带是平坦的, 有带隙 (大小为 $2v$ 或 $2w$); (c) $v=w$, 能带没有带隙 (类似于石墨烯的情况); 最后两种情况是 (b) $v<w$ 和 (d) $v>w$, 能带变弯, 有带隙 (大小为 $2|v-w|$).

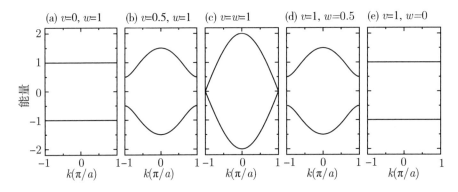

图G.3 SSH模型(式(G.28))的能带结构, 有五种情况: (a) $v=0$; (b) $v<w$; (c) $v=w$; (d) $v>w$; (e) $w=0$

这里的要点是: 图 G.3(b) 和 (d) 两个看起来相似的情况导致完全相同的能带结构(即相同的本征值), 但是它们其他方面不一样, 可能是更微妙但是实际上非常基本的方

---

① 这种选择并没有限制其一般性, 因为其他的相位或符号可以放到波函数里.

面, 即它们的本征态以及最后它们的拓扑. 利用泡利矩阵

$$\boldsymbol{\sigma}_0 = \begin{pmatrix} 1 & 0 \\ 0 & 1 \end{pmatrix}, \quad \boldsymbol{\sigma}_x = \begin{pmatrix} 0 & 1 \\ 1 & 0 \end{pmatrix}, \quad \boldsymbol{\sigma}_y = \begin{pmatrix} 0 & -\mathrm{i} \\ \mathrm{i} & 0 \end{pmatrix}, \quad \boldsymbol{\sigma}_z = \begin{pmatrix} 1 & 0 \\ 0 & -1 \end{pmatrix} \tag{G.29}$$

可以把这个两带模型的哈密顿量 (式 (G.27)) 重写为

$$\hat{H}(\boldsymbol{k}) = d_x\boldsymbol{\sigma}_x + d_y\boldsymbol{\sigma}_y + d_z\boldsymbol{\sigma}_z = \boldsymbol{d}(\boldsymbol{k})\boldsymbol{\sigma} \tag{G.30}$$

其中的矢量是

$$\boldsymbol{d}(\boldsymbol{k}) = (v+w\cos(ka), w\sin(ka), 0) \tag{G.31}$$

在 SSH 模型里, $\boldsymbol{\sigma}_0$ 的系数是零 (零势能). 还有 $d_z = 0$ (因为 "手性"(chiral) 对称性[①], $d_z \neq 0$ 会在 $v=w$ 时打开一个能隙[②]). 通常可以把归一化的矢量 $\hat{\boldsymbol{d}} = \boldsymbol{d}/d$ 表示在布洛赫球上. 在图 G.4 里, 布里渊区 (环, 见图 6.6) 到布洛赫球的映射表示一个单位矢量.

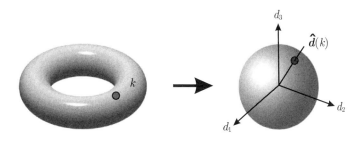

图G.4　把k值从一个2D布里渊区(环面)映射到矢量$\hat{\boldsymbol{d}}$(布洛赫球). 按照文献[2157]里的一张图设计

这里的矢量 $\boldsymbol{d}$ 是二维的, 它的长度等于 $E(\boldsymbol{k})$(正值). 当 $\boldsymbol{k}$ 跑过整个布里渊区时 (从 $-\pi$ 到 π), $\boldsymbol{d}$ 绕着点 $(v,0)$ 形成了一个半径为 w 的圆; 图 G.3 中的情况 (b) 和 (d) 如图 G.5 所示.

这两个轨道主要的定性的差别是原点 ($\boldsymbol{k} = 0$) 有没有被这个圆包含. 注意, 对于 $v=w$, 圆周接触到原点, 在这个意义上, 情况 (c) 是不确定的 (undefined); 然而, 这种材料没有带隙, 因此不是绝缘体, 而是金属. 现在可以定义一个拓扑不变量 (topological invariant) 作为一个数, 是 $\boldsymbol{d}$ 在 (d_x, d_y) 平面里绕着原点的圈子的数目 ($\boldsymbol{k}$ 跑遍整个布里渊区并且任何矢量都避开原点, 因为这种材料应当有一个带隙); 这个量应当被称为 "体环绕数" (bulk winding number)ν. 注意, 通常来说, $\boldsymbol{d}$ 的轨道不是一个圆而是有变形, 但是它是一个闭环, 因为体的 $\boldsymbol{k}$ 空间的周期性. 它还可以绕原点不止一圈. 环绕数的计

[①] 这意味着哈密顿量没有引起子格子的一个格位 (即 A 位或 B 位) 到同一个子格子的任何格位的跃迁. 更多细节, 请看文献 [370].

[②] 这类似于双原子线性链模型在 $M_1 \neq M_2$, $C_1 = C_2$ 时打开的带隙, 见 5.2.3 小节.

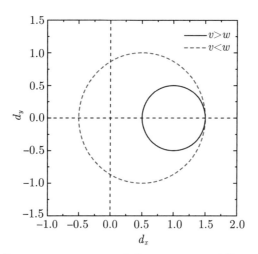

图G.5 对于 $v>w$ (实线, $v=1$, $w=0.5$) 和 $v<w$ (虚线, $v=0.5$, $w=1$) 的情况, 根据式 (G.30) 得到的矢量 $\boldsymbol{d}$

算可以推广为倒易空间里的积分:

$$v = \frac{1}{2\pi} \int_{\mathrm{BZ}} \left(\boldsymbol{d_n}(\boldsymbol{k}) \times \frac{\mathrm{d}}{\mathrm{d}\boldsymbol{k}} \boldsymbol{d_n}(\boldsymbol{k}) \right)_z \mathrm{d}\boldsymbol{k} \tag{G.32}$$

看一下有限链里的态, 揭示了 $v=0$ 和 $v=1$ 这两种情况的另一个重要的差别. 考虑极端的情况 (a) 和 (e), 这种情况可以用图 G.2(b) 和 (c) 里的卡通来表示. 对于 $v \gg w$, 基元里的耦合强, 链分解 (disintegrate) 为 N 个基元, 这被称为"二聚合极限"(dimerized limit). 接下来, N 个全同的没有耦合的 (或者耦合非常弱的) 基元分裂为它们的对称态和反对称态, 形成了平带. 在 $v \ll w$ 的情况, 二聚体以不同的方式组群, 给出了相同的平带结构. 但是对于有限的链, 在边缘处的两个格位 (如图 G.2(c) 里的箭头所示) 保持着没有连接到链的体 (the bulk of the chain). 它们的能量是零 (因为 SSH 模型里没有在位势能). 这里讨论的模型是能够产生边缘态的最简单的模型. 边缘态只存在于 $v=1$ 的情况, 而在"拓扑平庸的"(topologically trivial) 情况 $v=0$ 中, 没有边缘态.

对于有限的 N, 这个问题必须用数值求解. 薛定谔方程 (式 (G.27)) 导致矩阵本征值问题,

$$\begin{pmatrix} 0 & v & 0 & 0 & 0 & \cdots & 0 & 0 & 0 \\ v & 0 & w & 0 & 0 & \cdots & 0 & 0 & 0 \\ 0 & w & 0 & v & 0 & \cdots & 0 & 0 & 0 \\ 0 & 0 & v & 0 & w & \cdots & 0 & 0 & 0 \\ \vdots & \vdots & \vdots & \vdots & \vdots & & \vdots & \vdots & \vdots \\ 0 & 0 & 0 & 0 & 0 & \cdots & w & 0 & v \\ 0 & 0 & 0 & 0 & 0 & \cdots & 0 & v & 0 \end{pmatrix} \begin{pmatrix} a(k) & \exp(\mathrm{i}k) \\ b(k) & \exp(\mathrm{i}k) \\ a(k) & \exp(\mathrm{i}2k) \\ b(k) & \exp(\mathrm{i}2k) \\ \vdots & \vdots \\ a(k) & \exp(\mathrm{i}Nk) \\ b(k) & \exp(\mathrm{i}Nk) \end{pmatrix}$$

$$= E(k) \begin{pmatrix} a(k) & \exp(\mathrm{i}k) \\ b(k) & \exp(\mathrm{i}k) \\ a(k) & \exp(\mathrm{i}2k) \\ b(k) & \exp(\mathrm{i}2k) \\ \vdots & \vdots \\ a(k) & \exp(\mathrm{i}Nk) \\ b(k) & \exp(\mathrm{i}Nk) \end{pmatrix} \qquad (G.33)$$

对于常数 $w = 1$ 而 v 在 0 和 2 之间变化的情况, 对于带有 $N = 8$ 个基元的链, 本征值如图 G.6(a) 所示. 当 $v \to 0$ 时, 形成两个边缘态, 能量为零, 位于带隙里. 当 $N \to \infty$ 时, 边缘态在 $v < 1$ 的情况中形成. 边缘态以及 HOMO/LUMO 的波函数振幅如图 G.6(b) 所示. 边缘态只在 A 位或 B 位有显著的振幅, 强烈地局域化在边缘处.

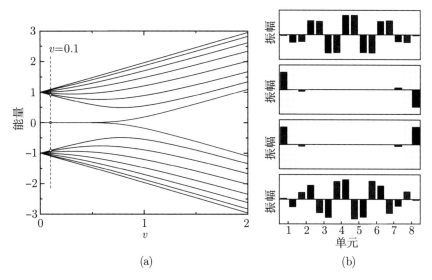

图G.6 (a) 使用N=8和w=1的SSH有限链模型(式(G.33))的特征值. 对于足够小的v, 产生两个零能量边缘态(蓝线). v=0.1的情况用虚线突出显示, HOMO, LUMO和两个边缘状态用圆圈指出. (b) 两个边缘状态(中心图)(能量: $\pm 10^{-8}$)与图(a)所示的HOMO(下图)和LUMO(上图)(能量: ± 0.909)的模式(v=0.1). 红条(蓝条)表示A(B)格位的振幅. 灰色区表示链的第一个和最后一个基元

对于具有周期性边界条件的系统, 式 (G.33) 里的矩阵的右上和左下矩阵元等于 w, 不存在边缘态.

G.4.2 二维模型

文献 [2156, 2158] 研究了具有交替跳变势的二维晶格中的拓扑边缘态. 文献 [2159, 2160] 讨论了石墨烯的拓扑学性质. 文献 [2161] 描述了奇偶对称性破缺导致的带隙 (如上所述的石墨烯 → BN). 它在拓扑结构上是平庸的, 而石墨烯中由于次近邻耦合 [1616] 或自旋轨道相互作用 [2162] 而造成的带隙会导致非平凡的体积. 利用文献 [2163] 给出的方案, 可以构造任意陈数 (Chern number) 的二维拓扑绝缘体.

研究还发现了锯齿型石墨烯条带 (比较图 14.16) 具有零能量的边缘态, 而扶手椅型的条带没有边缘态 [2164].

附录H $k \cdot p$ 微扰理论

文献 [461] 针对各种晶格对称性, 详细描述了 $k \cdot p$ 方法. 具有周期势 U(对于正格子矢量 R, $U(r) = U(r+R)$) 的薛定谔方程 (见 6.2.1 小节) 是

$$H\Psi_{n\bm{k}}(\bm{r}) = \left(-\frac{\hbar^2}{2m}\nabla^2 + U(\bm{r})\right)\Psi_{n\bm{k}}(\bm{r}) = E_n(\bm{k})\Psi_{n\bm{k}}(\bm{r}) \tag{H.1}$$

这个方程的解是如下的布洛赫波:

$$\Psi_{n\bm{k}}(\bm{r}) = \exp(\mathrm{i}\bm{k}\bm{r})u_{n\bm{k}}(\bm{r}) \tag{H.2}$$

其中, $u_{n\bm{k}}(\bm{r}) = u_{n\bm{k}}(\bm{r}+\bm{R})$ 是具有晶格周期性的布洛赫函数.

把布洛赫波代入式 (H.1), 得到周期性布洛赫函数的方程:

$$\left(-\frac{\hbar^2}{2m}\nabla^2 + U(\bm{r}) + \frac{\hbar}{m}\bm{k} \cdot \bm{p}\right)u_{n\bm{k}}(\bm{r}) = \left(E_n(\bm{k}) - \frac{\hbar^2 k^2}{2m}\right)u_{n\bm{k}}(\bm{r}) \tag{H.3}$$

为了简单起见, 我们假设带边 $E_n(0)$ 位于 $\bm{k} = 0$. 在它的附近, $\bm{k} \cdot \bm{p}$ 项可以作为微扰处理. 一个非简并能带的色散关系[①] (直到 k 的第二阶) 是

$$E_n(\bm{k}) = E_n(0) + \sum_{i,j=1}^{3}\left(\frac{\hbar^2}{2m}\delta_{ij} + \frac{\hbar^2}{m}\sum_{l \neq n}\frac{p_{nl}^{i}p_{ln}^{j}}{E_n(0) - E_l(0)}\right)k_i k_j \tag{H.4}$$

---

① 自旋简并除外.

其中, l 跑遍其他的 "远能带". 动量矩阵元是 $p_{nl}^i = \langle u_{n0}|p_i|u_{l0}\rangle$ (参见式 (6.39)). 二次项前面的系数是无量纲的有效质量张量的逆张量的分量 (参见式 (6.43)),

$$\left(\frac{m}{m^*}\right)_{ij} = \delta_{ij} + \frac{2}{m}\sum_{l\neq n}\frac{p_{nl}^i p_{ln}^j}{E_n(0)-E_l(0)} \tag{H.5}$$

对于简并的能带, 当 n 和 n' 属于简并集合 (degenerate set) 时, $p_{nn'}^i$ 等于 0, 而且一阶修正也是 0. 在 Löwdin 微扰理论中 [2165], 能带划分为附近的简并或接近简并的能带, 以及远的能带. 远能带的影响通过一个有效的微扰而考虑进来:

$$\boldsymbol{k}\cdot\boldsymbol{p}+\boldsymbol{k}\cdot\boldsymbol{p}\sum_{l\neq n}\frac{|l\rangle\langle l|}{E_n(0)-E_l(0)}\boldsymbol{k}\cdot\boldsymbol{p} \tag{H.6}$$

下标 l 跑遍所有不属于简并集合的能带. 把哈密顿量 (式 (H.3)) 在简并基里对角化, 但是用了式 (H.6) 给出的微扰, 得到色散关系.

自旋-轨道相互作用 [1547] 给哈密顿量添加了额外的一项:

$$H_{\rm so} = \frac{\hbar}{4m^2c^2}(\boldsymbol{\sigma}\times\nabla U)\boldsymbol{p} \tag{H.7}$$

其中, $\boldsymbol{\sigma}$ 是泡利自旋矩阵, c 是真空中的光速. 在布洛赫函数的薛定谔方程里, 有两个新的项:

$$\left(-\frac{\hbar^2}{2m}\nabla^2+U(\boldsymbol{r})+\frac{\hbar}{4m^2c^2}(\boldsymbol{\sigma}\times\nabla U)\boldsymbol{p}\right.$$
$$\left.+\frac{\hbar}{m}\boldsymbol{k}\left[\boldsymbol{p}+\frac{\hbar}{4m^2c^2}(\boldsymbol{\sigma}\times\nabla U)\right]\right)u_{n\boldsymbol{k}}(\boldsymbol{r}) = \left(E_n(\boldsymbol{k})-\frac{\hbar^2\boldsymbol{k}^2}{2m}\right)u_{n\boldsymbol{k}}(\boldsymbol{r}) \tag{H.8}$$

$\boldsymbol{k}$ 的线性项仍然当作微扰处理. 式 (H.8) 里的第一个自旋-轨道项具有晶格周期性, 所以 $\boldsymbol{k}=0$ 处的解仍然是周期性的布洛赫函数, 但是与以前的解不一样. 如果能带边不是简并的, 式 (H.3) 里的动量算符就简单地替换为

$$\boldsymbol{\pi} = \boldsymbol{p}+\frac{\hbar}{4m^2c^2}(\boldsymbol{\sigma}\times\nabla U) \tag{H.9}$$

能带边仍然是抛物线型的. 对于简并的能带边, 这个效应更加复杂, 特别是它可以导致简并的解除.

在 8 带的凯恩 (Kane) 模型里 [510], 4 个能带 (最低的导带, 重空穴、轻空穴和劈裂空穴的能带) 是显式地处理的, 其他 4 个则是利用 Löwdin 微扰理论. 基的选择使得在自旋-轨道相互作用里是对角化的, 而留下自旋-轨道相互作用 Δ_0 作为参数. 带边的布洛赫函数记为 $|i\uparrow\rangle$, 其中 $i=s,x,y,z$ 表示不同能带的对称性. 把自旋-轨道相互作用对角化了的线性组合如表 H.1 所示. 带隙和自旋-轨道相互作用是

$$E_{\rm g} = E_{\Gamma_6}-E_{\Gamma_8} \tag{H.10a}$$

$$\Delta_0 = E_{\Gamma_8} - E_{\Gamma_7} \tag{H.10b}$$

利用表 H.1 里的基的态 (basis states), 哈密顿量是

$$\begin{pmatrix} k^2+E_g & 0 & \sqrt{2}Pk_+ & -\sqrt{\frac{2}{3}}Pk_z & -\sqrt{\frac{2}{3}}Pk_- & 0 & \sqrt{\frac{1}{3}}Pk_z & -\sqrt{\frac{4}{3}}Pk_- \\ 0 & k^2+E_g & 0 & \sqrt{\frac{2}{3}}Pk_+ & -\sqrt{\frac{2}{3}}Pk_z & \sqrt{2}Pk_- & \sqrt{\frac{4}{3}}Pk_+ & \sqrt{\frac{1}{3}}Pk_z \\ \sqrt{2}Pk_- & 0 & k^2 & 0 & 0 & 0 & 0 & 0 \\ -\sqrt{\frac{2}{3}}Pk_z & \sqrt{\frac{2}{3}}Pk_- & 0 & k^2 & 0 & 0 & 0 & 0 \\ -\sqrt{\frac{2}{3}}Pk_+ & -\sqrt{\frac{2}{3}}Pk_z & 0 & 0 & k^2 & 0 & 0 & 0 \\ 0 & \sqrt{2}Pk_+ & 0 & 0 & 0 & k^2 & 0 & 0 \\ \sqrt{\frac{1}{3}}Pk_z & \sqrt{\frac{4}{3}}Pk_- & 0 & 0 & 0 & 0 & k^2-\Delta_0 & 0 \\ -\sqrt{\frac{4}{3}}Pk_+ & \sqrt{\frac{1}{3}}Pk_z & 0 & 0 & 0 & 0 & 0 & k^2-\Delta_0 \end{pmatrix} \tag{H.11}$$

能量的单位是 $\hbar^2/(2m)$, 价带边的能量设定为零, 而且

$$\frac{1}{2}\mathrm{i}\hbar \boldsymbol{P} = \langle s|\pi_x|x\rangle = \langle s|\pi_y|y\rangle = \langle s|\pi_z|z\rangle \tag{H.12a}$$

$$k_\pm = k_x \pm \mathrm{i}k_y \tag{H.12b}$$

表H.1 一组基的集合, 它们把自旋-轨道相互作用对角化

$|J, m_j\rangle$	波函数	对称性
$\left|\frac{1}{2}, \frac{1}{2}\right\rangle$	$\mathrm{i}|s\uparrow\rangle$	Γ_6
$\left|\frac{1}{2}, -\frac{1}{2}\right\rangle$	$\mathrm{i}|s\downarrow\rangle$	Γ_6
$\left|\frac{3}{2}, \frac{3}{2}\right\rangle$	$\frac{1}{\sqrt{2}}|(x+\mathrm{i}y)\uparrow\rangle$	Γ_8
$\left|\frac{3}{2}, \frac{1}{2}\right\rangle$	$\frac{1}{\sqrt{6}}|(x+\mathrm{i}y)\downarrow\rangle - \sqrt{\frac{2}{3}}|z\uparrow\rangle$	Γ_8
$\left|\frac{3}{2}, -\frac{1}{2}\right\rangle$	$-\frac{1}{\sqrt{6}}|(x-\mathrm{i}y)\uparrow\rangle - \sqrt{\frac{2}{3}}|z\downarrow\rangle$	Γ_8
$\left|\frac{3}{2}, -\frac{3}{2}\right\rangle$	$\frac{1}{\sqrt{2}}|(x-\mathrm{i}y)\uparrow\rangle$	Γ_8
$\left|\frac{1}{2}, \frac{1}{2}\right\rangle$	$\frac{1}{\sqrt{3}}|(x+\mathrm{i}y)\downarrow\rangle + \sqrt{\frac{1}{3}}|z\uparrow\rangle$	Γ_7
$\left|\frac{1}{2}, -\frac{1}{2}\right\rangle$	$-\frac{1}{\sqrt{3}}|(x-\mathrm{i}y)\uparrow\rangle + \sqrt{\frac{1}{3}}|z\downarrow\rangle$	Γ_7

把远能带包括进来，就将上面的哈密顿量重整化为

$$\begin{pmatrix} Dk^2+E_g & 0 & \sqrt{2}Pk_+ & -\sqrt{\frac{2}{3}}Pk_z & -\sqrt{\frac{2}{3}}Pk_- & 0 & \sqrt{\frac{1}{3}}Pk_z & -\sqrt{\frac{4}{3}}Pk_- \\ 0 & Dk^2+E_g & 0 & \sqrt{\frac{2}{3}}Pk_+ & -\sqrt{\frac{2}{3}}Pk_z & \sqrt{2}Pk_- & \sqrt{\frac{4}{3}}Pk_+ & \sqrt{\frac{1}{3}}Pk_z \\ \sqrt{2}Pk_- & 0 & H_h & R & S & 0 & \frac{i}{\sqrt{2}}R & -i\sqrt{2}S \\ -\sqrt{\frac{2}{3}}Pk_z & \sqrt{\frac{2}{3}}Pk_- & R^* & H_l & 0 & S & \frac{H_h-H_l}{\sqrt{2}i} & i\sqrt{\frac{3}{2}}R \\ -\sqrt{\frac{2}{3}}Pk_+ & -\sqrt{\frac{2}{3}}Pk_z & S^* & 0 & H_l & -R & -i\sqrt{\frac{3}{2}}R^* & \frac{H_h-H_l}{\sqrt{2}i} \\ 0 & \sqrt{2}P_{k_+} & 0 & S^* & -R^* & H_h & -i\sqrt{2}S^* & -\frac{i}{\sqrt{2}}R^* \\ \sqrt{\frac{1}{3}}Pk_z & \sqrt{\frac{4}{3}}Pk_- & -\frac{i}{\sqrt{2}}R^* & -\frac{H_h-H_l}{\sqrt{2}i} & i\sqrt{\frac{3}{2}}R & i\sqrt{2}S & \frac{H_h+H_l}{\sqrt{2}}-\Delta_0 & 0 \\ -\sqrt{\frac{4}{3}}Pk_+ & \sqrt{\frac{1}{3}}Pk_z & i\sqrt{2}S^* & -i\sqrt{\frac{3}{2}}R^* & -\frac{H_h-H_l}{\sqrt{2}i} & \frac{i}{\sqrt{2}}R & 0 & \frac{H_h-H_l}{\sqrt{2}}-\Delta_0 \end{pmatrix} \quad (H.13)$$

其中

$$D = 1 + \frac{2}{m}\sum_{l \neq n} \frac{|\langle s|\pi_x|l\rangle|^2}{E_g - E_l(0)} \quad (H.14a)$$

$$\gamma'_1 = \left[1 + \frac{2}{m}\sum_{l \neq n} \frac{|p^x_{xl}|^2}{E_n(0) - E_l(0)}\right] - \frac{2P^2}{3E_g} \quad (H.14b)$$

$$\gamma'_2 = \left[1 + \frac{2}{m}\sum_{l \neq n} \frac{|p^y_{xl}|^2}{E_n(0) - E_l(0)}\right] - \frac{p^2}{3E_g} \quad (H.14c)$$

$$\gamma'_3 = \left[\frac{2}{m}\sum_{l \neq n} \frac{p^x_{xl}p^y_{ly} + p^y_{xl}p^x_{ly}}{E_n(0) - E_l(0)}\right] - \frac{P^2}{3E_g} \quad (H.14d)$$

$$H_h = (\gamma'_1 + \gamma'_2)(k_x^2 + k_y^2) + (\gamma'_1 - 2\gamma'_2)k_z^2 \quad (H.14e)$$

$$H_l = (\gamma'_1 - \gamma'_2)(k_x^2 + k_y^2) + (\gamma'_1 + 2\gamma'_2)k_z^2 \quad (H.14f)$$

$$R = -2\sqrt{3}\gamma'_3 k_- k_z \quad (H.14g)$$

$$S = \sqrt{3}\gamma'_2(k_x^2 - k_y^2) + 2\sqrt{3}\gamma'_3 i k_x k_y \quad (H.14h)$$

如果有非均匀的应变，哈密顿量由文献 [536] 给出。对于 $E_g \to \infty$，空穴能带与导带脱耦 (6 带模型 [1423])。对于 $\Delta_0 \to \infty$，重空穴和轻空穴可以分别处理 (卢廷格哈密顿量)。对于 Γ_8 态，哈密顿量就是

$$\begin{pmatrix} H_h & R & S & 0 \\ R^* & H_l & 0 & S \\ S^* & 0 & H_l & -R \\ 0 & S^* & -R^* & H_h \end{pmatrix} \quad (H.15)$$

附录I 有效质量理论

有效质量理论或近似 (EMA) 也称为包络波函数近似, 广泛用于计算势阱里 (在周期性的晶体里) 载流子的电子性质. 这个方法的优势是周期势的复杂性被隐藏在有效质量张量 m_{ij}^* 里. 对于浅杂质 (7.5 节) 或量子阱 (12.3.2 小节), 相对于晶格常数的尺度, 势的变化是缓慢的, 有效质量理论是非常有用的近似.

对于周期晶格的势, 薛定谔方程

$$H_0 \Psi_{n\boldsymbol{k}} = E_n(\boldsymbol{k}) \Psi_{n\boldsymbol{k}} \tag{I.1}$$

用布洛赫波 $\Psi_{n\boldsymbol{k}}$ 来求解. 对于微扰势 V, 薛定谔方程是

$$(H_0 + V) \Psi_{n\boldsymbol{k}} = E_n(\boldsymbol{k}) \Psi_{n\boldsymbol{k}} \tag{I.2}$$

根据万尼尔 (Wannier) 定理 [2166], 这个解可以用下述方程的解来近似:

$$(E_n(-\mathrm{i}\nabla) + V) \Phi_n = E \Phi_n \tag{I.3}$$

色散关系展开到第二级, 如附录 H 所述. 函数 Φ_n 称为包络函数, 因为它相对于晶格常数是缓慢变化的, 精确的波函数 (在最低级) 近似为

$$\Psi(\boldsymbol{r}) = \Phi_n(\boldsymbol{r}) \exp(\mathrm{i}\boldsymbol{k}\boldsymbol{r}) u_{n0}(\boldsymbol{r}) \tag{I.4}$$

附录 J 玻尔兹曼输运理论

J.1 玻尔兹曼输运方程

半导体输运的玻尔兹曼处理方法超出了弛豫时间近似 (比较 8.2 节), 并且把这种方法作为它的最简单的近似. 载流子的分布函数 $f(\boldsymbol{r},\boldsymbol{p},t)$ 的变量是它们的动量 $\boldsymbol{p}=(p_x,p_y,p_z)$、位置 $\boldsymbol{r}=(x,y,z)$ 和时间 t. 利用色散关系, 由动量分布也可以确定能量分布.

在热力学平衡时, 分布函数记为 $f_0(\boldsymbol{p})$. 在均匀的半导体里, 它应当与 $\boldsymbol{r}$ 无关, 也不显式地依赖于时间, 从动量分布得到的能量分布应当符合费米-狄拉克分布.

在非平衡时, 电子和热的流动决定于外力 $\boldsymbol{F}$(电场和磁场), 以及电荷通过各种过程 (这里称为碰撞) 的散射. 在力保持不变的 (非平衡的) 稳态情况, 分布函数 f 不随时间

变化. 因此, 在给定的时间间隔 δt, 变化 δf 是零:

$$\frac{\delta f}{\delta t} = 0 \tag{J.1}$$

在时间间隔 δt 里, 动量变化了 $\boldsymbol{p} \to \boldsymbol{p} + \boldsymbol{F}\delta t$, 坐标变化为 $\boldsymbol{r} \to \boldsymbol{r} + \boldsymbol{p}/m^*\delta t$. 为了简单起见, 这里假设了各向同性的质量, 粒子的能量是 $E = \boldsymbol{p}^2/(2m^*)$. 条件 (J.1) 可以写成偏导数的形式:

$$\left(\frac{\partial}{\partial t} + \frac{1}{m^*}\boldsymbol{p} \cdot \nabla_{\boldsymbol{r}} + \boldsymbol{F} \cdot \nabla_{\boldsymbol{p}}\right) f(\boldsymbol{p}, \boldsymbol{r}, t) = 0 \tag{J.2}$$

这个力可以是洛伦兹力. 目前还没有考虑任何碰撞. 不用给出碰撞的微观细节的具体形式, 可以把分布函数由碰撞导致的变化写为

$$\left(\frac{\partial f}{\partial t}\right)_{\text{coll}} \tag{J.3}$$

假设只有两粒子碰撞起作用, 样品的边界不起作用, 粒子的位置和速度是没有关联的, 碰撞项可以写为

$$\left(\frac{\partial f}{\partial t}\right)_{\text{coll}} = \iiint [f(\boldsymbol{p}', \boldsymbol{r}, t) P(\boldsymbol{p}', \boldsymbol{p}) - f(\boldsymbol{p}, \boldsymbol{r}, t) P(\boldsymbol{p}, \boldsymbol{p}')] \,\mathrm{d}\boldsymbol{p}' \tag{J.4}$$

其中, $P(\boldsymbol{p}, \boldsymbol{p}')$ 是单位时间里的跃迁概率, 动量 $\boldsymbol{p}$ 因为碰撞变为 $\boldsymbol{p}'$. 碰撞积分必须用微观的量子力学的模型计算出来. 这就导出了玻尔兹曼输运方程

$$\left(\frac{\partial}{\partial t} + \frac{1}{m^*}\boldsymbol{p} \cdot \nabla_{\boldsymbol{r}} + \boldsymbol{F} \cdot \nabla_{\boldsymbol{p}}\right) f(\boldsymbol{p}, \boldsymbol{r}, t) = \left(\frac{\partial f}{\partial t}\right)_{\text{coll}} \tag{J.5}$$

在特定的条件下, 碰撞项可以等效地写为 (对于均匀的半导体和均匀的外场, 忽略 f 的空间依赖关系):

$$\left(\frac{\partial f}{\partial t}\right)_{\text{coll}} = -\frac{f(\boldsymbol{p}) - f_0}{\tau(\boldsymbol{p})} \tag{J.6}$$

与弛豫时间近似相比, 这里的主要差别 (在式 (J.6) 的水平上) 在于考虑了分布函数和弛豫时间的动量 (和能量) 依赖关系.

J.2 电导率

在热力学平衡下, 与微元 $\mathrm{d}\boldsymbol{p} = \mathrm{d}p_x \mathrm{d}p_y \mathrm{d}p_z$ 相联系的单位体积的电子态的数目是 (包括自旋简并度 2)

$$\frac{2}{h^3} f_0(\boldsymbol{p}) \mathrm{d}\boldsymbol{p} \tag{J.7}$$

当电场 $\boldsymbol{E}$ 存在时 (假设沿着 x 方向), 就会出现稳态的电流, 电子态的数目变为

$$\frac{2}{h^3} f(\boldsymbol{p}) \mathrm{d}\boldsymbol{p} \tag{J.8}$$

使得 (电子的) 流密度为 (沿着 x 方向)

$$j_x = -\frac{2e}{h^3} \iiint v_x [f(\boldsymbol{p}) - f_0(\boldsymbol{p})] \mathrm{d}\boldsymbol{p} \tag{J.9}$$

这是式 (8.4) 的推广. 利用式 (J.6), 玻尔兹曼输运方程式 (J.5) 简化为

$$-\frac{f(\boldsymbol{p}) - f_0}{\tau(\boldsymbol{p})} = -eE_x \frac{\partial f}{\partial p_x} \approx -eE_x \frac{\partial f_0}{\partial p_x} \tag{J.10}$$

在小场里, 最后一个近似成立, 使得 j_x 正比于 E_x(欧姆区). 对 p_x 的导数变为对能量的导数, 得到

$$\frac{f(\boldsymbol{p}) - f_0}{\tau(\boldsymbol{p})} = ev_x E_x \frac{\partial f_0}{\partial E} \tag{J.11}$$

注意, 对于费米-狄拉克分布 (式 (E.22)) $f_0(E)$:

$$\frac{\partial f_0}{\partial E} = -\frac{1}{kT} f_0 (1 - f_0) \tag{J.12}$$

在非简并半导体的情况 (玻尔兹曼近似) 中, 右边简化为

$$\frac{\partial f_0}{\partial E} \approx -\frac{1}{kT} f_0 = -\frac{1}{kT} \exp\left(-\frac{E - E_\mathrm{F}}{kT}\right) \tag{J.13}$$

电流密度就是

$$j_x = -\frac{2e^2}{h^3} E_x \iiint v_x^2 \tau(\boldsymbol{p}) \frac{\partial f_0}{\partial E} \mathrm{d}\boldsymbol{p} \tag{J.14}$$

如果假设 τ 只依赖于动量的大小, 不依赖于其方向,① 假设各向同性, 把 v_x^2 替换为 $v^2/3$, 这个积分就是②

$$j_x = -\frac{8\pi e^2}{3h^3} E_x \int_0^\infty v^2 \tau(p) \frac{\partial f_0}{\partial E} p^2 \mathrm{d}p \tag{J.15}$$

量 $8\pi p^2 \mathrm{d}p f_0/h^3$(比较式 (J.7)) 表示动量在 $\mathrm{d}p$ 范围里的电子的数目 $\mathrm{d}n$. 因此, 这个积分也可以写为 (在玻尔兹曼近似下)

$$j_x = \frac{e^2}{3kT} E_x \int_0^\infty v^2 \tau \mathrm{d}n \tag{J.16}$$

量 a 在电子分布上的平均值 (根据下式) 记为 $\langle a \rangle$,

$$\langle a \rangle = \frac{\int a \mathrm{d}n}{n} \tag{J.17}$$

---

① 这可能不正确, 例如, 对于压电性的散射.
② 利用 $\mathrm{d}\boldsymbol{p} = 4\pi p^2 \mathrm{d}p$.

式 (J.16) 可以写为

$$j_x = \frac{ne^2}{3kT} E_x \langle v^2 \tau \rangle \tag{J.18}$$

利用 $m^* \langle v^2 \rangle = 3kT$,就得到

$$\sigma = \frac{ne^2}{m^*} \frac{\langle v^2 \tau \rangle}{\langle v^2 \rangle} \tag{J.19}$$

利用 $\sigma = n(-e)\mu$(对于电子),迁移率:

$$\mu = -\frac{e}{m^*} \frac{\langle v^2 \tau \rangle}{\langle v^2 \rangle} \tag{J.20}$$

对于简并的半导体 (与金属的情况类似),式 (J.15) 的 f_0 的导数值只在费米能级附近几个 kT 的范围里显著不为零. 在计算积分的时候,可以近似地把 $E^{3/2}$ 和 τ 用它们在费米能级处的值替代[①] (利用式 (6.70)):

$$\sigma = \frac{j_x}{E_x} = \frac{ne^2 \tau_\mathrm{F}}{m^*} \tag{J.21}$$

再次从式 (J.15) 开始,利用下述形式的态密度式 (6.71)(单位体积)

$$D(E) = m^* \frac{8\pi}{h^3} \sqrt{2m^* E} \tag{J.22}$$

以及 $\mathrm{d}p/\mathrm{d}E = \sqrt{2m^*/E}$,我们得到

$$j_x = -\frac{e^2}{3} E_x \int_0^\infty D(E) v^2 \tau(E) \frac{\partial f_0}{\partial E} \mathrm{d}E \tag{J.23}$$

采用依赖于能量的迁移率,根据式 (J.20) 的精神,定义为

$$\mu(E) = -e \frac{v^2 \tau(E)}{3kT} \tag{J.24}$$

电导率可以写为推广的形式,对单电子态做积分 [2167](忽略关联效应):

$$\begin{aligned}\sigma &= e \int D(E) \mu(E) kT \frac{\partial f_0}{\partial E} \mathrm{d}E \\ &= -e \int D(E) \mu(E) f_0(E) [1 - f_0(E)] \mathrm{d}E\end{aligned} \tag{J.25}$$

---

① 当 $E_\mathrm{F} \gg kT$ 时,$\int_0^\infty \frac{\partial f_0}{\partial E} \mathrm{d}E = -1 + [1 + \exp(E_\mathrm{F}/(kT))]^{-1} \approx -1$.

J.3 霍尔效应

用玻尔兹曼输运方程处理霍尔效应, 采用各向同性的假设, 可以得到 (比较式 (15.12) 和式 (15.22))

$$R_{\mathrm{H}} = \frac{1}{qn} \frac{\langle v^2 \tau^2 \rangle \langle v^2 \rangle}{\langle v^2 \tau \rangle^2} \tag{J.26}$$

由霍尔系数得到的霍尔迁移率是

$$\mu_{\mathrm{H}} = \sigma R_{\mathrm{H}} = \frac{e}{m^*} \frac{\langle v^2 \tau^2 \rangle}{\langle v^2 \tau \rangle^2} \tag{J.27}$$

因此, 它和电场迁移率 (式 (J.20)) 不一样.

J.4 热电势

每个电子传输的电子能量是 $E - E_{\mathrm{F}}$. 把式 (J.25) 写为 $\sigma = \int \sigma(E) \mathrm{d}E$, 能量为 E 的电子贡献给电导率的权重因子是 $\sigma(E)\mathrm{d}E/\sigma$. 因此, 塞贝克系数 (热电势) 可以写为[823]

$$S = -\frac{k}{e} \int \left(\frac{E - E_{\mathrm{F}}}{kT} \right) \frac{\sigma(E)}{\sigma} \mathrm{d}E \tag{J.28}$$

或者

$$S = -\frac{k}{e} \frac{\int D(E) \mu(E) \left[(E - E_{\mathrm{F}})/(kT) \right] f(1-f) \mathrm{d}E}{\int D(E) \mu(E) f(1-f) \mathrm{d}E} \tag{J.29}$$

对于能带电导, 把式 (J.29) 对电子 (S_{n}) 和空穴 (S_{p}) 做积分 (使用玻尔兹曼近似)[823], 得到热电势:

$$S_{\mathrm{n}} = -\frac{k}{e} \left(\frac{E_{\mathrm{C}} - E_{\mathrm{F}}}{kT} + A_{\mathrm{C}} \right) \tag{J.30a}$$

$$S_{\mathrm{p}} = \frac{k}{e} \left(\frac{E_{\mathrm{F}} - E_{\mathrm{V}}}{kT} + A_{\mathrm{V}} \right) \tag{J.30b}$$

其中, A_i 是常数, 依赖于态密度和迁移率的能量依赖关系:

$$A_{\mathrm{C}} = \frac{\int_0^\infty (E'/(kT)) \sigma(E') \mathrm{d}E'}{\int_0^\infty \sigma(E') \mathrm{d}E'}, \quad E' = E - E_{\mathrm{C}} \tag{J.31a}$$

$$A_{\mathrm{V}} = \frac{\int_{-\infty}^{0} (E'/(kT))\,\sigma(E')\,\mathrm{d}E'}{\int_{-\infty}^{0} \sigma(E')\,\mathrm{d}E'}, \quad E' = E_{\mathrm{V}} - E \tag{J.31b}$$

如果态密度和迁移率的积 $D\mu$ 依赖于能量的形式是 E^{γ},这个常数就是 $A = 1 + \gamma$(对于 $\gamma > -1$). 对于抛物线形的能带 $(D \propto E^{1/2})$ 和声学形变势的散射,$\mu \propto E^{-1/2}$(8.3.4 小节),$A = 1$;对于适中的电离杂质散射,$\mu \propto E^{3/2}$(8.3.3 小节),$A = 3$.

对于两能带的电导,当电子和空穴都对输运做贡献时:

$$S = \frac{S_{\mathrm{n}}\sigma_{\mathrm{n}} + S_{\mathrm{p}}\sigma_{\mathrm{p}}}{\sigma_{\mathrm{n}} + \sigma_{\mathrm{p}}} \tag{J.32}$$

在低温下,声子流和电流通过电子-声子散射(声子拖曳效应)导致的相互作用增大了热电势[825,2168-2170].

附录K 噪声

噪声是一种普遍的现象,影响每种测量过程和半导体器件的性能 [2171-2178]. 最终测量的总是"信噪比",而不是"信号". 电学噪声在根本上限制了通信、导航、测量和其他电子系统的灵敏度和分辨率 [2176].

涨落信号的背后是微观的经典力学过程和量子力学过程,在本质上包含着随机性. 从物理学的观点来看,即使在热力学平衡下,看起来不变的物理量 (例如,自由载流子密度或者陷阱里的载流子密度) 仍然受到涨落的影响,例如,导致生成-复合噪声. 在没有净电荷输运的平衡情况下,载流子的随机运动导致了涨落,例如,电阻上的热噪声.

附录 K 给出了噪声的必要定义、一些数学基本知识和简单的物理实例.

K.1 涨落的信号

这里考虑的嘈杂的信号可以是"模拟的"(例如，在涨落电流、电压或功率的情况下)，也可以是"数字的"(例如，光子计数率).

令 $A(t)$ 是随时间起伏的模拟信号. 即使实验条件不变, 也会因为许多原因而起伏, 至少会因为热涨落而起伏. 注意, 另一个完全相同的实验将会给出另一个信号 $B(t)$. 信号在时间间隔 $2T$ (在 $t=0$ 附近对称) 里的时间平均值 (或者一阶矩) 被定义为

$$\langle A \rangle_T = \frac{1}{2T} \int_{-T}^{T} A(t) \mathrm{d}t \tag{K.1}$$

信号的时间平均值 $\langle A \rangle$ 通常是很长时间的极限:

$$\langle A \rangle = \lim_{T \to \infty} \frac{1}{2T} \int_{-T}^{T} A(t) \mathrm{d}t \tag{K.2}$$

两个全同的实验 (应当) 有着相同的极限: $\langle A \rangle = \langle B \rangle$. A 的涨落或者噪声被定义为 $a(t)$:

$$a(t) = A(t) - \langle A \rangle \tag{K.3}$$

显然有 $\langle a \rangle = 0$. 对于全同但是不一样的实验, $a(t) \neq b(t)$, 如前所言.

信号的方差 (variance, 或者二阶矩) σ^2 是涨落平方的平均值:

$$\sigma^2 = \langle a^2 \rangle = \lim_{T \to \infty} \frac{1}{2T} \int_{-T}^{T} a(t)^2 \mathrm{d}t = \langle A^2 \rangle - \langle A \rangle^2 \tag{K.4}$$

噪声量 a 的有效值是方差的平方根, 也称为"方均根"(或者 rms 值):

$$\sigma = \langle a^2 \rangle^{1/2} = \sqrt{\langle A^2 \rangle - \langle A \rangle^2} \tag{K.5}$$

量 σ^2 是噪声功率的量度, $\langle A \rangle^2$ 是直流功率的量度.[①]

在测量过程里, 通过对时间做积分或者平均, 可以减小信号的噪声; 然而, 任何测量的时间总是有限的, 还可能受限于许多条件. 给定了固定不变的 (有限的) 平均时间 T_0, 测量得到的信号 A_{T_0} 在一系列这样的全同测量里仍然表现出起伏. 这些剩下的起伏有多大依赖于 T_0 的选择和下面讨论的噪声谱.

在数字信号的情况 (例如, 光电倍增管或者闪烁体的计数率) 中, 信号由在时刻 t_i $(i=0,1,\cdots,m)$ 出现的整数 $N(t_i)$ 构成. 平均值就定义为

$$\langle N \rangle = \lim_{m \to \infty} \frac{1}{m} \sum_{i=0}^{m} N(t_i) \tag{K.6}$$

[①] 想象一个起伏的电流 $I(t) = \langle I \rangle + i(t)$ 导致了电阻上的焦耳热 ($\propto I^2$). 比较 I 和 $\langle I \rangle = \langle I \rangle$ (来自一个低噪声的电流源) 产生的热, 可以给出噪声功率. 先用 $\langle I \rangle$ (来自一个低噪声的电流源) 补偿 I, 然后测量电阻上的温度升高, 也可以得到 $\langle i^2 \rangle$.

方差和有效值 (rms) 的定义与此类似. 光子计数有一个众所周知的结果: 基于经典光的泊松分布, $\sigma^2 = \langle N \rangle = \bar{N}$.

K.2　关联

如果一个可测量的量受到两个涨落的量 $a_1(t)$ 和 $a_2(t)$ 的影响, $a_1 + a_2$ 的时间平均值是

$$\left\langle (a_1 + a_2)^2 \right\rangle = \langle a_1^2 \rangle + \langle a_2^2 \rangle + 2 \langle a_1 a_2 \rangle \tag{K.7}$$

第三项是决定性的; 噪声量 a_1 和 a_2 的关联系数被定义为

$$c_{12} = \frac{\langle a_1 a_2 \rangle}{\sqrt{a_1^2 a_2^2}} = \frac{\langle a_1 a_2 \rangle}{\sigma_1 \sigma_2} \tag{K.8}$$

如果这两个噪声量彼此无关, 它们就称为无关联的, $c_{12} = 0$. 从下文可知, 这是两个噪声源没有关联的必要而不充分的条件. 在 $c_{12} = 0$ 的情况, 两个过程的噪声功率简单相加:

$$\left\langle (a_1 + a_2)^2 \right\rangle = \langle a_1^2 \rangle + \langle a_2^2 \rangle \tag{K.9}$$

这个概念可以推广到多个噪声源.

决定两个函数 a_1 和 a_2 的关联的更一般的概念是交叉关联函数, 定义为

$$\rho_{12}(\tau) = \langle a_1(t) a_2(t + \tau) \rangle \tag{K.10}$$

它是函数 a_1 和时移函数 a_2 的关联. 当涨落的性质不随时间变化时, 通常使用 $t = 0$. 一个重要的时移是 $\tau = 0$, 由此可知

$$c_{12} = \frac{\rho_{12}(0)}{\sigma_1 \sigma_2} \tag{K.11}$$

如果 $\rho_{12}(\tau) = 0$ 对所有的时间 τ 成立, 两个噪声量 a_1 和 a_2 就是非关联的. 因此, $c_{12} = 0$ 是特殊但重要的情况.[①]

如果 a_1 和 a_2 是相同的函数 $(a = a_1 = a_2)$, 式 (K.10) 就变为自关联函数:

$$\rho(\tau) = \langle a(t) a(t + \tau) \rangle \tag{K.12}$$

[①] $c_{12} = 0$ 的关联噪声源的一个简单例子是串联的电阻和电容上的噪声; 它们的相位差是 $90°$, 这就使得 $c_{12} = 0$, 但是, 电压的涨落 (来自驱动电流的涨落) 显然是关联的.

在稳态过程中, 自关联函数相对于 τ 必然是对称的:

$$\rho(\tau) = \rho(-\tau) \tag{K.13}$$

在 $\tau = 0$ 处的值是

$$\rho(0) = \langle a^2 \rangle = \sigma^2 \tag{K.14}$$

通常, 在静态 (非重复性的) 过程里, $\rho(\tau \to \infty) = 0$. 对于非关联的过程, 和的自相关函数是单个自相关函数的和.

K.3 噪声谱

因为函数 $a(t)$ 不是已知的, 噪声谱不能够根据它的傅里叶变换计算得到. 但是也没有必要, 因为感兴趣的不是 a 本身的傅里叶变换, 而是给定频率的谱噪声密度 $W(\nu)$, 它满足:

$$\int_0^\infty W(\nu)\mathrm{d}\nu = \langle a^2 \rangle \tag{K.15}$$

因为量 $\langle a^2 \rangle$ 是有限的, 谱功率密度 $W(\nu)$ 是正的, 所以对于高频, $W(\nu)$ 必然减小到零. 从自关联函数 ρ 开始, 它的傅里叶变换将记为 w:

$$w(\nu) = \int_{-\infty}^\infty \rho(\tau)\exp(-2\pi\mathrm{i}\nu\tau)\mathrm{d}\tau \tag{K.16}$$

还有

$$\rho(\tau) = \int_{-\infty}^\infty w(\nu)\exp(2\pi\mathrm{i}\nu\tau)\mathrm{d}\nu \tag{K.17}$$

在这个式子里, 利用 $\tau = 0$, 得到一个类似于式 (K.15) 的方程. 利用式 (K.12), $W(\nu)$ 可以被确认为谱密度函数. 因为式 (K.13), w 是实的偶函数, 我们发现, 对于式 (K.15) 里的噪声谱密度 W, 有 $W = 2w$ (Wiener-Khintchine 定理):

$$W(\nu) = 2\int_{-\infty}^\infty \rho(\tau)\exp(-2\pi\mathrm{i}\nu\tau)\mathrm{d}\tau = 4\int_0^\infty \rho(\tau)\cos(-2\pi\nu\tau)\mathrm{d}\tau \tag{K.18}$$

噪声功率实际上是在有限的频率范围里测量的, 通常在宽度为 B 的窄带里 (中心波长可以变化), 如果在频率 ν_0 附近的 B 以内, 可以忽略 W 的频率依赖关系, 方差就是

$$\langle a^2 \rangle(\nu_0, B) = \int_{\nu_0 - B/2}^{\nu_0 + B/2} W(\nu)\mathrm{d}\nu \approx W(\nu_0)B \tag{K.19}$$

下面讨论典型的噪声机制和噪声谱.

K.3.1 热噪声

有限的温度引起了粒子的随机运动, 正如理想气体和扩散的理论所说的那样. 在电荷载流子的情况中, 这种运动导致电流的涨落, 或者电阻上的电压涨落. 在零偏压 (没有外场) 的时候也会发生. 电阻上的这种 "热噪声" 在实验上由约翰逊发现[1820,1821], 在理论上由奈奎斯特推导得到[1822].

利用涨落力作用下的运动的朗之万理论的一般性结果, 迁移率① 由下式给出:

$$\mu(\omega) = \frac{e}{kT} \int_0^\infty \langle v(t)v(0) \rangle \exp(\mathrm{i}\omega t) \mathrm{d}t \tag{K.20}$$

现在只考虑远大于弛豫时间常数的时间, 因此频率远小于 $1/\tau$. 在这种情况下, 电导率 $\sigma(\omega) = en\mu(\omega)$ 不依赖于频率, 可以取为它的低频极限 σ_0(比较 8.5 节). 在长度为 L、截面为 A 的导体 (电阻) 里, 应该有 N 个电子 ($n = N(AL)$). 电子速度是 $v_i(t)$, 电流是

$$I(t) = \frac{e}{L} \sum_i v_i(t) \tag{K.21}$$

没有外场的时候, $\langle v_i(t) \rangle = 0$, $\langle I(t) \rangle = 0$, 我们称之为涨落电流 $i(t)$. 如果所有的电子都彼此无关地运动, 那么

$$\langle i(\tau)i(0) \rangle = N \frac{e^2}{L^2} \langle v(\tau)v(0) \rangle \tag{K.22}$$

根据式 (K.18), $i(t)$ 的功率谱是

$$\begin{aligned} W(\omega) &= 2 \int_{-\infty}^\infty \langle i(\tau)i(0) \rangle \exp(\mathrm{i}\omega\tau) \mathrm{d}\tau = 4N \frac{e^2}{L^2} \int_0^\infty \langle v(\tau)v(0) \rangle \exp(\mathrm{i}\omega\tau) \mathrm{d}\tau \\ &= 4 \frac{Ne^2}{L^2} \frac{\mu kT}{e} = 4 \frac{Ne^2}{L^2} \frac{\sigma_0 kTAL}{e^2 N} = 4\sigma_0 \frac{A}{L} kT \end{aligned} \tag{K.23}$$

接着利用电导 $G = R^{-1} = \sigma_0 A/L$, 就得到不依赖于频率的谱功率:

$$W = 4kTG \tag{K.24}$$

因此, 热运动诱导的电流涨落是

$$\langle i^2 \rangle = 4kTGB \tag{K.25}$$

阻值为 R 的电阻在频率范围 B 里的涨落电压的方差是 ($i = u/R$)

$$\langle u^2 \rangle = 4kTRB \tag{K.26}$$

在室温下 ($T_0 = 293$ K), kT_0 大约是 26 meV. 这里的单位是 W·s = W/Hz, $kT_0 = 4.04 \times 10^{-21}$ W/Hz. 这是器件里的噪声的一个基本极限. 因为功率密度不依赖于频率,

---

① 在朗之万理论里, 迁移率是速度 v 和力 K 的比值, 这里的迁移率是 v 和电场 E 的比值, $K = -eE$.

这种噪声是"白噪声". 公式 (K.26) 和 (K.25) 对于频率 $h\nu \ll kT$ 成立; 对于更大的频率, 电磁辐射的量子性质和光子统计起作用. 对于实际的目的, 即使冷却到 $T = 4$ K 的器件也满足这个极限的条件 (直到 100 GHz 范围的频率). 在热电子 (或热空穴) 气体 (比较图 10.3) 的情况下, 晶体温度必须用载流子气体的温度来代替.

对于 RC 低通滤波器, 利用 $u^2 = |Z|^2 i^2$, 电阻上的功率谱 $W_i = 4kTG$ 转变为 $W_u = 4kTR/[1+(\omega RC)^2]$.

K.3.2　$1/f$ 噪音

许多过程有依赖于频率的噪声谱功率, 服从 ν^α 律, 其中 α 接近于 -1. 这种噪声称为"粉噪声"、$1/f$ 噪声或者闪变噪声 (Flicker noise). 这种行为的微观原因可以是很多种, 已经提出了各种不同的模型[2179,2180]. 作为例子, RuO_2 厚膜电阻的噪声谱如图 K.1(a) 所示; 对于这个系统, 金属-绝缘体-金属单元的隧穿电流的涨落可以解释观察到的 $1/f$ 噪声频率 (和温度) 依赖关系. 在高频, $1/f$ 谱功率消失, 其他噪声源占主导地位, 非晶硅薄膜晶体管的情况如图 K.1(b) 所示. (碳薄膜电阻的) 噪声谱功率的 $1/f$ 依赖关系已经探测到了 3×10^{-6} Hz 的低频[2181].

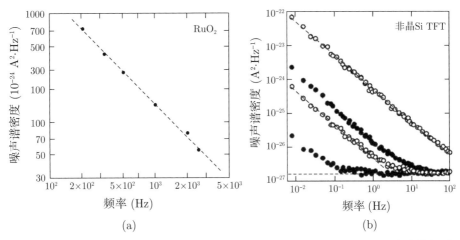

图K.1　(a) 氧化钌电阻的噪声电流密度谱(温度 $T = 300$ K, 电流 $I = 1$ mA), 给出了实验数据(符号)和 $1/f$ 依赖关系(虚线). 改编自文献[2182]. (b) 非晶硅薄膜晶体管的噪声电流密度谱, 给出了不同的源-漏电压下的实验数据(符号)、热噪声(水平的虚线)和 $1/f$ 依赖关系(倾斜的虚线).改编自文献[2183]

K.3.3 散粒噪音

通过电阻的直流电流 $\langle i \rangle = I_0$ 是一系列的电子从一个电极跑到另一个电极. 渡越时间 t_{tr} 由长度 L 和漂移速度 v_{D} 给出: $t_{\mathrm{tr}} = L/v_{\mathrm{D}} = L^2/(\mu V)$. 这些渡越事件的时间是随机的, 因此导致了直流电流上的噪声 (交流) 分量. 这称为"散粒噪声", 取意于子弹打在靶子上发出的爆裂声. 对于低频率 ($f \ll t_{\mathrm{tr}}^{-1}$), 噪声功率是

$$W = 2eI_0 \tag{K.27}$$

电流噪声就是

$$\langle i^2 \rangle = 2eI_0 B \tag{K.28}$$

这个噪声项最早是在饱和区的真空管里发现的, 根据式 (K.28), 它也作为噪声标准. 保证式 (K.28) 成立的重要条件是每次转移了一个完整的电荷 e. 在半导体二极管里, 情况更复杂, 因为不同的电流有贡献. 如果在渡越过程中发生了散射事件, 也可以出现转移了分数电荷的情况. 非对称二极管的反向电流 (如果来自于低掺杂区) 来自穿过耗尽层的载流子. 如果耗尽层里的生成过程不起作用, 这个噪声也决定于散粒噪声 (式 (K.28)).

最大的噪声水平 (式 (K.28)) 出现在没有任何关联的情况 (泊松过程), 包括注入过程以及随后的输运里. 在本征锗[2184]和 CdTe 探测器的大电流极限下[2185], 已经观察到这个值 (图 K.2). 在金属导体 (或者简并的半导体) 里, 因为泡利不相容原理导致的关联, 噪声减小到这个值的三分之一[2186]. 在尺寸介于弹性和非弹性平均自由程之间的非简并半导体里, 修正的情况在文献 [2187] 里讨论. 当存在电子和空穴的输运时, 半导体里的散粒噪声在文献 [2184-2188] 里处理.

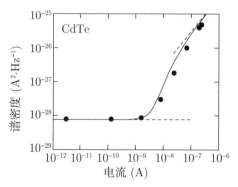

图K.2 半绝缘的(暗的)CdTe探测器的噪声, 温度 $T = 323$ K, 频率大约是1~2 kHz, $1/f$ 噪声不起作用. 实验结果用符号表示, 详细的理论用实线表示. 水平的虚线表示热噪声(式(K.25)), 倾斜的虚线表示散粒噪声(式(K.28)). 改编自文献[2185]

K.3.4 生成-复合噪音

半导体的一个重要特性是: 由于生成-复合过程, 载流子密度受到涨落的影响.[①] 多数载流子的涨落导致电导率的变化, 如果施加不变的电压, 就导致电流的变化. 导致载流子浓度起伏的跃迁的典型例子是能带和局域化能级之间的跃迁, 以及导带和价带之间的跃迁. 样品通常保持中性. 详细的处理参阅文献 [2189, 2190].

一个简单的例子是导带和施主能级之间的跃迁影响了载流子数目的涨落. 在 n 型硅样品的噪声谱里得到了验证, 温度为 $T = 78$ K (图 K.3(a)), 在 $1/f$ 噪声上有一个 $10^6 \sim 10^7$ Hz 的平台[2191]($10^8 \sim 10^9$ Hz 的平台来自于速度的涨落). 生成-复合的噪声贡献的谱功率是

$$W = I_0^2 \frac{\langle (\delta n)^2 \rangle}{\langle n \rangle^2} \frac{4\tau_0}{1+(\omega\tau_0)^2} \tag{K.29}$$

其中, τ_0 是特征弛豫时间, $\langle n \rangle = \bar{n}$ 是平均载流子浓度 (单位体积里的平均载流子数目), $\langle (\delta n)^2 \rangle = \langle (n-\bar{n})^2 \rangle$ 是载流子浓度的涨落. 为了更清楚地比较生成-复合噪声和 $1/f$ 噪声, 可以把 $W \times \omega$ 画出来 (图 K.3(b)), 它表现为一个峰 (频率轴是对数坐标)[2192].

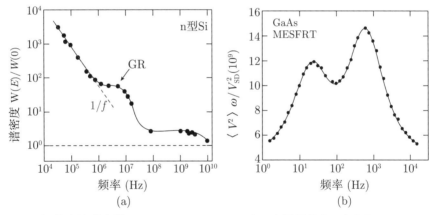

图 K.3 (a) n 型 Si 的电流噪声谱($T=78$ K, $n=3 \times 10^{13}$/cm³), 电场沿着 $\langle 100 \rangle$ 方向, $E=200$ V/cm, 相对单位是 $E=0$ 时的噪声谱. 水平的虚线指出了热噪声的水平. GR 箭头标出了生成-复合噪声. 改编自文献 [2191]. (b) GaAs MESFET 的功率谱乘以频率. 实验数据用符号表示, 拟合结果用实线表示, 包括式(K.29)类型的对于两种不同陷阱的两个生成-复合噪声项(乘以 ω). 改编自文献 [2192]

对于部分补偿的半导体 ($N_D > N_A$), 人们发现 (如果可以忽略空穴)[2190]

$$\frac{\langle (\delta n)^2 \rangle}{\langle n \rangle^2} = \left[1 + \frac{\bar{n} N_D}{(\bar{n}+N_A)(N_D - N_A - \bar{n})} \right]^{-1} \leqslant 1 \tag{K.30}$$

[①] 金属的载流子浓度保持不变.

涨落 $\langle(\delta n)^2\rangle/\langle n\rangle^2$ 通常小于泊松值 1, 对于排斥性的关联, 这种亚泊松统计是典型的. 对于 $N_\mathrm{D} \gg N_\mathrm{A}$ 的情况 [2190], 式 (K.30) 简化为

$$\frac{\langle(\delta n)^2\rangle}{\langle n\rangle^2} = \left[1+\frac{N_\mathrm{D}}{N_\mathrm{D}-\bar{n}}\right]^{-1} = \frac{N_\mathrm{D}-\bar{n}}{2N_\mathrm{D}-\bar{n}} \tag{K.31}$$

在双极性的区域(通常接近本征条件), 当只有自由的电子和空穴重要时, 人们发现[1864] ($\mu_n < 0$):

$$\frac{\langle(\delta n)^2\rangle}{\langle n\rangle^2} = \frac{\bar{n}^2\bar{p}(\mu_\mathrm{p}-\mu_\mathrm{n})^2}{(\bar{n}+\bar{p})(\bar{p}\mu_\mathrm{p}-\bar{n}\mu_\mathrm{n})^2} \tag{K.32}$$

在本征的情况 ($\bar{n}=\bar{p}$) 下, 可以简化为

$$\frac{\langle(\delta n)^2\rangle}{\langle n\rangle^2} = \frac{1}{2} \tag{K.33}$$

参考文献

[1] Chelikowsky J R,Cohen M L. Semiconductors:A pillar of pure and applied physics[J]. J. Appl. Phys. ,2015,117:1-8. (10.1063/1.4913838)

[2] Bishop J M. How to win the Nobel prize:An unexpected life in science[M]. Cambridge:Harvard University Press,2003.

[3] Busch G. Early history of the physics and chemistry of semiconductors:From doubts to fact in a hundred years[J]. Eur. J. Phys. ,1989,10:254-264. (10.1088/0143-0807/10/4/002)

[4] Hoddeson L,Braun E,Teichmann J,et al. Out of the crystal maze[M]. Oxford:Oxford University Press,1992.

[5] Handel K C. Anfänge der Halbleiterforschung und-entwicklung. Dargestellt an den Biographien von vier deutschen Halbleiterpionieren[D]. Aachen:RWTH Aachen,1999.

[6] Feigelson R S. 50 years progress in crystal growth[M]. Amsterdam:Elsevier,2004.

[7] Morris P R. A history of the world semiconductor industry[M]. London:Peter Peregrinus Ltd. ,1990. (10.1049/PBHT012E)

[8] Holbrook D, Cohen W M, Hounshell D A, et al. The nature, sources, and consequences of firm differences in the early history of the semiconductor industry[J]. Strat. Mgmt. J., 2000, 21:1017-1041. (10.1002/1097-0266(200010/11)21:10/11<1017::AID-SMJ131>3.0.CO;2-G)

[9] Sze S M. Semiconductor devices: pioneering papers[M]. Singapore: World Scientific, 1991. (10.1142/1087)

[10] Volta A. Del modo di render sensibilissima la più debole Elettricità sia Naturale, sia Artificiale(Of the Method of rendering very sensible the weakest Natural and Artificial Electricity)[J]. Phil. Trans. Roy. Soc. London, 1782, 72:237-280. (10.1098/rstl.1782.0018)

[11] Seebeck T J. Magnetische polarisation der metalle und erze durch temperaturdifferenz[J]. Abhandl. Deut. Akad. Wiss. Berlin (Physik. Klasse), 1822:265-373.

[12] Seebeck T J. Über die magnetische polarisation der metalle und erze durch temperaturdifferenz[J]. Ann. Physik, 1826, 82:1-20, 133-160, 253-286. (10.1002/andp.18260820102; 10.1002/andp.18260820202; 10.1002/andp.18260820302)

[13] Faraday M. Experimental researches in electricity, §10. On conduction power generally[J]. Phil. Trans. Roy. Soc. London, 1833, 123:507-522. (10.1098/rstl.1833.0022)

[14] Becquerel E. Recherches sur les effets de la radiation chimique de la lumière solaire au moyen des courants électriques[J]. 1839, 9:145-149.

[15] Becquerel E. Mémoire sur les effects électriques produits sous l'influence des rayons solaires[J]. Comptes Rendus de L'Académie des Sciences, 1839, 9:561-567.

[16] Becquerel E. Untersuchungen über die Wirkungen der chemischen strahlen des sonnenlichtsmittelst elektrischer ströme[J]. Ann. Physik, 1841, 130:18-35. (10.1002/andp.18411300903)

[17] Becquerel E. Ueber die elektrischen Wirkungen unter einfluss der sonnenstrahlen[J]. Ann. Physik, 1841, 130:35-42. (10.1002/andp.18411300904)

[18] Peltier J. Nouvelles expériences sur la caloricité des courans électriques[J]. Ann. Chim., 1834, LVI:371-387.

[19] Smith W. The action of light on selenium[J]. J. Soc. Telegraph Engrs., 1873, 2:31-33. (10.1049/jste-1.1873.0023)

[20] Smith W. Effect of light on selenium during the passage of an electric current[J]. Nature, 1873, 7:303. (10.1038/007303e0)

[21] Bidwell S. On the sensitiveness of selenium to light, and the development of a similar property in sulphur[J]. Proc. Phys. Soc., 1885, 7:129-145. (10.1088/1478-7814/7/1/319)

[22] Bidwell S. The electrical properties of selenium[J]. Proc. Phys. Soc., 1894, 13:552-579. (10.1088/1478-7814/13/1/348)

[23] Schreier W. Ferdinand Braun in Leipzig, Zum 150. Geburtstag des Entdeckers des Halbleitereffektes und des Erfinders der Kathodenstrahlröhre[J]. NTM Zeitschrift für Geschichte der Wissenschaften, Technik und Medizin, 2000, 8:201-208. (10.1007/BF02914193)

[24] Braun F. Über die stromleitung durch schwefelmetalle[J]. Ann. Phys. Chem., 1874, 153:556-563. (10.1002/andp.18752291207)

[25] Adams W G, Day R E. The action of light on selenium[J]. Proc. Roy. Soc. Lond. A, 1876, 25: 113-117. (10.1098/rspl.1876.0024)

[26] Siemens W. On the influence of light upon the conductivity of crystalline selenium[J]. Phil. Mag., 1875, 50: 416. (10.1080/14786447508641313)

[27] Fritts C E. On a new form of selenium cell, and some electrical discoveries made by its use[J]. Am. J. Sci., 1883, 26: 465-472. (10.2475/ajs.s3-26.156.465)

[28] Hall E H. On a new action of the magnet on electric currents[J]. Am. J. Math., 1879, 2: 287-292. (10.2307/2369245)

[29] Hall E H. On a new action of the magnet on electric currents[J]. Philos. Mag., 1879, 9: 225-230.

[30] Rowland H A. Preliminary notes on Mr. Hall's recent discovery[J]. Philos. Mag., 1880, 9: 432-434. (10.1080/14786448008626828)

[31] Buchwald J Z. The Hall effect and Maxwellian electrodynamics in the 1880's. Part I: discovery of a new electric field[J]. Centaurus, 1979, 23: 51-99. (10.1111/j.1600-0498.1979.tb00360.x)

[32] Buchwald J Z. The Hall effect and Maxwellian electrodynamics in the 1880's. Part II: the unification of theory, 1881-1893[J]. Centaurus, 1979, 23: 118-162. (10.1111/j.1600-0498.1979.tb00227.x)

[33] Bose J C. Detector for electrical Disturbances[P]. US patent 755860.

[34] Pickard G W. Means for receiving intelligence communicated by electric waves[P]. US patent 836531.

[35] Pickard G W. Oscillation-receiver[P]. US patent 888191.

[36] Jenkins T. A brief history of semiconductors[J]. Phys. Edu., 2005, 40: 430-439. (10.1088/0031-9120/40/5/002)

[37] Round H J. A note on carborundum[J]. Electron World, 1907, 19: 309. (10.1142/9789814503464_0116)

[38] Bädeker K. Über die elektrische leitfähigkeit und die thermoelektrische kraft einiger schwermetallverbindungen[J]. Ann. Physik, 1907, 327: 749-766. (10.1002/andp.19073270409)

[39] Kaiser W. Karl bädekers beitrag zur halbleiterforschung[J]. Centaurus, 1978, 22: 187-200. (10.1111/j.1600-0498.1979.tb00588.x)

[40] Grundmann M. Karl Bädeker (1877-1914) and the discovery of transparent conductive materials[J]. Phys. Status Solidi A, 2015, 212: 1409-1426. (10.1002/pssa.201431921)

[41] Bädeker K. Über eine eigentümliche form elektrischen leitvermögens bei festen körpern[J]. Ann. Physik, 1909, 334: 566-584. (10.1002/andp.19093340807)

[42] Steinberg K. Über den halleffekt bei jodhaltigem kupferjodür[J]. Ann. Physik, 1911, 340: 1009-1033. (10.1002/andp.19113401010)

[43] Pickard G W. The discovery of the oscillating crystal[J]. Radio News, 1925, 6(7) (1925 issue): 1166, 1270.

[44] Ratcliffe J A. William Henry Eccles. 1875-1966[J]. Biogr. Memoirs Fell. Roy. Soc., 1971, 17: 195-214. (10.1098/rsbm.1971.0008)

[45] Eccles W H. On an oscillation detector actuated solely by resistance-temperature variations[J]. Proc. Phys. Soc. ,1910,22:360-368. (10.1088/1478-7814/22/1/326)

[46] Weiss J. Experimentelle beiträge zur elektronentheorie aus dem gebiet der thermoelektrizität[D]. Albert-Ludwigs Universität Freiburg i. Br. ,1910.

[47] Königsberger J, Weiss J. Über die thermoelektrischen Effekte (Thermokräfte, Thomsonwärme) und die Wärmeleitung in einigen Elementen und Verbindungen und über die experimentelle Prüfung der Elektronentheorien[J]. Ann. Physik,1911,340:1-46. (10.1002/andp.19113400602)

[48] Friedrich F, Knipping P, von Laue M. Interferenzerscheinungen bei Röntgenstrahlen [J]. Bayerische akademie der wissenschaften, mathematisch-physikalische klasse, sitzungsberichte, 1912:303-322; Ann. Physik,1913,346:971-988. (10.1002/andp.19133461004)

[49] von Laue M. Eine quantitative Prüfung der Theorie für die Interferenz-Erscheinungen bei Röntgenstrahlen [J]. Baycrische Akademie der Wissenschaften, Mathematisch-Physikalische Klasse, Sitzungsberichte, 1912: 363-373; Ann. Physik, 1913, 346: 989-1002. (10.1002/andp.19133461005)

[50] Dörfel G. Julius Edgar Lilienfeld und William David Coolidge-Ihre Röntgenröhren und ihre Konflikte[M]. Berlin:Max-Planck-Institut für Wissenschaftsgeschichte,2006.

[51] Thomas T L. The Twenty Lost Years of Solid-State Physics[J]. Analog (Science Fact→Science Fiction),1965,LXXV(1):8-13,81. (此文误将莱比锡大学放到了波兰。)

[52] Kleint C. Julius Edgar Lilienfeld:Life and profession[J]. Progr. Surf. Sci. ,1998,57:253-327. (10.1016/S0079-6816(98)80026-9)

[53] Lilienfeld J E. Method and apparatus controlling electric currents[P]. US patent 1745175.

[54] Crawford B E. The invention of the transistor[D]. Burlington:University of Vermont,1991.

[55] Lilienfeld J E. Device for controlling electric current[P]. US patent 1900018.

[56] Lilienfeld J E. Amplifier for electric currents[P]. US patent 1877140.

[57] Gosling W. The pre-history of the transistor[J]. Radio Electron. Eng. ,1973,43:10.

[58] Schleede A, Buggisch H. Untersuchungen amBleiglanz-und Pyritdetektor[J]. Z. Anorg. Allg. Chemie,1927,161:85-107. (10.1002/zaac.19271610107)

[59] Körner E. Über die Darstellungsmethoden und die Lumineszenzfähigkeit reinsten Zinksulfids und Zinkoxydes[D]. Universität Greifswald,1930.

[60] Schleede A. Über den strukturellen Bau der Leuchtzentren in den Zink-und Cadmium-Sulfid-Leuchtstoffen[J]. Chem. Ber. ,1957,90:1162-1175. (10.1002/cber.19570900642)

[61] Bloch F. Über die quantenmechanik der elektronen in kristallgittern[J]. Z. Phys. ,1928,52:555-560. (10.1007/BF01339455)

[62] Loebner E E. Subhistories of the light emitting diode[J]. IEEE Trans. Electron Dev. ,1976,23:675-699. (10.1109/T-ED.1976.18472)

[63] Nivikov M A. Oleg vladimirovich losev:pioneer of semiconductor electronics[J]. Fiz. Tverd. Tela,2004,46:5-9.[Phys. Solid State,2004,46:1-4.](10.1134/1.1641908)

[64] Zheludev N. The life and times of the LED:a 100-year history[J]. Nat. Photon. ,2007,1:189-192.

(10.1038/nphoton.2007.34)

[65] Lossev O V. Luminous carborundum detector and detection effect and oscillations with crystals [J]. Philos. Mag. Series 7,1928,6(39):1024-1044. (10.1080/14786441108564683)

[66] Peierls R. Zur theorie der galvanomagnetischen effekte[J]. Zeitschr. f. Physik,1929,53:255-266. (10.1007/BF01339727)

[67] Peierls R E. Zur Theorie des Hall-Effekts[J]. Phys. Zeitschrift,1929,30:273-274.

[68] Strutt M J O. Zur Wellenmechanik des Atomgitters[J]. Ann. Physik,1928,391:319-324. (10.1002/andp.19283911006)

[69] Peierls R. Zur Theorie der elektrischen und thermischen Leitfähigkeit von Metallen[J]. Ann. Physik,1930,396:121-148. (10.1002/andp.19303960202)

[70] Heisenberg W. Zum Paulischen Ausschließungsprinzip[J]. Ann. Physik,1931,402:888-904. (10.1002/andp.19314020710)

[71] Kronig R de L,Penney W G. Quantum mechanics of electrons in crystal lattices[J]. Proc. R. Soc. Lond. A,1931,130:499-513. (10.1098/rspa.1931.0019)

[72] Wilson A H. Semi-Conductors and Metals,An Introduction to the Electron Theory of Metals[M]. Cambridge:Cambridge University Press,1939.

[73] Cahn R W. Silicon: child and progenitor of revolution[M]//Huff H R. Into the Nano Era,Moore's Law Beyond Planar Silicon CMOS. Berlin:Springer,2009:3-10. (10.1007/978-3-540-74559-4_1)

[74] Wilson A H. The theory of electronic semi-conductors[J]. Proc. R. Soc. Lond. A,1931,133:458-491. (10.1098/rspa.1931.0162)

[75] Wilson A H. The theory of electronic semi-conductors II [J]. Proc. R. Soc. Lond. A,1931,134:277-287. (10.1098/rspa.1931.0196)

[76] Schmalzried H. Carl Wagner[J]. Berichte der Bunsengesellschaft für Physikalische Chemie,1991,95:936-949. (10.1002/bbpc.19910950816)

[77] Wagner C,Schottky W. Theorie der geordneten Mischphasen[J]. Z. Phys. Chem.,1930,11B:163-210.

[78] Wagner C. Theorie der geordneten Mischphasen II. Diffusionsvorgänge[J]. Z. Phys. Chem.,1931,1931A (issue supplement):177-186. (10.1515/zpch-1931-s120)

[79] Wagner C. Theorie der geordneten Mischphasen III. Fehlordnungserscheinungen in polaren Verbindungen als Grundlage für Ionen-und Elektronenleitung[J]. Z. Phys. Chem.,1933,22B:181-194. (10.1515/zpch-1933-2213)

[80] von Baumbach H H,Wagner C. Die elektrische Leitfähigkeit von Zinkoxyd und Cadmiumoxyd [J]. Z. Phys. Chem.,1933,22B:199-211. (10.1515/zpch-1933-2215)

[81] Zener C. A theory of electrical breakdown of solid dielectrics[J]. Proc. R. Soc. Lond. A,1934,145:523-529. (10.1098/rspa.1934.0116)

[82] Frenkel J. On the absorption of light and the trapping of electrons and positive holes in crystalline dielectrics[J]. Phys. Z. Sowjetunion,1936,9:158-186.

[83] Davydov B I. On the rectification of current at the boundary between two semiconductors[J]. Dokl. Acad. Nauk SSSR (C. R. Acad. Sci. USSR),1938,20:279-282.

[84] Davydov B I. On the theory of solid rectifiers[J]. Dokl. Acad. Nauk SSSR (C. R. Acad. Sci. USSR),1938,20:283-285.

[85] Schottky W. Halbleitertheorie der Sperrschicht[J]. Naturwissenschaften,1938,26:843. (10.1007/BF01774216)

[86] Mott N F. Note on the contact between a metal and an insulator or semiconductor[J]. Proc. Camb. Philos. Soc.,1938,34:568-572. (10.1017/S0305004100020570)

[87] Mott N F. The theory of crystal rectifiers[J]. Proc. R. Soc. Lond. A,1939,171:27-38. (10.1098/rspa.1939.0051)

[88] Hilsch R,Pohl R W. Steuerung von Elektronenströmen mit einem Dreielektrodenkristall und ein Modell einer Sperrschicht[J]. Z. Phys.,1938,111:399-408. (10.1007/BF01342357)

[89] Ohl R S. Light-Sensitive electric device[P]. US patent 2402662.

[90] Scaff J H. The role of metallurgy in the technology of electronic materials[J]. Metall. Mater. Trans. B,1970,1:561-573. (10.1007/BF02811579)

[91] Riordan M,Hoddeson L. The origins of the pn junction[J]. IEEE Spectrum,1997,34(6):46-51. (10.1109/6.591664)

[92] Ohl R S. Alternating current rectifier[P]. US patent 2402661.

[93] Scaff J,Ohl R S. The development of silicon crystal rectifiers for microwave radar receivers[J]. Bell Syst. Tech. J.,1947,26:1-30. (10.1002/j.1538-7305.1947.tb01310.x)

[94] Clusius K,Holz E,Welker H. Elektrische Gleichrichteranordnung mit Germanium als Halbleiter und Verfahren zur Herstellung von Germanium für eine solche Gleichrichteranordnung[P]. German patent DBP 966387,21g.

[95] Welker H. Halbleiteranordnung zur kapazitiven Steuerung von Strömen in einem Halbleiterkristall[P]. German patent DBP 980084,21g.

[96] Bardeen J,Brattain W H. Three-electrode circuit element utilizing semiconductormaterials[P]. US patent 2524035.

[97] Riordan M,Hoddeson L,Herring C. The invention of the transistor[J]. Rev. Mod. Phys.,1999,71:S336-S345. (10.1103/RevModPhys.71.S336)

[98] Bardeen J,Brittain W H. Physical principles involved in transistor action[J]. Phys. Rev.,1949,75:1208-1225. (10.1103/PhysRev.75.1208)

[99] Bardeen J,Brittain W H. The transistor, a semi-conductor triode[J]. Phys. Rev.,1948,74:230-231. (10.1103/PhysRev.74.230)

[100] Brinkman W F,Haggan D E,Troutman W W. A history of the invention of the transistor and where it will lead us[J]. IEEE J. Solid-State Circ.,1997,32:1858-1865. (10.1109/4.643644)

[101] Shockley W B. Circuit element utilizing semiconductor material[P]. US patent 2569347.

[102] Goryunova N A. Grey tin[D]. St Petersburg Leningrad State University,1951.

[103] Goryunova N A. The Chemistry of diamond-like semiconductors[M]. London:Chapman and

Hall,1965.(原著于1963年出版于列宁格勒)

[104] Welker H. Verfahren zur Herstellung eines Halbleiterkristalls mit Zonen verschiedenen Leitungstyps bei AⅢ-BⅤ Verbindungen[P]. German patent DBP 976709,21g.

[105] Welker H. Verfahren zur Herstellung eines Halbleiterkristalls aus einer AⅢ-BⅤ-Verbindung mit Zonen verschiedenen Leitungstyps[P]. German patent DBP 976791,12c.

[106] Welker H. Semiconductor devices and methods of their manufacture[P]. US patent 2798989.

[107] Welker H. Über neue halbleitende Verbindungen[J]. Z. Naturf. ,1952,7a:744-749. (10.1515/zna-1952-1110)

[108] Shockley W. A unipolar "field-effect" transistor[J]. Proc. IRE,1952,40:1365-1376. (10.1109/JRPROC.1952.273964)

[109] Dacey G C,Ross I M. Unipolar "field-effect" transistor[J]. Proc. IRE,1953,41:970-979. (10.1109/JRPROC.1953.274285)

[110] Chapin D M,Fuller C S,Pearson G L. A new silicon p-n junction photocell for converting solar radiation into electrical power[J]. J. Appl. Phys. ,1954,25:676-677. (10.1063/1.1721711)

[111] Kilby J S. Miniaturized electronic circuits[P]. US patent 3138743.

[112] Noyce R N. Semiconductor device-and-lead structure[P]. US patent 2981877.

[113] Saxena A N. Invention of integrated circuits—untold important facts[M]. Singapore: World Scientific,2009. (10.1142/6850)

[114] Mortenson G,Relin D O. Three cups of tea: one man's mission to fight terrorism and build nations…one school at a time[M]. New York: Viking Penguin,2006.

[115] Hoerni J A. Method of manufacturing semiconductor devices[P]. US patent 3025589.

[116] Hoerni J A. Semiconductor device[P]. US patent 3064167.

[117] Hoerni J A. Planar silicon diodes and transistors[C]//International Electron Devices Meeting (Washington,D. C. ,1960):50. (10.1109/IEDM.1960.187178)

[118] Hoerni J A. Planar silicon diodes and transistors[J]. IRE Trans. Electron Dev. ,1961,8:178. (10.1109/T-ED.1961.14755)

[119] Riordan M. The silicon dioxide solution: How physicist Jean Hoerni built the bridge from the transistor to the integrated circuit[J]. IEEE Spectrum,2007,44(12):50-56. (10.1109/MSPEC.2007.4390023)

[120] Datasheet 2N1613,Silicon npn transistor,Fairchild Semiconductor.

[121] Kahng D,Atalla M M. Silicon-silicon dioxide field induced surface device[C]//IRE Solid-State Device Research Conference (Carnegie Institute of Technology,Pittsburgh,PA,1960). (10.1142/9789814503464_0076)

[122] Kahng D. Electric field controlled semiconductor device[P]. US patent 3102230.

[123] Hall R N,Fenner G E,Kingsley J D,et al. Coherent light emission from GaAs junctions[J]. Phys. Rev. Lett. ,1962,9,366-368. (10.1103/PhysRevLett.9.366)

[124] Hall R N. Stimulated emission semiconductor devices[P]. US patent 3245002.

[125] Nathan M I,Dumke W P,Burns G,et al. Stimulated emission of radiation from GaAs p-n

[125] junctions[J]. Appl. Phys. Lett. ,1962,1:62-64. (10.1063/1.1777371)

[126] Quist T M,Rediker R H,Keyes R J,et al. Semiconductor maser in GaAs[J]. Appl. Phys. Lett. ,1962,1:91-92. (10.1063/1.1753710)

[127] Holonyak N Jr. ,Bevacqua S F. Coherent (visible) light emission from Ga(As$_{1-x}$P$_x$) junctions[J]. Appl. Phys. Lett. ,1962,1:82-83. (10.1063/1.1753706)

[128] Remembering the laser diode[J]. Nat. Photon. ,2012,6:795. (10.1038/nphoton.2012.310)

[129] Coleman J J. The development of the semiconductor laser diode after the first demonstration in 1962[J]. Semicond. Sci. Technol. ,2012,27:1-10. (10.1088/0268-1242/27/9/090207)

[130] Alferov Z I, Kasarinov R F. Semiconductor laser with electric pumping [P]. Inventor's Certificate No.181737 (in Russian),Application No.950840 (1963).

[131] Alferov Z I. Nobel Lecture:the double heterostructure concept and its applications in physics,electronics,and technology[J]. Rev. Mod. Phys. ,2001,73:767-782. (10.1103/RevModPhys.73.767)

[132] Kroemer H. A proposed class of heterojunction injection lasers[J]. Proc. IEEE,1963,51:1782-1783. (10.1109/PROC.1963.2706)

[133] Kroemer H. Nobel Lecture:Quasielectric fields and band offsets:Teaching electrons new tricks [J]. Rev. Mod. Phys. ,2001,73:783-793. (10.1103/RevModPhys.73.783)

[134] Gunn J B. Microwave oscillations of current in Ⅲ-Ⅴ semiconductors[J]. Solid State Commun. ,1963,1:88-91. (10.1016/0038-1098(93)90262-L)

[135] Mead C A. Schottky barrier gate field effect transistor[J]. Proc. IEEE,1966,54:307-308. (10.1109/PROC.1966.4661)

[136] Alferov Z I,Korol'kov V I,Maslov V I,et al. Investigation of currentvoltage characteristics of diffused p-n junctions in GaAs$_{0.65}$P$_{0.35}$[J]. Fizika i Tekn. Poluprovodn. ,1967,1:260-264. [Sov. Phys. Semicond. ,1967,1:206-209.]

[137] Alferov Z I, Garbuzov D Z, Grigor'ev V S, et al. Injection luminescence of epitaxial heterojunctions in the GaP-GaAs system[J]. Fiz. Tverd. Tela,1967,9:279-282. [Sov. Phys. Solid State,1967,9:208-210.]

[138] Hooper W W,Lehrer W I. An epitaxial GaAs field effect transistor[J]. Proc. IEEE,1967,55:1237-1238. (10.1109/PROC.1967.5817)

[139] Alferov Z I,Andreev V M,Portnoi E L,et al. AlAs-GaAs heterojunction injection lasers with a low room-temperature threshold[J]. Fizika i. Tekn. Poluprovodn. ,1969,3:1328-1332. [Sov. Phys. Semicond. ,1970,3:1107-1110.]

[140] Hayashi I. Heterostructure lasers[J]. IEEE Trans. Electron Dev. ,1984,31:1630-1642. (10.1109/T-ED.1984.21764)

[141] Logan R A,White H G,Wiegmann W. Efficient green electroluminescence in nitrogen-doped GaP p-n junctions[J]. Appl. Phys. Lett. ,1968,13:139-141. (10.1063/1.1652543)

[142] Potter R M,Blank J M,Addamiano A. Silicon carbide light-emitting diodes[J]. J. Appl. Phys. ,1969,40:2253-2257. (10.1063/1.1657967)

[143] Boyle W S,Smith G E. Charge coupled semiconductor devices[J]. Bell Syst. Tech. J.,1970,49: 587-593. (10.1002/j.1538-7305.1970.tb01790.x)

[144] Amelio G F,Tompsett M F,Smith G E. Experimental verification of the charge coupled device concept[J]. Bell Syst. Tech. J.,1970,49:593-600. (10.1002/j.1538-7305.1970.tb01791.x)

[145] Kazarinov R F,Suris R A. Possibility of the Amplification of Electromagnetic Waves in a Semiconductor with a Superlattice[J]. Fiz. Tekh. Poluprovodn.,1971,5: 797-800. [Sov. Phys. Semicond.,1971,5:707-709.](10.1049/el:19760193)

[146] Pengelly R S,Turner J A. Monolithic broadband GaAs F. E. T. amplifiers[J]. Electron. Lett., 1976,12:251-252. (10.1049/el:19760193)

[147] Nakamura S. Crystal growth method for gallium nitride-based compound semiconductor[P]. US patent 5290393.

[148] Nakamura S,Senoh M,Iwasa N,et al. High-brightness InGaN blue, green and yellow light-emitting diodes with quantum-well structures[J]. Jpn. J. Appl. Phys.,1995,34: L797-L799. (10.1143/JJAP.34.L797)

[149] Faist J,Capasso F,Sivco D L,et al. Quantum cascade laser[J]. Science,1994,264:553-556. (10.1126/science.264.5158.553)

[150] Kirstaedter N,Ledentsov N N,Grundmann M,et al. Low threshold, large T_0 injection laser emission from (InGa)As quantum dots[J]. Electron. Lett.,1994,30: 1416. (10.1049/el: 19940939)

[151] Nomura K,Ohta H,Takagi A,et al. Room-temperature fabrication of transparent flexible thin-film transistors using amorphous oxide semiconductors[J]. Nature,2004,432:488-492. (10.1038/nature03090)

[152] Moses A J. Optical materials properties[M]//Handbook of Electronic Materials, vol. 1. New York:Plenum,1971. (10.1007/978-1-4684-6159-6)

[153] Neuberger M. Ⅲ-Ⅴ Semiconducting compounds[M]//Handbook of electronic materials, vol. 2. New York:Plenum,1971. (10.1007/978-1-4615-9606-6)

[154] Milek J T. Silicon nitride for microelectronic applications. Part 1 Preparation and properties [M]//Handbook of Electronic Materials,vol. 3. New York:Plenum,1971. (10.1007/978-1-4684-6162-6)

[155] Neuberger M,Grigsby D L,Veazie W H Jr.. Niobium alloys and compounds[M]//Handbook of electronic materials,vol. 4. New York:Plenum,1972. (10.1007/978-1-4757-6001-9)

[156] Neuberger M. Group Ⅳ semiconducting materials[M]//Handbook of electronic materials, vol. 5. New York:Plenum,1972. (10.1007/978-1-4684-7917-1)

[157] Milek J T. Silicon nitride for microelectronic applications. Part 2 applications and devices[M]// Handbook of electronic materials,vol. 6. New York:Plenum,1972. (10.1007/978-1-4615-9609-7)

[158] Madelung O. Semiconductors:data handbook[M]. 3rd ed. Berlin:Springer,2004. (10.1007/978-3-642-18865-7)

[159] Martienssen W. Semiconductors[M]//Martienssen W,Warlimont H. Springer handbook of

condensed matter and materials data. Berlin:Springer,2005:575-694.(10.1007/3-540-30437-1_9)

[160] Adachi S. Handbook on Physical Properties of Semiconductors, vol. 1 (Group IV Elemental Semiconductors)[M]. New York:Kluwer,2004.

[161] Adachi S. Handbook on Physical Properties of Semiconductors, vol. 2 (III-V Compound Semiconductors)[M]. New York:Kluwer,2004.

[162] Adachi S. Handbook on physical properties of semiconductors, vol. 3 (II-IV Compound Semiconductors)[M]. New York:Kluwer,2004.(10.1007/1-4020-7821-8)

[163] Adachi S. Optical constants of crystalline and amorphous semiconductors. Numerical data and graphical information[M]. New York:Springer,1999.(10.1007/978-1-4615-5247-5)

[164] Madelung O, Schulz M, Weiss H. Landolt-Börnstein. Numerical data and functional relationships in science and technology, new series, vol. 17, semiconductors[M]. Berlin:Springer,1982.

[165] Adachi S. Properties of group-IV, III-V and II-VI semiconductors[M]. Chichester:Wiley,2005. (10.1002/0470090340)

[166] Adachi S. Properties of semiconductor alloys: group-IV, III-V and II-VI semiconductors[M]. Chichester:Wiley,2009.(10.1002/9780470744383)

[167] M. Dayah[EB/OL]. www.dayah.com.

[168] Bryson B. A short history of nearly everything[M]. London:Doubleday,2003.

[169] Phillips J C. Bonds and bands in semiconductors[M]. New York:Academic Press,1973.(10. 1016/B978-0-12-553350-8.X5001-5)

[170] Phillips J C, Lucovsky G. Bonds and bands in semiconductors[M]. 2nd ed. New York:Momentum Press,2009.

[171] Evers P. Die wundersame Welt der Atomis: 10 Jahre in den Physikalischen Blättern[M]. Weinheim:Wiley-VCH,2002.

[172] Yin M T, Cohen M L. Microscopic theory of the phase transformation and lattice dynamics of Si [J]. Phys. Rev. Lett.,1980,45:1004-1007.(10.1103/PhysRevLett.45.1004)

[173] Bardeen J, Shockley W. Deformation potentials and mobilities in non-polar crystals[J]. Phys. Rev.,1950,80:72-80.(10.1103/PhysRev.80.72)

[174] Kimball G E. The electronic structure of diamond[J]. J. Chem. Phys.,1935,3:560-564.(10. 1063/1.1749729)

[175] Bernstein N, Mehl M J, Papaconstantopoulos D A, et al. Energetic, vibrational, and electronic properties of silicon using a nonorthogonal tight-binding model[J]. Phys. Rev. B,2000,62:4477-4487.(10.1103/PhysRevB.62.4477); Erratum: Phys. Rev. B,2002,65:249902.(10.1103/PhysRevB.65.249902)

[176] Roberts R M. Serendipity, accidental discoveries in science[M]. New York:Wiley,1989:75-81.

[177] Liu Y, Kilby P, Frankcombe T J, et al. The electronic structure of benzene from a tiling of the correlated 126-dimensional wavefunction[J]. Nat. Commun.,2020,11:1210:1-5.(10.1038/s41467-020-15039-9)

[178] Jansen H J F, Freeman A J. Structural properties and electron density of NaCl[J]. Phys. Rev. B,

1986,33:8629-8631. (10.1103/PhysRevB.33.8629)

[179] Soma T, Umenai T. Madelung energies of tetragonal and orthorhombic systems[J]. Phys. Status Solidi B,1976,78:229-240. (10.1002/pssb.2220780122)

[180] van Vechten J A. Quantum dielectric theory of electronegativity in covalent systems. I. electronic dielectric constant[J]. Phys. Rev.,1969,182:891-905. (10.1103/PhysRev.182.891)

[181] Phillips J C, van Vechten J A. Dielectric classification of crystal structures, ionization potentials, and band structures[J]. Phys. Rev. Lett.,1969,22:705-708. (10.1103/PhysRevLett.22.705)

[182] Catlow C R A, Stoneham A M. Ionicity in solids[J]. J. Phys. C: Solid State Phys.,1983,16:4321-4338. (10.1088/0022-3719/16/22/010)

[183] Callen H B. Electric breakdown in ionic solids[J]. Phys. Rev.,1949,76:1394-1402. (10.1103/PhysRev.76.1394)

[184] Phillips J C, van Vechten J A. Charge redistribution and piezoelectric constants[J]. Phys. Rev. Lett.,1969,23,1115-1117. (10.1103/PhysRevLett.23.1115)

[185] Takeuchi S, Suzuki K. Stacking fault energies of tetrahedrally coordinated crystals[J]. Phys. Status Solidi A,1999,171:99-103. (10.1002/(SICI)1521-396X(199901)171:1<99::AID-PSSA99>3.0.CO;2-B)

[186] de l'Isle J-B R. Cristallographie, ou Description Des Formes Propre a Tous les Corps du Regne Minéral, vol.1[M]. 1783:91.

[187] Dresselhaus M S, Dresselhaus G, Jorio A. Group theory, application to the physics of condensed matter[M]. Berlin: Springer, 2008. (10.1007/978-3-540-32899-5)

[188] Bravais M A. Mémoire sur les systèmes formés par des points distribués régulièrement sur un plan ou dans l'éspace[J]. J. L'Ecole Polytechnique,1850,19:1-128.

[189] Bravais M A. Études cristallographiques[M]. Paris: Gauthier-Villars,1866.

[190] Winkler H G F. Hundert jahre bravais Gitter[J]. Die Naturwissenschaften,1950,37:385-390. (10.1007/BF00738360)

[191] Shechtman D, Blech I, Gratias D, et al. Metallic phase with long-range orientational order and no translational symmetry[J]. Phys. Rev. Lett.,1984,53:1951-1953. (10.1103/PhysRevLett.53.1951)

[192] Fisher I R, Cheon K O, Panchula A F, et al. Magnetic and transport properties of single-grain R-Mg-Zn icosahedral quasicrystals[R = Y, $(Y_{1-x}Gd_x)$, $(Y_{1-x}Tb_x)$, Tb, Dy, Ho, and Er][J]. Phys. Rev. B,1999,59:308-321. (10.1103/PhysRevB.59.308)

[193] Kimura K, Hori A, Takeda M, et al. Possibility of semiconducting quasicrystal in boron-rich solids [J]. J. Non-Cryst. Solids,1993,153&154:398-402. (10.1016/0022-3093(93)90382-8)

[194] Kirihara K, Kimura K. Covalency, semiconductor-like and thermoelectric properties of Al-based quasicrystals: Icosahedral cluster solids[J]. Sci. Technol. Adv. Mat.,2000,1:227-236. (10.1016/S1468-6996(00)00021-8)

[195] Burns G, Glazer A M. Space groups for solid state scientists[M]. 3rd ed. San Diego: Academic Press,2013. (10.1016/C2011-0-05712-5)

[196] Proano R E, Ast D G. Effects of the presence/absence of HCl during gate oxidation on the electrical and structural properties of polycrystalline silicon thin film transistors[J]. J. Appl. Phys. ,1989,66:2189-2199. (10.1063/1.344317)

[197] Clark A H. Electrical and optical properties of amorphous germanium[J]. Phys. Rev. ,1967,154: 750-757. (10.1103/PhysRev.154.750)

[198] Chittick R C, Alexander J H, Sterling H F. The preparation and properties of amorphous silicon [J]. J. Electrochem. Soc. ,1969,116:77-81. (10.1149/1.2411779)

[199] Denton E P, Rawson H, Stanworth J E. Vanadate glasses[J]. Nature,1954,173:1030-1032. (10.1038/1731030b0)

[200] Hosono H. Ionic amorphous oxide semiconductors: Material design, carrier transport, and device application[J]. J. Non-Cryst. Solids,2006,352:851-858. (10.1016/j.jnoncrysol.2006.01.073)

[201] Schnohr C S, Ridgway M C. X-Ray absorption spectroscopy of semiconductors[M]. Heidelberg: Springer,2015. (10.1007/978-3-662-44362-0)

[202] Sayers D E, Lytle F W, Stern E A. Structure determination of amorphous Ge, GeO_2 and GeSe by Fourier analysis of extended X-ray absorption fine structure (EXAFS)[J]. J. Non-Cryst. Solids, 1972,8-10:401-447. (10.1016/0022-3093(72)90167-6)

[203] Brodsky M H. Amorphous semiconductors[M]. Berlin:Springer,1979. (10.1007/3-540-16008-6)

[204] Kramer B. Electronic structure and optical properties of amorphous semiconductors[J]. Adv. Solid State Phys. (Festkörperprobleme),1972,12:133-182. (10.1007/BFb0107701)

[205] Hull R. Properties of crystalline silicon[M]. London:IET,1999.

[206] Haq A J, Munroe P R. Phase transformations in (111) Si after spherical indentation[J]. J. Mater. Res. ,2009,24:1967-1975. (10.1557/jmr.2009.0249)

[207] Busch G A, Kern R. Semiconducting properties of gray tin[J]. Solid State Phys. ,1960,11:1-40. (10.1016/S0081-1947(08)60166-6)

[208] Chelikowski J R. Chemical trends in the structural stability of binary crystals[J]. Phys. Rev. B, 1986,34,5295-5304. (10.1103/PhysRevB.34.5295)

[209] Besson J M, Itié J P, Polian A, et al. High-pressure phase transition and phase diagram of gallium arsenide[J]. Phys. Rev. B,1991,44:4214-4234. (10.1103/PhysRevB.44.4214)

[210] Lawaetz P. Stability of the wurtzite structure[J]. Phys. Rev. B,1972,5:4039-4045. (10.1103/PhysRevB.5.4039)

[211] Davis R F, Shur M S. GaN-based materials and devices:growth, fabrication, characterization and performance[M]. Singapore:World Scientific,2004. (10.1142/5539)

[212] Jagadish C, Pearton S J. Zinc oxide bulk, thin films and nanostructures:processing, properties and applications[M]. Amsterdam:Elsevier,2006. (10.1016/B978-0-08-044722-3.X5000-3)

[213] Shur M, Rumyantsev S, LevinshteinM. SiC Materials And Devices, vol. 1[M]. Singapore:World Scientific, 2006. (10.1142/S0129156405003399)[Int. J. High Speed Electronics and Systems 15, 705-1033 (2005)]; Shur M, Rumyantsev S, Levinshtein M. SiC Materials And Devices, vol. 2 [M]. Singapore: World Scientific, 2007. (10.1142/S0129156406004004) [Int. J. High Speed

Electronics and Systems,2006,16:751-881.](10.1142/6134, 10.1142/6311)

[214] Siebentritt S,Rau U. Wide-Gap Chalcopyrites[M]. Berlin:Springer,2006.(10.1007/b105644)

[215] Shay J L,Wernick J H. Ternary Chalcopyrites[M]. Oxford:Pergamon,1975.

[216] Zunger A. Order-disorder transformation in ternary tetrahedral semiconductors[J]. Appl. Phys. Lett.,1987,50:164-166.(10.1063/1.97649)

[217] Jaffe J E,Zunger A. Theory of the band-gap anomaly in ABC_2 chalcopyrite semiconductors[J]. Phys. Rev. B,1984,29:1882-1906.(10.1103/PhysRevB.29.1882)

[218] Liu H F,Wong A S W,Hu G X,et al. Observation of interfacial reactions and recrystallization of extrinsic phases in epitaxial grown ZnO/GaAs heterostructures[J]. J. Cryst. Growth,2008,310: 4305-4308.(10.1016/j.jcrysgro.2008.07.062)

[219] Park K-W,Yun Y-H,Choi S-C. Photoluminescence characteristics of $ZnGa_2O_4$ thin films prepared by chemical solution method[J]. Solid State Ionics,2006,177:1875-1878.(10.1016/j.ssi.2006.05.049)

[220] Maitra T,Valentí R. Ferromagnetism in the Fe-substituted spinel semiconductor $ZnGa_2O_4$[J]. J. Phys.:Cond. Matter,2005,17:7417-7431.(10.1088/0953-8984/17/46/025)

[221] Sickafus K E,Wills J M,Grimes N W. Structure of spinel[J]. J. Am. Ceram. Soc.,1999,82:3279-3292.(10.1111/j.1151-2916.1999.tb02241.x)

[222] O'Neill H S C,Navrotsky A. Simple spinels:crystallographic parameters, cation radii, lattice energies,and cation distribution[J]. Am. Mineralogist.,1983,68:181-194.

[223] Jaffe J E,Bachorz R A,Gutowski M. Low-temperature polymorphs of ZrO_2 and HfO_2: A density-functionaltheory study[J]. Phys. Rev. B,2005,72:1-9.(10.1103/PhysRevB.72.144107)

[224] Duwez P,Brown F H Jr.,Odell F. The zirconia-yttria system[J]. J. Electrochem. Soc.,1951,98: 356-362.(10.1149/1.2778219)

[225] Ruh R,Mazdiyasni K S,Valentine P G,et al. Phase relations in the system ZrO_2-Y_2O_3 at low Y_2O_3 contents[J]. J. Am. Ceram. Soc.,1984,67:C-190-C-192.(10.1111/j.1151-2916.1984.tb19618.x)

[226] Nie X,Wei S-H,Zhang S B. Bipolar doping and band-gap anomalies in delafossite transparent conductive oxides[J]. Phys. Rev. Lett.,2002,88:1-4.(10.1103/PhysRevLett.88.066405)

[227] Yang C Y,Huang Z R,Yang W H,et al. Crystallographic study of lanthanum aluminate by convergent-beam electron diffraction[J]. Acta Cryst. A,1991,47:703-706.(10.1107/S0108767391005603)

[228] Lee M M,Teuscher J,Miyasaka T,et al. Efficient hybrid solar cells based on mesosuperstructured organometal halide perovskites[J]. Science,2012,338:643-647.(10.1126/science.1228604)

[229] Fakharuddin A,Shabbir U,Qiu W,et al. Inorganic and layered perovskites for optoelectronic devices[J]. Adv. Mater.,2019,31:1-39.(10.1002/adma.201807095)

[230] Deng J,Li J,Yang Z,et al. All-inorganic lead halide perovskites: A promising choice for photovoltaics and detectors[J]. J. Mater. Chem. C,2019,7:12415-12440.(10.1039/c9tc04164h)

[231] Sun Q,Yin W-J. Thermodynamic stability trend of cubic perovskites[J]. J. Am. Chem. Soc.,

2017,139:14905-14908. (10.1021/jacs.7b09379)

[232] Parida B, Yoon S, Jeong S M, et al. Recent progress on cesium lead/tin halidebased inorganic perovskites for stable and efficient solar cells: A review[J]. Solar Energy Mater. Solar Cells, 2020,204:1-29. (10.1016/j.solmat.2019.110212)

[233] Guivarc'h A, Guérin R, Caulet J, et al. Metallurgical study of Ni/GaAs contacts. II. Interfacial reactions of Ni thin films on (111) and (001) GaAs[J].J. Appl. Phys.,1989,66:2129-2136. (10.1063/1.344308)

[234] Yoshioka S, Hayashi H, Kuwabara A, et al. Structures and energetics of Ga_2O_3 polymorphs[J]. J. Phys.:Cond. Matter,2007,19:1-11. (10.1088/0953-8984/19/34/346211)

[235] Higashiwaki M, Fujita S. Gallium Oxide. Materials properties, crystal growth, and devices[M]. Cham:Springer,2020. (10.1007/978-3-030-37153-1)

[236] Dana E S, Ford W E. A textbook of mineralogy with an extended treatise on crystallography and physical mineralogy[M]. 3rd ed. New York:Wiley,1922.

[237] Borchardt-Ott W. Kristallographie: Eine Einführung für Naturwissenschaftler[M]. 8th ed. Berlin:Springer,2013. (10.1007/978-3-662-22076-4)

[238] Borchardt-Ott W, Gould R O. Crystallography[M].3rd ed. Berlin:Springer,2012. (10.1007/978-3-642-16452-1)

[239] Hahn T. International tables for crystallography, Volume A:space-group symmetry[M]. 5th ed. Dordrecht:Springer,2002. (10.1107/97809553602060000100)

[240] Naval Research Laboratory.

[241] Höche T. private communication,2008.

[242] Lifshitz Y, Duan X F, Shang N G, et al. Epitaxial diamond polytypes on silicon[J]. Nature,2001, 412:404. (10.1038/35086656)

[243] Kozielski M J. Polytype single crystals of $Zn_{1-x}Cd_x S$ and $ZnS_{1-x}Se_x$ solid solutions grown from the melt under high argon pressure by Bridgman's method[J]. J. Cryst. Growth,1975,30:86-92. (10.1016/0022-0248(75)90203-1)

[244] Pearton S J, Yang J, Cary P H, et al. A review of Ga_2O_3 materials, processing, and devices[J]. Appl. Phys. Rev.,2018,5:1-56. (10.1063/1.5006941)

[245] Fewster P F. X-ray scattering from semiconductors[M]. London:Imperial College Press,2003. (10.1142/p289)

[246] Miller W H. Treatise on crystallography[M]. Cambridge:Deighton,1839.

[247] Zheng J F, Walker J D, Salmeron M B, et al. Interface segregation and clustering in strained-layer InGaAs/GaAs heterostructures studied by cross-section scanning tunneling microscopy[J]. Phys. Rev. Lett.,1994,72:2414-2417. (10.1103/PhysRevLett.72.2414)

[248] Chao K-J, Shih C-K, Gotthold D W, et al. Determination of 2D pair correlations and pair interaction energies of in atoms in molecular beam epitaxially grown InGaAs alloys[J]. Phys. Rev. Lett.,1997,79:4822-4825. (10.1103/PhysRevLett.79.4822)

[249] Bundesmann C, Schubert M, Spemann D, et al. Infrared dielectric function and phonon modes of

Mg-rich cubic $Mg_xZn_{1-x}O$ ($x \geqslant 0.67$) thin films on sapphire (0001). Appl. Phys. Lett.,2004, 85:905-907.(10.1063/1.1777797)

[250] Kreitman M M,Barnett D L. Probability tables for clusters of foreign atoms in simple lattices assuming nextnearest-neighbor interactions[J]. J. Chem. Phys.,1965,43:364-371.(10.1063/1.1696753)

[251] Okada O. Magnetic Susceptibilities of $Mg_{1-p}Mn_pTe_2$[J]. J. Phys. Soc. Jpn.,1980,48:391-398. (10.1143/JPSJ.48.391)

[252] Wei S-H,Ferreira L G,Zunger A. First-principles calculation of temperature-composition phase diagrams of semiconductor alloys[J]. Phys. Rev. B,1990,41:8240-8269.(10.1103/PhysRevB.41.8240)

[253] Ho I-H,Stringfellow G B. Solid phase immiscibility in GaInN[J]. Appl. Phys. Lett.,1996,69:2701-2703.(10.1063/1.117683)

[254] Maznichenko I V,Ernst A,Bouhassoune M,et al. Structural phase transitions and fundamental band gaps of $Mg_xZn_{1-x}O$ alloys from first principles[J]. Phys. Rev. B,2009,80:1-11.(10.1103/PhysRevB.80.144101)

[255] Mikkelsen J C Jr.,Boyce J B. Atomic-scale structure of random solid solutions:Extended X-ray absorption fine-structure study of $Ga_{1-x}In_xAs$[J]. Phys. Rev. Lett.,1982,49:1412-1415.(10.1103/PhysRevLett.49.1412)

[256] Mikkelsen J C Jr.,Boyce J B. Extended x-ray absorption fine-structure study of $Ga_{1-x}In_xAs$ random solid solutions[J]. Phys. Rev. B,1983,28:7130-7140.(10.1103/PhysRevB.28.7130)

[257] Ambacher O,Eickhoff M,Link A,et al. Electronics and sensors based on pyroelectric AlGaN/GaN heterostructures,Part A:Polarization and pyroelectronics[J]. Phys. Status Solidi C,2003,0:1878-1907.(10.1002/pssc.200303138)

[258] Zunger A,Mahajan S. Atomic ordering and phase separation in Ⅲ-Ⅴ alloys,handbook on semiconductors,vol.3[M]. Amsterdam:Elsevier,1994:1399-1513.

[259] Lee H S,Lee J Y,Kim T W,et al. Coexistence behavior of the $CuPt_B$-type and the CuAu-Ⅰ-type ordered structures in highly strained $Cd_xZn_{1-x}Te$/GaAs heterostructures[J]. Appl. Phys. Lett.,2001,79:1637-1639.(10.1063/1.1398617)

[260] Humphreys C J. STEM imaging of crystals and defects[M]//Hren J J,Goldstein J I,Joy D C. Introduction to Analytical Electron Microscopy. New York:Springer,1979.(10.1007/978-1-4757-5581-7)

[261] Domke C,Ebert P,Heinrich M,et al. Direct determination of the interaction between vacancies on InP(110) surfaces[J]. Phys. Rev. B,1996,54:10288-10291.(10.1103/PhysRevLett.76.2089)

[262] Ebert P,Chen X,Heinrich M,et al. Direct determination of the interaction between vacancies on InP(110) surfaces[J]. Phys. Rev. Lett.,1996,76:2089-2092.(10.1103/PhysRevLett.76.2089)

[263] Feenstra R M,Woodall J M,Pettit G D. Observation of bulk defects by scanning tunnelingmicroscopy and spectroscopy:Arsenic antisite defects in GaAs[J]. Phys. Rev. Lett.,1993,71:1176-1179.(10.1103/PhysRevLett.71.1176)

[264] Capaz R B, Cho K, Joannopoulos J D. Signatures of bulk and surface arsenic antisite defects in GaAs(110)[J]. Phys. Rev. Lett., 1995, 75: 1811-1814. (10.1103/PhysRevLett.75.1811)

[265] Jones R, Carvalho A, Goss J P, et al. The self-interstitial in silicon and germanium[J]. Mater. Sci. Eng. B, 2008, 159: 112-116. (10.1016/j.mseb.2008.09.013)

[266] Clark S J. Complex structure in tetrahedral semiconductors[D]. Edinburgh: University of Edinburgh, 1994.

[267] Lannoo M, Bourgoin J. Point defects in semiconductors Ⅰ[M]. Berlin: Springer, 1981. (10.1007/978-3-642-81574-4)

[268] Bracht H, Stolwijk N A, Mehrer H. Properties of intrinsic point defects in silicon determined by zinc diffusion experiments under nonequilibrium conditions[J]. Phys. Rev. B, 1995, 52: 16542-16560. (10.1103/PhysRevB.52.16542)

[269] Ranki V, Saarinen K. Formation of thermal vacancies in highly As and P doped Si[J]. Phys. Rev. Lett., 2004, 93: 1-4. (10.1103/PhysRevLett.93.255502)

[270] Gebauer J, Lausmann M, Redmann F, et al. Determination of the Gibbs free energy of formation of Ga vacancies in GaAs by positron annihilation[J]. Phys. Rev. B, 2003, 67: 1-8. (10.1103/PhysRevB.67.235207)

[271] Morehead F, Stolwijk N, Meyberg W, et al. Self-interstitial and vacancy contributions to silicon selfdiffusion determined from the diffusion of gold in silicon[J]. Appl. Phys. Lett., 1983, 42: 690-692. (10.1063/1.94074)

[272] Dannefaer S, Mascher P, Kerr D. Monovacancy formation enthalpy in silicon[J]. Phys. Rev. Lett., 1986, 56: 2195-2198. (10.1103/PhysRevLett.56.2195)

[273] Fahey P M, Griffin P B, Plummer J D. Point defects and dopant diffusion in silicon[J]. Rev. Mod. Phys., 1989, 61: 289-384. (10.1103/RevModPhys.61.289)

[274] Pichler P. Intrinsic point defects, impurities, and their diffusion in silicon[M]. Berlin: Springer, 2004. (10.1007/978-3-7091-0597-9)

[275] Watkins G D. The vacancy in silicon: Identical diffusion properties at cryogenic and elevated temperatures[J]. J. Appl. Phys., 2008, 103: 1-2. (10.1063/1.2937198)

[276] Shimizu Y, Uematsu M, Itoh K M. Experimental evidence of the vacancy-mediated silicon self-diffusion in single-crystalline silicon[J]. Phys. Rev. Lett., 2007, 98: 1-4. (10.1103/PhysRevLett.98.095901)

[277] Nichols C S, van der Walle C G, Pantelides S T. Mechanisms of dopant impurity diffusion in silicon[J]. Phys. Rev. B, 1989, 40: 5484-5496. (10.1103/PhysRevB.40.5484)

[278] Ural A, Griffin P B, Plummer J D. Fractional contributions of microscopic diffusion mechanisms for common dopants and self-diffusion in silicon[J]. J. Appl. Phys., 1999, 85: 6440-6446. (10.1063/1.370285)

[279] Jeong J-W, Oshiyama A. Atomic and electronic structures of a boron impurity and its diffusion pathways in crystalline Si[J]. Phys. Rev. B, 2001, 64: 1-9. (10.1103/PhysRevB.64.235204)

[280] Windl W. Concentration dependence of self-interstitial and boron diffusion in silicon[J]. Appl.

Phys. Lett.,2008,92:1-3.(10.1063/1.2936081)

[281] Yoon K-S,Wang C-O,Yoo J-H,et al. First-principles investigation of indium diffusion in a silicon substrate[J].J.Korean Phys. Soc.,2006,48:535-539.

[282] Liu X-Y,Windl W,Beardmore K M,et al. First-principles study of phosphorus diffusion in silicon:Interstitial- and vacancy-mediated diffusion mechanisms[J]. Appl. Phys. Lett.,2003,82: 1839-1841.(10.1063/1.1562342)

[283] Rayleigh L. On the distillation of binarymixtures[J]. Philos. Mag.,1902,4:521-537.(10.1080/14786440209462876)

[284] Li C H. Normal freezing of ideal ternary liquid solutions of the pseudobinary type[J].J. Phys. D: Appl. Phys.,1974,7:2003-2008.(10.1088/0022-3727/7/14/319)

[285] Zulehner W. The growth of highly pure silicon crystals[J]. Metrologia,1994,31:255-261.(10.1088/0026-1394/31/3/012)

[286] Yonenaga I,Ayuzawa T. Segregation coefficients of various dopants in $Si_x Ge_{1-x}$ ($0.93 < x < 0.96$) single crystals[J].J. Cryst. Growth,2006,297:14-19.(10.1016/j.jcrysgro.2006.08.044)

[287] O'Mara W C,Herring R B,Hunt L P. Handbook of Semiconductor Silicon Technology[M]. Berkshire:Noyes,1990.

[288] Dowd J J,Rouse R L. Distribution coefficient of indium in germanium on crystallization[J]. Proc. Phys. Soc. B,1953,66:60-61.(10.1088/0370-1301/66/1/110)

[289] Tyler W W,Newman R,Woodbury H H. Properties of germanium doped with nickel[J]. Phys. Rev.,1955,98:461-465.(10.1103/PhysRev.98.461)

[290] Dunlap W C Jr.. Gold as acceptor in germanium[J]. Phys. Rev.,1955,97:614-629.(10.1103/PhysRev.97.614)

[291] Pfann W G. Techniques of zone melting and crystal growing[J]. Solid State Phys.,1957,4:423-521.(10.1016/S0081-1947(08)60158-7)

[292] Nastasi M,Mayer J W. Ion implantation and synthesis of materials[M]. Berlin:Springer,2006. (10.1007/978-3-540-45298-0)

[293] Benninghoven A,Rudenauer F G,Werner H W. Secondary ion mass spectrometry[M]. New York:Wiley,1987.

[294] van der Heide P. Secondary Ion mass spectrometry:an introduction to principles and practices [M]. New York:Wiley,2014.

[295] Uppal S,Willoughby A F W,Bonar J M,et al. Diffusion of ion-implanted boron in germanium [J].J. Appl. Phys.,2001,90:4293-4295.(10.1063/1.1402664)

[296] Lever R F,Brannon K W. A low energy limit to boron channeling in silicon[J].J. Appl. Phys., 1991,69:6369-6372.(10.1063/1.348838)

[297] www.srim.org.

[298] Ziegler J F,Ziegler M D,Biersack J P. SRIM—the stopping and range of ions in matter[J]. Nucl. Instrum. Meth. B,2010,218:1818-1823.(10.1016/j.nimb.2010.02.091)

[299] Kimura K,Oota Y,Nakajima K,et al. High-resolution depth profiling of ultrashallow boron

implants in silicon using high-resolution RBS[J]. Current Appl. Phys. ,2003,3:9-11. (10.1016/S1567-1739(02)00227-4)

[300] Wittmann R. Miniaturization problems in CMOS technology: investigation of doping profiles and reliability[D]. Technische Universität Wien,2007.

[301] Yokota J. Lattice distorsion around charged impurities in semiconductors[J]. J. Phys. Soc. Jpn., 1964,19:1487. (10.1143/JPSJ.19.1487)

[302] Vergés J A, Glötzel D, Cardona M, et al. Absolute hydrostatic deformation potentials of tetrahedral semiconductors [J]. Phys. Status Solidi B, 1982, 113: 519-534. (10.1002/pssb.2221130217)

[303] Cardona M, Christensen N E. Acoustic deformation potentials and heterostructure band offsets in semiconductors[J]. Phys. Rev. B,1987,35:6182-6194. (10.1103/PhysRevB.35.6182)

[304] Soarez D A W, Pimentel C A. Precision interplanar spacing measurements of boron-doped silicon [J]. J. Appl. Cryst. ,1983,16:486-492. (10.1107/S0021889883010870)

[305] Hastings J L, Estreicher S K, Fedders P A. Vacancy aggregates in silicon[J]. Phys. Rev. B,1997, 56:10215-10220. (10.1103/PhysRevB.56.10215)

[306] Albrecht M, Schewski R, Irmscher K, et al. Coloration and oxygen vacancies in wide band gap oxide semiconductors: Absorption at metallic nanoparticles induced by vacancy clustering—a case study on indium oxide[J]. J. Appl. Phys. ,2014,115:1-12. (10.1063/1.4863211)

[307] Lee S, Hwang G S. Theoretical determination of stable fourfold coordinated vacancy clusters in silicon[J]. Phys. Rev. B,2008,78:1-6. (10.1103/PhysRevB.78.125310)

[308] Vydyanath H R, Lorenzo J S, Kröger F A. Defect pairing diffusion, and solubility studies in selenium-doped silicon[J]. J. Appl. Phys. ,1978,49:5928-5937. (10.1063/1.324560)

[309] Deák P, Gali A, Sólynom A, et al. Electronic structure of boron-interstitial clusters in silicon[J]. J. Phys. :Cond. Matter:2005,17:S2141-S2153. 及其中的参考文献. (10.1088/0953-8984/17/22/001)

[310] Uberuaga B P, Henkelman G, Jónsson H, et al. Theoretical studies of self-diffusion and dopant clustering in semiconductors[J]. Phys. Status Solidi B, 2002, 233: 24-30. (10.1002/1521-3951(200209)233:1%3C24::AID-PSSB24%3E3.0.CO;2-5)

[311] Caturla M J, Johnson M D, de la Rubia T D. The fraction of substitutional boron in silicon during ion implantation and thermal annealing[J]. Appl. Phys. Lett. ,1998,72:2736-2738. (10.1063/1.121075)

[312] Trumbore F A. Solid solubilities of impurity elements in germanium and silicon[J]. Bell Syst. Tech. J. ,1960,39:205-233. (10.1002/j.1538-7305.1960.tb03928.)

[313] Borisenko V E, Yudin S G. Steady-state solubility of substitutional impurities in silicon[J]. Phys. Status Solidi A,1987,101:123-127. (10.1002/pssa.2211010113)

[314] Queisser H-J. Deep impurities[J]. Adv. Solid State Phys. (Festkörperprobleme),1971,11:45-64. (10.1007/BFb0107682)

[315] Adey J, Jones R, Briddon P R. Enhanced dopant solubility in strained silicon[J]. J. Phys. :Cond.

Matter,2004,16:9117-9126.(10.1088/0953-8984/16/50/002)

[316] Fischler S. Correlation between maximum solid solubility and distribution coefficient for impurities in Ge and Si[J]. J. Appl. Phys. ,1962,33:1615.(10.1063/1.1728792)

[317] Shishiyanu F S,Gheorghiu V G,Palazov S K. Diffusion,solubility,and electrical activity of Co and Fe in InP[J]. Phys. Status Solidi A,1977,40:29-35.(10.1002/pssa.2210400103)

[318] Luysberg M,Göbel R,Janning H. FeP precipitates in hydride-vapor phase epitaxially grown InP: Fe[J]. J. Vac. Sci. Technol. B,1994,12:2305-2309.(10.1116/1.587757)

[319] Smith N A,Harris I R,Cockayne B,et al. The identification of precipitate phases in Fe-Doped InP single crystals[J]. J. Cryst. Growth,1984,68:517-522.(10.1016/0022-0248(84)90458-5)

[320] Hirth J P. A brief history of dislocation theory[J]. Metall. Mat. Trans. A,1985,16:2085-2090. (10.1007/BF02670413)

[321] Kret S,Pawel Dłużewski,Piotr Dłużewski,et al. On the measurement of dislocation core distributions in a GaAs/ZnTe/CdTe heterostructure by high-resolution transmission electronmicroscopy[J]. Philos. Mag. ,2003,83:231-244.(10.1080/0141861021000020095)

[322] Smith A R,Ramachandran V,Feenstra R M,et al. Wurtzite GaN surface structures studied by scanning tunneling microscopy and reflection high energy electron diffraction[J]. J. Vac. Sci. Technol. A,1998,16:1641-1645.(10.1116/1.581134)

[323] Chu S N G,Tsang W T,Chiu T H,et al. Lattice-mismatch-generated dislocation structures and their confinement using superlattices in heteroepitaxial GaAs/InP and InP/GaAs grown by chemical beam epitaxy[J]. J. Appl. Phys. ,1989,66:520-530.(10.1063/1.343568)

[324] Smirnov A M,Young E C,Bougrov V E,et al. Critical thickness for the formation of misfit dislocations originating from prismatic slip in semipolar and nonpolar III-nitride heterostructures [J]. APL Mater. ,2016,4:1-8.(10.1063/1.4939907)

[325] Grundmann M. Universal relation for the orientation of dislocations from prismatic slip systems in hexagonal and rhombohedral strained heterostructures[J]. Appl. Phys. Lett. ,2020,116:1-3. (10.1063/1.5140977)

[326] Grundmann M,Lorenz M. Epitaxial growth and strain relaxation of corundum-phase $(Al,Ga)_2O_3$ thin films frompulsed laser deposition at 1000℃ on r-plane Al_2O_3[J]. Appl. Phys. Lett. ,2020,117:1-4.(10.1063/5.0030675)

[327] Horn-von Hoegen M,LeGoues F K,Copel M,et al. Defect self-annihilation in surfactant-mediated epitaxial growth[J]. Phys. Rev. Lett. ,1991,67:1130-1133.(10.1103/PhysRevLett.67.1130)

[328] Heimann R B,von Kristallen A. Theorie und technische Anwendung[M]//Applied Mineralogy, vol. 8. Wien:Springer,1975.(10.1007/978-3-7091-3402-3)

[329] Sato K,Shikida M,Yamashiro T,et al. Anisotropic etching rates of single-crystal silicon for TMAH water solution as a function of crystallographic orientation[J]. Sens. Actuators,1999,73: 131-137.(10.1016/S0924-4247(98)00271-4)

[330] Grabmaier J G,Watson C B. Dislocation etch pits in single crystal GaAs[J]. Phys. Status Solidi,

1969,32:K13-K15.(10.1002/pssb.19690320155)

[331] Richter H, Schulz M. Versetzungsnachweis auf {100}-Flächen von GaAs-Einkristallen[J]. Kristall und Technik,1974,9:1041-1050.(10.1002/crat.19740090909)

[332] Ishida K, Kawano H. Different etch pit shapes revealed by molten KOH etching on the (001) GaAs surface and their dependence on the Burgers vectors[J]. Phys. Status Solidi A,1986,98: 175-181.(10.1002/pssa.2210980119)

[333] Weyher J L, van de Ven J. Selective etching and photoetching of GaAs in CrO_3-HF aqueous solutions. III. Interpretation of defect-related etch figures[J]. J. Cryst. Growth,1986,78:191-217.(10.1016/0022-0248(86)90055-2)

[334] Bogenschütz A F. Ätzpraxis für Halbleiter[M]. München:Carl Hanser,1967.

[335] Köhler M. Etching in Microsystem Technology[M]. Weinheim:Wiley-VCH,1999.(10.1002/9783527613786)

[336] Clawson A R. Guide to references on III-V semiconductor chemical etching[J]. Mater. Sci. Eng.,2001,31:1-438.(10.1016/S0927-796X(00)00027-9)

[337] Frühauf J. Shape and Functional Elements of the Bulk Silicon Microtechnique:A Manual of Wet-Etched Silicon Structures[M]. Berlin:Springer,2005.(10.1007/b138230)

[338] Manos D M, Flamm D L. Plasma etching:an introduction[M]. San Diego:Academic Press,1989.

[339] May G S, Spanos C J. Fundamentals of Semiconductor Manufacturing and Process Control[M]. Hoboken:Wiley,2006.(10.1002/0471790281)

[340] Coburn J W. Plasma etching and reactive ion etching:fundamentals and applications, American Vacuum Society monograph series[M]. New York:AVS,1982.

[341] Donnelly V M, Kornblit A. Plasma etching:yesterday, today, and tomorrow[J]. J. Vac. Sci. Technol. A,2013,31:1-47.(10.1116/1.4819316)

[342] Smaminathan V, Jordan A S. Dislocations in III/V compounds[J]. Semicond. Semimet.,1993, 38:293-341.(10.1016/S0080-8784(08)62803-3)

[343] Kamejima T, Matsui J, Seki Y, et al. Transmission electron microscopy study of microdefects in dislocation-free GaAs and InP crystals[J]. J. Appl. Phys.,1979,50:3312-3321.(10.1063/1.326372)

[344] Wang L, Jie W, Yang Y, et al. Defect characterization and composition distributions of mercury indium telluride single crystals[J]. J. Cryst. Growth,2008,310:2810-2814.(10.1016/j.jcrysgro.2008.01.060)

[345] NREL[EB/OL]. www.nrel.gov/measurements/trans.html.

[346] Liliental-Weber Z, Sohn H, Washburn J. Structural defects in epitaxial III/V layers[J]. Semicond. Semimet.,1993,38:397-447.(10.1016/S0080-8784(08)62805-7)

[347] Hao Y, Meng G, Wang Z L, et al. Periodically twinned nanowires and polytypic nanobelts of ZnS:the role of mass diffusion in vapor-liquid-solid growth[J]. Nano Lett.,2006,6:1650-1655. (10.1021/nl060695n)

[348] Mader S, Blakeslee A E. Extended dislocations in $GaAs_{0.7}P_{0.3}$[J]. Appl. Phys. Lett.,1974,25:

365-367.(10.1063/1.1655510)

[349] Sato M, Sumino K, Hiraga K. Impurity effect in stacking fault energy of silicon crystals studied by high resolution electron microscopy[J]. Phys. Status Solidi A, 1981, 68: 567-577.(10.1002/pssa.2210680228)

[350] Gomez A, Cockayne D J H, Hirsch P B, et al. Dissociation of near-screw dislocations in germanium and silicon[J]. Philos. Mag., 1975, 31: 105-113.(10.1080/14786437508229289)

[351] Gerthsen D, Carter C B. Stacking-fault energies of GaAs[J]. Phys. Status Solidi A, 1993, 136: 29-43.(10.1002/pssa.2211360104)

[352] Pirouz P, Cockayne D J H, Shimada N, et al. Dissociation of dislocations in diamond[J]. Proc. Roy. Soc. Lond. A, 1983, 386: 241-249.(10.1098/rspa.1983.0034)

[353] Gottschalk H, Patzer G, Alexander H. Stacking fault energy and ionicity of cubic Ⅲ-Ⅴ compounds[J]. Phys. Status Solidi A, 1978, 45: 207-217.(10.1002/pssa.2210450125)

[354] Takeuchi S, Suzuki K, Maeda K. Stacking-fault energy of Ⅱ-Ⅵ compounds[J]. Philos. Mag. A, 1984, 50: 171-178.(10.1080/01418618408244220)

[355] Amelinckx S, Dekeyser W. The structure and properties of grain boundaries[J]. Solid State Phys., 1959, 8: 325-499.(10.1016/S0081-1947(08)60482-8)

[356] Grovenor C R M. Grain boundaries in semiconductors[J]. J. Phys. C: Solid State Phys., 1985, 18: 4079-4119.(10.1088/0022-3719/18/21/008)

[357] Fontaine C, Smith D A. On the atomic structure of the $\Sigma=3$ 112 twin in silicon[J]. Appl. Phys. Lett., 1982, 40: 153-154.(10.1063/1.93019)

[358] Sawada H, Ichinose H, Kohyama M. Imaging of a single atomic column in silicon grain boundary [J]. J. Electron Microscopy, 2002, 51: 353-357.(10.1093/jmicro/51.6.353)

[359] Vogel F L, Pfann W G, Corey H E, et al. Observations of dislocations in lineage boundaries in germanium[J]. Phys. Rev., 1953, 90: 489-490.(10.1103/PhysRev.90.489)

[360] Föll H. Case Studies: Small Angle Grain Boundaries in Silicon Ⅰ[EB/OL]. http://www.tf.uni-kiel.de/matwis/amat/def_en/kap_7/backbone/r7_2_2.html.

[361] Föll H, Ast D. TEM observations on grain boundaries in sintered silicon[J]. Philos. Mag. A, 1979, 40: 589-610.(10.1080/01418617908234861)

[362] Grundmann M, Krost A, Bimberg D. LP-MOVPE growth of antiphase domain free InP on (001) Si using low temperature processing[J]. J. Cryst. Growth, 1991, 107: 494-495.(10.1016/0022-0248(91)90509-4)

[363] Mader W. private communication, 2006.

[364] Wolf F, Mader W. Microdomain structure in Fe_2O_3-doped ZnO and the formation of spinel[J]. Optik, 1999, 110(Suppl.8): 66.

[365] Wolf F, Freitag B H, Mader W. Inversion domain boundaries in ZnO with additions of Fe_2O_3 studied by highresolution ADF imaging[J]. Micron, 2007, 38: 549-552.(10.1016/j.micron.2006.07.021)

[366] Srivastava G P. The physics of phonons[M]. New York: Taylor and Francis, 1990.

[367] Ashcroft N, Mermin D. Solid state physics[M]. Fort Worth: Harcourt College Publishers, 1976.

[368] Kittel C. Introduction to solid state physics[M]. 8th ed. Chichester: Wiley, 2004.

[369] Berry M V. Quantal phase factors accompanying adiabatic changes[J]. Proc. Roy. Soc. Lond. A, 1984, 392: 45-57. (10.1098/rspa.1984.0023)

[370] Asbóth J K, Oroszlány L, Pályi A. A short course on topological insulators, band-structure topology and edge states in one and two dimensions[J]. Lecture Notes in Physics, 2016, 919. (10.1007/978-3-319-25607-8)

[371] Süsstrunk R, Huber S D. Classification of topological phonons in linear mechanical metamaterials [J]. PNAS, 2016, 113: E4767-E4775. (10.1073/pnas.1605462113)

[372] Montgomery H. The symmetry of lattice vibrations in the zincblende and diamond structures[J]. Proc. Roy. Soc. Lond. A, 1969, 309: 521-549. (10.1098/rspa.1969.0055)

[373] Waugh J L T, Dolling G. Crystal dynamics of gallium arsenide[J]. Phys. Rev., 1963, 132: 2410-2412. (10.1103/PhysRev.132.2410)

[374] Borcherds P H, Kunc K, Alfrey G F, et al. The lattice dynamics of gallium phosphide[J]. J. Phys. C: Solid State Phys., 1979, 12: 4699-4706. (10.1088/0022-3719/12/22/012)

[375] Yarnell J L, Warren J L, Wenzel R G, et al. Lattice dynamics of gallium phosphide[M]// Neutron inelastic scattering, vol. 1. Vienna: IAEA, 1968: 301-313.

[376] Bağcı S, Duman S, Tütüncü H M, et al. Ab initio calculation of the structural and dynamical properties of the zinc-blende BN and its (110) surface[J]. Diamond Rel. Mater., 2006, 15: 1161-1165. (10.1016/j.diamond.2005.10.038)

[377] Tomoyose T, Fukuchi A, Kobayashi M. Influence of quadrupolar deformability on phonon dispersion in silver and copper halides[J]. Solid State Ionics, 2004, 167: 83-90. (10.1016/j.ssi.2003.12.007)

[378] Ruiz E, Alvarez S, Alemany P. Electronic structure and properties of AlN[J]. Phys. Rev. B, 1994, 49: 7115-7123. (10.1103/PhysRevB.49.7115)

[379] Göbel A, Ruf T, Fischer A, et al. Optical phonons in isotope superlattices of GaAs, GaP, and GaSb studied by Raman scattering[J]. Phys. Rev. B, 1999, 59: 12612-12621. (10.1103/PhysRevB.59.12612)

[380] Schubert M. private communication, 2006.

[381] Barker A S Jr., Sievers A J. Optical studies of the vibrational properties of disordered solids[J]. Rev. Mod. Phys., 1975, 47(Suppl. No. 2): S1-S179. (10.1103/RevModPhys.47.S1.2)

[382] Newman R C. Local Vibrational mode spectroscopy of defects in Ⅲ/Ⅴ compounds[J]. Semicond. Semimet., 1993, 38: 117-187. (10.1016/S0080-8784(08)62800-8)

[383] Stavola M. Vibrational spectroscopy of light element impurities in semiconductors[J]. Semicond. Semimet., 1999, 51B: 153-224. (10.1016/S0080-8784(08)62976-2)

[384] McCluskey M D. Local vibrationalmodes of impurities in semiconductors[J]. J. Appl. Phys., 2000, 87: 3593-3617. (10.1063/1.372453)

[385] Hoffmann L, Bach J C, Nielsen B B, et al. Substitutional carbon in germanium[J]. Phys. Rev. B,

1997,55:11167-11173.(10.1103/PhysRevB.55.11167)

[386] Thompson F,Newman R C. Localized vibrational modes of light impurities in gallium phosphide [J]. J. Phys. C: Solid State Phys. ,1971,4:3249-3257.(10.1088/0022-3719/4/18/030)

[387] Vandevyver M, Talwar D N. Green's-function theory of impurity vibrations due to defect complexes in elemental and compound semiconductors[J]. Phys. Rev. B,1980,21:3405-3431. (10.1103/PhysRevB.21.3405)

[388] Genzel L,Martin T P,Perry C H. Model for long-wavelength optical-phonon modes of mixed crystals[J]. Phys. Status Solidi B,1974,62:83-92.(10.1002/pssb.2220620108)

[389] Chang I F,Mitra S S. Application of a modified random-element-isodisplacement model to long-wavelength optic phonons of mixed crystals[J]. Phys. Rev. ,1968,172:924-933.(10.1103/PhysRev.172.924)

[390] Deych L I, Yamilov A, Lisyansky A A. Concept of local polaritons and optical properties of mixed polar crystals[J]. Phys. Rev. B,2000,62:6301-6316.(10.1103/PhysRevB.62.6301)

[391] von Wenckstern H,Schmidt-Grund R,Bundesmann C,et al. The (Mg,Zn)O alloy[M]//Feng Z C. Handbook of zinc oxide and related materials, vol. 1. Materials. Florida: Taylor and Francis/CRC Press,2012:257-320.(10.1201/b13072-14)

[392] Hu Z G, Strassburg M, Dietz N, et al. Composition dependence of the infrared dielectric functions in Si-doped hexagonal $Al_xGa_{1-x}N$ films on c-plane sapphire substrates[J]. Phys. Rev. B,2005,72:1-10.(10.1103/PhysRevB.72.245326)

[393] Grundmann M. Topological states of the diatomic linear chain:Effect of impedance matching to the fixed ends[J]. New J. Phys. ,2020,22:1-7.(10.1088/1367-2630/aba918)

[394] Kayaga H M,Soma T. Temperature dependence of the linear thermal expansion coefficient for Si and Ge[J]. Phys. Status Solidi B,1985,129:K5-K8.(10.1002/pssb.2221290149)

[395] Saada A S. Elasticity, Theory and applications[M]. New York: Pergamon,1974.

[396] Keating P N. Effect of invariance requirements on the elastic strain energy of crystals with application to the diamond structure[J]. Phys. Rev. ,1966,145:637-645.(10.1103/PhysRev.145.637)

[397] Chen A-B, Sher A, Yost W T. Elastic constants and related properties of semiconductor compounds and their alloys[J]. Semicond. Semimet. ,1992,37:1-77.(10.1016/S0080-8784(08)62513-2)

[398] Lakes R S. Foam structures with a negative Poisson's ratio[J]. Science,1987,235:1038-1040. (10.1126/science.235.4792.1038)

[399] Evans K E,Nkansah M A,Hutchinson I J,et al. Molecular network design[J]. Nature,1991,353: 124.(10.1038/353124a0)

[400] Baughman R H. Auxetic materials:Avoiding the shrink[J]. Nature,2003,425:667.(10.1038/425667a)

[401] Gatt R,Grima J N. Negative compressibility[J]. Phys. Status Solidi RRL,2008,2:236-238.(10.1002/pssr.200802101)

[402] Martin R M. Elastic properties of ZnS structure semiconductors[J]. Phys. Rev. B,1970,1:4005-4011.(10.1103/PhysRevB.1.4005)

[403] Martin R M. Relation between elastic tensors of wurtzite and zinc-blende structurematerial[J]. Phys. Rev. B,1972,6:4546-4553.(10.1103/PhysRevB.6.4546)勘误:Phys. Rev. B,1979,20:818.(10.1103/PhysRevB.20.818.2)

[404] Kim K,Lambrecht W R L,Segall B. Elastic constants and related properties of tetrahedrally bonded BN,AlN,GaN,and InN[J]. Phys. Rev. B,1996,53:16310-16326.(10.1103/PhysRevB.53.16310)

[405] Polian A,Grimsditch M,Grzegory I. Elastic constants of gallium nitride[J]. J. Appl. Phys.,1996,79:3343-3344.(10.1063/1.361236)

[406] McNeil L E,Grimsditch M,French R H. Vibrational spectroscopy of aluminum nitride[J]. J. Am. Ceram. Soc.,1993,76:1132-1136.(10.1111/j.1151-2916.1993.tb03730.x)

[407] Cline C F,Dunegan H L,Henderson G W. Elastic constants of hexagonal BeO,ZnS,and CdSe[J]. J. Appl. Phys.,1967,38,1944-1948.(10.1063/1.1709787)

[408] Carlotti G,Fioretto D,Socino G,et al. Brillouin scattering determination of the whole set of elastic constants of a single transparent film of hexagonal symmetry[J]. J. Phys.;Cond. Matter,1995,7:9147-9153.(10.1088/0953-8984/7/48/006)

[409] van de Walle C G. Band lineups and deformation potentials in the model-solid theory[J]. Phys. Rev. B,1989,39:1871-1883.(10.1103/PhysRevB.39.1871)

[410] Romanov A E,Baker T J,Nakamura S,et al. Strain-induced polarization in wurtzite Ⅲ-nitride semipolar layers[J]. J. Appl. Phys.,2006,100:1-10.(10.1063/1.2218385)

[411] Grundmann M,Zúñiga-Pérez J. Pseudomorphic ZnO-based heterostructures:From polar through all semipolar to nonpolar orientations[J]. Phys. Status Solidi B,2016,253:351-360.(10.1002/pssb.201552535)

[412] Grundmann M. Elastic Theory of pseudomorphic monoclinic and rhombohedral heterostructures[J]. J. Appl. Phys.,2018,124:1-10.(10.1063/1.5045845)

[413] Lorenz M,Hohenberger S,Rose E,et al. Atomically stepped,pseudomorphic,corundum-phase $(Al_{1-x}Ga_x)_2O_3$ thin films ($0 \leqslant x < 0.08$) grown on R-plane sapphire[J]. Appl. Phys. Lett.,2018,113:1-5.(10.1063/1.5059374)

[414] Grundmann M. Strain in pseudomorphic monoclinic Ga_2O_3-based heterostructures[J]. Phys. Status Solidi B,2017,254:1-7.(pssb.201700134)

[415] Grundmann M. A most general and facile recipe for the calculation of heteroepitaxial strain[J]. Phys. Status Solidi B,2020,257:1-5.(10.1002/pssb.202000323)

[416] Eshelby J D. The determination of the elastic field of an ellipsoidal inclusion and related problems[J]. Proc. Roy. Soc. Lond. A,1957,241:376-396.(10.1098/rspa.1957.0133)

[417] Grundmann M,Stier O,Bimberg D. InAs/GaAs pyramidal quantum dots:Strain distribution,optical phonons,and electronic structure[J]. Phys. Rev. B,1995,52:11969-11981.(10.1103/PhysRevB.52.11969)

[418] Freund L B, Floro J A, Chason E. Extensions of the Stoney formula for substrate curvature to configurations with thin substrates or large deformations[J]. Appl. Phys. Lett., 1999, 74: 1987-1989. (10.1063/1.123722)

[419] Grundmann M. Nanoscroll formation from strained layer heterostructures[J]. Appl. Phys. Lett., 2003, 83: 2444-2446. (10.1063/1.1613366)

[420] Stoney G G. The tension of metallic films deposited by electrolysis[J]. Proc. Roy. Soc. Lond. A, 1909, 82: 172-175. (10.1098/rspa.1909.0021)

[421] Beresford R, Yin J, Tetz K, et al. Real-time measurements of stress relaxation in InGaAs/GaAs[J]. J. Vac. Sci. Technol. B, 2000, 18: 1431-1434. (10.1116/1.591397)

[422] Krost A, Dadgar A, Schulze F, et al. Heteroepitaxy of GaN on silicon: In Situ measurements[J]. Mat. Sci. Forum, 2005, 483-485: 1051-1056. (10.4028/www.scientific.net/MSF.483-485.1051)

[423] Prinz V Y, Seleznev V A, Gutakovsky A K. Self-formed InGaAs/GaAs nanotubes: Concept, fabrication, properties[C]//Proceedings 24th international conference physics of semiconductors (Jerusalem, Israel, 1998). Singapore: World Scientific, 1998: Th3-D5.

[424] Li X. Strain induced semiconductor nanotubes: From formation process to device applications[J]. J. Phys. C: Solid State Phys., 2008, 41: 1-12. (10.1088/0022-3727/41/19/193001)

[425] Schmidt B. Minimal energy configurations of strained multi-layers[J]. Calc. Var., 2007, 30: 477-497. (10.1007/s00526-007-0099-4)

[426] Schmidt O G, Schmarje N, Deneke C, et al. Three-dimensional nanoobjects evolving from a two-dimensional layer technology[J]. Adv. Mater., 2001, 13, 756-759. (10.1002/1521-4095(200105)13:10%3C756::AID-ADMA756%3E3.0.CO;2-F)

[427] Zhang L, Ruh E, Grützmacher D, et al. Anomalous coiling of SiGe/Si and SiGe/Si/Cr helical nanobelts[J]. Nano Lett., 2006, 6: 1311-1317. (10.1021/nl052340u)

[428] Zang J, Liu F. Modified Timoshenko formula for bending of ultrathin strained bilayer films[J]. Appl. Phys. Lett., 2008, 92: 1-3. (10.1063/1.2828043)

[429] Mendach S. private communication, 2006.

[430] Bean J C, Feldman L C, Fiory A T, et al. $Ge_x Si_{1-x}$/Si strained-layer superlattice grown by molecular beam epitaxy[J]. J. Vac. Sci. Technol. A, 1984, 2: 436-440. (10.1116/1.572361)

[431] Hull R, Bean J C. Nucleation of misfit dislocations in strained-layer epitaxy in the $Ge_x Si_{1-x}$/Si system[J]. J. Vac. Sci. Technol. A, 1989, 7: 2580-2585. (10.1116/1.575800)

[432] Matthews J W, Blakeslee A E. Defects in epitaxial multilayers. I. Misfit dislocations[J]. J. Cryst. Growth, 1974, 27: 118-125. (10.1016/S0022-0248(74)80055-2)

[433] Matthews J W, Blakeslee A E. Defects in epitaxial multilayers. II. Dislocation pile-ups, threading dislocations, slip lines and cracks[J]. J. Cryst. Growth, 1975, 29: 273-280. (10.1016/0022-0248(75)90171-2)

[434] People R, Bean J C. Calculation of critical layer thickness versus latticemismatch for $Ge_x Si_{1-x}$/Si strained-layer heterostructures[J]. Appl. Phys. Lett., 1985, 47: 322-324. (10.1063/1.96206)

[435] Frank F C, van der Merwe J. One-dimensional dislocations. I. Static theory[J]. Proc. Roy. Soc.

[436] Frank F C, van der Merwe J. One-dimensional dislocations. II. Misfitting monolayers and oriented overgrowth[J]. Proc. Roy. Soc. Lond. A, 1949, 198: 216-225. (10.1098/rspa.1949.0096)

[437] van der Merwe J H. Crystal interfaces. Part II. Finite overgrowths[J]. J. Appl. Phys., 1962, 34: 123-127. (10.1063/1.1729051) 勘误: J. Appl. Phys., 1963, 34: 3420. (10.1063/1.1729218)

[438] Willis J R, Jain S C, Bullough R. The energy of an array of dislocations: Implications for strain relaxation in semiconductor heterostructures[J]. Philos. Mag. A, 1990, 62: 115-129. (10.1080/01418619008244339)

[439] Dodson B W, Tsao J Y. Relaxation of strained-layer semiconductor structures via plastic flow [J]. Appl. Phys. Lett., 1987, 51: 1325-1327. (10.1063/1.98667)

[440] Kasper E, Herzog H J, Kibbel H. A one-dimensional SiGe superlattice grown by UHV epitaxy [J]. Appl. Phys., 1975, 8: 199-205. (10.1007/BF00896611)

[441] Kavanagh K L, Capano M A, Hobbs L W, et al. Asymmetries in dislocation densities, surface morphology, and strain of GaInAs/GaAs single heterolayers[J]. J. Appl. Phys., 1988, 64: 4843-4852. (10.1063/1.341232)

[442] Grundmann M, Lienert U, Bimberg D, et al. Anisotropic and inhomogeneous strain relaxation in pseudomorphic $In_{0.23}Ga_{0.77}As$/GaAs quantum wells[J]. Appl. Phys. Lett., 1989, 55: 1765-1767. (10.1063/1.102212)

[443] Grundmann M. Universal relation for the orientation of dislocations from prismatic glide systems in hexagonal and rhombohedral strained heterostructures[J]. Appl. Phys. Lett., 2020, 116: 1-3. (10.1063/1.5140977)

[444] Quadbeck P, Ebert P, Urban K, et al. Effect of dopant atoms on the roughness of III-V semiconductor cleavage surfaces[J]. Appl. Phys. Lett., 2000, 76: 300-302. (10.1063/1.125726)

[445] Ayers J E. Compliant substrates for heteroepitaxial semiconductor devices: Theory, experiment, and current directions[J]. J. Electr. Mater., 2008, 37: 1511-1523. (10.1007/s11664-008-0504-6)

[446] Weber E. private communication.

[447] Brun X F, Melkote S N. Analysis of stresses and breakage of crystalline silicon wafers during handling and transport[J]. Solar Energy Mater. Solar Cells, 2009, 93: 1238-1247. (10.1016/j.solmat.2009.01.016)

[448] Möller H J, Funke C, Rinio M, et al. Multicrystalline silicon for solar cells[J]. Thin Solid Films, 2005, 487: 179-187. (10.1016/j.tsf.2005.01.061)

[449] Dominguez P S, Fernandez J M. Introduction of thinner monocrystalline silicon wafers in an industrial cellmanufacturing facility[C]//Proceedings 20th EU PVSEC (Barcelona, Spain, 2005): 903-905.

[450] Chen P-Y, Tsai M-H, Yeh W-K, et al. Investigation of the relationship between whole-wafer strength and control of its edge engineering[J]. Jpn. J. Appl. Phys., 2009, 48: 1-6. (10.1143/JJAP.48.126503)

[451] Kittel C. Quantum Theory of Solids[M]. 2nd ed. New York: Wiley, 1987.

[452] Dresselhaus G. Spin-orbit coupling effects in zinc blende structures[J]. Phys. Rev., 1955, 100: 580-586. (10.1103/PhysRev.100.580)

[453] Luo J-W, Bester G, Zunger A. Full-zone spin splitting for electrons and holes in bulk GaAs and GaSb[J]. Phys. Rev. Lett., 2009, 102: 1-4. (10.1103/PhysRevLett.102.056405)

[454] Rashba E I. Properties of semiconductors with an extremum loop. I. Cyclotron and combinatorial resonance in a magnetic field perpendicular to the plane of the loop[J]. Fiz. Tverd. Tela, 1960, 2: 1224-1238. [Sov. Phys. Solid State, 1960, 2: 1109-1122.]

[455] Bychkov Y A, Rashba É I. Properties of a 2D electron gas with lifted spectral degeneracy[J]. Pis'ma Zh. Èksp. Teor. Fiz., 1984, 39: 66. [JETP Lett., 1984, 39: 78-81.]

[456] Ganichev S G, Golub L E. Interplay of Rashba/Dresselhaus spin splittings probed by photogalvanic spectroscopy: A review[J]. Phys. Status Solidi B, 2014, 251: 1801-1823. (10.1002/pssb.201350261)

[457] Koster G F, Dimmock J O, Wheeler R G, et al. Properties of the thirty-two point groups[M]. Cambridge: MIT, 1963.

[458] Bell D G. Group theory and crystal lattices[J]. Rev. Mod. Phys., 1954, 26: 311-320. (10.1103/RevModPhys.26.311)

[459] Parmentier R H. Symmetry properties of the energy bands of the zinc blende structure[J]. Phys. Rev., 1955, 100: 573-579. (10.1103/PhysRev.100.573)

[460] Glasser M. Symmetry properties of the wurtzite structure[J]. J. Phys. Chem. Solids, 1959, 10: 229-241. (10.1016/0022-3697(59)90080-0)

[461] Voon L C L Y, Willatzen M. The k·p Method[M]. Berlin: Springer, 2009. (10.1007/978-3-540-92872-0)

[462] Bouckaert L P, Smoluchowski R, Wigner E. Theory of Brillouin zones and symmetry properties of wave functions in crystals[J]. Phys. Rev., 1936, 50: 58-67. (10.1103/PhysRev.50.58)

[463] Hasan M Z, Kane C L. Topological insulators[J]. Rev. Mod. Phys., 2010, 82: 3045-3067. (10.1103/RevModPhys.82.3045)

[464] Shen S-Q. Topological Insulators, Dirac Equation in Condensed Matter[M]. 2nd ed. Singapore: Springer Nature, 2017. (10.1007/978-981-10-4606-3)

[465] Zak J. Berry's phase for energy bands in solids[J]. Phys. Rev. Lett., 1989, 62: 2747-2750. (10.1103/PhysRevLett.62.2747)

[466] Shin D, Sato S A, Hübener H, et al. Unraveling materials Berry curvature and Chern numbers from real-time evolution of Bloch states[J]. PNAS, 2019, 116: 4135-4140. (10.1073/pnas.1816904116)

[467] Chelikowsky J R, Cohen M L. Nonlocal pseudopotential calculations for the electronic structure of eleven diamond and zinc-blende semiconductors[J]. Phys. Rev. B, 1976, 14: 556-582. (10.1103/PhysRevB.14.556)

[468] Dalven R. Electronic structure of PbS, PbSe, and PbTe[J]. Solid State Phys., 1973, 28: 179-224. (10.1016/S0081-1947(08)60203-9)

[469] Schleife A, Fuchs F, Furthmüller J, et al. First-principles study of ground- and excited-state properties of MgO, ZnO, and CdO polymorphs[J]. Phys. Rev. B, 2006, 73: 1-14. (10.1103/PhysRevB.73.245212)

[470] Dixit H, Saniz R, Cottenier S, et al. Electronic structure of transparent oxides with the Tran-Blaha modified Becke-Johnson potential[J]. J. Phys.: Cond. Matter, 2012, 24: 1-9. (10.1088/0953-8984/24/20/205503)

[471] Jaffe J E, Zunger A. Electronic structure of the ternary chalcopyrite semiconductors $CuAlS_2$, $CuGaS_2$, $CuInS_2$, $CuAlSe_2$, $CuGaSe_2$, and $CuInSe_2$[J]. Phys. Rev. B, 1983, 28: 5822-5847. (10.1103/PhysRevB.28.5822)

[472] Limpijumnong S, Rashkeev S N, Lambrecht W R L. Electronic structure and optical properties of $ZnGeN_2$[J]. MRS Internet J. Nitride Semicond. Res., 1999, 4(S1): 600-605. (10.1557/S1092578300003112)

[473] Rehwald W. Band structure of spinel-type semiconductors[J]. Phys. Rev., 1967, 155: 861-868. (10.1103/PhysRev.155.861)

[474] Dixit H, Tandon N, Cottenier S, et al. Electronic structure and band gap of zinc spinel oxides beyond LDA: $ZnAl_2O_4$, $ZnGa_2O_4$ and $ZnIn_2O_4$[J]. New J. Phys., 2011, 13: 1-11. (10.1088/1367-2630/13/6/063002)

[475] Ahuja R, Eriksson O, Johansson B. Electronic and optical properties of $BaTiO_3$ and $SrTiO_3$[J]. J. Appl. Phys., 2001, 90: 1854-1859. (10.1063/1.1384862)

[476] Indari E D, Wungu T D K, Hidayat R. Ab-Initio calculation of electronic structure of lead halide perovskites with formamidinium cation as an active material for perovskite solar cells[J]. IOP Conf Ser.: J. Phys.: Conf. Ser., 2017, 877: 1-6. (10.1088/1742-6596/877/1/012054)

[477] Pitriana P, Wungu T D K, Herman, et al. The characteristics of band structures and crystal binding in all-inorganic perovskite $APbBr_3$ studied by the first principle calculations using the Density Functional Theory(DFT) method[J]. Results Phys., 2019, 15: 1-7. (10.1016/j.rinp.2019.102592)

[478] Tao S, Schmidt I, Brocks G, et al. Absolute energy level positions in tin and lead-based halide perovskites[J]. Nature Commun., 2019, 10: 1-10. (10.1038/s41467-019-10468-7)

[479] Protesescu L, Yakunin S, Bodnarchuk M I, et al. Nanocrystals of cesium lead halide perovskites ($CsPbX_3$, X = Cl, Br, and I): Novel optoelectronic materials showing bright emission with wide color gamut[J]. Nano Lett., 2015, 15: 3592-3696. (10.1021/nl5048779)

[480] Iso Y, Isobe T. Review - Synthesis, luminescent properties, and stabilities of cesium lead halide perovskite nanocrystals[J]. ECS. J. Solid State Sci. Technol., 2018, 7: R3040-R3045. (10.1149/2.0101801jss)

[481] Seraphin B. Über ein ein-dimensionales Modell halbleitender Verbindungen vom Typus $A^{III}B^{V}$[J]. Z. Naturf., 1954, 9a: 450-456. (10.1515/zna-1954-0511)

[482] Saxon D S, Hutner R A. Some electronic properties of a one-dimensional crystal model[J]. Philips Res. Rep., 1949, 4: 81-122.

[483] Adawi I. One-dimensional treatment of the effective mass in semiconductors[J]. Phys. Rev., 1957,105:789-792. (10.1103/PhysRev.105.789)

[484] Wu J,Walukiewicz W. Band gaps of InN and group Ⅲ nitride alloys[J]. Superlatt. Microstruct., 2003,34:63-75. (10.1016/j.spmi.2004.03.069)

[485] Bernard J E,Zunger A. Electronic Structure of ZnS,ZnSe,ZnTe,and their pseudobinary alloys [J]. Phys. Rev. B,1987,36:3199-3228. (10.1103/PhysRevB.36.3199)

[486] Williams E W, Rehn V. Electroreflectance Studies of InAs, GaAs and (Ga, In)As alloys[J]. Phys. Rev.,1968,172:798-810. (10.1103/PhysRev.172.798)

[487] Schulze K-R, Neumann H, Unger K. Band structure of $Ga_{1-x}In_xAs$[J]. Phys. Status Solidi B, 1976,75:493-500. (10.1002/pssb.2220750211)

[488] Wu J,Walukiewicz W,Yu K M,et al. Universal bandgap bowing in group-Ⅲ nitride alloys[J]. Solid State Commun.,2003,127:411-414. (10.1016/S0038-1098(03)00457-5)

[489] Braunstein R, Moore A R, Herman F. Intrinsic optical absorption in germanium-silicon alloys [J]. Phys. Rev.,1958,109:695-710. (10.1103/PhysRev.109.695)

[490] Wolford D J, Hsu W Y, Dow J D,et al. Nitrogen trap in the semiconductor alloys $GaAs_{1-x}P_x$ and $Al_xGa_{1-x}As$[J]. J. Lumin.,1979,18(19):863-867. (10.1016/0022-2313(79)90252-7)

[491] Schmidt R, Rheinländer B, Schubert M, et al. Dielectric functions (1 to 5 eV) of wurtzite $Mg_xZn_{1-x}O$ ($x \leqslant 0.29$) thin films[J]. Appl. Phys. Lett.,2003,82:2260-2262. (10.1063/1.1565185)

[492] Schmidt-Grund R, Carstens A, Rheinländer B, et al. Refractive indices and band-gap properties of rocksalt $Mg_xZn_{1-x}O(0.68 \leqslant x \leqslant 1)$[J]. J. Appl. Phys.,2006,99:1-7. (10.1063/1.2205350)

[493] Larach S, Shrader R E, Stocker C F. Anomalous variation of band gap with composition in zinc sulfo- and seleno-tellurides[J]. Phys. Rev.,1957,108:587-589. (10.1103/PhysRev.108.587)

[494] Merita S, Krämer T, Mogwitz B,et al. Oxygen in sputter-deposited ZnTe thin films[J]. Phys. Status Solidi C,2006,3:960-963. (10.1002/pssc.200564637)

[495] Kramer B. A pseudopotential approach for the Green's function of electrons in amorphous solids [J]. Phys. Status Solidi,1970,41:649-658. (10.1002/pssb.19700410220)

[496] Kramer B. Electronic structure and optical properties of amorphous germanium and silicon[J]. Phys. Status Solidi B,1971,47:501-510. (10.1002/pssb.2220470215)

[497] van Vechten J A. A Simple Man's View of the Thermochemistry of Semiconductors, Handbook on Semiconductors,vol.3[M]. Amsterdam:North Holland,1980:1-111.

[498] Hartung J, Hansson L Å, Weber J. Temperature dependence of the indirect gap in silicon[C]// Anastassakis E M, J D Joannopoulos. Proceedings of the 20th International Conference on the Physics of Semiconductors Thessaloniki,Greece. Singapore:World Scientific,1990:1875-1878.

[499] Tsang Y W, Cohen M L. Calculation of the temperature dependence of the energy gaps of PbTe and SnTe[J]. Phys. Rev. B,1971,3:1254-1261. (10.1103/PhysRevB.3.1254)

[500] Tanaka I, Sugimoto K, Kim D, et al. Control of temperature dependence of exciton energies in CuI-CuBr alloy thin films grown by vacuum deposition[J]. Int. J. Mod. Phys. B,2001,15:3977-

3980. (10.1142/S0217979201009141)

[501] Serrano J, Schweitzer C, Lin C T, et al. Electron-phonon renormalization of the absorption edge of the cuprous halides[J]. Phys. Rev. B, 2002, 65: 1-7. (10.1103/PhysRevB.65.125110)

[502] Bhosale J, Ramdas A K, Burger A, et al. Temperature dependence of band gaps in semiconductors: Electron-phonon interaction [J]. Phys. Rev. B, 2012, 86: 1-10. (10.1103/PhysRevB.86.195208)

[503] Varshni Y. Temperature dependence of the energy gap in semiconductors[J]. Physica, 1967, 34: 149-154. (10.1016/0031-8914(67)90062-6)

[504] Viña L, Logothetidis S, Cardona M. Temperature dependence of the dielectric function of germanium[J]. Phys. Rev. B, 1984, 30: 1979-1991. (10.1103/PhysRevB.30.1979)

[505] O'Donnell K P, Chen X. Temperature dependence of semiconductor band gaps[J]. Appl. Phys. Lett., 1991, 58: 2924-2926. (10.1063/1.104723)

[506] Pässler R. Dispersion-related description of temperature dependencies of band gaps in semiconductors[J]. Phys. Rev. B, 2002, 66: 1-18. (10.1103/PhysRevB.66.085201)

[507] Brunner D, Angerer H, Bustarret E, et al. Optical constants of epitaxial AlGaN films and their temperature dependence[J]. J. Appl. Phys., 1997, 82: 5090-5096. (10.1063/1.366309)

[508] Schmidt-Grund R, Ashkenov N, Schubert M M, et al. Temperature-dependence of the refractive index and the optical transitions at the fundamental band-gap of ZnO[J]. AIP Conf. Proc., 2007, 893: 271-272. (10.1063/1.2729872)

[509] Garro N, Cantarero A, Cardona M, et al. Dependence of the lattice parameters and the energy gap of zinc-blende-type semiconductors on isotopic masses[J]. Phys. Rev. B, 1996, 54: 4732-4740. (10.1103/PhysRevB.54.4732)

[510] Kane E O. Band structure of indium antimonide[J]. J. Phys. Chem. Solids, 1957, 1: 249-261. (10.1016/0022-3697(57)90013-6)

[511] Hermann C, Weisbuch C. $\vec{k} \cdot \vec{p}$ perturbation theory in Ⅲ-Ⅴ compounds and alloys: A reexamination[J]. Phys. Rev. B, 1977, 15: 823-833. (10.1103/PhysRevB.15.823)

[512] Xu Y-N, Ching W Y. Electronic, optical, and structural properties of some wurtzite crystals[J]. Phys. Rev. B, 1993, 48: 4335-4351. (10.1103/PhysRevB.48.4335)

[513] Oshikiri M, Aryasetiawan F, Imanaka Y, et al. Quasiparticle effective-mass theory in semiconductors[J]. Phys. Rev. B, 2002, 66: 1-4. (10.1103/PhysRevB.66.125204)

[514] Nava F, Canali C, Jacoboni C, et al. Electron effective masses and lattice scattering in natural diamond[J]. Solid State Commun., 1980, 33: 475-477. (10.1016/0038-1098(80)90447-0)

[515] Dresselhaus G, Kip A F, Kittel C. Cyclotron resonance of electrons and holes in silicon and germanium crystals[J]. Phys. Rev., 1955, 98: 368-384. (10.1103/PhysRev.98.368)

[516] Shokhovets S, Gobsch G, Ambacher O. Conduction band parameters of ZnO[J]. Superlatt. Microstruct., 2006, 39: 299-305. (10.1016/j.spmi.2005.08.052)

[517] Baer W S, Dexter R N. Electron cyclotron resonance in CdS[J]. Phys. Rev., 1964, 135: A1388-A1393. (10.1103/PhysRev.135.A1388)

[518] Shockley W. Cyclotron resonance, magnetoresistance, and Brillouin zones in semiconductors[J]. Phys. Rev., 1953, 90: 491. (10.1103/PhysRev.90.491)

[519] Pfeffer P, Zawadzki W. Conduction electrons in GaAs: Five-level $k \cdot p$ theory and polaron effects[J]. Phys. Rev. B, 1990, 41: 1561-1576. (10.1103/PhysRevB.41.1561)

[520] Cardona M, Christensen N E, Fasol G. Relativistic band structure and spin-orbit splitting of zinc-blende-type semiconductors[J]. Phys. Rev. B, 1988, 38: 1806-1827. (10.1103/PhysRevB.38.1806)

[521] Bimberg D. private communication. 原作者未知.

[522] Ottaviani G, Reggiani L, Canali C, et al. Hole drift velocity in silicon[J]. Phys. Rev. B, 1975, 12: 3318-3329. (10.1103/PhysRevB.12.3318)

[523] Cardona M, Pollak F H. Energy-band structure of germanium and silicon: The $k \cdot p$ method[J]. Phys. Rev., 1966, 142: 530-543. (10.1103/PhysRev.142.530)

[524] Eremets M I. Semiconducting diamond[J]. Semicond. Sci. Technol., 1991, 6: 439-444. (10.1088/0268-1242/6/6/004)

[525] Hopfield J J. Fine structure in the optical absorption edge of anisotropic crystals[J]. J. Phys. Chem. Solids, 1960, 15: 97-107. (10.1016/0022-3697(60)90105-0)

[526] Shay J L, Tell B, Schiavone L M, et al. Energy bands of $AgInS_2$ in the chalcopyrite and orthorhombic structures[J]. Phys. Rev. B, 1974, 9: 1719-1723. (10.1103/PhysRevB.9.1719)

[527] Carter D L, Bates R T. Physics of semimetals and narrow-gap semiconductors[M]. Pergamon Press, 1971.

[528] Saunders G A. Semimetals and narrow gap semiconductors[J]. Contemp. Phys., 1973, 14: 149-166. (10.1080/00107517308213730)

[529] Feng W, Xiao D, Ding J, et al. Three-dimensional topological insulators in I-III-VI$_2$ and II-IV-V$_2$ chalcopyrite semiconductors[J]. Phys. Rev. Lett., 2011, 106: 1-4. (10.1103/PhysRevLett.106.016402)

[530] Bastard G. Dielectric anomalies in extremely non-parabolic zero-gap semiconductors[J]. J. Phys. C: Solid State Phys., 1981, 14: 839-845. (10.1088/0022-3719/14/6/010)

[531] Teppe F, Marcinkiewicz M, Krishtopenko S S, et al. Temperature-driven massless Kane fermions in HgCdTe crystals[J]. Nature Commun., 2016, 7: 1-6. (10.1038/ncomms12576)

[532] Dimmock J O, Melngailis I, Strauss A J. Band structure and laser action in $Pb_xSn_{1-x}Te$[J]. Phys. Rev. Lett., 1966, 16: 1193-1196. (10.1103/PhysRevLett.16.1193)

[533] Bir G L, Pikus G E. Symmetry and strain-induced effects in semiconductors[M]. New York: Wiley, 1974.

[534] Pikus G E, Bir G L. Effect of deformation on the hole energy spectrum of germanium and silicon [J]. Fiz. Tverd. Tela, 1956, 1: 1642-1658. [Sov. Phys. Solid State, 1959, 1: 1502-1517.]

[535] Christensen N E. Electronic structure of GaAs under strain[J]. Phys. Rev. B, 1984, 30: 5753-5765. (10.1103/PhysRevB.30.5753)

[536] Zhang Y. Motion of electrons in semiconductors under inhomogeneous strain with application to

laterally confined quantum wells[J]. Phys. Rev. B,1994,49:14352-14366.(10.1103/PhysRevB. 49.14352)

[537] Goñi A R,Strössner K,Syassen K,et al. Pressure dependence of direct and indirect optical absorption in GaAs[J]. Phys. Rev. B,1987,36:1581-1587.(10.1103/PhysRevB.36.1581)

[538] Shan W,Walukiewicz W,Ager Ⅲ J W,et al. Band anticrossing in GaInNAs alloys[J]. Phys. Rev. Lett.,1999,82:1221-1224.(10.1103/PhysRevLett.82.1221)

[539] Chuang S L,Chang C S. $k \cdot p$ method for strained wurtzite semiconductors[J]. Phys. Rev. B, 1996,54:2491-2504.(10.1103/PhysRevB.54.2491)

[540] Kumagai M,Chuang S L,Ando H. Analytical solutions of the block-diagonalized Hamiltonian for strained wurtzite semiconductors[J]. Phys. Rev. B,1998,57:15303-15314.(10.1103/PhysRevB. 57.15303)

[541] Herring C,Vogt E. Transport and deformation-potential theory formany-valley semiconductors with anisotropic scattering[J]. Phys. Rev.,1956,101:944-961.(10.1103/PhysRev.101.944)

[542] Fischetti M V,Laux S E. Band structure,deformation potentials,and carrier mobility in strained Si,Ge,and SiGe alloys[J]. J. Appl. Phys.,1996,80:2234-2252.(10.1063/1.363052)

[543] Aspnes D,Cardona M. Strain dependence of effective masses in tetrahedral semiconductors[J]. Phys. Rev. B,1978,17:726-740.(10.1103/PhysRevB.17.726)

[544] Kent P R C,Zunger A. Theory of electronic structure evolution in GaAsN and GaPN alloys[J]. Phys. Rev. B,2001,64:1-23.(10.1103/PhysRevB.64.115208)

[545] Wu J,Shan W,Walukiewicz W. Band anticrossing in highly mismatched Ⅲ-Ⅴ semiconductor alloys[J]. Semicond. Sci. Technol.,2002,17:860-869.(10.1088/0268-1242/17/8/315)

[546] Chelikowsky J,Chadi D J,Cohen M L. Calculated valence-band densities of states and photoemission spectra of diamond and zinc-blende semiconductors[J]. Phys. Rev. B,1973,8: 2786-2794.(10.1103/PhysRevB.8.2786)

[547] Mott N F. Electrons in disordered structures[J]. Advances in Phys.,1967,16:49-144.(10.1080/ 00018736700101265)

[548] Cohen M H,Fritzsche H,Ovshinsky S R. Simple band model for amorphous semiconductor alloys [J]. Phys. Rev. Lett.,1969,22:1065-1068.(10.1103/PhysRevLett.22.1065)

[549] Davis E A,Mott N F. Conduction in non-crystalline systems. Ⅴ. Conductivity,optical absorption and photoconductivity in amorphous semiconductors[J]. Philos. Mag.,1970,22:903-922.(10. 1080/14786437008221061)

[550] Marshall J M,Owen A E. Drift mobility studies in vitreous arsenic triselenide[J]. Philos. Mag., 1971,24:1281-1305.(10.1080/14786437108217413)

[551] Drabold D A,Stephan U,Dong J,et al. The structure of electronic states in amorphous silicon [J]. J. Molec. Graphics and Modelling,1999,17:285-291,330-332.(10.1016/S1093-3263(99) 00036-4)

[552] Körner W,Elsässer C. Density-functional theory study of stability and subgap states of crystalline and amorphous Zn-Sn-O[J]. Thin Solid Films,2014,555:81-86.(10.1016/j.tsf.2013.05.146)

[553] Sallis S,Butler K T,Quackenbush N F,et al. Origin of deep subgap states in amorphous indium gallium zinc oxide: Chemically disordered coordination of oxygen[J]. Appl. Phys. Lett.,2014, 104:1-4.(10.1063/1.4883257)

[554] 泡利 1931 年从纽约写给 R. Peierls 的一封信,参见 *Wolfgang Pauli, Scientific Correspondence with Bohr, Einstein, Heisenberg a. o. Volume* Ⅱ:1930-1939(K. von Meyenn 编著,斯普林格出版社 1985 年出版)第 287 号,94 页. 之后泡利向 Peierls 抱怨道:"…daß Sie immer noch nicht von der Physik des festen Körpers losgekommen sind"(同上,第 310 号,163 页).(10.1007/978-3-540-78801-0)

[555] Shockley W. Electrons and holes in semiconductors with applications to transistor electronics [M]. New York:D. van Nostrand,1950.

[556] Bednarczyk D,Bernarczyk J. The approximation of the Fermi-Dirac integral $F_{1/2}(\eta)$[J]. Phys. Lett.,1978,64A:409-401.(10.1016/0375-9601(78)90283-9)

[557] Aymerich-Humet X,Serra-Mestres F,Millán J. Ananalytical approximation for the Fermi-Dirac integral $F_{3/2}(\eta)$[J]. Solid State Electron.,1981,24:981-982.(10.1016/0038-1101(81)90121-0)

[558] Aymerich-Humet X,Serra-Mestres F,Millán J. A generalized approximation of the Fermi-Dirac integrals[J]. J. Appl. Phys.,1983,54:2850-2851.(10.1063/1.332276)

[559] Unger K. Reversible formulae to approximate Fermi integrals[J]. Phys. Status Solidi B,1988, 149:K141-K144.(10.1002/pssb.2221490254)

[560] McDougall J,Stoner E C. The computation of Fermi-Dirac functions[J]. Phil. Trans. Roy. Soc. Lond.,1938,237:67-104.(10.1098/rsta.1938.0004)

[561] MacLeod A J. Algorithm 779: Fermi-Dirac functions of order $-1/2, 1/2, 3/2, 5/2$[J]. ACM Trans. Math. Softw.,1998,24:1-12.(10.1145/285861.285862)

[562] Sproul A B,Green M A,Zhao J. Improved value for the silicon intrinsic carrier concentration at 300 K[J]. Appl. Phys. Lett.,1990,57:255-257.(10.1063/1.349645)

[563] Sproul A B,Green M A. Intrinsic carrier concentration and minority-carrier mobility of silicon from 77 to 300 K[J]. J. Appl. Phys.,1993,73:1214-1225.(10.1063/1.353288)

[564] Green M A. Intrinsic concentration,effective densities of states,and effective mass in silicon[J]. J. Appl. Phys.,1990,67:2944-2954.(10.1063/1.345414)

[565] Misiakos K,Tsamakis D. Accurate measurements of the silicon intrinsic carrier density from 78 to 340 K[J]. J. Appl. Phys.,1993,74:3293-3297.(10.1063/1.354551)

[566] Gudden B. Über die Elektrizitätsleitung in Halbleitern[J]. Sitzungsber. Phys.-Med. Soz. Erlangen,1930,62:289-302.

[567] Gudden B. Elektrische Leitfähigkeit elektronischer Halbleiter [M]//Schriftleitung der "Naturwissenschaften". Ergebnisse der Exakten Naturwissenschaften. Berlin:Springer,1934:223-256.(10.1007/978-3-642-94250-1_5)

[568] Grundmann M,Schein F-L,Lorenz M,et al. Cuprous iodide - a ptype transparent semiconductor: history and novel applications[J]. Phys. Status Solidi A,2013,210:1671-1703.(10.1002/pssa.201329349)

[569] Zunger A. Practical doping principles[J]. Appl. Phys. Lett., 2003, 83: 57-59. (10.1063/1.1584074)

[570] Ramamoorthy M, Pantelides S T. Complex dynamical phenomena in heavily arsenic doped silicon[J]. Phys. Rev. Lett., 1996, 76: 4753-4756. (10.1103/PhysRevLett.76.4753)

[571] Lany S, Osorio-Guillén J, Zunger A. Origins of the doping asymmetry in oxides: Hole doping in NiO versus electron doping in ZnO[J]. Phys. Rev. B, 2007, 75: 1-4. (10.1103/PhysRevB.75.241203)

[572] Kohn W. Shallow impurity states in semiconductors—The early years[J]. Physica B, 1987, 146: 1-5. (10.1016/0378-4363(87)90046-5)

[573] Ramdas A K. Spectroscopy of shallow centers in semiconductors: Progress since 1960[J]. Physica B, 1987, 146: 6-18. (10.1016/0378-4363(87)90047-7)

[574] Sze S M, Ng K K. Physics of Semiconductor Devices[M]. 3rd ed. New York: Wiley, 2007.

[575] Schubert E F. Doping in Ⅲ-Ⅴ Semiconductors[M]. Cambridge: Cambridge University Press, 1993. (10.1017/CBO9780511599828)

[576] Bethe H A. Theory of the boundary layer of crystal rectifiers[J]. MIT Radiation Lab. Rep., 1942, 43-12: 1-26.

[577] Heim U. Evidence for donor-acceptor recombination in InP by time-resolved photoluminescence spectroscopy[J]. Solid State Commun., 1969, 7: 445-447. (10.1016/0038-1098(69)90893-X)

[578] Kohn W, Luttinger J M. Theory of donor states in silicon[J]. Phys. Rev., 1955, 98: 915-922. (10.1103/PhysRev.98.915)

[579] Feher G, Wilson D K, Gere E A. Electron spin resonance experiments on shallow donors in germanium[J]. Phys. Rev. Lett., 1959, 3: 25-28. (10.1103/PhysRevLett.3.25)

[580] Kalish R. The search for donors in diamond[J]. Diamond Rel. Mater., 2001, 10: 1749-1755. (10.1016/S0925-9635(01)00426-5)

[581] Karasyuk V A, Beckett D G S, Nissen M K, et al. Fourier-transform magnetoluminescence spectroscopy of donor-bound excitons in GaAs[J]. Phys. Rev. B, 1994, 49: 16381-16397. (10.1103/PhysRevB.49.16381)

[582] Kaufmann U, Schneider J. Point defects in GaP, GaAs, and InP[J]. Adv. Electron. Electr. Phys., 1982, 58: 81-141. (10.1016/S0065-2539(08)61022-7)

[583] Götz W, Johnson N M, Chen C, et al. Activation energies of Si donors in GaN[J]. Appl. Phys. Lett., 1996, 68: 3144-3146. (10.1063/1.115805)

[584] Ptak A J, Holbert L J, Ting L, et al. Controlled oxygen doping of GaN using plasma assisted molecular-beam epitaxy[J]. Appl. Phys. Lett., 2001, 79: 2740-2742. (10.1063/1.1403276)

[585] Teitler S, Wallis R F. Note on semiconductor statistics[J]. J. Phys. Chem. Solids, 1960, 16: 71-75. (10.1016/0022-3697(60)90074-3)

[586] Šantić B. On the determination of the statistical characteristics of the magnesium acceptor in GaN[J]. Superlatt. Microstruct., 2004, 36: 445-453. (10.1016/j.spmi.2004.09.008)

[587] Dickstein R M, Titcomb S L, Anderson R L. Carrier concentration model for n-type silicon at low

temperatures[J]. J. Appl. Phys. ,1989,66:2437-2441. (10.1063/1.344253)

[588] Blakemore J S. Radiative Capture by Impurities in Semiconductors[J]. Phys. Rev. ,1967,163: 809-815. (10.1103/PhysRev.163.809)

[589] Bebb H B. Comments on radiative capture by impurities in semiconductors[J]. Phys. Rev. B, 1972,5:4201-4203. (10.1103/PhysRevB.5.4201)

[590] Harrison J W, Hauser J R. Alloy scattering in ternary Ⅲ-Ⅴ compounds[J]. Phys. Rev. B,1976, 13:5347-5350. (10.1103/PhysRevB.13.5347)

[591] Chin V W L, Tansley T L. Alloy scattering and lattice strain effects on the electron mobility in $In_{1-x}Ga_xAs$[J]. Solid State Electron. ,1991,34:1055-1063. (10.1016/0038-1101(91)90100-D)

[592] Zhao W, Jena D. Dipole scattering in highly polar semiconductor alloys[J].J. Appl. Phys. ,2004, 96:2095-2101. (10.1063/1.1767615)

[593] Stratton R. Dipole scattering from ion pairs in compensated semiconductors[J]. J. Phys. Chem. Solids,1962,23:1011-1017. (10.1016/0022-3697(62)90159-2)

[594] Debye P P, Conwell E M. Electrical properties of n-type germanium[J]. Phys. Rev. ,1954,93: 693-706. (10.1103/PhysRev.93.693)

[595] Brown G W, Grube H, Hawley M E. Observation of buried phosphorus dopants near clean Si (100)−(2×1) surfaces with scanning tunneling microscopy[J]. Phys. Rev. B,2004,70:1-4. (10.1103/PhysRevB.70.121301)

[596] Collins A T, Williams A W S. The nature of the acceptor centre in semiconducting diamond[J]. J. Phys. C:Solid State Phys. ,1971,4:1789-1800. (10.1088/0022-3719/4/13/030)

[597] Thonke K. The boron acceptor in diamond[J]. Semicond. Sci. Technol. ,2003,18:S20-S26. (10.1088/0268-1242/18/3/303)

[598] Alves H. Defects, Doping and Compensation in Wide Bandgap Semiconductors[D]. Universität Giessen,2003.

[599] Fischer S, Wetzel C, Haller E E, et al. On p-type doping in GaN—Acceptor binding energies[J]. Appl. Phys. Lett. ,1995,67:1298-1300. (10.1063/1.114403)

[600] Kohn W. Shallow impurity states in silicon and germanium[J]. Solid State Phys. ,1957,5:257-320. (10.1016/S0081-1947(08)60104-6)

[601] Shtivel'man K Y, Useinov R G. Degeneracy multiplicity of the states of two-charge acceptors in semiconductors[J]. Soviet Phys. J. ,1974,17:1439-1440. (10.1007/BF00891303)

[602] Look D C. Electrical Characterization of GaAs Materials and Devices[M]. New York: Wiley, 1989.

[603] Conwell E M. Hall effect and density of states in germanium[J]. Phys. Rev. ,1955,99:1195-1198. (10.1103/PhysRev.99.1195)

[604] Haller E E, Hansen W L, Goulding F S. Physics of ultra-pure germanium[J]. Adv. Phys. ,1981, 30:93-138. (10.1080/00018738100101357)

[605] Johnson M B, Albrektsen O, Feenstra R M, et al. Direct imaging of dopants in GaAs with crosssectional scanning tunneling microscopy[J]. Appl. Phys. Lett. ,1993,63:2923-2925. (10.

1063/1.110274)勘误:Appl. Phys. Lett.,1994,64:1454.(10.1063/1.111999)

[606] Yakunin A M,Silov A Y,Koenraad P M,et al. Spatial structure of an individual Mn acceptor in GaAs[J]. Phys. Rev. Lett.,2004,92:1-4.(10.1103/PhysRevLett.92.216806)

[607] Tang J-M,Flatté M. Multiband tight-binding model of local magnetism in $Ga_{1-x}Mn_xAs$[J]. Phys. Rev. Lett.,2004,92:1-4.(10.1103/PhysRevLett.92.047201)

[608] Blakemore J S. Semiconductor statistics[M]. Oxford:Pergamon Press,1962.

[609] Hannay N B. Semiconductors[M]. New York:Reinhold Publ. Corp,1959.

[610] Leibiger G. $A^{III}B^{V}$-Mischkristallbildung mit Stickstoff und Bor[D]. Universität Leipzig,2003.

[611] Ziegler E,Siegel W. Determination of two donor (majority) levels in semiconductors from Hall effect measurements[J]. Crystal Res. Technol.,1982,17:1015-1024.(10.1002/crat.2170170822)

[612] Hoffmann H-J. Defect-level analysis of semiconductors by a new differential evaluation of $n(1/t)$-characteristics[J]. Appl. Phys.,1979,19:307-312.(10.1007/BF00900474)

[613] Tao M. A kinetic model for metalorganic chemical vapor deposition from trimethylgallium and arsine[J]. J. Appl. Phys.,2000,87:3554-3562.(10.1063/1.372380)

[614] Weyer G,Petersen J W,Damgaard S,et al. Site-selective doping of compound semiconductors by ion implantation of radioactive nuclei[J]. Phys. Rev. Lett.,1980,44:155-157.(10.1103/PhysRevLett.44.155)

[615] Antoncik E,Gu B L. On the Mössbauer isomer shift studies of the electronic structure of Sn implanted $A^{III}B^{V}$ compounds[J]. Hyperfine Interactions,1983,14:257-269.(10.1007/BF02043477)

[616] Noufi R,Axton R,Herrington C,et al. Electronic properties versus composition of thin films of $CuInSe_2$[J]. Appl. Phys. Lett.,1994,45:668-670.(10.1063/1.95350)

[617] Paudel T R,Zakutayev A,Lany S,et al. Doping rules and doping prototypes in A_2BO_4 spinel oxides[J]. Adv. Funct. Mater.,2011,21:4493-4501.(10.1002/adfm.201101469)

[618] Perkins J D,Paudel T R,Zakutayev A,et al. Inverse design approach to hole doping in ternary oxides:Enhancing p-type conductivity in cobalt oxide spinels[J]. Phys. Rev. B,2011,84:1-8.(10.1103/PhysRevB.84.205207)

[619] Mott N F. Metal-insulator Transitions[M]. London:Taylor and Francis,1990.

[620] Fistul V I. Highly doped semiconductors[M]. New York:Springer,1969.(10.1007/978-1-4684-8821-0)

[621] Crowder B L,Hammer W N. Shallow acceptor states in ZnTe and CdTe[J]. Phys. Rev.,1966,150:541-545.(10.1103/PhysRev.150.541)

[622] Pearson G L,Bardeen J. electrical properties of pure silicon and silicon alloys containing boron and phosphorous[J]. Phys. Rev.,1949,75:865-883.(10.1103/PhysRev.75.865)

[623] Stillman G E,Cook L W,Roth T J,et al. High-purity material[M]//Pearsall T P. GaInAsP alloy semiconductors. New York:Wiley,1982:121-166.

[624] Lee T F,McGill T C. Variation of impurity-to-band activation energies with impurity density[J]. J. Appl. Phys.,1975,46:373-380.(10.1063/1.321346)

[625] Young M L,Bass S J. The electrical properties of undoped and oxygen-doped GaP grown by the liquid encapsulation technique[J]. J. Phys. D: Appl. Phys.,1971,4:995-1005.(10.1088/0022-3727/4/7/317)

[626] Casey H C Jr.,Ermanis F,Wolfstirn K B. Variation of electrical properties with Zn concentration in GaP[J]. J. Appl. Phys.,1969,40:2945-2958.(10.1063/1.1658106)

[627] Pakula K,Wojdak M,Palczewska M,et al. Luminescence and ESR spectra of GaN:Si below and above Mott transition[J]. MRS Internet J. Nitride Semicond. Res.,1998,3:1-4.(10.1557/S109257830000106X)

[628] James G R,Leitch A W R,Omnès F,et al. Correlation of transport and optical properties of Si-doped $Al_{0.23}Ga_{0.77}N$[J]. J. Appl. Phys.,2004,96:1047-1052.(原文标题误作"$Al_{0.23}G_{0.77}N$")(10.1063/1.1760235)

[629] Brandt M,von Wenckstern H,Meinecke C,et al. Dopant activation in homoepitaxial MgZnO:P thin films[J]. J. Vac. Sci. Technol. B,2009,27:1604-1608.(10.1116/1.3086657)

[630] Kato H,Sano M,Miyamoto K,et al. Growth and characterization of Ga-doped ZnO layers on aplane sapphire substrates grown by molecular beam epitaxy[J]. J. Cryst. Growth,2002,237-239:538-543.(10.1016/S0022-0248(01)01972-8)

[631] Kato H,Ogawa A,Kotani H,et al. Effects of polarity on MBE growth of undoped,Ga- and N-doped ZnO films[C]//MRS Fall Meeting 2006,Boston,Symp. K ('Zinc Oxide and Related Materials'),2006:K5.6.

[632] Lu Z-L,Zou W-Q,Xu M-X,et al. Structural and electrical properties of single crystalline Ga-doped ZnO thin films grown by molecular beam epitaxy[J]. Chin. Phys. Lett.,2009,26:1-4.(10.1088/0256-307X/26/11/116102)

[633] Wu M C,Su Y K,Cheng K Y,et al. Electrical and optical properties of heavily doped Mg- and Te-GaAs grown by liquid-phase epitaxy[J]. Solid State Electron.,1988,31:251-256.(10.1016/0038-1101(88)90137-2)

[634] Ogawa M,Baba T. Heavily Si-doped GaAs and AlAs/n-GaAs superlattice grown by molecular epitaxy[J]. Jpn. J. Appl. Phys.,1985,24:L572-L574.(10.1143/JJAP.24.L572)

[635] Yamada T,Tokumitsu E,Saito K,et al. Heavily carbon doped p-Type GaAs and GaAlAs grown by metalorganic molecular beam epitaxy[J]. J. Cryst. Growth,1989,95:145-149.(10.1016/0022-0248(89)90369-2)

[636] Liévin J L,Alexandre F,Dubon-Chevallier C. Molecular beam epitaxy of $Ga_{0.99}Be_{0.01}As$ for very high speed heterojunction bipolar transistors[M]//Fong C Y,Batra I P,Ciraci S. Properties of Impurity States in Superlattice Semiconductors. New York:Plenum,1988:19-28.(10.1007/978-1-4684-5553-3_3)

[637] Yang W,Mathews J,Williams J S. Hyperdoping of Si by ion implantation and pulsed laser melting[J]. Mat. Sci. Semicond. Processing,2017,62:103-114.(10.1016/j.mssp.2016.11.005)

[638] Zhou S,Liu F,Prucnal S,et al. Hyperdoping silicon with selenium:Solid versus liquid phase epitaxy[J]. Sci. Rep.,2015,5:1-7.(10.1038/srep08329)

[639] Bourgoin J, Lannoo M. Point Defects in Semiconductors Ⅱ[M]. Berlin: Springer, 1983. (10.1007/978-3-642-81832-5)

[640] Pantelides S T. Deep Centers in semiconductors[M]. New York: Gordon and Breach, 1986.

[641] Chen J-W, Milnes A G. Energy levels in silicon[J]. Ann. Rev. Mat. Sci., 1980, 10: 157-228. (10.1146/annurev.ms.10.080180.001105)

[642] Lischka K. Deep level defects in narrow gap semiconductors[J]. Phys. Status Solidi B, 1986, 133: 17-46. (10.1002/pssb.2221330104)

[643] Spaeth J-M, Overhof H. Point defects in semiconductors and insulators, determination of atomic and electronic structure from paramagnetic hyperfine interactions[M]. Berlin: Springer, 2003. (10.1007/978-3-642-55615-9)

[644] Landsberg P T. Degeneracy factors of traps from solubility data for semiconductors[J]. J. Phys. D: Appl. Phys., 1977, 10: 2467-2471. (10.1088/0022-3727/10/18/011)

[645] Ralph H I. The degeneracy factor of the gold acceptor level in silicon[J]. J. Appl. Phys., 1978, 49: 672-675. (10.1063/1.324642)

[646] Kassing R, Cohausz L, van Staa P, et al. Determination of the entropy-factor of the gold donor level in silicon by resistivity and DLTS measurements[J]. Appl. Phys. A, 1984, 34: 41-47. (10.1007/BF00617573)

[647] Woodbury H H, Ludwig G W. Spin resonance of transition metals in silicon[J]. Phys. Rev., 1960, 117: 102-108. (10.1103/PhysRev.117.102)

[648] Greulich-Weber S, Niklas J R, Weber E R, et al. Electron nuclear double resonance of interstitial iron in silicon[J]. Phys. Rev. B, 1984, 30: 6292-6299. (10.1103/PhysRevB.30.6292)

[649] Feichtinger H, Waltl J, Gschwandtner A. Localization of the $Fe^°$-level in silicon[J]. Solid State Commun., 1978, 27: 867-871. (10.1016/0038-1098(78)90194-1)

[650] Lee Y H, Kleinhenz R L, Corbett J W. EPR of a thermally induced defect in silicon[J]. Appl. Phys. Lett., 1977, 31: 142-144. (10.1063/1.89630)

[651] Grimmeiss H G, Janzén E, Ennen H, et al. Tellurium donors in silicon[J]. Phys. Rev. B, 1981, 24: 4571-4586. (10.1103/PhysRevB.24.4571)

[652] Grimmeiss H G, Montelius L, Larsson K. Chalcogens in germanium[J]. Phys. Rev. B, 1988, 37: 6916-6928. (10.1103/PhysRevB.37.6916)

[653] Franks R K, Robertson J B. Magnesium as a donor impurity in silicon[J]. Solid State Commun., 1967, 5: 479-481. (10.1016/0038-1098(67)90598-4)

[654] Kaufmann U, Schneider J, Wörner R, et al. The deep double donor P_{Ga} in GaP[J]. J. Phys. C: Solid State Phys., 1981, 14: L951-L955. (10.1088/0022-3719/14/31/005)

[655] Wagner R J, Krebs J J, Strauss G H, et al. Submillimeter EPR evidence for the As antisite defect in GaAs[J]. Solid State Commun., 1980, 36: 15-17. (10.1016/0038-1098(93)90263-M)

[656] Champness C H. The statistics of divalent impurity centres in a semiconductor[J]. Proc. Phys. Soc. B, 1956, 69: 1335-1339. (10.1088/0370-1301/69/12/421)

[657] Schaub R, Pensl G, Schulz M, et al. Donor states in tellurium-doped silicon[J]. Appl. Phys. A,

1984,34:215-222. (10.1007/BF00616575)

[658] Carlson R O. Double-acceptor behavior of zinc in silicon[J]. Phys. Rev., 1957, 108:1390-1393. (10.1103/PhysRev.108.1390)

[659] Tyler W W, Woodbury H H. Scattering of carriers from doubly charged impurity sites in germanium[J]. Phys. Rev., 1956, 102:647-655. (10.1103/PhysRev.102.647)

[660] Sturge M D. The Jahn-Teller effect in solids[J]. Solid State Phys., 1968, 20:91-211. (10.1016/S0081-1947(08)60218-0)

[661] Watkins G D. Negative-U properties for defects in solids[J]. Adv. Solid State Phys. (Festkörperprobleme), 1984, 24:163-189. (10.1007/BFb0107450)

[662] Watkins G D, Troxell J R. Negative-U properties for point defects in silicon[J]. Phys. Rev. Lett., 1980, 44:593-596. (10.1103/PhysRevLett.44.593)

[663] Anderson P W. Model for the electronic structure of amorphous semiconductors[J]. Phys. Rev. Lett., 1975, 34:953-955. (10.1103/PhysRevLett.34.953)

[664] Harris R D, Newton J L, Watkins G D. Negative-U defect: Interstitial boron in silicon[J]. Phys. Rev. B, 1987, 36:1094-1104. (10.1103/PhysRevB.36.1094)

[665] Baraff G A, Kane E O, Schlüter M. Theory of the silicon vacancy: An Anderson negative-U system[J]. Phys. Rev. B, 1980, 21:5662-5686. (10.1103/PhysRevB.21.5662)

[666] Sprenger M, Muller S H, Sieverts E G, et al. Vacancy in silicon: Hyperfine interactions from electron-nuclear double resonance measurements[J]. Phys. Rev. B, 1987, 35:1566-1581. (10.1103/PhysRevB.35.1566)

[667] Wright A F. Density-functional-theory calculations for the silicon vacancy[J]. Phys. Rev. B, 2006, 74:1-8. (10.1103/PhysRevB.74.165116)

[668] Fazzio A, Janotti A, da Silva A J R. Microscopic picture of the single vacancy in germanium[J]. Phys. Rev. B, 2000, 61:R2401-R2404. (10.1103/PhysRevB.61.R2401)

[669] Mooney P M, Caswell N S, Wright S L. The capture barrier of the DX center in Si-doped $Al_xGa_{1-x}As$[J]. J. Appl. Phys., 1987, 62:4786-4797. (10.1063/1.338981)

[670] Mooney P M. Deep donor levels (DX centers) in III-V semiconductors[J]. J. Appl. Phys., 1990, 67:R1-R26. (10.1063/1.345628)

[671] Bourgoin J C. Physics of DX Centers in GaAs Alloys[M]. Lake Isabella: Sci-Tech, 1990. (10.4028/www.scientific.net/SSP.10)

[672] Lang D V, Logan R A. Large-lattice-relaxation model for persistent photoconductivity in compound semiconductors[J]. Phys. Rev. Lett., 1977, 39:635-639. (10.1103/PhysRevLett.39.635)

[673] Mäkinen J, Laine T, Saarinen K, et al. Microscopic structure of the DX center in Si-doped $Al_xGa_{1-x}As$: Observation of a vacancy by positron-annihilation spectroscopy[J]. Phys. Rev. B, 1995, 52:4870-4883. (10.1103/PhysRevB.52.4870)

[674] Dabrowski J, Scheffler M. Isolated arsenic-antisite defect in GaAs and the properties of EL2[J]. Phys. Rev. B, 1989, 40:10391-10401. (10.1103/PhysRevB.40.10391)

[675] Martin G M. Optical assessment of the main electron trap in bulk semi-insulating GaAs[J]. Appl. Phys. Lett. ,1981,39:747-748. (10.1063/1.92852)

[676] Blakemore J S. Semiconducting and other major properties of gallium arsenide[J]. J. Appl. Phys. ,1982,53:R123-R181. (10.1063/1.331665)

[677] Rohatgi A,Hopkins R H,Davis J R,et al. The impact of molybdenum on silicon and silicon solar cell performance[J]. Solid State Electron. ,1980,23:1185-1190. (10.1016/0038-1101(80)90032-5)

[678] Look D C. The electrical characterization of semi-insulating GaAs: A correlation with mass-spectrographic analysis[J].J. Appl. Phys. ,1977,48:5141-5148. (10.1063/1.323593)

[679] Mizuno O,Watanabe H. Semi-insulating properties of Fe-doped InP[J]. Electron. Lett. ,1975, 11:118-119. (10.1049/el:19750089)

[680] Toudic Y, Lambert B, Coquille R, et al. Chromium-doped p-type semi-insulating InP[J]. Semicond. Sci. Technol. ,1988,3:464-468. (10.1088/0268-1242/3/5/008)

[681] Tapster R P,Skolnick M S,Humphreys R G,et al. Optical and capacitance spectroscopy of InP: Fe[J].J. Phys. C:Solid State Phys. ,1981,14:5069-5079. (10.1088/0022-3719/14/33/016)

[682] Juhl A,Hoffmann A,Bimberg D,et al. Bound-exciton-related fine structure in charge transfer spectra of InP:Fe detected by calorimetric absorption spectroscopy[J]. Appl. Phys. Lett. ,1987, 50:1292-1294. (10.1063/1.97888)

[683] Hennel A M. Transition metals in Ⅲ/Ⅴ compounds[J]. Semicond. Semimet. ,1993,38:189-234. (10.1016/S0080-8784(08)62801-X)

[684] Schulz H J. Optical properties of 3d transition metals in Ⅱ-Ⅵ compounds[J].J. Cryst. Growth, 1982,59:65-80. (10.1016/0022-0248(82)90308-6)

[685] Cheng J,Forrest S R,Tell B,et al. Semi-insulating properties of Fe-implanted InP. Ⅰ. Current-limiting properties of n+-semi-insulating-n+ structures[J].J. Appl. Phys. ,1985,58:1780-1786. (10.1063/1.33602810.1063/1.336028)

[686] Knight D G,Moore W T,Bruce R. Growth of semi-insulating InGaAsP alloys using low-pressure MOCVD[J].J. Cryst. Growth,1992,124:352-357. (10.1016/0022-0248(92)90483-Y)

[687] Dadgar A,Stenzel O,Näser A,et al. Ruthenium:A superior compensator of InP[J]. Appl. Phys. Lett. ,1998,73:3878-3880. (10.1063/1.122898)

[688] Söderström D,Fornuto G,Buccieri A. Studies on InP:Fe growth in a close-spaced showerhead MOVPE reactor[C]//Proceedings 10th European Workshop on MOVPE (Lecce,Italy,2003), PS.Ⅳ.01:1-4. (10.1285/i9788883050088p153)

[689] Faulkner R A. Toward a theory of isoelectronic impurities in semiconductors[J]. Phys. Rev. , 1968,175:991-1009. (10.1103/PhysRev.175.991)

[690] Dean P J. Recombination processes associated with "Deep States" in gallium phosphide[J]. J. Lumin. ,1970,1-2:398-419. (10.1016/0022-2313(70)90054-2)

[691] Schwabe R,Seifert W,Bugge F,et al. Photoluminescence of nitrogen-doped VPE GaAs[J]. Solid State Commun. ,1985,55:167-173. (10.1016/0038-1098(85)90272-8)

[692] Liu X, Pistol M-E, Samuelson L. Excitons bound to nitrogen pairs in GaAs[J]. Phys. Rev. B, 1990, 42: 7504-7512. (10.1103/PhysRevB.42.7504)

[693] Gil B, Albert J P, Camassel J, et al. Model calculation of nitrogen properties in Ⅲ-Ⅴ compounds [J]. Phys. Rev. B, 1986, 33: 2701-2712. (10.1103/PhysRevB.33.2701)

[694] Thomas D G, Hopfield J J. Isoelectronic traps due to nitrogen in gallium phosphide[J]. Phys. Rev., 1966, 150: 680-689. (10.1103/PhysRev.150.680)

[695] Mönch W. Semiconductor Surfaces and Interfaces[M]. Berlin: Springer, 2001. (10.1007/978-3-662-04459-9)

[696] Rosenwaks Y, Shikler R, Glatzel T, et al. Kelvin probe force microscopy of semiconductor surface defects[J]. Phys. Rev. B, 2004, 70: 1-7. (10.1103/PhysRevB.70.085320)

[697] Mönch W. Branch-point energies and the band-structure lineup at Schottky contacts and heterostrucures[J]. J. Appl. Phys., 2011, 109: 1-10. (10.1063/1.3592978)

[698] Tersoff J. Theory of semiconductor heterojunctions: The role of quantum dipoles[J]. Phys. Rev. B, 1984, 30: 4874-4877. (10.1103/PhysRevB.30.4874)

[699] Shapera E P, Schleife A. Database-driven materials selection for semiconductor heterojunction design[J]. Adv. Theory and Simul., 2018, 2018: 1-13. (10.1002/adts.201800075)

[700] Walukiewicz W. Amphoteric native defects in semiconductors[J]. Appl. Phys. Lett., 1989, 54: 2094-2096. (10.1063/1.101174)

[701] Mollwo E. Die Wirkung von Wasserstoff auf die Leitfähigkeit und Lumineszenz von Zinkoxydkristallen[J]. Z. Phys., 1954, 138: 478-488. (10.1007/BF01340694)

[702] Pankove J I, Johnson N M. Hydrogen in Semiconductors[J]. Semicond. Semimet., 1991, 34: xiii. (10.1016/S0080-8784(08)62855-0)

[703] Pearton S J, Corbett J W, Stavola M. Hydrogen in Crystalline Semiconductors[M]. Berlin: Springer, 1992. (10.1007/978-3-642-84778-3)

[704] Sakurai T, Hagstrum H D. Hydrogen chemisorption on the silicon (110) 5×1 surface[J]. J. Vac. Sci. Technol., 1976, 13, 807-809. (10.1116/1.568994)

[705] Pankove J I. Photoluminescence recovery in rehydrogenated amorphous silicon[J]. Appl. Phys. Lett., 1978, 32: 812-813. (10.1063/1.89925)

[706] Brodsky M H, Cardona M, Cuomo J J. Infrared and Raman spectra of the silicon-hydrogen bonds in amorphous silicon prepared by glow discharge and sputtering[J]. Phys. Rev. B, 1977, 16: 3556-3571. (10.1103/PhysRevB.16.3556)

[707] Denteneer P J H, van de Walle C G, Pantelides S T. Microscopic structure of hydrogen-boron complex in crystalline silicon[J]. Phys. Rev. B, 1989, 39: 10809-10824. (10.1103/PhysRevB.39.10809)

[708] Herrero C P, Stutzmann M. Microscopic structure of boron-hydrogen complexes in crystalline silicon[J]. Phys. Rev. B, 1988, 38: 12668-12671. (10.1103/PhysRevB.38.12668)

[709] Stavola M, Bergmann K, Pearton S J, et al. Hydrogen motion in defect complexes: reorientation kinetics of the B-H complex in silicon[J]. Phys. Rev. Lett., 1988, 61: 2786-2789. (10.1103/

PhysRevLett. 61. 2786)

[710] Markevich V P, Peaker A R, Coutinho J, et al. Structure and properties of vacancy-oxygen complexes in $Si_{1-x}Ge_x$ alloys[J]. Phys. Rev. B,2004,69:1-11. (10.1103/PhysRevB.69.125218)

[711] Markevich V P, Murin L I, Suezawa M, et al. Observation and theory of the V-O-H_2 complex in silicon[J]. Phys. Rev. B,2000,61:12964-12969. (10.1103/PhysRevB.61.12964)

[712] Yapsir A S, Deák P, Singh R K, et al. Hydrogen passivation of a substitutional sulfur defect in silicon[J]. Phys. Rev. B,1988,38:9936-9940. (10.1103/PhysRevB.38.9936)

[713] Seeger K. Semiconductor Physics, An Introduction[M]. 9th ed. Berlin: Springer,2004. (10.1007/978-3-662-09855-4)

[714] Lundstrom M. Fundamentals of Carrier Transport[M]. 2nd ed. Cambridge: Cambridge University Press,2000. (10.1017/CBO9780511618611)

[715] Liu H-D, Zhao Y-P, Ramanath G, et al. Thickness dependent electrical resistivity of ultrathin (<40 nm) Cu films[J]. Thin Solid Films,2001,384:151-156. (10.1016/S0040-6090(00)01818-6)

[716] Jacoboni C, Reggiani L. Bulk hot-electron properties of cubic semiconductors[J]. Adv. Phys.,1979,28:493-553. (10.1080/00018737900101405)

[717] Conwell E M, Weisskopf V. Theory of impurity scattering in semiconductors[J]. Phys. Rev.,1950,77:388-390. (10.1103/PhysRev.77.388)

[718] Brooks H. Scattering by ionized impurities in semiconductors[J]. Phys. Rev.,1951,83:879. (10.1103/PhysRev.83.868)

[719] Ridley B K. Reconciliation of the Conwell-Weisskopf and Brooks-Herring formulae for charged-impurity scattering in semiconductors: Third-body interference[J]. J. Phys. C: Solid State Phys.,1977,10:1589-1593. (10.1088/0022-3719/10/10/003)

[720] Chattopadhyay D C, Queisser H J. Electron scattering by ionized impurities in semiconductors[J]. Rev. Mod. Phys.,1981,53:745-768. (10.1103/RevModPhys.53.745)

[721] Ridley B K. Quantum Processes in Semiconductors[M]. 5th ed. Oxford: Clarendon Press,2013. (10.1093/acprof:oso/9780199677214.001.0001)

[722] Klaasen D B M. A unified model for device simulation-Ⅰ. Model equations and concentration dependence[J]. Solid State Electron.,1992,35:953-959. (10.1016/0038-1101(92)90325-7)

[723] Klaasen D B M. A unified model for device simulation-Ⅱ. Temperature dependence of carrier mobility and lifetime[J]. Solid State Electron.,1992,35:961-967. (10.1016/0038-1101(92)90326-8)

[724] You J H, Johnson H T. Effect of dislocations on electrical and optical properties of GaAs and GaN[J]. Solid State Phys.,2009,61:143-261. (10.1016/S0081-1947(09)00003-4)

[725] Pearson G L, Read W T, Morin F J. Dislocations in plastically deformed germanium[J]. Phys. Rev.,1954,93:666-667. (10.1103/PhysRev.93.666)

[726] Read W T. Theory of dislocations in germanium[J]. Philos. Mag.,1954,45:775-796. (10.1080/14786440808520491)

[727] Read W T. Scattering of electrons by charged dislocations in semiconductors[J]. Philos. Mag.

1954,46:111-131.(10.1080/14786440208520556)

[728] Pödör B. Electron mobility in plastically deformed germanium[J]. Phys. Status Solidi,1966,16: K167-K170.(10.1002/pssb.19660160264)

[729] Choi H W,Zhang J,Chua S J. Dislocation scattering in n-GaN[J]. Mat. Sci. Semicond. Processing,2001,4:567-570.(10.1016/S1369-8001(02)00019-7)

[730] Seto J Y W. The electrical properties of polycrystalline silicon films[J]. J. Appl. Phys.,1975,46: 5247-5254.(10.1063/1.321593)

[731] Seager C H,Castner T G. Zero-bias resistance of grain boundaries in neutron-transmutation-doped polycrystalline silicon[J]. J. Appl. Phys.,1978,49:3879-3889.(10.1063/1.325394)

[732] Murti M R,Reddy K V. Grain boundary effects on the carrier mobility of polysilicon[J]. Phys. Status Solidi A,1990,119:237-240.(10.1002/pssa.2211190128)

[733] Orton J W,Powell M J. The Hall effect in polycrystalline and powdered semiconductors[J]. Rep. Prog. Phys.,1980,43:1263-1307.(10.1088/0034-4885/43/11/001)

[734] Gupta N,Tyagi B P. An analytical model of the influence of grain size on the mobility and transfer characteristics of polysilicon thin-film transistors (TFTs)[J]. Physica Scripta,2005,71: 225-228.(10.1238/Physica.Regular.071a00225)

[735] Petritz R L. Theory of photoconductivity in semiconductor films[J]. Phys. Rev.,1956,104:1508-1516.(10.1103/PhysRev.104.1508)

[736] Wolfe C M,Stillman G E,Lindley W T. Electron mobility in high-purity GaAs[J]. J. Appl. Phys.,1970,41:3088-3091.(10.1063/1.1659368)

[737] von Wenckstern H,Weinhold S,Biehne G,et al. Donor levels in ZnO[J]. Adv. Solid State Phys. (Festkörperprobleme),2006,45:263-274.(10.1007/11423256_21)

[738] Sy H K,Desai D K,Ong C K. Electron screening and mobility in heavily doped silicon[J]. Phys. Status Solidi B,1985,130:787-792.(10.1002/pssb.2221300244)

[739] Masetti G,Severi M,Solmi S. Modeling of carrier mobility against carrier concentration in arsenic-,phosphorus-,and boron-doped silicon[J]. IEEE Trans. Electron Devices,1983,30:764-769.(10.1109/T-ED.1983.21207)

[740] Gurevich V L,Larkin A I,Firsov Y A. Possibility of superconductivity in semiconductors[J]. Fiz. Tverd. Tela (Leningrad),1962,4:185.[Sov. Phys. Solid State,1962,4:131.]

[741] Cohen M L. Superconductivity in many-valley semiconductors and in semimetals[J]. Phys. Rev., 1964,134:A511-A521.(10.1103/PhysRev.134.A511)

[742] Koonce C S,Cohen M L. Theory of superconducting semiconductors and semimetals[J]. Phys. Rev.,1969,177:707-719.(10.1103/PhysRev.177.707)

[743] Hulm J K,Ashkin M,Deis D W,et al. Superconductivity in semiconductors and semi-metals[J]. Prog. Low Temp. Physics,1970,6:205-242.(10.1016/S0079-6417(08)60064-5)

[744] Bustarret E. Superconductivity in doped semiconductors[J]. Physica C,2005,514:36-45.(10.1016/j.physc.2015.02.021)

[745] Blase X,Bustarret E,Chapelier C,et al. Superconducting group-Ⅳ semiconductors[J]. Nat.

Mater. ,2009,8:375-382. (10.1038/nmat2425)

[746] Ekimov E, Sidorov V, Bauer E, et al. Superconductivity in diamond[J]. Nature, 2004, 428: 542-545. (10.1038/nature02449)

[747] Bustarret E, Marcenat C, Achatz P, et al. Superconductivity in doped cubic silicon[J]. Nature, 2006, 444: 465-468. (10.1038/nature05340)

[748] Herrmannsdörfer T, Heera V, Ignatchik O, et al. Superconducting state in a gallium-doped germanium layer at low temperatures [J]. Phys. Rev. Lett. , 2009, 102: 1-4. (10.1103/PhysRevLett.102.217003)

[749] Smith C S. Piezoresistance effect in germanium and silicon[J]. Phys. Rev. , 1954, 94: 42-49. (10.1103/PhysRev.94.42)

[750] Keyes R W. The effect of elastic deformation on the electrical conductivity of semiconductors [J]. Solid State Phys. , 1960, 11: 149-221. (10.1016/S0081-1947(08)60168-X)

[751] Ohmura Y. Piezoresistance effect in p-type Si[J]. Phys. Rev. B, 1990, 42: 9178-9181. (10.1103/PhysRevB.42.9178)

[752] Kanda Y. A graphical representation of the piezoresistance coefficients in silicon[J]. IEEE Trans. Electron Dev. , 1982, 29: 64-70. (10.1109/T-ED.1982.20659)

[753] Zerbst M. Piezowiderstandseffekt in Galliumarsenid[J]. Z. Naturf. , 1962, 17a: 649-651. (10.1515/zna-1962-0804)

[754] Sagar A. Piezoresistance in n-type GaAs[J]. Phys. Rev. , 1958, 112: 1533. (10.1103/PhysRev.112.1533)

[755] Bauer G. Determination of electron temperatures and of hot electron distribution functions in semiconductors[J]. Solid-State Phys. , Springer Tracts Modern Phys. , 1974, 74: 1-106. (10.1007/BFb0041386)

[756] Kunikiyo T, Takenaka M, Kamakura Y, et al. A Monte Carlo simulation of anisotropic electron transport in silicon including full band structure and anisotropic impact-ionization model[J]. J. Appl. Phys. , 1994, 75: 297-312. (10.1063/1.355849)

[757] Conwell E M. High Field Transport in Semiconductors[M]. New York: Academic Press, 1967.

[758] Canali C, Jacoboni C, Nava F, et al. Electron drift velocity in silicon[J]. Phys. Rev. B, 1975, 12: 2265-2284. (10.1103/PhysRevB.12.2265)

[759] Jacoboni C, Canali C, Ottaviani G, et al. A review of some charge transport properties of silicon [J]. Solid State Electron. , 1977, 20: 77-89. (10.1016/0038-1101(77)90054-5)

[760] Jacoboni C, Nava F, Canali C, et al. Electron drift velocity and diffusivity in germanium[J]. Phys. Rev. B, 1981, 24: 1014-1026. (10.1103/PhysRevB.24.1014)

[761] Sánchez T G, Pérez J E V, Conde P M G, et al. Electron transport in InP under high electric field conditions[J]. Semicond. Sci. Technol. , 1992, 7: 31-36. (10.1088/0268-1242/7/1/006)

[762] Balynas V, Krotkus A, Stalnionis A, et al. Time-resolved, hotelectron conductivity measurement using an electro-optic sampling technique[J]. Appl. Phys. A, 1990, 51: 357-360. (10.1007/BF00324321)

[763] Albrecht J D, Ruden P P, Limpijumnong S, et al. High field electron transport properties of bulk ZnO[J]. J. Appl. Phys., 1999, 86: 6864-6867. (10.1063/1.371764)

[764] Ridley B K, Watkins T B. The possibility of negative resistance effects in semiconductors[J]. Proc. Phys. Soc., 1961, 78: 293-304. (10.1088/0370-1328/78/2/315)

[765] Butcher P N. The Gunn effect[J]. Rep. Prog. Phys., 1967, 30: 97-148. (10.1088/0034-4885/30/1/303)

[766] Ishii T K. Handbook of microwave technology[M]. San Diego: Academic Press, 1995.

[767] Požela J, Reklaitis A. Electron transport properties in GaAs at high electric fields[J]. Solid State Electron., 1980, 23: 927-933. (10.1016/0038-1101(80)90057-X)

[768] Kramer B, Mircea A. Determination of saturated electron velocity in GaAs[J]. Appl. Phys. Lett., 1975, 26: 623-625. (10.1063/1.88001)

[769] Sridharan S, Yoder P D. Anisotropic transient and stationary electron velocity in bulk wurtzite GaN[J]. IEEE Electr. Dev. Lett., 2008, 29: 1190-1192. (10.1109/LED.2008.2005433)

[770] Anderson C L, Crowell C R. Threshold energies for electron-hole pair production by impact ionization in semiconductors[J]. Phys. Rev. B, 1972, 5: 2267-2272. (10.1103/PhysRevB.5.2267)

[771] Pearsall T. Threshold energies for impact ionization by electrons and holes in InP[J]. Appl. Phys. Lett., 1979, 35: 168-170. (10.1063/1.91068)

[772] Kamakura Y, Mizuno H, Yamaji M, et al. Impact ionization model for full band Monte Carlo simulation[J]. J. Appl. Phys., 1994, 75: 3500-3506. (10.1063/1.356112)

[773] Kunikiyo T, Takenaka M, Morifuji M, et al. A model of impact ionization due to the primary hole in silicon for a full band Monte Carlo simulation[J]. J. Appl. Phys., 1996, 79: 7718-7725. (10.1063/1.362375)

[774] Kuligk A, Fitzer N, Redmer R. Ab initio impact ionization rate in GaAs, GaN, and ZnS[J]. Phys. Rev. B, 2005, 71: 1-6. (10.1103/PhysRevB.71.085201)

[775] Hung C S, Gliessman J R. The resistivity and Hall effect of germanium at low temperatures[J]. Phys. Rev., 1950, 79: 726-727. (10.1103/PhysRev.79.726)

[776] Hung C S. Theory of resistivity and Hall effect at very low temperatures[J]. Phys. Rev., 1950, 79: 727-728. (10.1103/PhysRev.79.727)

[777] Hung C S, Gliessman J R. Resistivity and Hall effect of germanium at low temperatures[J]. Phys. Rev., 1954, 96: 1226-1236. (10.1103/PhysRev.96.1226)

[778] Słupiński T, Caban J, Moskalik K. Hole transport in impurity band and valence bands studied in moderately doped GaAs: Mn single crystals[J]. Acta Phys. Polon., 2007, 112: 325-330. (10.12693/APhysPolA.112.325)

[779] Kabilova Z, Kurdak C, Peterson R L. Observation of impurity band conduction and variable range hopping in heavily doped (010) β-Ga_2O_3[J]. Semicond. Sci. Technol., 2019, 34: 1-7. (10.1088/1361-6641/ab0150)

[780] Thouless D J. Electrons in disordered systems and the theory of localization[J]. Phys. Rep., 1974, 13: 93-142. (10.1016/0370-1573(74)90029-5)

[781] Rosenbaum T F, Andres K, Thomas G A, et al. Sharp metal-insulator transition in a random solid [J]. Phys. Rev. Lett., 1980, 45: 1723-1726. (10.1103/PhysRevLett.45.1723)

[782] Anderson P W. Absence of diffusion in certain random lattices[J]. Phys. Rev., 1958, 109: 1492-1505. (10.1103/PhysRev.109.1492)

[783] Mott N F. The metal-insulator transition in an impurity band[J]. J. Phys. Colloques, 1976, 37: C4-301-C4-306. (10.1051/jphyscol:1976453)

[784] Devreese J T. Polarons, digital encycl[J]. Appl. Phys., 2003, 14: 383-413. (10.1002/3527600434.eap347)

[785] Emin D. Polarons[M]. Cambridge: Cambridge University Press, 2013.

[786] Appel J. Polarons[J]. Solid State Phys., 1968, 21: 193-391. (10.1016/S0081-1947(08)60741-9)

[787] Feynman R P. Slow electrons in a polar crystal[J]. Phys. Rev., 1955, 97: 660-665. (10.1103/PhysRev.97.660)

[788] Mahan G D. Many-Particle Physics[M]. New York: Springer, 2000. (10.1007/978-1-4757-5714-9)

[789] Fröhlich H, Pelzer H, Zienau S. Properties of slowelectrons in polar materials[J]. Philos. Mag., 1950, 41: 221-242. (10.1080/14786445008521794)

[790] Schultz T D. Slow electrons in polar crystals: Self-energy, mass, and mobility[J]. Phys. Rev., 1959, 116: 526-543. (10.1103/PhysRev.116.526)

[791] Schirmer O F. O^- bound small polarons in oxide materials[J]. J. Phys.: Cond. Matter, 2006, 18: R667-R704. (10.1088/0953-8984/18/43/R01)

[792] Albrecht M, Varley J, Remmele T, et al. In-situ observation of small polarons in gallium oxide by aberration corrected high resolution transmission electron microscopy[C]//15th European Microscopy Congress (Manchester, UK, 2012). PS2.3: 1-2.

[793] Morgan B J, Scanlon D O, Watson G W. Small polarons in Nb- and Ta-doped rutile and anatase TiO_2[J]. J. Mater. Chem., 2009, 19: 5175-5178. (10.1039/B905028K)

[794] Byrnes S J F. Basic Theory and Phenomenology of Polarons[EB/OL]. http://sjbyrnes.com/FinalPaper—Polarons.pdf.

[795] Mott N F, Davis E A. Electronic Properties in Non-Crystalline Materials[M]. Oxford: Clarendon Press, 1971.

[796] Efros A L, Shklovskii B I. Electronic Properties of Doped Semiconductors[M]. Berlin: Springer, 1984. (10.1007/978-3-662-02403-4)

[797] Pollak M, Shklovskii B I. Hopping Transport in Solids[M]. Amsterdam: Elsevier/North-Holland, 1990.

[798] Hauser J J. Electrical properties and anisotropy in amorphous Si and $Si_{0.5}Ge_{0.5}$ alloy[J]. Phys. Rev. B, 1973, 8: 3817-3823. (10.1103/PhysRevB.8.3817)

[799] Mott N F. Conduction in glasses containing transition metal ions[J]. J. Non-Cryst. Solids, 1968, 1: 1-17. (10.1016/0022-3093(68)90002-1)

[800] Efros A L, Shklovskii B I. Coulomb gap and low temperature conductivity of disordered system [J]. J. Phys. C: Solid State Phys., 1975, 8: L49-L51. (10.1088/0022-3719/8/4/003)

[801] Yildiz A, Serin N, Serin T, et al. Crossover from nearest-neighbor hopping conduction to Efros-Shklovskii variable-range hopping conduction in hydrogenated amorphous silicon films[J]. Jpn. J. Appl. Phys., 2009, 48(111203):1-5. (10.1143/JJAP.48.111203)

[802] Mott N. The mobility edge since 1967[J]. J. Phys. C: Solid State Phys., 1987, 20:3075-3102. (10.1088/0022-3719/20/21/008)

[803] Steele B C H, Heinzel A. Materials for fuel-cell technologies[J]. Nature, 2001, 414:345-352. (10.1038/35104620)

[804] Sata N, Eberman K, Eberl K, et al. Mesoscopic fast ion conduction in nanometre-scale planar heterostructures[J]. Nature, 2000, 408:946-949. (10.1038/35050047)

[805] Garcia-Barriocanal J, Rivera-Calzada A, Varela M, et al. Colossal ionic conductivity at interfaces of epitaxial $ZrO_2:Y_2O_3/SrTiO_3$ heterostructures[J]. Science, 2008, 321:676-680. (10.1126/science.1156393)

[806] Zheng-Johansson J X M, McGreevy R L. A molecular dynamics study of ionic conduction in CuI. II. Local ionic motion and conduction mechanisms[J]. Solid State Ionics, 1996, 83:35-48. (10.1016/0167-2738(95)00218-9)

[807] Yashima M, Xu Q, Yoshiasa A, et al. Crystal structure, electron density and diffusion path of the fast-ion conductor copper iodide CuI[J]. J. Mater. Chem., 2006, 16:4393-4396. (10.1039/B610127E)

[808] Jow T, Wagner J B. On the electrical properties of cuprous iodide[J]. J. Electrochem. Soc., 1978, 125:613-620. (10.1149/1.2131511)

[809] Landsberg P T. On the diffusion theory of rectification[J]. Proc. Roy. Soc. Lond. A, 1952, 213:226-237. (10.1098/rspa.1952.0122)

[810] Chakravarti A N, Nag B R. Generalized Einstein relation for degenerate semiconductors having non-parabolic energy bands[J]. Int. J. Electr., 1974, 37:281-284. (10.1080/00207217408900521)

[811] Nilsson N G. An accurate approximation of the generalized einstein relation for degenerate semiconductors[J]. Phys. Status Solidi A, 1973, 19:K75-K78. (10.1002/pssa.2210190159)

[812] Spenke E. Elektronische Halbleiter, Eine Einführung in die Physik der Gleichrichter und Transistoren[M]. Berlin: Springer, 1955. (10.1007/978-3-662-01338-0)

[813] Lindholm F A, Ayers R W. Generalized Einstein relation for degenerate semiconductors[J]. Proc. IEEE, 1968, 56:371-372. (10.1109/PROC.1968.6320)

[814] Carslaw H S, Jaeger J C. Conduction of Heat in Solids[M]. Oxford: Clarendon Press, 1959.

[815] Geballe T H, Hull G W. Isotopic and other types of thermal resistance in germanium[J]. Phys. Rev., 1958, 110:773-775. (10.1103/PhysRev.110.773)

[816] Casimir H B G. Note on the conduction of heat in crystals[J]. Physica, 1938, 5:495-500. (10.1016/S0031-8914(38)80162-2)

[817] Capinski W S, Maris H J, Bauser E, et al. Thermal conductivity of isotopically enriched Si[J]. Appl. Phys. Lett., 1997, 71:2109-2111. (10.1063/1.119384)

[818] Ruf T, Henn R W, Asen-Palmer M. Thermal conductivity of isotopically enriched silicon[J].

Solid State Commun.,2000,115:243-247.(10.1016/S0038-1098(00)00172-1)

[819] Mahan G O. Good thermoelectrics[J]. Solid State Phys.,1997,51:81-157.(10.1016/S0081-1947(08)60190-3)

[820] Böttner H, Chen G, Venkatasubramanian R. Aspects of thin-film superlattice thermoelectric materials, devices, and applications[J]. Dev. Appl. MRS Bull.,2006,31:211-217.(10.1557/mrs2006.47)

[821] Johnson V A, Lark-Horowitz K. Theory of thermoelectric power in semiconductors with applications to germanium[J]. Phys. Rev.,1953,92:226-232.(10.1103/PhysRev.92.226)

[822] Geballe T H, Hull G W. Seebeck effect in silicon[J]. Phys. Rev.,1955,98:940-947.(10.1103/PhysRev.98.940)

[823] Fritzsche H. A general expression for the thermoelectric power[J]. Solid State Commun.,1971,9:1813-1815.(10.1016/0038-1098(71)90096-2)

[824] Wang Z, Wang S, Obukhov S, et al. Thermoelectric transport properties of silicon: Toward an ab initio approach[J]. Phys. Rev. B,2011,83(205208):1-5.(10.1103/PhysRevB.83.205208)

[825] Mahan G D, Lindsay L, Broido D A. The Seebeck coefficient and phonon drag in silicon[J]. J. Appl. Phys.,2014,116(245102):1-7.(10.1063/1.4904925)

[826] Newton I. Opticks[M]. London,1704:133.

[827] Kranert C, Sturm C, Schmidt-Grund R, et al. Raman tensor formalism for optically anisotropic crystals[J]. Phys. Rev. Lett.,2016,116(127401):1-5.(10.1103/PhysRevLett.116.127401)

[828] Sturm C, Furthmüller J, Bechstedt F, et al. Dielectric tensor of monoclinic Ga_2O_3 single crystals in the spectral range 0.5-8.5 eV[J]. APL Mater.,2015,3(106106):1-9.(10.1063/1.4934705)

[829] Sturm C, Schmidt-Grund R, Kranert C, et al. Dipole analysis of the dielectric function of color dispersive materials: Application to monoclinic Ga_2O_3[J]. Phys. Rev. B,2016,94(035148):1-11.(10.1103/PhysRevB.94.035148)

[830] Voigt W. Beiträge zur Aufklärung der Eigenschaften pleochroitischer Kristalle[J]. Ann. Physik,1902,314:367-416.(10.1002/andp.19023141006)

[831] Sturm C, Grundmann M. The singular optical axes in biaxial crystals and analysis of their spectral dispersion effects in β-Ga_2O_3[J]. Phys. Rev. A,2016,93(053839):1-8.(10.1103/PhysRevA.93.053839)

[832] Sturm C, Zviagin V, Grundmann M. Applicability of the constitutive equations for the determination of the material properties of optically active materials[J]. Opt. Lett.,2019,44:1351-1354.(10.1364/OL.44.001351)

[833] Kwan A, Dudley J, Lantz E. Who really discovered Snell's law?[J]. Physics World,2002,15:64.(10.1088/2058-7058/15/4/44)

[834] Fresnel A. OEuvres complètes d'Augustin Fresnel(3 vols)[M]. Paris: Imprimerie Impériale:1866-1870.

[835] Bouguer M. Essai d'optique sur la gradation de la lumière[M]. Paris: Claude Jombert,1729.

[836] Beer A. Bestimmung der Absorption des rothen Lichts in farbigen Flüssigkeiten[J]. Ann. Phys.

Chem.,1852,162:78-88.(10.1002/andp.18521620505)

[837] Wolfe Ch M,Holonyak N,Stillman G E. Physical Properties of Semiconductors[M]. Englewood Cliffs:Prentice Hall,1989.

[838] Born M,Huang K. Dynamical Theory of Crystal Lattices[M].Oxford:Clarendon Press,1954.

[839] Lyddane R H,Sachs R G,Teller E. On the polar vibrations of alkali halides[J]. Phys. Rev.,1941,59:673-676.(10.1103/PhysRev.59.673)

[840] Jogai B. Absorption coefficient of wurtzite GaN calculated from an empirical tight binding model[J]. Solid State Commun.,2000,116:153-157.(10.1016/S0038-1098(00)00305-7)

[841] Cardona M. Modulation spectroscopy of semiconductors[J]. Adv. Solid State Phys.,1970,10:125-173.(10.1007/BFb0108433)

[842] Sturge M D. Optical absorption of gallium arsenide between 0.6 and 2.75 eV[J]. Phys. Rev.,1962,127:768-773.(10.1103/PhysRev.127.768)勘误:Phys. Rev.,1963,129:2835.(10.1103/PhysRev.129.2835.3)

[843] Ulbrich R G. Band edge spectra of highly excited gallium arsenide[J]. Adv. Solid State Phys.,1985,25:299-307.(10.1007/BFb0108162)

[844] Matsuyama T,Horinaka H,Wada K,et al. Spin-dependent luminescence of highly polarized electrons generated by two-photon absorption in semiconductors[J]. Jpn. J. Appl. Phys.,2001,40:L555-L557.(10.1143/JJAP.40.L555)

[845] Dean P J,Thomas D G. Intrinsic absorption-edge spectrum of gallium phosphide[J]. Phys. Rev.,1966,150:690-703.(10.1103/PhysRev.150.690)

[846] Hall L H,Bardeen J,Blatt F J. Infrared absorption spectrum of germanium[J]. Phys. Rev.,1954,95:559-560.(10.1103/PhysRev.95.559)

[847] Geist J,Migdall A,Baltes H P. Analytic representation of the silicon absorption coefficient in the indirect transition region[J]. Appl. Optics,1988,27:3777-3779.(10.1364/AO.27.003777)

[848] Macfarlane G G,Roberts V. Infrared absorption of germanium near the lattice edge[J]. Phys. Rev.,1955,97:1714-1716.(10.1103/PhysRev.97.1714.2)

[849] Macfarlane G G,McLean T P,Quarrington J E,et al. Fine structure in the absorption-edge spectrum of Si[J]. Phys. Rev.,1958,111:1245-1254.(10.1103/PhysRev.111.1245)

[850] Brockhouse B N. Lattice vibrations in silicon and germanium[J]. Phys. Rev. Lett.,1959,2:256-258.(10.1103/PhysRevLett.2.256)

[851] Pankove J I,Aigrain P. Optical absorption of arsenic-doped degenerate germanium[J]. Phys. Rev.,1962,126:956-962.(10.1103/PhysRev.126.956)

[852] Cox G A,Roberts G G,Tredgold R H. The optical absorption edge of barium titanate[J]. Br. J. Appl. Phys.,1966,17:743-745.(10.1088/0508-3443/17/6/305)

[853] Urbach F. The long-wavelength edge of photographic sensitivity and of the electronic absorption of solids[J]. Phys. Rev.,1953,92:1324.(10.1103/PhysRev.92.1324)

[854] Johnson S R,Tiedje T. Temperature dependence of the Urbach edge in GaAs[J]. J. Appl. Phys.,1995,78:5609-5613.(10.1063/1.359683)

[855] Beaudoin M, DeVries A J G, Johnson S R, et al. Optical absorption edge of semi-insulating GaAs and InP at high temperatures[J]. Appl. Phys. Lett., 1997, 70: 3540-3542. (10.1063/1.119226)

[856] Moss T S, Hawking T D F. Infrared absorption in gallium arsenide[J]. Infrared Phys., 1961, 1: 111-115. (10.1016/0020-0891(61)90014-8)

[857] Stuke J. Review of optical and electrical properties of amorphous semiconductors[J]. J. Non-Cryst. Solids, 1970, 4: 1-26. (10.1016/0022-3093(70)90015-3)

[858] Baldereschi A, Lipari N O. Energy levels of direct excitons in semiconductors with degenerate bands[J]. Phys. Rev. B, 1971, 3: 439-451. (10.1103/PhysRevB.3.439)

[859] Lipari N O, Altarelli M. Theory of indirect excitons in semiconductors[J]. Phys. Rev. B, 1977, 15: 4883-4897. (10.1103/PhysRevB.15.4883)

[860] Lipari N O. Exciton energy levels in wurtzite-type crystals[J]. Phys. Rev. B, 1971, 4: 4535-4538. (10.1103/PhysRevB.4.4535)

[861] Birkedal D, Singh J, Lyssenko V G, et al. Binding of quasi-two-dimensional biexcitons[J]. Phys. Rev. Lett., 1996, 76: 672-675. (10.1103/PhysRevLett.76.672)

[862] Gross E F. Excitons and their motion in crystal lattices[J]. Usp. Fiz. Nauk, 1962 76: 433-466. (10.1070/PU1962v005n02ABEH003407)

[863] Kazimierczuk T, Fröhlich D, Scheel S, et al. Giant Rydberg excitons in the copper oxide Cu_2O [J]. Nature, 2014, 514: 343-347. (10.1038/nature13832)

[864] Uihlein Ch, Fröhlich D, Kenklies R. Investigation of exciton fine structure in Cu_2O[J]. Phys. Rev. B, 1981, 23: 2731-2740. (10.1103/PhysRevB.23.2731)

[865] Elliott R J. Intensity of optical absorption by excitons[J]. Phys. Rev., 1957, 108: 1384-1389. (10.1103/PhysRev.108.1384)

[866] Shikanai A, Azuhata T, Sota T, et al. Biaxial strain dependence of exciton resonance energies in wurtzite GaN[J]. J. Appl. Phys., 1997, 81: 417-424. (10.1063/1.364074)

[867] Rudin S, Reinecke T L, Segall B. Temperature-dependent exciton linewidths in semiconductors [J]. Phys. Rev. B, 1990, 42: 11218-11231. (10.1103/PhysRevB.42.11218)

[868] Fischer A J, Shan W, Song J J, et al. Temperature-dependent absorption measurements of excitons in GaN epilayers[J]. Appl. Phys. Lett., 1997, 71: 1981-1983. (10.1063/1.119761)

[869] Fischer A J, Kim D S, Hays J, et al. Femtosecond coherent spectroscopy of bulk ZnSe and ZnCdSe/ZnSe quantum wells[J]. Phys. Rev. Lett., 1994, 73: 2368-2371. (10.1103/PhysRevLett.73.2368)

[870] Viswanath A K, Lee J I, Kim D, et al. Exciton-phonon interactions, exciton binding energy, and their importance in the realization of room-temperature semiconductor lasers based on GaN[J]. Phys. Rev. B, 1998, 58: 16333-16339. (10.1103/PhysRevB.58.16333)

[871] Kim D S, Shah J, Cunningham J E, et al. Giant exciton resonance in time-resolved four-wave mixing in quantum wells[J]. Phys. Rev. Lett., 1992, 68: 1006-1009. (10.1103/PhysRevLett.68.1006)

[872] Hauschild R, Priller H, Decker M, et al. Temperature dependent band gap and homogeneous line

broadening of the exciton emission in ZnO[J]. Phys. Status Solidi C,2006,3:976-979.(10.1002/pssc.200564643)

[873] Hopfield J J,Thomas D G. Polariton absorption lines[J]. Phys. Rev. Lett.,1965,15:22-25.(10.1103/PhysRevLett.15.22)

[874] Hopfield J J. Resonant scattering of polaritons as composite particles[J]. Phys. Rev.,1969,182:945-952.(10.1103/PhysRev.182.945)

[875] Maradudin A A, Mills D L. Effect of spatial dispersion on the properties of a semi-infinite dielectric[J]. Phys. Rev. B,1973,7:2787-2810.(10.1103/PhysRevB.7.2787)

[876] Toyozawa Y. On the dynamical behavior of an exciton[J]. Prog. Theor. Phys.,Suppl.,1959,12:111-140.(10.1143/PTPS.12.111)

[877] Heim U,Wiesner P. Direct evidence for a bottleneck of exciton-polariton relaxation in CdO[J]. Phys. Rev. Lett.,1973,30:1205-1207.(10.1103/PhysRevLett.30.1205)

[878] Gil B. Oscillator strengths of A, B, and C excitons in ZnO films[J]. Phys. Rev. B,2001,64(201310):1-3.(10.1103/PhysRevB.64.201310)

[879] Soma T,Kagaya H M. The metallic and ionic contributions to lattice vibrations of Ⅲ-Ⅴ covalent crystals[J]. Phys. Status Solidi B,1983,118:245-254.(10.1002/pssb.2221180130)

[880] Göldner A. Nichtstrahlende Relaxationsprozesse bandkantennaher Zustände in Ⅱ-Ⅵ- und Ⅲ-Ⅴ Halbleiterstrukturen[M]. Berlin:Wissenschaft und Technik Verlag,2000.

[881] Broser I,Rosenzweig M. Determination of excitonic parameters of the A polariton in CdS from magnetoreflectance spectroscopy[J]. Phys. Rev. B,1980,22:2000-2007.(10.1103/PhysRevB.22.2000)

[882] Rosenzweig M. Exzitonische Polaritonen in CdS—Optische Eigenschaften räumlich dispersiver Medien[D]. Berlin:Technische Universität Berlin,1982.

[883] Blattner G,Kurtze G,Schmieder G,et al. Influence of magnetic fields up to 20 T on excitons and polaritons in CdS and ZnO[J]. Phys. Rev. B,1982,25:7413-7427.(10.1103/PhysRevB.25.7413)

[884] Gil B, Clur S, Briot O. The exciton-polariton effect on the photoluminescence of GaN on sapphire[J]. Solid State Commun,1997,104:267-270.(10.1016/S0038-1098(97)00284-6)

[885] Yunovich A E. Radiative recombination and optical properties of GaP, in Radiative Recombination in Semiconductors[J]//Yunovich A E. Strahlende Rekombination und optische Eigenschaften von GaP. Fortschritte der Physik, 1975, 23: 317-398. (10.1002/prop.19750230602)

[886] Vashishta V, Kalia R K. Universal behavior of exchange-correlation energy in electron-hole liquid[J]. Phys. Rev. B,1982,25:6492-6495.(10.1103/PhysRevB.25.6492)

[887] Zimmermann R. Nonlinear optics and the Mott transition in semiconductors[J]. Phys. Status Solidi B,1988,146:371-384.(10.1002/pssb.2221460140)

[888] Swoboda H E, Sence M, Majumder F A, et al. Properties of electron-hole plasma in Ⅱ-Ⅵ compounds as a function of temperature[J]. Phys. Rev. B, 1989, 39:11019-11027. (10.1103/PhysRevB.39.11019)

[889] Löwenau J P, Schmitt-Rink S, Haug H. Many-body theory of optical bistability in semiconductors[J]. Phys. Rev. Lett., 1982, 49: 1511-1514. (10.1103/PhysRevLett.49.1511)

[890] Keldysh L V. Concluding remarks [for IX th International Conference on the Physics of Semiconductors][C]. Proceedings of the 9th International Conference on the Physics of Semiconductors, Moscow, Nauka, Leningrad, 1968: 1303-1312.

[891] Brinkman W F, Rice T M, Anderson P W, et al. Metallic state of the electron-hole liquid, particularly in germanium[J]. Phys. Rev. Lett., 1972, 28: 961-964. (10.1103/PhysRevLett.28.961)

[892] Thomas G A, Rice T M, Hensel J C. Liquid-gas phase diagram of an electron-hole fluid[J]. Phys. Rev. Lett., 1974, 33: 219-222. (10.1103/PhysRevLett.33.219)

[893] Reinecke T L, Ying S C. Droplet model of electron-hole liquid condensation in semiconductors[J]. Phys. Rev. Lett., 1975, 35: 311-315. (10.1103/PhysRevLett.35.311) 勘误: Phys. Rev. Lett., 1975, 35(547). (10.1103/PhysRevLett.35.547.2)

[894] Markiewicz R S, Wolfe J P, Jeffries C D. Strain-confined electron-hole liquid in germanium[J]. Phys. Rev. B, 1977, 15: 1988-2005. (10.1103/PhysRevB.15.1988)

[895] Butov L V, Lai C W, Ivanov A L, et al. Towards Bose-Einstein condensation of excitons in potential traps[J]. Nature, 2002, 417: 47-52. (10.1038/417047a)

[896] Butov L V, Gossard A C, Chemla D S. Macroscopically ordered state in an exciton system[J]. Nature, 2002, 418: 751-754. (10.1038/nature00943)

[897] O'Hara K E, Súilleabháin L Ó, Wolfe J P. Strong nonradiative recombination of excitons in Cu_2O and its impact on Bose-Einstein statistics[J]. Phys. Rev. B, 1999, 60: 10565-10568. (10.1103/PhysRevB.60.10565)

[898] Skolnick M, Tartakovskii A I, Butté R, et al. High occupancy effects and condensation phenomena in semiconductor microcavities and bulk semiconductors, in Nano-Optoelectronics[M]. Berlin: Springer, 2002: 273-296. (10.1007/978-3-642-56149-8_11)

[899] Mahr H. Two-photon absorption spectroscopy[M]//Rabin H, Tang C L. Quantum Electronics. vol. I, Part A. New York: Academic, 1975: 285-361. (10.1016/B978-0-12-574001-2.50010-1)

[900] Fossum H J, Chang D B. Two-photon excitation rate in indium antimonide[J]. Phys. Rev. B, 1973, 8: 2842-2849. (10.1103/PhysRevB.8.2842)

[901] van der Ziel J P. Two-photon absorption spectra of GaAs with $2\hbar\omega_1$ near the direct band gap[J]. Phys. Rev. B, 1977, 16: 2775-2780. (10.1103/PhysRevB.16.2775)

[902] Summers C J, Dingle R, Hill D E. Far-infrared donor absorption and photoconductivity in epitaxial n-type GaAs[J]. Phys. Rev. B, 1970, 1: 1603-1606. (10.1103/PhysRevB.1.1603)

[903] Kogan Sh M, Lifshits T M. Photoelectric spectroscopy—A new method of analysis of impurities in semiconductors[J]. Phys. Status Solidi A, 1977, 39: 11-39. (10.1002/pssa.2210390102)

[904] Ho L T, Ramdas A K. Excitation spectra and piezospectroscopic effects of magnesium donors in silicon[J]. Phys. Rev. B, 1972, 5: 462-474. (10.1103/PhysRevB.5.462)

[905] Cooke R A, Hoult R A, Kirkman R F, et al. The characterisation of the donors in GaAs epitaxial

films by far-infrared photoconductive techniques[J]. J. Phys. D: Appl. Phys. ,1978,11:945-953. (10.1088/0022-3727/11/6/014)

[906] Cardozo B L, Haller E E, Reichertz, et al. Far-infrared absorption in GaAs: Te liquid phase epitaxial films[J]. Appl. Phys. Le tt. ,2003,83:3990-3992. (10.1063/1.1624491)

[907] Kleverman M, Bergmann K, Grimmeiss H G. Photothermal investigations of magnesium-related donors in silicon[J]. Semicond. Sci. Technol. ,1986,1,49-52. (10.1088/0268-1242/1/1/006)

[908] Fano U, Pupillo G, Zannoni A, et al. On the absorption spectrum of noble gases at the arc spectrum limit dello spettro d'arco[J]. Nuovo Cimento, 1935, 12: 154-160. (10.6028/jres.110.083) English translation: Fano U, Pupillo G, Zannoni A, et al. On the absorption spectrum of noble gases at the arc spectrum limit [J]. J. Res. NIST, 2005, 110: 583-587. (10.1007/BF02958288)

[909] Breit G, Wigner E. Capture of slow neutrons[J]. Phys. Rev. , 1936, 49: 519-531. (10.1103/PhysRev.49.519)

[910] Lucovsky G. On the photoionization of deep impurity centers in semiconductors[J]. Solid State Commun. ,1965,3:299-302. (10.1016/0038-1098(65)90039-6)

[911] Drude P. Zur Ionentheorie der Metalle[J]. Z. Phys. ,1900,1:161-165.

[912] Pidgeon C R. Free Carrier Optical Properties of Semiconductors, Handbook on Semiconductors (vol.2)[M]. Amsterdam: North Holland, 1980:223-328.

[913] Fan H Y. Effects of free carriers on the optical properties[J]. Semicond. Semimet. ,1967,3:405-419. (10.1016/S0080-8784(08)60321-X)

[914] Dumke W P. Quantum theory of free carrier absorption[J]. Phys. Rev. ,1961,124(1813). (10.1103/PhysRev.124.1813)

[915] von Baltz R, Escher W. Quantum theory of free carrier absorption[J]. Phys. Status Solidi, 1972, B51:499-507. (10.1002/pssb.2220510209)

[916] Kleinert P, Giehler M. Theory of free-carrier infrared absorption in GaAs[J]. Phys. Status Solidi B,1986,136:763-777. (10.1002/pssb.2221360246)

[917] Hu Z G, Rinzan M B M, Matsik S G, et al. Optical characterizations of heavily doped p-type $Al_xGa_{1-x}As$ and GaAs epitaxial films at terahertz frequencies[J]. J. Appl. Phys. , 2005, 97, 093529:1-7. (10.1063/1.1894581)

[918] Chandrasekhar H R, Ramdas A K. Nonparabolicity of the conduction band and the coupled plasmon-phonon modes in n-GaAs[J]. Phys. Rev. B, 1980, 21: 1511-1515. (10.1103/PhysRevB.21.1511)

[919] Burstein E. Anomalous optical absorption limit in InSb[J]. Phys. Rev. , 1954, 93: 632-633. (10.1103/PhysRev.93.632)

[920] Moss T S. The interpretation of the properties of indium antimonide[J]. Proc. Phys. Soc. B, 1954,76:775-782. (10.1088/0370-1301/67/10/306)

[921] Coutts T J, Young D L, Li X. Characterization of transparent conducting oxides[J]. MRS Bull. , 2000,25:58-65. (10.1557/mrs2000.152)

[922] Kim S, Park J, Kim S, et al. Free-carrier absorption and Burstein-Moss shift effect on quantum efficiency in heterojunction silicon solar cells[J]. Vacuum, 2014, 108: 39-44. (10.1016/j.vacuum.2014.05.015)

[923] Childs G N, Brand S, Abram R A. Intervalence band absorption in semiconductor laser materials [J]. Semicond. Sci. Technol., 1986, 1: 116-120. (10.1088/0268-1242/1/2/004)

[924] Taylor J, Tolstikhin V. Intervalence band absorption in InP and related materials for optoelectronic device modeling[J]. J. Appl. Phys., 2000, 87: 1054-1059. (10.1063/1.371979)

[925] Braunstein R, Kane E O. The valence band structure of the III-V compounds[J]. J. Phys. Chem. Solids, 1962, 23: 1423-1431. (10.1016/0022-3697(62)90195-6)

[926] Chandola A, Pino R, Dutta P S. Below bandgap optical absorption in tellurium-doped GaSb[J]. Semicond. Sci. Technol., 2005, 20: 886-893. (10.1088/0268-1242/20/8/046)

[927] Dumke W P, Lorenz M R, Pettit G D. Intra- and interband free-carrier absorption and the fundamental absorption edge in n-type InP[J]. Phys. Rev. B, 1970, 1: 4668-4673. (10.1103/PhysRevB.1.4668)

[928] Peelaers H, Kioupakis E, Van de Walle C G. Fundamental limits on optical transparency of transparent conducting oxides: Free-carrier absorption in SnO_2[J]. Appl. Phys. Lett., 2012, 100 (011914): 1-3. (10.1063/1.3671162)

[929] Schleife A, Varley J B, Fuchs F, et al. Quasiparticle electronic states and optical properties[J]. Phys. Rev., 2011, B83(035116): 1-9. (10.1103/PhysRevB.83.035116)

[930] Peelaers H, Van de Walle C G. Sub-band-gap absorption in Ga_2O_3[J]. Appl. Phys. Lett., 2017, 111(182104): 1-5. (10.1063/1.5001323)

[931] Zallen R. Crystal Structures, Handbook on Semiconductors (vol.1) [M]. North Holland: Amsterdam, 1980: 1-27.

[932] Collins R J, Fan H Y. Infrared lattice absorption bands in germanium, silicon, and diamond[J]. Phys. Rev., 1954, 93: 674-678. (10.1103/PhysRev.93.674)

[933] Johnson F A. Lattice absorption bands in silicon[J]. Proc. Phys. Soc., 1959, 73: 265-272. (10.1088/0370-1328/73/2/315)

[934] Spitzer W G. Multiphonon lattice absorption[J]. Semicond. Semimet., 1967, 3: 17-69. (10.1016/S0080-8784(08)60314-2)

[935] Koteles E S, Datars W R. Two-phonon absorption in InSb, InAs, and GaAs[J]. Can. J. Phys., 1976, 54: 1676-1682. (10.1139/p76-199)

[936] Mooradian A, Wright G B. Observation of the interaction of plasmons with longitudinal optical phonons in GaAs[J]. Phys. Rev. Lett., 1966, 16: 999-1001. (10.1103/PhysRevLett.16.999)

[937] Landsberg P T. Recombination in Semiconductors[M]. Cambridge: Cambridge Univ. Press, 1992. (10.1017/CBO9780511470769)

[938] Göbel G. Recombination without k-selection rules in dense electron-hole plasmas in high-purity GaAs lasers[J]. Appl. Phys. Lett., 1974, 24: 492-494. (10.1063/1.1655025)

[939] Sun X, Liu J, Kimerling L C, et al. Direct gap photoluminescence of n-type tensile-strained Ge-

on-Si[J]. Appl. Phys. Lett. ,2009,95(011911):1-3. (10.1063/1.3170870)

[940] Shah J,Leite R C C. Radiative recombination from photoexcited hot carriers in GaAs[J]. Phys. Rev. Lett. ,1969,22:1304-1307. (10.1103/PhysRevLett.22.1304)

[941] Michaelis W,Pilkuhn M. Radiative recombination in silicon p-n junctions[J]. Phys. Status Solidi, 1969,36:311-319. (10.1002/pssb.19690360132)

[942] Shockley W,Read Jr. W T. Statistics of the recombination of holes and electrons[J]. Phys. Rev. , 1952,87:835-842. (10.1103/PhysRev.87.835)

[943] Hall R N. Electron-hole recombination in germanium[J]. Phys. Rev. ,1952,87:387. (10.1103/PhysRev.87.387)

[944] Malyutenko V K. Negative luminescence in semiconductors:Aretrospective view[J]. Physica, 2004,E20:553-557. (10.1016/j.physe.2003.09.008)

[945] Muth J F,Lee J H,Shmagin I K, et al. Absorption coefficient, energy gap, exciton binding energy, and recombination lifetime of GaN obtained from transmission measurements[J]. Appl. Phys. Lett. ,1997,71:2572-2774. (10.1063/1.120191)

[946] Gerlach W,Schlangenotto H,Maeder H. On the radiative recombination rate in silicon[J]. Phys. Status Solidi,1972,A13:277-283. (10.1002/pssa.2210130129)

[947] Galeckas A, Linnros J, Grivickas V, et al. Hallin, Auger recombination in 4H-SiC: Unusual temperature behavior[J]. Appl. Phys. Lett. ,1997,71:3269-3271. (10.1063/1.120309)

[948] Palankovski V. Simulation of Heterojunction Bipolar Transistors[D]. Wien:Technische Universität Wien,2002.

[949] Akrenkiel R K. Minority-carrier lifetime in Ⅲ-Ⅴ semiconductors[J]. Semicond. Semimet. , 1993,39:39-150. (10.1016/S0080-8784(08)62594-6)

[950] Dean P J, Haynes J R, Flood W F. Newradiative recombination processes involving neutral donors and acceptors in silicon and germanium[J]. Phys. Rev. ,1967,161:711-729. (10.1103/PhysRev.161.711)

[951] Davies G. The optical properties of luminescence centres in silicon[J]. Phys. Rep. ,1989,176:83-188. (10.1016/0370-1573(89)90064-1)

[952] Gilliland G D. Photoluminescence spectroscopy of crystalline semiconductors[J]. Mater. Sci. Engin. ,1997,R18:99-400. (10.1016/S0927-796X(97)80003-4)

[953] Dean P J,Herbert D C. Bound Excitons in Semiconductors[M]. Berlin:Springer,1979:55-182. (10.1007/978-3-642-81368-9_3)

[954] Dean P J. Lithium donors and the binding of excitons at neutral donors and acceptors in gallium phosphide[M]//Williams F. Luminescence of Crystals, Molecules and Solutions. New York: Plenum, 1973:538-552. (10.1007/978-1-4684-2043-2_75)

[955] Permogorov S, Reznitsky A, Naumov A, et al. Localisation of excitons at small Te clusters in diluted $ZnSe_{1-x}Te_x$ solid solutions[J]. J. Phys. Cond. Matter,1989,1:5125-5137. (10.1088/0953-8984/1/31/011)

[956] Skettrup T, Suffczynski M, Gorzkowski W. Properties of excitons bound to ionized donors[J].

Phys. Rev. B,1971,4:512-517. (10.1103/PhysRevB.4.512)

[957] Ulbrich R G. Low density photoexcitation phenomena in semiconductors: Aspects of theory and experiment[J]. Solid State Electron. ,1978,21:51-59. (10.1016/0038-1101(78)90114-4)

[958] Hill D E. Exciton recombination radiation of GaAs: Zn[J]. Phys. Rev. B,1970,1:1863-1864. (10.1103/PhysRevB.1.1863)

[959] Reynolds D C,Look D C,Jogai B,et al. Identification of an ionized-donor-bound-exciton transition in GaN[J]. Solid State Commun. ,1997,103:533-535. (10.1016/S0038-1098(97)00231-7)

[960] Nepal N,Nakarmi M L,Nam K B,et al. Acceptor-bound exciton transition in Mg-doped AlN epilayer[J]. Appl. Phys. Lett. ,2004,85:2271-2273. (10.1063/1.1796521)

[961] Thomas D G,Hopfield J J. Optical properties of bound exciton complexes in cadmium sulfide [J]. Phys. Rev. ,1962,128:2135-2148. (10.1103/PhysRev.128.2135)

[962] Merz J L,Kukimoto H,Nassau K,et al. Optical properties of substitutional donors in ZnSe[J]. Phys. Rev. B,1972,6:545-556. (10.1103/PhysRevB.6.545)

[963] Dean P J,Herbert D C,Werkhoven C J,et al. Donor bound-exciton excited states in zinc selenide [J]. Phys. Rev. B,1981,23:4888-4901. (10.1103/PhysRevB.23.4888)

[964] Meyer B K,Sann J,Lautenschläger S,et al. Ionized and neutral donor-bound excitons in ZnO[J]. Phys. Rev. B,2007,76(184120):1-4. (10.1103/PhysRevB.76.184120)

[965] Haynes J R. Experimental proof of the existence of a new electronic complex in silicon[J]. Phys. Rev. Lett. ,1960,4:361-363. (10.1103/PhysRevLett.4.361)

[966] Meyer B K, Alves H, Hofmann D M, et al. Bound exciton and donor-acceptor pair recombinations in ZnO[J]. Phys. Status Solidi B,2004,241:231-260. (10.1002/pssb.200301962)

[967] Müller S,Stichtenoth D,Uhrmacher M,et al. Unambiguous identification of the PL-I9 line in zinc oxide[J]. Appl. Phys. Lett. ,2007,90(012107):1-3. (10.1063/1.2430483)

[968] Dean P J,Skolnick M. Donor discrimination and bound exciton spectra in InP[J]. J. Appl. Phys. ,1983,54:346-359. (10.1063/1.331709)

[969] Driessen F A J M,Lochs H G M,Olsthoorn S M,et al. An analysis of the two electron satellite spectrum of GaAs in high magnetic fields[J]. J. Appl. Phys. ,1991,69:906-912. (10.1063/1.347332)

[970] Karaiskaj D,Thewalt M LW,Ruf T,et al. Photoluminescence of isotopically purified silicon: How sharp are bound exciton transitions? [J]. Phys. Rev. Lett. ,2001,86:6010-6013. (10.1103/PhysRevLett.86.6010)

[971] Karaiskaj D,Thewalt M L W,Ruf T,et al. "Intrinsic" acceptor ground state splitting in silicon: an isotopic effect[J]. Phys. Rev. Lett. , 2002, 89 (016401): 1-4. (10.1103/PhysRevLett.89.016401)

[972] Karasyuk V A,Thewalt M L W,et al. Fourier-transform photoluminescence spectroscopy of excitons bound to group-Ⅲ acceptors in silicon:Zeeman effect[J]. Phys. Rev. ,1996,B54:10543-10558. (10.1103/PhysRevB.54.10543)

[973] Thewalt M L W, Yang A, Steger M, et al. Direct observation of the donor nuclear spin in a near-gap bound exciton transition: ^{31}P in highly enriched ^{28}Si[J]. J. Appl. Phys. ,2007,101(081724):1-5. (10.1063/1.2723181)

[974] Cuthbert J D, Thomas D G. Fluorescent decay times of excitons bound to isoelectronic traps in GaP and ZnTe[J]. Phys. Rev. ,1967,154:763-771. (10.1103/PhysRev.154.763)

[975] Laurenti J P, Roentgen P, Wolter K, et al. Indium-doped GaAs: A very dilute alloy system[J]. Phys. Rev. B,1988,37:4155-4163. (10.1103/PhysRevB.37.4155)

[976] Bimberg D, Sondergeld M, Grobe E. Thermal dissociation of excitons bound to neutral acceptors in high-purity GaAs[J]. Phys. Rev. B,1971,4:3451-3455. (10.1103/PhysRevB.4.3451)

[977] Grundmann M, Dietrich C P. Lineshape theory of photoluminescence from semiconductor alloys [J]. J. Appl. Phys. ,2009,106(123521):1-10. (10.1063/1.326787)

[978] Chtchekine D G, Feng Z C, Chua S J, et al. Temperature-varied photoluminescence and magnetospectroscopy study of near-band-edge emissions in GaN[J]. Phys. Rev. B, 2001, 63 (125211):1-7. (10.1103/PhysRevB.63.125211)

[979] Pikus G E, Timofeev V B. Multiexciton complexes in semiconductors[J]. Usp. Fiz. Nauk,1981, 135:237-284. (10.1070/PU1981v024n10ABEH004805)

[980] Kaminskiǐ A S, Pokrovskiǐ Ya E. Recombination radiation of the condensed phase on nonequilibrium carriers in silicon[J]. JETP Lett. ,1970,11:255-257.

[981] Thewalt M L W. Details of the structure of bound excitons and bound multiexciton complexes in Si[J]. Can. J. Phys. ,1977,55:1463-1480. (10.1139/p77-186) 勘误:Can. J. Phys. ,1978,56:310. (10.1139/p78-038)

[982] Thewalt M L W, Rostworowski J A, Kirczenow G. Piezospectroscopic studies of phosphorus-, boron-, and lithium-doped silicon[J]. Can. J. Phys. ,1979,57:1898-1923. (10.1139/p79-262)

[983] Goede O, John L, Hennig D. Compositional disorder-induced broadening for free excitons in Ⅱ-Ⅵ semiconducting mixed crystals[J]. Phys. Status Solidi B,1978,89:K183-K186. (10.1002/pssb.2220890262)

[984] Schubert E F, Göbel E O, Horikoshi Y, et al. Alloy broadening in photoluminescence spectra of $Al_xGa_{1-x}As$[J]. Phys. Rev. B,1984,30:813-820. (10.1103/PhysRevB.30.813)

[985] Heitsch S, Zimmermann G, Fritsch D, et al. Luminescence and surface properties of $Mg_xZn_{1-x}O$ thin films grown by pulsed laser deposition[J]. J. Appl. Phys. ,2007,101(083521):1-6. (10.1063/1.2719010)

[986] Zimmermann R. Theory of the exciton linewidth in Ⅱ-Ⅵ semiconductor mixed crystals[J]. J. Cryst. Growth,1990,101:346-349. (10.1016/0022-0248(90)90993-U)

[987] Langer J M, Buczko R, Stoneham A M. Alloy broadening of the near-gap luminescence and the natural band offset in semiconductor alloys[J]. Semicond. Sci. Technol. ,1992,7:547-551. (10.1088/0268-1242/7/4/018)

[988] Müller A, Stölzel M, Benndorf G, et al. Origin of the near-band-edge luminescence in $Mg_xZn_{1-x}O$ alloys[J]. J. Appl. Phys. ,2010,107(013704):1-6. (10.1063/1.3270431)

[989] Wagener M C, James G R, Leitch A W R, et al. On the nature of Si-doping in AlGaN alloys[J]. Phys. Status Solidi C, 2004, 1: 2322-2327. (10.1002/pssc.200404838)

[990] Segall B, Mahan G D. Phonon-assisted recombination of free excitons in compound semiconductors[J]. Phys. Rev., 1968, 171: 935-948. (10.1103/PhysRev.171.935)

[991] Conradi J, Haering R R. Oscillatory exciton emission in CdS[J]. Phys. Rev. Lett., 1968, 20: 1344-1346. (10.1103/PhysRevLett.20.1344)

[992] Park Y S, Schneider J R. Oscillations in exciton emission in the excitation spectra of ZnSe and CdS[J]. Phys. Rev. Lett., 1968, 21: 798-800. (10.1103/PhysRevLett.21.798)

[993] Kovalev D, Averboukh B, Volm D, et al. Free exciton emission in GaN[J]. Phys. Rev. B, 1996, 54: 2518-2522. (10.1103/PhysRevB.54.2518)

[994] Permogorov S. Optical emission due to exciton scattering by LO phonons in semiconductors[M]. North-Holland, 1982.

[995] Wojdak M, Wysmołek A, Pakuła K, et al. Emission due to exciton scattering by LO-phonons in gallium nitride[J]. Phys. Status Solidi, 1999, B216: 95-99. (10.1002/(SICI)1521-3951(199911)216:1%3C95::AID-PSSB95%3E3.0.CO;2-R)

[996] Dingle R. Luminescent transitions associated with divalent copper impurities and the green emission from semiconducting zinc oxide[J]. Phys. Rev. Lett., 1969, 23: 579-581. (10.1103/PhysRevLett.23.579)

[997] Th Agne. Identifikation und Untersuchung von Defekten in ZnO Einkristallen[D]. Saarbrücken: Universität des Saarlandes, 2004.

[998] Huang K, Rhys A. Theory of light absorption and non-radiative transitions in F-centres[J]. Proc. Roy. Soc. Lond. A, 1950, 204: 406-423. (10.1098/rspa.1950.0184)

[999] Hopfield J J. A theory of edge-emission phenomena in CdS, ZnS and ZnO[J]. J. Phys. Chem. Solids, 1959, 10: 110-119. (10.1016/0022-3697(59)90064-2)

[1000] Lax M. The Franck-Condon principle and its application to crystals[J]. J. Chem. Phys., 1952, 20: 1752-1760. (10.1063/1.1700283)

[1001] Merz J L. Isoelectronic oxygen trap in ZnTe[J]. Phys. Rev., 1968, 176: 961-968. (10.1103/PhysRev.176.961)

[1002] Klingshirn C. The luminescence of ZnO under high one- and two-quantum excitation[J]. Phys. Status Solidi B, 1975, 71: 547-556. (10.1002/pssb.2220710216)

[1003] Dean P J, Henry C H, Frosch C J. Infrared donor-acceptor pair spectra involving the deep oxygen donor in gallium phosphide[J]. Phys. Rev., 1968, 168: 812-816. (10.1103/PhysRev.168.812)

[1004] Juhl A. Calorimetrische Absorptionsspektroskopie (CAS)—Eine neue Methode zur Charakterisierung der optischen Eigenschaften von Halbleitersystemen[D]. Berlin: Technische Universität Berlin, 1987.

[1005] Koschel W H, Kaufmann U, Bishop S G. Optical an ESR analysis of the Fe acceptor in InP[J]. Solid State Commun., 1977, 21: 1069-1072. (10.1016/0038-1098(77)90308-8)

[1006] Jelezko F, Wrachtrup J. Single defect centres in diamond: A review[J]. Phys. Status Solidi A, 2006, 203: 3207-3225. (10.1002/pssa.200671403)

[1007] Schirhagl R, Chang K, Loretz M, et al. Nitrogen-vacancy centers in diamond: Nanoscale sensors for physics and biology[J]. Ann. Rev. Phys. Chem., 2014, 65: 83-105. (10.1146/annurev-physchem-040513-103659)

[1008] Balasubramanian G, Chan I Y, Kolesov R, et al. Nanoscale imaging magnetometry with diamond spins under ambient conditions[J]. Nature, 2008, 455: 648-651. (10.1038/nature07278)

[1009] Abe E, Sasaki K. Tutorial: Magnetic resonance with nitrogen-vacancy centers in diamond—Microwave engineering, materials science, and magnetometry[J]. J. Appl. Phys., 2018, 123 (161101): 1-14. (10.1063/1.5011231)

[1010] Lochmann W, Haug A. Phonon-assisted auger recombination in Si with direct calculation of the overlap integrals[J]. Solid State Commun., 1980, 35: 553-556. (10.1016/0038-1098(80)90896-0)

[1011] Takeshima M. Theory of phonon-assisted Auger recombination in semiconductors[J]. Phys. Rev. B, 1981, 23: 6625-6637. (10.1103/PhysRevB.23.6625)

[1012] Takeshima M. Phonon-assisted Auger recombination in a quasi-two-dimensional structure semiconductor[J]. Phys. Rev. B, 1984, 30: 3302-3308. (10.1103/PhysRevB.30.3302)

[1013] Findlay P C, Pidgeon C R, Pellemans H, et al. Auger recombination dynamics of $In_xGa_{1-x}Sb$ [J]. Semicond. Sci. Technol., 1999, 14: 1026-1030. (10.1088/0268-1242/14/12/302)

[1014] Vignaud D, Lampin J F, Lefebvre E, et al. Electron lifetime of heavily Be-doped $In_{0.53}Ga_{0.47}As$ as a function of growth temperature and doping density[J]. Appl. Phys. Lett., 2002, 80: 4151-4153. (10.1063/1.1483126)

[1015] Laks D B, Neumark G F, Pantelides S T. Accurate interband-Auger-recombination rates in silicon[J]. Phys. Rev. B, 1990, 42: 5176-5185. (10.1103/PhysRevB.42.5176)

[1016] Blood P, Orton J W. The electrical characterization of semiconductors[J]. Rep. Progress Phys., 1978, 41: 157-257. (10.1088/0034-4885/41/2/001)

[1017] Blood P, Orton J W. The Electrical Characterization of Semiconductors: Majority Carriers and Electron States[M]. San Diego: Academic Press, 1992.

[1018] Macdonald D, Cuevas A. Validity of simplified Shockley-Read-Hall statistics for modeling carrier lifetimes in crystalline silicon[J]. Phys. Rev. B, 2003, 67(075203): 1-7. (10.1103/PhysRevB.67.075203)

[1019] Auston D H. Picosecond photoconductivity: High-speed measurements of devices and materials [J]. Semicond. Semimet., 1990, 28: 85-134. (10.1016/S0080-8784(08)62785-4)

[1020] Istratov A A, Weber E R. Electrical properties and recombination activity of copper, nickel and cobalt in silicon[J]. Appl. Phys. A, 1998, 66: 123-136. (10.1007/s003390050649)

[1021] Istratov A A, Hieslmair H, Weber E R. Iron and its complexes in silicon[J]. Appl. Phys. A, 1999, 69: 13-44. (10.1007/s003390050968)

[1022] Istratov A A, Hieslmair H, Weber E R. Iron contamination in silicon technology[J]. Appl. Phys. A, 2000, 70: 489-534. (10.1007/s003390051074)

[1023] Blakemore J S. Lifetime in p-type silicon[J]. Phys. Rev., 1958, 110: 1301-1308. (10.1103/PhysRev.110.1301)

[1024] Tyagi M S, van Overstraeten R. Minority carrier recombination in heavily doped silicon[J]. Solid State Electron., 1983, 26: 577-597. (10.1016/0038-1101(83)90174-0)

[1025] Bemski G. Lifetime of electrons in p-type silicon[J]. Phys. Rev., 1955, 100: 523-524. (10.1103/PhysRev.100.523)

[1026] Dai Q, Shan Q, Wang J, et al. Carrier recombination mechanisms and efficiency droop in GaInN/GaN light-emitting diodes[J]. Appl. Phys. Lett., 2010, 97(133507): 1-3. (10.1063/1.3493654)

[1027] Karpov S. ABC-model for interpretation of internal quantum efficiency and its droop in III-nitride LEDs: A review[J]. Opt. Quant. Electron., 2015, 47: 1293-1303. (10.1007/s11082-014-0042-9)

[1028] Frenkel J. On pre-breakdown phenomena in insulators and electronic semi-conductors[J]. Phys. Rev., 1938, 54: 647-648. (10.1103/PhysRev.54.647)

[1029] Harris R D, Newton J L, Watkins G D. Negative-U properties for interstitial boron in silicon[J]. Phys. Rev. Lett., 1982, 48: 1271-1274. (10.1103/PhysRevLett.48.1271)

[1030] Bothra S, Tyagi S, Chandhi S K, et al. Surface recombination velocity and lifetime in InP[J]. Solid State Electron., 1991, 34: 47-50. (10.1016/0038-1101(91)90199-9)

[1031] Schmidt J, Aberle A G. Accurate method for the determination of bulk minority-carrier lifetimes of mono- and multicrystalline silicon wafers[J]. J. Appl. Phys., 1997, 81: 6186-6199. (10.1063/1.364403)

[1032] Kerr M J, Schmidt J, Cuevas A, et al. Surface recombination velocity of phosphorus-diffused silicon solar cell emitters passivated with plasma enhanced chemical vapor deposited silicon nitride and thermal silicon oxide[J]. J. Appl. Phys., 2001, 89: 3821-3826. (10.1063/1.1350633)

[1033] Hahneiser O, Kunst M. Theoretical and experimental study of charge carrier kinetics in crystalline silicon[J]. J. Appl. Phys., 1999, 85: 7741-7754. (10.1063/1.370579)

[1034] Aspnes D E. Recombination at semiconductor surfaces and interfaces[J]. Surf. Sci., 1983, 132: 406-421. (10.1016/0039-6028(83)90550-2)

[1035] Zhou L, Bo B, Yan X, et al. Brief review of surface passivation on III-V semiconductor[J]. Crystals, 2018, 8(226): 1-14. (10.3390/cryst8050226)

[1036] Donolato C. Theory of beam induced current characterization of grain boundaries in polycrystalline solar cells[J]. J. Appl. Phys., 1983, 54: 1314-1322. (10.1063/1.332205)

[1037] Kieliba T, Riepe S, Warta W. Effect of dislocations on minority carrier diffusion length in practical silicon solar cells[J]. J. Appl. Phys., 2006, 100(063706): 1-12. (10.1063/1.2338126)

[1038] Palm J. Local investigation of recombination at grain boundaries in silicon by grain boundary-electron beam induced current[J]. J. Appl. Phys., 1993, 74: 1169-1178. (10.1063/1.354917)

[1039] Ciszek T F, Wang T H, Burrows R W, et al. Grain boundary and dislocation effects on the PV performance of high-purity silicon[C]. The 23th IEEE Photovoltaic Specialists Conference

Rec. ,New York,1993:101-105. (10.1109/PVSC.1993.347071)

[1040] Corkish R, Puzzer T, Sproul A B, et al. Quantitative interpretation of electron-beam-induced current grain boundary contrast profiles with application to silicon[J]. J. Appl. Phys. ,1998,84: 5473-5481. (10.1063/1.368310)

[1041] Major J D. Grain boundaries in CdTe thin film solar cells: A review[J]. Semicond. Sci. Technol. ,2016,31(093001):1-19. (10.1088/0268-1242/31/9/093001)

[1042] Kurtz A D, Kulin S A, Averbach B L. Effect of dislocations on the minority carrier lifetime in semiconductors[J]. Phys. Rev. ,1956,101:1285-1291. (10.1103/PhysRev.101.1285)

[1043] Fitzgerald E A, Ast D G, Kirchner P D, et al. Structure and recombination in InGaAs/GaAs heterostructures[J]. J. Appl. Phys. ,1988,63:693-703. (10.1063/1.340059)

[1044] Grundmann M, Christen J, Bimberg D, et al. Misfit dislocations in pseudomorphic $In_{0.23}Ga_{0.77}As$/GaAs quantum wells:Influence on lifetime and diffusion of excess excitons[J]. J. Appl. Phys. ,1989,66:2214-2216. (10.1063/1.344288)

[1045] Dember H. Über eine photoelektronische Kraft in Kupferoxydul-Kristallen[J]. Phys. Zeitschrift, 1931,32:554-556.

[1046] Dember H. Über eine Kristallphotozelle[J]. Phys. Zeitschrift,1931,32:856-858.

[1047] Dember H. Über die Vorwärtsbewegung von Elektronen durch Licht[J]. Phys. Zeitschrift, 1932,33:207-208.

[1048] Saslow W M. Exact surface solutions for semiconductors: The Dember effect and partial currents[J]. Phys. Rev. B,2002,65(233313):1-4. (10.1103/PhysRevB.65.233313)

[1049] Goldman S R, Kalikstein K, Kramer B. Dember-effect theory[J]. J. Appl. Phys. ,1978,49:2849-2854. (10.1063/1.325166)

[1050] Chattopadhyaya S K, Mathur V K. Normal and anomalous Dember effect[J]. J. Appl. Phys. , 1969,40:1930-1933. (10.1063/1.1657868)

[1051] Ni M, Leung M K H, Leung D Y C, et al. A review and recent developments in photocatalytic water-splitting using TiO_2 for hydrogen production[J]. Renew. Sustain. Energy Rev. ,2007,11: 401-425. (10.1016/j.rser.2005.01.009)

[1052] Cho S, Jang J W, Lee K H, et al. Research update:Strategies for efficient photoelectrochemical water splitting using metal oxide photoanodes[J]. APL Mater. ,2014,2(010703):1-14. (10.1063/1.4861798)

[1053] Watson J. The tin oxide gas sensor and its applications[J]. Sens. Act. ,1984,5:29-42. (10.1016/0250-6874(84)87004-3)

[1054] Eranna G, Joshi B C, Runthala D P, et al. Oxide materials for development of integrated gas sensors—A comprehensive review[J]. Crit. Rev. Solid State Mater. Sci. ,2004,29:111-188. (10.1080/10408430490888977)

[1055] Liu X, Cheng S, Liu H, et al. A survey on gas sensing technology[J]. Sensors,2012,12:9635-9665. (10.3390/s120709635)

[1056] Ibach H. Physics of Surfaces and Interfaces[M]. Berlin:Springer,2006. (10.1007/3-540-34710-0)

[1057] Zangwill A. Physics at Surfaces[M]. Cambridge:Cambridge University Press,2012. (10.1017/CBO9780511622564)

[1058] Kingston R H. Semiconductor Surface Physics[M]. Whitefish:Literary Licensing,2012.

[1059] Morandi P J. Symmetry Groups: The Classification of Wallpaper Patterns, From Group Cohomology to Escher's Tessellations[M]. New Mexico State University,2007.

[1060] Stekolnikov A A,Bechstedt F. Shape of free and constrained group-Ⅳ crystallites:Influence of surface energies[J]. Phys. Rev. B,2005,72(125326):1-9. (10.1103/PhysRevB.72.125326)

[1061] Bermond J M,Métois J J,Egéa X,et al. The equilibrium shape of silicon[J]. Surf. Sci.,1995,330:48-60. (10.1016/0039-6028(95)00230-8)

[1062] Duke C B. Semiconductor surface reconstruction:The structural chemistry of two-dimensional surface compounds[J]. Chem. Rev.,1996,96:1237-1259. (10.1021/cr950212s)

[1063] Fritsch J,Schröder U. Density functional calculation of semiconductor surface phonons[J]. Phys. Reports,1999,309:209-331. (10.1016/S0370-1573(98)00034-9)

[1064] Hermann K. Berlin:Fritz-Haber-Institut.

[1065] Schmidt W G,Bechstedt F,Bernholc J. GaAs(001) surface reconstructions:Geometries, chemical bonding and optical properties[J]. Appl. Surf. Sci.,2002,190:264-268. (10.1016/S0169-4332(01)00862-5)

[1066] Takayanagi K,Tanishiro Y,Takahashi S,et al. Surface analysis of Si(111)-7×7[J]. Surf. Sci.,1985,164:367-392. (10.1016/0039-6028(85)90753-8)

[1067] Wiesendanger R,Tarrach G,Scandella L,et al. Scanning tunneling microscopy on laser- and thermal-annealed Si(111):Transitions from 7×7 reconstructed to disordered surface structures[J]. Ultramicroscopy,1990,32:291-295. (10.1016/0304-3991(90)90006-8)

[1068] Giessibl F J,Hembacher S,Bielefeldt H,et al. Subatomic features on the silicon (111)-(7×7) surface observed by atomic force microscopy[J]. Science,2000,289:422-425. (10.1126/science.289.5478.422)

[1069] Swartzentruber B S,Kitamura N,Lagally M G,et al. Behavior of steps on Si(001) as a function of vicinality[J]. Phys. Rev. B,1993,47:13432-13441. (10.1103/PhysRevB.47.13432)

[1070] Dulub O,Boatner L A,Diebold U. STM study of the geometric and electronic structure of ZnO (0001)-Zn,(000.1)-O,(10.10),and (11.20) surfaces[J]. Surf. Sci.,2002,519:201-217. (10.1016/S0039-6028(02)02211-2)

[1071] Métois J J,Saúl A,Müller P. Measuring the surface stress polar dependence[J]. Nature Mater.,2005,4:238-242. (10.1038/nmat1328)

[1072] Syväjärvi M,Yakimova R,Janzén E. Step-bunching in SiC epitaxy:Anisotropy and influence of growth temperature[J]. J. Cryst. Growth,2002,236:297-304. (10.1016/S0022-0248(01)02331-4)

[1073] Baski A A,Erwin S C,Whitman L J. The structure of silicon surfaces from (001) to (111)[J]. Surf. Sci.,1997,392:69-85. (10.1016/S0039-6028(97)00499-8)

[1074] Ritchie R H. Plasma losses by fast electrons in thin films[J]. Phys. Rev.,1957,106:874-881. (10.1103/PhysRev.106.874)

[1075] Pitarke J M, Silkin V M, Chulkov E V, et al. Theory of surface plasmons and surface-plasmon polaritons[J]. Rep. Prog. Phys., 2007, 70: 1-87. (10.1088/0034-4885/70/1/R01)

[1076] Zhang J, Zhang L, Xu W. Surface plasmon polaritons: Physics and applications[J]. J. Phys. D: Appl. Phys., 2012, 45(113001): 1-19. (10.1088/0022-3727/45/11/113001)

[1077] https://www.wikipedia.de.

[1078] Kalusniak S, Sadofev S, Henneberger F. ZnO as a tunable metal: New types of surface plasmon polaritons[J]. Phys. Rev. Lett., 2014, 112: 137401. (10.1103/PhysRevLett.112.137401)

[1079] Northrup J E, Hybertsen M S, Louie S G. Many-body calculation of the surface-state energies for Si(111)2×1[J]. Phys. Rev. Lett., 1991, 66: 500-503. (10.1103/PhysRevLett.66.500)

[1080] Ivanov I, Mazur A, Pollmann J. The ideal (111), (110), and (100) surfaces of Si, Ge and GaAs: A comparison of their electronic structure[J]. Surf. Sci., 1980, 92: 365-384. (10.1016/0039-6028(80)90209-5)

[1081] Uhrberg R I G, Hansson G V. Electronic structure of silicon surfaces: Clean and with ordered overlayers[J]. Crit. Rev. Solid State Mater. Sci., 1991, 17: 133-186. (10.1080/10408439108242191)

[1082] Märtensson P, Ni W X, Hansson G V, et al. Surface electronic structure of Si(111)7×7-Ge and Si(111)5×5-Ge studied with photoemission and inverse photoemission[J]. Phys. Rev. B, 1987, 36: 5974-5981. (10.1103/PhysRevB.36.5974)

[1083] Varier S R, Mandal P S, Sahadev N, et al. Study of the surface electronic structure of Si(111) surface using spin and angle resolved photoemission spectroscopy[J]. AIP Conf. Proc., 2013, 1512: 818-819. (10.1063/1.4791289)

[1084] Zhu Z, Cheng Y, Schwingenschlögl U. Band inversion mechanism in topological insulators: A guideline for materials design[J]. Phys. Rev. B, 2012, 85(235401): 1-5. (10.1103/PhysRevB.85.235401)

[1085] Fu L, Kane C L, Mele E J. Topological insulators in three dimensions[J]. Phys. Rev. Lett., 2007, 98(106803): 1-4. (10.1103/PhysRevLett.98.106803)

[1086] Zhang H, Liu C X, Qi X L, et al. Topological insulators in Bi_2Se_3, Bi_2Te_3 and Sb_2Te_3 with a single Dirac cone on the surface[J]. Nature Physics, 2009, 5: 438-442. (10.1038/nphys1270)

[1087] Xia Y, Qian D, Hsieh D, et al. Observation of a large-gap topological-insulator class with a single Dirac cone on the surface[J]. Nat. Phys., 2009, 5: 398-402. (10.1038/nphys1274)

[1088] Xia Y. Photoemission studies of a new topological insulator class: Experimental discovery of the Bi_2X_3 topological insulator class[D]. Princeton University, 2010.

[1089] Ayers J E, Kujofsa T, Rago P, et al. Heteroepitaxy of Semiconductors: Theory, Growth, and Characterization[M]. 2nd ed. Boca Raton: CRC Press, 2016.

[1090] Pohl U. Epitaxy of Semiconductors[M]. Berlin: Springer, 2013. (10.1007/978-3-642-32970-8)

[1091] Dhanaraj G, Byrappa K, Prasad V, et al. Springer Handbook of Crystal Growth[M]. Heidelberg: Springer, 2010. (10.1007/978-3-540-74761-1)

[1092] Tsao J Y. Materials Fundamentals of Molecular Beam Epitaxy[M]. San Diego: Academic Press,

1993. (10.1016/C2009-0-22426-3)

[1093] Hitchman M L, Jensen K F. Chemical Vapor Deposition[M]. San Diego: Academic Press, 1993.

[1094] George P. Chemical Vapor Deposition: Simulation and Optimization[M]. Saarbrücken: VDM Verlag Dr. Mueller, 2008.

[1095] Stringfellow G. Organometallic Vapor-Phase Epitaxy: Theory and Practice[M]. San Diego: Academic Press, 1999. (10.1016/B978-0-12-673842-1.X5000-5)

[1096] Hwang C S, Yoo C Y. Atomic Layer Deposition for Semiconductors[M]. Berlin: Springer, 2014. (10.1007/978-1-4614-8054-9)

[1097] Valdez J. Atomic Layer Deposition (ALD)[M]. Hauppauge: Nova Science Publ., 2015.

[1098] Eason R. Pulsed Laser Deposition of Thin Films: Applications-Led Growth of Functional Materials[M]. Hoboken: Wiley, 2006. (10.1002/0470052120)

[1099] Capper P, Mauk M. Liquid Phase Epitaxy of Electronic, Optical and Optoelectronic Materials [M]. Chichester: Wiley, 2007. (10.1002/9780470319505)

[1100] Joyce B A, Neave J H, Dobson P J, et al. Analysis of reflection high-energy electron-diffraction data from reconstructed semiconductor surfaces[J]. Phys. Rev. B, 1984, 29: 814-819. (10.1103/PhysRevB.29.814)

[1101] Zettler J T, Richter W, Ploska K, et al. Real time diagnostics of semiconductor surface modifications by reflectance anisotropy spectroscopy, in Semiconductor Characterization—Present Status and Future Needs[M]. Woodbury: AIP Press, 1996: 537-543.

[1102] Zettler J T. Characterization of epitaxial semiconductor growth by reflectance anisotropy spectroscopy and ellipsometry[J]. Prog. Cryst. Growth Charact. Mater., 1997, 35: 27-98. (10.1016/S0960-8974(97)00024-7)

[1103] Zulehner W. Status and future of silicon crystal growth[J]. Mater. Sci. Engin. B, 1989, 4: 1-10. (10.1016/0921-5107(89)90207-9)

[1104] Zulehner W. Historical overview of silicon crystal pulling development[J]. Mater. Sci. Engin. B, 2000, 73: 7-15. (10.1016/S0921-5107(99)00427-4)

[1105] Depuydt B, Theuwis A, Romandie I. Germanium: From the first application of Czochralski crystal growth to large diameter dislocation-free wafers[J]. Mat. Sci. Semicond. Process., 2006, 9: 437-443. (10.1016/j.mssp.2006.08.002)

[1106] Virgina Semiconductor, www.virginiasemi.com.

[1107] Czochralski J. Ein neues Verfahren zur Messung der Kristallisationsgeschwindigkeit der Metalle [J]. Z. Phys. Chem., 1918, 92: 219-221. (10.1515/zpch-1918-9212)

[1108] Uecker R. The historical development of the Czochralski method[J]. J. Cryst. Growth, 2014, 401: 7-24. (10.1016/j.jcrysgro.2013.11.095)

[1109] Teal G K, Little J B. Growth of germanium single crystals[J]. Phys. Rev., 1950, 78: 647. (10.1103/PhysRev.78.637)

[1110] Teal G K, Sparks M, Buehler E. Growth of germanium single crystals containing p-n junctions [J]. Phys. Rev., 1951, 81: 637. (10.1103/PhysRev.81.637)

[1111] Runyan W R. Growth of large diameter silicon and germanium crystals by the Teal-Little method[J]. Rev. Sci. Instr., 1959, 30: 535-540. (10.1063/1.1716676)

[1112] Pfann W G. Zone Melting[M]. New York: Wiley, 1966.

[1113] Scheel H J, Fukuda T. Crystal Growth Technology[M]. New York: Wiley, 2004.

[1114] Siltronic AG, München.

[1115] Reinhardt K A, Kern W. Handbook of Silicon Wafer Cleaning Technology[M]. 3rd ed. New York: William Andrew, 2018.

[1116] Ruzyllo J. Semiconductor cleaning technology: Forty years in the making[J]. Interface, 2010, 19: 44-46. (10.1149/2.F05101if)

[1117] Kern W. Purifying Si and SiO_2 surfaces with hydrogen peroxide[J]. Semiconductor International, 1984: 94-99.

[1118] Ishizaka A, Shiraki Y. Low temperature surface cleaning of silicon and its application to silicon MBE[J]. J. Electrochem. Soc., 1986, 133: 666-671. (10.1149/1.2108651)

[1119] Kim J C, Ji J Y, Kline J S, et al. Preparation of atomically clean and flat Si(100) surfaces by low-energy ion sputtering and low-temperature annealing[J]. Appl. Surf. Sci., 2003, 220: 293-297. (10.1016/S0169-4332(03)00826-2)

[1120] Hartnagel H, Weiss B L. A contribution to etch polishing of GaAs[J]. J. Mat. Sci., 1973, 8: 1061-1063. (10.1007/BF00756642)

[1121] Tomashik Z F, Kusyak N V, Tomashik V N. Chemical etching of InAs, InSb, and GaAs in H_2O_2-HBr solutions[J]. Inorg. Mat., 2002, 38: 434-437. (10.1023/A:1015402501421)

[1122] von Wenckstern H, Schmidt H, Hanisch C, et al. Homoepitaxy of ZnO by pulsed-laser deposition[J]. Phys. Status Solidi RRL, 2007, 1: 129-131. (10.1002/pssr.200701052)

[1123] Weisbuch C. Fundamental properties of Ⅲ-Ⅴ semiconductor two-dimensional quantized structures: the basis for optical and electronic device applications[J]. Semicond. Semimet., 1987, 24: 1-133. (10.1016/S0080-8784(08)62448-5)

[1124] van den Brekel C H J. Growth rate anisotropy and morphology of autoepitaxial silicon films from $SiCl_4$[J]. J. Cryst. Growth, 1974, 23: 259-266. (10.1016/0022-0248(74)90067-0)

[1125] Nishizawa J I, Terasaki T, Shimbo M. Layer growth in silicon epitaxy[J]. J. Cryst. Growth, 1972, 13(14): 297-301. (10.1016/0022-0248(72)90173-X)

[1126] Gardiniers J G E, Klein Douwel C H, Giling L J. Reduced pressure silicon CVD on hemispherical substrates[J]. J. Cryst. Growth, 1991, 108: 319-334. (10.1016/0022-0248(91)90380-N)

[1127] Nishino S, Nishio Y, Masuda Y, et al. Morphological stability of 6H-SiC epitaxial layer on hemispherical substrates prepared by chemical vapor deposition[J]. Mat. Sci. Forum, 2000, 338-342: 197-200. (10.4028/www.scientific.net/MSF.338-342.197)

[1128] Hollan L, Schiller C. Étude de l'anisotropie de la croissance épitaxiale de GaAs en phase vapeur[J]. J. Cryst. Growth, 1972, 13(14): 319-324. (10.1016/0022-0248(72)90177-7)

[1129] Morizane K. Antiphase domain structures in GaP and GaAs epitaxial layers grown on Si and Ge

[J]. J. Cryst. Growth, 1977, 38: 249-254. (10.1016/0022-0248(77)90305-0)

[1130] Volmer M, Weber A. Keimbildung in übersättigten Gebilden[J]. Z. Physikal. Chem., 1926, 119U: 277-301. (10.1515/zpch-1926-11927)

[1131] Stranski I N. Zur Theorie der isomorphen Fortwachsung (orientierter Ausscheidung) von Ionenkristallen aufeinander[J]. Z. Physikal. Chemie A, 1929, 142: 453-466. (10.1515/zpch-1929-14232)

[1132] Stranski I N, Krastanow L. Zur Theorie der orientierten Ausscheidung von Ionenkristallen aufeinander[J]. Monatshefte f. Chemie u. verwandte Teile anderer Wissenschaften, 1937, 71: 351-364. (10.1515/zpch-1929-14232)

[1133] Bauer E. Phänomenologische Theorie der Kristallabscheidung an Oberflächen[J]. I. Z. Kristallogr., 1958, 110: 372-394. (10.1524/zkri.1958.110.16.372)

[1134] Shitara T, Vvedensky D D, Wilby M R, et al. Step-density variations and reflection high-energy electron-diffraction intensity oscillations during epitaxial growth on vicinal GaAs(001)[J]. Phys. Rev. B, 1992, 46: 6815-6824. (10.1103/PhysRevB.46.6815)

[1135] Pimpinelli A, Villain J. Physics of crystal growth[M]. Cambridge: Cambridge Univ. Press, 1999. (10.1017/CBO9780511622526)

[1136] Ohshima E, Ogino H, Niikura I, et al. Growth of the 2-in-size bulk ZnO single crystals by the hydrothermal method[J]. J. Cryst. Growth, 2004, 260: 166-170. (10.1016/j.jcrysgro.2003.08.019)

[1137] Scholz F, Kaiser U. Universität Ulm.

[1138] Heitsch S, Bundesmann C, Wagner G, et al. Low temperature photoluminescence and infrared dielectric functions of pulsed laser deposited ZnO thin films on silicon[J]. Thin Solid Films, 2006, 496: 234-239. (10.1016/j.tsf.2005.08.305)

[1139] Grundmann M, Böntgen T, Lorenz M. Occurrence of rotation domains in heteroepitaxy[J]. Phys. Rev. Lett., 2010, 105(146102): 1-4. (10.1103/PhysRevLett.105.146102)

[1140] Grundmann M. Formation of epitaxial domains: unified theory and survey of experimental results[J]. Phys. Status Solidi B, 2011, 248: 805-824. (10.1002/pssb.201046530)

[1141] Zhang Y, McAleese C, Xiu H, et al. Misoriented domains in (0001)-GaN/(111)-Ge grown by molecular beam epitaxy[J]. Appl. Phys. Lett., 2007, 91(092125): 1-2. (10.1063/1.2779099)

[1142] Kawanami H, Hatayama A, Hayashi Y. Antiphase boundary of GaAs films grown on Si(001) substrates by molecular beam epitaxy[J]. J. Electr. Mater., 1988, 17: 341-349. (10.1007/BF02652116)

[1143] Ohta J, Fujioka H, Oshima M, et al. Experimental and theoretical investigation on the structural properties of GaN grown on sapphire[J]. Appl. Phys. Lett., 2003, 83: 3075-3077. (10.1063/1.1618379)

[1144] Kato H, Sano M, Miyamoto K, et al. Polarity control of ZnO on c-plane sapphire by plasma-assisted MBE[J]. J. Cryst. Growth, 2005, 275: e2459-e2465. (10.1016/j.jcrysgro.2004.11.377)

[1145] Schuck P J, Mason M D, Grober R D, et al. Spatially resolved photoluminescence of inversion domain boundaries in GaN-based lateral polarity heterostructures[J]. Appl. Phys. Lett., 2001,

79:952-954. (10.1063/1.1390486)

[1146] Rodriguez B J, Gruveman A, Kingon A I, et al. Piezoresponse force microscopy for polarity imaging of GaN[J]. Appl. Phys. Lett. ,2002,80:4166-4168. (10.1063/1.1483117)

[1147] Zheleva T S, Smith S A, Thomson D B, et al. Pendeo-epitaxy:a new approach for lateral growth of gallium nitride films[J]. J. Electr. Mater. ,1999,28:L5-L8. (10.1007/s11664-999-0239-z)

[1148] Strittmatter A, Rodt S, Reißmann L, et al. Maskless epitaxial lateral overgrowth of GaN layers on structured Si(111) substrates[J]. Appl. Phys. Lett. ,2001,78:727-729. (10.1063/1.1347013)

[1149] Lahrèche H, Vennéguès P, Beaumont B, et al. Growth of high-quality GaN by low-pressure metal-organic vapour phase epitaxy (LP-MOVPE) from 3D islands and lateral overgrowth[J]. J. Cryst. Growth,1999,205:245-252. (10.1016/S0022-0248(99)00299-7)

[1150] Riemann T, Hempel T, Christen J, et al. Optical and structural microanalysis of GaN grown on SiN submonolayers[J]. J. Appl. Phys. ,2006,99(123518):1-8. (10.1063/1.2150589)

[1151] Chen H G, Ko T S, Ling S C, et al. Dislocation reduction in GaN grown on stripe patterned r-plane sapphire substrates[J]. Appl. Phys. Lett. ,2007,91(021914):1-3. (10.1063/1.2754643)

[1152] Okada N, Tadatomo K. Characterization and growth mechanism of nonpolar and semipolar GaN layers grown on patterned sapphire substrates[J]. Semicond. Sci. Technol. ,2012,27 (024003):1-9. (10.1063/1.2754643)

[1153] Tendille F, De Mierry P, Vennéguès P, et al. Defect reduction method in (11-22) semipolar GaN grown on patterned sapphire substrate by MOCVD: Toward heteroepitaxial semipolar GaN free of basal stacking faults[J]. J. Cryst. Growth,2014,404,177-183. (10.1016/j. jcrysgro. 2014.07.020)

[1154] Lo Y H. New approach to grow pseudomorphic structures over the critical thickness[J]. Appl. Phys. Lett. ,2005,59:2311-2313. (10.1063/1.106053)

[1155] Lynch C, Chason E, Beresford R, et al. Limits of strain relaxation in InGaAs/GaAs probed in real time by in situ wafer curvature measurement[J]. J. Appl. Phys. ,2005,98(073532):1-7. (10.1063/1.2060947)

[1156] Dadgar A, Bläsing J, Diez A, et al. Metalorganic chemical vapor phase epitaxy of crack-free GaN on Si(111) exceeding 1 μm thickness[J]. Jpn. J. Appl. Phys. ,2000,39:L1183-L1185. (10.1143/JJAP.39.L1183)

[1157] Bläsing J, Reiher A, Dadgar A, et al. The origin of stress reduction by low-temperature AlN interlayers[J]. Appl. Phys. Lett. ,2002,81:2722-2724. (10.1063/1.1512331)

[1158] Sakamoto K, Sakamoto T, Nagao S, et al. Reflection high-energy electron diffraction intensity oscillations during $Ge_x Si_{1-x}$ MBE growth on Si(001) substrates[J]. Jpn. J. Appl. Phys. ,1987, 26:666-670. (10.1143/JJAP.26.666)

[1159] Marée P M J, Nakagawa K, Mulders F M, et al. Thin epitaxial Ge-Si(111) films: Study and control of morphology[J]. Surf. Sci. ,1987,191:305-328. (10.1016/S0039-6028(87)81180-9)

[1160] Copel M, Reuter M C, Kaxiras E, et al. Surfactants in epitaxial growth[J]. Phys. Rev. Lett. , 1989,63:632-635. (10.1103/PhysRevLett.63.632)

[1161] Kandel D, Kaxiras E. The surfactant effect in semiconductor thin-film growth[J]. Solid State Phys., 2000, 54:219-262. (10.1016/S0081-1947(08)60249-0)

[1162] Ilg M, Eißler D, Lange C, et al. Surfactant-mediated molecular beam epitaxy of high-quality (111)B-GaAs[J]. Appl. Phys. A, 1993, 56:397-399. (10.1007/BF00324362)

[1163] Yang X, Jurkovic M J, Heroux J B, et al. Low threshold InGaAsN/GaAs single quantum well lasers grown by molecular beam epitaxy using Sb surfactant[J]. Electron. Lett., 1999, 35:1082-1083. (10.1049/el:19990746)

[1164] Kageyama T, Miyamoto T, Ohta M, et al. Sb surfactant effect on GaInAs/GaAs highly strained quantum well lasers emitting at 1200 nm range grown by molecular beam epitaxy[J]. J. Appl. Phys., 2004, 96:44-48. (10.1063/1.1760841)

[1165] Osten H J, Klatt J, Lippert G, et al. Surfactant-controlled solid phase epitaxy of germanium and silicon[J]. Phys. Rev. Lett., 1992, 69:450-453. (10.1103/PhysRevLett.69.450)

[1166] Kroemer H. Heterostructure devices: A device physicist looks at interfaces[J]. Surf. Sci., 1983, 132:543-576. (10.1007/978-94-009-3073-5_7)

[1167] van de Walle C G, Neugebauer J. Universal alignment of hydrogen levels in semiconductors, insulators and solutions[J]. Nature, 2003, 423:626-628. (10.1038/nature01665)

[1168] Xu K, Sio H, Kirillov O A, et al. Band offset determination of atomic-layer-deposited Al_2O_3 and HfO_2 on InP by internal photoemission and spectroscopic ellipsometry[J]. J. Appl. Phys., 2013, 113(024504):1-5. (10.1063/1.4774038)

[1169] Shi K, Li D B, Song H P, et al. Determination of InN/diamond heterojunction band offset by X-ray photoelectron spectroscopy[J]. Nanoscale Res. Lett., 2011, 6(50):1-5. (10.1007/s11671-010-9796-6)

[1170] Zhang P F, Liu X L, ZhangR Q, et al. Valence band offset of MgO/InN heterojunction measured by X-ray photoelectron spectroscopy[J]. Appl. Phys. Lett., 2008, 92:042906. (10.1063/1.2839611)

[1171] Wei W, Qin Z, Fan S, et al. Valence band offset of β-Ga_2O_3 wurtzite GaN heterostructure measured by X-ray photoelectron spectroscopy[J]. Nanoscale Res. Lett., 2013, 7(562):1-5. (10.1186/1556-276X-7-562)

[1172] Zhang X, Zhang Q, Lu F. Energy band alignment of an In_2O_3:Mo/Si heterostructure[J]. Semicond. Sci. Technol., 2007, 22:900-904. (10.1088/0268-1242/22/8/013)

[1173] Walsh A, DaSilva J L F, Wei S H, et al. Nature of the band gap of In_2O_3 revealed by first-principles calculations and X-ray spectroscopy[J]. Phys. Rev. Lett., 2008, 100(167402):1-4. (10.1103/PhysRevLett.100.167402)

[1174] King P D C, Veal T D, Kendrick C E, et al. InN/GaN valence band offset: High-resolution x-ray photoemission spectroscopy measurements[J]. Phys. Rev. B, 2008, 78(033308):1-4. (10.1103/PhysRevB.78.033308)

[1175] Muraki K, Fukatsu S, Shiraki Y, et al. Surface segregation of In atoms during molecular beam epitaxy and its influence on the energy levels in InGaAs/GaAs quantum wells[J]. Appl. Phys.

Lett.,1992,61:557-559.(10.1063/1.107835)

[1176] Hernández-Maldonado D,Herrera M,Alonso-González P,et al. Compositional analysis with atomic column spatial resolution by 5th-order aberration-corrected scanning transmission electron microscopy[J]. Microsc. Microanal.,2011,17:578-581.(10.1017/S1431927611000213)

[1177] Volker Gottschalch,Günther Wagner. private communication,2006.

[1178] Offermans P. Study of III-V semiconductor nanostructures by cross-sectional scanning tunneling microscopy[D]. Technische Universiteit Eindhoven,2005.(10.6100/IR595006)

[1179] von Roos O. Position-dependent effective masses in semiconductor theory[J]. Phys. Rev. B,1983,27:7547-7552.(10.1103/PhysRevB.27.7547)

[1180] BenDaniel D J,Duke C B. Space-charge effects on electron tunneling[J]. Phys. Rev.,1966,152:683-692.(10.1103/PhysRev.152.683)

[1181] Harrison P,Valavanis A. Quantum wells,wires and dots:Theoretical and computational physics of semiconductor nanostructures[M]. 4th ed. Chichester:Wiley,2016.(10.1002/9781118923337)

[1182] Ehrhardt M,Koprucki Th. Multi-band effective mass approximations,in advanced mathematical models and numerical techniques(vol. 94)[M]//Lecture notes in computational science and engineering. Heidelberg:Springer,2014.(10.1007/978-3-319-01427-2)

[1183] Chang Y C,Schulman J N. Interband optical transitions in GaAs/Ga$_{1-x}$Al$_x$As and InAs-GaSb superlattices[J]. Phys. Rev. B,1985,31:2069-2079.(10.1103/PhysRevB.31.2069)

[1184] Miller R C,Kleinman D A,Gossard A C. Energy-gap discontinuities and effective masses for GaAs/Al$_x$Ga$_{1-x}$As quantum wells[J]. Phys. Rev. B,1984,29:7085-7087.(10.1103/PhysRevB.29.7085)

[1185] Chuang S L. Physics of photonic devices[M]. 2nd ed. New York:Wiley,2009.

[1186] Miller R C,Gossard A C,Tsang W T,et al. Extrinsic luminescence from GaAs quantum wells[J]. Phys. Rev. B,1982,25:3871-3877.(10.1103/PhysRevB.25.3871)

[1187] Masselink W T,Chang Y Ch,Morkoç H. Binding energy of acceptors in GaAs/Al$_x$Ga$_{1-x}$As quantum wells[J]. Phys. Rev. B,1983,28:7373-7376.(10.1116/1.582827)

[1188] Thoai D B T,Zimmermann R,Grundmann M,et al. Image charges in semiconductor quantum wells:Effect on exciton binding energy[J]. Phys. Rev. B,1990,42:5906-5909.(10.1103/PhysRevB.42.5906)

[1189] Haines M J L S,Ahmed N,Adams S J A,et al. Exciton-binding-energy maximum in Ga$_{1-x}$In$_x$As/GaAs quantum wells[J]. Phys. Rev. B,1991,43:11944-11949.(10.1103/PhysRevB.43.11944)

[1190] Moore K J,Duggan G,Woodbridge K,et al. Observations and calculations of the exciton binding energy in (In,Ga)As/GaAs strained-quantum-well heterostructures[J]. Phys. Rev. B,1990,41:1090-1094.(10.1103/PhysRevB.41.1090)

[1191] Esaki L. A perspective in quantum-structure development[M]//Mendez E E,von Klitzing K. NATO ASI Series(Series B:Physics,vol. 170). Boston:Springer,1987.(10.1007/978-1-4684-5478-9_1)

[1192] Dingle R, Gossard A C, Wiegmann W. Direct observation of superlattice formation in a semiconductor heterostructure [J]. Phys. Rev. Lett., 1975, 34: 1327-1330. (10.1103/PhysRevLett.34.1327)

[1193] Stern F, Das Sarma S. Electron energy in GaAs-Ga$_{1-x}$Al$_x$ heterojunctions[J]. Phys. Rev. B, 1984, 30: 840-848. (10.1103/PhysRevB.30.840)

[1194] Efros A L, Pikus F G, Samsonidze G G. Maximum low-temperature mobility of two-dimensional electrons in heterojunctions with a thick spacer layer[J]. Phys. Rev. B, 1990, 41: 8295-8301. (10.1103/PhysRevB.41.8295)

[1195] Pfeiffer L, West K W. The role of MBE in recent quantum Hall effect physics discoveries[J]. Physica E, 2003, 20: 57-64. (10.1016/j.physe.2003.09.035)

[1196] Bernevig B A, Hughes T L, Zhang S C. Quantum spin Hall effect and topological phase transition in HgTe quantum wells [J]. Science, 2006, 314: 1757-1761. (10.1126/science.1133734)

[1197] König M, Wiedmann S, Brüne C, et al. Quantum spin Hall insulator state in HgTe quantum wells [J]. Science, 2007, 318: 766-770. (10.1126/science.1148047)

[1198] Roth A, Brüne C, Buhmann H, et al. Nonlocal transport in the quantum spin Hall state[J]. Science, 2009, 325: 294-297. (10.1126/science.1174736)

[1199] Christen J, Bimberg D. Line shapes of intersubband and excitonic recombination in quantum wells: influence of final-state interaction, statistical broadening, and momentum conservation [J]. Phys. Rev. B, 1990, 42: 7213-7219. (10.1103/PhysRevB.42.7213)

[1200] Feldmann J, Peter G, Göbel E O, et al. Linewidth dependence of radiative exciton lifetimes in quantum wells[J]. Phys. Rev. Lett., 1987, 59: 2337-2340. (10.1103/PhysRevLett.59.2337)

[1201] Skolnick M S, Rorison J M, Nash K J, et al. Observation of a many-body edge singularity in quantum-well luminescence spectra [J]. Phys. Rev. Lett., 1987, 58: 2130-2133. (10.1103/PhysRevLett.58.2130)

[1202] Gammon D, Rudin S, Reinecke T L, et al. Phonon broadening of excitons in GaAs/Al$_x$Ga$_{1-x}$As quantum wells[J]. Phys. Rev. B, 1995, 51: 16785-16789. (10.1103/PhysRevB.51.16785)

[1203] Béaur L, Bretagnon T, Gil B, et al. Exciton radiative properties in nonpolar homoepitaxial ZnO/(Zn, Mg)O quantum wells[J]. Phys. Rev. B, 2011, 84(165312): 1-8. (10.1103/PhysRevB.84.165312)

[1204] Runge E, Zimmermann R. Optical properties of localized excitons in nanostructures: theoretical aspects[J]. Adv. Solid State Phys. (Festkörperprobleme), 1999, 38: 251-263. (10.1007/BFb0107622)

[1205] Runge E. Excitons in semiconductor nanostructures[J]. Solid State Phys., 2002, 57: 149-305. (10.1016/S0081-1947(08)60180-0)

[1206] Davey S T, Scott E G, Wakefield B, et al. A photoluminescence study of Ga$_{1-x}$In$_x$As/Al$_{1-y}$In$_y$As quantum wells grown by MBE[J]. Semicond. Sci. Technol., 1988, 3: 365-371. (10.1088/0268-1242/3/4/014)

[1207] Alessi M G, Fragano F, Patané A, et al. Competition between radiative decay and energy relaxation of carriers in disordered $In_x Ga_{1-x}As$/GaAs quantum wells[J]. Phys. Rev. B, 2000, 61:10985-10993. (10.1103/PhysRevB.61.10985)

[1208] Li Q, Xu S J, Cheng W C, et al. Thermal redistribution of localizedexcitons and its effect on the luminescence band in InGaN ternary alloys[J]. Appl. Phys. Lett., 2001, 79: 1810-1812. (10.1063/1.1403655)

[1209] Hegarty J, Goldner L, Sturge M D. Localized and delocalized two-dimensional excitons in GaAs-AlGaAs multiple-quantum-well structures[J]. Phys. Rev. B, 1984, 30: 7346-7348. (10.1103/PhysRevB.30.7346)

[1210] Mott N F, Davies E A. Electronic processes in noncrystalline materials[M]. 2nd ed. New York: Oxford University Press, 1979.

[1211] Takeuchi T, Sota S, Katsuragawa M, et al. Quantum-confined stark effect due to piezoelectric fields in GaInN strained quantum wells[J]. Jpn. J. Appl. Phys., 1997, 36(Part 2): L382-L385. (10.1143/JJAP.36.L382)

[1212] Chichibu S F, Abare A C, Minsky M S, et al. Effective band gap inhomogeneity and piezoelectric field in InGaN/GaN multiquantum well structures[J]. Appl. Phys. Lett., 1998, 73: 2005-2008. (10.1063/1.122350)

[1213] Morhain C, Bretagnon T, Lefebvre P, et al. Internal electric field in wurtzite ZnO/$Zn_{0.78}Mg_{0.22}O$ quantum wells[J]. Phys. Rev. B, 2005, 72(241305(R)): 1-4. (10.1103/PhysRevB.72.241305)

[1214] Davis J A, Dao L V, Wen X, et al. Suppression of the internal electric field effects in ZnO/$Zn_{0.7}Mg_{0.3}O$ quantum wells by ionimplantation induced intermixing[J]. Nanotechnology, 2008, 19(055205): 1-4. (10.1088/0957-4484/19/05/055205)

[1215] Berkowicz E, Gershoni D, Bahir G, et al. Measured and calculated radiative lifetime and optical absorption of $In_x Ga_{1-x}N$/GaN quantum structures[J]. Phys. Rev. B, 2000, 61: 10994-11008. (10.1103/PhysRevB.61.10994)

[1216] Akopian N, Bahir G, Gershoni D, et al. Optical evidence for lack of polarization in (11.20)-oriented GaN/(AlGa)N quantum structures[J]. Appl. Phys. Lett., 2005, 86(202104): 1-3. (10.1063/1.1926406)

[1217] Spitzer J, Ruf T, Cardona M, et al. Raman scattering by optical phonons in isotopic $^{70}(Ge)_n {}^{74}(Ge)_n$ superlattices[J]. Phys. Rev. Lett., 1994, 72: 1565-1568. (10.1103/PhysRevLett.72.1565)

[1218] Reznicek A, Scholz R, Senz S, et al. Comparative TEM study of bonded silicon/silicon interfaces fabricated by hydrophilic, hydrophobic and UHV wafer bonding[J]. Mater. Chem. Phys., 2003, 81: 277-280. (10.1016/S0254-0584(02)00601-6)

[1219] Kopperschmidt P, Senz S, Kästner G, et al. Materials integration of gallium arsenide and silicon by wafer bonding[J]. Appl. Phys. Lett., 1998, 72: 3181-3183. (10.1063/1.121586)

[1220] Tong Q Y, Gösele U. Semiconductor wafer bonding: science and technology[M]. New York: Wiley, 1998.

[1221] Gösele U, Tong Q Y. Semiconductor Wafer Bonding[J]. Ann. Rev. Mat. Sci., 1998, 28: 215-241. (10.1146/annurev.matsci.28.1.215)

[1222] Alexe M, Gösele U. Wafer bonding[M]. Berlin: Springer, 2004. (10.1007/978-3-662-10827-7)

[1223] Geim A K. Nobel lecture: Random walk to graphene[J]. Rev. Mod. Phys., 2011, 83: 851-862. (10.1103/RevModPhys.83.851)

[1224] 2D Materials[J]//Iacopi F, Boeckl J J, Jagadish C. Semicond. Semimet., 2016, 95. (10.1016/S0080-8784(16)30017-5)

[1225] Avouris P, Heinz T F, Low T. 2D materials, properties and devices[M]. Cambridge: Cambridge Univ. Press, 2017. (10.1017/9781316681619)

[1226] Li J, Wei Z, Kang J. Two-Dimensional Semiconductors, Synthesis Physical Properties and Applications[M]. Weinheim: Wiley-VCH, 2020.

[1227] Boehm H P, Setton R, Stumpp E. Nomenclature and terminology of graphite intercalation compounds[J]. Carbon, 1986, 24: 241-245. (10.1016/0008-6223(86)90126-0)

[1228] Neto A H C, Guinea F, Peres N M R, et al. The electronic properties of graphene[J]. Rev. Mod. Phys., 2009, 81: 109-162. (10.1103/RevModPhys.81.109)

[1229] Dreyer D R, Ruoff R S, Bielawski C W. From conception to realization: An historial account of graphene and some perspectives for its future[J]. Angew. Chemie Int. Ed., 2010, 49: 9336-9344. (10.1002/anie.201003024)

[1230] Ten years in two dimensions (editorial)[J]. Nature Nanotechn., 2014, 9: 725; Focus issue 'Graphene applications'[J]. Nature Nanotechn., 2014, 9. (10.1038/nnano.2014.244)

[1231] Yang J, Hu P, Yu G. Perspective of graphene-based electronic devices: Graphene synthesis and diverse applications[J]. APL Mater., 2019, 7(020901): 1-7. (10.1063/1.5054823)

[1232] Choi W, Lahiri I, Seelaboyina R, et al. Synthesis of graphene and its applications: A review[J]. Crit. Rev. Solid State Mater. Sci., 2010, 35: 52-71. (10.1063/1.5054823)

[1233] Mohan V B, Lau K T, Hui D, et al. Graphene-based materials and their composites: A review on production, applications and product limitations[J]. Compos. B: Eng., 2018, 142: 200-220. (10.1016/j.compositesb.2018.01.013)

[1234] Peierls R. Bemerkungen über Umwandlungstemperaturen[J]. Helvetica Phys. Acta, 1934, 7: 81-83. (10.5169/seals-110415)

[1235] Mermin N D. Crystalline order in two dimensions[J]. Phys. Rev., 1968, 176: 250-254. (10.1103/PhysRev.176.250) 勘误: Phys. Rev. B, 1979, 20: 4762. (10.1103/PhysRevB.20.4762) 和 Phys. Rev. B, 2006, 74: 149902E. (10.1103/PhysRevB.74.149902)

[1236] Meyer J C, Geim A K, Katsnelson M I, et al. The structure of suspended grapheme sheets[J]. Nature, 2007, 446: 60-63. (10.1038/nature05545)

[1237] Novoselov K S, Geim A K, Morozov S V, et al. Electric field effect in atomically thin carbon films[J]. Science, 2004, 306: 666-669. (10.1126/science.1102896)

[1238] Novoselov K S, Jiang D, Schedin F, et al. Two-dimensional atomic crystals[J]. PNAS, 2005, 102: 10451-10453. (10.1073/pnas.0502848102)

[1239] Yazdi G R, Iakimov T, Yakimova R. Epitaxial graphene on SiC: A review of growth and characterization[J]. Crystals, 2016, 6(53): 1-45. (10.3390/cryst6050053)

[1240] University of Manchester[OL]. www.condmat.physics.manchester.ac.uk.

[1241] Valencia A M, Caldas M J. Single vacancy defect in graphene: Insights into its magnetic properties from theoretical modeling[J]. Phys. Rev. B, 2017, 96(125431): 1-9. (10.1103/PhysRevB.96.125431)

[1242] Bunch J S, van der Zande A M, Verbridge S S, et al. Electromechanical resonators from graphene sheets[J]. Science, 2007, 315: 490-493. (10.1126/science.1136836)

[1243] Papageorgiou D G, Kinloch I A, Young R J. Mechanical properties of graphene and graphene-based nanocomposites[J]. Progr. Mat. Sci., 2017, 90: 75-127. (10.1016/j.pmatsci.2017.07.004)

[1244] Wirtz L, Rubio A. The phonon dispersion of graphite revisited[J]. Solid State Commun., 2004, 131: 141-152. (10.1016/j.ssc.2004.04.042)

[1245] Ferrari A C, Meyer J C, Scardaci V, et al. Raman spectrum of graphene and graphene layers[J]. Phys. Rev. Lett., 2006, 97(187401): 1-4. (10.1103/PhysRevLett.97.187401)

[1246] Machón M, Reich S, Thomsen C, et al. Ab initio calculations of the optical properties of 4-Å-diameter single-walled nanotubes[J]. Phys. Rev. B, 2002, 66(155410): 1-5. (10.1103/PhysRevB.66.155410)

[1247] Reich S, Thomsen C, Maultzsch J. Carbon nanotubes: Basic concepts and physical properties[M]. Berlin: Wiley-VCH, 2004. (10.1002/9783527618040)

[1248] Kane Ch L. Erasing electron mass[J]. Nature, 2005, 438: 168-170. (10.1038/438168a)

[1249] Novoselov K S, Geim A K, Morozov S V, et al. Two-dimensional gas of massless Dirac fermions in graphene[J]. Nature, 2005, 438: 197-200. (10.1038/nature04233)

[1250] Wallace P R. The band theory of graphite[J]. Phys. Rev., 1947, 71: 622-634. (10.1103/PhysRev.71.622)

[1251] Bena C, Montambaux G. Remarks on the tight-binding model of graphene[J]. New J. Phys., 2009, 11(095003): 1-15. (10.1088/1367-2630/11/9/095003)

[1252] Reich S, Maultzsch J, Thomsen C, et al. Tight-binding description of graphene[J]. Phys. Rev. B, 2002, 66(035412): 1-5. (10.1103/PhysRevB.66.035412)

[1253] Deacon R S, Chuang K C, Nicholas R J, et al. Cyclotron resonance study of the electron and hole velocity in graphene monolayers[J]. Phys. Rev. B, 2007, 76(081406R): 1-4. (10.1103/PhysRevB.76.081406)

[1254] Bostwick A, Ohta T, Seyller Th, et al. Quasiparticle dynamics in graphene[J]. Nature Phys., 2006, 3: 36-40. (10.1038/nphys477)

[1255] Miró P, Audiffred M, Heine T. An atlas of two-dimensional materials[J]. Chem. Soc. Rev., 2014, 43: 6537-6554. (10.1039/c4cs00102h)

[1256] Partoens B, Peeters F M. From graphene to graphite: Electronic structure around the K point[J]. Phys. Rev. B, 2006, 74(075404): 1-11. (10.1103/PhysRevB.74.075404)

[1257] Aoki M, Amawashi H. Dependence of band structures on stacking and field in layered graphene

[J]. Solid State Commun. ,2007,142:123-127. (10.1016/j.ssc.2007.02.013)

[1258] Ohta T, Bostwick A, Seyller Th, et al. Controlling the electronic structure of bilayer graphene [J]. Science,2006,313:951-954. (10.1126/science.1130681)

[1259] Vonsovsky S V, Katsnelson M I. Quantum Solid-State Physics[M]. New York:Springer, 1989.

[1260] Sercheli M S, Kopelevich Y, da Silva R R, et al. Evidence for internal field in graphite: A conduction electron spin-resonance study[J]. Solid State Commun. , 2002, 121: 579-583. (10.1016/S0038-1098(01)00465-3)

[1261] Bolotin K I, Sikes K J, Jiang Z, et al. Ultrahigh electron mobility in suspended graphene[J]. Solid State Commun. ,2008,146:351-355. (10.1016/j.ssc.2008.02.024)

[1262] Novoselov K S, Jiang Z, Zhang Y, et al. Room-temperature quantum Hall effect in graphene [J]. Science,2007,315:1379. (10.1126/science.1137201)

[1263] Klein O. Die Reflexion von Elektronen an einem Potentialsprung nach der relativistischen Dynamik von Dirac[J]. Z. Phys. ,1929,53:157-165. (10.1007/BF01339716)

[1264] Calogeracos A, Dombey N. History and physics of the Klein paradox[J]. Contemporary Physics,1999,40:313-321. (10.1080/001075199181387)

[1265] Katsnelson M I, Novoselov K S, Geim A K. Chiral tunnelling and the Klein paradox in graphene [J]. Nat. Phys. ,2006,2:620-625. (10.1038/nphys384)

[1266] Nair R R, Blake P, Grigorenko A N, et al. Fine structure constant defines visual transparency of graphene[J]. Science,2008,320:1308. (10.1126/science.1156965)

[1267] Mak K F, Sfeir M Y, Wu Y, et al. Measurement of the optical conductivity of graphene[J]. Phys. Rev. Lett. ,2008,101(196405):1-4. (10.1103/PhysRevLett.101.196405)

[1268] Ando T, Zheng Y, Suzuura H. Dynamical conductivity and zero-mode anomaly in honeycomb lattices[J]. J. Phys. Soc. Jpn. ,2002,71:1318-1324. (10.1143/JPSJ.71.1318)

[1269] Falomir H, Loewe M, Muñoz E, et al. Optical conductivity and transparency in an effective model for graphene[J]. Phys. Rev. B,2018,98(195430):1-11. (10.1103/PhysRevB.98.195430)

[1270] Ghamsari B G, Tosado J, amamoto M Y, et al. Measuring the complex optical conductivity of graphene by Fabry-Pérot reflectance spectroscopy[J]. Sci. Rep. , 2016, 6 (34166): 1-6. (10.1038/srep34166.)勘误:Sci. Rep. ,2017,7(40973). (10.1038/srep40973)

[1271] Tusche C, Meyerheim H L, Kirschner J. Observation of depolarized ZnO(0001) monolayers: Formation of unreconstructed planar sheets[J]. Phys. Rev. Lett. ,2007,99(026102):1-4. (10.1103/PhysRevLett.99.026102)

[1272] Das S, Robinson J A, Dubey M, et al. Beyond graphene: Progress in novel two-dimensional materials and van der Waals solids[J]. Ann. Rev. Mater. Res. , 2015, 45: 1-27. (10.1146/annurev-matsci-070214-021034)

[1273] Manzeli S, Ovchinnikov D, Pasquier D, et al. 2D transition metal dichalcogenides[J]. Nat. Rev. Mater. ,2017,2(17033):1-15. (10.1038/natrevmats.2017.33)

[1274] Zhou J, Lin J, Huang X, et al. A library of atomically thin metal chalcogenides[J]. Nature, 2018,556:355-359. (10.1038/s41586-018-0008-3)

[1275] Zhou W, Zou X, Najmaei S, et al. Intrinsic structural defects in monolayer molybdenum disulfide[J]. Nano Lett., 2013, 13: 2615-2622. (10.1021/nl4007479)

[1276] Ouyang B, Lan G, Guo Y, et al. Phase engineering of monolayer transition-metal dichalcogenide through coupled electron doping and lattice deformation[J]. Appl. Phys. Lett., 2015, 107(191903): 1-5. (10.1063/1.4934836)

[1277] Cheng Y C, Zhu Z Y, Tahir M, et al. Spin-orbit induced spin splittings in polar transition metal dichalcogenide monolayers[J]. EPL, 2013, 102(57001): 1-6. (10.1209/0295-5075/102/57001)

[1278] Qiu H, Xu T, Wang Z, et al. Hopping transport through defect-induced localized states in molybdenum disulphide[J]. Nature Commun., 2013, 4(2642): 1-6. (10.1038/ncomms3642)

[1279] Chen Y, Xi J, Dumcenco D O, et al. Tunable Band gap photoluminescence from atomically thin transition-metal dichalcogenide alloys[J]. ACS Nano, 2013, 7: 4610-4616. (10.1021/nn401420h)

[1280] Hong J, Hu Z, Probert M, et al. Exploring atomic defects in molybdenum disulphide monolayers[J]. Nature Commun., 2015, 6(6293): 1-8. (10.1038/ncomms7293)

[1281] Najmaei S, Liu Z, Zhou W, et al. Vapour phase growth and grain boundary structure of molybdenum disulphide atomic layers[J]. Nat. Mater., 2013, 12: 754-759. (10.1038/nmat3673)

[1282] Li Z, Yan X, Tang Z, et al. Direct observation of multiple rotational stacking faults coexisting in freestanding bilayer MoS_2[J]. Sci. Rep., 2017, 7(8323): 1-10. (10.1038/s41598-017-07615-9)

[1283] Duan X, Wang C, Fan Z, et al. Synthesis of $WS_{2x}Se_{2-2x}$ alloy nanosheets with composition-tunable electronic properties[J]. Nano Lett., 2016, 16: 264-269. (10.1021/acs.nanolett.5b03662)

[1284] Kim D H, Kim H S, Song M W, et al. Geometric and electronic structures of monolayer hexagonal boron nitride with multi-vacancy[J]. Nano Convergence, 2017, 4(13): 1-8. (10.1186/s40580-017-0107-0)

[1285] Miyamoto Y, Cohen M L, Louie S G. Ab initio calculation of phonon spectra for graphite, BN, and BC_2N sheets[J]. Phys. Rev. B, 1995, 52: 14971-14975. (10.1103/PhysRevB.52.14971)

[1286] Lee C, Yan H, Brus L E, et al. Anomalous lattice vibrations of single and few-layer MoS_2[J]. ACS Nano, 2010, 4: 2695-2700. (10.1021/nn1003937)

[1287] Molina-Sánchez A, Wirtz L. Phonons in single-layer and few-layer MoS_2 and WS_2[J]. Phys. Rev. B, 2011, 84(155413): 1-8. (10.1103/PhysRevB.84.155413)

[1288] Kaasbjerg K, Thygesen K S, Jacobsen K W. Phonon-limited mobility in n-type single-layer MoS_2 from first principles[J]. Phys. Rev. B, 2012, 85(115317): 1-16. (10.1103/PhysRevB.85.115317)

[1289] Tornatzky H, Gillen R, Uchiyama H, et al. Phonon dispersion in MoS_2[J]. Phys. Rev. B, 2019, 99(144309): 1-13. (10.1103/PhysRevB.99.144309)

[1290] Ferreira F, Chaves A J, Peres N M R, et al. Excitons in hexagonal boron nitride single-layer: A new platform for polaritonics in the ultraviolet[J]. J. Opt. Soc. Am. B, 2019, 36: 674-683. (10.1364/JOSAB.36.000674)

[1291] Mak K F, Lee C, Hone J, et al. Atomically thin MoS_2: A new direct-gap semiconductor[J]. Phys. Rev. Lett., 2010, 105(136805): 1-4. (10.1103/PhysRevLett.105.136805)

[1292] Kośmider K, González J W, Fernández-Rossier J. Large spin splitting in the conduction band of transition metal dichalcogenide monolayers[J]. Phys. Rev. B, 2013, 88(245436): 1-7. (10.1103/PhysRevB.88.245436)

[1293] Kormányos A, Burkard G, Gmitra M, et al. $k \cdot p$ theory for two-dimensional transition metal dichalcogenide semiconductors[J]. 2D Mater., 2015, 2(02211): 1-31. (10.1088/2053-1583/2/2/022001) 勘误: 2D Mater., 2015, 2: 049501. (10.1088/2053-1583/2/4/049501)

[1294] Liu G B, Shan W Y, Yao Y, et al. Three-band tight-binding model for monolayers of group-VIB transition metal dichalcogenides[J]. Phys. Rev. B, 2013, 88(085433): 1-10. (10.1103/PhysRevB.88.085433) 勘误: Phys. Rev. B, 2014, 89: 039901. (10.1103/PhysRevB.89.039901)

[1295] Kang J, Tongay S, Zhou J, et al. Band offsets and heterostructures of two-dimensional semiconductors[J]. Appl. Phys. Lett., 2013, 102(012111): 1-4. (10.1063/1.4774090)

[1296] Zhu Z Y, Cheng Y C, Schwingenschlögl U. Giant spin-orbit-induced spin splitting in two-dimensional transitionmetal dichalcogenide semiconductors[J]. Phys. Rev. B, 2011, 84(153402): 1-5. (10.1103/PhysRevB.84.153402)

[1297] Le D, Barinov A, Preciado E, et al. Spin-orbit coupling in the band structure of monolayer WSe_2[J]. J. Phys.: Cond. Matter, 2015, 27(182201): 1-5. (10.1088/0953-8984/27/18/182201)

[1298] Arora A, Koperski M, Nogajewski K, et al. Excitonic resonances in thin films of WSe_2: From monolayer to bulk material[J]. Nanoscale, 2015, 7: 10421-10429. (10.1039/c5nr01536g)

[1299] Qiu D Y, da Jornada F H, Louie S G. Optical spectrum of MoS_2: Many-body effects and diversity of exciton states[J]. Phys. Rev. Lett., 2013, 111(216805): 1-5. (10.1103/PhysRevLett.111.216805.) 勘误: Phys. Rev. Lett., 2015, 115(119901): 1-2. (10.1103/PhysRevLett.115.119901)

[1300] Cedric Robert. private communication, 2019.

[1301] Xiao D, Liu G B, Feng W, et al. Coupled spin and valley physics in monolayers of MoS_2 and other group-VI dichalcogenides[J]. Phys. Rev. Lett., 2012, 108(196802): 1-5. (10.1103/PhysRevLett.108.196802)

[1302] Cao T, Wang G, Han W, et al. Valley-selective circular dichroism of monolayer molybdenum disulphide[J]. Nature Commun., 2012, 3(887): 1-5. (10.1038/ncomms1882)

[1303] Glazov M M, Ivchenko E L, Wang G, et al. Spin and valley dynamics of excitons in transition metal dichalcogenide monolayers[J]. Phys. Status Solidi B, 2015, 252: 2349-2362. (10.1002/pssb.201552211)

[1304] Srivastava A, Sidler M, Allain A V, et al. Valley Zeeman effect in elementary optical excitations of monolayer WSe_2[J]. Nature Phys., 2015, 11: 141-147. (10.1038/NPHYS3203)

[1305] Aivazian G, Gong Z, Jones A M, et al. Magnetic control of valley pseudospin inmonolayer WSe_2[J]. Nat. Phys., 2015, 11: 148-152. (10.1038/NPHYS3201)

[1306] Yang X L, Guo S H, Chan F T, et al. Analytic solution of a two-dimensional hydrogen atom. I. Nonrelativistic theory[J]. Phys. Rev. A, 1991, 43: 1186-1196. (10.1103/PhysRevA.43.1186)

[1307] Parfitt D G W, Portnoi M E. The two-dimensional hydrogen atom revisited[J]. J. Math. Phys.,

2002,43:4681-4691.(10.1063/1.1503868)

[1308] Rytova N S. The screened potential of a point charge in a thin film[J]. Moscow Univ. Phys. Bull.,196,73:30-37(in Russian).发表于 arXiv 的英文版:1806.00976

[1309] Keldysh L V. Coulomb interaction in thin semiconductor and semimetal films[J]. JETP Lett.,1979,29:658-660.

[1310] Felbacq D,Rousseau E. Rigorous asymptotic study of the screened electrostatic potential in a thin dielectric slab[J]. Ann. Physik,2019,513(1800486):1-7.(10.1002/andp.201800486)

[1311] Chernikov A,Berkelbach T C,Hill H M,et al. Exciton binding energy and nonhydrogenic Rydberg series in monolayer WS_2[J]. Phys. Rev. Lett.,2014,113(076802):1-5.(10.1103/PhysRevLett.113.076802)

[1312] Molas M R,Slobodeniuk A O,Nogajewski K,et al. Energy spectrum of two-dimensional excitons in a nonuniform dielectric medium[J]. Phys. Rev. Lett.,2019,123(136801):1-6.(10.1103/PhysRevLett.123.136801)

[1313] Goryca M,Li J,Stier A V,et al. Revealing exciton masses and dielectric properties of monolayer semiconductors with high magnetic fields[J]. Nature Commun.,2019,10(4172):1-12.(10.1038/s41467-019-12180-y)

[1314] Ham F S. The quantum defect method[J]. Solid State Phys.,1955,1:127-192.(10.1016/S0081-1947(08)60678-5)

[1315] Koperski M,Molas M R,Arora A,et al. Orbital,spin and valley contributions to Zeeman splitting of excitonic resonances in $MoSe_2$,WSe_2 and WS_2 monolayers[J]. 2D Mater.,2019,6(015001):1-10.(10.1088/2053-1583/aae14b)

[1316] Rybkovskiy D V,Gerber I C,Durnev M V. Atomically inspired $k \cdot p$ approach and valley Zeeman effect in transition metal dichalcogenide monolayers[J]. Phys. Rev. B,2017,95(155406):1-9.(10.1103/PhysRevB.95.155406)

[1317] Zhu B,Chen X,Cui X. Exciton binding energy of monolayer WS_2[J]. Sci. Rep.,2015,5(9218):1-5.(10.1038/srep09218)

[1318] Lyons T P,Dufferwiel S,Brooks M,et al. The valley Zeeman effect in inter- and intra-valley trions in monolayer WSe_2[J]. Nat. Commun.,2019,10(2330):1-8.(10.1038/s41467-019-10228-7)

[1319] Gerber I C,Marie X. Dependence of band structure and exciton properties of encapsulated WSe_2 monolayers on the hBN-layer thickness[J]. Phys. Rev. B,2018,98(245126):1-7.(10.1103/PhysRevB.98.245126)

[1320] Stier A V,Wilson N P,Clark G,et al. Probing the influence of dielectric environment on excitons in monolayer WSe_2:Insight from high magnetic fields[J]. Nano Lett.,2016,16:7054-7060.(10.1021/acs.nanolett.6b03276)

[1321] Lopes dos Santos J M B,Peres N M R,Castro Neto A H. Graphene bilayer with a twist: Electronic structure[J]. Phys. Rev. Lett.,2007,99(256802):1-4.(10.1103/PhysRevLett.99.256802)

[1322] Mele E J. Commensuration and interlayer coherence in twisted bilayer graphene[J]. Phys. Rev. B,2010,81(161405R):1-4.(10.1103/PhysRevB.81.161405)

[1323] Bistritzer R,MacDonald A H. Moiré bands in twisted double-layer graphene[J]. PNAS,2011,108:12233-12237.(10.1073/pnas.1108174108)

[1324] Jeong G,Choi B,Kim D S, et al. Mapping of Bernal and non-Bernal stacking domains in bilayer graphene using infrared nanoscopy[J]. Nanoscale,2017,9:4191-4195.(10.1039/c7nr00713b)

[1325] Liu J,Huang Z,Lai F, et al. Controllable growth of the graphene from millimeter-sized monolayer to multilayer on Cu by chemical vapor deposition[J]. Nanoscale Res. Lett.,2015,10(455):1-8.(10.1186/s11671-015-1164-0)

[1326] Geim A K,Griegorieva I V. Van der Waals heterostructures[J]. Nature,2013,499:419-425.(10.1038/nature12385)

[1327] Novoselov K S,Mishchenko A,Carvalho A, et al. 2D materials and van der Waals heterostructures[J]. Science,2016,353:461;Science,2016,353(aac9439):1-11.(10.1126/science.aac9439)

[1328] Song J C W,Gabor N M. Electron quantum metamaterials in van derWaals heterostructures[J]. Nature Nanotechn.,2018,13:986-993.(10.1038/s41565-018-0294-9)

[1329] Liang S J,Cheng B,Cui X,et al. Van der Waals heterostructures for high-performance device applications:Challenges and opportunities[J]. Adv. Mater.,2019(1903800):1-27.(10.1002/adma.201903800)

[1330] Liao W,Huang Y,Wang H,et al. Van der Waals heterostructures for optoelectronics:Progress and prospects[J]. Appl. Mater. Today,2019,16:435-455.(10.1016/j.apmt.2019.07.004)

[1331] Wang L,Meric I,Huang P Y, et al. One-dimensional electrical contact to a two-dimensional material[J]. Science,2013,342:614-617.(10.1126/science.1244358)

[1332] Yankowitz M,Ma Q,Jarillo-Herrero P, et al. Van der Waals heterostructures combining graphene and hexagonal boron nitride[J]. Nat. Rev. Phys.,2019,1:112-125.(10.1038/s42254-018-0016-0)

[1333] Qiu Z,Trushin M,Fang H, et al. Giant gatetunable bandgap renormalization and excitonic effects in a 2D semiconductor[J]. Sci. Adv. 5,2019,eaaw 2347:1-6.(10.1126/sciadv.aaw2347)

[1334] Fu Y,He D,He J, et al. Effect of dielectric environment on excitonic dynamics in monolayer WS_2[J]. Adv. Mater. Interf.,2019,6(1901307):1-9.(10.1002/admi.201901307)

[1335] Le Ster M,Maerkl T,Kowalczyk P J,et al. Moiré patterns in van derWaals heterostructures[J]. Phys. Rev. B,2019,99(075422):1-10.(10.1103/PhysRevB.99.075422)

[1336] Tran K,Moody G,Wu F, et al. Evidence for Moiré excitons in van der Waals heterostructures[J]. Nature,2019,567:71-75.(10.1038/s41586-019-0975-z)

[1337] Cao Y,Fatemi V,Fang S, et al. Unconventional superconductivity in magic-angle graphene superlattices[J]. Nature,2018,556:43-55.(10.1038/nature26160)

[1338] Feynman R P. There's plenty of room at the bottom:An invitation to enter a new field of physics(After-dinner speech on December 29th 1959 at the annual meeting of the American

Physical Society at the California Institute of Technology)[J]. Eng. Sci. ,1960,23:22-36.

[1339] Bimberg D, Grundmann M, Ledentsov N N. Quantum Dot Heterostructures[M]. Chichester: Wiley, 1999.

[1340] Grundmann M. Nano-Optoelectronics, Concepts, Physics and Devices [M]. Heidelberg: Springer,2002. (10.1007/978-3-642-56149-8)

[1341] Kapon E, Walther M, Christen J, et al. Quantum wire heterostructures for optoelectronic applications[J]. Superlatt. Microstruct. ,1992,12:491-499. (10.1016/0749-6036(92)90307-Q)

[1342] Grundmann M, Christen J, Joschko M, et al. Recombination kinetics and intersubband relaxation in semiconductor quantum wires[J]. Semicond. Sci. Technol. , 1994, 9: 1939-1945. (10.1088/0268-1242/9/11S/014)

[1343] Pfeiffer L, West K W, Störmer H L, et al. Formation of a high quality two-dimensional electron gas on cleavedGaAs[J]. Appl. Phys. Lett. ,1990,56:1697-1699. (10.1063/1.103121)

[1344] Grundmann M, Bimberg D. Formation of quantum dots in twofold cleaved edge overgrowth [J]. Phys. Rev. B,1997,55:4054-4056. (10.1103/PhysRevB.55.4054)

[1345] Wegscheider W, Schedelbeck G, Abstreiter G, et al. Atomically precise GaAs/AlGaAs quantum dots fabricated by twofold cleaved edge overgrowth[J]. Phys. Rev. Lett. ,1997,79:1917-1920. (10.1103/PhysRevLett.79.1917)

[1346] Levitt A P. Whisker Technology[M]. New York:Wiley, 1970.

[1347] Wang Zh L. Nanowires and nanobelts—materials, properties and devices[M]. Boston:Kluwer Academic, 2004. (Two volumes, Vol. Ⅰ: Metal and SemiconductorNanowires, Vol. Ⅱ: Nanowires and Nanobelts of Functional Materials)(10.1007/978-0-387-28745-4; 10.1007/978-0-387-28747-8)

[1348] Björk M T, Ohlsen B J, Sass T, et al. One-dimensional heterostructures in semiconductor nanowhiskers[J]. Appl. Phys. Lett. , 2002,80:1058-1060. (10.1063/1.1447312)

[1349] Harmand J C, Patriarche G, Glas F, et al. Atomic step flow on a nanofacet[J]. Phys. Rev. Lett. ,2018,121(166101):1-5. (10.1103/PhysRevLett.121.166101)

[1350] Huang M H, Mao S, Feick H, et al. Room-temperature ultraviolet nanowire nanolasers[J]. Science,2001,292:1897-1899. (10.1126/science.1060367)

[1351] Duan X, Huang Y, Agarwal R, et al. Single-nanowire electrically driven lasers[J]. Nature, 2003,421:241-245. (10.1038/nature01353)

[1352] Wang Zh L, Song J. Piezoelectric nanogenerators based on zinc oxide nanowire arrays[J]. Science,2006,312:242-246. (10.1126/science.1124005)

[1353] Lorenz M, Lenzner J, Kaidashev E M, et al. Cathodoluminescence of selected single ZnO nanowires on sapphire[J]. Ann. Physik,2004,13:39-42. (10.1002/andp.200310040)

[1354] Cao B Q, Zúñiga-Pérez J, Boukos N, et al. Grundmann, Homogeneous core/shell ZnO/ZnMgO quantum well heterostructures on vertical ZnO nanowires[J]. Nanotechnology, 2009, 20: 305701. (10.1088/0957-4484/20/30/305701)

[1355] Barton M V. The circular cylinder with a band of uniform pressure on a finite length of the surface[J]. J. Appl. Mech. ,1941,8:A97-A104.

[1356] Ertekin E, Greaney P A, Chrzan D C, et al. Equilibrium limits of coherency in strained nanowire heterostructures[J]. J. Appl. Phys. ,2005,97(114325):1-10. (10.1063/1.1903106)

[1357] Glas F. Critical dimensions for the plastic relaxation of strained axial heterostructures in free-standing nanowires[J]. Phys. Rev. B,2006,74(121302):1-4. (10.1103/PhysRevB.74.121302)

[1358] Kong X Y, Wang Zh L. Polar-surface dominated ZnO nanobelts and the electrostatic energy induced nanohelixes, nanosprings, and nanospirals[J]. Appl. Phys. Lett. ,2004,84:975-977. (10.1063/1.1646453)

[1359] Wang Zh L. Novel zinc oxide nanostructures discovery by electron microscopy[J]. J. Phys.: Conf. Ser. ,2006,26:1-6. (10.1088/1742-6596/26/1/001)

[1360] Grundmann M, Kapon E, Christen J, et al. Electronic and optical properties of quasi one-dimensional carriers in quantum wires[J]. J. Nonlinear Opt. Phys. Mater. ,1995,4:99-140. (10.1142/S0218863595000069)

[1361] Grundmann M, Stier O, Bimberg D. Electronic states in strained cleaved-edge-overgrowth quantum wires and quantum dots[J]. Phys. Rev. B,1998,58:10557-10561. (10.1103/PhysRevB.58.10557)

[1362] Xiang H J, Yang J, Hou J G, et al. Piezoelectricity in ZnO nanowires: A first-principles study [J]. Appl. Phys. Lett. ,2006,89(223111):1-3. (10.1063/1.2397013)

[1363] Iijima S. Helical microtubules of graphitic carbon[J]. Nature,1991,354:56-58. (10.1038/354056a0)

[1364] Iijima S, Ichihasi T. Single-shell carbon nanotubes of 1-nm diameter[J]. Nature,1993, 363:603-605. (10.1038/363603a0)

[1365] Saito R, Dresselhaus G, Dresselhaus M S. Physical Properties of Carbon Nanotubes [M]. London:Imperial, 1998. (10.1142/p080)

[1366] Kürti J, Zólyomi V, Kertesz M, et al. The geometry and the radial breathing mode of carbon nanotubes:Beyond the ideal behaviour[J]. New J. Phys. ,2003,5,125:1-21. (10.1088/1367-2630/5/1/125)

[1367] Saito R, Fujita M, Dresselhaus G, et al. Electronic structure of chiral graphene tubules[J]. Appl. Phys. Lett. ,1992,60:2204-2206. (10.1063/1.107080)

[1368] Yu M F, Files B S, Arepalli S, et al. Tensile loading of ropes of single wall carbon nanotubes and their mechanical properties [J]. Phys. Rev. Lett. , 2000, 84: 5552-5555. (10.1103/PhysRevLett.84.5552)

[1369] Ogata S, Shibutani Y. Ideal tensile strength and band gap of single-walled carbon nanotubes[J]. Phys. Rev. B,2003,68(165409):1-4. (10.1103/PhysRevB.68.165409)

[1370] Saito R, Fujita M, Dresselhaus G, et al. Electronic structure of carbon fibers based on C_{60}[J]. Proc. Mater. Res. Soc. ,1992,247:333-338. (10.1557/PROC-247-333)

[1371] Hamada N, Sawada S I, Oshiyama A. New one-dimensional conductors:Graphitic microtubule [J]. Phys. Rev. Lett. ,1992,68:1579-1581. (10.1103/PhysRevLett.68.1579)

[1372] Blase X, Benedict L X, Shirley E L, et al. Hybridization effects and metallicity in small radius carbon nanotubes[J]. Phys. Rev. Lett., 1994, 72: 1878-1881. (10.1103/PhysRevLett.72.1878)

[1373] Mintmire J W, White C T. Universal density of states for carbon nanotubes[J]. Phys. Rev. Lett., 1989, 81: 2506-2509. (10.1103/PhysRevLett.81.2506)

[1374] Grüneis A, Saito R, Samsonidze G G, et al. Inhomogeneous optical absorption around the K point in graphite and carbon nanotubes[J]. Phys. Rev. B, 2003, 67(165402): 1-7. (10.1103/PhysRevB.67.165402)

[1375] Bachilo S M, Strano M S, Kittrell C, et al. Structure-assigned optical spectra of single-walled carbon nanotubes[J]. Science, 2002, 298: 2361-2366. (10.1126/science.1078727)

[1376] Telg H, Maultzsch J, Reich S, et al. Chirality distribution and transition energies of carbon nanotubes[J]. Phys. Rev. Lett., 2004, 93(177401): 1-4. (10.1103/PhysRevLett.93.177401)

[1377] Thomsen C, Reich S. Raman scattering in carbon nanotubes, in Light Scattering in Solids IX. (Topics Appl. Phys. vol. 108)[M]. Berlin: Springer, 2007: 115-234. (10.1007/978-3-540-34436-0_3)

[1378] Chopra N G, Luyken R J, Cherrey K, et al. Boron nitride nanotubes[J]. Science, 1995, 269: 966-967. (10.1126/science.269.5226.966)

[1379] Lee R S, Gavillet J, de la Chapelle M L, et al. Catalystfree synthesis of boron nitride single-wall nanotubes with a preferred zig-zag configuration[J]. Phys. Rev. B, 2001, 64(121405R): 1-4. (10.1103/PhysRevB.64.121405)

[1380] Rubio A, Corkill J L, Cohen M L. Theory of graphitic boron nitride nanotubes[J]. Phys. Rev. B, 1994, 49: 5081-5084. (10.1103/PhysRevB.49.5081)

[1381] Wirtz L, Olevano V, Marinopoulos A G, et al. Optical absorption in small BN and C nanotubes[J]. AIP Conf. Proc., 2003, 685: 406-410. (10.1063/1.1628060)

[1382] Stier O, Grundmann M, Bimberg D. Electronic and optical properties of strained quantum dots modeled by 8-band $k \cdot p$ theory[J]. Phys. Rev. B, 1999, 59: 5688-5701. (10.1103/PhysRevB.59.5688)

[1383] Santoprete R, Koiller B, Capaz R B, et al. Tight-binding study of the influence of the strain on the electronic properties of InAs/GaAs quantum dots[J]. Phys. Rev. B, 2003, 68(235311): 1-9. (10.1103/PhysRevB.68.235311)

[1384] Maltezopoulos Th, Bolz A, Meyer C, et al. Wave-function mapping of InAs quantum dots by scanning tunneling spectroscopy[J]. Phys. Rev. Lett., 2003, 91(196804): 1-4. (10.1103/PhysRevLett.91.196804)

[1385] Stier O. Theory of the optical properties of InGaAs/GaAs quantum dots, in nano-optoelectronics, concepts, physics, devices[M]. Berlin: Springer, 2002: 167-202. (10.1007/978-3-642-56149-8_7)

[1386] Kouwenhoven L P, van der Vaart N C, Johnson A T, et al. Single electron charging effects in semiconductor quantum dots[J]. Z. Phys. B, 1991, 85: 367-373. (10.1007/BF01307632)

[1387] Heinzel Th. Single electron tunneling[M]//Mesoscopic Electronics in Solid State Nanostructures. Weinheim: Wiley, 2006: 247-272. (10.1002/9783527618910.ch9)

[1388] Song X X, Liu D, Mosallanejad V, et al. A gate defined quantum dot on the two-dimensional transition metal dichalcogenide semiconductor WSe_2[J]. Nanoscale, 2015, 7: 16867-16873. (10.1039/C5NR04961J)

[1389] Göbel E O. Semiconductor applications in metrology[J]. Adv. Solid State Phys, 1999, 39: 1-12. (10.1007/BFb0107460)

[1390] Giblin S P, Kataoka M, Fletcher J D, et al. Towards a quantum representation of the ampere using single electron pumps[J]. Nat. Commun., 2018, 3(930): 1-6. (10.1038/ncomms1935)

[1391] Tarucha S, Austing D G, Honda T, et al. Kouwenhoven, Shell filling and spin effects in a fewelectron quantum dot[J]. Phys. Rev. Lett., 1996, 77: 3613-3616. (10.1103/PhysRevLett.77.3613)

[1392] Horiguchi N, Futatsugi T, Nakata Y, et al. Electron transport properties through InAs self-assembled quantum dots in modulation doped structures[J]. Appl. Phys. Lett., 1997, 70: 2294-2296. (10.1063/1.118840)

[1393] Steffen R, Forchel A, Reinecke T L, et al. Single quantum dots as local probes of electronic properties of semiconductors[J]. Phys. Rev. B, 1996, 54: 1510-1513. (10.1103/PhysRevB.54.1510)

[1394] Rajkumar K C, Kaviani K, Chen J, et al. In-situ growth of three-dimensionally confined structures on patterned GaAs (111)B substrates[J]. Proc. Mater. Res. Soc., 1992, 263: 163-167. (10.1557/PROC-263-163)

[1395] Wolfgang Weller. Private communication, 2006.

[1396] Liu M, Zhong G, Yin Y, et al. Aluminum-doped cesium lead bromide perovskite nanocrystals with stable blue photoluminescence used for display backlight[J]. Adv. Sci., 2017, 4(1700335): 1-8. (10.1002/advs.201700335)

[1397] Grundmann M. Pseudomorphic InAs/GaAs quantum dots on low index planes[J]. Adv. Solid State Phys. (Festkörperprobleme), 1996, 35: 123-154. (10.1007/BFb0107543)

[1398] Shchukin V A, Ledentsov N N, Bimberg D. Epitaxy of Nanostructures[M]. Heidelberg: Springer, 2004. (10.1007/978-3-662-07066-6)

[1399] Shchukin V A, Ledentsov N N, Kop'ev P S, et al. Spontaneous ordering of arrays of coherent strained islands[J]. Phys. Rev. Lett., 1995, 75: 2968-2971. (10.1103/PhysRevLett.75.2968)

[1400] Moll N, Scheffler M, Pehlke E. Influence of surface stress on the equilibrium shape of strained quantum dots[J]. Phys. Rev. B, 1998, 58: 4566-4571. (10.1103/PhysRevB.58.4566)

[1401] Leonard D, Krishnamurthy M, Reaves C M, et al. Direct formation of quantum-sized dots from uniform coherent islands of InGaAs on GaAs surfaces[J]. Appl. Phys. Lett., 1993, 63: 3203-3205. (10.1063/1.110199)

[1402] Bruls D M, Koenraad P M, Salemink H W M, et al. Stacked low-growthrate InAs quantum dots studied at the atomic level by cross-sectional scanning tunneling microscopy[J]. Appl. Phys. Lett., 2003, 82: 3758-3760. (10.1063/1.1578709)

[1403] Xie Q, Madhukar A, Chen P, et al. Vertically self-organized InAs quantum box islands on GaAs

[1404] Facsko S, Dekorsy T, Koerdt C, et al. Formation of ordered nanoscale semiconductor dots by ion sputtering[J]. Science, 1999, 285: 1551-1553. (10.1126/science.285.5433.1551)

[1405] Frost F, Schindler A, Bigl F. Roughness evolution of ion sputtered rotating inp surfaces: Pattern formation and scaling laws[J]. Phys. Rev. Lett., 2000, 85: 4116-4119. (10.1103/PhysRevLett.85.4116)

[1406] Gago R, Vásquez L, Cuerno R, et al. Production of ordered silicon nanocrystals by low-energy ion sputtering[J]. Appl. Phys. Lett., 2001, 78: 3316-3318. (10.1063/1.1372358)

[1407] Gago R, Vásquez L, Plantevin O, et al. Order enhancement and coarsening of self-organized silicon nanodot patterns induced by ion-beam sputtering[J]. Appl. Phys. Lett., 2006, 89, 233101: 1-3. (10.1063/1.2398916)

[1408] Ziberi B, Frost F, Rauschenbach B, et al. Highly ordered self-organized dot patterns on Si surfaces by low-energy ion-beam erosion[J]. Appl. Phys. Lett., 2005, 87(033113): 1-3. (10.1063/1.2000342)

[1409] Chan W L, Chason E. Making waves: Kinetic processes controlling surface evolution during low energy ion sputtering[J]. J. Appl. Phys., 2007, 101(121301): 1-46. (10.1063/1.2749198)

[1410] Ziberi B, Frost F, Höche Th, et al. Ripple pattern formation on silicon surfaces by low-energy ion-beam erosion: Experiment and theory[J]. Phys. Rev. B, 2005, 72(235310): 1-7. (10.1103/PhysRevB.72.235310)

[1411] Findeis F, Zrenner A, Böhm G, et al. Optical spectroscopy on a single InGaAs/GaAs quantum dot in the few-exciton limit[J]. Solid State Commun, 2000, 114: 227-230. (10.1016/S0038-1098(00)00019-3)

[1412] Stier O, Schliwa A, Heitz R, et al. Stability of biexcitons in pyramidal InAs/GaAs quantum dots [J]. Phys. Status Solidi B, 2001, 224: 115-118. (10.1002/1521-3951(200103)224:1<115::AID-PSSB115>3.0.CO;2-B)

[1413] Ellis D J P, Stevenson R M, Young R J, et al. Control of fine-structure splitting of individual InAs quantum dots by rapid thermal annealing[J]. Appl. Phys. Lett., 2007, 90(011907): 1-3. (10.1063/1.2430489)

[1414] Urbaszek B, Warburton R J, Karrai K, et al. Fine structure of highly charged excitons in semiconductor quantum dots[J]. Phys. Rev. Lett., 2003, 90(247403): 1-4. (10.1103/PhysRevLett.90.247403)

[1415] Warburton R J, Schäflein C, Haft D, et al. Optical emission from a charge-tunable quantum ring[J]. Nature, 2000, 405: 926-929. (10.1038/35016030)

[1416] Besombes L, Léger Y, Maingault L, et al. Probing the spin state of a single magnetic ion in an individual quantum dot[J]. Phys. Rev. Lett., 2004, 93(207403): 1-4. (10.1103/PhysRevLett.93.207403)

[1417] Franz W. Einfluß eines elektrischen Feldes auf eine optische Absorptionskante[J]. Z. Naturf., 1958, 13a: 484-489. (10.1515/zna-1958-0609)

[1418] Keldysh L V. Behaviour of non-metallic crystals in strong electric fields[J]. Soviet Phys. JETP, 1958, 6: 763-770.

[1419] Duque-Gomez F, Sipe J E. The Franz-Keldysh effect revisited: Electroabsorption including interband coupling and excitonic effects[J]. J. Phys. Chem. Solids, 2015, 76: 138-152. (10.1016/j.jpcs.2014.07.023)

[1420] Shen H, Dutta M. Franz-Keldysh oscillations in modulation spectroscopy[J]. J. Appl. Phys., 1995, 78: 2151-2176. (10.1063/1.360131)

[1421] Jaeger A. Exzitonen und Franz-Keldysh-Effekt im quaternären Halbleiter InGaAsP/InP[D]. Phillips-Universität Marburg, 1997.

[1422] Miller D A B, Chemla D S, Damen T C, et al. Electric field dependence of optical absorption near the band gap of quantum-well structures[J]. Phys. Rev. B, 1985, 32: 1043-1060. (10.1103/PhysRevB.32.1043)

[1423] Luttinger J M. Quantum theory of cyclotron resonance in semiconductors: General theory[J]. Phys. Rev., 1956, 102: 1030-1041. (10.1103/PhysRev.102.1030)

[1424] Miura N. Physics of Semiconductors in High Magnetic Fields[M]. Oxford: Oxford University Press, 2008.

[1425] Oestreich M, Hallstein S, Heberle A P, et al. Temperature and density dependence of the electron Landé g factor in semiconductors[J]. Phys. Rev. B, 1996, 53: 7911-7916. (10.1103/PhysRevB.53.7911)

[1426] Snelling M J, Blackwood E, McDonagh C J, et al. Exciton, heavy-hole, and electron g factors in type-I GaAs/Al$_x$Ga$_{1-x}$As quantum wells. Phys. Rev. B, 1992, 45: 3922-3925. (10.1103/PhysRevB.45.3922)

[1427] Chien C L, Westgate C R. The Hall Effect and its Application[M]. New York: Plenum Press, 1980. (10.1007/978-1-4757-1367-1)

[1428] Lippmann H J, Kuhrt F. DerGeometrieeinfluß auf den Hall-Effekt bei rechteckigen Halbleiterplatten[J]. Z. Naturf., 1958, 13a: 474-483. (10.1515/zna-1958-0608)

[1429] van der Pauw L J. A method of measuring specific resistivity and Hall effect of discs of arbitrary shape[J]. Philips Res. Reports, 1958, 13: 1-9.

[1430] van der Pauw L J. A method of measuring the resistivity and Hall coefficient on lamellae of arbitrary shape[J]. Philips Tech. Rev., 1958, 20: 220-224.

[1431] Perloff D S. Four-point sheet resistance correction factors for thin rectangular samples[J]. Solid State Electron., 1977, 20: 681-687. (10.1016/0038-1101(77)90044-2)

[1432] Breitenstein O, Warta W, Langenkamp M. Lock-in Thermography, Basics and Use for Evaluating Electronic Devices and Materials[M]. 2nd ed. Heidelberg: Springer, 2010. (10.1007/978-3-642-02417-7)

[1433] Madelung O, Weiss H. Die elektrischen Eigenschaften von Indiumantimonid II[J]. Z. Naturf., 1954, 9a: 527-534. (10.1515/zna-1954-0608)

[1434] Svavarsson H G, Gudmundsson J T, Gislason H P. Impurity band in lithium-diffused and annealed GaAs: Conductivity and Hall effect measurements[J]. Phys. Rev. B, 2003, 67 (205213):1-6. (10.1103/PhysRevB.67.205213)

[1435] Meiboom S, Abeles B. Theory of the galvanomagnetic effects in n-germanium[J]. Phys. Rev., 1954,93:1121. (10.1103/PhysRev.93.1121)

[1436] Abeles B, Meiboom S. Theory of the galvanomagnetic effects in germanium[J]. Phys. Rev., 1954,95:31-37. (10.1103/PhysRev.95.31)

[1437] Arnaudov B, Paskova T, Evtimova S, et al. Multilayer model for Hall effect data analysis of semiconductor structures with step-changed conductivity[J]. Phys. Rev. B, 2003, 67(045314):1-10. (10.1103/PhysRevB.67.045314)

[1438] Look D C, Sizelove J R. Dislocation scattering in GaN[J]. Phys. Rev. Lett., 1999, 82:1237-1240. (10.1103/PhysRevLett.82.1237)

[1439] von Wenckstern H, Brandt M, Schmidt H, et al. Donor like defects in ZnO substrate materials and ZnO thin films[J]. Appl. Phys. A, 2007, 88:135-139. (10.1007/s00339-007-3966-0)

[1440] Look D C. Two-layer Hall-effect model with arbitrary surface-donor profiles: Application to ZnO[J]. J. Appl. Phys., 2008, 104(063718):1-7. (10.1063/1.2986143)

[1441] Antoszweski J, Seymour D J, Faraone L, et al. Magneto-transport characterization using quantitative mobility-spectrum analysis[J]. J. Electr. Mater., 199, 24:1255-1262. (10.1007/BF02653082)

[1442] Vurgaftman I, Meyer J R, Hoffman C A, et al. Improved quantitative mobility spectrum analysis for Hall characterization[J]. J. Appl. Phys., 1998, 84:4966-4973. (10.1063/1.368741)

[1443] Rothman J, Meilhan J, Perrais G, et al. Maximum entropy mobility spectrum analysis of HgCdTe heterostructures[J]. J. Electr. Mater., 2006, 35:1174-1184. (10.1007/s11664-006-0238-2)

[1444] Antoszewski J, Faraone L. Quantitative mobility spectrum analysis (QMSA) in multi-layer semiconductor structures[J]. Opto-Electr. Rev., 2004, 12:347-352.

[1445] Friedman L, Holstein T. Studies of polaron motion. Part Ⅲ: The Hall mobility of the small polaron[J]. Ann. Phys., 1963, 21:494-549. (10.1016/0003-4916(63)90130-1)

[1446] Gal'perin Y M, German E P, Karpov V G. Hall effect under hopping conduction conditions [J]. Zh. Eksp. Teor. Fiz., 1991, 99:343-356. [Sov. Phys. JETP, 1991, 72:193-200]

[1447] Le Comber P G, Jones D I, Spear W E. Hall effect and impurity conduction in substitutionally doped amorphous silicon[J]. Philos. Mag., 1977, 35:1173-1187. (10.1080/14786437708232943)

[1448] Crupi I, Mirabella S, D'Angelo D, et al. Anomalous and normal Hall effect in hydrogenated amorphous Si prepared by plasma enhanced chemical vapor deposition[J]. J. Appl. Phys., 2010, 107(043503):1-6. (10.1063/1.3305805)

[1449] Grünewald M, Thomas P, Würtz D. The sign anomaly of the Hall effect in amorphous tetrahedrally bonded semiconductors: A chemical-bond orbital approach[J]. J. Phys. C: Solid State Phys., 1981, 14:4083-4093. (10.1088/0022-3719/14/28/010)

[1450] Schubert M. Infrared Ellipsometry on Semiconductor Layer Structures: Phonons, Plasmons and

Polaritons[M]. Heidelberg:Springer,2004. (10.1007/b11964)

[1451] Schubert M, Hofmann T, Herzinger C M. Generalized far-infrared magneto-optic ellipsometry for semiconductor layer structures: Determination of free-carrier effective-mass, mobility, and concentration parameters in n-type GaAs[J]. J. Opt. Soc. Am. A, 2003, 20:347-356. (10.1364/JOSAA.20.000347)

[1452] Lax B, Mavroides J G, Zeiger H J, et al. Cyclotron resonance in indium antimonide at high magnetic fields[J]. Phys. Rev. ,1961,122:31-35. (10.1103/PhysRev.122.31)

[1453] Litvinenko K L, Li J, Stavrias N, et al. The quadratic Zeeman effect used for state-radius determination in neutral donors and donor bound excitons in Si:P[J]. Semicond. Sci. Technol. , 2016,31(045007):1-7. (10.1007/b11964)

[1454] Walck S N, Reinecke T L. Exciton diamagnetic shift in semiconductor nanostructures[J]. Phys. Rev. B,1998,57:9088-9096. (10.1103/PhysRevB.57.9088)

[1455] Grochol M, Grosse F, Zimmermann R. Exciton wave function properties probed by diamagnetic shift in disordered quantum wells [J]. Phys. Rev. B, 2005, 71 (125339): 1-8. (10.1103/PhysRevB.71.125339)

[1456] Zawadski W, Lassnig R. Specific Heat and magneto-thermal oscillations of two-dimensional electron gas in a magnetic field[J]. Solid State Commun,1984,50:537-539. (10.1016/0038-1098(84)90324-7)

[1457] Störmer H L, Dingle R, Gossard A C, et al. Electronic properties of modulation-doped GaAs-$Al_xGa_{1-x}As$ superlattices[J]. Inst. Phys. Conf. Ser. ,1979,43:557-560.

[1458] Fowler A B, Fang F F, Howard W E, et al. Magneto-oscillatory conductance in silicon surfaces [J]. Phys. Rev. Lett. ,1966,16:901-903. (10.1103/PhysRevLett.16.901)

[1459] Paalanen M A, Tsui D C, Gossard A C. Quantized Hall effect at low temperatures[J]. Phys. Rev. B,1982,25:5566-5569. (10.1103/PhysRevB.25.5566)

[1460] Physikalisch-Technische Bundesanstalt (PTB), Braunschweig.

[1461] von Klitzing K, Dorda G, Pepper M. New method for high-accuracy determination of the fine-structure constant based on quantized Hall resistance[J]. Phys. Rev. Lett. ,1980,45:494-497. (10.1103/PhysRevLett.45.494)

[1462] Landwehr G. 25 Years quantum Hall effect: How it all came about[J]. Physica E,2003,20:1-13. (10.1016/j.physe.2003.09.015)

[1463] Falson J, Kozuka Y, Uchida M, et al. MgZnO/ZnO heterostructures with electron mobility exceeding $1×10^6$ cm^2/(V·s)[J]. Sci. Rep. ,2016,6(26598):1-8. (10.1038/srep26598)

[1464] Faslom J, Kawasaki M. A review of the quantum Hall effects in MgZnO/ZnO heterostructures [J]. Rep. Prog. Phys. ,2018,81(056501):1-24. (10.1088/1361-6633/aaa978)

[1465] Bachmair H, Göbel E O, Hein G, et al. The von Klitzing resistance standard[J]. Physica E, 2003,20:14-23. (10.1016/j.physe.2003.09.017)

[1466] Jain J K. Composite Fermions[M]. Cambridge:Cambridge University Press, 2007. (10.1017/CBO9780511607561)

[1467] Aoki H, Ando T. Effect of localization of the Hall conductivity in the two-dimensional system in strong magnetic fields[J]. Solid State Commun, 1981, 38: 1079-1082. (10.1016/0038-1098(93)90276-S)

[1468] Laughlin R B. Quantized Hall conductivity in two dimensions[J]. Phys. Rev. B, 1981, 23: 5632-5633. (10.1103/PhysRevB.23.5632)

[1469] Thouless D J, Kohmoto M, Nightingale M P, et al. Quantized Hall conductance in a two-dimensional periodic potential[J]. Phys. Rev. Lett., 1982, 49: 405-408. (10.1103/PhysRevLett.49.405)

[1470] Hatsugai Y. Chern number and edge states in the integer quantum Hall effect[J]. Phys. Rev. Lett., 1993, 71: 3697-3700. (10.1103/PhysRevLett.71.3697)

[1471] Hofstadter D R. Energy levels and wave functions of Bloch electrons in rational and irrational magnetic fields[J]. Phys. Rev. B, 1976, 14: 2239-2249. (10.1103/PhysRevB.14.2239)

[1472] Osadchy D, Avron J E. Hofstadter butterfly as quantum phase diagram[J]. J. Math. Phys., 2001, 42: 5665-5671. (10.1063/1.1412464)

[1473] Ahlswede E, Weitz P, Weis J, et al. Hall potential profiles in the quantum Hall regime measured by a scanning force microscope[J]. Physica B, 2001, 298: 562-566. (10.1016/S0921-4526(01)00383-0)

[1474] Prange R. Quantized Hall resistance and the measurement of the fine-structure constant[J]. Phys. Rev. B, 1981, 23: 4802-4805. (10.1103/PhysRevB.23.4802)

[1475] Büttiker M. Absence of backscattering in the quantum Hall effect in multiprobe conductors[J]. Phys. Rev. B, 1988, 38: 9375-9389. (10.1103/PhysRevB.38.9375)

[1476] Lier K, Gerhardts R R. Self-consistent calculation of edge channels in laterally confined two-dimensional electron systems[J]. Phys. Rev. B, 1994, 50: 7757-7767. (10.1103/PhysRevB.50.7757)

[1477] Zhang Y, Tan Y W, Stormer H L, et al. Experimental observation of the quantum Hall effect and Berry's phase in graphene[J]. Nature, 2005, 438: 201-204. (10.1038/nature04235)

[1478] Goerbig M O. The quantum Hall effect in graphene—A theoretical perspective[J]. Comptes Rendus Phys., 2011, 12: 369-378. (10.1016/j.crhy.2011.04.012)

[1479] Jiang Z, Zhang Y, Tan Y W, et al. Quantum Hall effect in graphene[J]. Solid State Commun., 2007, 143: 14-19. (10.1016/j.ssc.2007.02.046)

[1480] Eisenstein J P, Störmer H L. The fractional quantum Hall effect[J]. Science, 1990, 248: 1510-1516. (10.1126/science.248.4962.1510)

[1481] Jain J K. Composite-Fermion approach for the fractional quantum Hall effect[J]. Phys. Rev. Lett., 1989, 63: 199-202. (10.1103/PhysRevLett.63.199)

[1482] Jain J K. Theory of the fractional quantum Hall effect[J]. Phys. Rev. B, 1990, 41: 7653-7665. (10.1103/PhysRevB.41.7653.) 勘误: Phys. Rev. B, 1990, 42: 9193. (10.1103/PhysRevB.42.9193)

[1483] Störmer H L, Tsui D C, Gossard A C. The fractional quantum Hall effect[J]. Rev. Mod. Phys.,

1999,71:S298-S305. (10.1103/RevModPhys.71.S298)

[1484] Weiss D, Roukes M L, Menschig A, et al. Electron pinball and commensurate orbits in a periodic array of scatterers[J]. Phys. Rev. Lett., 1991,66:2790-2793. (10.1103/PhysRevLett.66.2790)

[1485] Fiebig M. Revival of the magnetoelectric effect[J]. J. Phys. D: Appl. Phys., 2005,38: R123-R152. (10.1088/0022-3727/38/8/R01)

[1486] Eerenstein W, Mathur N D, Scott J F. Multiferroic and magnetoelectric materials[J]. Nature, 2006,442:759-765. (10.1038/nature05023)

[1487] Nils Ashcroft. Private communication, 2006.

[1488] Fridkin V M. Ferroelectric semiconductors (translated from Russian)[M]. New York: Plenum, 1980.

[1489] Xu Y. Ferroelectric materials and their applications[M]. Amsterdam: North Holland, 1991.

[1490] Rabe K, Ahn Ch H, Triscone J M. Physics of ferroelectrics, a modern perspective, Topics in Applied Physics, vol.105[M]. Berlin: Springer, 2007. (10.1007/978-3-540-34591-6)

[1491] Comes R, Lambert M, Guinier A. The chain structure of $BaTiO_3$ and $KNbO_3$[J]. Solid State Commun., 1968,6:715-719. (10.1016/0038-1098(68)90571-1)

[1492] Cohen R E. Origin of ferroelectricity in perovskite oxides[J]. Nature, 1992,358:136-138. (10.1038/358136a0)

[1493] Shirane G, Hoshino S. On the phase transition in lead titanate[J]. J. Phys. Soc. Jpn., 1951,6: 265-270. (10.1143/JPSJ.6.265)

[1494] Merz W J. The electric and optical behavior of $BaTiO_3$ single-domain crystals[J]. Phys. Rev., 1949,76:1221-1225. (10.1103/PhysRev.76.1221)

[1495] Agrawal D K, Perry C H. Long-wavelength optical phonons and phase transitions in SbSI[J]. Phys. Rev. B, 1971,4:1893-1902. (10.1103/PhysRevB.4.1893)

[1496] Rupprecht G, Bell R O. Dielectric constant in paraelectric perovskites[J]. Phys. Rev., 1964, 135:A748-A752. (10.1103/PhysRev.135.A748)

[1497] Lines M E. Statistical theory for displacement ferroelectrics. III. Comparison with experiment for lithium tantalate[J]. Phys. Rev., 1969,177:819-829. (10.1103/PhysRev.177.819)

[1498] Merz W J. Double hysteresis loop of $BaTiO_3$ at the Curie point[J]. Phys. Rev., 1953,91:513-517. (10.1103/PhysRev.91.513)

[1499] Forsbergh P W. Domain structures and phase transitions in barium titanate[J]. Phys. Rev., 1949,76:1187-1201. (10.1103/PhysRev.76.1187)

[1500] Gähwiller Ch. Einfluß des elektrischen Feldes auf die fundamentale Absorptionskante von Bariumtitanat[J]. Phys. Kondens. Materie, 1967,6:269-289. (10.1007/BF02422508)

[1501] Arlt G, Quadflieg P. Piezoelectricity in III-V compounds with a phenomenological analysis of the piezoelectric effect[J]. Phys. Status Solidi B, 1968, 25: 323-330. (10.1002/pssb.19680250131)

[1502] Grundmann M, Stier O, Bimberg D. Symmetry breaking in pseudomorphic V-groove quantum wires[J]. Phys. Rev. B, 1994,50:14187-14192. (10.1103/PhysRevB.50.14187)

[1503] Smith D L, Mailhiot C. Piezoelectric effects in strained-layer superlattices[J]. J. Appl. Phys., 1988, 63: 2717-2719. (10.1063/1.340965)

[1504] Hanada T. Basic properties of ZnO, GaN, and related materials, in oxide and nitride semiconductors: Processing, properties and applications[M]. Heidelberg: Springer, 2009. (10.1007/978-3-540-88847-5_1)

[1505] Catti M, Noel Y, Dovesi R. Full piezoelectric tensors of wurtzite and zinc blende ZnO and ZnS by first-principles calculations[J]. J. Phys. Chem. Solids, 2003, 64: 2183-2190. (10.1016/S0022-3697(03)00219-1)

[1506] Shur M S, Gelmont B, Khan A. Electron mobility in two-dimensional electron gas in AlGaN/GaN heterostructures and in bulk GaN[J]. J. Electr. Mater., 1996, 25: 777-785. (10.1007/BF02666636)

[1507] Bernardini F, Fiorentini V, Vanderbilt D. Spontaneous polarization and piezoelectric constants of Ⅲ-Ⅴ nitrides[J]. Phys. Rev. B, 1997, 56: R10024-R10027. (10.1103/PhysRevB.56.R10024)

[1508] Oliver Ambacher. Private communication, 2005.

[1509] Waltereit P, Brandt O, Trampert A, et al. Nitride semiconductors free of electrostatic fields for efficient white light-emitting diodes[J]. Nature, 2000, 406: 865-868. (10.1038/35022529)

[1510] Chen C Q, Adivarahan V, Yang J W, et al. Ultraviolet light emitting diodes using non-polar a-plane GaN-AlGaN multiple quantum wells[J]. Jpn. J. Appl. Phys., 2003, 42(Part 2): L1039-L1040. (10.1143/JJAP.42.L1039)

[1511] Sharma R, Pattison P M, Masui H, et al. Demonstration of a semipolar (10.1.3) InGaN/GaN green light emitting diode[J]. Appl. Phys. Lett., 2005, 87(231110): 1-3. (10.1063/1.2139841)

[1512] Park S H. Crystal orientation effects on electronic properties of wurtzite InGaN/GaN quantum wells[J]. J. Appl. Phys., 2002, 91: 9904-9908. (10.1063/1.1480465)

[1513] Sato H, Chung R B, Hirasawa H, et al. Optical properties of yellow light-emitting diodes grown on semipolar (11.22) bulk GaN substrates[J]. Appl. Phys. Lett., 2008, 92(221110): 1-3. (10.1063/1.2938062)

[1514] Grundmann M. Theory of semiconductor solid and hollow nano- and microwires with hexagonal cross-section under torsion[J]. Phys. Status Solidi B, 2015, 252: 773-785. (10.1002/pssb.201451431)

[1515] Andreev A D, O'Reilly E P. Theory of the electronic structure of GaN/AlN hexagonal quantum dots[J]. Phys. Rev. B, 2000, 62: 15851-15870. (10.1103/PhysRevB.62.15851)

[1516] Furdyna J K. Diluted magnetic semiconductors[J]. J. Appl. Phys., 1988, 64: R29-R64. (10.1063/1.341700)

[1517] Furdyna J K, Kossut J. Diluted magnetic semiconductors[J]. Semicond. Semimet., 1988, 25. (10.1016/S0080-8784(08)62411-4)

[1518] Awshalom D, Loss D, Samarth N. Semiconductor Spintronics and Quantum Computation[M]. Berlin: Springer, 2002. (10.1007/978-3-662-05003-3)

[1519] Pearton S J, Abernathy C R, Overberg M E, et al. Wide band gap ferromagnetic semiconductors and oxides[J]. J. Appl. Phys. ,2003,93:1-13. (10.1063/1.1517164)

[1520] Dietl T,Ohno H. Dilute ferromagnetic semiconductors: Physics and spintronic structures[J]. Rev. Mod. Phys. , 2014,86:187-251. (10.1103/RevModPhys.86.187)

[1521] Tsubokawa I. On the magnetic properties of a $CrBr_3$ single crystal[J]. J. Phys. Soc. Jpn. ,1960, 15:1664-1668. (10.1143/JPSJ.15.1664)

[1522] Matthias B T,Bozorth R M,van Vleck H J. Ferromagnetic interaction in EuO[J]. Phys. Rev. Lett. ,1961,7:160-161. (10.1103/PhysRevLett.7.160)

[1523] Güntherodt G. Optical properties and electronic structure of europium chalcogenides[J]. Phys. Cond. Matter,1974,18:37-78. (10.1007/BF01950500)

[1524] Steeneken P G. New light on EuO thin films: Preparation,transport,magnetism and spectroscopy of a ferromagnetic semiconductor[D]. Rijksuniversiteit Groningen,2002.

[1525] Wachter P. Europium chalcogenides:EuO,EuS,EuSe,and EuTe[M]//Handbook on the physics and chemistry of rare earths. Amsterdam:North-Holland,1979:507-574.

[1526] Fukumura T,Toyosaki H,Yamada Y. Magnetic oxide semiconductors[J]. Semicond. Sci. Technol. ,2005,20:S103-S111. (10.1088/0268-1242/20/4/012)

[1527] Giriat W,Furdyna J K. Crystal structure,composition,and materials preparation of diluted magnetic semiconductors in Ref.[1517]:1-34. (10.1016/S0080-8784(08)62417-5)

[1528] Rigaux C. Magnetooptics in narrow gap diluted magnetic semiconductors in Ref.[1517]:229-274. (10.1016/S0080-8784(08)62422-9)

[1529] Domb C,Dalton N W. Crystal statistics with long-range forces. Ⅰ. The equivalent neighbour model[J]. Proc. Phys. Soc. ,1966,89:859-871. (10.1088/0370-1328/89/4/311)

[1530] Zener C. Interaction between the d-shells in the transition metals[J]. Phys. Rev. ,1951,81:440-444. (10.1103/PhysRev.81.440)

[1531] Akai H. Ferromagnetism and its stability in the diluted magnetic semiconductor (In,Mn)As[J]. Phys. Rev. Lett. ,1998,81:3002-3005. (10.1103/PhysRevLett.81.3002)

[1532] Dietl T,Ohno H,Matsukura F, et al. Zener model description of ferromagnetism in zinc-blende magnetic semiconductors[J]. Science,2000,287:1019-1022. (10.1126/science.287.5455.1019)

[1533] Munekata H,Ohno H,von Molnár S, et al. Diluted magnetic Ⅲ-Ⅴ semiconductors[J]. Phys. Rev. Lett. ,1989,63:1849-1852. (10.1103/PhysRevLett.63.1849)

[1534] Ohno H,Munekata M,Penney T, et al. Magnetotransport properties of p-type (In,Mn)As diluted magnetic Ⅲ-Ⅴ semiconductors[J]. Phys. Rev. Lett. , 1992, 68:2664-2667. (10.1103/PhysRevLett.68.2664)

[1535] Ohno H,Shen A,Matsukura F, et al. (Ga,Mn)As:A new diluted magnetic semiconductor based on GaAs[J]. Appl. Phys. Lett. ,1996,69:363-365. (10.1063/1.118061)

[1536] Zhao Y J,Mahadevan P,Zunger A. Comparison of predicted ferromagnetic tendencies of Mn substituting the Ga site in Ⅲ-Ⅴ's and in Ⅰ-Ⅲ-Ⅵ$_2$ chalcopyrite semiconductors[J]. Appl. Phys. Lett. ,2004,84:3753-3755. (10.1063/1.1737466)

[1537] Ohno H,Chiba D,Matsukura F, et al. Electric-field control of ferromagnetism[J]. Nature,

2000,408:944-946. (10.1038/35050040)

[1538] Goennenwein S T B,Wassner Th A,Huebl H,et al. Hydrogen control of ferromagnetism in a dilute magnetic semiconductor[J]. Phys. Rev. Lett.,2004,92(227202):1-4. (10.1103/PhysRevLett.92.227202)

[1539] Sharma P,Gupta A,Rao K V, et al. Ferromagnetism above room temperature in bulk and transparent thin films of Mn-doped ZnO[J]. Nature Mater.,2003,2:673-677. (10.1038/nmat984)

[1540] Diaconu M,Schmidt H,Hochmuth H,et al. Roomtemperature ferromagnetic Mn-alloyed ZnO films obtained by pulsed laser deposition[J]. J. Magn. Magn. Mat.,2006,307:212-221. (10.1016/j.jmmm.2006.04.004)

[1541] Hall E H. On the "Rotational Coefficient" in nickel and cobalt[J]. Philos. Mag. Series 5,1881,12(74):157-172. (10.1080/14786448108627086)

[1542] Nagaosa N,Sinova J,Onoda S,et al. Anomalous Hall effect[J]. Rev. Mod. Phys.,2010,82:1539-1592. (10.1103/RevModPhys.82.1539)

[1543] Miah M I. Pure anomalous Hall effect in nonmagnetic zinc-blende semiconductors[J]. Opt. Quant. Electron.,2008,40:1033-1042. (10.1007/s11082-009-9296-z)

[1544] Liu C X,Zhang S C,Qi X L. The quantum anomalous Hall effect:theory and experiment[J]. Ann. Rev. Cond. Matter Phys.,2016,7:301-321. (10.1146/annurev-conmatphys-031115-011417)

[1545] Chang C Z,Zhang J,Feng X. Experimental observation of the quantum anomalous Hall effect in a magnetic topological insulator[J]. Science,2013,340:167-170. (10.1126/science.1234414)

[1546] Deng Y,Yu Y,Shi M Z,et al. Quantum anomalous Hall effect in intrinsic magnetic topological insulator MnBi$_2$Te$_4$[J]. Science,2020,367:895-900. (10.1126/science.aax8156)

[1547] Rashba E I. Electron spin operation by electric fields:Spin dynamics and spin injection[J]. Physica E,2004,20:189-195. (10.1016/j.physe.2003.08.002)

[1548] D'yakonov M I,Perel' V I. Spin relaxation of conduction electrons in noncentrosymetric semiconductors[J]. Fiz. Tverd. Tela,1971,13:3581-3585. [Sov. Phys. Solid State,1972,13:3023-3026]

[1549] Datta S,Das B. Electronic analog of the electro-optic modulator[J]. Appl. Phys. Lett.,1990,56:665-667. (10.1063/1.102730)

[1550] Hanbicki A T,van't Erve O M J,Magno R,et al. Analysis of the transport process providing spin injection through an Fe/AlGaAs Schottky barrier[J]. Appl. Phys. Lett.,2003,82:4092-4094. (10.1063/1.1580631)

[1551] Jonker B T,Erwin S C,Petrou A,et al. Electrical spin injection and transport in semiconductor spintronic device[J]. MRS Bull.,2003,28:740-748. (10.1557/mrs2003.216)

[1552] Nishizawa N,Nishibayashi K,Munekata H. Pure circular polarization electroluminescence at room temperature with spin-polarized light-emitting diodes[J]. PNAS,2017,114:1783-1788. (10.1073/pnas.1609839114)

[1553] Braun C L. Organic Semiconductors, Handbook on Semiconductors(vol. 3)[M]. Amsterdam: North Holland, 1980:857-873.

[1554] Brütting W, Adachi C. Physics of Organic Semiconductors[M]. 2nd ed. Weinheim: Wiley-VCH, 2012. (10.1002/9783527654949)

[1555] Kampen Th U. Low Molecular Weight Organic Semiconductors[M]. Weinheim: Wiley-VCH, 2009. (10.1002/9783527629978)

[1556] Curioni A, Andreoni W, Treusch R, et al. Atom-resolved electronic spectra for Alq$_3$ from theory and experiment[J]. Appl. Phys. Lett., 1998, 72:1575-1577. (10.1063/1.121119)

[1557] Braun D, Heeger A. Visible light emission from semiconducting polymer diodes[J]. Appl. Phys. Lett., 1991, 58:1982-1984. (10.1063/1.105039)

[1558] Mathieson A McL, Robertson J M, Sinclair V C. The crystal and molecular structure of anthracene. I. X-ray measurements [J]. Acta Cryst., 1950, 3: 245-250. (10.1107/S0365110X50000641)

[1559] Robertson J M, Sinclair V C, Trotter J. The crystal andmolecular structure of tetracene[J]. Acta Cryst., 1961, 14:697-704. (10.1107/S0365110X61002151)

[1560] Karl N. High purity organic molecular crystals [M]//Freyhardt H C. Crystals: Growth, properties and applications(vol. 4). Berlin:Springer,1980:1-100. (10.1007/978-3-642-67764-9_1)

[1561] Karl N. Growth and electrical properties of high purity organic molecular crystals[J]. J. Cryst. Growth, 1990, 99:1009-1016. (10.1016/S0022-0248(08)80072-3)

[1562] Kloc Ch, Simpkins P G, Siegrist T, et al. Physical vapor growth of centimeter-sized crystals of α-hexathiophene[J]. J. Cryst. Growth, 1997, 182:416-427. (10.1016/S0022-0248(97)00370-9)

[1563] Laudise R A, Kloc Ch, Simpkins P G, et al. Physical vapor growth of organic semiconductors [J]. J. Cryst. Growth, 1998, 187:449-454. (10.1016/S0022-0248(98)00034-7)

[1564] Mas-Torrent M, Durkut M, Hadley P, et al. High mobility of dithiophene-tetrathiafulvalene single-crystal organic field effect transistors[J]. J. Am. Chem. Soc., 2004, 126: 984-985. (10.1021/ja0393933)

[1565] Campione M, Ruggerone R, Tavazzi S, et al. Growth and characterisation of centimetre-sized single crystals of molecular organic materials[J]. J. Mat. Chem., 2005, 15:2437-2443. (10.1039/B415912H)

[1566] Oehzelt M, Aichholzer A, Resel R, et al. Crystal structure of oligoacenes under high pressure [J]. Phys. Rev. B, 2006, 74(104103):1-7. (10.1103/PhysRevB.74.104103)

[1567] Part B, Kahn A, Koch N, et al. Electronic structure and electrical properties of interfaces between metals and π-conjugated molecular films[J]. J. Polymer Sc. Polymer Phys., 2003, 41: 2529-2548. (10.1002/polb.10642)

[1568] Pfeiffer M, Beyer A, Fritz T, et al. Controlled doping of phthalocyanine layers by cosublimation with acceptor molecules: A systematic Seebeck and conductivity study[J]. Appl. Phys. Lett., 1998, 73:3202-3204. (10.1063/1.122718)

[1569] Gregg B A, Chen S G, Cormier R A. Coulomb forces and doping in organic semiconductors[J].

Chem. Mater.,2004,16:4586-4599.(10.1021/cm049625c)

[1570] Neumark G F. Concentration and temperature dependence of impurity-to-band activation energies[J]. Phys. Rev. B,1972,5:408-414.(10.1103/PhysRevB.5.408)

[1571] Gregg B A,Chen S G,Branz H M. On the superlinear increase in conductivity with dopant concentration in excitonic semiconductors[J]. Appl. Phys. Lett.,2004,84:1707-1709.(10.1063/1.1668326)

[1572] Heeger A J,Kivelson S,Schrieffer J R,et al. Solitons in conducting polymers[J]. Rev. Mod. Phys.,1988,60:781-850.(10.1103/RevModPhys.60.781)

[1573] Blom P W M,Vissenberg M C J M. Charge transport in poly(p-phenylene vinylene) light-emitting diodes[J]. Mater. Sci. Engin.,2000,27:53-94.(10.1016/S0927-796X(00)00009-7)

[1574] Schein L B. Temperature independent drift mobility along the molecular direction of As_2Se_3 [J]. Phys. Rev. B,1977,15:1024-1034.(10.1103/PhysRevB.15.1024)

[1575] Schein L B,Duke C B,McGhie A R. Observation of the band-hopping transition for electrons in naphthalene[J]. Phys. Rev. Lett.,1978,40:197-200.(10.1103/PhysRevLett.40.197)

[1576] Li L,Meller G,Kosina H. Temperature and field-dependence of hopping conduction in organic semiconductors[J]. Microelectr. J.,2007,38:47-51.(10.1016/j.mejo.2006.09.022)

[1577] Kawasumi Y,Akai I,Karasawa T. Photoluminescence and dynamics of excitons in Alq_3 single crystals[J]. Int. J. Mod. Phys. B,2001,15:3825-3828.(10.1142/S0217979201008767)

[1578] Baldo M A,Forrest S R. Transient analysis of organic electrophosphorescence: Ⅰ. Transient analysis of triplet energy transfer[J]. Phys. Rev. B,2000,62:10958-10966.(10.1103/PhysRevB.62.10958)

[1579] Humbs W,Zhang H,Glasbeek M. Femtosecond fluorescence upconversion spectroscopy of vapor-deposited tris(8-hydroxyquinoline) aluminum films[J]. Chem. Phys.,2000,254:319-327.(10.1016/S0301-0104(00)00044-6)

[1580] Vardeny Z,Ehrenfreund E,Shinar J,et al. Photoexcitation spectroscopy of polythiophene[J]. Phys. Rev. B,1987,35:2498-2500.(10.1103/PhysRevB.35.2498)

[1581] van der Horst J W,Bobbert P A,Michels M A J. Electronic and optical excitations in crystalline conjugated polymers[J]. Phys. Rev. B,2002,66(035206):1-7.(10.1103/PhysRevB.66.035206)

[1582] Baldo A,O'Brien D F,Thompson M E,et al. Excitonic singlet-triplet ratio in a semiconducting organic thin film[J]. Phys. Rev. B,1999,60:14422-14428.(10.1103/PhysRevB.60.14422)

[1583] Baldo A,O'Brien D F,You Y A,et al. Highly efficient phosphorescent emission from organic electroluminescent devices[J]. Nature,1998,395:151-154.(10.1038/25954)

[1584] Adachi C,Baldo M A,Thompson M E,et al. Nearly 100% internal phosphorescence efficiency in an organic light emitting device[J]. J. Appl. Phys.,2001,90:5048-5051.(10.1063/1.1409582)

[1585] Baldo M A,Lamansky S,Burrows P E,et al. Very high-efficiency green organic light-emitting devices based on electrophosphorescence[J]. Appl. Phys. Lett.,1999,75:4-6.(10.1063/1.124258)

[1586] Baldo M A, Thompson M E, Forrest S R. High-efficiency fluorescent organic light-emitting devices using a phosphorescent sensitizer[J]. Nature, 2000, 403: 750-753. (10.1038/35001541)

[1587] Förster T. Transfer mechanisms of electron excitation[J]. Discuss. Faraday Soc., 1959, 27: 7-17. (10.2307/3583604)

[1588] Willey R R. Practical Design and Production of Optical Thin Films[M]. London: CRC Press, 2002. (10.1201/9780203910467)

[1589] Bendickson J M, Dowling J P, Scalora M. Analytic expressions for the electromagnetic mode density in finite, one-dimensional, photonic band-gap structures[J]. Phys. Rev. E, 1996, 53: 4107-4121. (10.1103/PhysRevE.53.4107)

[1590] Gottmann J, Husmann A, Klotzbücher T, et al. Optical properties of alumina and zirconia thin films grown by pulsed laser deposition[J]. Surface and Coatings Technol., 1998: 100-101, 415-419. (10.1016/S0257-8972(97)00661-0)

[1591] Sellmann J, Sturm Ch, Schmidt-Grund R, et al. Structural and optical properties of ZrO_2 and Al_2O_3 thin films and Bragg reflectors grown by pulsed laser deposition[J]. Phys. Status Solidi C, 2008, 5: 1240-1243. (10.1002/pssc.200777875)

[1592] Bernd Rauschenbach. Private communication, 2006.

[1593] Norbert Kaiser. Fraunhofer-Institute for Applied Optics, Jena.

[1594] Soukoulis C M. Photonic crystals and light localization in the 21st century, in NATO Science Series C: Mathematical and Physical Sciences (vol. 563)[M]. Dordrecht: Kluwer Academic Publishers, 1996. (10.1007/978-94-010-0738-2)

[1595] Joannopoulos J D, Meade R D, Winn J N. Photonic Crystals, Molding the Flow of Light[M]. Princeton: Princeton University Press, 1995.

[1596] Busch K, Lölkes S, Wehrspohn R B, et al. Photonic Crystals: Advances in Design, Fabrication, and Characterization[M]. Berlin: Wiley-VCH, 1994.

[1597] Ping E X. Transmission of electromagnetic waves in planar, cylindrical, and spherical dielectric layer systems and their applications[J]. J. Appl. Phys., 1994, 76: 7188-7194. (10.1063/1.357999)

[1598] Ho K M, Chan C T, Soukoulis C M. Existence of a photonic gap in periodic dielectric structures[J]. Phys. Rev. Lett., 1990, 65: 3152-3155. (10.1103/PhysRevLett.65.3152)

[1599] Toader O, John S. Proposed square spiral microfabrication architecture for large three-dimensional photonic band gap crystals[J]. Science, 2001, 292: 1133-1135. (10.1126/science.1059479)

[1600] Kennedy S R, Brett M J, Toader O, et al. Fabrication of tetragonal square spiral photonic crystals[J]. Nano Lett., 2002, 2: 59-62. (10.1021/nl015635q)

[1601] Busch K, John S. Photonic band gap formation in certain self-organizing systems[J]. Phys. Rev. E, 1998, 58: 3896-3908. (10.1103/PhysRevE.58.3896)

[1602] Yablonovitch E, Gmitter T J, Leung K M. Photonic band structure: the face-centered-cubic case employing nonspherical atoms[J]. Phys. Rev. Lett., 1991, 67: 2295-2298. (10.1103/

PhysRevLett. 67. 2295)

[1603] Ho K M, Chan C T, Soukoulis C M, et al. Photonic band gaps in three dimensions: new layer-by-layer periodic structures[J]. Solid State Commun. ,1994,89:413-416. (10.1016/0038-1098(94)90202-X)

[1604] Chutinan A, Noda S. Spiral three-dimensional photonic-band-gap structure[J]. Phys. Rev. B, 1998,57:R2006-R2008. (10.1103/PhysRevB.57.R2006)

[1605] Fan S, Villeneuve P R, Meade R D, et al. Design of three-dimensional photonic crystals at submicron lengthscales[J]. Appl. Phys. Lett. ,1994,65:1466-1468. (10.1063/1.112017)

[1606] Sözüer H S, Haus J W. Photonic bands: Simple-cubic lattice[J]. J. Opt. Soc. Am. B,1993,10:296-302. (10.1364/JOSAB.10.000296)

[1607] Sözüer H S, Haus J W, Inguva R. Photonic bands: Convergence problems with the plane-wave method[J]. Phys. Rev. B,1992,45:13962-13972. (10.1103/PhysRevB.45.13962)

[1608] John S, Busch K. Photonic bandgap formation and tunability in certain self-organizing systems [J]. IEEE J. Lightw. Techn. ,1999,17:1931-1943. (10.1109/50.802976)

[1609] García-Santamaria F, López C, Meseguer F, et al. Opal-like photonic crystal with diamond lattice[J]. Appl. Phys. Lett. , 2001,79:2309-2311. (10.1063/1.1406560)

[1610] Blanco A, Chomski E, Grabtchak S, et al. Large-scale synthesis of a silicon photonic crystal with a complete three-dimensional bandgap near 1.5 micrometres[J]. Nature,2000,405:437-440. (10.1038/35013024)

[1611] Koenderink A F, Lagendijk A, Vos W L. Optical extinction due to intrinsic structural variations of photonic crystals[J]. Phys. Rev. B,2005,72(153102):1-4. (10.1103/PhysRevB.72.153102)

[1612] Lončar M, Nedeljković D, Doll T, et al. Waveguiding in planar photonic crystals[J]. Appl. Phys. Lett. ,2000,77:1937-1939. (10.1063/1.1311604)

[1613] Khanikaev A B, Shvets G. Two-dimensional topological photonics[J]. Nature Photon. ,2017, 11:763-773. (10.1038/s41566-017-0048-5)

[1614] Raghu S, Haldane F D M. Analogs of quantum-Hall-effect edge states in photonic crystals[J]. Phys. Rev. A,2008,78(033834):1-21. (10.1103/PhysRevA.78.033834)

[1615] Bahari B, Ndao A, Vallini F, et al. Nonreciprocal lasing in topological cavities of arbitrary geometries[J]. Science,2017,358:636-640. (10.1126/science.aao4551)

[1616] Haldane F D M. Model for a quantum Hall effect without Landau levels: Condensed-matter realization of the "Parity Anomaly"[J]. Phys. Rev. Lett. ,1988,61:2015-2018. (10.1103/PhysRevLett.61.2015)

[1617] Harari G, Bandres M A, Lumer Y, et al. Topological insulator laser: Theory[J]. Science,2018, 359:1230. (10.1126/science.aar4003)

[1618] Yang Y, Hang Z H. Topological whispering gallery modes in twodimensional photonic crystal cavities[J]. Opt. Express,2018,26:21235-21241. (10.1364/OE.26.021235)

[1619] Bandres M A, Wittek S, Harari G, et al. Topological insulator laser: Experiments[J]. Science, 2018,359:1231. (10.1126/science.aar4005)

[1620] Shao Z K, Chen H Z, Wang S, et al. A highperformance topological bulk laser based on band-inversion-induced reflection[J]. Nature Nanotechn., 2020, 15: 67-72. (10.1038/s41565-019-0584-x)

[1621] Zhu Y, Wu Q, Morin S, et al. Observation of a two-photon gain feature in the strong-probe absorption spectrum of driven two-level atoms[J]. Phys. Rev. Lett., 1990, 65: 1200-1203. (10.1103/PhysRevLett.65.1200)

[1622] Weisbuch C, Nishioka M, Ishikawa A, et al. Observation of the coupled exciton-photon mode splitting in a semiconductor quantum microcavity[J]. Phys. Rev. Lett., 1992, 69: 3314-3317. (10.1103/PhysRevLett.69.3314)

[1623] Savona V, Hradil Z, Quattropani A, et al. Quantum theory of quantum-well polaritons in semiconductor microcavities[J]. Phys. Rev. B, 1994, 49: 8774-8779. (10.1103/PhysRevB.49.8774)

[1624] Khitrova G, Gibbs H M, Jahnke F, et al. Nonlinear optics of normal-mode-coupling semiconductor microcavities [J]. Rev. Mod. Phys., 1999, 71: 1591-1639. (10.1103/RevModPhys.71.1591)

[1625] Skolnick M S, Fisher T A, Whittaker D M. Strong coupling phenomena in quantum microcavity structures[J]. Semicond. Sci. Technol., 1998, 13: 645-669. (10.1088/0268-1242/13/7/003)

[1626] Klar P J, Rowland G, Thomas P J S, et al. Photomodulated reflectance study of $In_xGa_{1-x}As$/GaAs/AlAs microcavity vertical-cavity surface emitting laser structures in the weak-coupling regime: The cavity/ground-state-exciton resonance[J]. Phys. Rev. B, 1999, 59: 2894-2901. (10.1103/PhysRevB.59.2894)

[1627] Baumberg J J, Savvidis P G, Stevenson R M, et al. Parametric oscillation in a vertical microcavity: A polariton condensate or micro-optical parametric oscillation[J]. Phys. Rev. B, 2000, 62: R16247-R16250. (10.1103/PhysRevB.62.R16247)

[1628] Kavokin A, Malpuech G, Gil B. Semiconductormicrocavities: Towards polariton lasers[J]. MRS Internet J. Nitride Semicond. Res., 2003, 8(3): 1-25. (10.1557/S1092578300000466)

[1629] Dang L S, Heger D, André R, et al. Stimulation of polariton photoluminescence in semiconductor microcavity[J]. Phys. Rev. Lett., 1998, 81: 3920-3923. (10.1103/PhysRevLett.81.3920)

[1630] Pawlis A, As D J, Schikora D, et al. Photonic devices based on wide gap semiconductors for room temperature polariton emission[J]. Phys. Status Solidi C, 2004, 1: S202-S209. (10.1002/pssc.200405141)

[1631] Tawara T, Gotoh H, Akasaka T, et al. Cavity polaritons in InGaN microcavities at room temperature[J]. Phys. Rev. Lett., 2004, 92(256402): 1-4. (10.1103/PhysRevLett.92.256402)

[1632] Antoine-Vincent N, Natali F, Byrne D, et al. Potentialities of GaN-based microcavities in strong coupling regime at room temperature[J]. Superlatt. Microstruct., 2004, 36: 599-606. (10.1016/j.spmi.2004.09.017)

[1633] Feltin E, Christmann G, Butté R, et al. Room temperature polariton luminescence from a GaN/AlGaN quantum well microcavity[J]. Appl. Phys. Lett., 2006, 89(071107): 1-3. (10.1063/1.

2335404)

[1634] Semond F, Sellers I R, Natali F, et al. Trong light-matter coupling at room temperature in simple geometry GaN microcavities grown on silicon[J]. Appl. Phys. Lett. ,2005,87(021102): 1-3. (10.1063/1.1994954)

[1635] Schmidt-Grund R, Rheinländer B, Czekalla C, et al. Excitonpolariton formation at room temperature in a planar ZnO resonator structure[J]. Appl. Phys. A, 2008,93: 331-337. (10.1007/s00340-008-3160-x)

[1636] Savvidis P G, Baumberg J J, Stevenson R M, et al. Angle-Resonant stimulated polariton amplifier[J]. Phys. Rev. Lett. ,2000,84:1547-1550. (10.1103/PhysRevLett.84.1547)

[1637] Yamamoto Y, Tassone T, Cao H. Semiconductor Cavity Quantum Electrodynamics[M]. Berlin: Springer,2000. (10.1007/3-540-45515-9)

[1638] Sanvitto D, Timofeev V. Exciton Polaritons in Microcavities[M]. Berlin: Springer, 2012.10. (1007/978-3-642-24186-4)

[1639] Poddubny A, Iorsh I, Belov P, et al. Hyperbolic metamaterials[J]. Nat. Photon. ,2013,7: 958-967. (10.1038/nphoton.2013.243)

[1640] Huo P, Zhang S, Liang Y, et al. Hyperbolic metamaterials and metasurfaces: Fundamentals and applications[J]. Adv. Opt. Mater. ,2019,7(1801616):1-25. (10.1002/adom.201801616)

[1641] Poddubny A, Belov P, Kivshar Y. Spontaneous radiation of a finite-size dipole emitter in hyperbolic media[J]. Phys. Rev. A,2011,84(023807):1-6. (10.1103/PhysRevA.84.023807)

[1642] Naik G V, Saha B, Liu J, et al. Epitaxial superlattices with titanium nitride as a plasmonic component for optical hyperbolic metamaterials[J]. PNAS, 2014,111: 7546-7551. (10.1073/pnas.1319446111)

[1643] Kruk S S, Wong Z J, Pshenay-Severin E, et al. Magnetic hyperbolic optical metamaterials[J]. Nat. Commun. ,2016,7(11329):1-7. (10.1038/ncomms11329)

[1644] McCall S L, Levi A F J, Slusher R E, et al. Whispering-gallery mode microdisk lasers[J]. Appl. Phys. Lett. ,1992,60:289-291. (10.1063/1.106688)

[1645] Wang R P, Dumitrescu M M. Theory of optical modes in semiconductor microdisk lasers[J]. J. Appl. Phys. ,1997,81:3391-3397. (10.1063/1.365034)

[1646] Levi A F J, Slusher R E, McCall S L, et al. Directional light coupling from microdisk lasers[J]. Appl. Phys. Lett. ,1993,62:561-563. (10.1063/1.108911)

[1647] Kim S K, Kim S H, Kim G H, et al. Highly directional emission from fewmicron-size elliptical microdisks[J]. Appl. Phys. Lett. , 2004,84:861-863. (10.1063/1.1646459)

[1648] Peter E, Senellart P, Martrou D, et al. Exciton-photon strongcoupling regime for a single quantum dot embedded in a microcavity[J]. Phys. Rev. Lett. ,2005,95(067401):1-4. (10.1103/PhysRevLett.95.067401)

[1649] Purcell E M. Spontaneous emission probabilities at radio frequencies[J]. Phys. Rev. ,1946,69: 681. (10.1103/PhysRev.69.674.2)

[1650] Gérard J M, Sermage B, Gayral B, et al. Enhanced spontaneous emission by quantum boxes in a monolithic optical microcavity[J]. Phys. Rev. Lett., 1998, 81: 1110-1113. (10.1103/PhysRevLett.81.1110)

[1651] Kiraz A, Michler P, Becher C, et al. Cavity-quantum electrodynamics using a single InAs quantum dot in a microdisk structure[J]. Appl. Phys. Lett., 2001, 78: 3932-3934. (10.1063/1.1379987)

[1652] Nöckel J U, Stone A D. Ray and wave chaos in asymmetric resonant optical cavities[J]. Nature, 1997, 385: 45-47. (10.1038/385045a0)

[1653] Gmachl C, Capasso F, Narimanov E E, et al. Highpower directional emission from microlasers with chaotic resonators[J]. Science, 1998, 280: 1556-1564. (10.1126/science.280.5369.1556)

[1654] Chern G D, Tureci H E, Douglas Stone A, et al. Unidirectional lasing from InGaN multiple-quantum-well spiral-shaped micropillars[J]. Appl. Phys. Lett., 2003, 83: 1710-1712. (10.1063/1.1605792)

[1655] Lee S Y, Rim S, Ryu J W, et al. Quasiscarred resonances in a spiral-shaped microcavity[J]. Phys. Rev. Lett., 2004, 93(164102): 1-4. (10.1103/PhysRevLett.93.164102)

[1656] Kneissl M, Teepe M, Miyashita N, et al. Current-injection spiralshaped microcavity disk laser diodes with unidirectional emission[J]. Appl. Phys. Lett., 2004, 84: 2485-2498. (10.1063/1.1691494)

[1657] Nobis T, Kaidashev E M, Rahm A, et al. Whispering gallery modes in nanosized dielectric resonators with hexagonal cross section[J]. Phys. Rev. Lett., 2004, 93(103903): 1-4. (10.1103/PhysRevLett.93.103903)

[1658] Leiter F, Zhou H, Henecker F, et al. Magnetic resonance experiments on the green emission in undoped ZnO crystals[J]. Physica B, 2001, 308-310: 908-911. (10.1016/S0921-4526(01)00837-7)

[1659] Wiersig J. Hexagonal dielectric resonators and microcrystal lasers[J]. Phys. Rev. A, 2003, 67(023807): 1-12. (10.1103/PhysRevA.67.023807)

[1660] Czekalla C, Sturm C, Schmidt-Grund R, et al. Whispering gallery mode lasing in zinc oxide microwires[J]. Appl. Phys. Lett., 2008, 92(241102): 1-3. (10.1063/1.2946660)

[1661] Dietrich C P, Lange M, Böntgen T, et al. The corner effect in hexagonal whispering gallery microresonators[J]. Appl. Phys. Lett., 2012, 101(141116): 1-5. (10.1063/1.4757572)

[1662] Streintz F. Ueber die elektrische Leitfähigkeit vom gepressten Pulvern[J]. Ann. Physik, 1902, 314, : 854-885. (10.1002/andp.19023141207)

[1663] Hartnagel H L, Dawar A L, Jain A K, et al. Semiconducting Transparent Thin Films[M]. Philadelphia: Institute of Physics Publishing, 1995.

[1664] issue on Transparent Conducting Oxides[J]. MRS Bull., 25(8). (10.1557/mrs2000.256)

[1665] Minami T. Transparent conducting oxide semiconductors for transparent electrodes[J]. Semicond. Sci. Technol. 2005, 20: S35-S44. (10.1088/0268-1242/20/4/004)

[1666] Gordon R G. Criteria for choosing transparent conductors[J]. MRS Bull., 2000, 25: 52-57. (10.1557/mrs2000.151)

[1667] Kawazoe H, Yasukawa M, Hyodo H, et al. P-type electrical conduction in transparent thin films of CuAlO$_2$[J]. Nature,1997,389:939-942.(10.1038/40087)

[1668] Dekkers M,Rijnders G,Blank D H A. ZnIr$_2$O$_4$, a p-type transparent oxide semiconductor in the class of spinel zinc-d6-transition metal oxide[J]. Appl. Phys. Lett. ,2007,90(021903):1-3.(10.1063/1.2431548)

[1669] Schein F L, vonWenckstern H, Frenzel H, et al. ZnO-based n-channel junction field-effect transistor with room-temperature-fabricated amorphous p-Type ZnCo$_2$O$_4$ gate[J]. IEEE Electr. Dev. Lett. ,2012,33:676-678.(10.1109/LED.2012.2187633)

[1670] Marezio M. Refinement of the crystal structure of In$_2$O$_3$ at two wavelengths[J]. Acta Cryst. ,1966,20:723-728.(10.1107/S0365110X66001749)

[1671] Brewer S H,Franzen S. Calculation of the electronic and optical properties of indium tin oxide by density functional theory[J]. Chem. Phys. ,2004,300:285-293.(10.1016/j.chemphys.2003.11.039)

[1672] Mryasov O N, Freeman A J. Electronic band structure of indium tin oxide and criteria for transparent conducting behavior[J]. Phys. Rev. B,2001,64(233111):1-3.(10.1103/PhysRevB.64.233111)

[1673] Agura H, Suzuki A, Matsushita T, et al. Low resistivity transparent conducting Al-doped ZnO films prepared by pulsed laser deposition[J]. Thin Solid Films,2003,445:263-267.(10.1016/S0040-6090(03)01158-1)

[1674] Ellmer K. Resistivity of polycrystalline zinc oxide films:Current status and physical limit[J]. J. Phys. D:Appl. Phys. ,2001,34:3097-3108.(10.1088/0022-3727/34/21/301)

[1675] Minami T, Suzuki S, Miyata T. Electrical conduction mechanism of highly transparent and conductive ZnO thin films[J]. Proc. Mater. Res. Soc. , 2001,666:F1.3.1.(10.1557/PROC-666-F1.3)

[1676] Ginley D S,Bright C. Transparent conducting oxides[J]. MRS Bull. ,2000,8:15-18.(10.1557/mrs2000.256)

[1677] Bellingham J R, Phillips W A, Adkins C J. Intrinsic performance limits in transparent conducting oxides[J]. J. Mat. Sci. Lett. ,1992,11:263-265.(10.1007/BF00729407)

[1678] Fleming J A. The Thermionic Valve and Its Developments in Radiotelegraphy and Telephony [M]. London:The Wireless Press,1919.

[1679] Meikle G S. The hot cathode argon gas filled rectifier[J]. General Electric Rev. ,1916,XIX:297-304;另见 Franklin J. Inst. ,1916,181:704-705.(10.1016/S0016-0032(16)90633-1)

[1680] Torrey H C,Whitmer C A. Crystal Rectifiers,MIT Radiation Lab. Series(Vol. 15)[M]. New York:McGraw-Hill,1948.

[1681] Henisch H K. Rectifying semiconductor contacts[J]. J. Electrochem. Soc. ,1956,103:637-643.(10.1149/1.2430178)

[1682] Henisch H K. Rectifying Semiconductor Contacts[M]. Oxford:Clarendon Press,1957.

[1683] Macdonald J R. Accurate solution of an idealized one-carrier metal-semiconductor junction problem[J]. Solid State Electron. ,1962,5:11-37.(10.1016/0038-1101(62)90013-8)

[1684] Padovani F A. The voltage-current characteristic of metal-semiconductor contacts[J]. Semicond. Semimet. ,1971(7A):75-146. (10.1016/S0080-8784(08)63007-0)

[1685] Rhoderick E H, Williams R H. Metal-Semiconductor Contacts[M]. 2nd ed. Oxford: Oxford University Press,1988.

[1686] Tung R T. Recent advances in Schottky barrier concepts[J]. Mater. Sci. Engin. R,2001,35:1-138. (10.1016/S0927-796X(01)00037-7)

[1687] Magaud L, Cryot-Lackmann F. Schottky barriers[J]. Digital Encycl. Appl. Phys. ,2003:573-591. (10.1002/3527600434. eap406)

[1688] Derry G N, Kern M E, Worth E H. Recommended values of clean metal surface work functions [J]. J. Vac. Sci. Technol. A,2015,33(060801):1-9. (10.1116/1.4934685)

[1689] Boer K W. Introduction to Space Charge Effects in Semiconductors[M]. Heidelberg: Springer, 2010. (10.1007/978-3-642-02236-4)

[1690] Cowley A M, Sze S M. Surface states and barrier height of metal-semiconductor systems[J]. J. Appl. Phys. ,1965,36:3212-3220. (10.1063/1.1702952)

[1691] Dimoulas A, Tsipas P, Sotiropoulos A, et al. Fermi-level pinning and charge neutrality level in germanium[J]. Appl. Phys. Lett. ,2006,89(252110):1-3. (10.1063/1.2410241)

[1692] Mead C A, Spitzer W G. Fermi level position at metal-semiconductor interfaces[J]. Phys. Rev. , 1964,134:A713-A716. (10.1103/PhysRev. 134. A713)

[1693] Kurtin S, McGill T C, Mead C A. Fundamental transition in the electronic nature of solids[J]. Phys. Rev. Lett. ,1969,22:1433-1436. (10.1103/PhysRevLett. 22.1433)

[1694] Mead C A. Surface barriers on ZnSe and ZnO[J]. Phys. Lett. ,1965,18:218. (10.1016/0031-9163(65)90295-7)

[1695] Bardeen J. Surface states and rectification at a metal-semiconductor contact[J]. Phys. Rev. , 1947,71:717-727. (10.1103/PhysRev. 71.717)

[1696] Mönch W. 125 years of metal-semiconductor contacts: Where do we stand? [J]. Adv. Solid State Phys. (Festkörperprobleme), 1999,39:13-24. (10.1007/BFb0107461)

[1697] Schmidt M, Pickenhain R, Grundmann M. Exact solutions for the capacitance of space charge regions at semiconductor interfaces[J]. Solid State Electron. ,2007,51:1002-1004. (10.1016/j. sse. 2007.04.004)

[1698] Schottky W. Über den Einfluß von Strukturwirkungen,besonders der Thomsonschen Bildkraft, auf die Elektronenemission der Metalle[J]. Phys. Zeitschrift,1914,15:872-878.

[1699] Courant E D. Image force and tunnel effect in crystal rectifiers[J]. Phys. Rev. ,1946,69:684. (10.1103/PhysRev. 69. 674. 2)

[1700] Meyerhof W E. Contact potential difference in silicon crystal rectifiers[J]. Phys. Rev. ,1947, 71:727-735. (10.1103/PhysRev. 71.727)

[1701] Sze S M, Crowell C R, Kahng D. Photoelectric determination of the image force dielectric constant for hot electrons in schottky barriers[J]. J. Appl. Phys. , 1964, 35: 2534-2536. (10.1063/1.1702894)

[1702] Goodman A M. Metal-semiconductor barrier height measurement by the differential capacitance method—Degenerate one-carrier system[J]. J. Appl. Phys., 1963, 34: 329-338. (10.1063/1.1713221)

[1703] van Opdorp C. Evaluation of doping profiles from capacitance measurements[J]. Solid State Electron., 1968, 11: 397-406. (10.1016/0038-1101(68)90020-8)

[1704] Dueñas S, Jaraiz M, Vicente J, et al. Optical admittance spectroscopy: A new method for deep level characterization[J]. J. Appl. Phys., 1987, 61: 2541-2545. (10.1063/1.337930)

[1705] Losee D L. Admittance spectroscopy of impurity levels in Schottky barriers[J]. J. Appl. Phys., 1975, 46: 2204-2214. (10.1063/1.321865)

[1706] Verkhovodov M P, Peka H P, Pulemyotov D A. Capacitance behaviour of junctions with frozen dopant levels[J]. Semicond. Sci. Technol., 1993, 8: 1842-1847. (10.1088/0268-1242/8/10/009)

[1707] Auret F D, Nel J M, Hayes M, et al. Electrical characterization of growth-induced defects in bulk-grown ZnO[J]. Superlatt. Microstruct., 2006, 39: 17-23. (10.1016/j.spmi.2005.08.021)

[1708] Schmidt M, Ellguth M, Czekalla C, et al. Defects in zinc-implanted ZnO thin films[J]. J. Vac. Sci. Technol. B, 2009, 27: 1597-1600. (10.1116/1.3086659)

[1709] Wagner C. Zur Theorie der Gleichrichterwirkung[J]. Phys. Zeitschrift, 1931, 32: 641-645.

[1710] Schottky W, Spenke E. Zur quantitativen Durchführung der Raumladungs- und Randschichttheorie der Kristallgleichrichter[J]. Wiss. Veröff. Siemens Werke, 1939, 18: 225-291.

[1711] Landsberg P T. The theory of direct-current characteristics of rectifiers[J]. Proc. Roy. Soc. London A, 1951, 206, 463-477. (10.1098/rspa.1951.0082)

[1712] Landsberg P T. Contributions to the theory of heterogeneous barrier layer rectifiers[J]. Proc. Roy. Soc. London A, 1951, 206: 477-488. (10.1098/rspa.1951.0083)

[1713] Allen M W, Durbin S M, Weng X, et al. Temperature-dependent properties of nearly ideal ZnO Schottky diodes[J]. IEEE Trans. Electron Devices, 2009, 56: 2160-2164. (10.1109/TED.2009.2026393)

[1714] Wagner L F, Young R W, Sugerman A. A note on the correlation between the Schottky diode barrier height and the ideality factor as determined from I-V measurements[J]. IEEE Electr. Dev. Lett., 1983, 4: 320-322. (10.1109/EDL.1983.25748)

[1715] Yearian H J. D.C. characteristics of Ge and Si crystal rectifiers[J]. Phys. Rev., 1946, 69: 682. (10.1103/PhysRev.69.674.2)

[1716] Sachs R G. Theory of crystal rectifiers[J]. Phys. Rev., 1946, 69: 682. (10.1103/PhysRev.69.674.2)

[1717] Johnson V A, Smith R N, Yearian H J. Semi-quantitative explanation of D.C. characteristics of crystal rectifiers[J]. Phys. Rev., 1946, 69: 682-683. (10.1103/PhysRev.69.674.2)

[1718] Yearian H J. D.C. characteristics of silicon and germanium point contact crystal rectifiers. Part I. Experimental[J]. J. Appl. Phys., 1950, 21: 214-221. (10.1063/1.1699637)

[1719] Johnson V A, Smith R N, Yearian H J. D.C. characteristics of silicon and germanium point contact crystal rectifiers. Part II. The multicontact theory[J]. J. Appl. Phys., 1950, 21: 283-289.

(10.1063/1.1699654)

[1720] Werner J H, Güttler H H. Barrier inhomogeneities at Schottky contacts[J]. J. Appl. Phys., 1991, 69:1522-1533. (10.1063/1.347243)

[1721] Bondarenko V B, Kudinov Yu A, Ershov S G, et al. Natural nonuniformities in the height of a Schottky barrier[J]. Semicond., 1998, 32:495-496. (10.1134/1.1187426)

[1722] Defives D, Noblanc O, Dua C, et al. Barrier inhomogeneities and electrical characteristics of Ti/4H-SiC Schottky rectifiers[J]. IEEE Trans. Electron Devices, 1999, 46:449-455. (10.1109/16.748861)

[1723] Müller S, von Wenckstern H, Breitenstein O, et al. Microscopic identification of hot spots in multibarrier Schottky contacts on pulsed laser deposition grown zinc oxide thin films[J]. IEEE Trans. Electron Devices, 2012, 59:536-541. (10.1109/TED.2011.2177984)

[1724] von Wenckstern H, Biehne G, Abdel Rahman R, et al. Mean barrier height of Pd Schottky contacts on ZnO thin films[J]. Appl. Phys. Lett., 2006, 88(092102):1-3. (10.1063/1.2180445)

[1725] Werner J H. Schottky barrier and pn-junction I/V plots-Small signal evaluation[J]. Appl. Phys. A, 1988, 47:291-200. (10.1007/BF00615935)

[1726] Padovani F A, Sumner G G. Experimental study of gold-gallium arsenide Schottky barriers[J]. J. Appl. Phys., 1965, 36:3744-3747. (10.1063/1.1713940)

[1727] Padovani F A, Stratton R. Field and thermionic-field emission in Schottky barriers[J]. Solid State Electron., 1966, 9:695-707. (10.1016/0038-1101(66)90097-9)

[1728] Mönch W. Barrier heights of real Schottky contacts explained by metal-induced gap states and lateral inhomogeneities[J]. J. Vac. Sci. Technol. B, 1999, 17:1867-1876. (10.1116/1.590839)

[1729] Crowell C R, Sze S M. Current transport in metal-semiconductor barriers[J]. Solid State Electron., 1966, 9:1035-1048. (10.1016/0038-1101(66)90127-4)

[1730] Crowell C R, Beguwala M. Recombination velocity effects on current diffusion and imref in Schottky barriers[J]. Solid State Electron., 1971, 14:1149-1157. (10.1016/0038-1101(71)90027-X)

[1731] Lajn A, von Wenckstern H, Grundmann M, et al. Comparative study of transparent rectifying contacts on semiconducting oxide single crystals and amorphous thin films[J]. J. Appl. Phys., 2013, 113(044511):1-13. (10.1063/1.4789000)

[1732] Andrews J M, Lepselter M P. Reverse current-voltage characteristics of metal-silicide Schottky diodes[J]. Solid State Electron., 1970, 13:1011-1023. (10.1016/0038-1101(70)90098-5)

[1733] Deane J H B, Forbes R G. The formal derivation of an exact series expansion for the principal Schottky-Nordheim barrier function v, using the Gauss hypergeometric differential equation [J]. J. Phys. A:Math. Theor., 2008, 41(395301):1-9. (10.1088/1751-8113/41/39/395301)

[1734] Holm R. Electrical Contacts. Theory and Applications[M]. 4th ed. Berlin:Springer, 1981. (10.1007/978-3-662-06688-1)

[1735] Yu A Y C. Electron tunneling and contact resistance of metal-silicon contact barriers[J]. Solid State Electron., 1970, 13:239-247. (10.1016/0038-1101(70)90056-0)

[1736] Chang C Y, Fang Y K, Sze S M. Specific contact resistance of metal-semiconductor barriers[J]. Solid StateElectron., 1971, 14: 541-550. (10.1016/0038-1101(71)90129-8)

[1737] Sanada T, Wada O. Ohmic contacts to p-GaAs with Au/Zn/Au structure[J]. Jpn. J. Appl. Phys., 1980, 19: L491-L494. (10.1143/JJAP.19.L491)

[1738] Braslau N, Gunn J B, Staples J L. Metal-semiconductor contacts for GaAs bulk effect devices[J]. Solid State Electron., 1967, 10: 381-383. (10.1016/0038-1101(67)90037-8)

[1739] Chen C L, Mahoney L J, Finn M C, et al. Low resistance Pd/Ge/Au and Ge/Pd/Au ohmic contacts to n-type GaAs[J]. Appl. Phys. Lett., 1986, 48: 535-537. (10.1063/1.96498)

[1740] Rideout V L. Areviewof the theory and technology for ohmic contacts to group Ⅲ-Ⅴ compound semiconductors[J]. Solid State Electron., 1975, 18: 541-550. (10.1016/0038-1101(75)90031-3)

[1741] Sharma B C. Ohmic contacts to Ⅲ-Ⅴ compound semiconductors[J]. Semicond. Semimet., 1981, 15: 1-38. (10.1016/S0080-8784(08)60284-7)

[1742] Robinson G Y. Metallurgical and electrical properties of alloyed Ni/Au-Ge Films on n-type GaAs[J]. Solid State Electron., 1975, 18: 331-342. (10.1016/0038-1101(75)90088-X)

[1743] Mott N F, Gurney R W. Electronic Processes in Ionic Crystals[M]. Oxford: Clarendon Press, 1940: 168-173.

[1744] Zhang P, ValfellsÁ, Ang L K, et al. 100 years of the physics of diodes[J]. Appl. Phys. Rev., 2017, 4(011304): 1-29. (10.1063/1.4978231)

[1745] Child C D. Discharge from hot CaO[J]. Phys. Rev. (Series Ⅰ), 1911, 32: 492-511. (10.1103/PhysRevSeriesI.32.492)

[1746] Langmuir I. The effect of space charge and residual gases on thermionic currents in high vacuum[J]. Phys. Rev., 1913, 2: 450-486. (10.1103/PhysRev.2.450)

[1747] González G. Quantum theory of space charge limited current in solids[J]. J. Appl. Phys., 2015, 117(084306): 1-3. (10.1063/1.4913512)

[1748] Smith R W, Rose A. Space-charge-limited currents in single crystals of cadmium sulfide[J]. Phys. Rev., 1955, 97: 1531-1537. (10.1103/PhysRev.97.1531)

[1749] Wright G T. Space-charge limited currents in insulating materials[J]. Nature, 1958, 182: 1296-1297. (10.1038/1821296a0)

[1750] Büget U, Wright G T. Space-charge-limited current in silicon[J]. Solid State Electron., 1967, 10: 199-207. (10.1016/0038-1101(67)90074-3)

[1751] Orton J W, Powell M J. The relationship between space-charge-limited current and density of states in amorphous silicon[J]. Philos. Mag., 1984, 50: 11-21. (10.1080/13642818408238824)

[1752] Heller C M, Campbell I H, Smith D L, et al. Chemical potential pinning due to equilibrium electron transfer at metal/C_{60}-doped polymer interfaces[J]. J. Appl. Phys., 1997, 81: 3227-3231. (10.1063/1.364154)

[1753] Campbell I H, Hagler T W, Smith D L, et al. Direct measurement of conjugated polymer electronic excitation energies using metal/polymer/metal structures[J]. Phys. Rev. Lett., 1996,

76:1900-1903.(10.1103/PhysRevLett.76.1900)

[1754] Campbell I H,Smith D L. Physics of organic electronic devices[J]. Solid State Phys. ,2001,55:1-117.(10.1016/S0081-1947(01)80003-5)

[1755] Mark P,Helfrich W. Space-charge-limited currents in organic crystals[J]. J. Appl. Phys. ,1962,33:205-215.(10.1063/1.1728487)

[1756] Frieder Baumann,Lucent Technologies Bell Labs.

[1757] Garrett C G B,Brattain W H. Physical theory of semiconductor surfaces[J]. Phys. Rev. ,1955,99:376-387.(10.1103/PhysRev.99.376)

[1758] Grove A S,Deal B E,Snow E H,et al. Investigation of thermally oxidised silicon surfaces using metaloxide-semiconductor structures[J]. Solid State Electron. ,1965,8:145-163.(10.1016/0038-1101(65)90046-8)

[1759] Deal B E,Snow E H,Mead C A. Barrier energies in metal-silicon dioxide-silicon structures[J]. J. Phys. Chem. Solids,1966,27:1873-1879.(10.1016/0022-3697(66)90118-1)

[1760] Werner W M. The work function difference of the MOS-system with aluminum field plates and polycrystalline silicon field plates[J]. Solid State Electron. ,1974,17:769-775.(10.1016/0038-1101(74)90023-9)

[1761] Guilleomoles J F,Lubomirsky I,Riess I,et al. Thermodynamic stability of p/n junctions[J]. J. Phys. Chem. ,1995,99:14486-14493.(10.1021/j100039a041)

[1762] O'Hearn W F,Chang Y F. An analysis on the frequency dependence of the capacitance of abrupt p-n junction semiconductor devices[J]. Solid State Electron. ,1970,13:473-483.(10.1016/0038-1101(70)90158-9)

[1763] Yang J,Zhang Y,Chen W,et al. p-n junction theory in view of excess majority carriers[J]. EPL,2017,120(28004):1-4.(10.1209/0295-5075/120/28004)

[1764] Yoshizumi Y,Hashimoto S,Tanabe T,et al. High-breakdown-voltage pn-junction diodes on GaN substrates[J]. J. Cryst. Growth,2007,298:875-878.(10.1016/j.jcrysgro.2006.10.246)

[1765] Sah C T,Noyce R N,Shockley W. Carrier generation and recombination in P-N junctions and P-N junction characteristics[J]. Proc. IRE,1957,45:1228-1243.(10.1109/JRPROC.1957.278528)

[1766] Grundmann M. The bias dependence of the non-radiative recombination current in p-n diodes [J]. Solid State Electron. ,2005,49:1446-1448.(10.1016/j.sse.2005.06.015)

[1767] Gummel H K. Hole-electron product of pn junctions[J]. Solid State Electron. ,1967,10:209-212.(10.1016/0038-1101(67)90075-5)

[1768] Moll J L. Physics of Semiconductors[M]. New York:McGraw-Hill,1964.

[1769] Strutt M J O. Properties of semiconductor diodes,in Semiconductor Devices(vol. 1)[M]. New York:Academic Press,1966. Guggenbühl W,Strutt M J O,Wunderlin W. Halbleiterbauelemente,Ⅰ. Halbleiter und Halbleiterdioden[M]. Basel:Springer,1962 的英文版.(10.1007/978-3-0348-6854-9)

[1770] Mahadevan S,Hardas S M,Suryan G. Electrical breakdown in semiconductors[J]. Phys. Status

Solidi A,1971,8:335-374.(10.1002/pssa.2210080202)

[1771] Lausch D,Petter K,von Wenckstern H,et al. Correlation of pre-breakdown sites and bulk defects in multicrystalline silicon solar cells[J]. Phys. Status Solidi RRL,2009,3:70-72.(10.1002/pssr.200802264)

[1772] Sze S M,Gibbons G. Avalanche breakdown voltages of abrupt and linearly graded p-n junctions in Ge,Si,GaAs and GaP[J]. Appl. Phys. Lett.,1966,8:111-113.(10.1063/1.1754511)

[1773] Fulop W. Calculation of avalanche breakdown voltages of silicon p-n junctions[J]. Solid State Electron.,1967,10:39-43.(10.1016/0038-1101(67)90111-6)

[1774] Baliga B J,Ghandhi S K. Analytical solutions for the breakdown voltage of abrupt cylindrical and spherical junctions[J]. Solid State Electron.,1976,19:739-744.(10.1016/0038-1101(76)90152-0)

[1775] Lee M H,Sze S M. Orientation dependence of breakdown voltage in GaAs[J]. Solid State Electron.,1980,23:1007-1009.(10.1016/0038-1101(80)90072-6)

[1776] Goetzberger A,McDonald B,Haitz R H,et al. Avalanche effects in silicon p-n junctions. II. Structurally perfect junctions[J]. J. Appl. Phys.,1963,34:1591-1600.(10.1063/1.1702640)

[1777] Baliga B J. Modern Power Devices[M]. New York:Wiley,1987.

[1778] Baliga B J. Fundamentals of power semiconductor devices[M]. Berlin:Springer,2008.(10.1007/978-0-387-47314-7)

[1779] Sze S M,Gibbons G. Effect of junction curvature on breakdown voltage in semiconductors[J]. Solid State Electron.,1966,9:831-845.(10.1016/0038-1101(66)90033-5)

[1780] Milnes A G,Feucht D L. Heterojunctions and Metal Semiconductor Junctions[M]. New York: Academic Press,1972.

[1781] Bluyssen H J A,van Ruyven L J,Williams F. Effects of quantum confinement and compositional grading on the band structure of heterojunctions[J]. Solid State Electron.,1979,22:573-579.(10.1016/0038-1101(79)90020-0)

[1782] Schein F L,von Wenckstern H,Grundmann M. Transparent p-CuI/n-ZnO heterojunction diodes[J]. Appl. Phys. Lett.,2013,102(092109):1-4.(10.1063/1.4794532)

[1783] Grundmann M,Karsthof R,von Wenkstern H,et al. Interface recombination current in type II heterostructure bipolar diodes[J]. ACS Appl. Mat. Interf.,2014,6:14785-14789.(10.1021/am504454g)

[1784] Yang C,Kneiß M,Schein F L,et al. Room-temperature domain-epitaxy of copper iodide thin films for transparent CuI/ZnO heterojunctions with high rectification ratios larger than 10^9 [J]. Sci. Rep.,2016,6(21937):1-8.(10.1038/srep21937)

[1785] Yang J,Shen J. Effects of discrete trap levels on organic light emitting diodes[J]. J. Appl. Phys.,1999,85:2699-2705.(10.1063/1.369587)

[1786] Staudigel J,Stößel M,Steuber F,et al. A quantitative numerical model of multilayer vapor-deposited organic light emitting diodes[J]. J. Appl. Phys.,1999,86:3895-3910.(10.1063/1.371306)

[1787] Blochwitz J. Organic light-emitting diodes with doped charge transport layers[D]. Technische Universität Dresden, 2001.

[1788] Harada K, Werner A G, Pfeiffer M, et al. Organic homojunction diodes with a high built-in potential: Interpretation of the current-voltage characteristics by a generalized Einstein relation [J]. Phys. Rev. Lett., 2005, 94(036601): 1-4. (10.1103/PhysRevLett.94.036601)

[1789] Van Slyke S A, Chen C H, Tang C W. Organic electroluminescent devices with improved stability[J]. Appl. Phys. Lett., 1996, 69: 2160-2162. (10.1063/1.117151)

[1790] Oyamada T, Yoshizaki H, Sasabe H, et al. Efficient electron injection characteristics of triazine derivatives for transparent OLEDs (TOLEDs)[J]. Chemistry Lett., 2004, 33: 1034-1035. (10.1246/cl.2004.1034)

[1791] Sharma B L. Metal-Semiconductor Schottky Barrier Junctions and Their Applications[M]. New York: Plenum Press, 1984. (10.1007/978-1-4684-4655-5)

[1792] Virginia Diodes. Inc.. www.virginiadiodes.com.

[1793] Dearn A, Devlin L. Plextek Ltd., UK.

[1794] Tuning varactors. Application Note. MicroMetrics Inc., Londonderry, NH, USA.

[1795] BY329 Product Specifications. Philips Semiconductors, 1998.

[1796] Step recovery diodes. Application Note. MicroMetrics Inc., Londonderry, NH, USA.

[1797] Tan M R T, Yang S Y, Mars D E, et al. A 12 psec GaAs double heterostructure step recovery diode[M]. Palo Alto: Hewlett-Packard Co., CA, 1991.

[1798] Esaki L. New phenomenon in narrow germanium p-n junctions[J]. Phys. Rev., 1958, 109: 603-604. (10.1103/PhysRev.109.603)

[1799] Mendez E E, Esaki L. Resonant tunneling[J]. Digital Encycl. Appl. Phys., 2003: 437-454. (10.1002/3527600434.eap400)

[1800] Seabaugh A, Lake R. Tunnel diodes[J]. Digital Encycl. Appl. Phys., 2003: 335-359. (10.1002/3527600434.eap541)

[1801] Kane E O. Zener tunneling in semiconductors[J]. J. Phys. Chem. Solids, 1959, 12: 181-188. (10.1016/0022-3697(60)90035-4)

[1802] Esaki L, Miyahara Y. A new device using the tunneling process in narrow p-n junctions[J]. Solid State Electron., 1960, 1: 13-21. (10.1016/0038-1101(60)90052-6)

[1803] Holonyak Jr. N, Lesk I A, Hall R N, et al. Direct observation of phonons during tunneling in narrow junction diodes[J]. Phys. Rev. Lett., 1959, 3: 167-168. (10.1103/PhysRevLett.3.167)

[1804] Chynoweth A G, Logan R A, Thomas D E. Phonon-assisted tunneling in silicon and germanium Esaki junctions[J]. Phys. Rev., 1962, 125: 877-881. (10.1103/PhysRev.125.877)

[1805] Bao M, Wang K L. Accurately measuring current-voltage characteristics of tunnel diodes[J]. IEEE Trans. Electron Devices, 2006, 53: 2564-2568. (10.1109/TED.2006.882281)

[1806] Datasheet Tunneling Diode 1N4396, American Semiconductors[OL]. www.americanmicrosemi.com

[1807] Datasheet Tunneling Diode 1N4397, American Semiconductors[OL]. www.americanmicrosemi.com

[1808] Bulmann P J, Hobson G S, Taylor B S. Transferred Electron Devices[M]. New York: Academic,1972.

[1809] Khalid A, Pilgrim N J, Dunn G M, et al. A planar Gunn diode operating above 100 GHz[J]. IEEE Electr. Dev. Lett. ,2007,28:849-851. (10.1109/LED.2007.904218)

[1810] Sokolov V N, Kim K W, Kochelap V A, et al. Terahertz generation in submicron GaN diodes within the limited space-charge accumulation regime[J]. J. Appl. Phys. ,2005,98(064507):1-7. (10.1063/1.2060956)

[1811] Rydberg A. High efficiency and output power from second and third-harmonic millimeter-wave InP-TED oscillators at frequencies above 170 GHz[J]. IEEE Electr. Dev. Lett. ,1990,11:439-441. (10.1109/55.62989)

[1812] Eisele H. Dual Gunn device oscillator with 10 mW at 280 GHz[J]. Electron. Lett. ,2007,43: 636-637. (10.1049/el:20070936)

[1813] Yngvesson S. Transferred Electron Devices (TED)—Gunn devices in Ref. [1815]:23-58. (10.1007/978-1-4615-3970-4_2)

[1814] Van Zyl R, Perold W, Botha R. The Gunn-diode: Fundamentals and fabrication[C]. Proceedings 1998 South African Symposium on Communications and Signal Processing, 1998: 407-412. (10.1109/COMSIG.1998.736992)

[1815] Yngvesson S. Microwave semiconductor devices[M]//Springer International Series in Engineering and Computer Science(vol.134). New York:Springer, 1991. (10.1007/978-1-4615-3970-4)

[1816] Linsebigler A L, Lu G, Yates J T. Photocatalysis on TiO_2 surfaces: Principles, mechanisms, and selected results[J]. Chem. Rev. ,1995,95:735-758. (10.1021/cr00035a013)

[1817] Duonghong D, Borgarello E, Grätzel M. Dynamics of light-induced water cleavage in colloidal systems[J]. J. Am. Chem. Soc. ,1981,103:4685-4690. (10.1021/ja00406a004)

[1818] Jung K Y, Kang YCh, Park S B. Photodegradation of trichloroethylene using nanometre-sized ZnO particles prepared by spray pyrolysis[J]. J. Mater. Sci. Lett. ,1997,16:1848-1849. (10.1023/A:1018589206858)

[1819] Yang J L, An S J, Park W I, et al. Photocatalysis using ZnO thin films and nanoneedles grown by metal-organic chemical vapor deposition[J]. Adv. Mater. ,2004,16:1661-1664. (10.1002/adma.200306673)

[1820] Johnson J B. Thermal agitation of electricity in conductors[J]. Nature,1927,119:50-51. (10.1038/119050c0)

[1821] Johnson J B. Thermal agitation of electricity in conductors[J]. Phys. Rev. ,1928,32:97. (10.1103/PhysRev.32.97)

[1822] Nyquist H. Thermal agitation of electric charge in conductors[J]. Phys. Rev. ,1928,32:110. (10.1103/PhysRev.32.110)

[1823] Van der Ziel A. Fluctuation Phenomena in Semiconductors[M]. London:Butterworth Scientific Publ. ,1959.

[1824] Boyd R W. Radiometry and Detection of Optical Radiation[M]. New York:Wiley,1983.

[1825] Nudelman S. The detectivity of infrared photodetectors[J]. Appl. Optics,1962,1:627-636. (10.

1364/AO.1.000627)

[1826] Jones R C. Method of rating the performance of photoconductive cells[C]. Proc. IRIS (Infrared Radiation Information Symposium),1957,2:9-12.

[1827] Jones R C. Proposal of the detectivity D^{**} for detectors limited by radiation noise[J]. J. Opt. Soc. Am. ,1960,50:1058. (10.1364/JOSA.50.001058)

[1828] Canon Inc.[OL]. www.canon.com/technology.

[1829] Levine B F. Quantum-well infrared photodetectors[J]. J. Appl. Phys. ,1993,74:R1-R81. (10.1063/1.354252)

[1830] Liu H C,Dudek R,Shen A,et al. High absorption (>90%) quantum-well infrared photodetectors[J]. Appl. Phys. Lett. ,2001,79:4237-4239. (10.1063/1.1425066)

[1831] Rogalski A. Progress in focal plane array technologies[J]. Prog. Quantum Electr. ,2012,36:342-473. (10.1016/j.pquantelec.2012.07.001)

[1832] Fraunhofer-Institut für Angewandte Festkörperphysik,Freiburg[OL]. www.iaf.fraunhofer.de.

[1833] Petroff M D,Stapelbroek M G. Blocked impurity band detectors:US Patent 4568960[P]. 1980.

[1834] Haegel N M. BIB detector development for the far infrared:From Ge to GaAs[J]. Proc. SPIE,2003,4999:182-194. (10.1117/12.479623)

[1835] Reichertz L A,Beeman J W,Cardozo B L,et al. GaAs BIB photodetector development for far-infrared astronomy[J]. Proc. SPIE,2004,5543:231-238. (10.1117/12.560291)

[1836] Szmulowicz F,Madarsz F L. Blocked impurity band detectors—An analytical model:Figures of merit[J]. J. Appl. Phys. ,1987,62:2533-2540. (10.1063/1.339466)

[1837] Melchior H. Demodulation and Photodetection Techniques[M]//Arecchi F T,Schulz-Dubois E O. Laser Handbook(vol.1). Amsterdam:North-Holland,1972:725-835.

[1838] Stillman G E,Wolfe C M. Avalanche photodiodes[J]. Semicond. Semimet. ,1977,12:291-393. (10.1016/S0080-8784(08)60150-7)

[1839] Datasheet Position Sensitive Photodiodes, DL-100-7-KER pin (2002), Silicon Sensor GmbH, Berlin (Germany)[OL]. www.silicon-sensor.com.

[1840] Sze S M,Coleman D J,Loya A. Current transport in metal-semiconductor-metal (MSM) structures[J]. Solid State Electron. ,1971,14:1209-1218. (10.1016/0038-1101(71)90109-2)

[1841] Kuhl D. Herstellung und Charakterisierung von MSM Detektoren[D]. Technische Universität Berlin,1992.

[1842] Chou S Y,Liu M Y. Nanoscale tera-hertz metal-semiconductor-metal photodetectors[J]. IEEE J. Quantum Electr. ,1992,QE-28:2358-2368. (10.1109/3.159542)

[1843] McIntyre R J. Multiplication noise in uniform avalanche diodes[J]. IEEE Trans. Electron Devices,1966,13:164-168. (10.1109/T-ED.1966.15651)

[1844] Baertsch R D. Noise and ionization rate measurements in silicon photodiodes[J]. IEEE Trans. Electron Devices,1966,13:987. (10.1109/T-ED.1966.15880)

[1845] Datasheet APD Silicon Sensor AD500-12 TO,Silicon Sensor International AG,2010.

[1846] Williams G M,Compton M,Ramirez D A,et al. Multi-gain-stage InGaAs avalanche photo-diode with enhanced gain and reduced excess noise[J]. IEEE J. Electr. Dev. Soc., 2013, 1: 54-65. (10.1109/JEDS.2013.2258072)

[1847] Giboney K S, Rodwell M J W, Bowers J E. Traveling-wave photodetectors[J]. IEEE Phot. Technol. Lett., 1992, 4: 1363-1365. (10.1109/68.180577)

[1848] Shi J W, Gan K G, Chiu Y J, et al. Metal-semiconductor-metal traveling-wave photodetectors [J]. IEEE Phot. Technol. Lett., 2001, 16: 623-635. (10.1109/68.924045)

[1849] Beynon J D E, Lamb D R. Charge-coupled Devices and their Applications[M]. Maidenhead: McGraw-Hill, 1977.

[1850] Theuwissen A J P. Solid-State Imaging with Charge-Coupled Devices[M]. New York: Kluwer, 1995. (10.1007/0-306-47119-1)

[1851] Goetzberger A, Nicollian E H. Temperature dependence of inversion-layer frequency response in silicon[J]. Bell Syst. Tech. J., 1967, 46: 513-522. (10.1002/j.1538-7305.1967.tb04232.x)

[1852] Beynon J D E. The basic principles of charge-coupled devices[J]. Microelectron., 1975, 7: 7-13.

[1853] Charge-coupled device (CCD) image sensors, MTD/PS-0218, Rev. 2 (2008), Eastman Kodak Company, Rochester, NY[OL]. www.kodak.com.

[1854] Carnes J E, Kosonocky W F, Ramberg E G. Free charge transfer in charge-coupled devices[J]. IEEE Trans. Electron Devices, 1972, 19: 798-808. (10.1109/T-ED.1972.17497)

[1855] Sequin C H, Tompsett M F. Charge transfer devices[M]. New York: Academic, 1975.

[1856] Burt D J. Basic operation of the charge coupled device[C]. Int. Conf. Technol. Appl. CCD, University of Edinburgh, 1974: 1-12.

[1857] SONY Corporation[OL]. www.sony.net.

[1858] Bayer B E. Color imaging array: US Patent, 3971065[P]. 1975.

[1859] Bigas M, Cabruja E, Forest J, et al. Review of CMOS image sensors[J]. Microelectron. J., 2006, 37: 433-451. (10.1016/j.mejo.2005.07.002)

[1860] Theuwissen A J P. CMOS image sensors: State-of-the-art[J]. Solid State Electron., 2008, 52: 1401-1406. (10.1016/j.sse.2008.04.012)

[1861] Datasheet CMOS linear image sensor, S9226 (2003)[OL]. www.hamamatsu.com.

[1862] Foveon Inc.[OL]. www.foveon.com.

[1863] Merrill R B. Color separation in an active pixel cell imaging array using a triple-well structure: US Patent, 5965875[P]. 1998.

[1864] Datasheet 16 element APD array 16AA0.4-9 SMD (2018), First Sensor AG, Berlin[OL]. www.first-sensor.com.

[1865] Datasheet InGaAs Linear Photodiode Array, SU1024LE-1.7 (2019), Sensors Unlimited, Inc. [OL]. www.sensorsinc.com.

[1866] Datasheet Quadrant Photodiode with Position Sensing, QD50-0 (2019), OSI Optoelectronics, Hawthorne, CA, USA[OL]. www.osioptoelectronics.com.

[1867] Yokoyama T, Tsutsui M, Nishi Y, et al. High performance 2.5um global shutter pixel with new designed light-pipe structure[C]. Proceedings 2018 IEEE International Electron Devices

Meeting(IEDM)(IEEE,2018):10.5.1-10.5.4.(10.1109/IEDM.2018.8614569)

[1868] Tsugawa H, Takahashi H, Nakamura R, et al. Pixel/DRAM/logic 3-layer stacked CMOS image sensor technology[C]. Proceedings 2017 IEEE International Electron Devices Meeting (IEDM) (IEEE,2017):3.2.1-3.2.4.(10.1109/IEDM.2017.8268317)

[1869] IMX250MZRMYR flyer, SONY corporation[OL]. www.sony-semicon.co.jp.

[1870] Loferski J J. The first forty years: A brief history of the modern photovoltaic age[J]. Prog. Photovolt.: Res. Appl., 1993, 1:67-78.(10.1002/pip.4670010109)

[1871] 最新的表格可以在此查看:Green M, Dunlop E, Hohl-Ebinger J, et al. Solar cell efficiency tables (Version 57)[J]. Prog. Photovolt.: Res. Appl., 2021, 29:3-15.(10.1002/pip.3371)

[1872] Leemans R, Cramer W P. The IIASA database for mean monthly values of temperature, precipitation and cloudiness on a global terrestrial grid[R]. International Institute of Applied Systems Analyses, Laxenburg, Austria, 1991.

[1873] Gärtner W W. Depletion-layer photoeffects in semiconductors International Institute of Applied Systems Analyses[J]. Phys. Rev., 1959, 116:84-87.(10.1103/PhysRev.116.84)

[1874] Liu X, Sites J. Solar-cell collection efficiency and its variation with voltage[J]. J. Appl. Phys., 1994, 75:577-581.(10.1063/1.355842)

[1875] Hovel H H. Carrier collection, spectral response, and photocurrent[J]. Semicond. Semimet., 1975, 11:8-47.(10.1016/S0080-8784(08)62358-3)

[1876] Hegedus S, Desai D, Thompson C. Voltage dependent photocurrent collection in CdTe/CdS solar cells[J]. Prog. Photovolt.: Res. Appl., 2007, 15:587-602.(10.1002/pip.767)

[1877] Henry C H. Limiting efficiencies of ideal single and multiple energy gap terrestrial solar cells [J]. J. Appl. Phys., 1980, 51:4494-4500.(10.1063/1.328272)

[1878] Shockley W, Queisser H J. Detailed balance limit of efficiency of p-n junction solar cells[J]. J. Appl. Phys., 1961, 32:510-519.(10.1063/1.1736034)

[1879] Queisser H J. Detailed balance limit for solar cell efficiency[J]. Mater. Sci. Engin. B, 2008:159-160, 322-328.(10.1016/j.mseb.2008.06.033)

[1880] Kirchartz Th, Rau U. Detailed balance and reciprocity in solar cells[J]. Phys. Status Solidi A, 2008, 205:2737-2751.(10.1002/pssa.200880458)

[1881] Werner J H, Kolodinski S, Queisser H J. Novel optimization principles and efficiency limits for semiconductor solar cells[J]. Phys. Rev. Lett., 1994, 72:3851-3854.(10.1103/PhysRevLett.72.3851)

[1882] Markvart T. Solar cell as a heat engine: Energy-entropy analysis of photovoltaic conversion[J]. Phys. Status Solidi A, 2008, 205:2752-2756.(10.1002/pssa.200880460)

[1883] Prince M B. Silicon solar energy converters[J]. J. Appl. Phys., 1955, 26:534-540.(10.1063/1.1722034)

[1884] Ross R T. Some thermodynamics of photochemical systems[J]. J. Chem. Phys., 1967, 46:4590-4593.(10.1063/1.1840606)

[1885] Miller O D, Yablonovitch E, Kurtz S R. Strong internal and external luminescence as solar cells approach the Shockley-Queisser limit[J]. IEEE J. Photovoltaics, 2012, 2: 303-311. (10.1109/JPHOTOV.2012.2198434)

[1886] Mandelkorn J, Lamneck J H. Simplified fabrication of back surface electric field silicon cells and novel characteristics of such cells[J]. Solar Cells, 1990, 29: 121-130. 转印自 Conf. Rec. 9th IEEE Photovoltaic Spec. Conf.. IEEE, New York, 1972: 83-90. (10.1016/0379-6787(90)90021-V)

[1887] Hauser A, Melnyk I, Fath P, et al. A simplified process for isotropic texturing of mc-Si[C]. Proceedings 3rd World Conference on Photovoltaic Energy Conversion, vol. 2, 2003: 1447-1450.

[1888] Wambach K, Schlenker S, Röver I. Deutsche Solar AG, Freiberg.

[1889] Arndt R A, Allison J F, Haynos J G, et al. Optical properties of the COMSAT non-reflective cell [C]. 11th IEEE Photovoltaic Specialists Conference Rec., IEEE, New York, 1975: 40-43.

[1890] NREL[OL]. www.nrel.gov/gis/solar.html.

[1891] Australian CRC for Renewable Energy Ltd. (ACRE)[OL]. www.acre.murdoch.edu.au.

[1892] Woyte A, Nijs J, Belmans R. Partial shadowing of photovoltaic arrays with different system configurations: literature review and field test results[J]. Solar Energy, 2003, 74: 217-233. (10.1016/S0038-092X(03)00155-5)

[1893] Bishop J W. Computer simulation of the effects of electrical mismatches in photovoltaic cell interconnection circuits[J]. Solar Cells, 1988, 25: 73-89. (10.1016/0379-6787(88)90059-2)

[1894] Hahn G, Joos S. State-of-the-art industrial crystalline silicon solar cells[J]. Semicond. Semimet., 2014, 90: 1-72. (10.1016/B978-0-12-388417-6.00005-2)

[1895] Werner J H, Taretto K, Rau U. Grain boundary recombination in thin-film silicon solar cells [J]. Solid State Phenomena, 2001, 80-81: 299-304. (10.4028/www.scientific.net/SSP.80-81.299)

[1896] Imaizumi M, Ito T, Yamaguchi M, et al. Effect of grain size and dislocation density on the performance of thin film polycrystalline silicon solar cells[J]. J. Appl. Phys., 1997, 81: 7635-7640. (10.1063/1.365341)

[1897] Ghosh A K, Fishman C, Feng T. Theory of the electrical and photovoltaic properties of polycrystalline silicon[J]. J. Appl. Phys., 1980, 51: 446-454. (10.1063/1.327342)

[1898] Taretto K R. Modeling and characterization of polycrystalline silicon for solar cells and microelectronics[D]. Universität Stuttgart, 2003.

[1899] King R R, Law D C, Edmondson K M, et al. 40% efficient metamorphic GaInP/GaInAs/Ge multijunction solar cells[J]. Appl. Phys. Lett., 2007, 90: 183516. (10.1063/1.2734507)

[1900] Sharp Corporation[OL]. https://global.sharp/corporate/news/120531.html.

[1901] Dimmler B. Overview of thin-film solar cell technologies[J]. Semicond. Semimet., 2014, 90: 121-136. (10.1016/B978-0-12-388417-6.00004-0)

[1902] Probst V, Palm J, Visbeck S, et al. New developments in Cu(In, Ga)(S, Se)$_2$ thin film modules formed by rapid thermal processing of stacked elemental layers[J]. Solar Energy Mater Solar Cells, 2006, 90: 3115-3123. (10.1016/j.solmat.2006.06.031)

[1903] Hoppe H, Sariciftci N S. Organic solar cells: An overview[J]. J. Mater. Res., 2004, 19: 1924-1944. (10.1557/JMR.2004.0252)

[1904] Shaheen S E, Brabec C J, Sariciftci N S, et al. 2.5% efficient organic plastic solar cells[J]. Appl. Phys. Lett., 2001, 78: 841-843. (10.1063/1.1345834)

[1905] Shrotriya V, Li G, Yao Y, et al. Accurate measurement and characterization of organic solar cells[J]. Adv. Funct. Mater., 2006, 16: 2016-2023. (10.1002/adfm.200600489)

[1906] Solarion AG, Leipzig (company closed).

[1907] Trupke T, Green M A, Würfel P. Improving solar cell efficiencies by down-conversion of high-energy photons[J]. J. Appl. Phys., 2002, 92: 1668-1674. (10.1063/1.1492021)

[1908] Trupke T, Green M A, Würfel P. Improving solar cell efficiencies by up-conversion of sub-band-gap light[J]. J. Appl. Phys., 2002, 92: 4117-4122. (10.1063/1.1505677)

[1909] Luque A, Martí A. Increasing the efficiency of ideal solar cells by photon induced transitions at intermediate levels[J]. Phys. Rev. Lett., 1997, 78: 5014-5017. (10.1103/PhysRevLett.78.5014)

[1910] Yu K M, Walukiewicz W, Wu J, et al. Diluted Ⅱ-Ⅵ oxide semiconductors with multiple band gaps[J]. Phys. Rev. Lett., 2003, 91(246403): 1-4. (10.1103/PhysRevLett.91.246403)

[1911] Franceschetti A, Lanya S, Bester G. Quantum-dot intermediate-band solar cells with inverted band alignment[J]. Physica E, 2008, 41: 15-17. (10.1016/j.physe.2008.05.023)

[1912] Luque A, Martí A, Nozik A J. Solar cells based on quantum dots: Multiple exciton generation and intermediate bands[J]. MRS Bull., 2007, 32: 236-241. (10.1557/mrs2007.28)

[1913] Suraprapapich S, Thainoi S, Kanjanachuchai S, et al. Quantum dot integration in heterostructure solar cells[J]. Solar Energy Mater. Solar Cells, 2006, 90: 2968-2974. (10.1016/j.solmat.2006.06.011)

[1914] Dimroth F. High-efficiency solar cells from Ⅲ-Ⅴ compound semiconductors[J]. Phys. Status Solidi C, 2006, 3: 373-379. (10.1002/pssc.200564172)

[1915] King R R, Joslin D E, Karam H. Multijunction photovoltaic cell with thin 1st (top) subcell and thick 2nd subcell of same or similar semiconductor material: US patent, 6316715[P]. 2000.

[1916] Gergö Létay. Modellierung von Ⅲ-Ⅴ Solarzellen[D]. Universität Konstanz, 2003.

[1917] Spectrolab[OL]. www.spectrolab.com.

[1918] Dimroth F, Kurtz S. High-efficiency multijunction solar cells[J]. MRS Bull., 2007, 32: 230-235. (10.1557/mrs2007.27)

[1919] Green M A, Ho-Baillie A, Snaith H J. The emergence of perovskite solar cells[J]. Nature Photonics, 2014, 8: 506-514. (10.1038/nphoton.2014.134)

[1920] Snaith H J. Perovskites: The emergence of a new era for low-cost, high-efficiency solar cells[J]. Phys. Chem. Lett., 2013, 4: 3623-3630. (10.1021/jz4020162)

[1921] Okada Y, Ekins-Daukes N J, Kita T, et al. Intermediate band solar cells: Recent progress and future directions[J]. Appl. Phys. Rev., 2015, 2(0213021): 1-48. (10.1063/1.4916561)

[1922] US Department of Energy[OL]. www.eere.energy.gov/solar.

[1923] Werner J H. Second and third generation photovoltaics - Dreams and reality[J]. Adv. Solid

State Phys. (Festkörperprobleme),2004,44:51-66. (10.1007/978-3-540-39970-4_5)

[1924] Lincot D. The new paradigm of photovoltaics: From powering satellites to powering humanity [J]. Comptes Rendus Physique,2017,18:381-390. (10.1016/j.crhy.2017.09.003)

[1925] Swanson R M. A vision for crystalline silicon photovoltaics[J]. Prog. Photovolt: Res. Appl., 2006,14:443-453. (10.1002/pip.709)

[1926] de Wild-Scholten M J. Energy payback time and carbon footprint of commercial photovoltaic systems[J]. Solar Energy Materials & Solar Cells,2013,119:296-305. (10.1016/j.solmat.2013.08.037)

[1927] Fraunhofer-Institut für solare Energiesysteme (ISE)[OL]. 2019. www.energy-charts.de.

[1928] Derenzo S E, Weber M J, Bourret-Courchesne E, et al. The quest for the ideal inorganic scintillator[J]. Nucl. Instrum. Meth. A,2003,505:111-117. (10.1016/S0168-9002(03)01031-3)

[1929] Ono Y A. Electroluminescent Displays[M]. Singapore: World Scientific,1995. (10.1142/2504)

[1930] Knoll G F. Radiation Detection and Measurement[M]. 4th ed. New York: Wiley,2010.

[1931] Hoffmann G. FH Emden.

[1932] Nikl M, Laguta V V, Vedda A. Complex oxide scintillators: Material defects and scintillation performance[J]. Phys. Status Solidi B,2008,245:1701-1722. (10.1002/pssb.200844039)

[1933] Derenzo S E, Moses W W, Weber M J, et al. Methods for a systematic, comprehensive search for fast, heavy scintillator materials[J]. Proc. Mater. Res. Soc.,1994,348:39-49. (10.1557/PROC-348-39)

[1934] Schubert E F. Light-Emitting Diodes[M]. 2nd ed. Cambridge: Cambridge University Press, 2006. (10.1017/CBO9780511790546)

[1935] Li J, Zhang G Q. Light-Emitting Diodes, materials, processes, devices and applications [M]. Cham: Springer,2019. (10.1007/978-3-319-99211-2)

[1936] Bergh A A, Dean P J. Light-emitting diodes[J]. Proc. IEEE,1972,60:156-223. (10.1109/PROC.1972.8592)

[1937] Krames M R, Shchekin O B, Mueller-Mach R, et al. Status and future of high-power light-emitting diodes for solid-state lighting[J]. J. Display Technol.,2007,3:160-175. (10.1109/JDT.2007.895339)

[1938] Dupuis R D, Krames M R. History, development, and applications of high-brightness visible light-emitting diodes[J]. IEEE J. Lightw. Techn.,2008,26:1154-1171. (10.1109/JLT.2008.923628)

[1939] Maruska H P, Stevenson D A, Pankove J I. Violet luminescence of Mg-doped GaN[J]. Appl. Phys. Lett.,1973,22:303-305. (10.1063/1.1654648)

[1940] Koide N, Kato H, Yamasaki S, et al. Doping of GaN with Si and properties of blue m/i/n/n^+ GaN LED with Si-doped n^+-layer by MOVPE[J]. J. Cryst. Growth,1991,115:639-642. (10.1016/0022-0248(91)90818-P)

[1941] Santhanam P, Gray D J, et al. Thermoelectrically pumped light-emitting diodes operating above unity efficiency[J]. Phys. Rev. Lett.,2012,108(097403):1-5. (10.1103/PhysRevLett.108.

097403)

[1942] Tauc J. The share of thermal energy taken from the surroundings in the electro-luminescent energy radiated from a p-n junction[J]. Czech. J. Phys., 1957, 7: 275-276. (10.1007/BF01688028)

[1943] David A, Hurni C A, Aldaz R I, et al. High light extraction efficiency in bulk-GaN based volumetric violet light-emitting diodes[J]. Appl. Phys. Lett., 2014, 105(23111): 1-5. (10.1063/1.4903297)

[1944] Soraa[OL]. www.soraa.com.

[1945] Carr W N. Photometric figures of merit for semiconductor luminescent sources operating in spontaneous mode[J]. Infrared Phys., 1966, 6: 1-19. (10.1016/0020-0891(66)90019-4)

[1946] Galginaitis S V. Improving the external efficiency of electroluminescent diodes[J]. J. Appl. Phys., 1965, 36: 460-461. (10.1063/1.1714011)

[1947] Craford M G. Recent developments in light-emitting-diode technology[J]. IEEE Trans. Electron Devices, 1977, 24: 935-943. (10.1109/T-ED.1977.18854)

[1948] OSRAM Opto Semiconductors GmbH, Regensburg, Germany[OL]. 2001. www.osram-os.com.

[1949] Lumileds Lighting[OL]. www.lumileds.com.

[1950] Haerle V, Hahn B, Kaiser S, et al. High brightness LEDs for general lighting applications using the new ThinGaN™-technology[J]. Phys. Status Solidi A, 2004, 201: 2736-2739. (10.1002/pssa.200405119)

[1951] OSRAM Opto Semiconductors GmbH, Regensburg, Germany[OL]. 2003. www.osram-os.com.

[1952] Shchekin O B, Epler J E, Trottier T A, et al. High performance thin-film flip-chip InGaN/GaN light-emitting diodes[J]. Appl. Phys. Lett., 2006, 89: 071109. (10.1063/1.2337007)

[1953] Hurni C A, David A, Cich M J, et al. Bulk GaN flip-chip violet light-emitting diodes with optimized efficiency for high-power operation[J]. Appl. Phys. Lett., 2015, 106(031101): 1-4. (10.1063/1.4905873)

[1954] Akyol F, Krishnamoorthy S, Zhang Y, et al. Tunneling-based carrier regeneration in cascaded GaN light emitting diodes to overcome efficiency droop[J]. Appl. Phys. Lett., 2013, 103(081107): 1-4. (10.1063/1.4819737)

[1955] Akyol F, Krishnamoorthy S, Zhang Y, et al. GaN-based three-junction cascaded light-emitting diode with low-resistance InGaN tunnel junctions[J]. Appl. Phys. Express, 2015, 8(082103): 1-3. (10.7567/APEX.8.082103)

[1956] Auf der Maur M, Pecchia A, Penazzi G, et al. Efficiency drop in green InGaN/GaN light emitting diodes: The role of random alloy fluctuations[J]. Phys. Rev. Lett., 2016, 116(027401): 1-5. (10.1103/PhysRevLett.116.027401)

[1957] Craford M G. Visible light-emitting diodes: Past, present, and very bright future[J]. MRS Bull., 2000, 25: 27-31. (10.1557/mrs2000.200)

[1958] Mueller-Mach R, Mueller G, Krames M R, et al. Highly efficient all-nitride phosphor-converted white light emitting diode[J]. Phys. Status Solidi A, 2005, 202: 1727-1732. (10.1002/pssa.

200520045)

[1959] Balancing White Color. Application note SE-AP00042:1-3, Nichia Corp, 2016.

[1960] Christen J, Riemann T, Bertram F, et al. Optical micro-characterization of group-III-nitrides: Correlation of structural, electronic and optical properties[J]. Phys. Status Solidi C, 2003:1795-1815. (10.1002/pssc.200303125)

[1961] Power Light Source Luxeon© K2. Technical Datasheet DS51(6/08). Philips Lumileds Lighting Company. 2008.

[1962] Shen Y C, Mueller G O, Watanabe S, et al. Auger recombination in InGaN measured by photoluminescence[J]. Appl. Phys. Lett., 2007, 91(141101):1-3. (10.1063/1.2785135)

[1963] Weisbuch C, Piccardo M, Martinelli L, et al. The efficiency challenge of nitride light-emitting diodes for lighting[J]. Phys. Status Solidi A, 2015, 212:899-913. (10.1002/pssa.201431868)

[1964] Weise S, Zahner Th, Lutz Th, et al. Reliability of the DRAGON® Product Family. Application Note. Osram Opto Semiconductors, 2009.

[1965] Lochmann A, Stock E, Schulz O, et al. Electrically driven single quantum dot polarised single photon emitter[J]. Electron. Lett., 2006, 42:774-775. (10.1049/el:20061076)

[1966] Stevenson R M, Young R J, Atkinson P, et al. A semiconductor source of triggered entangled photon pairs[J]. Nature, 2006, 439:179-182. (10.1038/nature04446)

[1967] Young R J, Stevenson R M, Atkinson P, et al. Improved fidelity of triggered entangled photons from single quantum dots[J]. New J. Phys., 2006, 8:29. (10.1088/1367-2630/8/2/029)

[1968] Shields A J. Semiconductor quantum light sources[J]. Nat. Photonics, 2007, 1:215. (10.1038/nphoton.2007.46)

[1969] Lochmann A, Stock E, Schulz O, et al. Electrically driven quantum dot single photon source[J]. Phys. Status Solidi C, 2007, 4:547-550. (10.1002/pssc.200673201)

[1970] Ray S K, Groom K M, Beattie M D, et al. Broad-band superluminescent lightemitting diodes incorporating quantum dots in compositionally modulated quantum wells[J]. IEEE Phot. Technol. Lett., 2006, 18:58-60. (10.1109/LPT.2005.860028)

[1971] Rafailov E U, Cataluna M A, Sibbett W. Mode-locked quantum-dot lasers[J]. Nat. Photonics, 2007, 1:395-401. (10.1038/nphoton.2007.120)

[1972] Tang C W, Van Slyke S A. Organic electroluminescent diodes[J]. Appl. Phys. Lett., 1987, 51: 913-915. (10.1063/1.98799)

[1973] OSRAM Opto Semiconductors GmbH, Regensburg, Germany[OL]. 2007. www.osram-os.com.

[1974] Pioneer Electronics[OL]. www.pioneerelectronics.com.

[1975] Sony Model XEL-1[OL]. 2009. www.sony.com.

[1976] Casey H C, Jr., Panish M B. Heterostructure Lasers[M]. New York: Academic Press, 1978. (Two volumes, Part A: Fundamental Principles, Part B: Materials and Operating Characteristics)

[1977] Kressel H, Butler J. Semiconductor Lasers and Heterojunction LEDs[M]. New York: Academic Press, 1977.

[1978] Lasers and Photonics Marketplace Seminar, as published by Laser Focus World[OL]. www.

[1979] Haug H, Koch S W. Quantum Theory of the Optical and Electronic Properties of Semiconductors[M]. 5th ed. Singapore: World Scientific, 2009. (10.1142/7184)

[1980] Chow W W, Smowton P M, Blood P, et al. Comparison of experimental and theoretical GaInP quantum well gain spectra[J]. Appl. Phys. Lett., 1997, 71: 157-159. (10.1063/1.119489)

[1981] Grundmann M. The present status of quantum dot lasers[J]. Physica E, 2000, 5: 167-184. (10.1016/S1386-9477(99)00041-7)

[1982] Panish M B, Hayashi I, Sumski S. Double-heterostructure injection lasers with room-temperature thresholds as low as 2300 A/cm^2[J]. Appl. Phys. Lett., 1970, 16: 326-327. (10.1063/1.1653213)

[1983] D'Asaro L A. Advances in GaAs junction lasers with stripe geometry[J]. J. Lumin., 1973, 7: 310-337. (10.1016/0022-2313(73)90073-2)

[1984] Wenzel H, Bugge F, Erbert G, et al. High-power diode lasers with small vertical beam divergence emitting at 808 nm[J]. Electron. Lett., 2001, 37: 1024-1026. (10.1049/el: 20010712)

[1985] Yonezu H, Sakuma I, Kobayashi K, et al. A GaAs/$Al_x Ga_{1-x}$ As double heterostructure planar stripe laser[J]. Jpn. J. Appl. Phys., 1973, 12: 1585-1592. (10.1143/JJAP.12.1585)

[1986] Scheibenzuber W G. GaN-Based Laser Diodes: Towards LongerWavelengths and Short Pulses [M]. Berlin: Springer, 2012. (10.1007/978-3-642-24538-1)

[1987] Kamp M, Hofmann J, Forchel A, et al. Ultrashort InGaAsP/InP lasers with deeply etched Bragg mirrors[J]. Appl. Phys. Lett., 2001, 78: 4074-4075. (10.1063/1.1377623)

[1988] Mathias Kamp. private communication.

[1989] Fujita M, Ushigome R, Baba T. Large spontaneous emission factor of 0.1 in a microdisk injection laser[J]. IEEE Phot. Technol. Lett., 2001, 13: 403-405. (10.1109/68.920731)

[1990] Björk G, Karlsson A, Yamamoto Y. Definition of a laser threshold[J]. Phys. Rev. A, 1994, 50: 1675-1680. (10.1103/PhysRevA.50.1675)

[1991] Yamamoto Y, Machida S, Björk G. Microcavity semiconductor laser with enhanced spontaneous emission[J]. Phys. Rev. A, 1991, 44: 657-668. (10.1103/PhysRevA.44.657)

[1992] Sommers H S. Spectral characteristics of single-mode injection lasers: The power-gain curve from weak stimulation to full output[J]. J. Appl. Phys., 1982, 52: 156-160. (10.1063/1.331591)

[1993] Erneux T, Glorieux P. Laser Dynamics[M]. Cambridge: Cambridge University Press, 2010. (10.1017/CBO9780511776908)

[1994] Pikhtin N A, Slipchenko S O, Sokolova Z N, et al. 16 W continuous-wave output power from 100 μm-aperture laser with quantum well asymmetric heterostructure[J]. Electron. Lett., 2004, 40: 1413-1414. (10.1049/el: 20045885)

[1995] Knigge A, Erbert G, Jonsson J, et al. Passively cooled 940 nm laser bars with 73% wall-plug efficiency at 70 W and 25℃[J]. Electron. Lett., 2005, 41: 250-251. (10.1049/el: 20058180)

[1996] Garbuzov D, Kudryashov I, Komissarov A, et al. 14xx nm DFB InGaAsP/InP pump lasers with 500 mW CW output power for WDM combining [C]//Optical Fiber Communication Conference, OSA Technical Digest Series, WD1. Optical Society of America, Washington, D.

C. ,2003:486-487. (10.1109/OFC.2002.1036504)

[1997] Kimura T, Nakae M, Yoshida J, et al. 14XX nm over 1 W pump laser module with integrated PBC[C]//Optical Fiber Communication Conference, OSA Technical Digest Series. Optical Society of America, Washington, D. C. ,2003:485-486. (10.1109/OFC.2002.1036503)

[1998] Tsang W T, Logan R A, Van der Ziel J P. Low-current-threshold strip-buried-heterostructure lasers with selfaligned current injection stripes[J]. Appl. Phys. Lett. ,1979,34:644-647. (10.1063/1.90623)

[1999] Garbuzov D, Maiorov M, Menna R, et al. High-power 1300-nm Fabry-Perot and DFB ridge-waveguide lasers[J]. Proc. SPIE,2002,4651:92-100. (10.1117/12.467937)

[2000] Grundmann M, Stier O, Bognár S, et al. Optical properties of self-organized quantum dots: Modeling and experiments[J]. Phys. Status Solidi A,2000,178:255-262. (10.1002/1521-396X(200003)178:1<255::AID-PSSA255>3.0.CO;2-Q)

[2001] Grundmann M. How a quantum-dot laser turns on[J]. Appl. Phys. Lett. ,2000,77:1428-1430. (10.1063/1.1290716)

[2002] Heinrichsdorff F, Ribbat C, Grundmann M, et al. High-power quantum-dot lasers at 1100 nm [J]. Appl. Phys. Lett. ,2000,76:556-558. (10.1063/1.125816)

[2003] Ribbat Ch, Sellin R, Grundmann M, et al. High power quantum dot lasers at 1160 nm[J]. Phys. Status Solidi B,2001,224:819-822. (10.1002/(SICI)1521-3951(200104)224:3<819::AID-PSSB819>3.0.CO;2-1)

[2004] Garbuzov D, Kudryashov I, Tsekoun A, et al. 14xx nm DFB InGaAsP/InP pump lasers with 500 mw CW output power for WDM combining[C]. Optical Fiber Communication Conference 2002, Technical Digest:ThN6,2002. (10.1109/OFC.2002.1036504)

[2005] High-Power 1550 nm DFB Source Lasers,A1112,Datasheet DS00-281OPTO-1,Agere Systems. 2001.

[2006] Amann M C,Buus J. Tunable Laser Diodes[M]. Boston:Artech House,1998.

[2007] Walpole J N, Calawa A R, Harman T C, et al. Double-heterostructure PbSnTe lasers grown by molecularbeam epitaxy with cw operation up to 114 K[J]. Appl. Phys. Lett. ,1976,28:552-554. (10.1063/1.88820)

[2008] Lee S L, Jang I F, Pien C T, et al. Sampled grating DBR laser arrays with adjustable 0.8/1.6-nm wavelength spacing[J]. IEEE Phot. Technol. Lett. ,1999,11:955-957. (10.1109/68.775311)

[2009] Mason B, Fish G A, DenBaars S P, et al. Ridge waveguide sampled grating DBR lasers with 22-nm quasi-continuous tuning range[J]. IEEE Phot. Technol. Lett. ,1998,10:1211-1213. (10.1109/68.705593)

[2010] Petermann K. Laser Diode Modulation and Noise[M]. Dordrecht:Kluwer,1988. (10.1007/978-94-009-2907-4)

[2011] Wieczorek S, Krauskopf B, Simpson T B, et al. The dynamical complexity of optically injected semiconductor lasers[J]. Phys. Rep. ,2005,416:1-128. (10.1016/j.physrep.2005.06.003)

[2012] Hwang C J, Dyment J C. Dependence of threshold and electron lifetime on acceptor concentration in GaAs-Ga$_{1-x}$Al$_x$As lasers[J]. J. Appl. Phys. ,1973,44:3240-3244. (10.1063/1.1662740)

[2013] Dutta N K,Wang S J,Piccirilli A B,et al. Wide-bandwidth and high-power InGaAsP distributed feedback lasers[J]. J. Appl. Phys. ,1989,66:4640-4644. (10.1063/1.343820)

[2014] Grillot F,Dagens B,Provost J G,et al. Gain Compression and above-threshold linewidth enhancement factor in 1.3-μm InAs-GaAs quantum-dot lasers[J]. IEEE J. Quantum Electr. ,2008,44:946-951. (10.1109/JQE.2008.2003106)

[2015] Gustavsson J S,Haglund Å,Bengtsson J,et al. High-speed digital modulation characteristics of oxideconfined vertical-cavity surface-emitting lasers—Numerical simulations consistent with experimental results[J]. IEEE J. Quantum Electr. ,2002,QE-38:1089-1096. (10.1109/JQE.2002.801009)

[2016] Henry C H. Theory of the linewidth of semiconductor lasers[J]. IEEE J. Quantum Electr. ,1982,QE-18:259-264. (10.1109/JQE.1982.1071522)

[2017] Yamamoto Y,Haus H A. Commutation relations and laser linewidth[J]. Phys. Rev. A,1990,41:5164-5170. (10.1103/PhysRevA.41.5164)

[2018] Welford D,Mooradian A. Output power and temperature dependence of the linewidth of single-frequency cw (GaAl) As diode lasers[J]. Appl. Phys. Lett. ,1982,40:865-867. (10.1063/1.92945)勘误:Appl. Phys. Lett. ,1982,41:1007. (10.1063/1.93718)

[2019] Quintessence photonics corporation[OL]. www.qpclasers.com.

[2020] BinOptics Corporation,Ithaca,NY,now MACOM[OL]. www.binoptics.com.

[2021] Li H E,Iga K. Vertical-cavity Surface-emitting Laser Devices[M]. Berlin:Springer,2003. (10.1007/978-3-662-05263-1)

[2022] Sandia National Laboratories[OL]. www.sandia.gov.

[2023] Ulm Photonics,now Philips[OL]. www.ulm-photonics.de. (10.1007/978-3-662-05263-1.)

[2024] Choquette K D. Vertical-cavity surface-emitting lasers:Light for the information age[J]. MRS Bull. ,2002,27:507-511. (10.1557/mrs2002.168)

[2025] Chang-Hasnain C J. Tunable VCSELs[J]. IEEE J. Sel. Topics Quantum Electron. ,2000,6:978-987. (10.1109/2944.902146)

[2026] Bandwidth 9 (company closed,2005).

[2027] Römer F,Prott C,Daleiden J,et al. Micromechanically tunable air gap resonators for long wavelength VCSEL's[C]//IEEE LEOS International Semiconductor Laser Conference. Garmisch/Germany,2002. (10.1109/ISLC.2002.1041095)

[2028] Schulze M,Pelaprat J M. Efficiency experts[J]. Photonics Spectra,2001,35(5):150-151.

[2029] Sapphire™ 488-20 laser,Datasheet MC-027-10-0M0111Rev. A,Coherent Inc. ,2004.

[2030] Federico Capasso. private communication.

[2031] Jérôme Faist. private communication.

[2032] Capasso F,Mohammed K,Cho A Y. Resonant tunneling through double barriers,perpendicular quantum transport phenomena in superlattices,and their device applications[J]. IEEE J.

Quantum Electr. ,1986,QE-22:1853-1869. (10.1109/JQE.1986.1073171)

[2033] Krömer H. Proposed negative-mass microwave amplifier[J]. Phys. Rev. ,1958,109:1856. (10.1103/PhysRev.109.1856)

[2034] Andronov A A, Zverev I V, Kozlov V A, et al. Stimulated emission in the long-wavelength region from hot holes in Ge in crossed electric and magnetic fields[J]. Pis'ma Zh. Eksp. Teor. Fiz. ,1984,40:69-72[JETP Lett. ,1984,40:804-807].

[2035] Gornik E, Andronov A A. Optical and Quantum Electronics 23(2), Special Issue Far-infrared Semiconductor Lasers[M]. London:Chapman and Hall,1991. (10.1007/BF00619760)

[2036] Bründermann E. Widely tunable far infrared hot hole semiconductor lasers [M]//Long-wavelength Infrared Semiconductor Lasers. New York:Wiley,2004:279-350.

[2037] Bründermann E, Linhart A M, Röser H P, et al. Miniaturization of p-Ge lasers: Progress toward continuous wave operation[J]. Appl. Phys. Lett. ,1996,68:1359-1361. (10.1063/1.116079)

[2038] Bründermann E, Chamberlin D R, Haller E E. High duty cycle and continuous terahertz emission from germanium[J]. Appl. Phys. Lett. ,2000,76:2991-2993. (10.1063/1.126555)

[2039] Dutta N K, Wang Q. Semiconductor Optical Amplifiers[M]. 2nd ed. Singapore: World Scientific, 2013. (10.1142/8781)

[2040] Collar A J, Henshall G D, Farré J, et al. Low residual reflectivity of angled-facet semiconductor laser amplifiers[J]. IEEE Phot. Technol. Lett. ,1990,2:553-555. (10.1109/68.58046)

[2041] Jost G. University of Ulm, Department of Optoelectronics[N]. Annual Report, 1998:64.

[2042] Ferdinand-Braun-Institut für Höchstfrequenztechnik, Berlin[OL]. www.fbh-berlin.de.

[2043] Sugawara M, Hatori N, Ishida M, et al. Recent progress in self-assembled quantum-dot optical devices for optical telecommunication: Temperature-insensitive 10 Gb s^{-1} directly modulated lasers and 40 Gb s^{-1} signal-regenerative amplifiers[J]. J. Phys. D: Appl. Phys. ,2005,38:2126-2134. (10.1088/0022-3727/38/13/008)

[2044] Yasuoka N, Kawaguchi K, Ebe H, et al. Quantum-dot semiconductor optical amplifiers with polarization-independent gains in 1.5-μm wavelength bands[J]. IEEE Phot. Technol. Lett. , 2008,20:1908-1910. (10.1109/LPT.2008.2004695)

[2045] Borri P, Schneider S, Langbein W, et al. Ultrafast carrier dynamics and dephasing in InAs quantum-dot amplifiers emitting near 1.3-μm-wavelength at room temperature[J]. Appl. Phys. Lett. ,2001,79:2633-2635. (10.1063/1.1411986)

[2046] Shockley W B. Transistor technology evokes new physics, Nobel Lecture (1956)[M]//Nobel Lectures, Physics 1942-1962. Amsterdam:Elsevier, 1964:344-374.

[2047] Nelson R R. The link between science and invention:The case of the transistor[M]//The Rate and Direction of Inventive Activity: Economic and Social Factors. Princeton: Princeton University Press,1962:549-583.

[2048] Li Sh S. Semiconductor Physical Electronics[M]. 2nd ed. New York:Springer, 2006. (10.1007/0-387-37766-210.1007/0-387-37766-2)

[2049] Jespers P G A. Measurements for bipolar devices[M]//Process and Device Modeling for

Integrated Circuit Design. NATO Science Series E(vol. 21). Leyden:Noordhoff,1977.

[2050] Morant M J. Introduction to Semiconductor Devices[M]. Reading,MA:Addison-Wesley,1964.

[2051] Gummel H K,Poon H C. An integral charge control model of bipolar transistors[J]. Bell Syst. Tech. J.,1970,49:827-852.(10.1002/j.1538-7305.1970.tb01803.x)

[2052] Early J M. Effects of space-charge layer widening in junction transistors[J]. Proc. IRE,1952, 40:1401-1406.(10.1109/JRPROC.1952.273969)

[2053] McAndrew C C,Nagel L W. Early effect modeling in SPICE[J]. IEEE J. Solid-State Circ., 1996,31:136-138.(10.1109/4.485877)

[2054] Herbert D C. Extended velocity overshoot in GaAs HBT[J]. Semicond. Sci. Technol.,1995,10: 682-686.(10.1088/0268-1242/10/5/019)

[2055] Solid State Electronics Laboratory,University of Michigan[OL]. www.eecs.umich.edu.

[2056] Cui D,Sawdai D,Pavlidis D,et al. High Power Performance Using InAlAs/InGaAs single heterojunction bipolar transistors[C]. Proceedings of the 12th Int. Conf. on Indium Phosphide and Related Materials,2000.(10.1109/ICIPRM.2000.850336)

[2057] Feng M,Holonyak Jr. N,et al. Quantum-well-base heterojunction bipolar light-emitting transistor[J]. Appl. Phys. Lett.,2004,84:1952-1954.(10.1063/1.1669071)

[2058] Bockemuehl R R. Analysis of field effect transistors with arbitrary charge distribution[J]. IEEE Trans. Electron Dev.,1963,10:31-34.(10.1109/T-ED.1963.15076)

[2059] Middlebrook R D,Richer I. Limits on the power-law exponent for field-effect transistor transfer characteristics[J]. Solid State Electron.,1963,6:542-544.(10.1016/0038-1101(63)90043-1)

[2060] Lehovec K,Zuleeg R. Voltage-current characteristics of GaAs-JFET's in the hot electron range [J]. Solid State Electron.,1970,13:1415-1425.(10.1016/0038-1101(70)90175-9)

[2061] Pao H C,Sah C T. Effects of diffusion current on characteristics of metal-oxide（insulator）-semiconductor transistors[J]. Solid State Electron.,1966,9:927-937.(10.1016/0038-1101(66)90068-2)

[2062] Yamaguchi K. Field-dependent mobility model for two-dimensional numerical analysis of MOSFET's[J]. IEEE Trans. Electron Dev.,1979,26:1068-1074.(10.1109/T-ED.1979.19547)

[2063] Troutman R R. Subthreshold design considerations for insulated gate field-effect transistors[J]. IEEE J. Solid-State Circ.,1974,9:55-60.(10.1109/JSSC.1974.1050462)

[2064] Maly W. Atlas of IC technologies—An Introduction to VLSI Processes[M]. San Francisco: Benjamin/Cummings Publishing Company,1987.

[2065] Udeshi D,Maldonado E,Xu Y,et al. Thermal stability of ohmic contacts between Ti and Sepassivated n-type Si(001)[J]. J. Appl. Phys.,2004,95:4219-4222.(10.1063/1.1687047)

[2066] Sverdlov V. Strain-Induced Effects in Advanced MOSFETs[M]. Berlin:Springer,2011.(10.1007/978-3-7091-0382-1)

[2067] Moore G E. Cramming more components onto integrated circuits[J]. Electronics,1965,38(8): 114-117. 转载于 Proc. IEEE,1998,86:82-85.(10.1109/JPROC.1998.658762)

[2068] Fayolle M, Romagna F. Copper CMP evaluation: Planarization issues[J]. Microelectron. Eng., 1997,37:135-141. (10.1016/S0167-9317(97)00104-4)

[2069] Stavreva Z, Zeidler D, Plötner M, et al. Characteristics in chemical-mechanical polishing of copper: Comparison of polishing pads[J]. Appl. Surf. Sci., 1997,108:39-44. (10.1016/S0169-4332(96)00572-7)

[2070] Tung C H, Sheng G T T, Lu C Y. ULSI Semiconductor Technology Atlas[M]. Hoboken: Wiley, 2003. (10.1002/0471668796)

[2071] Hinode K, Hanaoka Y, Takeda K I, et al. Resistivity increase in ultrafine-line copper conductor for ULSIs[J]. Jpn. J. Appl. Phys., 2001,40: L1097-L1099. (10.1143/JJAP.40.L1097)

[2072] Harada T, Ueki A, Tomita K, et al. Extremely low Keff (~1.9) Cu interconnects with air gap formed using SiOC[C]. IEEE International Interconnect Technology Conference (IITC), 2007. (10.1109/IITC.2007.382364)

[2073] Bai P, Auth C, Balakrishnan S, et al. A 65nm logic technology featuring 35nm gate lengths, enhanced channel strain, 8 Cu interconnect layers, Low-k ILD and 0.57 μm^2 SRAM cell[M]// IEDM Technical Digest. Piscataway: IEEE, 2004: 657-660. (10.1109/IEDM.2004.1419253)

[2074] www.chipworks.com.

[2075] Taur Y. CMOS design near the limit of scaling[J]. IBM J. Res. Dev., 2002,46: 213-222. (10.1147/rd.462.0213)

[2076] Nowak E J. Maintaining the benefits of CMOS scaling when scaling bogs down[J]. IBM J. Res. Dev., 2002,46: 169-180. (10.1147/rd.462.0169)

[2077] Lo S H, Buchanan D A, Taur Y, et al. Quantum-mechanical modeling of electron tunneling current from the inversion layer of ultra-thin-oxide nMOSFET's[J]. IEEE Electr. Dev. Lett., 1997,18:209-211. (10.1109/55.568766)

[2078] Wilk G D, Wallace R M, Anthony J M. Hafnium and zirconium silicates for advanced gate dielectrics[J]. J. Appl. Phys., 2000,87:484-492. (10.1063/1.371888)

[2079] Auth Ch, Buehler M, Cappellani A, et al. 45nm high-k + metal gate strain-enhanced transistors [J]. Intel Techn. J., 2008,12:77. (10.1535/itj.1201)

[2080] Quevedo-Lopez M A, Krishnan S A, Kirsch D, et al. High performance gate first HfSiON dielectric satisfying 45nm node requirements[M]//IEDM Technical Digest. Piscataway: IEEE, 2005: 425-428. (10.1109/IEDM.2005.1609369)

[2081] Mistry K, Allen C, Auth C, et al. A 45nm logic technology with high-k + metal gate transistors, strained silicon, 9 Cu interconnect layers, 193nm dry patterning, and 100% Pb-free packaging [M]//IEDM Technical Digest. Piscataway, IEEE, 2007: 247-250. (10.1109/IEDM.2007.4418914)

[2082] Mistry K, Armstrong M, Auth C, et al. Delaying forever: uniaxial strained silicon transistors in a 90nm CMOS technology, Symp[M]//VLSI Technology Digest. Piscataway: IEEE, 2004: 50-51. (10.1109/VLSIT.2004.1345387)

[2083] Krishnamohan T, Jungemann C, Kim D, et al. High performance, uniaxially-strained, silicon and germanium,double-gate p-MOSFETs[J]. Microelectron. Eng. ,2007,84:2063-2066. (10.1016/j. mee. 2007.04.085)

[2084] Guillaume T,Mouis M. Calculations of hole mass in[110]-uniaxially strained silicon for the stress-engineering of p-MOS transistors[J]. Solid State Electron. ,2006,50:701-708. (10.1016/j.sse. 2006.03.040)

[2085] Ungersboeck E,Dhar S,Karlowatz G,et al. Physical modeling of electronmobility enhancement for arbitrarily strained silicon[J]. J. Comput. Electron. ,2007,6:55-58. (10.1007/s10825-006-0047-0)

[2086] Bohr M. The Invention of Uniaxial Strained Silicon Transistors at Intel. Intel,2007.

[2087] Synopsys,Inc.[OL]. www.synopsys.com/products/tcad/examples/strain2d.pdf.

[2088] Hansch W,Fink C,Schulze J,et al. A vertical MOS-gated Esaki tunneling transistor in silicon [J]. Thin Solid Films,2000,369:387-389. (10.1016/S0040-6090(00)00896-8)

[2089] Wang P F,Hilsenbeck K,Nirschl Th,et al. Complementary tunneling transistor for low power application[J]. Solid State Electron. ,2004,48:2281-2286. (10.1016/j. sse. 2004.04.006)

[2090] Reddick W M,Amaratunga G A J. Silicon surface tunnel transistor[J]. Appl. Phys. Lett. ,1995, 67:494-496. (10.1063/1.114547)

[2091] Wang P F,Nirschl T,Schmitt-Landsiedel D,et al. Simulation of the Esaki-tunneling FET[J]. Solid State Electron. ,2003,47:1187-1192. (10.1016/S0038-1101(03)00045-5)

[2092] Toh E H,Wang G H,Samudra G,et al. Device physics and design of germanium tunneling field-effect transistor with source and drain engineering for low power and high performance applications[J]. J. Appl. Phys. ,2008,103(104504):1-5. (10.1063/1.2924413)

[2093] Grupp L M,Davis J D,Swanson S. The bleak future of NAND flash memory[C]. Proceedings 10th USENIX Conferences File and Storage Technologies (FAST 2012). USENIX Association, Berkeley,USA,2012.

[2094] Fox G R,Bailey R,Kraus W B,et al. The current status of FeRAM[M]//Ferroelectric Random Access Memories,Topics in Applied Physics. Berlin:Springer,2004:139-148. (10.1007/978-3-540-45163-1_10)

[2095] Chen Y C,Rettner C T,Raoux S,et al. Ultra-thin phase-change bridge memory device using GeSb,IEDM Technical Digest[M]. Piscataway:IEEE,2006:777-780. (10.1109/IEDM. 2006. 346910)

[2096] Sun Z,Zhou J,Ahuja R. Unique melting behavior in phase-change materials for rewritable data storage[J]. Phys. Rev. Lett. ,2007,98(055505):1-4. (10.1103/PhysRevLett. 98.055505)

[2097] Hegedüs J,Elliott S R. Microscopic origin of the fast crystallization ability of Ge-Sb-Te phase-change memory materials[J]. Nat. Mater. ,2008,7:399-405. (10.1038/nmat2157)

[2098] Naji P K,Durlam M,Tehrani S,et al. A 256kb 3.0V 1T1MTJ nonvolatile magnetoresistive RAM,ISSCC Digest of Technical Papers[M]. Piscataway:IEEE,2001:122-124. (10.1109/ISSCC. 2001.912570)

[2099] Gallagher W J,Parkin S S P. Development of the magnetic tunnel junction MRAM at IBM:

From first junctions to a 16-Mb MRAM demonstrator chip[J]. IBM J. Res. Dev. ,2006,50:5-23. (10.1147/JRD. 2006. 5388775)勘误:IBM J. Res. Dev. ,2006,50:23A.(10.1147/rd. 501. 0005)

[2100] Kozicki M N, Gopalan C, Balakrishnan M, et al. Non-volatile memory based on solid electrolytes [M]//Proceedings IEEE Non-Volatile Memory Technology Symposium. Piscataway:IEEE,2004:10-17. (10.1109/NVMT. 2004. 1380792)

[2101] Kozicki M N, Mira P, Mitkova M. Nanoscale memory elements based on solid-state electrolytes [J]. IEEE Trans. Nanotechnol. ,2005,4:331-338. (10.1109/TNANO. 2005. 846936)

[2102] Szot K, Speier W, Bihlmayer G, et al. Switching the electrical resistance of individual dislocations in single-crystalline $SrTiO_3$[J]. Nat. Mater. ,2006,5:312-320. (10.1038/nmat1614)

[2103] Beck A, Bednorz J G, Gerber Ch, et al. Reproducible switching effect in thin oxide films for memory applications[J]. Appl. Phys. Lett. ,2000,77:139-141. (10.1063/1.126902)

[2104] Karg S, Meijer G I, Widmer D, et al. Nanoscale resistive memory device using $SrTiO_3$ films[C]. 22nd IEEE Non-Volatile Semiconductor Memory Workshop, Monterey. Piscataway: IEEE, 2007:68-70. (10.1109/NVSMW. 2007. 4290584)

[2105] Janousch M, Meijer G I, Staub U, et al. Role of oxygen vacancies in Cr-doped $SrTiO_3$ for resistance-change memory[J]. Adv. Mater. ,2007,19:2232-2235. (10.1002/adma. 200602915)

[2106] Reed M A, Zhou C, Muller C J, et al. Conductance of a molecular junction[J]. Science,1997, 278:252-254. (10.1126/science. 278. 5336. 252)

[2107] Heath J R, Kuekes P J, Snider G S, et al. A defect-tolerant computer architecture:Opportunities for nanotechnology[J]. Science,1998,280:1716-1721. (10.1126/science. 280. 5370. 1716)

[2108] Aviram A, Ratner M. Molecular electronics:Science and technology[J]. Ann. N. Y. Acad. Sci. , 1998,852. (10.1111/j. 1749-6632. 1998. tb09860. x)

[2109] Schubert E F. Delta-doping of semiconductors:Electronic, optical and structural properties of materials and devices[J]. Semicond. Semimet. , 1994, 40: 1-151. (10.1016/S0080-8784(08) 62662-9)

[2110] Schlechtweg M, Tessmann A, Leuther A, et al. Integrated circuits based on 300 GHz f_T metamorphic HEMT technology for millimeter-wave and mixed-signal applications [C]. Proceedings of the European Gallium Arsenide and other Compound Semiconductors Application Symposium(GAAS 2003). London:Horizon House,2003:465-468.

[2111] Lubyshev D, Liu W K, Stewart T R, et al. Strain relaxation and dislocation filtering in metamorphic high electron mobility transistor structures grown on GaAs substrates[J]. J. Vac. Sci. Technol. B,2001,19:1510-1514. (10.1116/1.1376384)

[2112] Brotherton S D. Introduction to Thin Film Transistors. Physics and Technology of TFTs[M]. Heidelberg:Springer,2013. (10.1007/978-3-319-00002-2)

[2113] Kuo Y. Thin Film Transistors:Materials and Processes[M]. Boston:Kluwer, 2003. (Two volumes, Vol. 1:Amorphous silicon thin film transistors, Vol. 2:Polycrystalline silicon thin film transistors)

[2114] Horowitz G. Organic field-effect transistors[J]. Adv. Mater., 1998, 10: 365-377. (10.1002/(SICI)1521-4095(199803)10:5<365::AID-ADMA365>3.0.CO;2-U)

[2115] Dimitrakopoulos C D, Malenfant P R L. Organic thin film transistors for large area electronics[J]. Adv. Mater., 2002, 14: 99-117. (10.1002/1521-4095(20020116)14:2<99::AID-ADMA99>3.0.CO;2-9)

[2116] Shekar B Ch, Lee J, Rhee S W. Organic thin film transistors: Materials, processes and devices[J]. Korean J. Chem. Eng., 2004, 21: 267-285. (10.1007/BF02705409)

[2117] Sun Y M, Liu Y Q, Zhu D B. Advances in organic field-effect transistors[J]. J. Mater. Chem., 2005, 15: 53-65. (10.1039/B411245H)

[2118] Liu C T. Revolution of the TFT LCD technology[J]. J. Display Technol., 2007, 3: 342-350. (10.1109/JDT.2007.908348)

[2119] Köster U. Crystallization of amorphous silicon films[J]. Phys. Status Solidi A, 1978, 48: 313-321. (10.1002/pssa.2210480207)

[2120] Toet D, Smith P M, Sigmon T W, et al. Laser crystallization and structural characterization of hydrogenated amorphous silicon thin films[J]. J. Appl. Phys., 1999, 85: 7914-7918. (10.1063/1.370607)

[2121] Iverson R B, Reif R. Recrystallization of amorphized polycrystalline silicon films on SiO_2: Temperature dependence of the crystallization parameters[J]. J. Appl. Phys., 1987, 62: 1675-1681. (10.1063/1.339591)

[2122] Yamauchi N, Reif R. Polycrystalline silicon thin films processed with silicon ion implantation and subsequent solid-phase crystallization: Theory, experiments, and thin-film transistor applications[J]. J. Appl. Phys., 1994, 75: 3235-3257. (10.1063/1.356131)

[2123] Liu G, Fonash S J. Polycrystalline silicon thin film transistors on Corning 7059 glass substrates using short time, low-temperature processing[J]. Appl. Phys. Lett., 1993, 62: 2554-2556. (10.1063/1.109294)

[2124] Haque M S, Naseem H A, Brown W D. Aluminum-induced crystallization and counter-doping of phosphorousdoped hydrogenated amorphous silicon at low temperatures[J]. J. Appl. Phys., 1996, 79: 7529-7536. (10.1063/1.362425)

[2125] Lee L H, Fang Y K, Fan S H. Au metal-induced lateral crystallisation (MILC) of hydrogenated amorphous silicon thin film with very low annealing temperature and fast MILC rate[J]. Electron. Lett., 1999, 35: 1108-1109. (10.1049/el:19990743)

[2126] Kim T K, Ihn T H, Lee B I, et al. High-performance low-temperature poly-silicon thin film transistors fabricated by new metal-induced lateral crystallization process[J]. Jpn. J. Appl. Phys., 1998, 37: 4244-4247. (10.1143/JJAP.37.4244)

[2127] Lee S W, Jeon Y C, Joo S K. Pd induced lateral crystallization of amorphous Si thin films[J]. Appl. Phys. Lett., 1995, 66: 1671-1673. (10.1063/1.113888)

[2128] Sera K, Okumura F, Uchida H, et al. High-performance TFTs fabricated by XeCl excimer laser annealing of hydrogenated amorphous-silicon film[J]. IEEE Trans. Electron Dev., 1989, 36:

2868-2872. (10.1109/16.40970)

[2129] Gleskova H, Wagner S. Electron mobility in amorphous silicon thin-film transistors under compressive strain[J]. Appl. Phys. Lett. ,2001,79:3347-3349. (10.1063/1.1418254)

[2130] Yamauchi N, Kakuda N, Hisaki T. Characteristics of high mobility polysilicon thin-film transistors using very thin sputter-deposited SiO_2 films[J]. IEEE Trans. Electron Dev. ,1994,41:1882-1885. (10.1109/16.324606)

[2131] Zaghdoudi M, Rogel R, Alzaied N, et al. High polysilicon TFT field effect mobility reached thanks to slight phosphorus content in the active layer[J]. Mater. Sci. Engin. C,2008,28:1010-1013. (10.1016/j.msec.2007.10.087)

[2132] Wager J F. Transparent electronics[J]. Science, 2003, 300:1245-1246. (10.1126/science.1085276)

[2133] Nomura K, Ohta H, Ueda K, et al. Thin-film transistor fabricated in singlecrystalline transparent oxide semiconductor[J]. Science, 2003,300:1269-1272. (10.1126/science.1083212)

[2134] Fortunato E M C, Barquinha P M C, Pimentel A, et al. Fully transparent ZnO thin-film transistor produced at room temperature[J]. Adv. Mater. ,2005,17:590-594. (10.1002/adma.200400368)

[2135] Frenzel H, Lajn A, Brandt M, et al. ZnO metal-semiconductor field-effect transistors with Ag-Schottky gates[J]. Appl. Phys. Lett. ,2008,92(192108):1-3. (10.1063/1.2926684)

[2136] Grundmann M, Frenzel H, Lajn A, et al. Transparent semiconducting oxides: Materials and devices[J]. Phys. Status Solidi A,2010,207:1437-1449. (10.1002/pssa.200983771)

[2137] Frenzel H, Lajn A, von Wenckstern H, et al. Ultrathin gate-contacts for metal-semiconductor fieldeffect transistor devices: An alternative approach in transparent electronics[J]. J. Appl. Phys. ,2010,107(114515):1-6. (10.1063/1.3430988)

[2138] Jit S, Pandey P K, Tiwari P K. Modeling of the subthreshold current and subthreshold swing of fully depleted short-channel Si-SOI-MESFETs[J]. Solid State Electron. ,2009,53:57-62. (10.1016/j.sse.2008.09.013)

[2139] Forrest S R. Ultrathin organic films grown by organic molecular beam deposition and related techniques[J]. Chem. Rev. ,1997,97:1793-1896. (10.1021/cr941014o)

[2140] Jariwala D, Sangwan V K, Lauhon L J, et al. Emerging device applications for semiconducting two-dimensional transition metal dichalcogenides[J]. ACS Nano,2014,8:1102-1120. (10.1021/nn500064s)

[2141] Liu Y, Duan X, Huang Y, et al. Two-dimensional transistors beyond graphene and TMDCs[J]. Chem. Soc. Rev. , 2018,47:6388-6409. (10.1039/c8cs00318a)

[2142] Radisavljevic B, Radenovic A, Brivio J, et al. Single-layerMoS_2 transistors [J]. Nature Nanotechn. ,2011,6:147-150. (10.1038/nnano.2010.279)

[2143] Ahmed S, Yi J. Two-dimensional transition metal dichalcogenides and their charge carrier mobilities in fieldeffect transistors[J]. Nano-Micro Lett. ,2017,9(50):1-23. (10.1007/s40820-017-0152-6)

[2144] Yu Z, Ong Z Y, Li S, et al. Analyzing the carrier mobility in transition-metal dichalcogenide MoS_2 field-effect transistors[J]. Adv. Funct. Mater. ,2017,27(1604093):1-17. (10.1002/adfm.201604093)

[2145] Horowitz G. Organic thin film transistors: From theory to real devices[J]. J. Mater. Res. ,2004,19:1946-1962. (10.1557/JMR.2004.0266)

[2146] Bao Z, Locklin J. Organic Field-Effect Transistors[M]. New York:CRC Press,2007.

[2147] Wöll Ch. Organic Electronics: Structural and Electronic Properties of OFETs[M]. Weinheim: Wiley-VCH,2009. (10.1002/9783527627387)

[2148] Horowitz G, Garnier F, Yassar A, et al. Field-effect transistor made with a sexithiophene single crystal[J]. Adv. Mater. ,1996,8:52-54. (10.1002/adma.19960080109)

[2149] Katz H E, Kloc C, Sundar V, et al. Field-effect transistors made from macroscopic single crystals of tetracene and related semiconductors on polymer dielectrics[J]. J. Mater. Res. ,2004,19:1995-1998. (10.1557/JMR.2004.0254)

[2150] Kindlmann G. Tensor invariants and their gradients[M]//Visualization and Processing of Tensor Fields. Berlin:Springer,2006:215-224. (10.1007/3-540-31272-2_12)

[2151] Koay C G. On the six-dimensional orthogonal tensor representation of the rotation in three dimensions:A simplified approach[J]. Mech. Mater. ,2009,41:951-953. (10.1016/j.mechmat.2008.12.006)

[2152] Kramers H A. Some remarks on the theory of absorption and refraction of X-rays[J]. Nature,1926,117:775. (10.1038/117774a0)

[2153] Kronig R de L. On the theory of dispersion of X-rays[J]. J. Opt. Soc. Am. ,1926,12:547-557. (10.1364/JOSA.12.000547)

[2154] Su W P, Schrieffer J R, Heeger A J. Solitons in polyacetylene[J]. Phys. Rev. Lett. ,1979,42:1698-1701. (10.1103/PhysRevLett.42.1 698)

[2155] Batra N, Sheet G. Understanding Basic Concepts of Topological Insulators Through Su-Schrieffer-Heeger (SSH) Model[J]. arXiv:1906.08435

[2156] Liu F, Wakabayashi K. Novel topological phase with a zero Berry curvature[J]. Phys. Rev. Lett. ,2017,118(076803):1-5. (10.1103/PhysRevLett.118.076803)

[2157] Cayssol J. Introduction to Dirac materials and topological insulators[J]. Comptes Rendus Phys. ,2013,14:760-778. (10.1016/j.crhy.2013.09.012)

[2158] Liu F, Yamamoto M, Wakabayashi K. Topological edge states of honeycomb lattices with zero Berry curvature[J]. J. Phys. Soc. Jpn. ,2017,86(123707):1-4. (10.7566/JPSJ.86.123707)

[2159] Hatsugai Y, Fukui T, Aoki H. Topological aspects of graphene, Dirac fermions and the bulk-edge correspondence in magnetic fields[J]. Eur. Phys. J. Special Topics,2007,148:133-141. (10.1140/epjst/e2007-00233-5)

[2160] Hatsugai Y. Topological aspects of graphene[J]. J. Phys.:Conf. Ser. ,2011,334(012004):1-14. (10.1088/1742-6596/334/1/012004)

[2161] Semenoff G W. Condensed-matter simulation of a three-dimensional anomaly[J]. Phys. Rev.

Lett.,1984,53:2449-2452.(10.1103/PhysRevLett.53.2449)

[2162] Kane C L, Mele E J. Quantum spin Hall effect in graphene[J]. Phys. Rev. Lett.,2005,95(226801):1-4.(10.1103/PhysRevLett.95.226801)

[2163] Sticlet D, Piéchon F, Fuchs J N, et al. Geometrical engineering of a two-band Chern insulator in two dimensions with arbitrary topological index[J]. Phys. Rev. B,2012,85(165456):1-10.(10.1103/PhysRevB.85.165456)

[2164] Dobrescu O A, Apostol M. Electronic edge states in graphene sheets[J]. Romanian J. Phys.,2015,60:466-480.

[2165] Löwdin P O. A note on the quantum-mechanical perturbation theory[J]. J. Chem. Phys.,1951,19:1396-1401.(10.1063/1.1748067)

[2166] Wannier G H. The structure of electronic excitation levels in insulating crystals[J]. Phys. Rev.,1937,52:191-197.(10.1103/PhysRev.52.191)

[2167] Cutler M, Mott N F. Observation of Anderson localization in an electron gas[J]. Phys. Rev.,1969,181:1336-1340.(10.1103/PhysRev.181.1336)

[2168] Herring C. Theory of the thermoelectric power of semiconductors[J]. Phys. Rev.,1954,96:1163-1187.(10.1103/PhysRev.96.1163)

[2169] Kriger E D, Kravchenko A F, Morozov B V, et al. Investigation of the phonon drag effect in n-GaAs[J]. Phys. Status Solidi A,1972,13:389-398.(10.1002/pssa.2210130207)

[2170] Wu M W, Horing N J M, Cui H L. Phonon-drag effects on thermoelectric power[J]. Phys. Rev. B,1996,54:5438-5443.(10.1103/PhysRevB.54.5438)

[2171] van der Ziel A. Noise Sources, Characterization, Measurement[M]. Englewood Cliffs: Prentice-Hall,1970.

[2172] van der Ziel A, Chenette E R. Noise in solid state devices[J]. Adv. Electron. Electr. Phys.,1978,46:313-383.(10.1016/S0065-2539(08)60414-X)

[2173] Engberg J, Larsen T. Noise Theory of Linear and Nonlinear Circuits[M]. Chichester: Wiley,1995.

[2174] Kogan Sh. Electronic Noise and Fluctuations in Solids[M]. Cambridge: Cambridge University Press,1996.(10.1017/CBO9780511551666)

[2175] Lukyanchikova N B. Noise Research in Semiconductor Physics[M]. Amsterdam: Gordon and Breach,1996.

[2176] Schiek B, Siweris H J, Rolfes I. Noise in High-Frequency Circuits and Oscillators[M]. Hoboken: Wiley,2006.(10.1002/0470038942.fmatter)

[2177] Müller R. Rauschen[M]. 2nd ed. Berlin: Springer,2013.(10.1007/978-3-642-61501-6)

[2178] Yngvesson S. Review of noise processes and noise concepts relevant to microwave semiconductor devices, in Ref.[1815]:207-228.(10.1007/978-1-4615-3970-4_8)

[2179] Dutta P, Horn P M. Low-frequency fluctuations in solids: $1/f$ noise[J]. Rev. Mod. Phys.,1981,53:497-516.(10.1103/RevModPhys.53.497)

[2180] Weissmann M B. $1/f$ noise and other slow, nonexponential kinetics in condensed matter[J].

Rev. Mod. Phys., 1988, 60:537-571. (10.1103/RevModPhys.60.537)

[2181] Kleinpenning T G M, de Kuijper A H. Relation between variance and sample duration of $1/f$ noise signals[J]. J. Appl. Phys., 1988, 63:43-45. (10.1063/1.340460)

[2182] Chen T M, Su S F, Smith D. $1/f$ Noise in Ru-based thick-film resistor[J]. Solid State Electron., 1982, 25:821-827. (10.1016/0038-1101(82)90213-1)

[2183] Boudry J M, Antonuk L E. Current-noise-power spectra of amorphous silicon thin-film transistors[J]. J. Appl. Phys., 1994, 76:2529-2534. (10.1063/1.357614)

[2184] Hill J E, van Vliet K M. Ambipolar transport of carrier density fluctuations in germanium[J]. Physica, 1958, 24:709-720. (10.1016/S0031-8914(58)80087-7)

[2185] Ferrari G, Sampietro M, Bertuccio G, et al. On the origin of shot noise in CdTe detectors[J]. Appl. Phys. Lett., 2003, 83:2450-2452. (10.1063/1.1611648)

[2186] Beenakker C W J, Büttiker M. Suppression of shot noise in metallic diffusive conductors[J]. Phys. Rev. B, 1992, 46:1889-1892. (10.1103/PhysRevB.46.1889)

[2187] Schomerus H, Mishchenko E G, Beenakker C W J. Shot-noise in non-degenerate semiconductors with energydependent elastic scattering[M]//Statistical and Dynamical Aspects of Mesoscopic Systems, Lecture Notes in Physics (vol. 547). Berlin: Springer, 2000:96-104. (10.1007/3-540-45557-4_9)

[2188] van der Ziel A. Shot noise in semiconductors[J]. J. Appl. Phys., 1953, 24:222-223. (10.1063/1.1721242)

[2189] Müller R. Generation-recombination noise[M]//Noise in Physical Systems, Springer Series in Electrophysics(vol.2). 1978:13-25. (10.1007/978-3-642-87640-0_2)

[2190] Mitin V, Reggiani L, Varani L. Generation-recombination noise in semiconductors[M]//Noise and Fluctuations Control in Electronic Devices. Valencia, USA: American Scientific Publishers, 2002:1-19.

[2191] Bareikis V, Liberis J, Matulioniene I, et al. Experiments on hot electron noise in semiconductor materials for high-speed devices[J]. IEEE Trans. Electron Dev., 1994, 41:2050-2060. (10.1109/16.333822)

[2192] Jones B K. Low-frequency noise spectroscopy[J]. IEEE Trans. Electron Dev., 1994, 41:2188-2197. (10.1109/16.333840)

中国科学技术大学出版社
部分引进版图书

物质、暗物质和反物质/罗舒　邢志忠
半导体的故事/姬扬
光的故事/傅竹西　林碧霞
至美无相：创造、想象与理论物理/曹则贤
玩转星球/张少华　苗琳娟　杨昕琦
粒子探测器/朱永生　盛华义
粒子天体物理/来小禹　陈国英　徐仁新
粒子物理和薛定谔方程/刘翔　贾多杰　丁亦兵
宇宙线和粒子物理/袁强　等
高能物理数据分析/朱永生　胡红波
重夸克物理/丁亦兵　乔从丰　李学潜　沈彭年
统计力学的基本原理/毛俊雯　汪秉宏
临界现象的现代理论/马红孺
原子核模型/沈水法
半导体物理学（上、下册）/姬扬
生物医学光学：原理和成像/邓勇　等
地球与行星科学中的热力学/程伟基
现代晶体学(1)：晶体学基础/吴自勤　孙霞
现代晶体学(2)：晶体的结构/吴自勤　高琛
现代晶体学(3)：晶体生长/吴自勤　洪永炎　高琛
现代晶体学(4)：晶体的物理性质/何维　吴自勤
材料的透射电子显微学与衍射学/吴自勤　等

夸克胶子等离子体:从大爆炸到小爆炸/王群　马余刚　庄鹏飞
物理学中的理论概念/向守平　等
物理学中的量子概念/高先龙
量子物理学.上册/丁亦兵　等
量子物理学.下册/丁亦兵　等
量子光学/乔从丰　李军利　杜琨
量子力学讲义/张礼　张璟
磁学与磁性材料/韩秀峰　等
无机固体光谱学导论/郭海　郭海中　林机

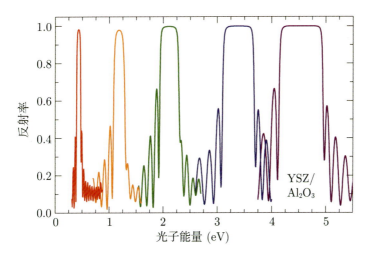

图19.5

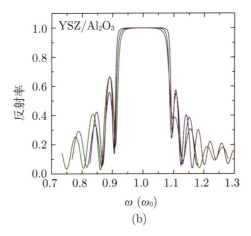

图19.6

彩页 2

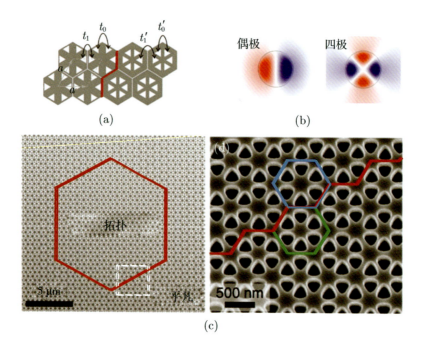

图19.18

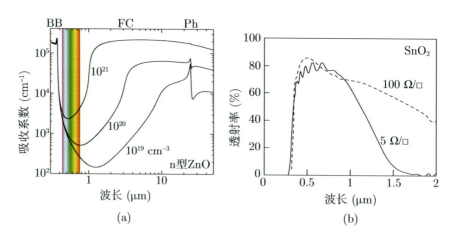

图20.7

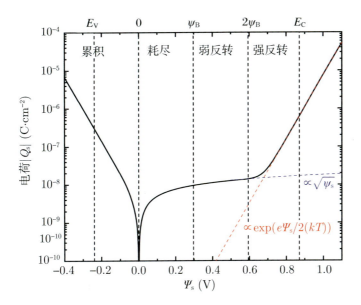

图21.33

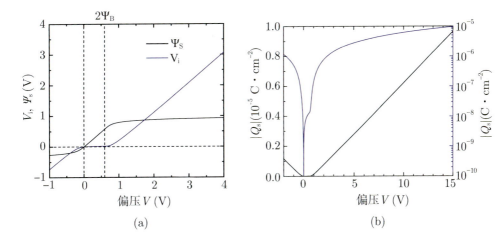

图21.35

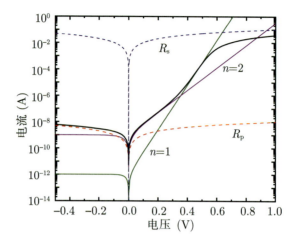

图21.51

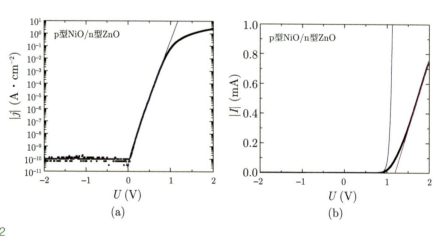

图21.52

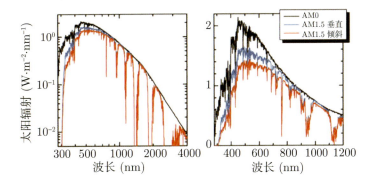

图22.53

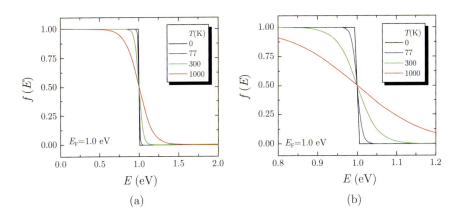

图E.1

彩页 6

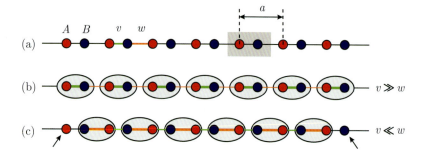

图G.2

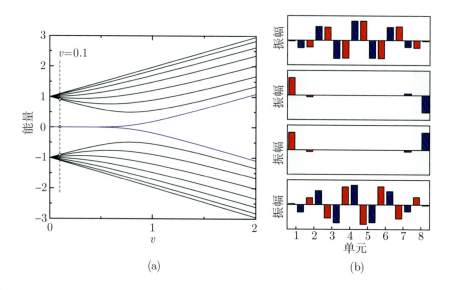

图G.6